普通高等教育专业基础课系列教材

数学物理方法初级教程

肖世发　全军　编著

西安电子科技大学出版社

内 容 简 介

本书分为复变函数论和数学物理方程两部分。复变函数论部分通过扩展实变函数理论知识体系介绍复变函数论的知识内容，在增强逻辑性的基础上降低阅读难度。数学物理方程部分通过精选大量实例，从物理问题的提出、泛定方程和定解条件的导出开始，介绍定解问题的各种求解方法。本书在复变函数论部分着重强调复变函数论知识体系的整体性，在数学物理方程部分着重强调定解问题的物理意义，在泛定方程的导出和定解问题求解过程中，通过相似的求解步骤强化定解问题思想解决物理问题的应用，增强科学性和可读性。

本书是为物理和数学基础知识薄弱的物理学及相关理工科专业本科生编写，适合作为普通院校物理学及相关理工科专业本科生教材。

图书在版编目(CIP)数据

数学物理方法初级教程/肖世发，全军编著. —西安：西安电子科技大学出版社，2022.2(2023.2 重印)
ISBN 978-7-5606-6244-2

Ⅰ. ①数… Ⅱ. ①肖… ②全… Ⅲ. ①数学物理方法—高等学校—教材 Ⅳ. ①O411.1

中国版本图书馆 CIP 数据核字(2021)第 242621 号

策　　划　明政珠
责任编辑　于文平
出版发行　西安电子科技大学出版社(西安市太白南路 2 号)
电　　话　(029)88202421　88201467　　邮　　编　710071
网　　址　www.xduph.com　　电子邮箱　xdupfxb001@163.com
经　　销　新华书店
印刷单位　陕西天意印务有限责任公司
版　　次　2022 年 2 月第 1 版　2023 年 2 月第 2 次印刷
开　　本　787 毫米×1092 毫米　1/16　印张 21
字　　数　490千字
印　　数　1001～3000 册
定　　价　54.00 元
ISBN 978-7-5606-6244-2/O

XDUP 6546001-2

* * * 如有印装问题可调换 * * *

序

肖世发博士在岭南师范学院执教多年，长期为物理学专业的学生讲授数学物理方法课程，在教学过程中积累了丰富的教学经验。

他注重培养学生的数学逻辑思维，引导学生用已经成熟的知识体系来解决遇到的各种问题，努力使学生掌握本课程的基本内容并将其应用于物理学。他强调物理问题来源于生活，又回归生活的物理思维。

肖世发博士在长期的教学过程中不断总结经验、力求创新。在编写本书的过程中。他一方面继承了数学和物理严谨扎实的传统；另一方面灵活地结合学习认知过程，对内容结构进行较大的变革。变革主要体现在以下方面：复变函数论部分，从实数集内运算规则的封闭性介绍引入复数的必要性，强调复变函数论的内容是在复数集内建立基本运算规则基础上的逻辑推演，对比实变函数论进行教学内容安排。相对于实变函数，复变函数是新知识，把这种新知识与已经成熟的实变函数相类比，有利于培养学生的数学逻辑思维。数学物理方程部分，改变大部分同类教材的章节安排模式，以生活中的物理现象为基础，按照问题导向的模式介绍定解问题的导出，然后以定解问题的求解为主线安排教学内容，并对教学内容进行物理知识与数学知识的区分。物理方面，充分展现生活中物理问题的建模及其数学描述、定解问题的数学表达和求解过程；数学方面，将定解问题求解需要的冗长数学推演过程隔离出来，例如纯数学的内容在第 14 章和第 15 章列出，这样做在一定程度上可避免由于冗长的数学推演干扰物理研究过程的思路。以上这些是本书的鲜明特点。

当代科学技术在迅猛发展。基础课教材的内容要及时反映科技发展的前沿，培养学生的科学思维方法有助于开拓学生的视野，激发学生跟踪技术进步的兴趣。一本好的教材或一门好的课程应该让学习者明确所研究的问题并以开放的方式深入探索未知。数学物理方法是理工科学习者从理想物理模型走向实际物理研究的衔接课程，不只要让学习者掌握基本的数学和物理知识，更重要的是培养学习者的数学逻辑思维和帮助学习者掌握物理学研究的基本方法。肖世发编写的这本书是朝着这方向努力的。

这是一本适合数学物理方法初学者或数学、物理基础薄弱学习者学习数学物理方法的有着鲜明特点的教材，值得推荐给讲授和学习数学物理方法课程的广大师生。

王怀玉

2021 年 11 月

前言

数学物理方法是物理学专业及相关理工科专业本科生和研究生必修的一门专业基础课，这门课程已成为各专业学习的“拦路虎”，甚至被戏称为理工科本科生(特别是一般院校理工科本科生)课程中的“天书”。为此，本书以物理问题的提出、定解问题的导出(建模)、定解问题的求解为主线串联课程内容，配以大量几何图形、物理图像，帮助读者降低课程学习难度。

本书分为复变函数论和数学物理方程两篇。为了突出知识的连贯性、物理思想的连续性以及数学的工具性，本书在编排时有两大特点：

(1) 复变函数论是纯数学，共分为 8 章。为了让读者更容易从整体上掌握本课程的内容，此部分通过扩展实变函数理论知识体系的方法介绍复变函数论。采用的方式是将实变函数的内容对应扩展到复变函数：数学上从实数集不满足运算封闭性的缘由扩展实数集到复数集(第 1 章)；扩展实变函数导数、积分、幂级数为复变函数的导数(第 2 章)、积分(第 3 章)、幂级数展开(第 4 章)，在复变函数积分和幂级数展开的基础上介绍复变函数积分的重要定理——留数定理(第 5 章)；扩展实变函数傅里叶级数到傅里叶变换(第 6 章)；扩展函数的傅里叶变换到拉普拉斯变换(第 7 章)。第 8 章 Delta 函数相对独立，是求解定解问题的冲量定理法和格林函数法的数学基础。组织此部分内容的主题思想是对实变函数的扩展，串联此部分内容的方法是通过不断地提出问题将章节之间的内容形成递进关联的关系，期望采用这种方法使读者快速掌握课程内容，并提高提出问题及解决问题的能力。

(2) 数学物理方程是本课程的核心和难点，学习此部分内容需要大量的物理知识基础和数学知识基础。本部分以物理问题的提出、定解问题的导出(物理问题的数学建模)和定解问题的数学求解、求解结果的物理讨论为主线，借用程序设计的“对象模式”和“程序调用”思想，将物理问题的提出、建模、求解过程作为主体，数学知识作为求解工具进行“程序调用”：第 9 章“步骤重复式”地介绍一维、二维、三维定解问题的导出；第 10 章介绍部分定解问题达朗贝尔公式法；第 11 章至第 13 章同样运用“步骤重复式”的方法，以具体的物理系统作为研究对象，分别讨论一维、二维、三维定解问题的分离变数法求解(这是本课程求解定解问题最重要的方法之一)。为了避免冗长的数学推演破坏物理上求解问题的整体性，第一个做法是将一维、二维、三维定解问题的齐次泛定方程的分离变数过程集中放在第 14 章，每个齐次泛定方程的分离变数过程完全独立，读者在第 11 章至第 13 章中求解定解问题时可单独查阅(程序调用)，也可以先行学习；第二个做法是将施图姆-刘维尔本征值问题(齐次泛定方程分离的常微分方程和边界条件分离的结果结合形成)的求解单独列入第 15 章，每个本征值问题的求解过程尽量独立，方便第 11 章至第 13 章求解问题时进行“程序调用”，这样做能非常清晰地展现定解问题的求解思路。第 11 章至第 13 章定解问题的“步骤重复式”求解方法能达到强化训练定解问题求解思路的作用。第 16、17 章是独立于第10～13章的另外两种定解问题的求解方法，第 16 章是利用总源激发的场叠加形成实际物理场思想，利用积分工具表达定解问题的解。第 17 章是利用第一篇复变函数论的两种重要变换——傅里叶变换和拉普拉斯变换将微分方程化为代数方程求解，然后通过反演达到求解定解问题的目的。

为降低学习难度，本书插入的图像图形近两百幅，目的是尽量以几何图像和物理图像展示帮助读者理解数学演算和物理过程。同时对于一些复杂的导数、积分运算、方程组求解、常微分方程求解，本书不做详尽推演，通过脚注和给出 Mathematica 软件的命令一键完成。

阅读本书需要具备以下数学知识和物理知识。

数学知识：函数的导数、积分、泰勒级数展开，二元函数的导数、线积分及其相关定理，常系数一阶、二阶常微分方程的求解。

物理知识：质点力学的牛顿第二定律，弹簧静力学的胡克定理，弹性杆拉伸与压缩的胡克定理，平衡态热力学系统热量(粒子数)守恒律、扩散定理、热传导定理，静电场库仑定律、环路定理、高斯定理、电场强度与电势之间的关系。

如果以上知识掌握得不扎实，可以在学习本书的过程中根据书中提供的关键词返回查阅，这也是降低学习难度的一种方法。

为了尽量让读者区分书中的数学知识、物理知识，阅读时轻松抓住重点，书中采用了不同的字体强调相关内容，具体字体与知识类别之间的对应关系如下：

宋体加粗——重要概念

隶体——物理概念或物理定理(每一章前三次出现)

方正舒体——数学专业术语、概念(每一章前三次出现)

边框字体——问题引导、重要性提示、思维方法

黑体——重要的数学定理或数学结论

本书的编写得到了岭南师范学院物理科学与技术学院的大力支持，特别是全军教授在本书编写过程中指出了大量问题，并提出了许多宝贵意见，在此表示衷心的感谢。

由于作者知识和能力有限，本书难免有不妥之处，切盼读者批评指正。

作者

2021 年 4 月

目　录

第一篇　复变函数论

第二篇 数学物理方程

第一篇　复变函数论

第1章　复数的引入及其运算、复变函数

1.1　实数集扩展到复数集的必要性

为什么要引入复数这个数集？可从两个方面介绍引入复数的必要性。

1.1.1　物理需求

如图 1.1-1 的弹簧振子系统，建立 Ox 坐标系，坐标原点选在物体 m 的平衡位置 O，将物体视为质点，则质点的位置函数 $x(t)$ 满足如下的二阶、齐次、线性常微分方程：

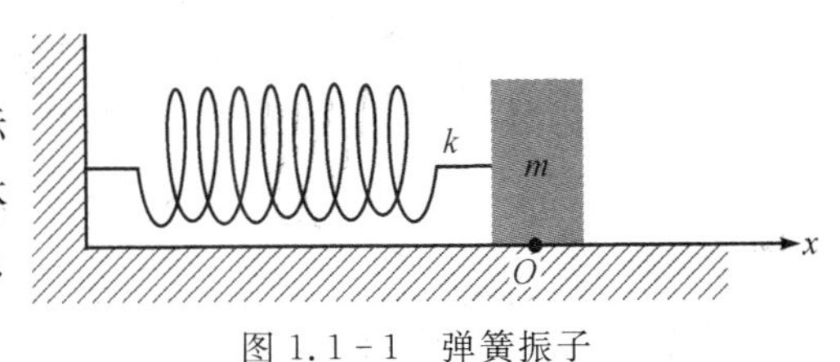

图 1.1-1　弹簧振子

$$\frac{\mathrm{d}^2 x}{\mathrm{d}t^2} = -\omega^2 x \left(\omega^2 = \frac{k}{m}\right) \tag{1.1.1}$$

其中，k 和 m 分别是轻弹簧（弹簧的质量可忽略）的劲度系数和质点的质量，ω、m 大于零。假设初值条件为

$$\begin{cases} x(0) = x_0 \\ \upsilon(0) = \upsilon_0 \end{cases} \tag{1.1.2}$$

式(1.1.1)和式(1.1.2)构成常微分方程的初始值问题，以下用两种方案求解。

第一种方案：猜。

在已知初等函数中寻找满足式(1.1.1)的函数。式(1.1.1)要求找到的位置函数 $x(t)$ 求两次导数后需要等于 $-\omega^2 x(t)$，满足这个条件的初等函数有两个，即 $\sin\omega t$、$\cos\omega t$，根据线性常微分方程的理论可以取：

$$x(t) = A\cos\omega t + B\sin\omega t \tag{1.1.3}$$

A、B 由初值条件确定，代入式(1.1.2)得方程组：

$$\begin{cases} x(0) = A\cos(\omega \cdot 0) + B\sin(\omega \cdot 0) = A = x_0 \\ \upsilon(0) = -A\omega\sin(\omega \cdot 0) + B\omega\cos(\omega \cdot 0) = B\omega = \upsilon_0 \end{cases} \tag{1.1.4}$$

求解得 $A = x_0$，$B = \upsilon_0/\omega$，所以

$$x(t) = x_0\cos\omega t + \frac{\upsilon_0}{\omega}\sin\omega t \tag{1.1.5}$$

第二种方案：化常微分方程为代数方程。

利用函数 e^{rt} 的导数特性 $\left(\frac{\mathrm{d}^k}{\mathrm{d}t^k}\mathrm{e}^{rt} = r^k\mathrm{e}^{rt}\right)$，令 $x(t) = \mathrm{e}^{rt}$，代入式(1.1.1)后得特征方程：

$$r^2 + \omega^2 = 0 \tag{1.1.6}$$

此特征方程是二次代数方程，在实数范围内无解，必须引入虚数单位 $\mathrm{i}(\mathrm{i}^2 = -1)$。引入 i 后

方程(1.1.6)有两个解，即 $r_{1,2}=\pm\mathrm{i}\omega$，则方程(1.1.1)的通解可表示为

$$x(t)=C\mathrm{e}^{\mathrm{i}\omega t}+D\mathrm{e}^{-\mathrm{i}\omega t} \tag{1.1.7}$$

代入初值条件式(1.1.2)：

$$\begin{cases}x(0)=C\mathrm{e}^{\mathrm{i}\omega\cdot 0}+D\mathrm{e}^{-\mathrm{i}\omega\cdot 0}=C+D=x_0\\ \upsilon(0)=\mathrm{i}\omega C\mathrm{e}^{\mathrm{i}\omega\cdot 0}-\mathrm{i}\omega D\mathrm{e}^{-\mathrm{i}\omega\cdot 0}=\mathrm{i}\omega(C-D)=\upsilon_0\end{cases} \tag{1.1.8}$$

求解方程组得

$$C=\frac{1}{2}\left(x_0+\frac{\upsilon_0}{\mathrm{i}\omega}\right),\ D=\frac{1}{2}\left(x_0-\frac{\upsilon_0}{\mathrm{i}\omega}\right) \tag{1.1.9}$$

即得到初始值问题的解：

$$x(t)=\frac{1}{2}\left(x_0+\frac{\upsilon_0}{\mathrm{i}\omega}\right)\mathrm{e}^{\mathrm{i}\omega t}+\frac{1}{2}\left(x_0-\frac{\upsilon_0}{\mathrm{i}\omega}\right)\mathrm{e}^{-\mathrm{i}\omega t} \tag{1.1.10}$$

由于函数 $\mathrm{e}^{\pm\mathrm{i}\omega t}$ 带有虚数单位 i，因此这个解的物理意义不明确(描述质点位置的函数一般是实函数)。为了与式(1.1.5)的解比较，将式(1.1.10)变换形式：

$$x(t)=x_0\left(\frac{\mathrm{e}^{\mathrm{i}\omega t}+\mathrm{e}^{-\mathrm{i}\omega t}}{2}\right)+\frac{\upsilon_0}{\omega}\left(\frac{\mathrm{e}^{\mathrm{i}\omega t}-\mathrm{e}^{-\mathrm{i}\omega t}}{2\mathrm{i}}\right) \tag{1.1.11}$$

物理上式(1.1.11)与式(1.1.5)的解必须一样，则必须要求下面的等式成立：

$$\begin{cases}\cos\omega t=\dfrac{\mathrm{e}^{\mathrm{i}\omega t}+\mathrm{e}^{-\mathrm{i}\omega t}}{2}\\ \sin\omega t=\dfrac{\mathrm{e}^{\mathrm{i}\omega t}-\mathrm{e}^{-\mathrm{i}\omega t}}{2\mathrm{i}}\end{cases} \tag{1.1.12}$$

式(1.1.12)正是著名的欧拉公式。说明第二种方案是可行的。相比之下：第一种方案是在实函数的框架下完成的求解，逻辑上不是很严密；第二种方案逻辑上比较严密，但需要引入虚数单位，进一步引入带有虚数单位的函数，然后通过欧拉公式回到实函数解，这个过程实际上经历了实数→复数→实数的过程。两种方案的求解过程如图 1.1－2 所示，也就是说，第二种方案已经超出了实数集，可以理解为物理上需要扩展实数集。

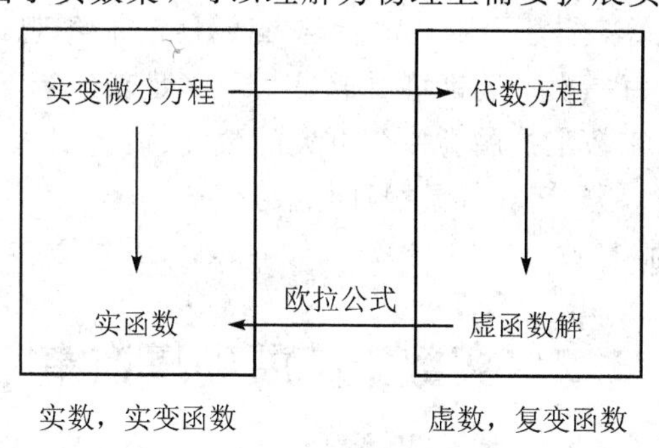

图 1.1－2　微分方程求解流程图

1.1.2　数集封闭性需求

回忆数的学习过程，其实是数集不断扩展的过程，从自然数到实数，如图 1.1－3 所示，每一次扩展都可理解为源于在数集中引入新运算后得到的结果超出了集合，比如：

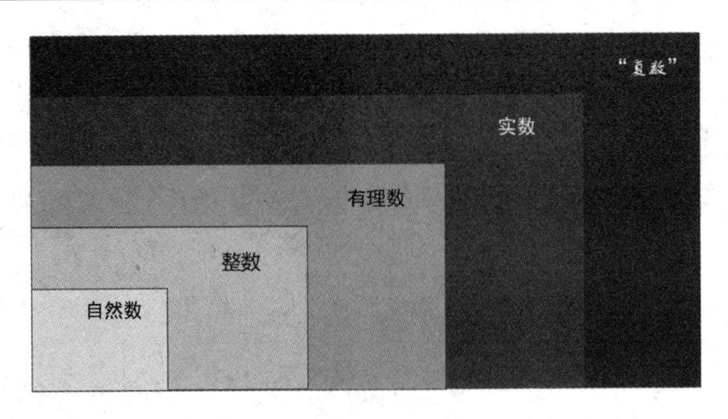

图 1.1-3 数的扩展

自然数：两个**自然数**进行加法、乘法的结果还是自然数，对减法而言，只有大的自然数减去小的自然数的结果才属于自然数集，否则就超出了自然数集。

整　数：两个**整数**进行加法、减法、乘法的结果还是**整数**，对除法而言，部分整数之间进行除法，结果会超出整数集，如 $3\div 2=1.5$。

有理数：两个有理数进行加法、减法、乘法，除法的结果还是**有理数**，部分有理数之间进行幂运算的结果会超出有理数集，如 $2^{1/2}=\pm\sqrt{2}$。

实　数：两个实数进行加法、减法、乘法、除法的结果为实数，部分实数进行幂运算的结果会超出实数集，如 $(-2)^{1/2}$。

总结起来：

实数集($\mathbf{R}$)中"任意"两个实数 a 和 b，完成的运算及结果如下：

加减法：$a\pm b\in\mathbf{R}$。

乘　法：$a\times b\in\mathbf{R}$。

除　法：$a\div b\in\mathbf{R}$。

幂运算：a^b 不一定属于 $\mathbf{R}$。

也就是说，在实数集中，将任意两个实数进行"加、减、乘、除"运算，对实数集来说是"封闭的"；但对于"幂"运算，实数集不一定满足"封闭性"。仔细观察，从自然数集到实数集是一个不断扩展的过程，每一次扩展都可看成是为了满足新运算下的"封闭性"。于是可以问这样的问题：能不能将实数集扩展为一个更大的数集(或者引入一个更大的数集)，在这个集合中"加、减、乘、除、幂"运算都是"封闭的"？

这就是下面要引入的"复数集"。

1.2　实数集扩展到复数集

如何将实数集扩展到复数集？需要引入以下基本假设：

1.2.1　引入复数的基本假设

基本假设 1

引入虚数单位 i，满足：

$$\mathrm{i}\cdot\mathrm{i}=\mathrm{i}^2=-1 \tag{1.2.1}$$

基本假设2

引入复数 z：

$$z = x + \mathrm{i}y \quad (x, y \in \mathbf{R}) \tag{1.2.2}$$

其中称 x 为 z 的实部，y 为 z 的虚部。用符号表示：

$$x = \mathrm{Re}z,\ y = \mathrm{Im}z \tag{1.2.3}$$

当 $x=0$ 时，$z = \mathrm{i}y$ 称为纯虚数。当 $y=0$ 时，复数退化为实数 x。所有复数构成的集合称为复数集，用 $\mathbf{C}$ 表示。

基本假设3

复数相等，实部与虚部必须同时相等。

基本假设4

复数不能进行大小比较。

1.2.2 复数的基本特点

通过以上4个基本假设，引入了复数集($\mathbf{C}$)，从复数集的引入可以看出复数具有以下特点：

(1) 一个复数对应着一个有序实数对。

(2) 实数集是复数集的子集。

(3) 纯虚数集也是复数集的子集。

上面通过实数引入了一个更大的数集——复数集，简称复数。接下来的问题是怎么将实数运算法则扩展到复数集？在扩展的时候应遵循什么样的法则？

1.3 实数运算扩展到复数运算

如何将实数运算扩展到复数运算？其中需遵循的一条法则：当复数退化为实数时，复数运算后的结果能退化为直接进行实数运算后的结果，也就是说，实数运算是复数运算的一种特殊情况。基于这个法则，复数的加、减、乘、除运算自然有以下的定义(以下运算假设 $z_1 = x_1 + \mathrm{i}y_1$，$z_2 = x_2 + \mathrm{i}y_2$)。

1.3.1 加法扩展

$$z_1 + z_2 = (x_1 + x_2) + \mathrm{i}(y_1 + y_2) \in \mathbf{C} \tag{1.3.1}$$

两个复数相加：实部与实部相加，虚部与虚部相加。满足加法交换律和结合律。

1.3.2 减法扩展

$$z_1 - z_2 = (x_1 - x_2) + \mathrm{i}(y_1 - y_2) \in \mathbf{C} \tag{1.3.2}$$

两个复数相减：实部与实部相减，虚部与虚部相减。

1.3.3 乘法扩展

$$z_1 z_2 = (x_1 + \mathrm{i}y_1)(x_2 + \mathrm{i}y_2) = (x_1 x_2 - y_1 y_2) + \mathrm{i}(x_1 y_2 + x_2 y_1) \in \mathbf{C} \tag{1.3.3}$$

复数的乘法运算是在基本假设 1 的基础上进行多项式乘法的结果，满足**乘法交换律**。

1.3.4　除法扩展

$$\frac{z_1}{z_2}=\frac{x_1+\mathrm{i}y_1}{x_2+\mathrm{i}y_2}=\frac{x_1x_2+y_1y_2}{x_2^2+y_2^2}+\mathrm{i}\,\frac{(x_2y_1-x_1y_2)}{x_2^2+y_2^2}\in \mathbf{C} \tag{1.3.4}$$

复数的除法运算是在乘法的基础上进行分母实数化的结果。

1.3.5　幂运算扩展

现在计算 $z_1^{z_2}$，一般情况下无法进行这个运算，可以分以下三种特殊情况进行讨论：

1. 整数幂(乘方)运算扩展

当 z_2 是整数时，即

$$\underbrace{(z)^n=z\cdot z\cdot z\cdot\cdots\cdot z}_{n个z}\quad (n\ 为整数) \tag{1.3.5}$$

复数的乘方运算是复数乘法的扩展①。

练习 1.3.5(a)
1. 已知 $z_1=3+5\mathrm{i}$，$z_2=7+2\mathrm{i}$，试计算： $z_1+z_2=$ $z_1-z_2=$ $z_1\cdot z_2=$ $z_1\div z_2=$ 2. 已知 $z_1=1+\mathrm{i}$，计算： $(z_1)^2=$ $(z_1)^3=$ $(z_1)^{1/2}=$

2. 分数幂扩展

其实，上面的练习中还不能计算：

$$(1+\mathrm{i})^{1/2} \tag{1.3.6}$$

怎么解决这个问题？为此需要引入**复平面**。

1）复平面的引入

为了解决复数的分数幂这个问题，需要仔细研究复数的特点。引入复数时，复数有一

---

① 重要提示，上面五种运算中，当 $y_1=0$，$y_2=0$ 时，五种运算和实数运算的结果一致，比如加法：式(1.3.1)左边令 $y_1=0$，$y_2=0$ 得实数加法 x_1，x_2，与右边令 $y_1=0$，$y_2=0$ 相等，即实数加法是式(1.3.1)复数加法的特例。读者可自行检查其余四式。

个很重要的特点：一个复数对应着一个**有序实数对**(x, y)。

一个复数对应着一个**有序实数对**(x, y)，有序实数对(x, y)可对应建立直角坐标后平面上的点 P 的坐标，P 点对应唯一的**矢量** $\boldsymbol{a}$，**矢量** $\boldsymbol{a}$ 对应着表征矢量大小及其矢量方向的有序实数对(ρ, φ)。由这些性质可以建立一个平面，这个平面称为**复平面**。建立**复平面**后复数(数)与**平面**(几何)有了联系，但是当将一个复数与(ρ, φ)对应时，φ 不是唯一的，可以相差 $2k\pi$(k 为整数)，复平面如图 1.3-1 所示。这个性质将导致复数运算的"神奇性"。复数与平面联系在一起，相应地，有以下基本概念：

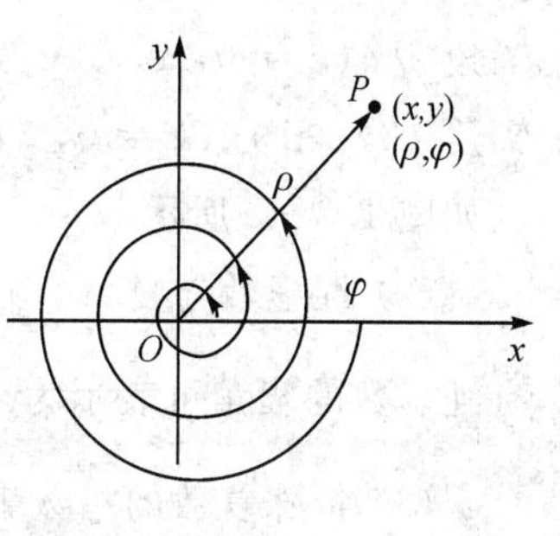

图 1.3-1　复平面的复数

复平面——所有复数对应的平面。在复平面上可以建立直角坐标系，相应的坐标轴称为

实轴——x 轴。

虚轴——y 轴。

建立了**实轴**和**虚轴**后，每一个复数都对应着一个**复矢量**：

复矢量——复平面上从任意点 A 指向任意点 B 的矢量 $\boldsymbol{a}$。**复矢量**需要以下概念来描述：

复矢量(复数)的**模**——ρ：复矢量的大小；$\rho = \sqrt{x^2 + y^2}$，也用$|z|$表示，$|z|$也可理解为对复数 z 求模。当 z 为实数时，模即为实数的绝对值，所以复数的模是实数绝对值运算的扩展。

复矢量(复数)的**辐角**——φ：复矢量与实轴**正半轴**的夹角。这个夹角有无穷多个，可表示为 $\varphi = \varphi_0 + 2k\pi\ (k = 0, 1, 2, \cdots)$，记为 $\mathrm{Arg}z$，φ_0 是小于 2π 的辐角，称为**主辐角**，一般记为 $\arg z$。

建立实轴和虚轴后，复平面上的点与复数一一对应，复平面上的一个几何图像对应着满足条件的一系列复数。所有的复数都能在复平面上找到对应的点，复平面上所有的点都能找到一个复数与之对应。从几何的角度出发，很容易引入复数的三角式，再由**欧拉公式**式(1.1.12)，很容易得到复数的下列形式：

三角式：

$$z = \rho(\cos\varphi + \mathrm{i}\sin\varphi) \tag{1.3.7}$$

指数式：

$$z = \rho \mathrm{e}^{\mathrm{i}\varphi} \tag{1.3.8}$$

相对而言，式(1.2.2)引入的复数形式称为代数式。

代数式：

$$z = x + \mathrm{i}y \tag{1.3.9}$$

2) 复平面的性质

复平面具有以下性质：

(1) 实数与复数。所有实数 x 对应实轴上的点，实数仅仅是复数中"很小"的一部分，几何上所有的实数构成了实轴。所有正实数对应着相同的辐角 $2k\pi(k=0,1,2,\cdots)$，所有负实数对应着相同的辐角 $(2k+1)\pi(k=0,1,2,\cdots)$。复平面上的一些复数如图 1.3-2 所示。

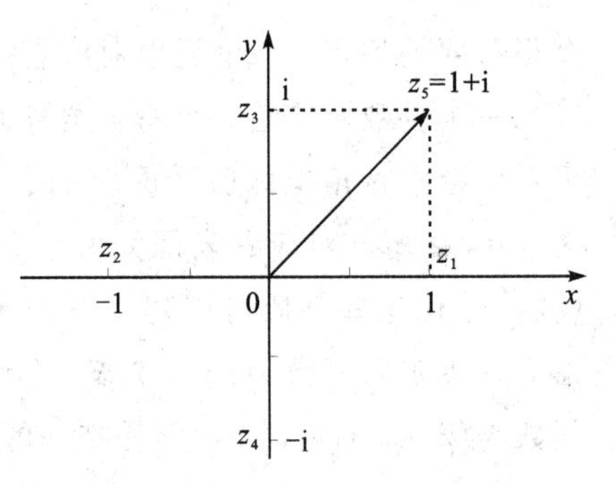

图 1.3-2　复平面上的一些复数

(2) 纯虚数与复数。所有纯虚数 iy 构成了虚轴，所有纯虚数的辐角可表示为 $k\pi+\frac{\pi}{2}$ $(k=0,1,2,\cdots)$。

(3) 特殊复数的指数表示。

① 复数 1 可表示为 $e^{i\cdot 0}$，$e^{i\cdot 2\pi}$，$e^{i\cdot 4\pi}$，…，$e^{i\cdot 2k\pi}(k=0,1,2,\cdots)$。

② 复数 -1 可表示为 $e^{i\cdot\pi}$，$e^{i\cdot 3\pi}$，$e^{i\cdot 5\pi}$，…，$e^{i\cdot(2k+1)\pi}(k=0,1,2,\cdots)$

③ 复数 i 可表示为 $e^{i\cdot\frac{\pi}{2}}$，$e^{i\cdot\left(\frac{\pi}{2}+2\pi\right)}$，$e^{i\cdot\left(\frac{\pi}{2}+4\pi\right)}$，…，$e^{i\cdot\left(\frac{\pi}{2}+2k\pi\right)}(k=0,1,2,\cdots)$

④ 复数 $-i$ 可表示为 $e^{i\cdot\left(\frac{\pi}{2}+\pi\right)}$，$e^{i\cdot\left(\frac{\pi}{2}+3\pi\right)}$，$e^{i\cdot\left(\frac{\pi}{2}+5\pi\right)}$，…，$e^{i\cdot\left[\frac{\pi}{2}+(2k+1)\pi\right]}(k=0,1,2,\cdots)$

练习 1.3.5(b)

1. 计算下列复数的模和辐角，并把复数标记在图 1 所示的复平面内(自行标记刻度)

(1) $z_1=1$　　(2) $z_2=-1$

(3) $z_3=i$　　(4) $z_4=-i$

(5) $z_5=1+i$　　(6) $z_6=-1+i$

(7) $z_7=1+\frac{\sqrt{2}}{2}i$

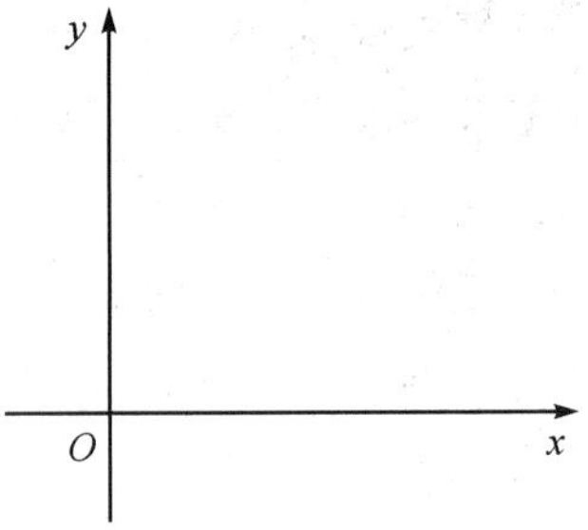

y
O　x

图 1

2. 将下列复数用代数式、三角式、指数式几种形式表示。

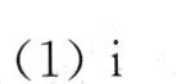

(1) i　　(2) -1

(3) $1+i\sqrt{3}$　　(4) z^3

(5) e^{1+i}　　(6) $\frac{1-i}{1+i}$

(7) $1-\cos\alpha+i\sin\alpha$(α 是实数)

3) 复数运算的几何性质

复数(数)对应着复平面的复矢量(几何)，那么相应的运算也应该对应着一定的矢量运算，复数的各种运算对应着什么样的矢量运算呢?

从复数的三角式和指数式入手，复数的运算和几何性质就更加丰富了。

(1) 复数加法与矢量加法。

复数加法即二维矢量加法，与平行四边形法则对应。图 1.3-3 展示了复数加法与平行四边形法则的关系。

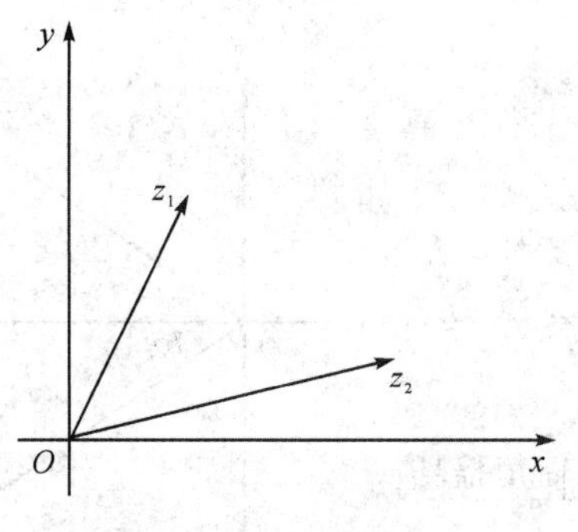

(a) 任意两个复数

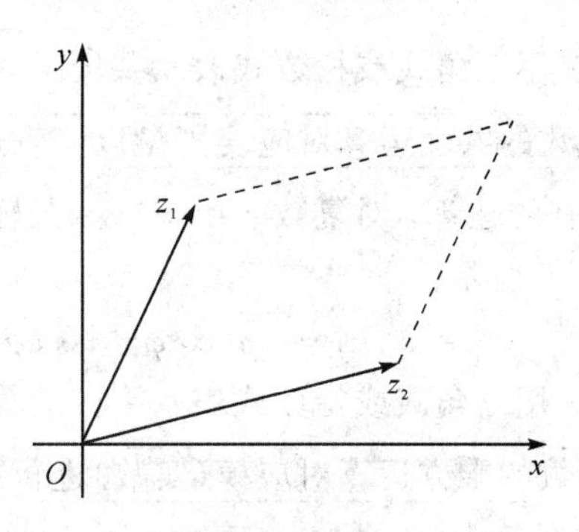

(b) 构建平行四边形

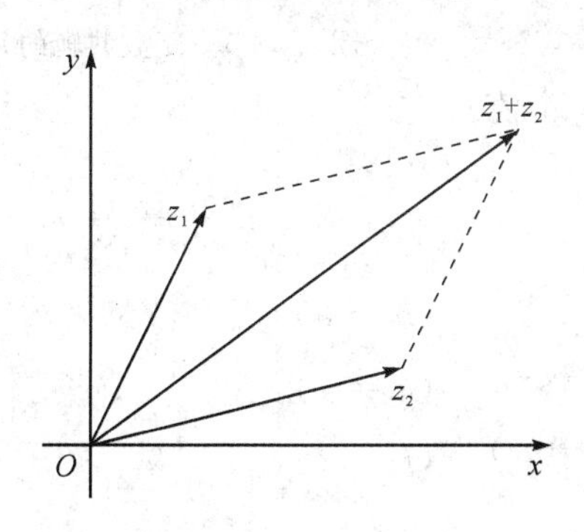

(c) 画平行四边形的对角线

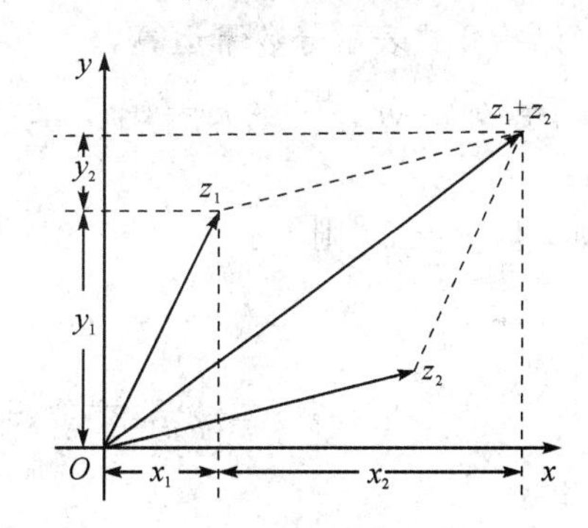

(d) 矢量相加与复数加法

图 1.3-3　z_1+z_2 的矢量表示

(2) 复数减法与矢量减法。

复数减法即二维矢量的减法，与三角形法则对应，如图 1.3-4 所示。

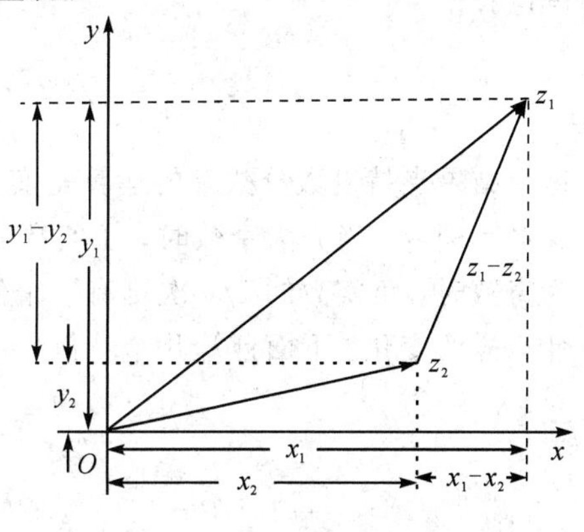

图 1.3-4　z_1-z_2 的矢量表示

(3) 用三角式或指数式表示复数的乘法。

复数的乘法对应复矢量的模相乘，辐角相加。

$$\begin{aligned} z_1 z_2 &= \rho_1 \rho_2 [\cos(\varphi_1+\varphi_2)+\mathrm{i}\sin(\varphi_1+\varphi_2)] \\ &= \rho_1 \rho_2 \mathrm{e}^{\mathrm{i}(\varphi_1+\varphi_2)} \in \mathbf{C} \end{aligned} \tag{1.3.10}$$

[①]

(4) 用三角式或指数式表示复数的除法。

复数的除法对应复矢量的模相除，辐角相减。

$$\begin{aligned} \frac{z_1}{z_2} &= \frac{\rho_1}{\rho_2}[\cos(\varphi_1-\varphi_2)+\mathrm{i}\sin(\varphi_1-\varphi_2)] \\ &= \frac{\rho_1}{\rho_2}\mathrm{e}^{\mathrm{i}(\varphi_1-\varphi_2)} \in \mathbf{C} \end{aligned} \tag{1.3.11}$$

---

① 式(1.3.10)的证明如下：

$$\begin{aligned} z_1 \cdot z_2 &= \rho_1\rho_2(\cos\varphi_1+\mathrm{i}\sin\varphi_1)(\cos\varphi_2+\mathrm{i}\sin\varphi_2) \\ &= \rho_1\rho_2[(\cos\varphi_1\cos\varphi_2-\sin\varphi_1\sin\varphi_2)+\mathrm{i}(\cos\varphi_1\sin\varphi_2+\sin\varphi_1\cos\varphi_2)] \\ &= \rho_1\rho_2[(\cos(\varphi_1+\varphi_2)+\mathrm{i}\sin(\varphi_1+\varphi_2)]=\rho_1\rho_2\mathrm{e}^{\mathrm{i}(\varphi_1+\varphi_2)} \end{aligned}$$

其中利用了三角函数的和差化积。

(5) 用三角式或指数式表示共轭运算。

复数的共轭运算对应复矢量以实轴进行镜像，共扼运算是复数特有的运算，对复数 $z = x + \mathrm{i}y$ 共轭运算后用 z^* 表示，如图 1.3-5 所示：

$$z^* = x - \mathrm{i}y = \rho(\cos\varphi - \mathrm{i}\sin\varphi) = \rho \mathrm{e}^{-\mathrm{i}\varphi} \in \mathbf{C} \quad (1.3.12)$$

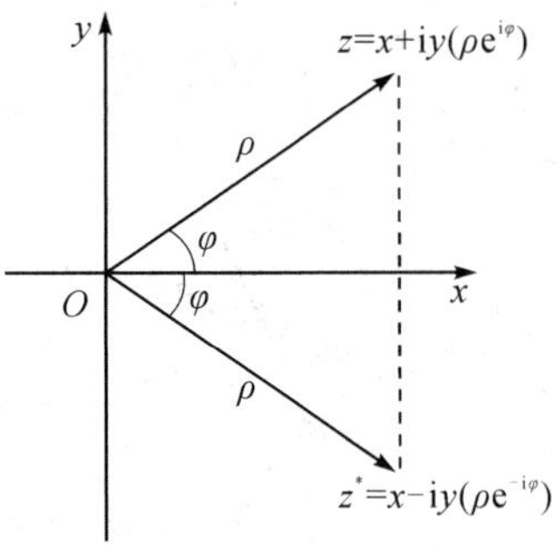

图 1.3-5 复数共轭的几何意义

(6) 用三角式或指数式表示乘方运算。

复数的乘方运算对应模(实数)进行乘方运算，辐角倍增。

$$z^n = \rho^n(\cos n\varphi + \mathrm{i}\sin n\varphi) = \rho^n \mathrm{e}^{\mathrm{i}n\varphi} \in \mathbf{C} \quad (1.3.13)$$

(7) 用指数式表示分数幂运算。

$$z^{1/n} = \sqrt[n]{z} = \sqrt[n]{\rho}\,\mathrm{e}^{\mathrm{i}\frac{\arg z + 2k\pi}{n}} \ (k = 0, 1, 2, \cdots)\ (\text{有 } n \text{ 个值}) \quad (1.3.14)$$

比如，取 $n = 2$，则

$$z^{1/2} = \rho^{1/2}\mathrm{e}^{\mathrm{i}\frac{\arg z + 2k\pi}{2}} = \begin{cases} \rho^{1/2}\mathrm{e}^{\mathrm{i}\frac{\arg z}{2}} & (k = 0) \\ \rho^{1/2}\mathrm{e}^{\mathrm{i}\left(\frac{\arg z}{2} + \pi\right)} & (k = 1) \\ \rho^{1/2}\mathrm{e}^{\mathrm{i}\left(\frac{\arg z}{2} + 2\pi\right)} & (k = 2) \\ \cdots \end{cases} \quad (1.3.15)$$

$k \geqslant 2$ 后的结果是 $k = 0$、$k = 1$ 结果的重复。分数幂(开方)运算有一个很有趣的结果，试试看：

$$2^{1/2} = \sqrt{|2|}\,\mathrm{e}^{\mathrm{i}\frac{2k\pi}{2}} = \begin{cases} \sqrt{|2|}\,\mathrm{e}^{\mathrm{i}\cdot 0} \\ \sqrt{|2|}\,\mathrm{e}^{\mathrm{i}\cdot\pi} \end{cases} = \begin{cases} \sqrt{|2|} \\ -\sqrt{|2|} \end{cases} \quad (1.3.16)$$

这个结果支持复数分数幂的运算是实数分数幂运算的扩展。在实数的 $1/n$ 次幂运算中，**在实数范围内**：当 n 为奇数时，正实数的 $1/n$ 次幂只有一个值，当 n 为偶数时有两个值；当 n 为奇数时，负实数的 $1/n$ 次幂有一个值，当 n 为偶数时不能计算。**在复数范围内**，情况将有什么样的变化？下面计算几个特例，并在复平面上展现复数与实数分数幂的关系。

$$(-1)^{1/3} = \left[\mathrm{e}^{\mathrm{i}(2k+1)\pi}\right]^{1/3} = \begin{cases} \mathrm{e}^{\mathrm{i}\frac{\pi}{3}} = \dfrac{1}{2} + \mathrm{i}\dfrac{\sqrt{3}}{2} & (k = 0) \\ \mathrm{e}^{\mathrm{i}\left(\frac{\pi}{3} + \frac{2\pi}{3}\right)} = -1 & (k = 1) \\ \mathrm{e}^{\mathrm{i}\left(\frac{\pi}{3} + \frac{4\pi}{3}\right)} = \dfrac{1}{2} - \mathrm{i}\dfrac{\sqrt{3}}{2} & (k = 2) \end{cases} \quad (1.3.17)$$

$(-1)^{1/3}$ 的几何表示如图 1.3-6 所示。负实数的 $1/(2n+1)$ 次幂的值是将负实数作为复数时 $1/(2n+1)$ 次幂后 $(2n+1)$ 个值当中的一个，也就是说，复数的分数幂是实数分数次幂的扩展。这样就解决了负数不能开偶次根号的问题。

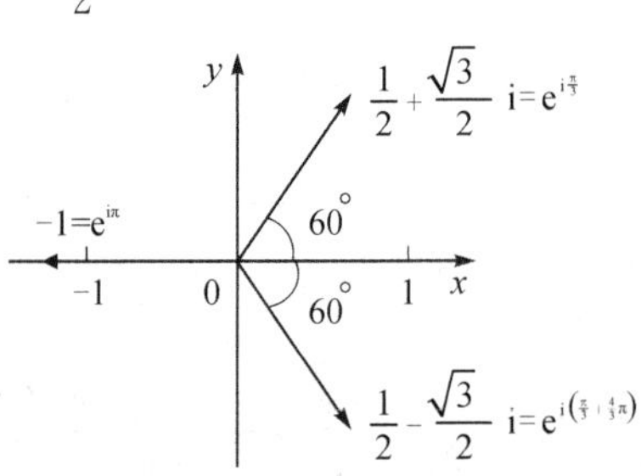

图 1.3-6 $(-1)^{1/3}$ 的几何表示

(8) 复数等式和不等式的几何。

下面两式：

$$|z| \leqslant 2 \quad (1.3.18)$$

$$|z-a|=|z-b| \tag{1.3.19}$$

对应的几何图形如图 1.3－7 所示。这样的几何图形可以直接从复数的几何意义理解，也可运用解析几何来理解，比如：

$|z| \leqslant 2 \Rightarrow \sqrt{x^2+y^2}\leqslant 2 \Rightarrow x^2+y^2\leqslant 4$（圆面方程）

$|z-a|=|z-b|$

$\Rightarrow |x+\mathrm{i}y-a_x-\mathrm{i}a_y|=|x+\mathrm{i}y-b_x-\mathrm{i}b_y|$

$\Rightarrow \sqrt{(x-a_x)^2+(y-a_y)^2}=\sqrt{(x-b_x)^2+(y-b_y)^2}$

$\Rightarrow (x-a_x)^2+(y-a_y)^2=(x-b_x)^2+(y-b_y)^2$

$\Rightarrow y=-\dfrac{b_x-a_x}{b_y-a_y}\left[x-\dfrac{a_x+b_x}{2}\right]+\dfrac{b_y+a_y}{2}$　（中垂线方程）

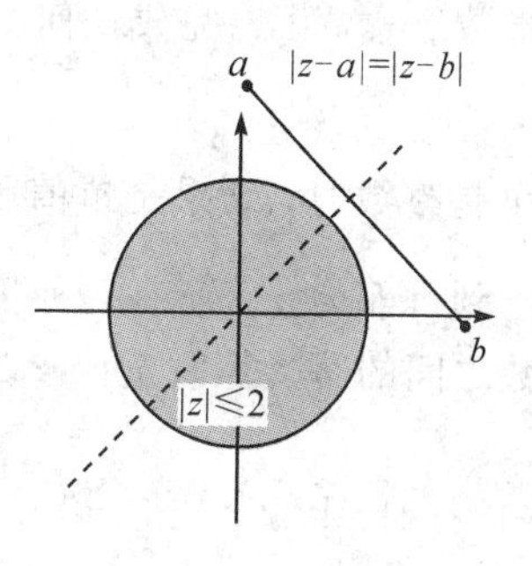

图 1.3－7　圆与中垂线的几何图形

练习 1.3.5(c)

1. 计算下列复数的值，并在复平面内(图 1)表示。

(1) $(8)^{1/3}=$

(2) $(-8)^{1/3}=$

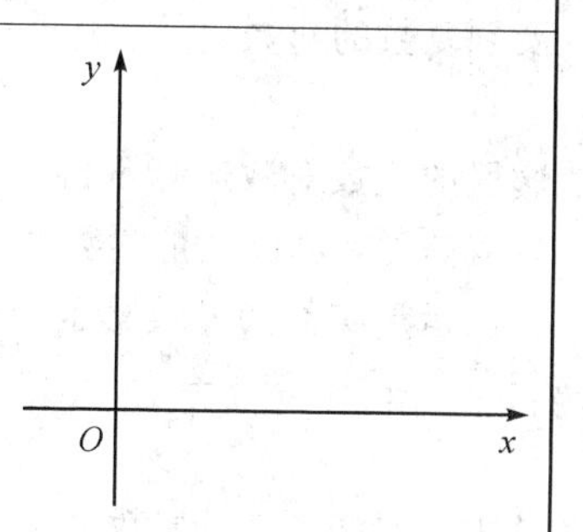

图 1

2. 在复平面内(图 2)画出以下表达式的图形：

(1) $\mathrm{Re}z>\dfrac{1}{2}$

(2) $|z|+\mathrm{Re}z\leqslant 1$

(3) $\left|\dfrac{z-1}{z+1}\right|=1$

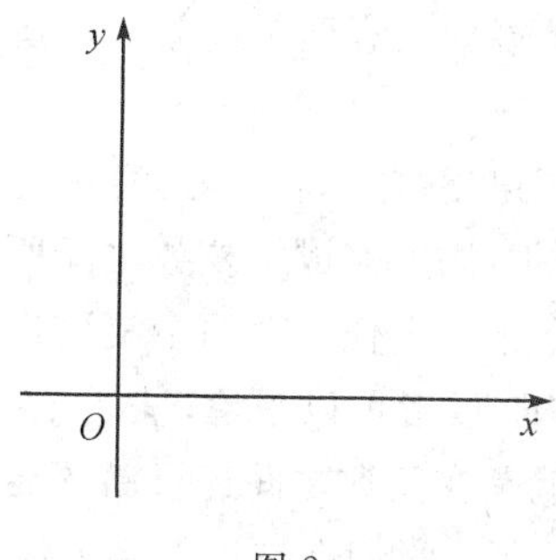

图 2

3. 已知 $z_1=2+\mathrm{i}$，$z_2=1+\mathrm{i}$，求：

(1) $z_1+z_2=$　　(2) $z_1-z_2=$

(3) $z_1\cdot z_2=$　　(4) $z_1\div z_2=$

(5) $z_1^{\mathrm{Re}z_2}=$　　(6) $z_1^{\mathrm{Im}z_2}=$

(7) $z_1^{z_2}=$

4. 将下列复数表示为代数式(a，b 为实常数)：

(1) $\sqrt{a+\mathrm{i}b}=$　　(2) $\sqrt[3]{\mathrm{i}}=$

(3) $\mathrm{i}^{\mathrm{i}}=$　　(4) $\sqrt[\mathrm{i}]{\mathrm{i}}=$

5. 利用复数运算证明三角函数的倍角公式：

(1) $\cos 5\varphi=\cos^5\varphi-10\cos^3\varphi\sin^2\varphi+5\cos\varphi\sin^4\varphi$

(2) $\sin 5\varphi=5\cos^4\varphi\sin\varphi-10\cos^2\varphi\sin^3\varphi+\sin^5\varphi$

6. 利用复数运算化简下列三角函数：

(1) $\cos\varphi+\cos 2\varphi+\cos 3\varphi+\cdots+\cos n\varphi$

(2) $\sin\varphi+\sin 2\varphi+\sin 3\varphi+\cdots+\sin n\varphi$

3. 虚数幂扩展

以上内容讨论了复数的加、减、乘、除、乘方、分数幂(开方)运算。实际上，运用复数的指数形式，可以完成任何复数的实数幂运算：

$$z^x = (\rho e^{i\varphi})^x = \rho^x e^{ix\varphi} \quad (x \in \mathbf{R}) \tag{1.3.20}$$

当 x 是整数时，结果是单值函数；当 x 是分数 $\frac{n}{m}$ 时，结果有 m 个取值。

到目前为止，还有一种情况没有讨论，即对于任意的两个复数 z，s 的幂运算 z^s。计算复数之间的幂运算时选取 z 的形式为指数式 $\rho e^{i\varphi}$，而选取 s 的形式为代数式 $s = x + iy$：

$$z^s = (\rho e^{i\varphi})^{x+iy} = (\rho e^{i\varphi})^x (\rho e^{i\varphi})^{iy} = \rho^x e^{ix\varphi} \rho^{iy} e^{-\varphi y} \tag{1.3.21}$$

式(1.3.21)中 ρ^x，$e^{ix\varphi}$，$e^{-\varphi y}$ 都能计算，只有 $\rho^{iy} = (\rho^y)^i$ 出现了实数的 i 次幂，但前面所学的知识并没有提及实数的虚数幂运算，这又产生了新的问题：实数的虚数幂怎么计算？

解决这个问题的思路是利用幂运算是对数运算的逆运算。先将正实数的对数运算扩展到复数的对数运算：

$$\ln z = \ln(|z| e^{i\arg z}) = \ln|z| + i\arg z \tag{1.3.22}$$

这里的复数对数运算不再是单值的，当 z 为正实数时，$\arg z$ 取 0 即是正实数的对数运算。也就是说，可以将正实数的对数运算看成复数对数运算多个值中的一个特殊值。这样，就可以运算实数的虚数幂了：

$$x^i = e^{\ln x^i} = e^{i(\ln|x| + i\arg x)} = e^{i\ln|x|} e^{-\arg x} = e^{-\arg x}[\cos(\ln|x|) + i\sin(\ln|x|)] \tag{1.3.23}$$

其中 $x \in \mathbf{R}$，由于复数的辐角是多值的，因此其虚数幂运算的结果也是多值的。

到这里已经完成了实数运算的所有扩展，但是幂运算涉及了对数运算。可以将式(1.3.23)扩展到任意两个复数的幂运算，式(1.3.21)可表达为

$$z^s = e^{\ln z^s} = e^{s\ln z} \tag{1.3.24}$$

所以复数之间的幂运算可能是多值的。

以上完成了复数之间所有的运算扩展，并且进行运算后结果不会超出复数集，即在复数集合中任意选两个复数进行以上的运算(加、减、乘、除、幂运算)，其结果都在复数集合内。读者可以想象，是否存在两个复数进行某个运算后结果不在复数集(**C**)中的情况？也就是在复数之间进行新的运算，其结果能否超出复数。这是未来数学家或物理学家讨论的问题，我们在这里不再关注。

在实数集合中，实数之间进行的某些运算的结果仍在实数集合中，对一个或多个**变量**进行多种运算的结果称为**实变函数**，那么是否存在**复变函数**呢？如果有，那么复变函数应该是实变函数的扩展，但怎么扩展？请阅读下一节。

1.4 实变函数扩展到复变函数

1.4.1 复变函数

复数 z 在**点集** E 内取值，将复数 z 进行一系列运算，表示为 $f(z)$，即

$$\omega = f(z) \quad (z \in E) \tag{1.4.1}$$

则称 ω 是复数 z 的**复变函数**，z 称为**宗量**。实变函数中自变量的变化范围为**实数区间**，对应着实轴上的一段线段。**复变函数**的宗量也有一定的范围，由于 z 对应着复平面上的点，因此 z 的变化范围对应着复平面上的区域或曲线。

在复变函数论中，主要讨论**解析函数**①。

1.4.2　区域解释

在**解析函数**论中，函数的定义域不是一般的**点集**，而是满足一定条件的点集，称为**区域**，用 B 表示。为了说明区域，先介绍几个概念：**邻域**，**内点**，**外点**，**边界点**。

邻域：以复数 z_0 点为圆心，任意小正实数 ε 为半径的圆包围的点集称为 z_0 点的邻域，如图 1.4 - 1(a)所示。

内点：若 z_0 点及其邻域都属于点集 E，则称 z_0 点是点集 E 的内点，如图 1.4 - 1(b)所示。

外点：若 z_0 点及其邻域都不属于点集 E，则称 z_0 点是点集 E 的外点，如图 1.4 - 1(c)所示。

边界点：若 z_0 点及其邻域部分属于点集 E，部分不属于点集 E，则称 z_0 点是点集 E 的边界点，如图 1.4 - 1(d)所示。点集 E 的全体边界点构成**边界线**。

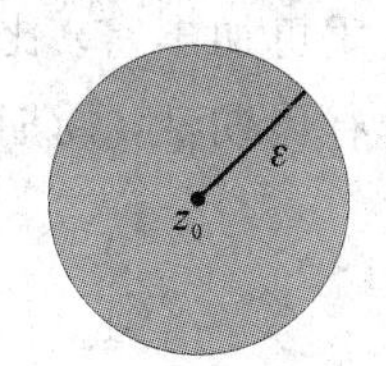

(a) z_0点的邻域

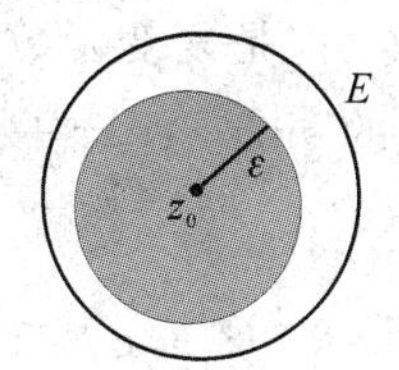

(b) z_0是点集E的内点

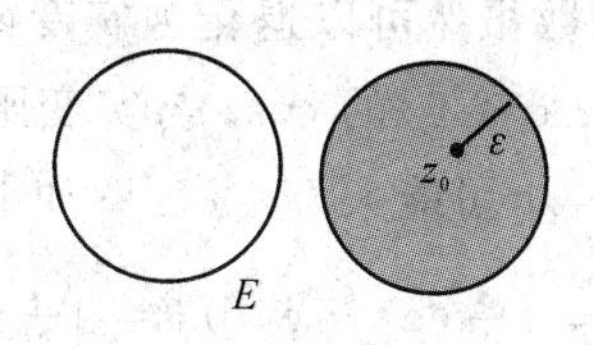

(c) z_0是点集E的外点

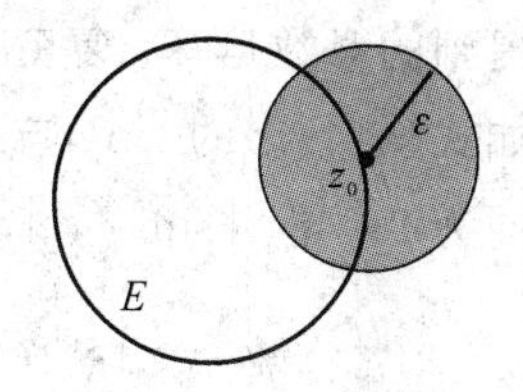

(d) z_0是点集E的边界点

图 1.4 - 1　邻域、内点、外点、边界点

区域 B：一种特殊的点集，满足条件：

(1) 全部由内点组成。

(2) 具有连通性(点集中任意两点都可以用一条折线连接起来，折线上所有的点都属于该点集)。

闭区域：区域 B 及其边界线组成的点集，用 $\overline{B}$ 表示。

1.4.3　复变函数特例

复变函数特例如下：

多项式函数：

$$f(z) = a_0 + a_1 z + a_2 z^2 + \cdots + a_n z^n \quad (n\text{ 为正整数}) \tag{1.4.2}$$

有理分式函数：

$$f(z) = \frac{a_0 + a_1 z + a_2 z^2 + \cdots + a_n z^n}{b_0 + b_1 z + b_2 z^2 + \cdots + b_m z^m} \quad (n\text{ 和 }m\text{ 为正整数}) \tag{1.4.3}$$

---

① 解析函数的概念见后文。

自然指数函数：

$$e^z = e^{x+iy} = e^x \cdot e^{iy} = e^x(\cos y + i\sin y) \tag{1.4.4}$$

正、余弦函数：

$$\sin z = \frac{1}{2i}(e^{iz} - e^{-iz}) \tag{1.4.5}$$

$$\cos z = \frac{1}{2}(e^{iz} + e^{-iz}) \tag{1.4.6}$$

正、余弦双曲线函数：

$$\sinh z = \frac{1}{2}(e^z - e^{-z}) \tag{1.4.7}$$

$$\cosh z = \frac{1}{2}(e^z + e^{-z}) \tag{1.4.8}$$

对数函数：

$$\ln z = \ln(|z| e^{i\arg z}) = \ln|z| + i\arg z\ (\text{多值函数}) \tag{1.4.9}$$

幂函数：

$$z^s = e^{s\ln z}\ (s\ \text{为复常数}, z\ \text{为宗量}) \tag{1.4.10}$$

以上复变函数都能在 z 为实数时完全退化为实变函数，而式(1.4.9)正是式(1.3.22)提到的对数运算。复变函数虽然可以退化为实变函数，但是复变函数的性质更加丰富。比如式(1.4.5)的 $\sin z$ 与式(1.4.6)的 $\cos z$ 与实变函数的 $\sin x$，$\cos x$ 一样具有周期性，周期同为 2π，但 $|\sin z|$，$|\cos z|$ 可能大于 1。证明如下：

$$|\sin z| = \left|\frac{1}{2i}(e^{iz} - e^{-iz})\right| = \left|\frac{1}{2}\right| \cdot \left|e^{i(x+iy)} - e^{-i(x+iy)}\right| \tag{1.4.11}$$

分离出复数的实部和虚部，经计算得

$$|\sin z| = \frac{1}{2}\sqrt{(e^{2y} + e^{-2y}) + 2(\sin^2 x - \cos^2 x)} \tag{1.4.12}$$

利用同样的方法可证明：

$$|\cos z| = \frac{1}{2}\sqrt{(e^{2y} + e^{-2y}) + 2(\cos^2 x - \sin^2 x)} \tag{1.4.13}$$

从上面的两个式子可看出 $|\sin z|$，$|\cos z|$ 完全可能大于 1。

1.4.4 复变函数的二元实变函数表示

复变函数是对宗量 z 进行一系列运算的集合，不管宗量的变化区域是什么，每一次运算的结果一定为复数，即函数值一定是复数，所以总可以将复变函数值表示为实部和虚部的形式。由于 $z = x + iy$ 可以看成 x，y 的二元函数，因此函数 $f(z)$ 总可以表示为

$$f(z) = u(x, y) + iv(x, y) \tag{1.4.14}$$

其中，$u(x, y)$，$v(x, y)$ 为实变函数，即复变函数总可表示为两个二元实变函数的组合。这样，二元实变函数的导数、积分、级数等运算规律都可以扩展为复变函数的导数、积分、级数等运算，具体怎么扩展，有什么新的性质？第 2 章至第 7 章将详尽介绍。

练习 1.4.4

1. 证明 $\cos z$ 具有周期 2π。

以上内容介绍了复数运算及其复变函数，同时介绍了一些复变函数的初等函数，复变函数总可以表示为两个二元实变函数的组合。但是能不能将实变函数运算(如导数、积分、级数展开等)扩展到复变函数呢？如果可以，该怎么操作？下面分三个问题讲解。第一个问题：如何扩展函数的导数？第二个问题：如何扩展函数的积分？第三个问题：如何扩展函数的级数展开？这三个问题分别对应第 2 章、第 3 章、第 4 章。

第 2 章　复变函数的导数与解析函数

2.1　复变函数的导数

在区域 B 上，函数 $\omega = f(z)$ 是单值函数，在 B 上的一点 z，若极限：

$$\lim_{\Delta z\to 0}\frac{\Delta\omega}{\Delta z}=\lim_{\Delta z\to 0}\frac{f(z+\Delta z)-f(z)}{\Delta z} \tag{2.1.1}$$

同时满足：① 存在；② 与 $\Delta z\to 0$ 的方式无关，则称 $\omega = f(z)$ 在 z 点可导。此极限值称为 $f(z)$ 在 z 点的导数值，用 $f'(z)$ 或 $\dfrac{\mathrm{d}f(z)}{\mathrm{d}z}$ 表示；否则，称函数 $\omega=f(z)$在 z 点不可导。

为了更好地理解复变函数导数的定义，这里有必要解释导数定义中*极限存在*和*与 $\Delta z\to 0$ 的方式无关*这两个条件：

① 极限存在的意义是指：极限值是一个模为有限值的复数，即实部与虚部都为有限实数，与实变函数导数定义中极限存在相对应。

② 极限值与 $\Delta z\to 0$ 的方式无关是指：如图 2.1－1 所示，给定 z 点，$z+\Delta z$ 可能是 a 点，也可能是 b 点，也可能是 c 点，……，这样将导致 Δz 可能沿各个方向(无穷多个方向)趋于零，这是非常高的要求。对应着实变函数导数定义中 Δx 沿左边和右边趋于零。

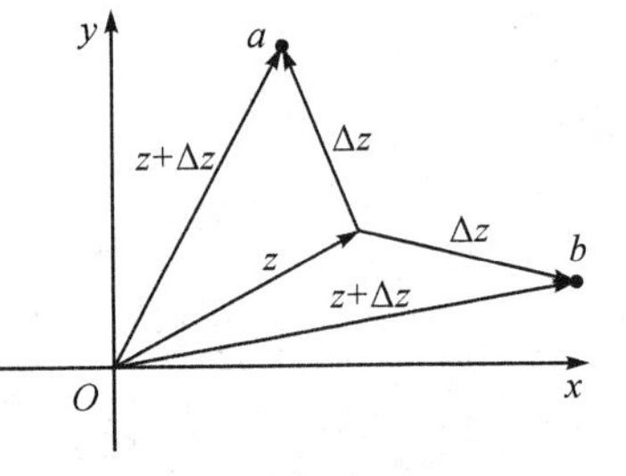

图 2.1－1　Δz 的几何意义

根据第二个条件，在极限计算困难时，导数的定义不具有直接判定函数在 z 点是否可导的功能，因为需要去证明 Δz 沿无穷多个方向趋于零的极限值相等。怎么找到函数在 z 点可导的判据呢？可以反过来思考，假定函数在 z 点可导，考察 Δz 从几个特殊方向趋于零后，式(2.1.1)的极限值相等有什么结果。这就是*柯西-黎曼条件*。

2.1.1　柯西-黎曼条件

假设函数在 z 点可导，则导数的定义式(2.1.1)要求：$\lim\limits_{\Delta z\to 0}[f(z+\Delta z)-f(z)]/\Delta z$ 与 $\Delta z\to 0$ 的方向无关，$\Delta z\to 0$ 的方式有无穷多种，考虑两种特殊情况。

第一种： $\Delta y\equiv 0$，Δz 沿实轴$\to 0$，对应的几何图形如图 2.1－2 所示，即 $\Delta z=\Delta x\to 0$，则

$$\lim_{\Delta z\to 0}\frac{f(z+\Delta z)-f(z)}{\Delta z}=\lim_{\Delta x\to 0}\frac{u(x+\Delta x,\ y)+\mathrm{i}v(x+\Delta x,\ y)-u(x,\ y)-\mathrm{i}v(x,\ y)}{\Delta x} \tag{2.1.2}$$

化简后可以表示为

$$\lim_{\Delta x \to 0} \frac{u(x+\Delta x, y)-u(x, y)+\mathrm{i}v(x+\Delta x, y)-\mathrm{i}v(x, y)}{\Delta x}=\frac{\partial u}{\partial x}+\mathrm{i}\frac{\partial v}{\partial x} \quad (2.1.3)$$

第二种：$\Delta x \equiv 0$，Δz 沿虚轴→0，对应的几何图形如图 2.1-3 所示，即 $\Delta z=\mathrm{i}\Delta y \to 0$，则

$$\lim_{\Delta z \to 0} \frac{f(z+\Delta z)-f(z)}{\Delta z}=\lim_{\mathrm{i}\Delta y \to 0} \frac{u(x, y+\Delta y)+\mathrm{i}v(x, y+\Delta y)-u(x, y)-\mathrm{i}v(x, y)}{\mathrm{i}\Delta y} \quad (2.1.4)$$

化简后可以表示为

$$\lim_{\mathrm{i}\Delta y \to 0} \frac{u(x, y+\Delta y)-u(x, y)+\mathrm{i}v(x, y+\Delta y)-\mathrm{i}v(x, y)}{\mathrm{i}\Delta y}=\frac{\partial v}{\partial y}-\mathrm{i}\frac{\partial u}{\partial y} \quad (2.1.5)$$

所以 $f(z)$ 在 z 点可导，导致以两种 $\Delta z \to 0$ 方式的极限值式(2.1.3)、式(2.1.5)应相等，即

$$\frac{\partial u}{\partial x}+\mathrm{i}\frac{\partial v}{\partial x}=\frac{\partial v}{\partial y}-\mathrm{i}\frac{\partial u}{\partial y} \quad (2.1.6)$$

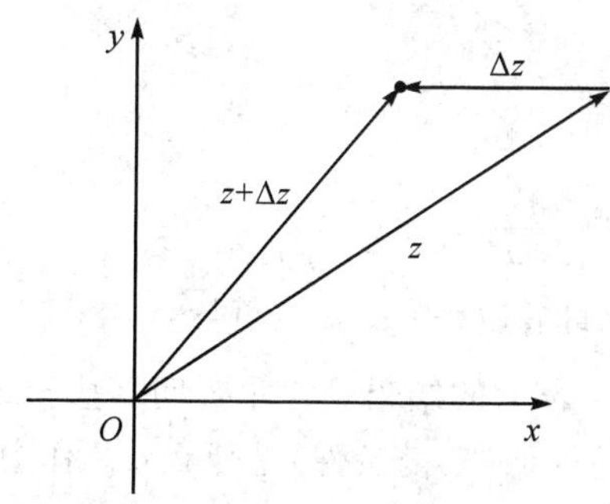

图 2.1-2　Δz 沿实轴趋于零的方式

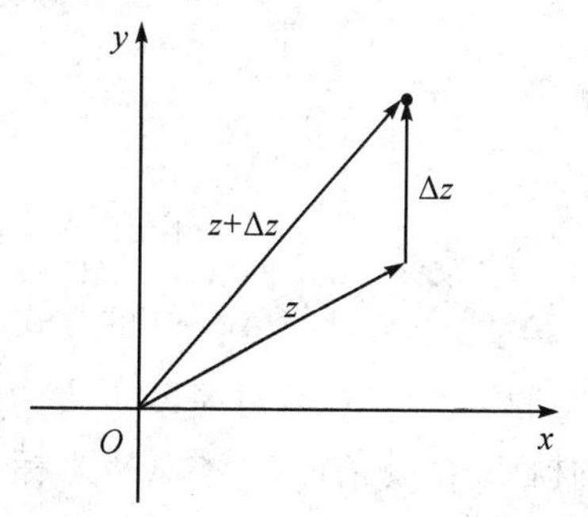

图 2.1-3　Δz 沿虚轴趋于零的方式

根据复数相等的假设，则有 $f(z)$ 在点 z 可导，$f(z)$ 的实部与虚部必须满足两个等式：

$$\begin{cases} \dfrac{\partial u}{\partial x}=\dfrac{\partial v}{\partial y} \\ \dfrac{\partial v}{\partial x}=-\dfrac{\partial u}{\partial y} \end{cases} \quad (2.1.7)$$

即函数的实部与虚部的偏导数在 z 点的值存在且满足式(2.1.7)，式(2.1.7)称为**柯西-黎曼条件，是复变函数在 z 点可导的必要条件**。**柯西-黎曼条件**反映出复变函数在 z 点可导，则复变函数的实部和虚部两个二元实变函数对应的四个偏导数在 z 点的值由柯西-黎曼条件关联，即在 z 点可导的复变函数的实部和虚部在一定程度上不是独立的。进一步，需要知道函数在 z 点可导的充分必要条件。

2.1.2　函数可导的充分必要条件

$f(z)$ **在 z 点可导的充分必要条件是** $\frac{\partial u}{\partial x}$，$\frac{\partial u}{\partial y}$，$\frac{\partial v}{\partial x}$，$\frac{\partial v}{\partial y}$ **在 z 点的值存在且连续，并且满足柯西-黎曼条件。**

证明　必要条件已经证明。下面证明充分条件：

因为 $\frac{\partial u}{\partial x}$，$\frac{\partial u}{\partial y}$，$\frac{\partial v}{\partial x}$，$\frac{\partial v}{\partial y}$ 连续，则 $u(x, y)$ 与 $v(x, y)$ 的增量为

$$\begin{cases}\Delta u=\dfrac{\partial u}{\partial x}\Delta x+\dfrac{\partial u}{\partial y}\Delta y+\varepsilon_1\Delta x+\varepsilon_2\Delta y\\[2ex]\Delta v=\dfrac{\partial v}{\partial x}\Delta x+\dfrac{\partial v}{\partial y}\Delta y+\varepsilon_3\Delta x+\varepsilon_4\Delta y\end{cases}\tag{2.1.8}$$

其中，当 $\Delta z\to 0$ 时，$\varepsilon_i(i=1,2,3,4)\to 0$。由式(2.1.1)和式(2.1.8)可得

$$\lim_{\Delta z\to 0}\frac{\Delta u+\mathrm{i}\Delta v}{\Delta z}=\lim_{\Delta z\to 0}\frac{\dfrac{\partial u}{\partial x}\Delta x+\dfrac{\partial u}{\partial y}\Delta y+\mathrm{i}\left(\dfrac{\partial v}{\partial x}\Delta x+\dfrac{\partial v}{\partial y}\Delta y\right)}{\Delta z}\tag{2.1.9}$$

考虑当 $\Delta z\to 0$ 时，$\varepsilon_i\to 0$，且 $\Delta z\to 0$ 等价于 $\Delta x\to 0$，$\mathrm{i}\Delta y\to 0$，则有：$|\Delta x/\Delta z|$ 和 $|\Delta y/\Delta z|$ 为有限值，应用柯西-黎曼条件式(2.1.7)得

$$\lim_{\Delta z\to 0}\frac{\dfrac{\partial u}{\partial x}\Delta x+\dfrac{\partial u}{\partial y}\Delta y+\mathrm{i}\left(\dfrac{\partial v}{\partial x}\Delta x+\dfrac{\partial v}{\partial y}\Delta y\right)}{\Delta z}=\lim_{\Delta z\to 0}\frac{\dfrac{\partial u}{\partial x}\Delta x-\dfrac{\partial v}{\partial x}\Delta y+\mathrm{i}\left(\dfrac{\partial v}{\partial x}\Delta x+\dfrac{\partial u}{\partial x}\Delta y\right)}{\Delta z}\tag{2.1.10}$$

化简结果为

$$\lim_{\Delta z\to 0}\frac{\Delta f}{\Delta z}=\frac{\partial u}{\partial x}+\mathrm{i}\frac{\partial v}{\partial x}\tag{2.1.11}$$

即极限 $\lim\limits_{\Delta z\to 0}\Delta f/\Delta z$ 存在，且与 $\Delta z\to 0$ 的方式无关，即得 $f(z)$ 在 z 点可导。

式(2.1.7)的柯西-黎曼条件是基于 z 的代数式表示的结果，自然要问，基于 z 的三角式或指数式的柯西-黎曼条件(也称为极坐标系下的柯西-黎曼条件)是什么？留作习题。

2.1.3　极坐标系下的柯西-黎曼条件

极坐标系下的柯西-黎曼条件形式如下：

$$\begin{cases}\dfrac{\partial u}{\partial \rho}=\dfrac{1}{\rho}\dfrac{\partial v}{\partial \varphi}\\[2ex]\dfrac{1}{\rho}\dfrac{\partial u}{\partial \varphi}=-\dfrac{\partial v}{\partial \rho}\end{cases}\tag{2.1.12}$$

练习 2.1.3
1. 证明极坐标系下的柯西-黎曼条件。(提示：一种方法是利用 Δz 可表示为 $\Delta(\rho\mathrm{e}^{\mathrm{i}\varphi})=\mathrm{e}^{\mathrm{i}\varphi}\Delta\rho+\rho\mathrm{i}\mathrm{e}^{\mathrm{i}\varphi}\Delta\varphi$，另一种方法是利用坐标变换式 $x=\rho\cos\varphi$，$y=\rho\sin\varphi$)

以上定义了复变函数的导数，经研究发现，复变函数有以下的求导规则。

2.1.4　复变函数的求导规则

复变函数的导数是实变函数的推广，其求导规则与实变函数的求导规则在形式上类似，当 z 是实数时则退化为实变函数的导数，即

$$\frac{\mathrm{d}}{\mathrm{d}z}z^n=nz^{n-1},\quad \frac{\mathrm{d}}{\mathrm{d}z}(\omega_1\pm\omega_2)=\frac{\mathrm{d}\omega_1}{\mathrm{d}z}\pm\frac{\mathrm{d}\omega_2}{\mathrm{d}z},\quad \frac{\mathrm{d}}{\mathrm{d}z}\mathrm{e}^z=\mathrm{e}^z,\quad \frac{\mathrm{d}}{\mathrm{d}z}(\omega_1\omega_2)=\frac{\mathrm{d}\omega_1}{\mathrm{d}z}\omega_2+\omega_1\frac{\mathrm{d}\omega_2}{\mathrm{d}z}$$

$$\frac{\mathrm{d}}{\mathrm{d}z}\sin z=\cos z,\quad \frac{\mathrm{d}}{\mathrm{d}z}\left(\frac{\omega_1}{\omega_2}\right)=\frac{\omega'_1\omega_2-\omega_1\omega'_2}{\omega_2^2},\quad \frac{\mathrm{d}}{\mathrm{d}z}\cos z=-\sin z,\quad \frac{\mathrm{d}\omega}{\mathrm{d}z}=\frac{1}{\mathrm{d}z/\mathrm{d}\omega}$$

$$\frac{\mathrm{d}}{\mathrm{d}z}\ln z = \frac{1}{z}, \quad \frac{\mathrm{d}}{\mathrm{d}z}[F(\omega)] = \frac{\mathrm{d}F}{\mathrm{d}\omega} \cdot \frac{\mathrm{d}\omega}{\mathrm{d}z}$$

以上是讨论复变函数在一点可导的属性，函数在一点可导就对复变函数的实部和虚部提出了如此严格的条件。如果定义在某个区域上的复变函数在区域上的每一点都可导，是不是对复变函数有更高的要求？这是下面要介绍的解析函数。什么是解析函数？解析函数具有什么性质？

练习 2.1.4

1. 求解下列复变函数的导数。

(1) $\sin z$　　(2) $e^{2z}\cos 4z$

(3) $e^{2z}\sinh z$　　(4) $e^{2z}\cosh 4z$

2.2 解析函数

2.2.1 解析函数的定义

要定义*解析函数*，需先定义函数在 z_0 点解析：

如果函数 $f(z)$ 在 z_0 点及其邻域处处可导，则称 $f(z)$ 在 z_0 点*解析*。

进一步定义*解析函数*：

在区域 B 上，如果 $f(z)$ 在每一点都解析，则称 $f(z)$ 为区域 B 上的解析函数。

因此，**若函数 $f(z)$ 在 P 点解析，则函数 $f(z)$ 在 P 点一定可导；相反，若函数 $f(z)$ 在 P 点可导，则不一定在 P 点解析**[①]。

这种定义解析函数的方法不具有可操作性。也就是说，定义并不能作为函数在区域上是否解析的判定标准。如何判断一个函数在区域上解析，这里不做详细的讨论，仅列举一些解析函数实例，并先讨论解析函数的基本性质。

2.2.2 解析函数特例

解析函数的特例如下：

(1) $\sin z$, $\cos z$ 是全复平面上的解析函数。

(2) e^z 是全复平面上除 $z=\infty$ 点的解析函数。

(3) z^3 是全复平面上除 $z=\infty$ 点的解析函数。

(4) $\ln z$ 是全复平面上除 $z=\infty$ 点的解析函数。

2.2.3 解析函数的性质

1. 正交性

若函数 $f(z)=u(x, y)+\mathrm{i}v(x, y)$ 在区域 B 上解析，则

① 解析函数的完整表述为在**区域 B 上的解析函数**，**函数导数**的完整表述为在某一点 z 的导数。

$$u(x, y) = C_1, \upsilon(x, y) = C_2 \tag{2.2.1}$$

在区域 B 上是两组正交的曲线(C_1，C_2 取一系列值)。

证明 已知函数 $f(z)$ 在区域 B 上解析，则在区域 B 上的每一点都满足柯西-黎曼条件：

$$\begin{cases} \dfrac{\partial u}{\partial x} = \dfrac{\partial \upsilon}{\partial y} \\ \dfrac{\partial \upsilon}{\partial x} = -\dfrac{\partial u}{\partial y} \end{cases} \tag{2.2.2}$$

两式相乘得

$$\frac{\partial u}{\partial x}\frac{\partial \upsilon}{\partial x} = -\frac{\partial u}{\partial y}\frac{\partial \upsilon}{\partial y} \tag{2.2.3}$$

即

$$\frac{\partial u}{\partial x}\frac{\partial \upsilon}{\partial x} + \frac{\partial u}{\partial y}\frac{\partial \upsilon}{\partial y} = 0 \tag{2.2.4}$$

即

$$\nabla u \cdot \nabla \upsilon = 0 \tag{2.2.5}$$

其中，$\nabla = \dfrac{\partial}{\partial x}\boldsymbol{i} + \dfrac{\partial}{\partial y}\boldsymbol{j}$（$\boldsymbol{i}$、$\boldsymbol{j}$ 是 x，y 轴方向的单位矢量）是梯度算符在直角坐标系中的形式，∇u，$\nabla \upsilon$ 正是函数 $u(x, y)$，$\upsilon(x, y)$ 的梯度。式(2.2.5)表示梯度 ∇u 与梯度 $\nabla \upsilon$ 正交，所以曲线正交。

比如，$f(z) = z = x + \mathrm{i}y$，实部和虚部分别为 x，y，函数族 $x = C_1$ 对应着平行于虚轴的一系列直线，同样 $y = C_2$ 对应着平行于实轴的一系列直线，如图 2.2-1 所示。又如，$f(z) = z^2 = x^2 - y^2 + 2\mathrm{i}xy$，实部与虚部分别为 $x^2 - y^2$，$2xy$，函数族 $x^2 - y^2 = C_1$ 对应着双曲线，$2xy = C_2$ 对应着反比例曲线，如图 2.2-2 所示。可以看出，两条相交的曲线在交点处切线正交。图 2.2-3 是 $f(z) = \sin z$ 的实部与虚部族。图 2.2-1～图 2.2-3 是利用 Mathematica 软件的隐函数画图命令绘制的①。

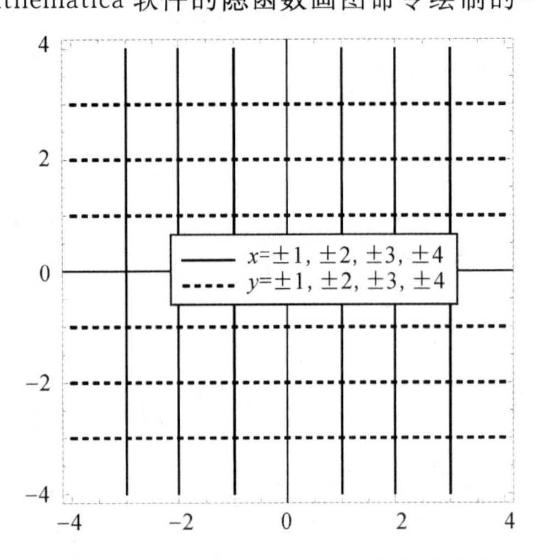

图 2.2-1 函数 $f(z) = z$ 的实部与虚部族

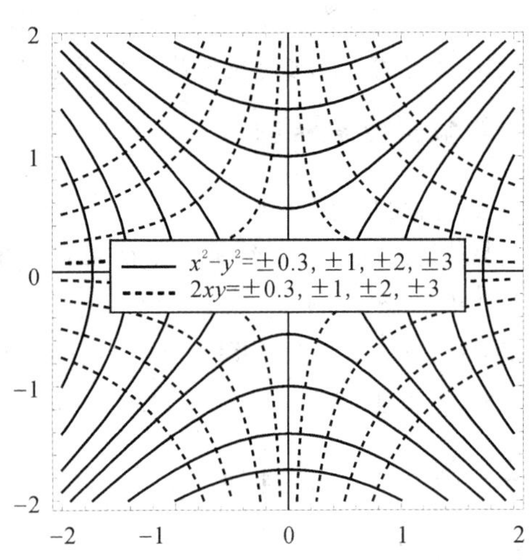

图 2.2-2 函数 $f(z) = z^2$ 的实部与虚部族

① Mathematica 隐函数画图命令：ContourPlot[f[x, y]==0, {x, min, max}, {y, min, max}]。注意字母的大小写与双等号。

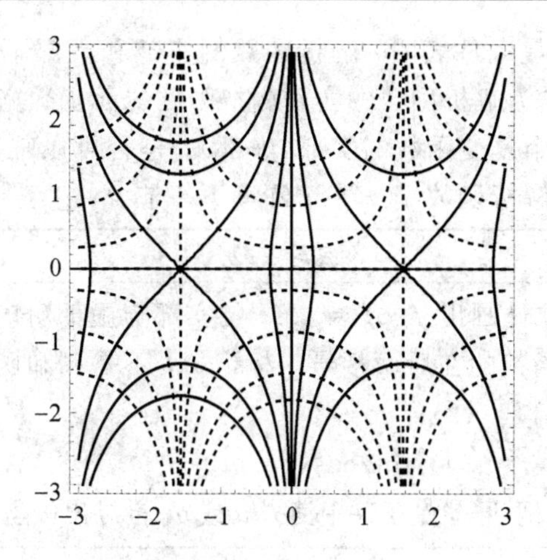

图 2.2-3　函数 $f(z)=\sin z$ 的实部与虚部族

2. 调和函数的性质

复变函数的*调和函数*[1]的性质：若函数 $f(z)=u(x, y)+\mathrm{i}v(x, y)$ 在区域 B 上解析，则 $u(x, y)$，$v(x, y)$ 都是*调和函数*，即

$$\frac{\partial^2 u}{\partial x^2}+\frac{\partial^2 u}{\partial y^2}=0,\ \frac{\partial^2 v}{\partial x^2}+\frac{\partial^2 v}{\partial y^2}=0 \tag{2.2.6}$$

证明　由柯西-黎曼条件 $\frac{\partial u}{\partial x}=\frac{\partial v}{\partial y}$，$\frac{\partial u}{\partial y}=-\frac{\partial v}{\partial x}$ 得

$$\frac{\partial^2 u}{\partial x^2}=\frac{\partial^2 v}{\partial y\,\partial x} \tag{2.2.7}$$

$$\frac{\partial^2 u}{\partial y^2}=-\frac{\partial^2 v}{\partial x\,\partial y} \tag{2.2.8}$$

对比式(2.2.7)和式(2.2.8)，则

$$\frac{\partial^2 u}{\partial x^2}+\frac{\partial^2 u}{\partial y^2}=0 \tag{2.2.9}$$

同样地，由柯西-黎曼条件得

$$\frac{\partial^2 u}{\partial x\,\partial y}=\frac{\partial^2 v}{\partial y^2} \tag{2.2.10}$$

$$\frac{\partial^2 u}{\partial y\,\partial x}=-\frac{\partial^2 v}{\partial x^2} \tag{2.2.11}$$

对比式(2.2.10)和式(2.2.11)得

$$\frac{\partial^2 v}{\partial x^2}+\frac{\partial^2 v}{\partial y^2}=0 \tag{2.2.12}$$

式(2.2.9)和式(2.2.12)说明**解析函数的实部和虚部都是*调和函数***。

---

① **调和函数的定义**：若二元函数 $H(x, y)$ 在区域 B 上存在二阶连续偏导数，且满足*拉普拉斯方程*：

$$\nabla^2 H(x, y)=\frac{\partial^2 H}{\partial x^2}+\frac{\partial^2 H}{\partial y^2}=0$$

则称二元函数 $H(x, y)$ 是调和函数。其中 $\nabla^2=\frac{\partial^2}{\partial x^2}+\frac{\partial^2}{\partial y^2}$ 是*拉普拉斯算符*在直角坐标系下的形式。

式(2.1.7)的柯西-黎曼条件表明，解析函数的实部和虚部不是独立的，而是相互关联的。式(2.2.6)表明了能作为解析函数的实部(虚部)的二元函数必须满足的条件。如果有一个调和函数，把它作为某个复变函数的实部(虚部)，是否可以唯一确定一个解析函数的虚部(实部)？进而确定一个解析函数 $f(z)$？请阅读下一节。

练习 2.2.3
1. 用 Mathematica 软件画出 $f(z)=\cos z$ 的实部与虚部对应的函数族，并证明正交。 2. 下列函数是调和函数的在后面括号内标记✓，不是调和函数的标记✕。 (1) $e^x\sin y$ (　　)　　(2) $e^x\cos y$ (　　) (3) $e^x y$ (　　)　　(4) $\sin x\cos y$ (　　) 3. 试从极坐标系中的柯西-黎曼条件中消去 u 或 v，推导出极坐标系下的拉普拉斯方程。

2.2.4 解析函数实部与虚部的关联

1. 已知实部求虚部

假设有一个调和函数 $u(x, y)$，寻找另一个调和函数 $v(x, y)$，将其与 $u(x, y)$ 一起构成解析函数。因为 $v(x, y)$ 必须是调和函数，根据二元实变函数的微分：

$$\mathrm{d}v=\frac{\partial v}{\partial x}\mathrm{d}x+\frac{\partial v}{\partial y}\mathrm{d}y \tag{2.2.13}$$

再由柯西-黎曼条件式(2.1.7)将其中的偏导数变换后得

$$\mathrm{d}v=-\frac{\partial u}{\partial y}\mathrm{d}x+\frac{\partial u}{\partial x}\mathrm{d}y \tag{2.2.14}$$

式(2.2.14)是全微分，则 $v(x, y)=\int \mathrm{d}v$ 与积分路径无关，可选以下积分方法求得函数$v(x, y)$：

(1) 曲线积分。

(2) 凑全微分显式法。

(3) 不定积分法。

下面通过具体的实例展示如何由实部求虚部。

例 1　已知解析函数 $f(z)$ 的实部 $u(x, y)=x^2-y^2$，求虚部和这个解析函数。

解　验证 $u(x, y)$ 是否为调和函数：

$$\frac{\partial^2 u}{\partial x^2}=2,\ \frac{\partial^2 u}{\partial y^2}=-2 \tag{2.2.15}$$

即

$$\frac{\partial^2 u}{\partial x^2}+\frac{\partial^2 u}{\partial y^2}=0 \tag{2.2.16}$$

则 $u(x, y)$是调和函数。下面通过三种方法展示求虚部的过程。

1) 曲线积分法

(1) 由实部 $u(x, y)$求偏导数：

$$\frac{\partial u}{\partial x}=2x,\ \frac{\partial u}{\partial y}=-2y \tag{2.2.17}$$

(2) 根据柯西-黎曼条件求虚部的偏导数：

$$\frac{\partial v}{\partial x}=2y,\ \frac{\partial v}{\partial y}=2x \tag{2.2.18}$$

(3) 根据二元实变函数微分得

$$\mathrm{d}v=2y\mathrm{d}x+2x\mathrm{d}y \tag{2.2.19}$$

(4) 根据全微分性质取特殊积分路径：

$$v=\int_{(0,\ 0)}^{(x,\ y)} 2y\mathrm{d}x+2x\mathrm{d}y+C \tag{2.2.20}$$

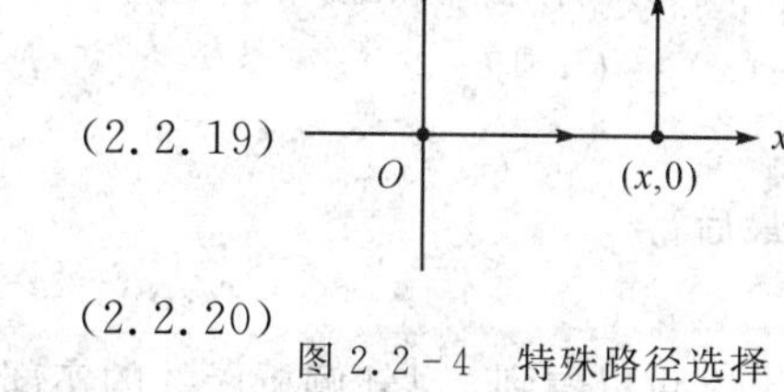

图 2.2-4　特殊路径选择

采用如图 2.2-4 所示的积分路径得

$$v=\int_{(0,\ 0)}^{(x,\ 0)} 2y\mathrm{d}x+2x\mathrm{d}y+\int_{(x,\ 0)}^{(x,\ y)} 2y\mathrm{d}x+2x\mathrm{d}y+C=\int_{(x,\ 0)}^{(x,\ y)} 2x\mathrm{d}y+C=2xy+C \tag{2.2.21}$$

最后有一个常数无法确定。

2) 凑全微分显示法

为了过程的完整性，此处重复路径积分法的前三步。

(1) 由实部 $u(x,\ y)$ 求偏导数：

$$\frac{\partial u}{\partial x}=2x,\ \frac{\partial u}{\partial y}=-2y \tag{2.2.22}$$

(2) 根据柯西-黎曼条件求虚部的偏导数：

$$\frac{\partial v}{\partial x}=2y,\ \frac{\partial v}{\partial y}=2x \tag{2.2.23}$$

(3) 根据二元实变函数微分得

$$\mathrm{d}v=2y\mathrm{d}x+2x\mathrm{d}y \tag{2.2.24}$$

(4) 由式(2.2.24)观察得，右端是全微分 $\mathrm{d}(2xy)$，即

$$\mathrm{d}v=\mathrm{d}(2xy) \tag{2.2.25}$$

(5) 全微分积分得

$$v(x,\ y)=2xy+C \tag{2.2.26}$$

与路径积分法的结果一样。

3) 不定积分法

(1) 由实部 $u(x,\ y)$ 求偏导数：

$$\frac{\partial u}{\partial x}=2x,\ \frac{\partial u}{\partial y}=-2y \tag{2.2.27}$$

(2) 根据柯西-黎曼条件求虚部偏微分：

$$\frac{\partial v}{\partial y}=2x,\ \frac{\partial v}{\partial x}=2y \tag{2.2.28}$$

(3) 积分第一个等式，将 $\frac{\partial v}{\partial y}=2x$ 两边对 y 积分，并将 x 作为参数，则

$$v=\int 2x\mathrm{d}y+\varphi(x)=2xy+\varphi(x) \tag{2.2.29}$$

(4) 将式(2.2.29)对 x 求导数得

$$\frac{\partial v}{\partial x}=2y+\varphi'(x) \tag{2.2.30}$$

(5) 确定未知函数，将式(2.2.30)与式(2.2.28)的第二式比较得 $\varphi'(x)=0$，所以有 $\varphi(x)=C$，则

$$v(x,y)=2xy+C \tag{2.2.31}$$

最后得

$$f(z)=x^2-y^2+\mathrm{i}(2xy+C)=z^2+\mathrm{i}C \tag{2.2.32}$$

可以看到，已知解析函数的实部，不能确定唯一的虚部，只能确定一系列虚部族。

2. 已知虚部求实部

例 2 已知解析函数 $f(z)$的虚部为 $v(x,y)=\sqrt{-x+\sqrt{x^2+y^2}}$，求解析函数的实部和这个解析函数 $f(z)$。

解 改用极坐标系，则

$$v(\rho,\varphi)=\sqrt{-\rho\cos\varphi+\rho}=\sqrt{\rho(1-\cos\varphi)}=\sqrt{2\rho}\sin\frac{\varphi}{2} \tag{2.2.33}$$

(1) 计算 $v(\rho,\varphi)$的偏导数：

$$\frac{\partial v}{\partial\rho}=\sqrt{\frac{1}{2\rho}}\sin\frac{\varphi}{2},\ \frac{\partial v}{\partial\varphi}=\sqrt{\frac{\rho}{2}}\cos\frac{\varphi}{2} \tag{2.2.34}$$

(2) 由极坐标系的柯西-黎曼条件得

$$\frac{\partial u}{\partial\rho}=\sqrt{\frac{1}{2\rho}}\cos\frac{\varphi}{2},\ \frac{\partial u}{\partial\varphi}=-\sqrt{\frac{\rho}{2}}\sin\frac{\varphi}{2} \tag{2.2.35}$$

根据二元实变函数表达 $u(\rho,\varphi)$ 的微分形式有

$$\mathrm{d}u=\frac{\partial u}{\partial\rho}\mathrm{d}\rho+\frac{\partial u}{\partial\varphi}\mathrm{d}\varphi=\sqrt{\frac{1}{2\rho}}\cos\frac{\varphi}{2}\mathrm{d}\rho-\sqrt{\frac{\rho}{2}}\sin\frac{\varphi}{2}\mathrm{d}\varphi \tag{2.2.36}$$

(3) 构造全微分：

$$\mathrm{d}u=\mathrm{d}\left(\sqrt{2\rho}\cos\frac{\varphi}{2}\right) \tag{2.2.37}$$

(4) 积分：

$$u=\sqrt{2\rho}\cos\frac{\varphi}{2}+C=\sqrt{x+\sqrt{x^2+y^2}}+C \tag{2.2.38}$$

确定的实部仍然带有一个不确定的常数。

练习 2.2.4	
1. 已知解析函数 $f(z)$的实部 $u(x,y)$或虚部 $v(x,y)$，求该解析函数。	
(1) $u(x,y)=\mathrm{e}^x\sin y$	(2) $u(x,y)=\mathrm{e}^x\cos y$
(3) $u(x,y)=\dfrac{x^2-y^2}{(x^2+y^2)^2}$，$f(\infty)=0$	(4) $u(x,y)=x^3-3xy^2$，$f(0)=0$
(5) $u(x,y)=\ln\rho$，$f(1)=0$	(6) $v(x,y)=\dfrac{y}{x^2+y^2}$，$f(2)=0$
(7) $v(x,y)=x^2-y^2+xy$，$f(0)=0$	(8) $v(x,y)=\varphi$，$f(1)=0$

第 3 章　复变函数的积分

第 2 章实现了将实变函数的导数扩展到复变函数的导数，这一章将扩展实变函数的积分为复数函数的积分。主要介绍三个内容：第一，如何将实变函数的积分扩展到复变函数？第二，如何进行复变函数的积分？第三，研究解析函数积分的重要性质。

3.1　复变函数的路径积分

3.1.1　复变函数路径积分的定义

如图 3.1－1 所示，$f(z)$ 是定义在一段光滑曲线 l 上的连续函数，从起点 A 开始，在曲线上取一系列的点 z_0，z_1，z_2，… z_n，将曲线分为 n 段，在每一小段 $[z_{k-1}, z_k]$ 上取点 ξ_k，求和：

$$\sum_{k=1}^{n} f(\xi_k)(z_k - z_{k-1}) = \sum_{k=1}^{n} f(\xi_k)\Delta z_k \qquad (3.1.1)$$

当 $n \to \infty$ 时，如果式(3.1.1)的极限：

$$\lim_{n\to\infty}\sum_{k=1}^{n} f(\xi_k)\Delta z_k \qquad (3.1.2)$$

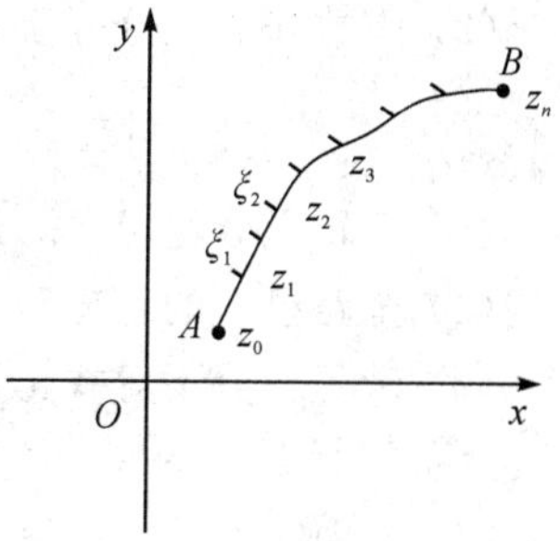

图 3.1－1　复变函数的路径积分

满足：① 存在，② 与 ξ_k 无关，则称这个极限为 $f(z)$ 沿 l 从 A 到 B 的路径积分，记为

$$\int_l f(z)\mathrm{d}z = \lim_{\max|\Delta z_k|\to 0}\sum_{k=1}^{n} f(\xi_k)\Delta z_k \qquad (3.1.3)$$

图 3.1－2 展示了积分的意义，表明复变函数积分后的结果仍为复数[①]。

虽然定义了复变函数的积分，但利用定义来计算函数沿某条路径的积分非常不方便，计算积分时可用实变函数的路径积分表示。

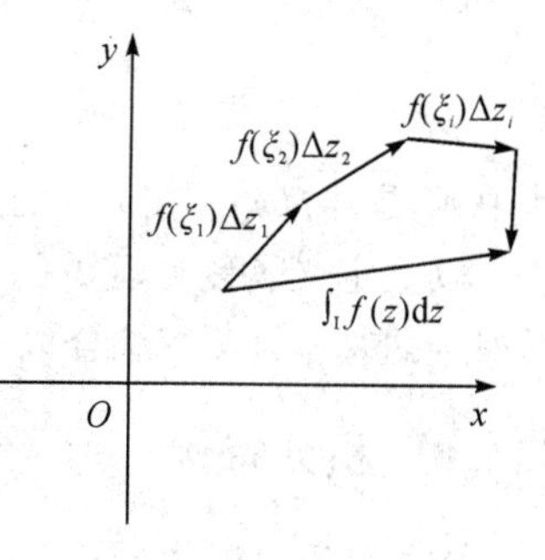

图 3.1－2　路径积分的几何意义

3.1.2　路径积分的实变函数表示

由于复变函数总可以表示为两个**实变二元函数**的形式 $f(z) = u(x, y) + \mathrm{i}v(x, y)$，因此复变函数的积分可表示为二元函数路径积分的形式：

① 这个路径积分在当路径沿实轴时，回到了一元函数的积分；若函数 $f(z)$ 退化为二元实变函数，则这个积分退化为二元函数的路径积分。所以这个积分的定义符合实变函数积分的扩展。

$$\begin{aligned}\int_l f(z)\mathrm{d}z &= \int_l [u(x,y)+\mathrm{i}v(x,y)](\mathrm{d}x+\mathrm{i}\mathrm{d}y) \\ &= \int_l u(x,y)\mathrm{d}x - v(x,y)\mathrm{d}y + \mathrm{i}\int_l v(x,y)\mathrm{d}x + u(x,y)\mathrm{d}y\end{aligned} \tag{3.1.4}$$

即**复变函数的路径积分可表示为实变函数的路径积分**。式(3.1.4)左边的积分路径是复平面上的任意分段光滑曲线，右边的积分路径是常规平面上的曲线，两者相通。式(3.1.4)表明复变函数的积分所得复数的实部和虚部都完全由复变函数的实部和虚部(二元实变函数)在平面曲线上的路径积分组合构成。因此，实变函数路径积分的许多性质在复变函数路径积分中也成立。

3.1.3　复变函数路径积分的性质

复变函数路径积分的性质如下：

(1) 常数因子可以移到积分号之外：

$$\int_l cf(z)\mathrm{d}z = c\int_l f(z)\mathrm{d}z \quad (c\text{ 为复常数}) \tag{3.1.5}$$

(2) 函数和的积分等于各个函数的积分之和：

$$\int_l [f_1(z)+f_2(z)]\mathrm{d}z = \int_l f_1(z)\mathrm{d}z + \int_l f_2(z)\mathrm{d}z \tag{3.1.6}$$

(3) 反转积分路径，积分值变号。

(4) 全路径上的积分等于各段路径积分之和。

(5) 满足积分不等式①：

$$\left|\int_l f(z)\mathrm{d}z\right| \leqslant \int_l |f(z)||\mathrm{d}z| \tag{3.1.7}$$

此不等式可根据积分的几何意义理解，如图 3.1-2 所示。

(6) 满足积分不等式②：

$$\left|\int_l f(z)\mathrm{d}z\right| \leqslant ML \tag{3.1.8}$$

其中 M 是 $|f(z)|$ 在 l 上的最大值，L 是 l 的全长。此式也可以从积分的几何意义理解。

以上定义了复变函数的路径积分，讨论了复变函数积分的实变函数积分表示，并且有了积分的基本性质。综合以上内容，下面做一些积分训练。

3.1.4　积分特例

例 1　I_1，I_2，I_3 如图 3.1-3 所示，计算下列积分：

$$I_1 = \int_{l_1} \mathrm{Re}z\mathrm{d}z, \quad I_2 = \int_{l_2} \mathrm{Re}z\mathrm{d}z, \quad I_3 = \int_{l_3} \mathrm{Re}z\mathrm{d}z$$

解　积分：

$$\begin{aligned} I_1 &= \int_{l_1}\mathrm{Re}z\mathrm{d}z = \int_{l_1}\mathrm{Re}(x+\mathrm{i}y)\mathrm{d}z = \int_{l_1}(x+\mathrm{i}\cdot 0)(\mathrm{d}x+\mathrm{i}\mathrm{d}y) \\ &= \int_{l_1} x\mathrm{d}x - 0\mathrm{d}y + \mathrm{i}\left(\int_{l_1} 0\mathrm{d}x + x\mathrm{d}y\right) \\ &= \int_0^1 x\mathrm{d}x + \int_1^1 x\mathrm{d}x + \mathrm{i}\left(\int_0^0 x\mathrm{d}y + \int_0^1 1\mathrm{d}y\right) = \int_0^1 x\mathrm{d}x + \mathrm{i}\int_0^1 \mathrm{d}y = \frac{1}{2}+\mathrm{i} \end{aligned}$$

同样地，有

$$I_2=\int_{l_2}\mathrm{Re}z\mathrm{d}z=\int_{l_2}x\mathrm{d}x-0\mathrm{d}y+\mathrm{i}\left(\int_{l_2}0\mathrm{d}x+x\mathrm{d}y\right)$$

$$=\int_0^0 x\mathrm{d}x+\int_0^1 x\mathrm{d}x+\mathrm{i}\left(\int_0^1 0\mathrm{d}y+\int_1^1 x\mathrm{d}y\right)=\frac{1}{2}$$

$$I_3=\int_{l_3}\mathrm{Re}z\mathrm{d}z=\int_{l_3}x\mathrm{d}x+\mathrm{i}\int_{l_3}x\mathrm{d}y$$

$$=\int_0^1 x\mathrm{d}x+\mathrm{i}\int_0^1 x\mathrm{d}x=\frac{1}{2}+\frac{1}{2}\mathrm{i}$$

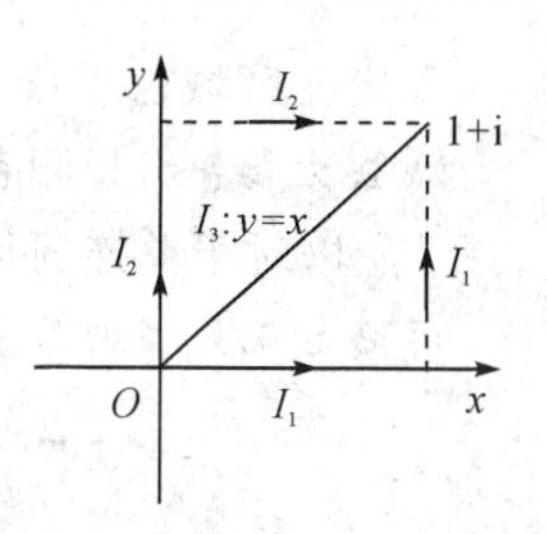

图 3.1-3　积分路径

其中，l_3 的计算中用到了 $y=x$，$\mathrm{d}y=\mathrm{d}x$。

练习 3.1.4

1. 计算下列积分，积分路径见图 1。

(1) $I_4=\int_{l_4}z\mathrm{d}z=$

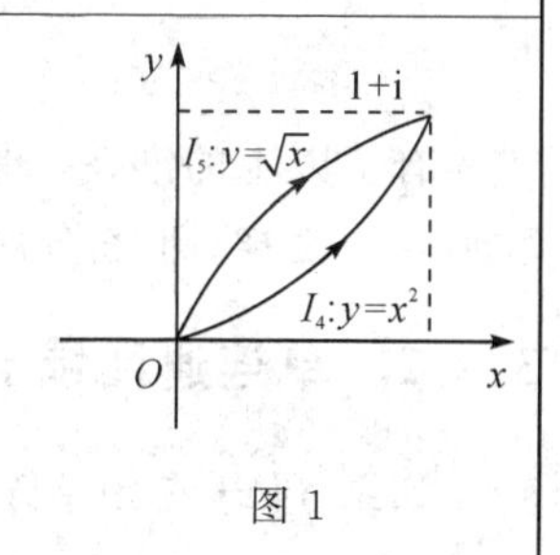

图 1

(2) $I_5=\int_{l_5}z\mathrm{d}z=$

从上面的五个积分可以看到，积分函数一样，且积分路径的起点和终点相同，但有的函数的积分值一样，有的积分值不一样，为什么会这样？回答这个问题需阅读 3.2 节的*柯西积分定理*。

3.2　函数积分与路径的关系

由于区域的复杂性，讨论本节问题之前，需要先了解复变函数宗量变化区域的两种情况，即*单连通区域*与*复连通区域*，以及积分的*正方向*与*负方向*。

3.2.1　单连通区域、复连通区域

单连通区域：在区域中作任何简单的闭合围线，围线内的点都属于该区域，具有这种特点的区域称为*单连通区域*。直观的表示是单连通区域不带“孔”，如图 3.2-1(a)所示，用符号 B 表示。

复连通区域：在区域中作简单的闭合围线，只要有一条围线内的点不属于该区域，则称该区域为*复连通区域*。直观的表示是复连通区域带“孔”，如图 3.2-1(b)所示。为了描述方便，复连通区域的边界分为两种：外边界(整个区域的外部边界)，内边界(区域中孔的边界)。

定义区域边界线的积分方向如下：

正方向：当观测者沿着这个方向走时，该区域总在观测者的左边，如图 3.2-1(c)所示。所以对于单连通区域的边界线和复连通区域的外边界线，正方向为逆时针方向。

负方向：当观测者沿着这个方向走时，该区域总在观测者的右边。

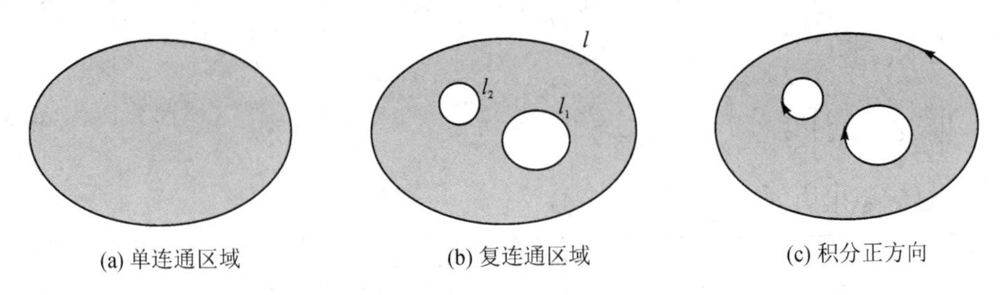

(a) 单连通区域　(b) 复连通区域　(c) 积分正方向

图 3.2-1

有了以上的准备，现在就可以讨论函数积分值与路径有(无)关的问题了，其结论称为**柯西积分定理**。下面分两种情况介绍。

3.2.2 单连通区域上的柯西积分定理

如果 $f(z)$ 在闭单连通区域 $\overline{B}$ 上解析，l 为 $\overline{B}$ 上的任一光滑闭合曲线，则

$$\oint_l f(z)\mathrm{d}z = 0 \tag{3.2.1}$$

证明　由复变函数积分的定义可知

$$\oint_l f(z)\mathrm{d}z = \oint_l u(x,y)\mathrm{d}x - v(x,y)\mathrm{d}y + \mathrm{i}\oint_l v(x,y)\mathrm{d}x + u(x,y)\mathrm{d}y \tag{3.2.2}$$

因为 $f(z)$ 在 $\overline{B}$ 上解析，所以$\dfrac{\partial u}{\partial x}$，$\dfrac{\partial u}{\partial y}$，$\dfrac{\partial v}{\partial x}$，$\dfrac{\partial v}{\partial y}$在 $\overline{B}$ 上连续，因此对实部和虚部的积分应用**格林公式**将路径积分变为面积分得

$$\begin{cases}\displaystyle\oint_l u(x,y)\mathrm{d}x - v(x,y)\mathrm{d}y = -\iint_s\left(\frac{\partial v}{\partial x}+\frac{\partial u}{\partial y}\right)\mathrm{d}x\mathrm{d}y\\ \displaystyle\mathrm{i}\oint_l v(x,y)\mathrm{d}x + u(x,y)\mathrm{d}y = \mathrm{i}\iint_s\left(\frac{\partial u}{\partial x}-\frac{\partial v}{\partial y}\right)\mathrm{d}x\mathrm{d}y\end{cases} \tag{3.2.3}$$

将**柯西-黎曼条件**$\dfrac{\partial u}{\partial x}=\dfrac{\partial v}{\partial y}$，$\dfrac{\partial v}{\partial x}=-\dfrac{\partial u}{\partial y}$代入式(3.2.3)得

$$\begin{cases}\displaystyle\oint_l u(x,y)\mathrm{d}x - v(x,y)\mathrm{d}y = 0\\ \displaystyle\mathrm{i}\oint_l v(x,y)\mathrm{d}x + u(x,y)\mathrm{d}y = 0\end{cases} \tag{3.2.4}$$

所以有

$$\oint_l f(z)\mathrm{d}z = 0 \tag{3.2.5}$$

证明完毕。

以上条件可以适当放松，即为扩展的柯西积分定理。

扩展：$f(z)$ 在 B (单连通区域)上解析，在 $\overline{B}$ (闭单连通区域)上连续，则 $f(z)$ 沿 $\overline{B}$ 的

任一闭合曲线 l 有

$$\oint_l f(z)\mathrm{d}z = 0 \tag{3.2.6}$$

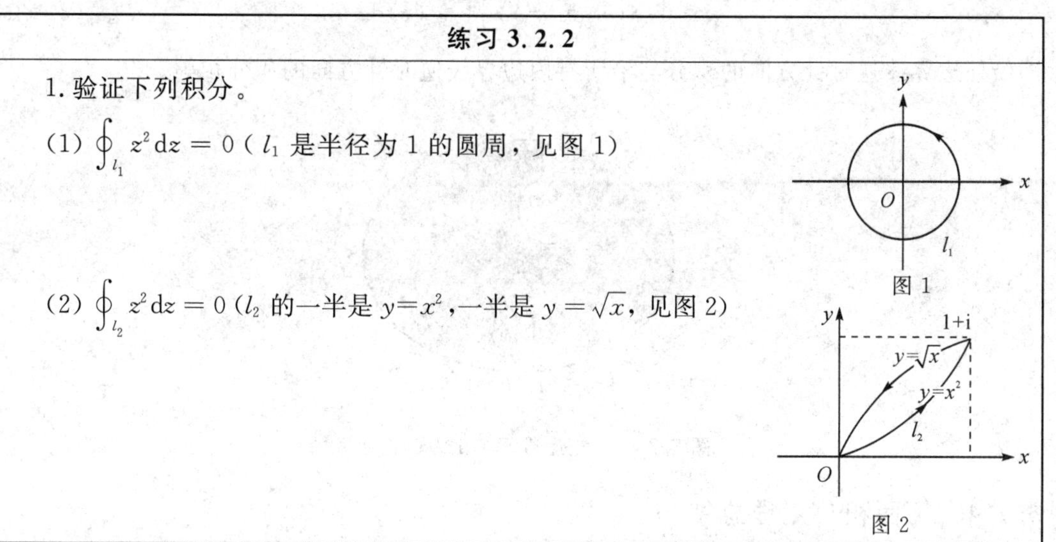

练习 3.2.2

1. 验证下列积分。

(1) $\oint_{l_1} z^2\mathrm{d}z = 0$（$l_1$ 是半径为 1 的圆周，见图 1）

(2) $\oint_{l_2} z^2\mathrm{d}z = 0$（$l_2$ 的一半是 $y=x^2$，一半是 $y=\sqrt{x}$，见图 2）

图 1

图 2

单连通区域的情形比较简单，复连通区域上是否有相同的结果呢？

3.2.3　复连通区域上的柯西积分定理

如果 $f(z)$ 在如图 3.2-1(b)所示的闭复连通区域 $\overline{B}$ 上单值解析，则在区域外边界线 l 和内边界线 $l_i(i=1, 2, 3, \cdots)$ 上有

$$\oint_l f(z)\mathrm{d}z + \sum_{i=1}^{n}\oint_{l_i} f(z)\mathrm{d}z = 0 \tag{3.2.7}$$

积分均沿着边界线的正方向进行。

证明　处理新问题，思考方向之一是将问题转化为已知的知识处理。基于这一思想，考虑将复连通区域转化为单连通区域。处理办法：如图 3.2-2 所示，通过切割将复连通区域转化为边界为 l, l_1, l_2, AB, $B'A'$, CD, $D'C'$围成的单连通区域。应用 3.2.2 节单连通区域上的柯西积分定理得

$$\oint_l f(z)\mathrm{d}z + \int_{AB} f(z)\mathrm{d}z + \oint_{l_1} f(z)\mathrm{d}z + \int_{B'A'} f(z)\mathrm{d}z + \int_{CD} f(z)\mathrm{d}z + \oint_{l_2} f(z)\mathrm{d}z + \int_{D'C'} f(z)\mathrm{d}z = 0 \tag{3.2.8}$$

考虑同一割线两边缘上的积分值相互抵消，则有

$$\oint_l f(z)\mathrm{d}z + \oint_{l_1} f(z)\mathrm{d}z + \oint_{l_2} f(z)\mathrm{d}z = 0 \tag{3.2.9}$$

假设复连通区域有 n 个“孔”，则有 n 条内边界线，即

$$\oint_l f(z)\mathrm{d}z + \sum_{i=1}^{n}\oint_{l_i} f(z)\mathrm{d}z = 0 \tag{3.2.10}$$

上面的积分全部沿着正方向进行。式(3.2.10)也可以表示为

$$\oint_l f(z)\mathrm{d}z = -\sum_{i=1}^{n}\oint_{l_i} f(z)\mathrm{d}z \tag{3.2.11}$$

$$\oint_l f(z)\mathrm{d}z = \sum_{i=1}^{n}\oint_{l_i} f(z)\mathrm{d}z \tag{3.2.12}$$

即沿外边界线逆时针方向的积分与沿所有内边界线逆时针方向的积分相等。

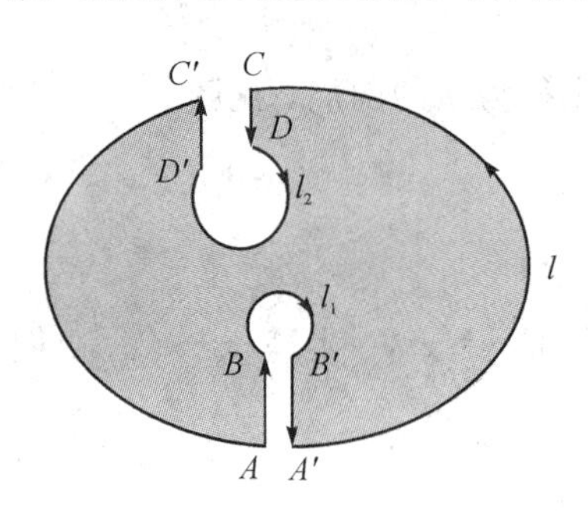

图 3.2－2　复连通区域化为单连通区域

3.2.4　柯西积分定理总结

现将柯西积分定理总结如下：

(1) $f(z)$ **是闭单连通区域** $\bar{B}$ **上的解析函数，**l **为边界线，则有** $\oint_l f(z)\mathrm{d}z = 0$。

(2) **闭复连通区域上的解析函数沿所有边界线(内边界线和外边界线)正方向的积分和为零。**

(3) **闭复连通区域上的解析函数沿外边界线逆时针方向的积分等于沿所有内边界线逆时针方向的积分之和。**

从柯西积分定理的内容看，有两个问题：

(1) 复连通区域的柯西积分定理没有解决积分 $\oint_l f(z)\mathrm{d}z$ 在 l 包围 $f(z)$ 的非解析区域时积分值的计算。

(2) 既然解析函数在单连通解析区域上的路径积分与路径无关，只与积分起点和终点有关，很自然的问题是如果固定起点，比如为(0，0)，是不是可以定义不定积分？

现在部分地回答第一个问题：当对函数做回路积分时，积分回路包围函数的非解析区域的情况很复杂。经过研究发现，**当积分回路包围的非解析区域只为一个点，并且积分函数为幂函数时，可以积分出回路积分的值。**

3.2.5　重要积分

计算积分：

$$I = \oint_l (z-a)^n \mathrm{d}z \tag{3.2.13}$$

其中，l，a 为任意的闭合回路和任意的复常数。

从几何上看，l，a 有两种分布情况，如图 3.2－3(a)、(b)所示。

1. 回路 l 不包围点 a 的情况

如图 3.2-3(a)所示，可以证明函数 $f(z)=(z-a)^n$ 是 l 所围区域内的解析函数，根据柯西积分定理有

$$I=\oint_l (z-a)^n \mathrm{d}z = 0 \tag{3.2.14}$$

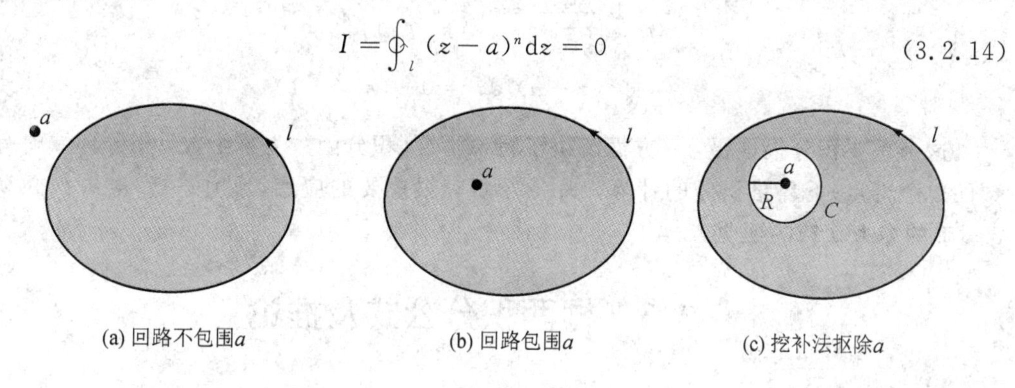

(a) 回路不包围a　(b) 回路包围a　(c) 挖补法抠除a

图 3.2-3　积分路径情况

2. 回路 l 包围点 a 的情况

如图 3.2-3(b)所示，根据积分函数的形式，需要分两种情况讨论：

(1) $n\geqslant 0$，函数 $f(z)=(z-a)^n$ 仍是 l 所围区域内的解析函数，根据柯西积分定理有

$$I=\oint_l (z-a)^n \mathrm{d}z = 0 \tag{3.2.15}$$

(2) $n<0$，函数 $f(z)=(z-a)^n$ 在 l 所围的区域内有一个非解析点($f(a)\to\infty$)，称为函数的*奇点*(*奇点*将在第 4 章讨论)。这个时候如何计算这个积分？思路是挖去函数*奇点*：先挖去以 a 点为圆心、R 为半径的圆，圆周为 C(见图 3.2-3(c))，然后让 $R\to 0$。这样可以将沿路径 l 的积分应用柯西积分定理转化为沿 C 的积分：

$$I=\oint_l (z-a)^n \mathrm{d}z = \oint_C (z-a)^n \mathrm{d}z \tag{3.2.16}$$

如图 3.2-4 所示，圆周 C 上的复数 z 满足：

$$z-a=R\mathrm{e}^{\mathrm{i}\varphi} \tag{3.2.17}$$

所以有

$$z=a+R\mathrm{e}^{\mathrm{i}\varphi} \tag{3.2.18}$$

将式(3.2.17)、式(3.2.18)代入式(3.2.16)，圆周 C 上的积分为

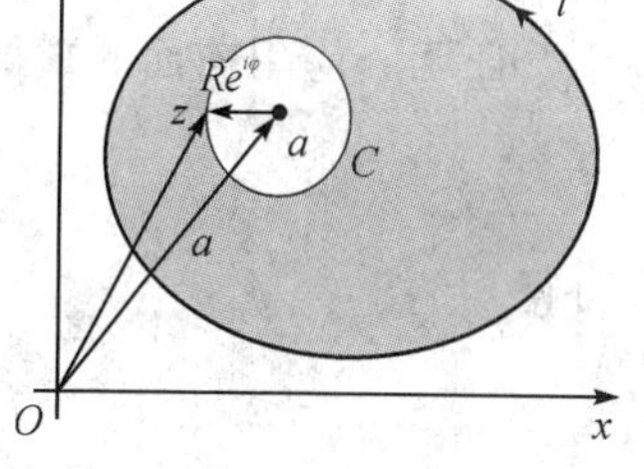

图 3.2.-4　积分变换

$$\oint_C (z-a)^n \mathrm{d}z = \oint_C R^n \mathrm{e}^{\mathrm{i}n\varphi} \mathrm{d}(a+R\mathrm{e}^{\mathrm{i}\varphi}) = \mathrm{i}R^{n+1}\int_0^{2\pi} \mathrm{e}^{\mathrm{i}(n+1)\varphi}\mathrm{d}\varphi \tag{3.2.19}$$

当 $n\neq -1$ 时，有

$$I=\mathrm{i}R^{n+1}\frac{1}{\mathrm{i}(n+1)}\mathrm{e}^{\mathrm{i}(n+1)\varphi}\Big|_0^{2\pi} = 0 \tag{3.2.20}$$

当 $n=-1$ 时，有

$$I=\mathrm{i}\int_0^{2\pi}\mathrm{d}\varphi = 2\pi\mathrm{i} \tag{3.2.21}$$

3. 综合结果

综合以上两种情况，积分可表示为

$$\frac{1}{2\pi i}\oint_l \frac{dz}{z-a} = \begin{cases} 0 & (l\text{ 不包含 }a) \\ 1 & (l\text{ 包含 }a) \end{cases} \tag{3.2.22}$$

$$\frac{1}{2\pi i}\oint_l (z-a)^n dz = 0 \quad (n \neq -1) \tag{3.2.23}$$

这个重要积分很重要，一方面解决了特殊情况(积分函数为幂函数，积分环域内有幂函数的单个奇点)下环路积分的计算，另一方面有很重要的应用，见下一节*柯西积分公式*和5.1节的*留数定理*的证明。

3.3 柯西积分公式及推论

重要积分的一个应用是柯西积分公式的证明。

3.3.1 柯西积分公式

如图 3.3-1 所示，$f(z)$ 是定义在闭单连通区域 $\overline{B}$ 上的解析函数，a 为 $\overline{B}$ 内一点，l 为 $\overline{B}$ 的边界线，则有

$$f(a) = \frac{1}{2\pi i}\oint_l \frac{f(z)}{z-a}dz \tag{3.3.1}$$

式(3.3.1)称为柯西积分公式，即闭单连通区域内解析函数在任意一点的函数值可由边界的环路积分表示。

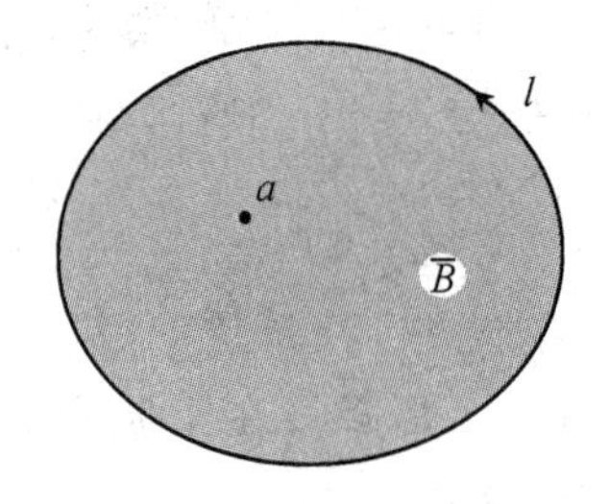

图 3.3-1 区域内 a 点与边界 l

柯西积分公式将区域 $\overline{B}$ 内点 a 的函数值 $f(a)$ 与函数 $f(z)/(z-a)$ 沿区域 $\overline{B}$ 的边界线积分联系起来了。以下是其证明。

证明 应用前面的重要积分，则有

$$\frac{1}{2\pi i}\oint_l \frac{dz}{z-a} = 1 \tag{3.3.2}$$

可得

$$f(a) = \frac{f(a)}{2\pi i}\oint_l \frac{dz}{z-a} = \frac{1}{2\pi i}\oint_l \frac{f(a)}{z-a}dz \tag{3.3.3}$$

与要证明的柯西积分公式相比，只需证明：

$$\frac{1}{2\pi i}\oint_l \frac{f(z)-f(a)}{z-a}dz = 0 \tag{3.3.4}$$

式(3.3.4)左边的积分中 $z=a$ 是被积函数$[f(z)-f(a)]/(z-a)$的奇点，以 a 为圆心，R 为半径作小圆 C (见图 3.2-4)，根据复连通区域上的柯西积分定理将路径 l 的积分转化为圆周 C 的积分：

$$\frac{1}{2\pi i}\oint_l \frac{f(z)-f(a)}{z-a}dz = \frac{1}{2\pi i}\oint_C \frac{f(z)-f(a)}{z-a}dz \tag{3.3.5}$$

要证明 $\frac{1}{2\pi i}\oint_C \frac{f(z)-f(a)}{z-a}dz=0$，即证明一个复数等于零，只需证明复数的模为零，即证明 $\left|\frac{1}{2\pi i}\oint_C \frac{f(z)-f(a)}{z-a}dz\right|=0$，根据积分不等式(3.1.8)，有

$$\left|\oint_C \frac{f(z)-f(a)}{z-a}dz\right| \leqslant \frac{\max|f(z)-f(a)|}{R}2\pi R \tag{3.3.6}$$

当 $R\to 0$ 时，$z\to a$，则

$$f(z)\to f(a)$$

所以有

$$\max|f(z)-f(a)|\to 0 \tag{3.3.7}$$

即

$$\lim_{R\to 0}\left|\oint_C \frac{f(z)-f(a)}{z-a}dz\right| \leqslant \lim_{R\to 0}2\pi\max|f(z)-f(a)|=0 \tag{3.3.8}$$

所以有柯西积分公式：

$$f(a)=\frac{1}{2\pi i}\oint_l \frac{f(z)}{z-a}dz \tag{3.3.9}$$

柯西积分公式表明，$f(z)$在环路 l 包围的区域内解析时，函数在区域内每一点的函数值都可以表示为函数 $f(z)/(z-a)$的环路积分，表现出来的几何意义是对于复变函数来说，边界上的函数值对区域内部的函数值具有一定的影响。从物理的角度解释，若解析函数描述的是平面标量场，则边界条件决定着区域内部的场。换一种说法，若知道了边界上的函数值，则可以通过柯西积分公式计算区域内部的函数值。

柯西积分公式(3.3.1)也可表示为如下形式：

$$f(z)=\frac{1}{2\pi i}\oint_l \frac{f(\xi)}{\xi-z}d\xi \tag{3.3.10}$$

z 是区域内的任意一点。

3.3.2 柯西积分公式的扩展

在有奇点的区域上，运用挖补法将其变成复连通区域(如图 3.3-2 所示)，将单连通区域的积分边界线理解为所有边界线，则柯西积分公式仍成立，即有

$$f(z)=\frac{1}{2\pi i}\oint_l \frac{f(\xi)}{\xi-z}d\xi+\frac{1}{2\pi i}\sum_{i=1}^{n}\oint_{l_i}\frac{f(\xi)}{\xi-z}d\xi \tag{3.3.11}$$

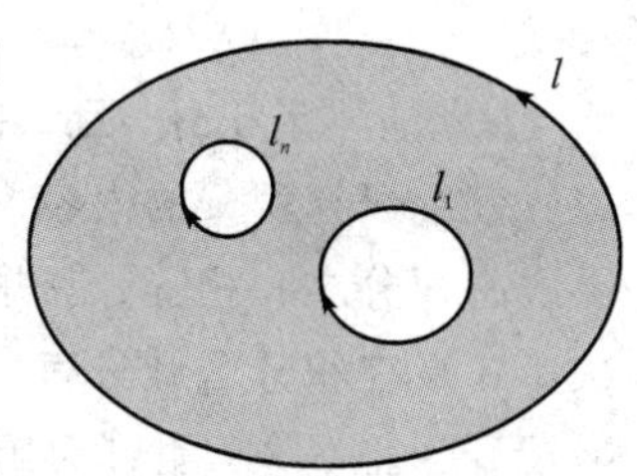

图 3.3-2　复连通区域

柯西积分公式表明，解析函数在单连通区域内必定可以表示为边界线的环路积分。反之，如果一个函数能表示为式(3.3.10)的环路积分，则此函数必定是积分环路内部的解析函数，因为式(3.3.10)的右边在区域的每一点的导数总存在，并且 n 阶导数存在。因此，柯西积分公式提供了一种解析函数的可操作性定义，此观点可由柯西积分公式的推论表述。

3.3.3 柯西积分公式的推论

柯西积分公式(3.3.10)两边对 z 求导 n 次后的结果为

$$f^{(n)}(z)=\frac{n!}{2\pi i}\oint_{l}\frac{f(\xi)}{(\xi-z)^{n+1}}d\xi \tag{3.3.12}$$

这个公式表明，解析函数在解析区域内的每一点都是无穷可导的。反之，区域 B 上每一点无穷可导的函数必定为该区域上的解析函数。当然，这个结论需要从数学上去严格证明，感兴趣的读者可以参看相关书籍，这里不做深入的讨论。

3.3.4 柯西积分公式的应用

关于柯西积分公式的应用，这里只留练习题。

练习 3.3.4

1. 已知函数 $\psi(t,x)=e^{2tx-t^2}$，将 x 作为参数，t 作为复变数，试用柯西积分公式将 $\left.\frac{\partial^2\psi}{\partial t^n}\right|_{t=0}$ 表示为回路积分。对回路积分进行积分变数代换 $\xi=x-z$，并借此证明：

$$\left.\frac{\partial^n\psi}{\partial t^n}\right|_{t=0}=(-1)^n e^{x^2}\frac{d^n}{dx^n}e^{-x^2}$$

现在回答 3.2.4 节提出的第二个问题，定义不定积分。

3.4 不定积分

根据柯西积分定理，在单连通区域 B 上的解析函数 $f(z)$，沿 B 上任一路径 l 的积分值只与起点和终点有关，与路径无关，可以定义不定积分：

设 z_0 为固定点，如果 $f(z)$ 在 B 上解析，定义：

$$F(z)=\int_{z_0}^{z}f(\xi)d\xi \tag{3.4.1}$$

为 $f(z)$ 的不定积分，且 $F(z)$ 在 B 上解析，$F'(z)=f(z)$，即 $F(z)$ 是 $f(z)$ 的一个原函数。

仔细研究积分的内容发现，复连通区域上的解析函数沿外边界线的积分与沿所有内边界线的积分之和相等，但并不能给出函数沿外边界或沿内边界的积分值，**重要积分只能解决幂函数在积分区域只有一个奇点的积分**，其他情况还需进一步研究。为此，如果能将函数展开为幂级数，也许对解决这个问题有一定的帮助。下一章研究解析函数展开为幂级数的问题。

第4章　复变函数的幂级数展开

在实变函数中，在一定区间具有无穷阶导数的函数可以展开为幂级数。复变函数中，解析函数也可以展开为幂级数。怎么将解析函数展开为幂级数？

为了不失一般性，4.1节先介绍复数项级数以及收敛判据。

4.1　复数项级数

4.1.1　复数项级数的定义

形如：

$$\sum_{k=1}^{\infty}\omega_k = \omega_1 + \omega_2 + \omega_3 + \cdots + \omega_k + \cdots \tag{4.1.1}$$

的无穷项复数的和称为复数项级数，其中每一项都可表示为复数 $\omega_k = u_k + \mathrm{i}v_k$，所以复数项级数可表示为两个实数项级数的组合：

$$\sum_{k=1}^{\infty}\omega_k = \sum_{k=1}^{\infty}u_k + \mathrm{i}\sum_{k=1}^{\infty}v_k \tag{4.1.2}$$

这样可以将复数项级数的收敛问题转化为两个实数项级数的收敛问题。

4.1.2　复数项级数收敛的判据

1. 柯西收敛判据

复数项级数：

$$\sum_{k=1}^{\infty}\omega_k = \omega_1 + \omega_2 + \omega_3 + \cdots + \omega_k + \cdots \tag{4.1.3}$$

收敛的充分必要条件是：对于给定的任意小的正数 ε，必有 N 存在，使得 $n > N$ 时，有

$$\left|\sum_{k=n+1}^{n+p}\omega_k\right| < \varepsilon \tag{4.1.4}$$

p 为任意正整数，称为柯西收敛判据。

2. 绝对收敛

如果复数项级数 $\sum_{k=1}^{\infty}\omega_k$ 各项模组成的实数项级数：

$$\sum_{k=1}^{\infty}|\omega_k| = \sqrt{u_k^2 + v_k^2} \tag{4.1.5}$$

收敛，则称复数项级数绝对收敛。

很显然，复数项级数的收敛能退化为实数项级数的收敛。

4.1.3 收敛级数之间的关系

两个绝对收敛的复数项级数：

$$\sum_{k=1}^{\infty} p_k,\ \sum_{k=1}^{\infty} q_k \tag{4.1.6}$$

它们的乘积组成的级数：

$$p_1 q_1 + (p_1 q_2 + p_2 q_1) + (p_1 q_3 + p_2 q_2 + p_3 q_1) + \cdots \tag{4.1.7}$$

也绝对收敛，且

$$\sum_{k=1}^{\infty} \omega_k = \sum_{k=1}^{\infty} p_k \cdot \sum_{k=1}^{\infty} q_k \tag{4.1.8}$$

4.1.4 各项为函数时复数项级数的收敛性

收敛定义：若级数每一项都是定义在区域 B（或某曲线 l）上的函数：

$$\sum_{k=1}^{\infty} \omega_k(z) = \omega_1(z) + \omega_2(z) + \cdots + \omega_k(z) + \cdots \tag{4.1.9}$$

并且在区域 B（或某曲线 l）上所有的点都收敛，则称 $\sum_{k=1}^{\infty} \omega_k(z)$ 在 B（或某曲线 l）上一致收敛。

收敛的充分必要条件：在 B（或某曲线 l）上的各点，对于给定的任一小正数 ε，必有 $N(z)$ 存在，当 $n > N(z)$ 时，有

$$\left| \sum_{k=n+1}^{n+p} \omega_k(z) \right| < \varepsilon \tag{4.1.10}$$

且 N 与 z 无关，则称级数 $\sum_{k=1}^{\infty} \omega_k(z)$ **一致收敛**。

4.1.5 收敛性、连续性结论

收敛性、连续性的结论如下：

(1) 在区域 B 上，$\sum_{k=1}^{\infty} \omega_k(z)$ **一致收敛**，则当 $\omega_k(z)$ 在 B 上为连续函数时，$\sum_{k=1}^{\infty} \omega_k(z)$ 也是 B 上的连续函数，即由 $\omega_k(z)$ 连续可得 $\sum_{k=1}^{\infty} \omega_k(z)$ 连续。

(2) 在曲线 l 上，$\sum_{k=1}^{\infty} \omega_k(z)$ **一致收敛**，则当 $\omega_k(z)$ 在 l 上为连续函数时，$\sum_{k=1}^{\infty} \omega_k(z)$ 也是 l 上的连续函数，且有

$$\int_l \sum_{k=1}^{\infty} \omega_k(z)\mathrm{d}z = \sum_{k=1}^{\infty} \int_l \omega_k(z)\mathrm{d}z \tag{4.1.11}$$

即由 $\omega_k(z)$ 连续可得 $\sum_{k=1}^{\infty} \omega_k(z)$ 连续且求和的积分与各项积分后求和的结果相等。

(3) 在区域 B（或曲线 l）上，$\sum_{k=1}^{\infty} \omega_k(z)$ 各项的模满足

$$|\omega_k(z)| \leqslant m_k$$

如果 $\sum_{k=1}^{\infty} m_k$ 收敛，则称 $\sum_{k=1}^{\infty} \omega_k(z)$ 绝对收敛且一致收敛。

本章主要讨论解析函数的幂级数展开。下一节重点讨论幂级数。

4.2 幂 级 数

4.2.1 幂级数的定义

各项都为幂函数的复数项级数：

$$\sum_{k=0}^{\infty} a_k (z - z_0)^k = a_0 + a_1(z - z_0) + a_2(z - z_0)^2 + \cdots \tag{4.2.1}$$

（其中 z_0，a_0，a_1，a_2，… 都是复常数）称为以 z_0 为中心的幂级数。

在一般复数项级数收敛性定义的基础上，下面讨论幂级数的收敛判据。

4.2.2 幂级数的收敛判据

1. 比值判别法

幂级数 $\sum_{k=0}^{\infty} a_k (z - z_0)^k$ 各项模组成的正项级数：

$$\sum_{k=0}^{\infty} | a_k (z - z_0)^k | = | a_0 | + | a_1 | | z - z_0 | + | a_2 | | z - z_0 |^2 + \cdots \tag{4.2.2}$$

是实数项级数。应用比值判别法考查收敛性有

$$\lim_{k\to\infty} \frac{|a_{k+1}| |z - z_0|^{k+1}}{|a_k| |z - z_0|^k} = \lim_{k\to\infty} \frac{|a_{k+1}|}{|a_k|} |z - z_0| \tag{4.2.3}$$

如果式(4.2.3)的极限值小于1，即

$$\lim_{k\to\infty} \frac{|a_{k+1}|}{|a_k|} |z - z_0| < 1 \tag{4.2.4}$$

则实数项级数 $\sum_{k=0}^{\infty} | a_k (z - z_k)^k |$ 收敛，从而称复数项级数 $\sum_{k=0}^{\infty} a_k (z - z_0)^k$ 绝对收敛。引入符号：

$$R = \lim_{k\to\infty} \left| \frac{a_k}{a_{k+1}} \right| \tag{4.2.5}$$

则 $\lim_{k\to\infty} \frac{|a_{k+1}|}{|a_k|} | z - z_0 | < 1$ 变为 $|z - z_0| < R$，即当

$$|z - z_0| < R \tag{4.2.6}$$

时，级数 $\sum_{k=0}^{\infty} a_k (z - z_0)^k$ 绝对收敛，当 $|z - z_0| > R$ 时，级数 $\sum_{k=0}^{\infty} a_k (z - z_0)^k$ 发散。以 z_0 为圆心作半径为 R 的圆周 C_R，由上面的讨论可知：

（1）**当 z 在 C_R 内取值时，级数 $\sum_{k=0}^{\infty} a_k (z - z_0)^k$ 绝对收敛；**

(2) **当 z 在 C_R 外取值时，级数 $\sum\limits_{k=0}^{\infty} a_k (z-z_0)^k$ 发散。**

其中 C_R 称为收敛圆(见式(4.2.6))，R 称为收敛半径(见式(4.2.5))；对 C_R 上的各点，幂级数的收敛或发散需具体分析。比值判别法也称为*达朗贝尔判别法*。

2. 根值判别法

对于复数项级数 $\sum\limits_{k=0}^{\infty} a_k(z-z_0)^k$ 及实数项级数 $\sum\limits_{k=0}^{\infty} |a_k(z-z_0)^k|$：

如果 $\lim\limits_{k\to\infty}\sqrt[k]{|a_k||z-z_0|^k}<1$，$\sum\limits_{k=0}^{\infty} |a_k(z-z_0)^k|$ 收敛，从而 $\sum\limits_{k=0}^{\infty} a_k(z-z_0)^k$ 绝对收敛。

如果 $\lim\limits_{k\to\infty}\sqrt[k]{|a_k||z-z_0|^k}>1$，$\sum\limits_{k=0}^{\infty} |a_k(z-z_0)^k|$ 发散，从而 $\sum\limits_{k=0}^{\infty} a_k(z-z_0)^k$ 发散。

引入*收敛半径*：

$$R=\lim_{k\to\infty}\frac{1}{\sqrt[k]{|a_k|}} \tag{4.2.7}$$

则有

$$\begin{cases}\lim\limits_{k\to\infty}\sqrt[k]{|a_k||z-z_0|^k}<1\\ \lim\limits_{k\to\infty}\sqrt[k]{|a_k||z-z_0|^k}>1\end{cases} \tag{4.2.8}$$

变为

$$\begin{cases}|z-z_0|<R\\ |z-z_0|>R\end{cases} \tag{4.2.9}$$

由此讨论级数的收敛性。

另外，在以 z_0 为中心、R 为半径的收敛圆内部作一个半径比 R 稍小的同心圆 C_{R_1}（其半径为 R_1），则在 C_{R_1} 围成的闭圆域上有

$$|a_k(z-z_0)^k|\leqslant|a_k|R_1^k \tag{4.2.10}$$

考查级数：

$$\sum_{k=0}^{\infty}|a_k|R_1^k \tag{4.2.11}$$

应用比值判别法有

$$\lim_{k\to\infty}\frac{|a_{k+1}|R_1^{k+1}}{|a_k|R_1^k}=\lim_{k\to\infty}\left|\frac{a_{k+1}}{a_k}\right|R_1=\frac{1}{R}R_1<1 \tag{4.2.12}$$

所以级数 $\sum\limits_{k=0}^{\infty}|a_k|R_1^k$ 收敛。与前面的情况一致，有以下结论：

(1) **当 z 在收敛圆 C_R 内部取值时，级数 $\sum\limits_{k=0}^{\infty} a_k (z-z_0)^k$ 绝对收敛且一致收敛，收敛半径见式(4.2.7)。**

(2) **当 z 在收敛圆 C_R 外部取值时，级数 $\sum\limits_{k=0}^{\infty} a_k (z-z_0)^k$ 发散。**

从幂级数收敛半径的计算来看，幂级数收敛，收敛区域一定是以 z_0 为圆心的圆，退化

到实数项级数，则收敛圆退化为以 x_0 为中点的区间 $(x_0 - R,\ x_0 + R)$，所以实数项级数是复数项级数的一种特殊情况。下面计算一些特殊级数的收敛半径。

4.2.3　收敛半径计算例题

例 1　求幂级数 $1+t+t^2+t^3+\cdots+t^k+\cdots$ 的收敛圆，t 为复数。

解　根据收敛半径的定义：

$$R=\lim_{k\to\infty}\left|\frac{a_k}{a_{k+1}}\right|=\lim_{k\to\infty}\left|\frac{1}{1}\right|=1 \tag{4.2.13}$$

收敛圆是以 $t=0$ 为圆心、1 为半径的圆，收敛圆的内部可表示为 $|t|<1$。

同时，运用等比数列求和计算得

$$1+t+t^2+t^3+\cdots+t^k+\cdots=\frac{1}{1-t}\quad(|t|<1) \tag{4.2.14}$$

注意等式右边的条件 $|t|<1$，这是等式成立的必要条件。

例 2　求幂级数 $1-z^2+z^4-z^6+\cdots$ 的收敛圆，z 为复数。

解　将 z^2 记为 t，原级数变为

$$1-t+t^2-t^3+\cdots \tag{4.2.15}$$

系数为−1、+1 交叉出现的级数，所以在 t 平面上的收敛半径为

$$R=\lim_{k\to\infty}\left|\frac{a_k}{a_{k+1}}\right|=1 \tag{4.2.16}$$

在 z 平面上的收敛半径为 $\sqrt{R}$，其值为 1，收敛圆为 $|z|<1$。

运用等比数列求和有

$$1-z^2+z^4-z^6+\cdots=\frac{1}{1+z^2}\quad(|z|<1) \tag{4.2.17}$$

从以上两个例题可看到**两个幂级数在收敛圆内部都可以收敛为解析函数**。其他幂级数是否有这样的结果？运用 4.1 节讨论的级数 $\sum_{k=1}^{\infty}\omega_k(z)$ 的收敛、连续等性质，可发现幂级数在收敛圆内部是连续函数。但是函数在收敛圆内部是否为解析函数需要进一步讨论。

练习 4.2.3

1. 求下列幂级数的收敛圆。

(1) $\sum_{k=1}^{\infty}\frac{1}{k}(z-\mathrm{i})^k$　(2) $\sum_{k=1}^{\infty}k^{\ln k}(z-2)^k$　(3) $\sum_{k=1}^{\infty}\left(\frac{z}{k}\right)^k$

(4) $\sum_{k=1}^{\infty}k!\left(\frac{z}{k}\right)^k$　(5) $\sum_{k=1}^{\infty}k^k(z-3)^k$

2. 求下列幂级数的收敛圆。已知幂级数 $\sum_{k=0}^{\infty}a_kz^k$ 及 $\sum_{k=0}^{\infty}b_kz^k$ 的收敛半径分别是 R_1，R_2。

(1) $\sum_{k=0}^{\infty}(a_k+b_k)z^k$　(2) $\sum_{k=0}^{\infty}(a_k-b_k)z^k$

(3) $\sum_{k=0}^{\infty}a_kb_kz^k$　(4) $\sum_{k=0}^{\infty}\frac{a_k}{b_k}z^k\ (b_k\neq 0)$

4.2.4　幂级数与解析函数

由**柯西积分公式**，要证明幂级数收敛后的连续函数是**解析函数**，需要证明收敛后的函数可以表示为环路积分。如果级数 $\sum_{k=0}^{\infty} a_k(z-z_0)^k$ 在收敛圆内**一致**且绝对收敛，为了避开讨论收敛圆周上级数的收敛问题，需要作比收敛圆稍微小一点的圆周 C_{R_1}，如图 4.2－1 所示，在圆周 C_{R_1} 上，级数 $\sum_{k=0}^{\infty} a_k(z-z_0)^k$ 改写如下：

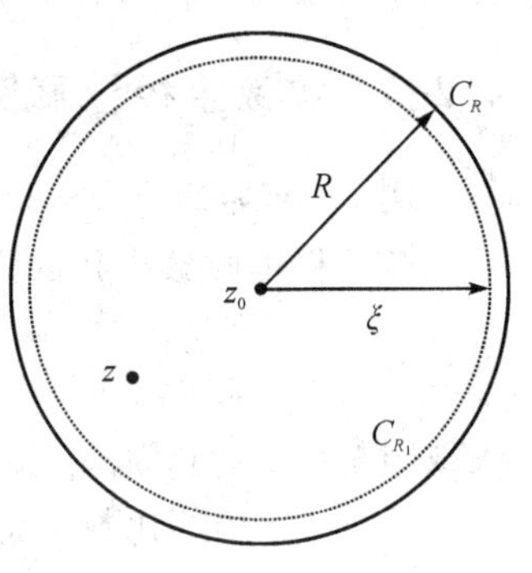

图 4.2－1　有界函数构造时的积分路径

$$\omega(\xi)=a_0+a_1(\xi-z_0)+a_2(\xi-z_0)^2+\cdots \tag{4.2.18}$$

（ξ 在 C_{R_1} 圆周上取值）

在 C_{R_1} 内取一点 z，可以构造有界函数 $\frac{1}{2\pi i}\frac{1}{\xi-z}$（$\xi$ 永远不取 z 值）遍乘上式得

$$\frac{1}{2\pi i}\frac{\omega(\xi)}{\xi-z}=\frac{1}{2\pi i}\frac{a_0}{\xi-z}+\frac{1}{2\pi i}\frac{a_1(\xi-z_0)}{\xi-z}+\frac{1}{2\pi i}\frac{a_2(\xi-z_0)^2}{\xi-z}+\cdots \tag{4.2.19}$$

上面关于 ξ 的级数在 C_{R_1} 上一致收敛，可沿 C_{R_1} 逐项积分，即

$$\frac{1}{2\pi i}\oint_{C_{R_1}}\frac{\omega(\xi)}{\xi-z}d\xi=\frac{1}{2\pi i}\oint_{C_{R_1}}\frac{a_0}{\xi-z}d\xi+\frac{1}{2\pi i}\oint_{C_{R_1}}\frac{a_1(\xi-z_0)}{\xi-z}d\xi+\frac{1}{2\pi i}\oint_{C_{R_1}}\frac{a_2(\xi-z_0)^2}{\xi-z}d\xi+\cdots \tag{4.2.20}$$

式(4.2.20)中 a_0，$a_1(z-z_0)$，$a_2(z-z_0)^2\cdots$在 C_{R_1} 内部解析，式中等号右边各项应用**柯西积分公式**有

$$\frac{1}{2\pi i}\oint_{C_{R_1}}\frac{\omega(\xi)}{\xi-z}d\xi=a_0+a_1(z-z_0)+a_2(z-z_0)^2+\cdots=\omega(z) \tag{4.2.21}$$

式(4.2.21)表明 $\sum_{k=0}^{\infty} a_k(z-z_0)^k$ 收敛的函数 $\omega(z)$ 可表示为收敛圆内部连续函数的回路积分，而这个连续函数的回路积分可在积分号下求导任意多次，所以幂级数 $\sum_{k=0}^{\infty} a_k(z-z_0)^k$ 收敛的函数在收敛圆内部一定是解析函数，即在收敛圆内不可能出现函数的奇点，即有以下结论：

（1）**幂级数的和在收敛圆内部可以逐项求导多次。**

（2）**幂级数的和在收敛圆内部可以逐项积分多次。**

（3）**逐项积分或求导不改变收敛半径。**

即证明了幂级数收敛后的函数在收敛圆内部一定为解析函数。

既然幂级数之和在收敛圆内部收敛为一个解析函数，那是不是某区域上的解析函数都可以展开为幂级数？

4.3　解析函数的幂级数展开

4.3.1　解析函数的泰勒级数展开

1. 解析函数的泰勒级数展开定理

设 $f(z)$ 在以 z_0 为圆心的圆 C_R 内解析，则函数在 C_R 内任一点的函数值可表示为

$$f(z)=\sum_{k=0}^{\infty}a_k(z-z_0)^k \tag{4.3.1}$$

其中：

$$a_k=\frac{1}{2\pi i}\oint_{C_{R_1}}\frac{f(\xi)}{(\xi-z_0)^{k+1}}d\xi=\frac{f^{(k)}(z_0)}{k!} \tag{4.3.2}$$

C_{R_1} 称为函数 $f(z)$ 在展开中心 z_0 邻域上的泰勒级数展开(如图 4.3-1 所示)。

证明　为了避免讨论级数在 C_R 上的收敛性，取 C_{R_1} 为比 C_R 稍小一点的同心圆，因为 $f(z)$ 在 C_{R_1} 上及其内部解析，则可以在 C_{R_1} 上及其内部应用柯西积分公式：

$$f(z)=\frac{1}{2\pi i}\oint_{C_{R_1}}\frac{f(\xi)}{\xi-z}d\xi \tag{4.3.3}$$

同时，将式(4.3.2)代入式(4.3.1)，即所要证明的式子为

$$f(z)=\frac{1}{2\pi i}\oint_{C_{R_1}}\sum_{k=0}^{\infty}\frac{(z-z_0)^k}{(\xi-z_0)^{k+1}}f(\xi)d\xi \tag{4.3.4}$$

比较式(4.3.3)和式(4.3.4)发现，只要证明：

$$\frac{1}{\xi-z}=\sum_{k=0}^{\infty}\frac{(z-z_0)^k}{(\xi-z_0)^{k+1}} \tag{4.3.5}$$

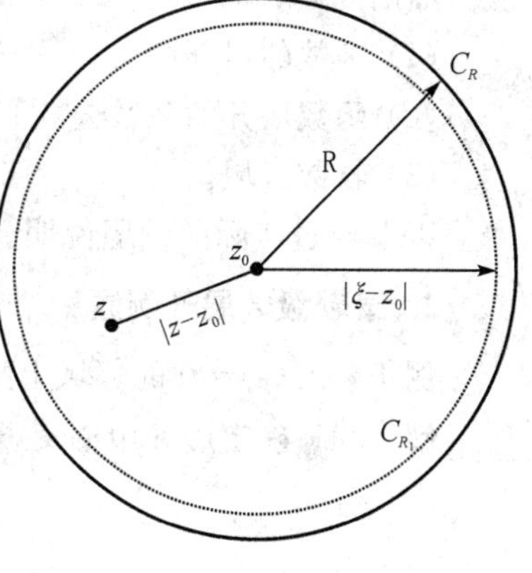

图 4.3-1　积分路径图

成立。现在来证明 $\frac{1}{\xi-z}=\sum_{k=0}^{\infty}\frac{(z-z_0)^k}{(\xi-z_0)^{k+1}}$ 成立。

构造法：

$$\frac{1}{\xi-z}=\frac{1}{(\xi-z_0)-(z-z_0)}=\frac{1}{\xi-z_0}\frac{1}{1-\frac{z-z_0}{\xi-z_0}} \tag{4.3.6}$$

因为 $\left|\frac{z-z_0}{\xi-z_0}\right|<1$(见图 4.3-1)，可将式(4.3.6)中的 $\frac{1}{1-\frac{z-z_0}{\xi-z_0}}$ 表达为等比数列求和(见式(4.2.14))：

$$\frac{1}{1-\frac{z-z_0}{\xi-z_0}}=1+\frac{z-z_0}{\xi-z_0}+\left(\frac{z-z_0}{\xi-z_0}\right)^2+\cdots\left(\left|\frac{z-z_0}{\xi-z_0}\right|<1\right) \tag{4.3.7}$$

所以

$$\frac{1}{\xi-z}=\frac{1}{\xi-z_0}\sum_{k=0}^{\infty}\frac{(z-z_0)^k}{(\xi-z_0)^k}=\sum_{k=0}^{\infty}\frac{(z-z_0)^k}{(\xi-z_0)^{k+1}} \tag{4.3.8}$$

将式(4.3.8)代入式(4.3.3)得

$$f(z)=\frac{1}{2\pi i}\oint_{C_{R_1}}f(\xi)\sum_{k=0}^{\infty}\frac{(z-z_0)^k}{(\xi-z_0)^{k+1}}d\xi=\frac{1}{2\pi i}\oint_{C_{R_1}}\sum_{k=0}^{\infty}\frac{f(\xi)}{(\xi-z_0)^{k+1}}d\xi\,(z-z_0)^k$$
$$=\sum_{k=0}^{\infty}\left[\frac{1}{2\pi i}\oint_{C_{R_1}}\frac{f(\xi)}{(\xi-z_0)^{k+1}}d\xi\right](z-z_0)^k=\sum_{k=0}^{\infty}\left[\frac{f^{(k)}(z_0)}{k!}\right](z-z_0)^k \tag{4.3.9}$$

式(4.3.9)称为解析函数以 z_0 为中心的**泰勒级数**，简称函数的**泰勒级数**。可以证明，**泰勒级数**在函数的解析区域(C_R 内)是收敛的。定理得证。

另外，解析函数在 z_0 点的邻域展开的泰勒级数是唯一的。

解析函数一定是在以某一点 z_0 为圆心的圆域内才可能展开为泰勒级数，这样一来，解析函数作泰勒级数展开时，z_0 点的选取是任意的，很多时候称为**函数在 z_0 的邻域展开为幂级数**，邻域的大小取决于级数收敛区域和函数的解析区域。所以泰勒级数展开时需要注意三方面的问题：

(1) 函数的展开中心；

(2) 函数展开的系数公式；

(3) 收敛区域。

以下通过实际的例题说明。

2. 泰勒级数展开例题

例 1 在 $z_0=0$ 的邻域上把 $f(z)=e^z$ 展开为泰勒级数。

解 (1) **确定展开中心** $z_0=0$，按照解析函数展开成泰勒级数形式：

$$f(z)=e^z=\sum_{k=0}^{\infty}a_k z^k \tag{4.3.10}$$

(2) **计算系数**。

$$a_k=\frac{f^{(k)}(z_0)}{k!} \tag{4.3.11}$$

所以有

$$a_0=\frac{f(z_0)}{0!}=\frac{e^0}{1}=1,\ a_1=\frac{f'(z_0)}{1!}=\frac{e^0}{1!}=\frac{1}{1!},\ a_2=\frac{f''(z_0)}{2!}=\frac{e^0}{2!}=\frac{1}{2!},\ \cdots$$
$$a_k=\frac{f^{(k)}(z_0)}{k!}=\frac{e^0}{k!}=\frac{1}{k!} \tag{4.3.12}$$

即

$$e^z=\sum_{k=0}^{\infty}a_k z^k=1+\frac{z}{1!}+\frac{z^2}{2!}+\frac{z^3}{3!}+\cdots+\frac{z^k}{k!}+\cdots=\sum_{k=0}^{\infty}\frac{z^k}{k!} \tag{4.3.13}$$

(3) **确定收敛区域**，计算收敛半径。

$$R=\lim_{k\to\infty}\left|\frac{a_k}{a_{k+1}}\right|=\lim_{k\to\infty}\left|\frac{(k+1)!}{k!}\right|=\lim_{k\to\infty}(k+1)=\infty \tag{4.3.14}$$

即 z 取任何有限值时，级数 $\sum_{k=0}^{\infty}\frac{z^k}{k!}$ 都是收敛的。

（4）**写出展开恒等式。**

$$e^z = \sum_{k=0}^{\infty} a_k z^k = 1 + \frac{z}{1!} + \frac{z^2}{2!} + \frac{z^3}{3!} + \cdots + \frac{z^k}{k!} + \cdots = \sum_{k=0}^{\infty} \frac{z^k}{k!} \quad (|z| < \infty) \tag{4.3.15}$$

注意函数与级数相等的条件 $|z| < \infty$。

例 2　在 $z_0 = 0$ 的邻域上将 $f_1(z) = \sin z$ 展开为泰勒级数。

解　（1）**确定展开中心** $z_0 = 0$，写出级数形式。

$$f(z) = \sin z = \sum_{k=0}^{\infty} a_k z^k \tag{4.3.16}$$

（2）**计算系数。**

$$a_k = \frac{f^{(k)}(z_0)}{k!} \tag{4.3.17}$$

先计算函数及其导数在 $z_0 = 0$ 处 的值：

$$f(0)=0,\ f'(0)=1,\ f''(0)=0,\ f^{(3)}(0)=-1,\ f^{(4)}(0)=0,\ \cdots$$

$$f^{(2k)}(0)=0,\ f^{(2k+1)}(0)=(-1)^k$$

所以

$$a_0 = \frac{f(0)}{0!} = \frac{\sin 0}{1} = 0,\ a_1 = \frac{f'(0)}{1!} = \frac{\cos 0}{1!} = \frac{1}{1!},\ a_2 = \frac{f''(0)}{2!} = \frac{-\sin 0}{2!} = 0$$

$$a_3 = \frac{f^{(3)}(0)}{3!} = \frac{-\cos 0}{3!} = -\frac{1}{3!},\ a_4 = \frac{f^{(4)}(0)}{4!} = \frac{\sin 0}{4!} = 0$$

$$\cdots$$

$$a_{2k} = 0,\ a_{2k+1} = (-1)^k \frac{1}{(2k+1)!} \tag{4.3.18}$$

所以有

$$\sin z = z - \frac{z^3}{3!} + \frac{z^5}{5!} - \frac{z^7}{7!} + \cdots = \sum_{k=0}^{\infty} (-1)^k \frac{z^{2k+1}}{(2k+1)!} \tag{4.3.19}$$

（3）**确定收敛区域，**计算收敛半径。

$$R = \lim_{k\to\infty} \left| \frac{a_{2k+1}}{a_{2k+3}} \right| = \lim_{k\to\infty} \left| \frac{(2k+3)!}{(2k+1)!} \right| = \lim_{k\to\infty} (2k+3)(2k+2) = \infty \tag{4.3.20}$$

这个泰勒级数的收敛半径无穷大。

（4）**写出展开恒等式。**

$$\sin z = z - \frac{z^3}{3!} + \frac{z^5}{5!} - \frac{z^7}{7!} + \cdots = \sum_{k=0}^{\infty} (-1)^k \frac{z^{2k+1}}{(2k+1)!} \quad (|z| < \infty) \tag{4.3.21}$$

注意函数与级数相等的条件 $|z| < \infty$。

例 3　在 $z_0 = 0$ 的邻域上将 $f_2(z) = \cos z$ 展开为泰勒级数。

解　$f_2(z) = \cos z = (\sin z)'$，所以有

$$f_2(z) = \cos z = 1 - \frac{z^2}{2!} + \frac{z^4}{4!} - \frac{z^6}{6!} + \cdots = \sum_{k=0}^{\infty} (-1)^k \frac{z^{2k}}{(2k)!} \quad (|z| < \infty) \tag{4.3.22}$$

收敛半径也为无穷大。

例 4 在 $z_0=0$ 的邻域上把 $f(z)=(1+z)^m$ 展开（m 不是整数）

解 (1) **明确展开中心** $z_0=0$，写出级数形式。

$$f(z)=(1+z)^m=\sum_{k=0}^{\infty}a_k z^k \tag{4.3.23}$$

(2) **计算系数**(注意："1"为复数)。

先计算函数及其导数在 $z_0=0$ 处 的值：

$$f(z)=(1+z)^m,\quad f(0)=1^m$$

$$f'(z)=m(1+z)^{m-1}=\frac{m}{1+z}f(z),\quad f'(0)=m1^m$$

$$f''(z)=m(m-1)(1+z)^{m-2}=\frac{m(m-1)}{(1+z)^2}f(z),\quad f''(0)=m(m-1)1^m$$

$$f^{(3)}(z)=\frac{m(m-1)(m-2)}{(1+z)^3}f(z),\quad f^{(3)}(0)=m(m-1)(m-2)1^m$$

$$\cdots$$

$$f^{(k)}(z)=\frac{m(m-1)\cdots(m-k+1)}{(1+z)^k}f(z),\ f^{(k)}(0)=m(m-1)\cdots(m-k+1)\cdot 1^m \tag{4.3.24}$$

计算系数：

$$a_k=\frac{f^{(k)}(z_0)}{k!}=\frac{m(m-1)\cdots(m-k+1)\cdot 1^m}{k!} \tag{4.3.25}$$

所以得

$$\begin{aligned}(1+z)^m&=1^m+\frac{m}{1!}1^m z+\frac{m(m-1)}{2!}1^m z^2+\frac{m(m-1)(m-2)}{3!}1^m z^3+\cdots\\&=1^m\left[1+\frac{m}{1!}z+\frac{m(m-1)}{2!}z^2+\frac{m(m-1)(m-2)}{3!}z^3+\cdots\right]\end{aligned} \tag{4.3.26}$$

(3) **确定收敛区域**，计算收敛半径。

$$R=\lim_{k\to\infty}\left|\frac{a_k}{a_{k+1}}\right|=\lim_{k\to\infty}\left|\frac{\dfrac{m(m-1)\cdots(m-k+1)}{k!}}{\dfrac{m(m-1)\cdots(m-k)}{(k+1)!}}\right|=1 \tag{4.3.27}$$

即收敛圆为 $|z|<1$。

(4) **写出展开恒等式。**

$$(1+z)^m=1^m\left[1+\frac{m}{1!}z+\frac{m(m-1)}{2!}z^2+\frac{m(m-1)(m-2)}{3!}z^3+\cdots\right]\ (|z|<1) \tag{4.3.28}$$

注意函数与级数相等的条件 $|z|<1$。

从上面的例子可以看出如下两个规律：

(1) 复变函数的级数展开形式和实变函数的级数展开形式完全一致，这说明复变函数的幂级数展开是实变函数幂级数展开的扩展。

(2) 解析函数本身有一个解析区域，幂级数也有一个解析区域。一般情况下，这两个解析区域不同，这将导致以下问题：解析函数的解析延拓。关于解析延拓请参看相关书籍，本书不做详细介绍。

练习 4.3.1

1. 在指定点 z_0 点的邻域上将以下解析函数展开为泰勒级数。

(1) $\arctan z$ 在 $z_0=0$　(2) $\sqrt[3]{z}$ 在 $z_0=\mathrm{i}$　(3) $\ln z$ 在 $z_0=\mathrm{i}$

(4) $\sqrt[m]{z}$ 在 $z_0=1$　(5) $\mathrm{e}^{1/(1-z)}$ 在 $z_0=0$　(6) $\ln(1+\mathrm{e}^z)$ 在 $z_0=0$

(7) $(1+z)^{1/z}$ 在 $z_0=0$　(8) $\sin^2 z$ 在 $z_0=0$　(9) $\cos^2 z$ 在 $z_0=0$

4.3.1 节表明，区域 B 上定义的解析函数在任何解析点邻域都能展开成泰勒级数。反向思考，如果函数在 z_0 点不解析，还能展开为泰勒级数吗？下面是泰勒级数展开的延伸——*洛朗级数*。

4.3.2　解析函数的洛朗级数展开

在讨论函数的*洛朗级数*展开之前，先介绍*双边级数*。

1. 双边级数

含有正、负幂项的幂级数：

$$\cdots+a_{-2}(z-z_0)^{-2}+a_{-1}(z-z_0)^{-1}+a_0+a_1(z-z_0)+a_2(z-z_0)^2+\cdots \tag{4.3.29}$$

称为*双边级数*。

前面讨论级数收敛性时，讨论的都是正幂项级数的收敛性。双边级数具有负幂项，如何讨论其收敛性？

当讨论式(4.3.29)的收敛性时，需要分为两部分讨论：

设式(4.3.29)的正幂项部分 $a_0+a_1(z-z_0)+a_2(z-z_0)^2+\cdots$ 的收敛半径为 R_1。

当讨论负幂项部分 $\cdots+a_{-2}(z-z_0)^{-2}+a_{-1}(z-z_0)^{-1}$ 时，引进 $\xi=\dfrac{1}{z-z_0}$，将负幂项级数转化为正幂项级数进行讨论：

$$a_{-1}\xi+a_{-2}\xi^2+a_{-3}\xi^3+\cdots+a_{-k}\xi^k+\cdots \tag{4.3.30}$$

设式(4.3.30)级数的收敛半径为 $1/R_2$，即级数在圆 $|\xi|<\dfrac{1}{R_2}$ 的内部收敛、式(4.3.29)的负幂项部分在 $|z-z_0|>R_2$ 的外部收敛。所以当讨论整个双边级数收敛性时，需要讨论正、负幂项级数两部分收敛区域的交集，根据 R_1，R_2 的大小情况，会产生如图 4.3-2 所示的两种情况：

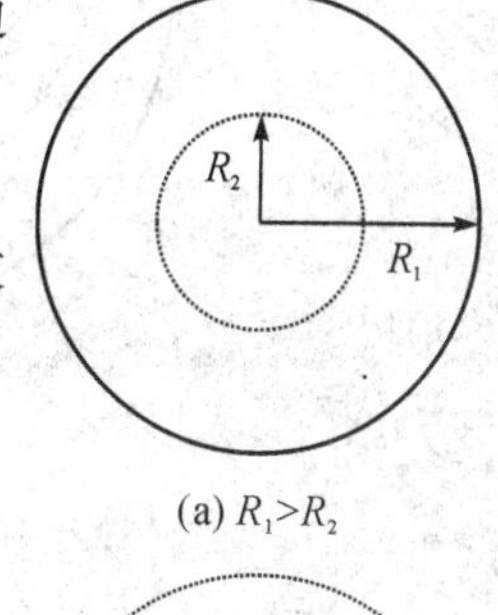

(a) $R_1>R_2$

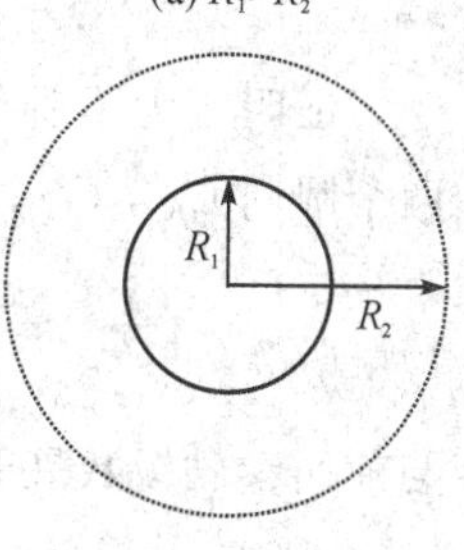

(b) $R_1<R_2$

图 4.3-2　正幂项与负幂项级数收敛情况

因此，只有当 $R_1 > R_2$ 时，双边级数：

$$\cdots + a_{-2}(z-z_0)^{-2} + a_{-1}(z-z_0)^{-1} + a_0 + a_1(z-z_0) + a_2(z-z_0)^2 + \cdots \quad (4.3.31)$$

在 $R_2 < |z - z_0| < R_1$ 的环内收敛，且绝对一致收敛。

若 $R_1 < R_2$，则正、负幂项级数的收敛区域没有交集，双边级数：

$$\cdots + a_{-2}(z-z_0)^{-2} + a_{-1}(z-z_0)^{-1} + a_0 + a_1(z-z_0) + a_2(z-z_0)^2 + \cdots \quad (4.3.32)$$

发散。

重要的结论是：**如果双边级数收敛，收敛域必须是一个环域。**

有了以上双边级数的讨论，现在可以讨论函数的*洛朗级数*展开了。

2. 解析函数的洛朗级数展开定理

设 $f(z)$ 在 $R_2 < |z - z_0| < R_1$ 的环内单值解析，则在环域上的任一点 z，$f(z)$ 可展开为

$$f(z) = \sum_{k=-\infty}^{\infty} a_k (z - z_0)^k \quad (R_2 < |z - z_0| < R_1) \quad (4.3.33)$$

其中：$a_k = \dfrac{1}{2\pi i}\oint_C \dfrac{f(\xi)}{(\xi - z_0)^{k+1}}d\xi$，$C$ 为位于环域内按逆时针方向进行的圆周或任一闭合曲线，如图 4.3-3(a)所示。式(4.3.33)称为函数 $f(z)$ 在环域内展开的洛朗级数。其意义为：当 z 在环域内取任何值时，式(4.3.33)两边的值相等，z_0 称为函数的展开中心。

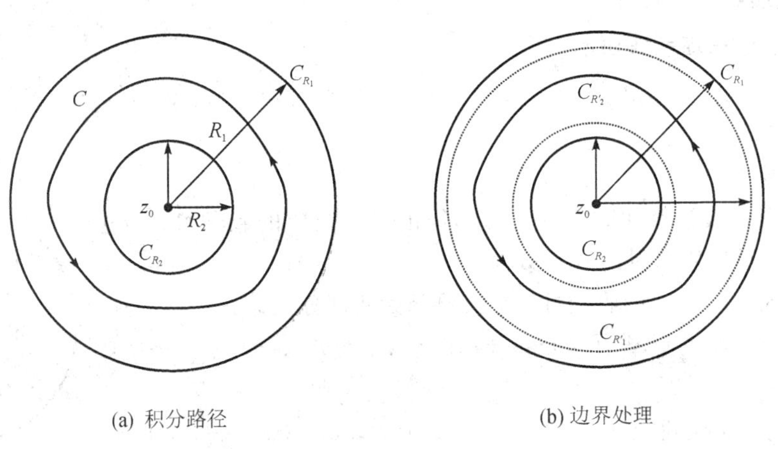

图 4.3-3　积分路径图

证明　为了避免涉及边界上函数的解析性及级数的收敛性，作如图 4.3-3(b)所示的两个圆周 $C_{R'_1}$，$C_{R'_2}$，在圆周及其所围成的区域内应用柯西积分公式(见式(3.3.11))：

$$f(z) = \frac{1}{2\pi i}\oint_{C_{R'_1}} \frac{f(\xi)}{\xi - z}d\xi + \frac{1}{2\pi i}\oint_{C_{R'_2}} \frac{f(\xi)}{\xi - z}d\xi \quad (4.3.34)$$

与前面泰勒级数展开的证明类似，对于 $C_{R'_1}$ 积分的部分，$\dfrac{1}{\xi - z}$ 可展开为

$$\frac{1}{\xi - z} = \sum_{k=0}^{\infty} \frac{(z - z_0)^k}{(\xi - z_0)^{k+1}} \quad (4.3.35)$$

对于 $C_{R'_2}$ 积分的部分，$\dfrac{1}{\xi - z}$ 可展开为

$$\frac{1}{\xi - z} = \frac{1}{(\xi - z_0) - (z - z_0)} = -\frac{1}{z - z_0}\frac{1}{1 - (\xi - z_0)/(z - z_0)}$$

$$= -\sum_{l=0}^{\infty}\frac{(\xi - z_0)^l}{(z - z_0)^{l+1}} \tag{4.3.36}$$

将式(4.3.35)和式(4.3.36)代入式(4.3.34)得

$$f(z) = \sum_{k=0}^{\infty}(z - z_0)^k \frac{1}{2\pi i}\oint_{C_{R_1'}}\frac{f(\xi)}{(\xi - z_0)^{k+1}}d\xi - \sum_{l=0}^{\infty}(z - z_0)^{-(l+1)}\frac{1}{2\pi i}\oint_{C_{R_2'}}(\xi - z_0)^l f(\xi)d\xi \tag{4.3.37}$$

将式(4.3.37)中的第二项变换求和指标，令 $-(l+1)\to k$ 得

$$f(z) = \sum_{k=0}^{\infty}(z - z_0)^k \frac{1}{2\pi i}\oint_{C_{R_1'}}\frac{f(\xi)}{(\xi - z_0)^{k+1}}d\xi - \sum_{k=-1}^{-\infty}(z - z_0)^k \frac{1}{2\pi i}\oint_{C_{R_2'}}\frac{f(\xi)}{(\xi - z_0)^{k+1}}d\xi \tag{4.3.38}$$

根据复连通区域的柯西积分定理将 $C_{R_2'}$ 变为 $C_{R_1'}$ 的积分为

$$\frac{1}{2\pi i}\oint_{C_{R_2'}}\frac{f(\xi)}{(\xi - z_0)^{k+1}}d\xi = -\frac{1}{2\pi i}\oint_{C_{R_1'}}\frac{f(\xi)}{(\xi - z_0)^{k+1}}d\xi \tag{4.3.39}$$

所以有

$$f(z) = \sum_{k=0}^{\infty}(z - z_0)^k \frac{1}{2\pi i}\oint_{C_{R_1'}}\frac{f(\xi)}{(\xi - z_0)^{k+1}}d\xi + \sum_{k=-1}^{-\infty}(z - z_0)^k \frac{1}{2\pi i}\oint_{C_{R_1'}}\frac{f(\xi)}{(\xi - z_0)^{k+1}}d\xi \tag{4.3.40}$$

将式(4.3.40)的两个求和合并，有

$$f(z) = \sum_{k=-\infty}^{\infty}(z - z_0)^k \frac{1}{2\pi i}\oint_{C_{R_1'}}\frac{f(\xi)}{(\xi - z_0)^{k+1}}d\xi = \sum_{k=-\infty}^{\infty}a_k(z - z_0)^k \tag{4.3.41}$$

其中：

$$a_k = \frac{1}{2\pi i}\oint_{C_{R_1'}}\frac{f(\xi)}{(\xi - z_0)^{k+1}}d\xi = \frac{1}{2\pi i}\oint_C \frac{f(\xi)}{(\xi - z_0)^{k+1}}d\xi \tag{4.3.42}$$

其中 C 为环域内任一闭合曲线。

证明完毕。

3. 函数展开为洛朗级数说明

(1) 前面提到过函数在积分环域内有非解析区域使得环路积分只能按定义计算，所以系数 $a_k = \frac{1}{2\pi i}\oint_C \frac{f(\xi)}{(\xi - z_0)^{k+1}}d\xi$ 的积分计算非常困难，此定理只是在理论上证明了环域上的解析函数可以展开为洛朗级数，但并没有告知如何将环域上的解析函数展开为洛朗级数的简便方法。

(2) 如果只有环心 z_0 是 $f(z)$ 的奇点，则内圆半径可以任意小，此时 z 可以无限接近 z_0 点。这时式(4.3.41)称为函数 $f(z)$ 在奇点 z_0 邻域上的洛朗级数。

(3) 函数展开成洛朗级数时需注意展开中心一定是函数的奇点。

以下特例将利用各种方法(一定不是用积分求系数)“凑”出函数的洛朗级数，需要的知识是各种解析函数的泰勒级数展开以及等比数列知识。

4. 函数洛朗级数展开例题

例 1　在 $z_0=0$ 的邻域上把$(\sin z)/z$展开。

解　(1) **确定环域中心** $z_0=0$，写出级数形式。

$$\frac{\sin z}{z}=\sum_{k=-\infty}^{\infty}a_k(z-z_0)^k=\sum_{k=-\infty}^{\infty}a_k z^k \tag{4.3.43}$$

a_k 不能直接计算，只能采用各种办法将$(\sin z)/z$"凑"成式(4.3.43)的形式来决定 a_k。

(2) **拆分函数，分别展开。**

① 引用 $\sin z$ 在 $z_0=0$ 的邻域的泰勒级数展开：

$$\sin z=z-\frac{z^3}{3!}+\frac{z^5}{5!}-\frac{z^7}{7!}+\cdots=\sum_{k=0}^{\infty}(-1)^k\frac{z^{2k+1}}{(2k+1)!}\quad(|z|<\infty) \tag{4.3.44}$$

即在整个复平面上除无穷远点外式(4.3.44)成立。

② $z_0=0$ 是函数 $1/z$ 的奇点，或者说 $1/z$ 的定义域为 $(0<z\leqslant\infty)$，展开的洛朗级数为

$$\frac{1}{z}=\frac{1}{z}\quad(0<z\leqslant\infty) \tag{4.3.45}$$

注意左边为函数，右边为级数，级数只有唯一的一项。

(3) **合并。**

将函数 $\sin z/z$ 看成 $\sin z$ 与 $1/z$ 的乘积，函数 $\sin z/z$ 的级数即为相应展开级数的乘积：

$$\frac{\sin z}{z}=1-\frac{z^2}{3!}+\frac{z^4}{5!}-\frac{z^6}{7!}+\cdots=\sum_{k=0}^{\infty}(-1)^k\frac{z^{2k}}{(2k+1)!}\quad(0<|z|<\infty) \tag{4.3.46}$$

收敛区域为两个级数收敛区域的交集。这就是$(\sin z)/z$ 在 $z_0=0$ 点邻域的洛朗级数展开，展开系数为

$$a_{2k}=\frac{(-1)^k}{(2k+1)!},\ a_{2k+1}=0\quad(k\geqslant 0) \tag{4.3.47}$$

展开后的洛朗级数没有负幂项，此时 $z_0=0$ 称为函数 $\sin z/z$ 的*可去奇点*(见 4.4 节中的定义)。

例 2　在 $z_0=1$ 的邻域上将函数 $f(z)=1/(z^2-1)$展开为洛朗级数。

解　(1) **确定展开中心** $z_0=1$，展开级数形式为

$$\frac{1}{z^2-1}=\sum_{k=-\infty}^{\infty}a_k(z-z_0)^k=\sum_{k=-\infty}^{\infty}a_k(z-1)^k \tag{4.3.48}$$

(2) **拆分函数，分别展开。**

$$f(z)=\frac{1}{(z-1)(z+1)}=\frac{1}{2}\frac{1}{z-1}-\frac{1}{2}\frac{1}{z+1} \tag{4.3.49}$$

① 第一项展开：

$$\frac{1}{2}\frac{1}{z-1}=\frac{1}{2}\frac{1}{z-1}\quad(|z-1|\neq 0) \tag{4.3.50}$$

注意左边是函数，右边是级数，级数只有唯一的一项。

② 第二项展开：

第二项在 $z_0=1$ 的邻域 $|z-1|<2$ 上是解析的，如图 4.3 - 4 所示，可在 $z_0=1$ 的邻域上展开为泰勒级数：

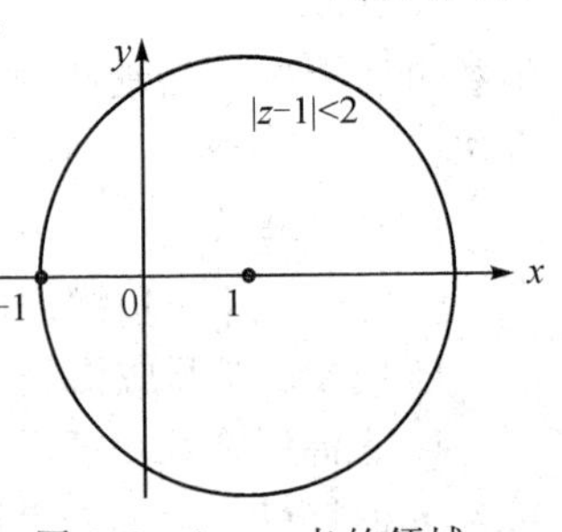

图 4.3 - 4　z_0 点的领域

$$\frac{1}{2}\frac{1}{z+1}=\frac{1}{4}\frac{1}{1+\dfrac{z-1}{2}}=\frac{1}{4}\sum_{k=0}^{\infty}(-1)^k\left(\frac{z-1}{2}\right)^k\quad(|z-1|<2)\tag{4.3.51}$$

（3）合并。

$$\begin{aligned}\frac{1}{z^2-1}&=\frac{1}{2}\frac{1}{z-1}-\frac{1}{4}\sum_{k=0}^{\infty}(-1)^k\left(\frac{z-1}{2}\right)^k\\&=\frac{1}{2}\frac{1}{z-1}-\sum_{k=0}^{\infty}(-1)^k\frac{1}{2^{k+2}}(z-1)^k\quad(0<|z-1|<2)\end{aligned}\tag{4.3.52}$$

收敛区域为两个函数收敛区域的交集。

例 3　在 $z_0=0$ 的邻域上将函数 $e^{1/z}$ 展开。

解　（1）**确定展开中心** $z_0=0$，展开级数形式为

$$e^{1/z}=\sum_{k=-\infty}^{\infty}a_kz^k\ (|z|>0)\tag{4.3.53}$$

其中 $z\neq0$ 只是函数解析性要求，还不是等式成立的充分条件。

（2）**令** $\xi=1/z$，**函数变为** e^{ξ}，e^{ξ} 在 $\xi=0$ 的邻域可展开为

$$e^{\xi}=\sum_{k=0}^{\infty}\frac{\xi^k}{k!}\ (0<|\xi|<\infty)\tag{4.3.54}$$

（3）**将** $\xi=1/z$ **代入式(4.3.54)还原** z **的级数**。

$$e^{1/z}=\sum_{k=0}^{\infty}\frac{1}{k!}\left(\frac{1}{z}\right)^k\quad\left(0<\left|\frac{1}{z}\right|<\infty\right)\tag{4.3.55}$$

也可以换一种形式表达为

$$e^{1/z}=\sum_{k=-\infty}^{0}\frac{z^k}{(-k)!}\quad(0<|z|<\infty)\tag{4.3.56}$$

即 $e^{1/z}$ 在 $z_0=0$ 邻域上的洛朗级数。

例 4　在 $z_0=0$ 的邻域上把 $\exp\left[\frac{1}{2}x\left(z-\frac{1}{z}\right)\right]$ 展开。

解　（1）**确定展开中心** $z_0=0$，展开级数形式为

$$\exp\left[\frac{1}{2}x\left(z-\frac{1}{z}\right)\right]=\sum_{k=-\infty}^{\infty}a_kz^k\tag{4.3.57}$$

（2）**拆分函数，分别展开**。

$$\exp\left[\frac{1}{2}x\left(z-\frac{1}{z}\right)\right]=\exp\left(\frac{1}{2}xz\right)\exp\left(-\frac{1}{2}\frac{x}{z}\right)\tag{4.3.58}$$

① 第一项，$z_0=0$ 是函数 $\exp\left(\frac{1}{2}xz\right)$ 的解析点，可在 z_0 的邻域展开为泰勒级数：

$$\exp\left(\frac{1}{2}xz\right)=\sum_{l=0}^{\infty}\frac{1}{l!}\left(\frac{1}{2}xz\right)^l\quad(0\leqslant|z|<\infty)\tag{4.3.59}$$

② 第二项，$z_0=0$ 是 $\exp\left(-\frac{1}{2}\frac{x}{z}\right)$ 的奇点，按照例 3 的展开结果可得

$$\exp\left(-\frac{1}{2}\frac{x}{z}\right)=\sum_{n=0}^{\infty}\frac{1}{n!}\left(-\frac{1}{2}\frac{x}{z}\right)^n\quad(0<|z|\leqslant\infty)\tag{4.3.60}$$

(3) **合并。**

上面两个级数在相应的收敛域都是绝对收敛的，所以在公共收敛区域 $0<|z|<\infty$ 上，它们相乘后的级数也是绝对收敛的(见 4.1.3 节的结论)：

$$\exp\left[\frac{1}{2}x\left(z-\frac{1}{z}\right)\right]=\sum_{l=0}^{\infty}\frac{1}{l!}\left(\frac{1}{2}xz\right)^{l}\cdot\sum_{n=0}^{\infty}\frac{1}{n!}\left(-\frac{1}{2}\frac{x}{z}\right)^{n}\quad(0<|z|<\infty)\tag{4.3.61}$$

式(4.3.61)中级数需要逐项相乘。为了找出相应幂次的系数，作如下考虑：相乘后有 z 的正幂项，也有 z 的负幂项，分别讨论 z 的正幂项和负幂项。要得到正幂项 $z^m(m\geqslant 0)$，应将 $\exp\left(-\frac{1}{2}\frac{x}{z}\right)=\sum_{n=0}^{\infty}\frac{1}{n!}\left(-\frac{1}{2}\frac{x}{z}\right)^{n}$ 的全部乘以 $\exp\left(\frac{1}{2}xz\right)=\sum_{l=0}^{\infty}\frac{1}{l!}\left(\frac{1}{2}xz\right)^{l}$ 式中 $l=n+m$ 的项，详细分析如下：

$$\sum_{l=0}^{\infty}\frac{1}{l!}\left(\frac{1}{2}xz\right)^{l}=1+\left(\frac{x}{2}\right)z+\frac{1}{2!}\left(\frac{x}{2}\right)^{2}z^{2}+\frac{1}{3!}\left(\frac{x}{2}\right)^{3}z^{3}+\frac{1}{4!}\left(\frac{x}{2}\right)^{4}z^{4}+\frac{1}{5!}\left(\frac{x}{2}\right)^{5}z^{5}+\frac{1}{6!}\left(\frac{x}{2}\right)^{6}z^{6}+\cdots+\frac{1}{l!}\left(\frac{x}{2}\right)^{l}z^{l}+\cdots\tag{4.3.62}$$

$$\sum_{n=0}^{\infty}\frac{1}{n!}\left(-\frac{x}{2}\frac{1}{z}\right)^{n}=1-\left(\frac{x}{2}\right)z^{-1}+\frac{1}{2!}\left(\frac{x}{2}\right)^{2}z^{-2}-\frac{1}{3!}\left(\frac{x}{2}\right)^{3}z^{-3}+\frac{1}{4!}\left(\frac{x}{2}\right)^{4}z^{-4}-\frac{1}{5!}\left(\frac{x}{2}\right)^{5}z^{-5}+\cdots+\frac{(-1)^{n}}{n!}\left(\frac{x}{2}\right)^{n}z^{-n}+\cdots\tag{4.3.63}$$

比如相应 z^4 的系数为

$$\sum_{n=0}^{\infty}\frac{(-1)^{n}}{(4+n)!n!}\left(\frac{x}{2}\right)^{4+2n}\tag{4.3.64}$$

z^m 的系数为

$$\sum_{n=0}^{\infty}\frac{(-1)^{n}}{(m+n)!n!}\left(\frac{x}{2}\right)^{m+2n}\tag{4.3.65}$$

要得到负幂项 $z^{-h}(h>0)$，应取 $\exp\left(\frac{1}{2}xz\right)=\sum_{l=0}^{\infty}\frac{1}{l!}\left(\frac{1}{2}xz\right)^{l}$ 的全部乘以 $\exp\left(-\frac{1}{2}\frac{x}{z}\right)=\sum_{n=0}^{\infty}\frac{1}{n!}\left(-\frac{1}{2}\frac{x}{z}\right)^{n}$ 的 $n=l+h$ 的项，相应 z^{-h} 项的系数为

$$\sum_{l=0}^{\infty}\frac{(-1)^{l+h}}{(l+h)!l!}\left(\frac{x}{2}\right)^{h+2l}\tag{4.3.66}$$

所以合并后得

$$\exp\left[\frac{1}{2}x\left(z-\frac{1}{z}\right)\right]=\sum_{m=0}^{\infty}\left[\sum_{n=0}^{\infty}\frac{(-1)^{n}}{(m+n)!n!}\left(\frac{x}{2}\right)^{m+2n}\right]\cdot z^{m}+\sum_{h=0}^{\infty}\left[\sum_{l=0}^{\infty}\frac{(-1)^{l+h}}{(l+h)!l!}\left(\frac{x}{2}\right)^{h+2l}\right]\cdot z^{-h}\quad(0<|z<\infty|)\tag{4.3.67}$$

将式(4.3.67)第二项中的 $-h$ 改为 m，l 改作 n，则

$$\exp\left[\frac{1}{2}x\left(z-\frac{1}{z}\right)\right]=\sum_{m=0}^{\infty}\left[\sum_{n=0}^{\infty}\frac{(-1)^n}{(m+n)!n!}\left(\frac{x}{2}\right)^{m+2n}\right]\cdot z^m+$$
$$\sum_{m=-1}^{-\infty}\left[(-1)^m\sum_{n=0}^{\infty}\frac{(-1)^n}{(n+|m|)!n!}\left(\frac{x}{2}\right)^{|m|+2n}\right]\cdot z^m \quad (0<|z|<\infty) \tag{4.3.68}$$

式(4.3.68)中的系数正是特殊函数 m 阶的**贝塞尔函数** $\mathrm{J}_m(x)$，即

$$\mathrm{J}_m(x)=\begin{cases}\displaystyle\sum_{n=0}^{\infty}\frac{(-1)^n}{(m+n)!n!}\left(\frac{x}{2}\right)^{m+2n} & (m\geqslant 0)\\ \displaystyle(-1)^m\sum_{n=0}^{\infty}\frac{(-1)^n}{(|m|+n)!n!}\left(\frac{x}{2}\right)^{m+2n} & (m<0)\end{cases} \tag{4.3.69}$$

则

$$\exp\left[\frac{1}{2}x\left(z-\frac{1}{z}\right)\right]=\sum_{m=-\infty}^{\infty}\mathrm{J}_m(x)z^m \tag{4.3.70}$$

所以称 $\exp\left[\frac{1}{2}x\left(z-\frac{1}{z}\right)\right]$ 是**贝塞尔函数**的**生成函数**。**贝塞尔函数**将在第 15 章研究。

练习 4.3.2

1. 在挖去奇点 z_0 的环域上将下列函数展开为洛朗级数。

(1) $z^5 e^{1/z}$，$z_0=0$　　(2) $\dfrac{1}{z^2(z-1)}$，$z_0=1$

(3) $\dfrac{1}{z(z-1)}$，$z_0=0$　　(4) $\dfrac{1}{z(z-1)}$，$z_0=1$

(5) $\dfrac{1}{(z-2)(z-3)}$，$|z|=3$　　(6) $\dfrac{(z-1)(z-2)}{(z-3)(z-4)}$，$z_0=1$

(7) $\dfrac{1}{z^2-3z+2}$，$1<|z|<2$　　(8) $\dfrac{1}{z^2-3z+2}$，$2<|z|<\infty$

(9) $\dfrac{e^z}{z}$，$z_0=0$　　(10) $\dfrac{1-\cos z}{z}$，$z_0=0$

(11) $\sin(1/z)$，$z_0=0$　　(12) $\cot z$，$z_0=0$

从解析函数展开为洛朗级数的情况看，函数展开为洛朗级数一般不用系数公式求级数的系数，往往是利用变量代换或将函数拆分为多个解析函数，再将解析函数在解析点的邻域展开为泰勒级数来完成的，通过巧妙的方法绕开积分得到洛朗级数的系数。反向思考，如果获得了函数洛朗级数的系数，是否可以通过洛朗级数计算包围函数奇点的路径积分？这是下一章留数定理的内容。为了后面留数定理内容的研究，目前需要先对函数的奇点做介绍。

4.4　函数的奇点

1. 函数奇点的定义

奇点：若函数 $f(z)$ 在 z_0 点发散(无定义)或不可导，则称 z_0 是函数 $f(z)$ 的奇点。

孤立奇点： 若 $f(z)$ 在 z_0 点不可导，而在 z_0 的邻域上处处可导，则 z_0 为 $f(z)$ 的孤立奇点。

非孤立奇点： 若 $f(z)$ 除 z_0 点外 z_0 的邻域上还有其他的点不可导，则 z_0 是 $f(z)$ 的非孤立奇点。

2. 洛朗级数奇点的定义

洛朗级数的奇点： 洛朗级数含有负幂项时，级数的奇点即为级数的中心。

3. 函数奇点的分类

洛朗级数各部分如下：

解析部分： 洛朗级数的正幂项部分。

主要部分： 洛朗级数的负幂项部分(无限部分)。

留数： 函数在奇点邻域上展开的洛朗级数 $(z-z_0)^{-1}$ 的系数 a_{-1}，用 $\text{Res}[f(z_0)]$ 表示。

函数奇点分类如表 4-1 所示。

表 4-1 函数奇点分类

分类	特 点
可去奇点	函数在奇点 z_0 的邻域上展开的洛朗级数没有负幂项，而函数在 z_0 点的函数值 $f(z_0)$ 为有限值
极点	若函数在奇点 z_0 的邻域上展开的洛朗级数只有 m 项负幂项，并且是 $(z-z_0)^{-m}$ 到 $(z-z_0)^{-1}$ 的 m 项负幂项，则 z_0 称为函数的 m 阶极点，当 $m=1$ 时称为单极点
本性奇点	函数在奇点 z_0 的邻域上展开的洛朗级数有无限项负幂项，$f(z_0)$ 与 $z\to z_0$ 的方式有关

对函数奇点有了详细的了解，下面进入下一章的学习：*留数定理*。

第 5 章　复变函数积分的留数定理

5.1　积分环路包围函数奇点的积分

函数 $f(z)$ 在奇点邻域可展开为洛朗级数，如果按照洛朗级数展开定理用积分求解展开系数，就会陷入积分的循环。如果利用变量代换或泰勒级数展开的一些技巧将函数展开为洛朗级数，结合 3.2 节介绍的重要积分，原则上就可以避开积分定义求解积分环路包围函数奇点的环路积分。

5.1.1　一个孤立奇点的情况

如图 5.1-1 所示，$f(z)$ 在 l 所围成的区域内除了奇点 z_0 外都是解析的，则 $f(z)$ 可在奇点邻域展开为洛朗级数：

$$f(z) = \sum_{k=-\infty}^{\infty} a_k (z - z_0)^k \quad (z_0\text{ 为孤立奇点}) \tag{5.1.1}$$

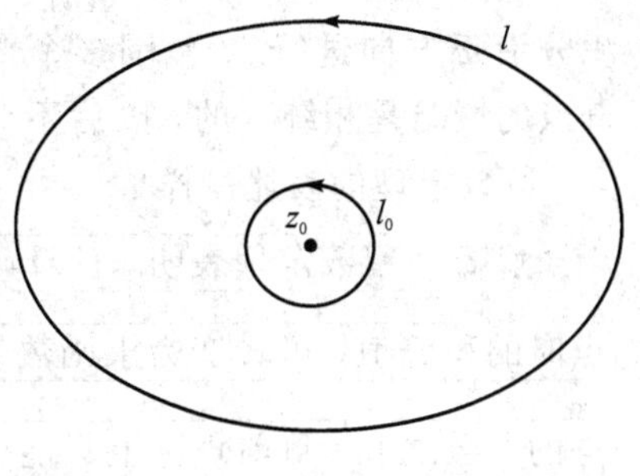

图 5.1-1　积分环路内包围一个奇点

作如图 5.1-1 包围 z_0 的小回路 l_0，根据柯西积分定理可将 $f(z)$ 沿路径 l 的积分换为沿路径 l_0 的积分：

$$\oint_l f(z)\mathrm{d}z = \oint_{l_0} f(z)\mathrm{d}z \tag{5.1.2}$$

两者结合起来有

$$\oint_l f(z)\mathrm{d}z = \sum_{k=-\infty}^{\infty} a_k \oint_{l_0} (z - z_0)^k \mathrm{d}z \tag{5.1.3}$$

引用 3.2.5 节重要积分的结果，式(5.1.3)右端沿 l_0 的积分满足：

$$\oint_{l_0} (z - z_0)^k \mathrm{d}z = \begin{cases} 2\pi\mathrm{i} & (k = -1) \\ 0 & (k \neq -1) \end{cases} \tag{5.1.4}$$

所以式(5.1.3)可表示为

$$\oint_l f(z)\mathrm{d}z = 2\pi\mathrm{i}a_{-1} = 2\pi\mathrm{i}\mathrm{Res}[f(z_0)] \tag{5.1.5}$$

总结起来，即留数定理。

留数定理：设函数 $f(z)$ 在回路 l 所围成的区域 B 上除孤立奇点 z_0 外解析，在闭区域 $\overline{B}$ 上除 z_0 外连续，则

$$\oint_l f(z)\mathrm{d}z = 2\pi\mathrm{i}a_{-1} = 2\pi\mathrm{i}\mathrm{Res}[f(z_0)] \tag{5.1.6}$$

其中 $a_{-1} = \mathrm{Res}[f(z_0)]$ 称为函数 $f(z)$ 在奇点 z_0 的留数，积分沿正方向进行。

数学上，留数定理解决了函数积分环路包围孤立奇点的积分。若积分环路包围的区域内有多个奇点，则仍可以通过复连通区域的柯西积分定理和洛朗级数求解环路积分。

5.1.2　多个孤立奇点的情况

如图 5.1-2 所示，函数 $f(z)$ 在除有限个奇点 $b_1, b_2, \cdots, b_n$ 外的区域解析，则满足复通区域的柯西积分定理：

$$\oint_l f(z)\mathrm{d}z = \oint_{l_1} f(z)\mathrm{d}z + \oint_{l_2} f(z)\mathrm{d}z + \cdots + \oint_{l_n} f(z)\mathrm{d}z \tag{5.1.7}$$

将 $f(z)$ 在每个奇点邻域展开为洛朗级数，则有

$$\oint_l f(z)\mathrm{d}z = 2\pi\mathrm{i}\{\mathrm{Res}[f(b_1)] + \mathrm{Res}[f(b_2)] + \cdots + \mathrm{Res}[f(b_n)]\} \tag{5.1.8}$$

留数定理：如果 $f(z)$ 在 l 围成的区域 B 上除有限个孤立奇点 $b_1, b_2, \cdots, b_n$ 外解析，且在闭区域 $\overline{B}$ 上除 $b_1, b_2, \cdots, b_n$ 外连续，则

$$\oint_l f(z)\mathrm{d}z = 2\pi\mathrm{i}\sum_{k=1}^{n}\mathrm{Res}[f(b_k)] \tag{5.1.9}$$

积分沿正方向进行。l 包围多个奇点的情况和包围一个奇点的情况是相统一的，以后不分一个奇点还是多个奇点，留数定理的表述一样。

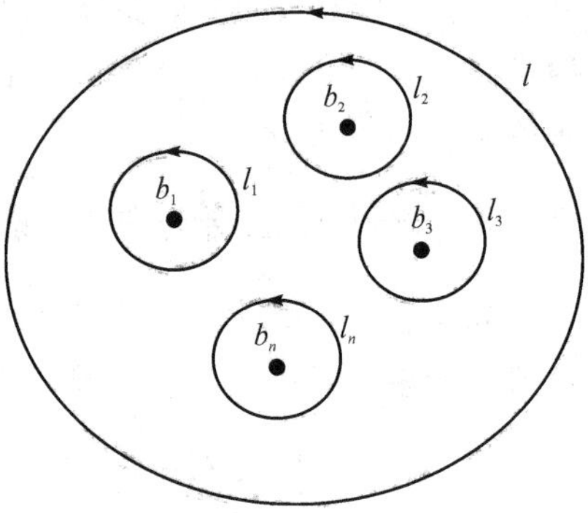

图 5.1-2　积分环路内包含多个奇点

解释： 留数定理表明，计算函数在积分环路内有奇点时的积分值，可转变为求函数奇点的留数，然后求各奇点的留数之和。目前理论上只能想办法“凑”出洛朗级数，从而得到 $(z-b_k)^{-1}$ 项的系数。求留数是一个复杂的工程，根据函数奇点的分类，下面介绍求函数奇点留数的方法。

5.2　函数奇点的留数计算

5.2.1　一般方法

原则上讲，将 $f(z)$ 在奇点 z_0 邻域上展开为洛朗级数，可以求得 a_{-1}，此即求留数的一般方法。但是有时将函数展开为洛朗级数比较复杂，为此有以下特殊情况的留数计算方法。

5.2.2　可去奇点

如果函数的奇点为**可去奇点**，那么函数在其邻域展开的洛朗级数不含负幂项，自然也不含负一次幂项，所以 $a_{-1} = 0$，即留数为零，如前面讨论的函数 $\sin z/z$ 在奇点 $z_0 = 0$ 的留数为零。

5.2.3　极点的留数

极点的情况也可以用一般方法处理，同时数学家们研究发现了较为简单的补充方法：**极限法**。

1. 单极点的留数

如果函数 $f(z)$ 在 z_0 点邻域展开的洛朗级数形式为

$$f(z)=\frac{a_{-1}}{z-z_0}+a_0+a_1(z-z_0)+\cdots+a_n(z-z_0)^n+\cdots \tag{5.2.1}$$

则 z_0 称为 $f(z)$ 的**单极点**，a_{-1} 必为**非零有限值**。式(5.2.1)左边乘以 $(z-z_0)$ 后计算极限：

$$\lim_{z\to z_0}[(z-z_0)f(z)] \tag{5.2.2}$$

右边乘以 $(z-z_0)$ 计算 $z\to z_0$ 的极限为 a_{-1}，如果式(5.2.2)的极限值非零有限，则

$$\lim_{z\to z_0}[(z-z_0)f(z)]=a_{-1} \tag{5.2.3}$$

式(5.2.3)有如下两个功能：

(1) 用来判别 z_0 是否为函数 $f(z)$ 的**单极点**。

(2) 用来计算函数奇点为单极点时函数奇点的留数。

若 $f(z)$ 可表示为 $P(z)/Q(z)$，其中 z_0 点是 $Q(z)$ 的一阶零点，从而 z_0 是 $f(z)$ 的一阶极点，此时有

$$\mathrm{Res}[f(z_0)]=\lim_{z\to z_0}\frac{(z-z_0)P(z)}{Q(z)}=\frac{P(z_0)}{Q'(z_0)} \tag{5.2.4}$$

式(5.2.4)应用了**洛必达法则**。

2. m 阶极点的留数

根据函数极点的定义，有

$$f(z)=\frac{a_{-m}}{(z-z_0)^m}+\frac{a_{-m+1}}{(z-z_0)^{m-1}}+\cdots+\frac{a_{-1}}{(z-z_0)}+a_0+a_1(z-z_0)+\cdots \tag{5.2.5}$$

仿照单极点留数的计算方法：如果

$$\lim_{z\to z_0}[(z-z_0)^m f(z)]=a_{-m}\ 为非零有限值 \tag{5.2.6}$$

则 z_0 为 $f(z)$ 的 m 阶极点，观察发现：

$$(z-z_0)^m f(z)=a_{-m}+a_{-m+1}(z-z_0)+\cdots+a_{-1}(z-z_0)^{m-1}+a_0(z-z_0)^m+\cdots \tag{5.2.7}$$

可将式(5.2.7)看成函数 $(z-z_0)^m f(z)$ 的**泰勒级数**，设这个**泰勒级数**的系数为 c_1，c_2，…，c_k，参照泰勒级数的系数公式 $c_k=\dfrac{f^{(k)}(z_0)}{k!}$ 有

$$a_{-1}=c_{m-1}=\lim_{z\to z_0}\frac{[(z-z_0)^m f(z)]^{(m-1)}}{(m-1)!}=\lim_{z\to z_0}\frac{1}{(m-1)!}\frac{\mathrm{d}^{m-1}}{\mathrm{d}z^{m-1}}[(z-z_0)^m f(z)] \tag{5.2.8}$$

此即 m 阶极点的留数计算。

总结起来，式(5.2.6)可作为函数 m 阶极点的判别式，式(5.2.8)是 m 阶极点留数的计算式。计算留数之前，需先判断极点类型。

5.2.4 留数计算例题

例 1 求 $f(z)=\dfrac{1}{z^n-1}$ 在奇点 $z_0=1$ 的留数。

解　第一种方法：

(1) **确定奇点**。

因为$\lim\limits_{z\to 1} f(z)=\infty$，所以 $z_0=1$ 是函数 $f(z)$ 的奇点。

(2) **判断奇点类型**。

试探求极限值：

$$\lim_{z\to 1}\frac{z-1}{z^n-1}=\lim_{z\to 1}\frac{z-1}{(z-1)(z^{n-1}+z^{n-2}+\cdots+z+1)} \tag{5.2.9}$$

经计算得

$$\lim_{z\to 1}(z-1)f(z)=\frac{1}{n} \tag{5.2.10}$$

$1/n$ 是非零有限值，所以 $z_0=1$ 是函数 $f(z)$ 的单极点。

(3) **求留数**。

根据式(5.2.3)，$f(z)$ 在单极点 $z_0=1$ 的留数为 $\mathrm{Res}[f(1)]=1/n$。

第二种方法：

(1) **确定奇点**。

因为$\lim\limits_{z\to 1} f(z)=\infty$，所以 $z_0=1$ 是函数 $f(z)$ 的奇点。

(2) **判断奇点类型**。

由于 $f(z)=\dfrac{1}{z^n-1}$是分数形式，因此求极限：

$$\lim_{z\to 1}\frac{(z-z_0)\cdot 1}{z^n-1}=\lim_{z\to 1}\frac{(z-z_0)'}{(z^n-1)'}=\lim_{z\to 1}\frac{1}{nz^{n-1}}=\frac{1}{n} \tag{5.2.11}$$

根据式(5.2.3)判断 $z_0=1$ 是函数 $f(z)$ 的单极点。

(3) **求留数**。

由式(5.2.3)得 $a_{-1}=\mathrm{Res}[f(z_0)]=1/n$。

例 2　确定 $f(z)=\dfrac{1}{\sin z}$的奇点，求这些奇点的留数。

解　(1) **确定奇点**。

令 $z\to n\pi$，则 $\sin z\to 0$，$f(z)\to\infty$，所以 $z_0=n\pi$ 为函数 $f(z)$ 的奇点。

(2) **判断奇点类型**。

计算极限值：

$$\lim_{z\to n\pi}[(z-n\pi)f(z)]=\lim_{z\to n\pi}\frac{z-n\pi}{\sin z} \tag{5.2.12}$$

应用洛必达法则有

$$\lim_{z\to n\pi}\frac{z-n\pi}{\sin z}=\lim_{z\to n\pi}\frac{(z-n\pi)'}{(\sin z)'}=\lim_{z\to n\pi}\frac{1}{\cos z}=(-1)^n \tag{5.2.13}$$

$(-1)^n$ 是非零有限值，所以 $z_0=n\pi$ 是函数 $f(z)$ 的单极点。

(3) **求留数**。

根据式(5.2.3)，$\mathrm{Res}[f(n\pi)]=(-1)^n$。

例 3　确定函数 $f(z)=(z+2\mathrm{i})/(z^5+4z^3)$ 的奇点，并求出函数在这些奇点的留数。

解　(1) **确定函数的奇点。**

将函数分母进行因式分解，并与分子约去公因式，则有

$$f(z)=\frac{z+2i}{z^5+4z^3}=\frac{1}{z^3(z-2\mathrm{i})} \tag{5.2.14}$$

由于

$$\begin{cases}\lim\limits_{z\to 0}f(z)=\lim\limits_{z\to 0}\dfrac{1}{z^3(z-2\mathrm{i})}=\infty \\ \lim\limits_{z\to 2\mathrm{i}}f(z)=\lim\limits_{z\to 2\mathrm{i}}\dfrac{1}{z^3(z-2\mathrm{i})}=\infty\end{cases} \tag{5.2.15}$$

所以 $z_{01}=2\mathrm{i}$，$z_{02}=0$ 是函数的奇点。

(2) **判断这两个奇点的类型。**

做如下分析：

对于 $z_{01}=2\mathrm{i}$，求极限值：

$$\lim_{z\to 2\mathrm{i}}(z-2\mathrm{i})f(z)=\lim_{z\to 2\mathrm{i}}\frac{1}{z^3}=\frac{\mathrm{i}}{8} \tag{5.2.16}$$

$\mathrm{i}/8$ 是非零有限值，所以 $z_{01}=2\mathrm{i}$ 是函数的单极点。

对于 $z_{02}=0$，函数中含有 $1/z^3$，所以求极限值：

$$\lim_{z\to 0}(z-0)^3f(z)=\lim_{z\to 0}\frac{1}{z-2\mathrm{i}}=\frac{\mathrm{i}}{2} \tag{5.2.17}$$

$\mathrm{i}/2$ 是非零有限值，所以由式(5.2.6)得 $z_{02}=0$ 是函数的 3 阶极点。

(3) **求留数**。

对于 $z_{01}=2\mathrm{i}$，根据式(5.2.3)，函数在单极点 $z_0=2\mathrm{i}$ 的留数为 $\mathrm{Res}[f(2\mathrm{i})]=\dfrac{\mathrm{i}}{8}$。

对于 $z_{02}=0$，根据式(5.2.8)，函数在三阶极点 $z_{02}=0$ 的留数为

$$\mathrm{Res}[f(z_{02})]=\lim_{z\to 0}\frac{1}{(3-1)!}\frac{\mathrm{d}^2}{\mathrm{d}z^2}[z^3f(z)]=-\frac{\mathrm{i}}{8} \tag{5.2.18}$$

掌握了函数奇点的留数计算，即可实现函数积分环路包围奇点时解析函数的积分计算，下面通过例题说明应用留数定理求积分的方法。

例 4　计算沿单位圆周 $|z|=1$ 上的回路积分

$$\oint_{|z|=1}\frac{\mathrm{d}z}{\varepsilon z^2+2z+\varepsilon}\quad(0<\varepsilon<1) \tag{5.2.19}$$

解　(1) **确定积分函数奇点。**

将积分函数的分母进行因式分解得

$$f(z)=\frac{1}{\varepsilon(z-z_{01})(z-z_{02})} \tag{5.2.20}$$

其中

$$z_{01}=\frac{-1+\sqrt{1-\varepsilon^2}}{\varepsilon},\quad z_{02}=\frac{-1-\sqrt{1-\varepsilon^2}}{\varepsilon} \tag{5.2.21}$$

因为

$$\begin{cases}\lim\limits_{z\to z_{01}}f(z)=\infty \\ \lim\limits_{z\to z_{02}}f(z)=\infty\end{cases} \tag{5.2.22}$$

所以 z_{01}，z_{02} 都是函数的奇点。

(2) **确定函数奇点是否在积分环路内。**

由于只有环路包围区域内的奇点留数对函数环路积分值有贡献，因此先判断奇点是否在环路内。

这里的判断方法是计算奇点对应矢量的模，若模小于环路半径 1，则奇点在积分环路内，否则不在积分环路内。经计算 $|z_{01}|<1$，$|z_{02}|>1$，所以只有 z_{01} 在积分环路内。

(3) **判断奇点类型**。

计算

$$\lim_{z\to z_{01}}(z-z_{01})f(z)=\frac{1}{2\sqrt{1-\varepsilon^2}} \tag{5.2.23}$$

极限值是非零有限值，根据式(5.2.3)可知 z_{01} 是函数的单极点。

(4) **计算函数奇点的留数**。

根据式(5.2.3)，函数在极点的留数为

$$\mathrm{Res}[f(z_{01})]=\frac{1}{2\sqrt{1-\varepsilon^2}} \tag{5.2.24}$$

(5) **应用留数定理计算积分**。

$$\oint_{|z|=1}\frac{\mathrm{d}z}{\varepsilon z^2+2z+\varepsilon}=2\pi\mathrm{i}\mathrm{Res}[f(z_{01})]=\frac{\pi\mathrm{i}}{\sqrt{1-\varepsilon^2}} \tag{5.2.25}$$

练习 5.2.4

1. 确定下列函数的奇点，并求出函数在各奇点的留数。

(1) $\dfrac{1}{(z-2)(z-3)}$　　(2) $\dfrac{1}{(1+z^{2n})}$

(3) $\dfrac{1}{(z^2-3z+2)}$　　(4) $\dfrac{z^{2n}}{(z+1)^n}$

(5) $\dfrac{z}{(z-1)(z-2)^2}$　　(6) $\dfrac{1}{(z^3-z^5)}$

留数定理完成了解析函数在积分环路内有奇点时的积分计算。数学家们研究发现，留数定理不但可以用来计算解析函数的环路积分，还可以用来补充实变函数积分。具体请阅读下一节内容。

5.3 留数定理的应用

由于实轴也可以作为复变函数积分路径的一部分，复变函数的环路积分与一元实变函数的积分具有一定的关系，这是留数定理作为实变函数积分补充方法的基础。

5.3.1 应用留数定理计算实变函数积分的可能性

对于实变函数积分：

$$\int_a^b f(x)\mathrm{d}x \tag{5.3.1}$$

总可以补充如图 5.3-1 所示的环路，并生成复变函数 $f(z)$，且满足：

$$\oint_{l} f(z)\mathrm{d}z = \int_{l_1} f(x)\mathrm{d}x + \int_{l_2} f(z)\mathrm{d}z \tag{5.3.2}$$

左边可应用留数定理计算，右边第一项为所要计算的实变函数积分。由于 l_2 选择的任意性，总可以根据积分函数补充 l_2，使第二项容易积分，则可应用留数定理计算实变函数的积分，因此 l_2 的选择很重要。根据补充路径的方法，以下介绍留数定理应用到实变函数积分的四种类型。

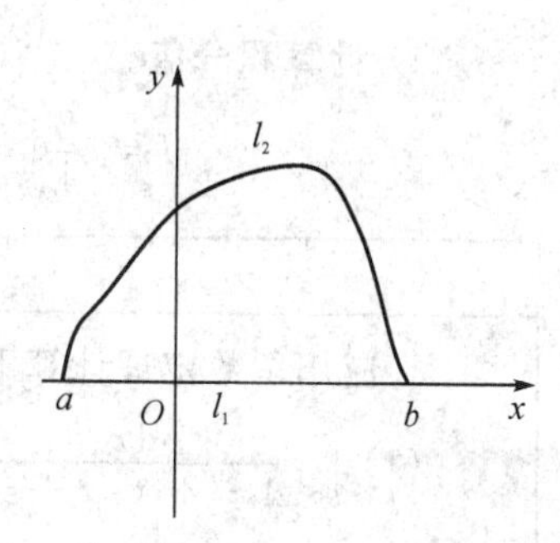

图 5.3-1　复变函数环路积分路径的一部分可能是实轴的一部分

5.3.2　类型(一)——含三角函数的积分计算

计算积分：

$$\int_0^{2\pi} R(\cos x,\ \sin x)\mathrm{d}x \tag{5.3.3}$$

处 理 办 法：作变量代换 $z = \mathrm{e}^{\mathrm{i}x}$，此时 x 相当于复数 z 的辐角，在 x 从 0 到 2π 的变化过程中，z 从 $z=1$ 出发，沿半径为“1”的圆周走一圈，回到 $z=1$，实变函数积分化为复变函数的回路积分，如图 5.3-2 所示，所以有

$$\cos x = \frac{1}{2}(z + z^{-1}),\ \sin x = \frac{1}{2\mathrm{i}}(z - z^{-1}),\ \mathrm{d}x = \frac{1}{\mathrm{i}z}\mathrm{d}z \tag{5.3.4}$$

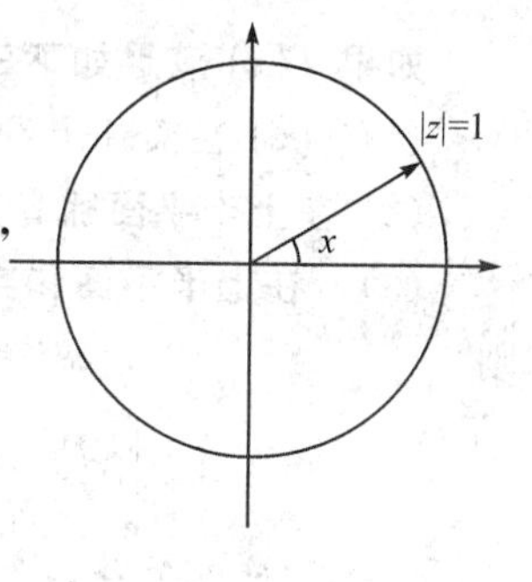

图 5.3-2　积分路径变换

则实变函数积分变为复变函数积分：

$$I = \oint_{|z|=1} R\left(\frac{z+z^{-1}}{2},\ \frac{z-z^{-1}}{2\mathrm{i}}\right)\frac{\mathrm{d}z}{\mathrm{i}z} \tag{5.3.5}$$

例 1　计算：$\int_0^{2\pi} \frac{\mathrm{d}x}{1+\varepsilon\cos x}\ (0<\varepsilon<1)$

解　(1) **积分变换。**

将积分函数化为复变函数，得环路积分：

$$I = \oint_{|z|=1} \frac{\mathrm{d}z/(\mathrm{i}z)}{1+\varepsilon(z+z^{-1})/2} = \frac{2}{\mathrm{i}}\oint_{|z|=1} \frac{\mathrm{d}z}{\varepsilon z^2 + 2z + \varepsilon} \tag{5.3.6}$$

(2) **确定积分函数在环路内的奇点及其奇点类型。**

根据 5.2 节例 4 的结果，积分函数在积分环路内的奇点为 $z_{01} = (-1+\sqrt{1-\varepsilon^2})/\varepsilon$，并且为单极点。

(3) **根据留数定理计算环路积分。**

$$\oint_{|z|=1} \frac{\mathrm{d}z}{\varepsilon z^2 + 2z + \varepsilon} = 2\pi\mathrm{i}\mathrm{Res}[f(z_{01})] = \frac{\pi\mathrm{i}}{\sqrt{1-\varepsilon^2}} \tag{5.3.7}$$

(4) 计算积分值。

$$I=\frac{2}{\mathrm{i}}\oint_{|z|=1}\frac{\mathrm{d}z}{\varepsilon z^2+2z+\varepsilon}=\frac{2}{\mathrm{i}}\frac{\pi\mathrm{i}}{\sqrt{1-\varepsilon^2}}=\frac{2\pi}{\sqrt{1-\varepsilon^2}} \tag{5.3.8}$$

练习 5.3.2

1. 应用留数定理计算下列实变函数的积分。

(1) $\int_0^{2\pi}\frac{\mathrm{d}x}{1-2\varepsilon\cos x+\varepsilon^2}\quad(0<\varepsilon<1)$　(2) $\int_0^{2\pi}\frac{\mathrm{d}x}{2+\cos x}$

(3) $\int_0^{2\pi}\frac{\mathrm{d}x}{(1+\varepsilon\cos x)^2}\quad(0<\varepsilon<1)$　(4) $\int_0^{2\pi}\frac{\cos^2 2x\mathrm{d}x}{1-2\varepsilon\cos x+\varepsilon^2}\quad(|\varepsilon|<1)$

(5) $\int_0^{2\pi}\frac{\sin^2 x\mathrm{d}x}{a+bx}\quad(a>b>0)$　(6) $\int_0^{\pi}\frac{a\mathrm{d}x}{a^2+\sin^2 x}\quad(a>0)$

(7) $\int_0^{2\pi}\frac{\cos x\mathrm{d}x}{1-2\varepsilon\cos x+\varepsilon^2}\quad(|\varepsilon|<1)$　(8) $\int_0^{2\pi}\frac{\mathrm{d}x}{1+\cos^2 x}$

5.3.3 类型(二)——反常积分的计算

如果 $f(z)$ 满足如下三个条件:

(1) $f(z)$ 在实轴上没有奇点。

(2) 在上半平面除有限个奇点外解析。

(3) z 在上半平面和实轴上当 $z\to\infty$ 时，$zf(z)$ 一致地$\to 0$。

则

$$\int_{-\infty}^{\infty}f(x)\mathrm{d}x=2\pi\mathrm{i}[f(z)\text{ 在上半平面的奇点留数之和}] \tag{5.3.9}$$

$\int_{-\infty}^{\infty}f(x)\mathrm{d}x$ 称为*反常积分*，以上第(3)个条件在当 $f(x)=\varphi(x)/\psi(x)$ 时，相当于 $\psi(x)$ 没有实零点，且 $\psi(x)$ 至少高于 $\varphi(x)$ 两次，如 $1/(1+x^2)$ 等。

下面证明这个结论。

将*反常积分* $\int_{-\infty}^{\infty}f(x)\mathrm{d}x$ 作极限处理：如果极限 $I=\lim\limits_{\substack{R_1\to\infty\\R_2\to\infty}}\int_{-R_1}^{R_2}f(x)\mathrm{d}x$ 存在，称极限值为*反常积分* $\int_{-\infty}^{\infty}f(x)\mathrm{d}x$ 的值，当 $R_1=R_2=R\to\infty$ 时，称极限值为反常积分 $\int_{-\infty}^{\infty}f(x)\mathrm{d}x$ 的*主值*，记作

$$\mathscr{P}\int_{-\infty}^{\infty}f(x)\mathrm{d}x=\lim_{R\to\infty}\int_{-R}^{R}f(x)\mathrm{d}x \tag{5.3.10}$$

作如图 5.3-3 所示半圆周积分路径延展，在半圆周与直径 $2R$ 构成的回路上应用积分性质有

$$\oint_l f(z)\mathrm{d}z=\int_{-R}^{R}f(x)\mathrm{d}x+\int_{C_R}f(z)\mathrm{d}z \tag{5.3.11}$$

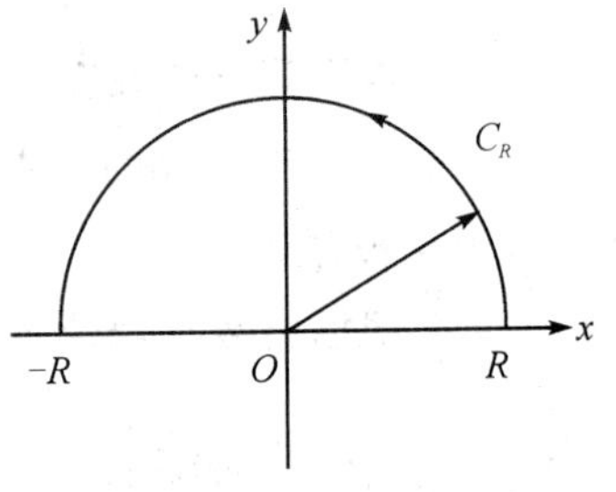

图 5.3-3

当 $R\to\infty$ 时，式(5.3.11)等号左边等于 $f(z)$ 在上半平面所有奇点的留数之和，等号右边第一项为 $\int_{-\infty}^{\infty}f(x)\mathrm{d}x$，同时可以证

明等号右边第二项→0[①]，所以

$$\int_{-\infty}^{\infty} f(x)\mathrm{d}x = 2\pi\mathrm{i}[f(z)\text{ 在上半平面的奇点留数之和}] \tag{5.3.12}$$

例 2 计算：$\int_{-\infty}^{\infty} \frac{\mathrm{d}x}{1+x^2}$

解 (1) **确定函数的奇点。**

此函数具有单极点 $\pm\mathrm{i}$。

(2) **确定上半平面的奇点。**

由题意可知只有 $+\mathrm{i}$ 在上半平面。

(3) **计算上半平面奇点的留数。**

$$\mathrm{Res}[f(+\mathrm{i})] = \lim_{z\to\mathrm{i}}[(z-\mathrm{i})f(z)] = \lim_{z\to\mathrm{i}} \frac{1}{z+\mathrm{i}} = \frac{1}{2\mathrm{i}} \tag{5.3.13}$$

所以

$$\int_{-\infty}^{\infty} \frac{\mathrm{d}x}{1+x^2} = 2\pi\mathrm{i}\left(\frac{1}{2\mathrm{i}}\right) = \pi \tag{5.3.14}$$

例 3 计算：$\int_{-\infty}^{\infty} \frac{\mathrm{d}x}{(1+x^2)^n}$ （n 为正整数）

解 (1) **确定函数的奇点及其类型。**

因为

$$f(z) = \frac{1}{(1+z^2)^n} = \frac{1}{(z-\mathrm{i})^n(z+\mathrm{i})^n} \tag{5.3.15}$$

函数有两个奇点 $z_{01}=\mathrm{i}$，$z_{02}=-\mathrm{i}$，并且都为 n 阶极点。

(2) **确定上半平面的奇点。**

上半平面的奇点是 $+\mathrm{i}$。

(3) **计算留数。**

$$\mathrm{Res}[f(+\mathrm{i})] = \lim_{z\to\mathrm{i}} \frac{1}{(n-1)!}\left\{\frac{\mathrm{d}^{n-1}}{\mathrm{d}z^{n-1}}[(z-\mathrm{i})^n f(z)]\right\} \tag{5.3.16}$$

进一步计算：

$$\begin{aligned}\mathrm{Res}[f(+\mathrm{i})] &= \lim_{z\to\mathrm{i}} \frac{1}{(n-1)!}\frac{\mathrm{d}^{n-1}}{\mathrm{d}z^{n-1}}(z+\mathrm{i})^{-n} \\ &= -\frac{(2n-2)!}{[(n-1)!]^2 2^{2n-1}}\mathrm{i}\end{aligned} \tag{5.3.17}$$

所以

---

① 证明一个复数为零的思路是证明其模为零。式(5.3.11)等号右边第二项积分的模满足积分不等式：

$$\left|\int_{C_R} f(z)\mathrm{d}z\right| = \left|\int_{C_R} zf(z)\frac{\mathrm{d}z}{z}\right| \leqslant \int_{C_R} |zf(z)|\frac{|\mathrm{d}z|}{|z|} \leqslant \max|zf(z)|\frac{\pi R}{R} = \pi\cdot\max|zf(z)|$$

其中 $\max|zf(z)|$ 是 $|zf(z)|$ 在 C_R 上的最大值。由于当 z 沿上半平面和实轴趋于无穷大时，$zf(z)$ 一致趋于零，所以有 $\max|zf(z)|\to 0$，即证明 $\lim_{z\to\infty}\left|\int_{C_R} f(z)\mathrm{d}z\right|\to 0$，即证。

$$\int_{-\infty}^{\infty}\frac{\mathrm{d}x}{(1+x^2)^n}=2\pi\mathrm{i}\left\{-\frac{(2n-2)!}{[(n-2)!]^2 2^{2n-1}}\mathrm{i}\right\}=\frac{\pi}{2^{2n-2}}\frac{(2n-2)!}{[(n-2)!]^2}\tag{5.3.18}$$

练习 5.3.3

1. 应用留数定理计算下列实变函数的积分。

(1) $\int_{-\infty}^{\infty}\frac{x^2+1}{x^4+1}\mathrm{d}x$　(2) $\int_0^{\infty}\frac{x^2}{(x^2+9)(x^2+4)^2}\mathrm{d}x$　(3) $\int_0^{\infty}\frac{x^2}{(x^2+a^2)^2}\mathrm{d}x$

(4) $\int_0^{\infty}\frac{1}{x^4+a^4}\mathrm{d}x$　(5) $\int_0^{\infty}\frac{x^2+1}{x^6+1}\mathrm{d}x$　(6) $\int_{-\infty}^{\infty}\frac{x^{2m}}{1+x^{2n}}\mathrm{d}x\ (m<n)$

(7) $\int_{-\infty}^{\infty}\frac{1}{(x^2+a^2)(x^2+b^2)^2}\mathrm{d}x$

5.3.4 类型(三)——可化为反常积分的情况

如果函数 $F(x)$，$G(x)$ 满足如下条件：

(1) $F(x)$ **为偶函数，**$G(x)$ **为奇函数。**

(2) **在实轴上没有奇点。**

(3) **在上半平面除有限个奇点外解析。**

(4) **当** $z\to\infty$**时，**$F(z)$，$G(z)\to 0$。**则**

$$\int_0^{\infty}F(x)\cos mx\,\mathrm{d}x=\pi\mathrm{i}[F(z)\,\mathrm{e}^{\mathrm{i}mz}\ \text{在上半平面所有奇点的留数之和}]\tag{5.3.19}$$

$$\int_0^{\infty}G(x)\sin mx\,\mathrm{d}x=\pi\{G(z)\,\mathrm{e}^{\mathrm{i}mz}\ \text{在上半平面所有奇点的留数之和}\}\tag{5.3.20}$$

以上结论证明如下：

运用欧拉公式得

$$\int_0^{\infty}F(x)\cos mx\,\mathrm{d}x=\int_0^{\infty}F(x)\,\frac{1}{2}(\mathrm{e}^{\mathrm{i}mx}+\mathrm{e}^{-\mathrm{i}mx})\mathrm{d}x\tag{5.3.21}$$

经过计算得

$$\begin{aligned}\int_0^{\infty}F(x)\cos mx\,\mathrm{d}x&=\frac{1}{2}\int_0^{\infty}F(x)\mathrm{e}^{\mathrm{i}mx}\mathrm{d}x+\frac{1}{2}\int_0^{\infty}F(x)\mathrm{e}^{-\mathrm{i}mx}\mathrm{d}x\\&=\frac{1}{2}\int_0^{\infty}F(x)\mathrm{e}^{\mathrm{i}mx}\mathrm{d}x-\frac{1}{2}\int_0^{-\infty}F(y)\mathrm{e}^{\mathrm{i}my}\mathrm{d}y\\&=\frac{1}{2}\int_0^{\infty}F(x)\mathrm{e}^{\mathrm{i}mx}\mathrm{d}x+\frac{1}{2}\int_{-\infty}^{0}F(x)\mathrm{e}^{\mathrm{i}mx}\mathrm{d}x\\&=\frac{1}{2}\int_{-\infty}^{\infty}F(x)\mathrm{e}^{\mathrm{i}mx}\mathrm{d}x\end{aligned}$$

所以

$$\int_0^{\infty}F(x)\cos mx\,\mathrm{d}x=\frac{1}{2}\int_{-\infty}^{\infty}F(x)\mathrm{e}^{\mathrm{i}mx}\mathrm{d}x\tag{5.3.22}$$

同理

$$\int_{0}^{\infty} G(x)\sin mx\,\mathrm{d}x=\frac{1}{2\mathrm{i}}\int_{-\infty}^{\infty} G(x)\mathrm{e}^{\mathrm{i}mx}\,\mathrm{d}x \tag{5.3.23}$$

若将式(5.3.22)、式(5.3.23)等号右边的积分看成类型(二)的积分，则要求当 z 在上半平面→∞时，$zF(x)\mathrm{e}^{\mathrm{i}mx}$ 和 $zG(x)\mathrm{e}^{\mathrm{i}mx}$ 一致→0，这与给出的条件(4) $z\to\infty$，$f(z)$，$G(z)\to 0$ 有区别，能否抹掉这个区别？答案是能。因为根据类型(二)的应用，只需证明：

$$\lim_{R\to\infty}\int_{C_R} F(z)\mathrm{e}^{\mathrm{i}mz}\,\mathrm{d}z=0 \tag{5.3.24}$$

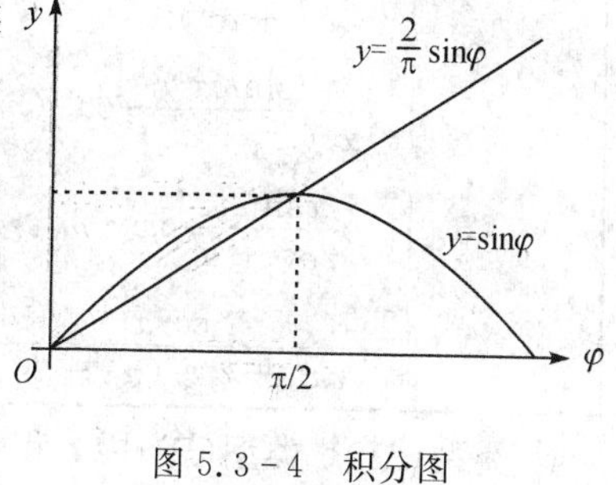

图 5.3-4　积分图

证明见约当引理①。

所以类型(三)的积分可化为类型(二)的积分：

$$\int_{0}^{\infty} F(x)\cos mx\,\mathrm{d}x=\pi\mathrm{i}[F(z)\ \mathrm{e}^{\mathrm{i}mz}\ \text{在上半平面所有奇点的留数之和}] \tag{5.3.25}$$

$$\int_{0}^{\infty} G(x)\sin mx\,\mathrm{d}x=\pi[G(z)\ \mathrm{e}^{\mathrm{i}mz}\ \text{在上半平面所有奇点的留数之和}] \tag{5.3.26}$$

例 4　计算：$\int_{0}^{\infty}\frac{\cos mx}{x^2+a^2}\mathrm{d}x$

解　(1) 确定 $f(z)=\frac{1}{z^2+a^2}\mathrm{e}^{\mathrm{i}mz}$ 的两个单极点 $\pm a\mathrm{i}$，其中 $+a\mathrm{i}$ 在上半平面。

(2) 计算 $f(z)$在单极点 $+a\mathrm{i}$ 的留数。

$$\mathrm{Res}[f(a\mathrm{i})]=\lim_{z\to a\mathrm{i}}[(z-a\mathrm{i})f(z)]=\frac{\mathrm{e}^{-ma}}{2a\mathrm{i}} \tag{5.3.27}$$

(3) 应用式(5.3.25)，有

$$\int_{0}^{\infty}\frac{\cos mx}{x^2+a^2}\mathrm{d}x=\pi\mathrm{i}\,\frac{\mathrm{e}^{-ma}}{2\pi\mathrm{i}}=\frac{\pi}{2a}\mathrm{e}^{-ma} \tag{5.3.28}$$

---

① 约当引理：设 m 为正数，C_R 为半圆周(上半平面)，当 z 在上半平面和实轴上→∞时，$F(z)$ 一致→0，则

$$\lim_{R\to\infty}\int_{C_R} F(z)\mathrm{e}^{\mathrm{i}mz}\,\mathrm{d}z=0$$

证明：

$$\left|\int_{C_R} F(z)\mathrm{e}^{\mathrm{i}mz}\,\mathrm{d}z\right|=\left|\int_{C_R} F(z)\mathrm{e}^{\mathrm{i}mx-my}\,\mathrm{d}z\right|=\left|\int_0^{\pi}F(R\mathrm{e}^{\mathrm{i}\varphi})\mathrm{e}^{-mR\sin\varphi}\mathrm{e}^{\mathrm{i}mR\cos\varphi}R\mathrm{e}^{\mathrm{i}\varphi}\mathrm{i}\mathrm{d}\varphi\right|\leqslant\max|F(z)|\int_0^{\pi}\mathrm{e}^{-mR\sin\varphi}R\,\mathrm{d}\varphi$$

当 z 在上半平面或实轴上→∞时，$F(z)\to 0$，所以只需证明 $\lim_{R\to\infty}\int_0^{\pi}\mathrm{e}^{-mR\sin\varphi}R\,\mathrm{d}\varphi$ 有界，上式可写为：$2\lim_{R\to\infty}\int_0^{\pi/2}\mathrm{e}^{-mR\sin\varphi}R\,\mathrm{d}\varphi$(积分为面积和)，如图 5.3-4 所示，在 $0\leqslant\varphi\leqslant\frac{\pi}{2}$ 范围内，$0\leqslant\frac{2\varphi}{\pi}\leqslant\sin\varphi$，所以 $\int_0^{\pi/2}\mathrm{e}^{-mR\sin\varphi}R\,\mathrm{d}\varphi\leqslant\int_0^{\pi/2}\mathrm{e}^{-2mR\varphi/\pi}R\mathrm{d}\varphi=\frac{\pi}{2m}(1-\mathrm{e}^{-m\varphi})$，在 $R\to\infty$ 时是有限的。当 m 为负数时，$\lim_{R\to\infty}\oint_{C_R'}F(z)\mathrm{e}^{\mathrm{i}mz}\,\mathrm{d}z$ 中，C_R'是 C_R 对实轴的映象。

练习 5.3.4

1. 应用留数定理计算下列实变函数的积分。

(1) $\int_0^{\infty}\frac{x\sin mx}{(x^2+a^2)^2}\mathrm{d}x$　　(2) $\int_0^{\infty}\frac{\cos mx}{x^4+1}\mathrm{d}x\ (m>0)$

(3) $\int_0^{\infty}\frac{\sin mx}{x(x^2+a^2)^2}\mathrm{d}x\ (m>0,\ a>0)$　　(4) $\int_{-\infty}^{\infty}\frac{x\sin x}{1+x^2}\mathrm{d}x$

(5) $\int_{-\infty}^{\infty}\frac{x\sin mx}{2x^2+a^2}\mathrm{d}x\ (m>0,\ a>0)$　　(6) $\int_0^{\infty}\frac{\cos mx}{(x^2+a^2)^2}\mathrm{d}x$

(7) $\int_0^{\infty}\frac{\cos x}{(x^2+a^2)(x^2+b^2)}\mathrm{d}x$　　(8) $\int_0^{\infty}\frac{\sin^2 x}{x^2}\mathrm{d}x$

类型(二)、类型(三)中，积分结论对函数的要求都非常严格，即都要求函数在实轴没有奇点。若函数在实轴上有奇点，则上面的积分结论不可用。对于这种情况，需要学习类型(四)的积分。

5.3.5　类型(四)——实轴上有奇点的反常积分

考虑积分 $\int_{-\infty}^{\infty}f(x)\mathrm{d}x$，被积函数 $f(x)$ 在实轴上有单极点 $z=\alpha$，除此之外，$f(z)$ 满足类型(二)或类型(三)（$f(z)$ 应理解为 $F(z)\mathrm{e}^{\mathrm{i}mz}$ 或 $G(z)\mathrm{e}^{\mathrm{i}mz}$）的条件。这种情况怎么处理？

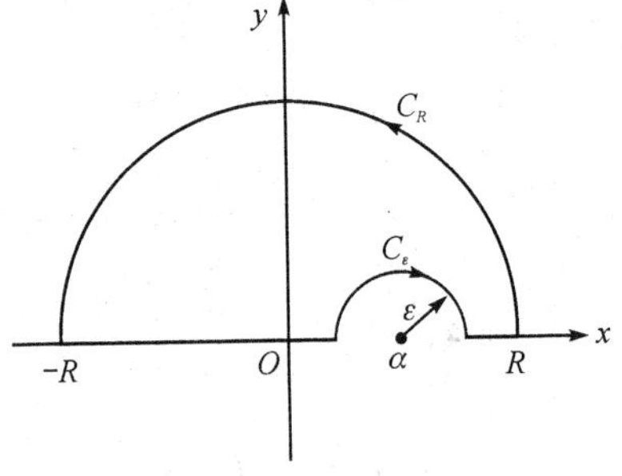

图 5.3-5　挖去实轴上的奇点

处理办法：以 $z=\alpha$ 为圆心，以充分小的正数 ε 为半径作半圆弧绕过奇点 α 构成如图 5.3-5 所示的积分回路，在新环路 l 上，有

$$\oint_l f(z)\mathrm{d}z=\int_{-R}^{\alpha-\varepsilon}f(x)\mathrm{d}x+\int_{\alpha+\varepsilon}^{R}f(x)\mathrm{d}x+\int_{C_R}f(z)\mathrm{d}z+\int_{C_\varepsilon}f(z)\mathrm{d}z \tag{5.3.29}$$

取极限 $R\to\infty$，$\varepsilon\to0$，式(5.3.29)等号左边的积分值为 $2\pi\mathrm{i}\sum\limits_{\text{上半平面}}\mathrm{Res}f(z_{0k})$，等号右边第一项、第二项之和为 $\int_{-\infty}^{\infty}f(x)\mathrm{d}x$。按类型(二)或类型(三)的条件，第三项为零，对于第四项积分，可按如下方法处理：

将 $f(z)$ 在 $z=\alpha$ 点的邻域上展开为洛朗级数，$z=\alpha$ 是函数 $f(z)$ 的单极点，则有

$$f(z)=\frac{a_{-1}}{z-\alpha}+P(z-\alpha) \tag{5.3.30}$$

其中 $P(z-\alpha)$ 是级数的解析部分，它在 C_ε 上有界且连续，因此

$$\left|\int_{C_\varepsilon}P(z-\alpha)\mathrm{d}z\right|\leqslant\max|P(z-\alpha)|\int_{C_\varepsilon}|\mathrm{d}z|=\pi\varepsilon\cdot\max|P(z-\alpha)|$$

所以

$$\lim_{\varepsilon\to0}\int_{C_\varepsilon}P(z-\alpha)\mathrm{d}z=0 \tag{5.3.31}$$

故有

$$\int_{C_\varepsilon}f(z)\mathrm{d}z=\int_{C_\varepsilon}\frac{a_{-1}}{z-\alpha}\mathrm{d}z \tag{5.3.32}$$

在半圆周上，$z-\alpha=\varepsilon e^{i\varphi}$，则

$$\int_{C_\varepsilon} f(z)\mathrm{d}z=\int_{\pi}^{0}\frac{a_{-1}}{\varepsilon e^{i\varphi}}\mathrm{d}(\varepsilon e^{i\varphi})=-\pi i a_{-1} \tag{5.3.33}$$

所以式(5.3.29)中取极限 $R\to\infty$，$\varepsilon\to 0$ 得

$$\int_{-\infty}^{\infty} f(x)\mathrm{d}x=2\pi i\sum_{\text{上半平面}}\mathrm{Res}[f(z_{0k})]+\pi i\mathrm{Res}[f(\alpha)] \tag{5.3.34}$$

其中 z_{0k} 为所有上半平面的奇点。如果实轴上有多个单极点，则

$$\int_{-\infty}^{\infty} f(x)\mathrm{d}x=2\pi i\sum_{\text{上半平面}}\mathrm{Res}[f(z_{0k})]+\pi i\sum_{\text{实轴上}}\mathrm{Res}[f(\alpha_i)] \tag{5.3.35}$$

从上面的计算可以看到，当实轴上没有奇点时，类型(四)的积分退化为类型(二)的积分。经研究发现，计算时需注意以下两点：

(1) C_ε 不是闭合曲线，$f(z)$ 进行洛朗级数展开的解析部分的积分值只是当 $\varepsilon\to 0$ 时才趋于零的。

(2) 实轴上的奇点只能是单极点，如果是二阶或二阶以上的极点，或本性奇点，就需要进行进一步的研究，读者可查阅相关书籍。

例 5　计算积分 $\int_0^{\infty}\frac{\sin x}{x}\mathrm{d}x$

解　(1) **凑反常积分。**

将原积分改写为反常积分：

$$\int_0^{\infty}\frac{\sin x}{x}\mathrm{d}x=\frac{1}{2i}\int_{-\infty}^{\infty}\frac{e^{ix}}{x}\mathrm{d}x \tag{5.3.36}$$

(2) **确定积分函数在上半平面和实轴上的奇点。**

被积函数 $f(z)=e^{iz}/z$ 除了在实轴上有单极点 $x=0$ 外，满足类型(三)的条件，被积函数在上半平面无奇点。

(3) **利用式**(5.3.35)**计算积分：**

$$\frac{1}{2i}\int_{-\infty}^{\infty}\frac{e^{ix}}{x}\mathrm{d}x=\frac{\pi}{2}\mathrm{Res}[f(0)]=\frac{\pi}{2} \tag{5.3.37}$$

所以

$$\int_0^{\infty}\frac{\sin x}{x}\mathrm{d}x=\frac{\pi}{2} \tag{5.3.38}$$

(4) **积分扩展。**

对于正数 m，有

$$\int_0^{\infty}\frac{\sin mx}{x}\mathrm{d}x=\int_0^{\infty}\frac{\sin mx}{mx}\mathrm{d}(mx)=\frac{\pi}{2}\ (m>0) \tag{5.3.39}$$

$$\int_0^{\infty}\frac{\sin mx}{x}\mathrm{d}x=-\int_0^{\infty}\frac{\sin|m|x}{x}\mathrm{d}x=-\frac{\pi}{2}\ (m<0) \tag{5.3.40}$$

这是实变函数重要的定积分公式。

复变函数论还有更丰富内容，本书不做深入的讨论。因为数学物理定解问题的求解需要用到傅里叶级数、傅里叶变换、拉普拉斯变换、Delta 函数等数学知识，所以本篇将继续简单介绍傅里叶级数、傅里叶变换、拉普拉斯变换、Delta 函数等相关知识。

第6章 函数的傅里叶变换

这一章介绍周期函数展开为傅里叶级数，在此基础上介绍非周期函数的傅里叶变换。

6.1 函数展开为傅里叶级数

6.1.1 周期函数展开为傅里叶级数

若 $f(x)$ 满足条件：(1) 定义在整个实数空间，(2) 周期为 $2l$，即

$$f(x+2l)=f(x)\quad(-\infty<x<\infty) \tag{6.1.1}$$

则可将 $f(x)$ 展开为级数：

$$f(x)=a_0+\sum_{k=1}^{\infty}\left(a_k\cos\frac{k\pi x}{l}+b_k\sin\frac{k\pi x}{l}\right)\text{——傅里叶级数} \tag{6.1.2}$$

其中：

$$1,\ \cos\frac{\pi x}{l},\ \cos\frac{2\pi x}{l},\ \cdots,\ \cos\frac{k\pi x}{l},\ \cdots,\ \sin\frac{\pi x}{l},\ \sin\frac{2\pi x}{l},\ \cdots,\ \sin\frac{k\pi x}{l},\ \cdots \tag{6.1.3}$$

称为基本函数族，且满足正交性：

$$\begin{cases}\displaystyle\int_{-l}^{l}1\cdot\cos\frac{k\pi x}{l}\mathrm{d}x=0 & (k\neq 0)\\ \displaystyle\int_{-l}^{l}1\cdot\sin\frac{k\pi x}{l}\mathrm{d}x=0 & \\ \displaystyle\int_{-l}^{l}\cos\frac{n\pi x}{l}\cdot\cos\frac{k\pi x}{l}\mathrm{d}x=0 & (k\neq n)\\ \displaystyle\int_{-l}^{l}\sin\frac{n\pi x}{l}\cdot\sin\frac{k\pi x}{l}\mathrm{d}x=0 & (k\neq n)\\ \displaystyle\int_{-l}^{l}\cos\frac{n\pi x}{l}\cdot\sin\frac{k\pi x}{l}\mathrm{d}x=0 & \end{cases} \tag{6.1.4}$$

根据基本函数族的正交性，可得傅里叶系数：

$$\begin{cases}\displaystyle a_k=\frac{1}{\delta_k l}\int_{-l}^{l}f(\xi)\cos\frac{k\pi\xi}{l}\mathrm{d}\xi\\ \displaystyle b_k=\frac{1}{l}\int_{-l}^{l}f(\xi)\sin\frac{k\pi\xi}{l}\mathrm{d}\xi\end{cases}\quad\left(\delta_k=\begin{cases}2, & k=0\\ 1, & k\neq 0\end{cases}\right) \tag{6.1.5}$$

这是一个数学结论，其数学的严谨性在本书不做阐述，在此先介绍其收敛性。

6.1.2 傅里叶级数的收敛性

狄里希利定理：如果 $f(x)$ 满足狄里希利条件，即处处连续或在每个周期内只有有限个

第一类间断点，在每个周期内只有有限个极值点，则级数收敛，且

$$\text{级数和} = \begin{cases} f(x) & (\text{在连续点 } x) \\ \dfrac{1}{2}[f(x+0)+f(x-0)] & (\text{在间断点 } x) \end{cases} \tag{6.1.6}$$

以下介绍傅里叶级数三个方面的内容：

(1) 具有奇偶性的函数展开的傅里叶级数；

(2) 定义在有限区间上的函数的傅里叶级数展开；

(3) 复数形式的傅里叶级数。

6.1.3　奇函数、偶函数的傅里叶级数展开

若定义在 $(-\infty, \infty)$ **上的周期函数** $f(x)$ **是奇函数，式**(6.1.5)**中** $a_k=0$**，则** $f(x)$ **可展开成傅里叶正弦级数：**

$$f(x) = \sum_{k=1}^{\infty} b_k \sin\frac{k\pi x}{l} \tag{6.1.7}$$

其中

$$b_k = \frac{2}{l}\int_0^l f(\xi)\sin\frac{k\pi\xi}{l}\mathrm{d}\xi \tag{6.1.8}$$

若 $f(x)$ **是偶函数，式**(6.1.5)**中** $b_k=0$**，则** $f(x)$ **可展开成傅里叶余弦级数：**

$$f(x) = a_0 + \sum_{k=1}^{\infty} a_k \cos\frac{k\pi x}{l} \tag{6.1.9}$$

其中

$$a_k = \frac{2}{\delta_k l}\int_0^l f(\xi)\cos\frac{k\pi\xi}{l}\mathrm{d}\xi \tag{6.1.10}$$

其中 δ_k 见式(6.1.5)。

下面通过例题练习周期函数展开为傅里叶级数。

例 1　交流电压 $E_0\sin\omega t$ 经过全波整流，成为 $E(t)=E_0|\sin\omega t|$，试将它展开为傅里叶级数。

解　(1) 判断奇偶性。

$E(t)=E_0|\sin\omega t|$ 是偶函数。

(2) 确定函数周期。

$$T=\frac{\pi}{\omega},\ l=\frac{\pi}{2\omega}$$

(3) 确定展开形式。

$$E_0|\sin\omega t| = a_0 + \sum_{k=1}^{\infty} a_k\cos\frac{k\pi x}{l} = a_0 + \sum_{k=1}^{\infty} a_k\cos 2k\omega t \tag{6.1.11}$$

(4) 计算傅里叶系数。

$$\begin{aligned} a_0 &= \frac{1}{l}\int_0^l f(\xi)\cos\frac{k\pi\xi}{l}\mathrm{d}\xi \\ &= \frac{2\omega E_0}{\pi}\int_0^{\frac{\pi}{2\omega}}\sin\omega\xi\,\mathrm{d}\xi = \frac{2E_0}{\pi} \end{aligned} \tag{6.1.12}$$

$$a_k = \frac{2}{l}\int_0^l f(\xi)\cos\frac{k\pi\xi}{l}\mathrm{d}\xi = \frac{4\omega E_0}{\pi}\int_0^{\frac{\pi}{2\omega}}\sin\omega\xi\cos 2\omega k\xi\,\mathrm{d}\xi \quad (k\neq 0) \tag{6.1.13}$$

经计算得

$$a_k = \frac{2E_0[1+(-1)^k]}{\pi(1-k^2)} \quad (k \geqslant 2) \tag{6.1.14}$$

所以

$$E(t) = E_0 \mid \sin\omega t \mid = \frac{2E_0}{\pi} + \frac{4E_0}{\pi}\sum_{k=2}^{\infty}\frac{1+(-1)^k}{2(1-k^2)}\cos k\omega t \tag{6.1.15}$$

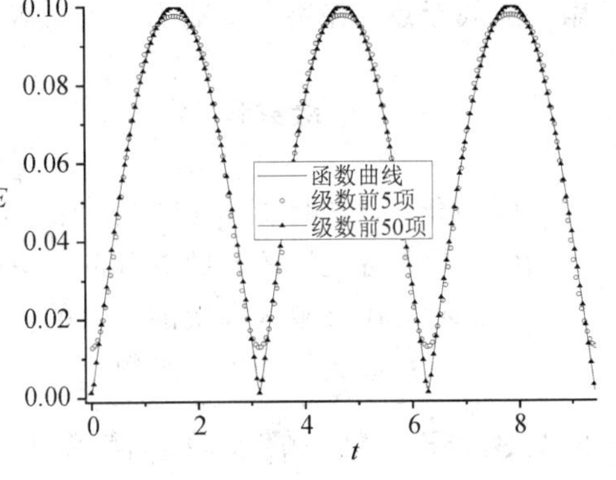

图 6.1-1　函数与级数比较图

图 6.1-1 是借助 Mathematica 软件画出的函数与级数比较图。取 $E_0 = 0.1$，从图中可以看出，取级数前 50 项时，函数与级数已经基本一样。

Mathematica 画图命令如下：

```
第六章图.nb * - Wolfram Mathematica 12.0
In[3]:= P1 = Plot[{Abs[0.1 Sin[t]], 0.2/π + 0.4/π Sum[(1 + (-1)^n)/(2 (1 - n^2)) Cos[n t], {n, 2, 5}]}, {t, -2π, 2π},
    PlotStyle → {Black, Dashed}, AspectRatio → 0.3] (*函数图形与级数前n项和图形比较*)
```

```
第六章图.nb * - Wolfram Mathematica 12.0
In[4]:= P2 = Plot[{Abs[0.1 Sin[t]], 0.2/π + 0.4/π Sum[(1 + (-1)^n)/(2 (1 - n^2)) Cos[n t], {n, 2, 50}]}, {t, -2π, 2π},
    PlotStyle → {Black, Dashed}, AspectRatio → 0.5]
```

练习 6.1.3

1. 将锯齿波展开为傅里叶级数。在周期 $(0, T)$ 上，该锯齿波可表示为 $f(x) = x/3$。并利用 Mathematica 软件画出函数与级数比较图。

2. 在区间 $(-\pi, \pi)$ 上，周期函数 $f(x) = x + x^2$，试将它展开为傅里叶级数，在本题的展开结果中设置 $x = \pi$，由此验证 $1 + \frac{1}{2^2} + \frac{1}{3^2} + \cdots + \frac{1}{n^2} + \cdots = \frac{\pi^2}{6}$。并利用 Mathematica 软件进行画图比较。

3. 将下列周期函数展开为傅里叶级数。

(1) $f(x) = \cos^3 x$；

(2) $f(x) = \dfrac{1-\alpha^2}{1-2\alpha\cos x+\alpha^2}(|\alpha|<1)$

(3) 在周期$(-\pi, \pi)$上，$f(x) = \cos\alpha x$，α 为非整数

(4) 在周期$(-\pi, \pi)$上，$f(x) = \cosh\alpha x$，α 为非整数

(5) 在周期$(-\pi, \pi)$上，$f(x) = \begin{cases} \cos\alpha x & (|x| < \pi/2) \\ 0 & (\pi/2 < |x| < \pi) \end{cases}$，$\alpha$ 为非整数

6.1.4　有限区域上的函数展开为傅里叶级数

若 $f(x)$ 定义在 $(0, l)$ 上，可将其延拓为某个周期函数 $g(x)$，则在区间 $(0, l)$ 上满足 $g(x)=f(x)$，由于 $f(x)$ 在 $(0, l)$ 外无定义，这样的周期函数很多。根据 $f(x)$ 在 $x=0$ 和 $x=l$ 处值的情况，延拓时有不同的方法，主要延拓方法为奇延拓和偶延拓。比如：

奇延拓：

如果函数 $f(x)$ 满足 $f(0)=0$，一般延拓为奇周期函数 $g(x)$。

偶延拓：

如果函数 $f(x)$ 满足 $f'(0)=0$，一般延拓为偶周期函数 $g(x)$。

将延拓后的 $g(x)$ 展开为傅里叶级数，在等式两边限定 $x\in(0, l)$ 即为 $f(x)$ 的傅里叶级数展开。

练习 6.1.4
1. 要求下列函数 $f(x)$ 的值在定义区间的边界上为零，试根据这一要求将 $f(x)$ 展开为傅里叶级数。 (1) $f(x)=\sin\alpha x$，定义在 $(0, \pi)$ 上。取 $\alpha=0.5$，并用 Mathematica 软件画图比较。 (2) $f(x)=x^3$，定义在 $(0, \pi)$ 上。并用 Mathematica 软件画图比较。 (3) $f(x)=1$，定义在 $(0, \pi)$ 上。并用 Mathematica 软件画图比较。 2. 要求下列函数 $f(x)$ 的导数 $f'(x)$ 在定义区间的边界上为零，试根据这一要求将 $f(x)$ 展开为傅里叶级数。 (1) 定义在 $(0, l/2)$ 上，$f(x)=\cos(\pi x/l)$，而在 $(l/2, l)$ 上，$f(x)=0$。 (2) $f(x)=\alpha(1-x/l)$，定义在 $(0, l)$ 上。 (3) 定义在 $(0, l/2)$ 上，$f(x)=x$，而在 $(l/2, l)$ 上，$f(x)=l-x$，取 $l=1$，并用 Mathematica 软件画图比较。

6.1.5　复数形式的傅里叶级数

根据欧拉公式，可取一系列复指数函数：

$$\cdots, e^{-i\frac{k\pi x}{l}}, \cdots, e^{-i\frac{2\pi x}{l}}, e^{-i\frac{\pi x}{l}}, 1, e^{i\frac{\pi x}{l}}, e^{i\frac{2\pi x}{l}}, \cdots, e^{i\frac{k\pi x}{l}}, \cdots \tag{6.1.16}$$

可以证明，以上复指数函数在区间 $[-l, l]$ 上是正交的，可以作为周期函数 $f(x)$ 展开为复数形式的傅里叶级数的基，即

$$f(x)=\sum_{k=-\infty}^{\infty} C_k e^{i\frac{k\pi x}{l}} \tag{6.1.17}$$

其中

$$C_k=\frac{1}{2l}\int_{-l}^{l} f(\xi)\left[e^{i\frac{k\pi\xi}{l}}\right]^* dx \tag{6.1.18}$$

$f(x)$ 是实函数，但 C_k 是复数。

复数形式的傅里叶级数在数学上处理更加方便。对于物理问题，由于能测量的物理量是实数，需要将复数的结果回到实变函数才行，具体的问题有不同的解决方法，本书不做

深入的讨论。

练习 6.1.5

1. 矩形波 $f(x)$ 在周期 $(-T/2,T/2)$ 上表示为

$$f(x)=\begin{cases}0, & x\in(-T/2,-\tau/2)\\ H, & x\in(-\tau/2,\tau/2)\\ 0, & x\in(\tau/2,T/2)\end{cases}$$

试将它展开为复数形式的傅里叶级数。

周期函数可以展开为具有离散频谱的傅里叶级数，非周期函数能展开为傅里叶级数吗？

6.2 非周期函数的傅里叶变换

可通过极限思想将周期函数的傅里叶级数展开扩展到非周期函数的傅里叶变换。

6.2.1 实数形式的傅里叶变换

1. 傅里叶积分定理

如果 $f(x)$ 满足如下条件：

(1) 定义在无穷区间 $(-\infty,\infty)$ 上，但不是周期函数；

(2) 在任一区间上满足狄里希利条件；

(3) 在 $(-\infty,\infty)$ 上绝对可积，即 $\int_{-\infty}^{\infty}|f(x)|\mathrm{d}x$ 收敛，则 $f(x)$ 可表示成傅里叶积分：

$$f(x)=\int_0^{\infty}A(\omega)\cos\omega x\,\mathrm{d}\omega+\int_0^{\infty}B(\omega)\sin\omega x\,\mathrm{d}\omega \tag{6.2.1}$$

其中

$$\begin{cases}A(\omega)=\dfrac{1}{\pi}\displaystyle\int_{-\infty}^{\infty}f(\xi)\cos\omega\xi\,\mathrm{d}\xi\\ B(\omega)=\dfrac{1}{\pi}\displaystyle\int_{-\infty}^{\infty}f(\xi)\sin\omega\xi\,\mathrm{d}\xi\end{cases} \tag{6.2.2}$$

且

$$\text{傅里叶积分值}=\frac{1}{2}[f(x+0)+f(x-0)]\ (\text{在间断点}) \tag{6.2.3}$$

式(6.2.1)称为函数 $f(x)$ 的傅里叶积分，形式上与傅里叶级数很相似，只是求和变成了积分，从离散谱变成了连续谱。式(6.2.2)称为函数 $f(x)$ 的傅里叶变换。以上称为傅里叶积分定理。

傅里叶积分或傅里叶变换数学上表明 $f(x)$ 与 $A(\omega)$，$B(\omega)$ 一一对应，空间的任意一个函数都对应着频率空间中的连续谱分布函数。傅里叶积分定理回答了前面非周期函数展

开为傅里叶级数的问题，同时对函数 $f(x)$ 展开为傅里叶积分提出了条件：函数绝对可积，$\int_{-\infty}^{\infty}|f(x)|\mathrm{d}x$ 为有限值(满足这个条件必定满足 $f(\pm\infty)\to 0$)。在这里我们只给出傅里叶积分定理不严谨的证明：

思路：将 $f(x)$ 看成某周期为 $2l$ 的函数 $g(x)$ 在 $2l\to\infty$ 时的极限，即

$$f(x)=\lim_{l\to\infty}g(x)\quad(\,g(x)\text{ 是周期为 }2l\text{ 的函数})\tag{6.2.4}$$

$g(x)$ 既然是周期函数，就可将其展开为傅里叶级数：

$$g(x)=a_0+\sum_{k=1}^{\infty}\left(a_k\cos\frac{k\pi x}{l}+b_k\sin\frac{k\pi x}{l}\right)\tag{6.2.5}$$

操作技巧：引入不连续参量 $\omega_k=\dfrac{k\pi}{l}\,(\,k=1,\,2,\cdots)$，则

$$\Delta\omega_k=\omega_k-\omega_{k-1}=\frac{\pi}{l}\tag{6.2.6}$$

则式(6.2.5)可改写为

$$g(x)=a_0+\sum_{k=1}^{\infty}(a_k\cos\omega_k x+b_k\sin\omega_k x)\tag{6.2.7}$$

其中

$$\begin{cases}a_k=\dfrac{1}{\delta_k l}\displaystyle\int_{-l}^{l}f(\xi)\cos\omega_k\xi\mathrm{d}\xi\\ b_k=\dfrac{1}{l}\displaystyle\int_{-l}^{l}f(\xi)\sin\omega_k\xi\mathrm{d}\xi\end{cases}\tag{6.2.8}$$

其中 δ_k 见式(6.1.5)，所以

$$f(x)=\lim_{l\to\infty}\frac{1}{2l}\int_{-l}^{l}f(\xi)\mathrm{d}\xi+$$
$$\lim_{l\to\infty}\sum_{k=1}^{\infty}\left[\left(\frac{1}{l}\int_{-l}^{l}f(\xi)\cos\omega_k\xi\mathrm{d}\xi\right)\cos\omega_k x+\left(\frac{1}{l}\int_{-l}^{l}f(\xi)\sin\omega_k\xi\mathrm{d}\xi\right)\sin\omega_k x\right]\tag{6.2.9}$$

现在分别讨论式(6.2.9)的各项：

(1) 由于函数 $f(x)$ 满足在区间$(-\infty,\,\infty)$上绝对收敛，式(6.2.9)等号右边第一项为零。

(2) 式(6.2.9)等号右边第二项——余弦部分为

$$\lim_{l\to\infty}\left[\frac{1}{l}\int_{-l}^{l}f(\xi)\cos\omega_k\xi\mathrm{d}\xi\right]\cos\omega_k x\tag{6.2.10}$$

代入 $\Delta\omega_k=\dfrac{\pi}{l}$ 则变换成：

$$\lim_{l\to\infty}\sum_{k=1}^{\infty}\left[\frac{1}{\pi}\int_{-l}^{l}f(\xi)\cos\omega_k\xi\mathrm{d}\xi\right]\cos\omega_k x\,\Delta\omega_k\tag{6.2.11}$$

当 $l\to\infty$ 时，$\Delta\omega_k=\dfrac{\pi}{l}\to 0$，$\omega_k$ 变为连续的，记为 ω，求和变为积分，所以式(6.2.11)变为

$$\lim_{l\to\infty}\sum_{k=1}^{\infty}\left[\frac{1}{l}\int_{-l}^{l}f(\xi)\cos\omega_k\xi\mathrm{d}\xi\right]\cos\omega_k x\,\Delta\omega_k=\int_{0}^{\infty}\left[\frac{1}{\pi}\int_{-\infty}^{\infty}f(\xi)\cos\omega\xi\mathrm{d}\xi\right]\cos\omega x\,\mathrm{d}\omega\tag{6.2.12}$$

(3) 式(6.2.9)等号右边第三项——正弦部分，同第二项的处理方法一样，即

$$\lim_{l\to\infty}\sum_{k=1}^{\infty}\left[\frac{1}{l}\int_{-l}^{l}f(\xi)\sin\omega_k\xi\,d\xi\right]\sin\omega_k x=\int_0^{\infty}\left[\frac{1}{\pi}\int_{-\infty}^{\infty}f(\xi)\sin\omega\xi\,d\xi\right]\sin\omega x\,d\omega \quad (6.2.13)$$

引入

$$\begin{cases}A(\omega)=\dfrac{1}{\pi}\displaystyle\int_{-\infty}^{\infty}f(\xi)\cos\omega\xi\,d\xi\\[2ex] B(\omega)=\dfrac{1}{\pi}\displaystyle\int_{-\infty}^{\infty}f(\xi)\sin\omega\xi\,d\xi\end{cases} \quad (6.2.14)$$

则

$$f(x)=\int_0^{\infty}A(\omega)\cos\omega x\,d\omega+\int_0^{\infty}B(\omega)\sin\omega x\,d\omega \quad \text{(傅里叶积分)} \quad (6.2.15)$$

以上仅仅是形式上的证明结果。

2. 傅里叶积分的另一种形式

仔细观察式(6.2.15)，利用三角函数之间的关系：

$$f(x)=\int_0^{\infty}C(\omega)\cos[\omega x-\varphi(\omega)]d\omega \quad (6.2.16)$$

其中

$$C(\omega)=\{[A(\omega)]^2+[B(\omega)]^2\}^{1/2} \quad \text{(振幅谱)} \quad (6.2.17)$$

$$\varphi(x)=\arctan\frac{B(\omega)}{A(\omega)} \quad \text{(相位谱)} \quad (6.2.18)$$

3. 奇函数、偶函数的傅里叶积分

上述变换中，当 $f(x)$ 为奇函数时，有

$$\begin{cases}A(\omega)=0\\ B(\omega)=\dfrac{2}{\pi}\displaystyle\int_0^{\infty}f(\xi)\sin\omega\xi\,d\xi\end{cases}$$

则

$$f(x)=\int_0^{\infty}B(\omega)\sin\omega x\,d\omega \quad (6.2.19)$$

当 $f(x)$ 为偶函数时，有

$$\begin{cases}B(\omega)=0\\ A(\omega)=\dfrac{2}{\pi}\displaystyle\int_0^{\infty}f(\xi)\cos\omega\xi\,d\xi\end{cases}$$

则

$$f(x)=\int_0^{\infty}A(\omega)\cos\omega x\,d\omega \quad (6.2.20)$$

多数情况采用如下对称形式：

$$\begin{cases}f(x)=\sqrt{\dfrac{2}{\pi}}\displaystyle\int_0^{\infty}B(\omega)\sin\omega x\,d\omega\\[2ex] B(\omega)=\sqrt{\dfrac{2}{\pi}}\displaystyle\int_0^{\infty}f(\xi)\sin\omega\xi\,d\xi\end{cases} \quad (f(x)\text{ 为奇函数}) \quad (6.2.21)$$

$$\begin{cases} f(x)=\sqrt{\dfrac{2}{\pi}}\displaystyle\int_0^{\infty}A(\omega)\cos\omega x\,\mathrm{d}\omega \\ A(\omega)=\sqrt{\dfrac{2}{\pi}}\displaystyle\int_0^{\infty}f(\xi)\cos\omega\xi\,\mathrm{d}\xi \end{cases}\quad (f(x)\text{ 为偶函数})\tag{6.2.22}$$

4. 傅里叶积分例题

例 1　数学上的**矩形函数** $\mathrm{rect}(x)$ 指的是：

$$\mathrm{rect}(x)=\begin{cases}1 & (|x|<1/2)\\ 0 & (|x|>1/2)\end{cases}\tag{6.2.23}$$

如图 6.2－1 所示，判断物理上的矩形脉冲 $f(t)=h\mathrm{rect}(t/2T)$（闪电电流变化的近似函数，或者冲击运动的力的变化近似函数）是否可以展开为傅里叶积分，如果可以，将其展开为傅里叶积分。

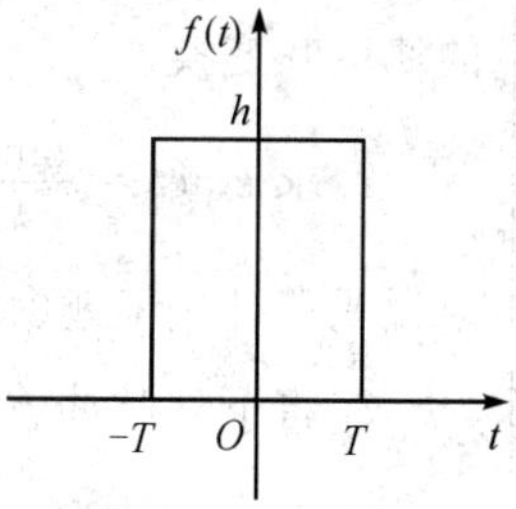

图 6.2－1　脉冲波

解　解题步骤如下：

(1) 检查函数在有限区间内有没有间断点、极值点：有间断点，没有极值点。

(2) 判断全空间积分收敛(有限)性：收敛。

(3) 判断奇偶性：$f(x)$ 是偶函数。

(4) 确定展开形式：可展开成余弦积分，即

$$f(t)=\int_0^{\infty}A(\omega)\cos\omega t\,\mathrm{d}\omega\tag{6.2.24}$$

(5) 计算傅里叶变换：

$$\begin{aligned}A(\omega)&=\frac{2}{\pi}\int_0^{\infty}f(\xi)\cos\omega\xi\,\mathrm{d}\xi=\frac{2}{\pi}\int_0^{\infty}h\mathrm{rect}\left(\frac{\xi}{2T}\right)\cos\omega\xi\,\mathrm{d}\xi\\&=\frac{2}{\pi}\int_0^{T}h\cos\omega\xi\,\mathrm{d}\xi=\frac{2h}{\pi}\frac{\sin\omega T}{\omega}\end{aligned}\tag{6.2.25}$$

所以脉冲波可表示为

$$f(t)=\frac{2h}{\pi}\int_0^{\infty}\frac{\sin\omega T}{\omega}\cos\omega t\,\mathrm{d}\omega\tag{6.2.26}$$

即脉冲波可以表示为连续频率（ω 变化）的余弦波叠加，叠加系数为 $A(\omega)=\dfrac{2h}{\pi}\dfrac{\sin\omega T}{\omega}$，$A(\omega)$ 的变化如图 6.2－2 所示。

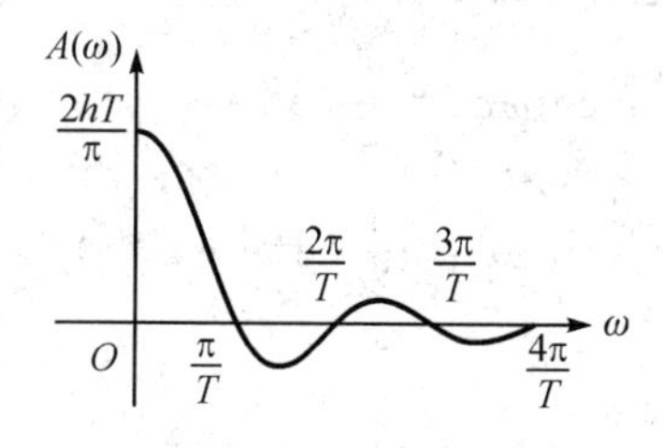

图 6.2－2　脉冲波频率分布

物理解释：如果 $f(t)$ 是电流强度，那么式(6.2.26)表示脉冲电流可分解为各种频率的交流电，$A(\omega)$ 表示频率为 ω 的电流振幅。

练习 6.2.1

1. 求单个锯齿脉冲 $f(t)=kt\,\mathrm{rect}\left(\dfrac{t}{T}-\dfrac{1}{2}\right)$，即

$$f(t)=\begin{cases}0 & (t<0)\\ kt & (0<t<T)\\ 0 & (t>T)\end{cases}$$

的傅里叶变换。

2. 求 $\mathrm{sinc}t=\dfrac{\sin\pi t}{\pi t}$ 的傅里叶变换，试以本题的傅里叶变换函数与例 1 比较，看看结果说明了什么问题？

3. 将下列脉冲波 $f(t)$ 展开为傅里叶积分。

$$f(t)=\begin{cases}0 & (t<-T)\\ -h & (-T<t<0)\\ h & (0<t<T)\\ 0 & (t>T)\end{cases}$$

4. $f(t)$ 是定义在半无界区间$(0,\infty)$上的函数，即

$$f(t)=\begin{cases}h & (0<t<T)\\ 0 & (t>T)\end{cases}$$

(1) 在边界条件 $f'(0)=0$ 下，将 $f(t)$ 展开为傅里叶积分。

(2) 在边界条件 $f(0)=0$ 下，将 $f(t)$ 展开为傅里叶积分。

5. 在边界条件 $f(0)=0$ 下，将定义在$(0,\infty)$上的函数 $f(x)=\mathrm{e}^{-\lambda x}$ 展开为傅里叶积分。

傅里叶级数有复数形式，傅里叶积分(变换)也有复数形式。

6.2.2 复数形式的傅里叶变换

在前面的傅里叶积分中，运用欧拉公式：

$$\begin{cases}\cos\omega x=\dfrac{1}{2}(\mathrm{e}^{\mathrm{i}\omega x}+\mathrm{e}^{-\mathrm{i}\omega x})\\ \sin\omega x=\dfrac{1}{2\mathrm{i}}(\mathrm{e}^{\mathrm{i}\omega x}-\mathrm{e}^{-\mathrm{i}\omega x})\end{cases}\tag{6.2.27}$$

代入 $f(x)$ 的傅里叶积分：

$$f(x)=\int_0^\infty A(\omega)\cos\omega x\,\mathrm{d}\omega+\int_0^\infty B(\omega)\sin\omega x\,\mathrm{d}\omega\tag{6.2.28}$$

经计算[①]得

$$f(x)=\int_{-\infty}^{\infty}F(\omega)\mathrm{e}^{\mathrm{i}\omega x}\mathrm{d}\omega \tag{6.2.29}$$

其中

$$F(\omega)=\begin{cases}\dfrac{1}{2}[A(\omega)-\mathrm{i}B(\omega)] & (\omega\geqslant 0)\\[2mm] \dfrac{1}{2}[A(|\omega|)+\mathrm{i}B(|\omega|)] & (\omega<0)\end{cases} \tag{6.2.30}$$

当 $\omega\geqslant 0$ 时，代入 $A(\omega)$，$B(\omega)$ 的具体表达式有：

$$F(\omega)=\frac{1}{2\pi}\int_{-\infty}^{\infty}f(x)[\cos\omega x-\mathrm{i}\sin\omega x]\mathrm{d}x=\frac{1}{2\pi}\int_{-\infty}^{\infty}f(x)\,[\mathrm{e}^{\mathrm{i}\omega x}]^{*}\,\mathrm{d}x \tag{6.3.31}$$

当 $\omega<0$ 时，代入 $A(\omega)$，$B(\omega)$ 的具体表达式有：

$$F(\omega)=\frac{1}{2\pi}\int_{-\infty}^{\infty}f(x)[\cos|\omega|x+\mathrm{i}\sin|\omega|x]\mathrm{d}x=\frac{1}{2\pi}\int_{-\infty}^{\infty}f(x)\,[\mathrm{e}^{\mathrm{i}|\omega|x}]^{*}\,\mathrm{d}x \tag{6.2.32}$$

由**共轭复数**的知识可知：

$$F(\omega)=\frac{1}{2\pi}\int_{-\infty}^{\infty}f(x)\mathrm{e}^{-\mathrm{i}\omega x}\mathrm{d}x=\frac{1}{2\pi}\int_{-\infty}^{\infty}f(x)\,[\mathrm{e}^{\mathrm{i}\omega x}]^{*}\,\mathrm{d}x \tag{6.2.33}$$

所以有傅里叶变换式：

$$F(\omega)=\frac{1}{2\pi}\int_{-\infty}^{\infty}f(x)\,[\mathrm{e}^{\mathrm{i}\omega x}]^{*}\,\mathrm{d}x \tag{6.2.34}$$

表示为对称形式：

$$f(x)=\sqrt{\frac{1}{2\pi}}\int_{-\infty}^{\infty}F(\omega)\mathrm{e}^{\mathrm{i}\omega x}\mathrm{d}\omega \tag{6.2.35}$$

$$F(\omega)=\sqrt{\frac{1}{2\pi}}\int_{-\infty}^{\infty}f(x)\,[\mathrm{e}^{\mathrm{i}\omega x}]^{*}\,\mathrm{d}x \tag{6.2.36}$$

用符号表示：

$$\begin{cases}F(\omega)=\mathscr{F}[f(x)]\\ f(x)=\mathscr{F}^{-1}[F(\omega)]\end{cases} \tag{6.2.37}$$

通常称 $f(x)$ 是**原函数**，$F(\omega)$ 是**象函数**。常见函数的积分变换见本章末的傅里叶积分变换表。

6.2.3　傅里叶变换的基本性质

以下定理的已知条件为：$F(\omega)$ 的原函数为 $f(x)$，即 $F(\omega)=\mathscr{F}[f(x)]$

---

① 具体过程如下：

$$\begin{aligned}f(x)&=\frac{1}{2}\int_{0}^{\infty}A(\omega)(\mathrm{e}^{\mathrm{i}\omega x}+\mathrm{e}^{-\mathrm{i}\omega x})\mathrm{d}\omega+\frac{1}{2\mathrm{i}}\int_{0}^{\infty}B(\omega)(\mathrm{e}^{\mathrm{i}\omega x}-\mathrm{e}^{-\mathrm{i}\omega x})\mathrm{d}\omega\\&=\frac{1}{2}\int_{0}^{\infty}[A(\omega)-\mathrm{i}B(\omega)]\mathrm{e}^{\mathrm{i}\omega x}\mathrm{d}\omega+\frac{1}{2}\int_{0}^{\infty}[A(\omega)+\mathrm{i}B(\omega)]\mathrm{e}^{-\mathrm{i}\omega x}\mathrm{d}\omega\\&=\int_{0}^{\infty}\frac{1}{2}[A(\omega)-\mathrm{i}B(\omega)]\mathrm{e}^{\mathrm{i}\omega x}\mathrm{d}\omega+\int_{-\infty}^{0}\frac{1}{2}[A(|\omega|)+\mathrm{i}B(|\omega|)]\mathrm{e}^{\mathrm{i}\omega x}\mathrm{d}\omega=\int_{-\infty}^{\infty}F(\omega)\mathrm{e}^{\mathrm{i}\omega x}\mathrm{d}\omega\end{aligned}$$

1. 导数定理

$$\mathscr{F}[f'(x)] = \mathrm{i}\omega F(\omega) \tag{6.2.38}$$

即函数导数 $f'(x)$ 的象函数等于象函数 $F(\omega)$ 乘以 $\mathrm{i}\omega$。

证明

$$\mathscr{F}[f'(x)] = \frac{1}{2}\int_{-\infty}^{\infty} f'(x)\mathrm{e}^{-\mathrm{i}\omega x}\mathrm{d}x = \mathrm{i}\omega\frac{1}{2\pi}\int_{-\infty}^{\infty} f(x)\mathrm{e}^{-\mathrm{i}\omega x}\mathrm{d}x = \mathrm{i}\omega F(\omega) \tag{6.2.39}$$

第三步用到了分部积分及 $f(\pm\infty)\to 0$。

2. 积分定理

$$\mathscr{F}\left[\int^{(x)} f(\xi)\mathrm{d}\xi\right] = \frac{1}{\mathrm{i}\omega}F(\omega) \tag{6.2.40}$$

即积分函数 $\int^{(x)} f(\xi)\mathrm{d}\xi$ 的象函数等于象函数 $F(\omega)$ 除以 $\mathrm{i}\omega$。

证明　记 $\int^{(x)} f(\xi)\mathrm{d}\xi = \varphi(x)$，则 $\varphi'(x) = f(x)$，所以

$$\mathscr{F}[\varphi'(x)] = \mathrm{i}\omega\mathscr{F}[\varphi(x)] \tag{6.2.41}$$

$$\mathscr{F}\left[\int^{(x)} f(\xi)\mathrm{d}\xi\right] = \frac{1}{\mathrm{i}\omega}\mathscr{F}[f(x)] = \frac{1}{\mathrm{i}\omega}F(\omega) \tag{6.2.42}$$

这两条定理很重要，它告诉我们，原函数的**求导和积分运算**，经傅里叶变换后，变成了象函数之间的**代数运算**。

3. 相似性定理

$$\mathscr{F}[f(ax)] = \frac{1}{a}F\left(\frac{\omega}{a}\right) \tag{6.2.43}$$

证明

$$\mathscr{F}[f(ax)] = \frac{1}{2\pi}\int_{-\infty}^{\infty} f(ax)\mathrm{e}^{-\mathrm{i}\omega x}\mathrm{d}x \tag{6.2.44}$$

令

$$y = ax$$

则

$$\mathscr{F}[f(ax)] = \frac{1}{2\pi}\int_{-\infty}^{\infty} f(y)\mathrm{e}^{-\mathrm{i}\frac{\omega}{a}y}\frac{1}{a}\mathrm{d}y = \frac{1}{a}\frac{1}{2\pi}\int_{-\infty}^{\infty} f(y)\mathrm{e}^{-\mathrm{i}\frac{\omega}{a}y}\mathrm{d}y \tag{6.2.45}$$

所以

$$\mathscr{F}[f(ax)] = \frac{1}{a}F\left(\frac{\omega}{a}\right) \tag{6.2.46}$$

4. 延迟定理

$$\mathscr{F}[f(x - x_0)] = \mathrm{e}^{-\mathrm{i}\omega x_0}F(\omega) \tag{6.2.47}$$

证明

$$\mathscr{F}[f(x - x_0)] = \frac{1}{2\pi}\int_{-\infty}^{\infty} f(x - x_0)\mathrm{e}^{-\mathrm{i}\omega x}\mathrm{d}x \tag{6.2.48}$$

令

$$y = x - x_0$$

则

$$\mathscr{F}[f(x-x_0)] = \frac{1}{2\pi}\int_{-\infty}^{\infty} f(y)\mathrm{e}^{-\mathrm{i}\omega(y+x_0)}\mathrm{d}y = \mathrm{e}^{-\mathrm{i}\omega x_0}F(\omega) \tag{6.2.49}$$

5. 位移定理

$$\mathscr{F}[\mathrm{e}^{\mathrm{i}\omega_0 x}f(x)] = F(\omega-\omega_0) \tag{6.2.50}$$

证明

$$\mathscr{F}[\mathrm{e}^{\mathrm{i}\omega_0 x}f(x)] = \frac{1}{2\pi}\int_{-\infty}^{\infty} \mathrm{e}^{\mathrm{i}\omega_0 x}f(x)\mathrm{e}^{-\mathrm{i}\omega x}\mathrm{d}x = \frac{1}{2\pi}\int_{-\infty}^{\infty} \mathrm{e}^{-\mathrm{i}(\omega-\omega_0)x}f(x)\mathrm{d}x = F(\omega-\omega_0) \tag{6.2.51}$$

6. 卷积定理

若

$$\mathscr{F}[f_1(x)] = F_1(\omega),\ \mathscr{F}[f_2(x)] = F_2(\omega) \tag{6.2.52}$$

则

$$\mathscr{F}[f_1(x) * f_2(x)] = 2\pi F_1(\omega)F_2(\omega) \tag{6.2.53}$$

其中

$$f_1(x) * f_2(x) = \int_{-\infty}^{\infty} f_1(\xi)f_2(x-\xi)\mathrm{d}\xi \tag{6.2.54}$$

称为 $f_1(x)$，$f_2(x)$ 的卷积。

证明

$$\mathscr{F}[f_1(x) * f_2(x)] = \frac{1}{2\pi}\int_{-\infty}^{\infty}\left[\int_{-\infty}^{\infty} f_1(\xi)f_2(x-\xi)\mathrm{d}\xi\right]\mathrm{e}^{-\mathrm{i}\omega x}\mathrm{d}x \tag{6.2.55}$$

交换积分次序：

$$\mathscr{F}[f_1(x) * f_2(x)] = \frac{1}{2\pi}\int_{-\infty}^{\infty} f_1(\xi)\left[\int_{-\infty}^{\infty} f_2(x-\xi)\mathrm{e}^{-\mathrm{i}\omega x}\mathrm{d}x\right]\mathrm{d}\xi \tag{6.2.56}$$

经计算①得

$$\mathscr{F}[f_1(x) * f_2(x)] = 2\pi F_1(\omega)F_2(\omega) \tag{6.2.57}$$

以上都是一元函数的傅里叶积分(变换)，如果是多元函数，能做傅里叶积分(变换)吗？这在量子力学课程的学习中将非常重要。

6.2.4 多元函数的傅里叶积分

二维或三维无界空间的非周期函数也可以展开为傅里叶积分，对应多重积分。

对于三元函数 $f(x, y, z)$，首先按自变量 x 将三维空间中的非周期函数 $f(x, y, z)$ 展开为傅里叶积分，其傅里叶变换函数为 $F_1(k_1; y, z)$，y，z 作为参量出现在

---

① 令 $y = x - \xi$，则

$$\mathscr{F}[f_1(x) * f_2(x)] = \frac{1}{2\pi}\int_{-\infty}^{\infty} f_1(\xi)\left[\int_{-\infty}^{\infty} f_2(y)\mathrm{e}^{-\mathrm{i}\omega y-\mathrm{i}\omega\xi}\mathrm{d}y\right]\mathrm{d}\xi = \frac{1}{2\pi}\int_{-\infty}^{\infty} f_1(\xi)\mathrm{e}^{-\mathrm{i}\omega\xi}\left[\int_{-\infty}^{\infty} f_2(y)\mathrm{e}^{-\mathrm{i}\omega y}\mathrm{d}y\right]\mathrm{d}\xi$$
$$= 2\pi\left[\frac{1}{2\pi}\int_{-\infty}^{\infty} f_1(\xi)\mathrm{e}^{-\mathrm{i}\omega\xi}\mathrm{d}\xi\right]\left[\frac{1}{2\pi}\int_{-\infty}^{\infty} f_2(y)\mathrm{e}^{-\mathrm{i}\omega y}\mathrm{d}y\right] = 2\pi F_1(\omega)F_2(\omega)$$

其中，再将 $F_1(k_1;y,z)$ 按 y 展开为傅里叶积分，其傅里叶变换函数为 $F_2(k_1,k_2;z)$，其中 z 作为参量；最后将 $F_2(k_1,k_2;z)$ 按 z 展开为傅里叶积分，其傅里叶变换函数为 $F(k_1,k_2,k_3)$，这样通过三次展开，得 $f(x,y,z)$ 的三重傅里叶积分：

$$f(x,y,z)=\int_{-\infty}^{\infty}\int_{-\infty}^{\infty}\int_{-\infty}^{\infty}F(k_1,k_2,k_3)\mathrm{e}^{\mathrm{i}(k_1x+k_2y+k_3z)}\mathrm{d}k_1\mathrm{d}k_2\mathrm{d}k_3 \tag{6.2.58}$$

$$F(k_1,k_2,k_3)=\frac{1}{(2\pi)^3}\int_{-\infty}^{\infty}\int_{-\infty}^{\infty}\int_{-\infty}^{\infty}f(x,y,z)\mathrm{e}^{-\mathrm{i}(k_1x+k_2y+k_3z)}\mathrm{d}x\mathrm{d}y\mathrm{d}z \tag{6.2.59}$$

引入矢量形式：

$$f(\boldsymbol{r})=\int_{-\infty}^{\infty}\int_{-\infty}^{\infty}\int_{-\infty}^{\infty}F(\boldsymbol{k})\mathrm{e}^{\mathrm{i}\boldsymbol{k}\cdot\boldsymbol{r}}\mathrm{d}\boldsymbol{k} \tag{6.2.60}$$

$$F(\boldsymbol{k})=\frac{1}{(2\pi)^3}\int_{-\infty}^{\infty}\int_{-\infty}^{\infty}\int_{-\infty}^{\infty}f(\boldsymbol{r})\mathrm{e}^{-\mathrm{i}\boldsymbol{k}\cdot\boldsymbol{r}}\mathrm{d}\boldsymbol{r} \tag{6.2.61}$$

其对称形式为

$$f(\boldsymbol{r})=\frac{1}{(2\pi)^{3/2}}\int_{-\infty}^{\infty}\int_{-\infty}^{\infty}\int_{-\infty}^{\infty}F(\boldsymbol{k})\mathrm{e}^{\mathrm{i}\boldsymbol{k}\cdot\boldsymbol{r}}\mathrm{d}\boldsymbol{k} \tag{6.2.62}$$

$$F(\boldsymbol{k})=\frac{1}{(2\pi)^{3/2}}\int_{-\infty}^{\infty}\int_{-\infty}^{\infty}\int_{-\infty}^{\infty}f(\boldsymbol{r})\mathrm{e}^{-\mathrm{i}\boldsymbol{k}\cdot\boldsymbol{r}}\mathrm{d}\boldsymbol{r} \tag{6.2.63}$$

式(6.2.60)～式(6.2.63)中的粗黑斜体符号表示三维空间中的矢量。在量子力学中，经常使用对称形式(6.2.62)、式(6.2.63)，其中 $\mathrm{d}\boldsymbol{r}=\mathrm{d}x\mathrm{d}y\mathrm{d}z$，$\mathrm{d}\boldsymbol{k}=\mathrm{d}k_1\mathrm{d}k_2\mathrm{d}k_3$。根据德布罗意关系，动量为 $\boldsymbol{p}$、能量为 E 的运动粒子联系着波矢量为 $\boldsymbol{k}$、频率为 ν 的波。

傅里叶变换非常有用，数学家们已经做了很多函数的傅里叶变换，见傅里叶变换函数表。

附录　傅里叶变换函数表

序号	原函数 $f(x)$	象函数 $F(\omega)$
	$\left\{f(x)=\int_{-\infty}^{\infty}F(\omega)\mathrm{e}^{\mathrm{i}\omega x}\mathrm{d}\omega\right\}$	$\left\{F(\omega)=\frac{1}{2\pi}\int_{-\infty}^{\infty}f(x)\left[\mathrm{e}^{\mathrm{i}\omega x}\right]^*\mathrm{d}x\right\}$
1	$\exp(-a^2x^2)$	$\frac{1}{2a\sqrt{\pi}}\exp\left[-\frac{\omega^2}{4a^2}\right]$
2	$\exp(-a\lvert x\rvert)$	$\frac{1}{\pi a}\frac{a^2}{a^2+\omega^2}$
3	$\mathrm{H}(x)\exp(-ax)$	$\frac{1}{2\pi}\frac{a-\mathrm{i}\omega}{a^2+\omega^2}$
4	$\mathrm{sgn}x=\begin{cases}-1 & (x<0)\\ 0 & (x=0)\\ 1 & (x>0)\end{cases}$	$-\frac{\mathrm{i}}{\pi\omega}$
5	$\exp(\mathrm{i}\omega_0x-a\lvert x\rvert)$	$\frac{1}{\pi a}\frac{a^2}{a^2+(\omega-\omega_0)^2}$
6	$\mathrm{H}(x)\exp(\mathrm{i}\omega_0x-ax)$	$\frac{1}{2\pi}\frac{a+\mathrm{i}(\omega_0-\omega)}{a^2+(\omega-\omega_0)^2}$

续表一

序号	原函数 $f(x)$	象函数 $F(\omega)$
7	$\mathrm{rect}\left(\frac{x}{2L}\right)=\begin{cases}1 & (\lvert x\rvert<L)\\ 0 & (\lvert x\rvert>L)\end{cases}$	$\frac{1}{\pi}\frac{\sin\omega L}{\omega}$
8	$\begin{cases}\exp(\mathrm{i}\omega_0 x) & (\lvert x\rvert<L)\\ 0 & (\lvert x\rvert>L)\end{cases}$	$\frac{1}{\pi}\frac{\sin(\omega_0-\omega)L}{\omega_0-\omega}$
9	$\begin{cases}\cos(\omega_0 x) & (\lvert x\rvert<L)\\ 0 & (\lvert x\rvert>L)\end{cases}$	$\frac{1}{2\pi}\left[\frac{\sin(\omega_0-\omega)L}{\omega_0-\omega}+\frac{\sin(\omega_0+\omega)L}{\omega_0+\omega}\right]$
10	$\begin{cases}\sin(\omega_0 x) & (\lvert x\rvert<L)\\ 0 & (\lvert x\rvert>L)\end{cases}$	$\frac{\mathrm{i}}{2\pi}\left[\frac{\sin(\omega_0+\omega)L}{\omega_0+\omega}+\frac{\sin(\omega_0-\omega)L}{\omega_0-\omega}\right]$
11	$\begin{cases}1-\frac{\lvert x\rvert}{L} & (\lvert x\rvert<L)\\ 0 & (\lvert x\rvert>L)\end{cases}$	$\frac{L}{2\pi}\left[\frac{\sin(\omega L/2)}{\omega L/2}\right]^2$
12	$\begin{cases}\frac{\lvert x\rvert}{L} & (\lvert x\rvert<L)\\ 0 & (\lvert x\rvert>L)\end{cases}$	$\frac{L}{\pi}\left\{\frac{\sin(\omega L)}{\omega L}-2\left[\frac{\sin(\omega L/2)}{\omega L}\right]^2\right\}$
13	$\begin{cases}\frac{x}{L} & (\lvert x\rvert<L)\\ 0 & (\lvert x\rvert>L)\end{cases}$	$\frac{\mathrm{i}}{\pi\omega}\left[\cos(\omega L)-\frac{\sin(\omega L)}{\omega L}\right]$
14	$\exp(\pm\mathrm{i}a^2x^2)$	$\frac{1}{2}\sqrt{\frac{1}{2\pi}}\frac{1\pm\mathrm{i}}{a}\exp\left[\mp\frac{\mathrm{i}\omega^2}{4a^2}\right]$
15	$\frac{\sin\omega_0 x}{x}$	$\frac{1}{2}\mathrm{rect}\left(\frac{x}{2\omega_0}\right)=\begin{cases}\frac{1}{2} & (\lvert\omega\rvert<\omega_0)\\ 0 & (\lvert\omega\rvert>\omega_0)\end{cases}$
16	$\frac{1}{\lvert x\rvert}\ (x\neq 0)$	$\frac{1}{\lvert\omega\rvert}\ (\omega\neq 0)$
17	$\frac{1}{\lvert x\rvert^{\upsilon}}\ (0<\mathrm{Re}\upsilon<1)$	$\frac{1}{\pi}\sin\frac{\upsilon\pi}{2}\frac{\Gamma(1-\upsilon)}{\lvert\omega\rvert^{1-\upsilon}}\ (\omega\neq 0)$
18	$\frac{\sinh ax}{\sinh\pi x}(-\pi<a<\pi)$	$\frac{1}{2\pi}\frac{\sin a}{\cosh\omega+\cos a}$
19	$\frac{\cosh ax}{\cosh\pi x}\ (-\pi<a<\pi)$	$\frac{1}{\pi}\frac{\cos\frac{a}{2}\cos\frac{\omega}{2}}{\cosh\omega+\cos a}$
20	$\exp(\mathrm{i}\omega_0 x)$	$\delta(\omega-\omega_0)$
21	$\cos\omega_0 x$	$\frac{1}{2}[\delta(\omega-\omega_0)+\delta(\omega+\omega_0)]$
22	$\sin\omega_0 x$	$\frac{\mathrm{i}}{2}[\delta(\omega+\omega_0)-\delta(\omega-\omega_0)]$
23	$\cos^2\omega_0 x$	$\frac{1}{2}\left[\frac{1}{2}\delta(\omega+2\omega_0)+\delta(\omega)+\frac{1}{2}\delta(\omega-2\omega_0)\right]$

续表二

序号	原函数 $f(x)$	象函数 $F(\omega)$
24	$\sin^2\omega_0 x$	$\frac{1}{2}\left[-\frac{1}{2}\delta(\omega+2\omega_0)+\delta(\omega)-\frac{1}{2}\delta(\omega-2\omega_0)\right]$
25	$\lvert\cos\omega_0 x\rvert$	$\sum_{n=-\infty}^{\infty}\frac{2}{\pi}\left[\frac{\omega_0^2}{\omega_0^2-\omega^2}\right]\cos\left(\frac{\pi\omega}{2\omega_0}\right)\delta(\omega-2n\omega_0)$
26	$\delta(x)$	$\frac{1}{2\pi}$
27	$\delta(x-x_0)$	$\frac{1}{2\pi}\exp(-\mathrm{i}\omega x_0)$
28	$\delta(x-x_0)+\delta(x+x_0)$	$\frac{1}{\pi}\cos\omega x_0$
29	$\sum_{n=-\infty}^{\infty}\delta(x-nx_0)$	$\sum_{n=-\infty}^{\infty}\frac{1}{x_0}\delta\left(\omega-n\frac{2\pi}{x_0}\right)$
30	1	$\delta(\omega)$
31	$\mathrm{sgn}x\exp(-a\lvert x\rvert)$	$-\frac{\mathrm{i}}{\pi}\frac{\omega}{a^2+\omega^2}$
32	$\mathrm{H}(x)$	$\frac{1}{2\pi}\left[\pi\delta(\omega)-\frac{\mathrm{i}}{\omega}\right]$
33	$\mathrm{H}(x)[1-\exp(-ax)]$	$\frac{1}{2\pi}\left[\pi\delta(\omega)-\frac{a}{a^2+\omega^2}-\mathrm{i}\frac{a^2}{\omega(a^2+\omega^2)}\right]$
34	$1-\mathrm{rect}\left(\frac{x}{2L}\right)=\begin{cases}1 & (\lvert x\rvert>L)\\0 & (\lvert x\rvert<L)\end{cases}$	$\frac{1}{\pi}\left[\pi\delta(x)-\frac{\sin\omega L}{\omega}\right]$
35	$\cos(a\sin\omega_0 x+bx)$	$\frac{1}{2}\sum_{n=-\infty}^{\infty}[\mathrm{J}_n(a)\delta(\omega-b-n\omega_0)+\mathrm{J}_n(a)\delta(\omega+b+n\omega_0)]$
36	$\cos(a\cos\omega_0 x+bx)$	$\frac{1}{2}\sum_{n=-\infty}^{\infty}[\mathrm{i}^n\mathrm{J}_n(a)\delta(\omega-b-n\omega_0)+(-\mathrm{i})^n\mathrm{J}_n(a)\delta(\omega+b+n\omega_0)]$
37	$\sin(a\sin\omega_0 x+bx)$	$\frac{\mathrm{i}}{2}\sum_{n=-\infty}^{\infty}[-\mathrm{J}_n(a)\delta(\omega-b-n\omega_0)+\mathrm{J}_n(a)\delta(\omega+b+n\omega_0)]$
38	$\sin(a\cos\omega_0 x+bx)$	$\frac{\mathrm{i}}{2}\sum_{n=-\infty}^{\infty}[-\mathrm{i}^n\mathrm{J}_n(a)\delta(\omega-b-n\omega_0)+(-\mathrm{i})^n\mathrm{J}_n(a)\delta(\omega+b+n\omega_0)]$
39	$\exp(-a\cos\omega_0 x)$	$\sum_{n=-\infty}^{\infty}(-1)^n\mathrm{J}_n(a)\delta(\omega-n\omega_0)$
40	$\exp(-a\sin\omega_0 x)$	$\sum_{n=-\infty}^{\infty}\mathrm{i}^n\mathrm{J}_n(a)\delta(\omega-n\omega_0)$

第 7 章　实变函数的拉普拉斯变换

7.1　拉普拉斯变换的引入

*拉普拉斯变换*理论(又称为运算微积，或称为算子微积)是在 19 世纪末发展起来的。英国工程师亥维赛发明了用运算微积解决当时电工计算中出现的一些问题，但是缺乏严密的数学论证，后来由法国数学家拉普拉斯给出了严密的数学定义，称之为*拉普拉斯变换*。

7.1.1　符号法

运算微积的原始形式是符号法。函数 $\varphi(t)$ 的 n 阶导数可以看成*求导算符* $p=\dfrac{\mathrm{d}}{\mathrm{d}t}$ 在函数 $\varphi(t)$ 上作用 n 次的结果，即 $p^n\varphi(t)=\dfrac{\mathrm{d}^n}{\mathrm{d}t^n}\varphi(t)$。*算符* p 的"倒数" $\dfrac{1}{p}$ 则解释为*积分算符*，$\dfrac{1}{p}\varphi(t)=\int_0^t\varphi(\tau)\mathrm{d}\tau$，例如 $\dfrac{1}{p}\cdot 1=\int_0^t 1\mathrm{d}\tau=t$ (其中"·"表示左边的算符作用在右边的函数上)。依次类推，有

$$\frac{1}{p^n}\cdot 1=\frac{t^n}{n!} \tag{7.1.1}$$

亥维赛把符号法应用于求解线性微分方程。例如，电阻 R 和自感为 L 的线圈串联为如图 7.1－1 所示的 RL 回路，接通开关后电路中的电流 $j(t)$ 满足的微分方程为

$$\left(L\frac{\mathrm{d}}{\mathrm{d}t}+R\right)j(t)=E \tag{7.1.2}$$

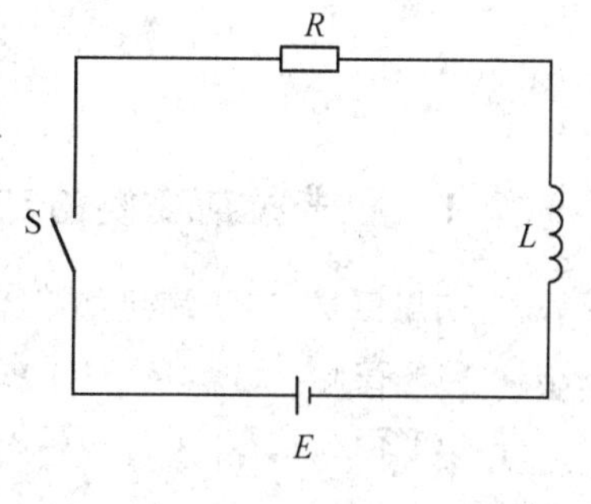

图 7.1－1　RL 回路

将 $\dfrac{\mathrm{d}}{\mathrm{d}t}$ 改写为 p，亥维赛把式(7.1.2)改写为

$$j(t)=\frac{E}{Lp+R}\cdot 1 \tag{7.1.3}$$

式(7.1.3)中的算符出现在分母中本没有意义，但亥维赛把式(7.1.3)展开，即

$$\begin{aligned} j(t)&=\frac{E}{Lp+R}\cdot 1=\frac{E}{Lp}\cdot\frac{1}{1+\dfrac{R}{L}\dfrac{1}{p}}\cdot 1\\ &=\frac{E}{Lp}\left[1-\frac{R}{L}\frac{1}{p}+\left(\frac{R}{L}\frac{1}{p}\right)^2-\left(\frac{R}{L}\frac{1}{p}\right)^3+\cdots\right]\cdot 1 \end{aligned} \tag{7.1.4}$$

并应用式(7.1.1)得

$$j(t)=\frac{E}{R}\left[\frac{R}{L}t-\left(\frac{R}{L}\right)^2\frac{t^2}{2!}+\left(\frac{R}{L}\right)^3\frac{t^3}{3!}-\left(\frac{R}{L}\right)^4\frac{t^4}{4!}+\cdots\right]=\frac{E}{R}\left[1-\mathrm{e}^{-(R/L)t}\right] \tag{7.1.5}$$

亥维赛取得的成就使当时的数学家们大为吃惊，但他的结果中也出现了一系列错误，他并没有注意到 p 和 $\frac{1}{p}$ 的次序不可交换，即

$$\frac{1}{p}p\cdot f(t)=\int_0^t f'(\tau)\mathrm{d}\tau=f(t)-f(0) \tag{7.1.6}$$

$$p\frac{1}{p}\cdot f(t)=\frac{\mathrm{d}}{\mathrm{d}t}\int_0^t f(\tau)\mathrm{d}\tau=f(t) \tag{7.1.7}$$

后来，直到人们发现了符号法和*拉普拉斯变换*的联系，符号法才脱离了粗糙的形式而建立在拉普拉斯变换的基础上，通常称之为*运算微积*。在运算微积中，字母 p 不再解释为算符，而代表一个复变数。

7.1.2 傅里叶变换的延伸

第 6 章函数的*傅里叶积分*与*傅里叶变换*对函数有很严格的条件要求，如要求**函数在** $(-\infty,\infty)$ 上绝对可积，即 $\int_{-\infty}^{\infty}|f(x)|\mathrm{d}x$ 收敛，很多常见的函数都不满足这些条件。但*傅里叶积分*与*傅里叶变换*又很有用，于是产生了这样一个问题：不满足这些条件的函数是否可以作类似的变换？数学家拉普拉斯通过研究发现了拉普拉斯变换，所以函数的拉普拉斯变换可认为是函数*傅里叶变换*的延伸。

7.2 拉普拉斯变换及其基本性质

7.2.1 拉普拉斯变换的定义

如果函数 $f(t)$ 满足如下条件：

(1) 在 $0\leqslant t<\infty$ 的任意有限区间上，除有限个第一类间断点外连续；

(2) 存在常数 $M>0$ 和 $\sigma\geqslant 0$，对任何 t，使

$$|f(t)|<M\mathrm{e}^{\sigma t} \tag{7.2.1}$$

则 $f(t)$ 可以作*拉普拉斯积分*：

$$f(t)=\frac{1}{2\pi\mathrm{i}}\int_{\sigma-\mathrm{i}\infty}^{\sigma+\mathrm{i}\infty}\bar{f}(p)\,\mathrm{e}^{pt}\,\mathrm{d}p \tag{7.2.2}$$

$\bar{f}(p)$ 称为 $f(t)$ 的*拉普拉斯变换函数*，也称为*象函数*，其中 $p=\sigma+\mathrm{i}\omega$ 是复数，而

$$\bar{f}(p)=\int_0^{\infty}f(t)\,\mathrm{e}^{-pt}\,\mathrm{d}t \tag{7.2.3}$$

称为从 $f(t)$ 到 $\bar{f}(p)$ 的拉普拉斯变换，$f(t)$ 称为*原函数*。

拉普拉斯变换常用于初始值问题，即已知某个物理量在初始时刻 $t=0$ 的值为 0，求解初始时刻之后的情况 $f(t)$，而对初始时刻之前的情况不感兴趣，即设

$$f(t)=0\quad(t<0) \tag{7.2.4}$$

如何证明式(7.2.2)、式(7.2.3)的积分和变换成立？

思考方法：仿照傅里叶级数到傅里叶变换的方法，既然函数傅里叶积分的条件是 $f(t)$ 绝对可积，可将不满足条件的 $f(t)$ 延拓为绝对可积的函数 $g(t)$，即

$$g(t) = \mathrm{e}^{-\sigma t} f(t) \tag{7.2.5}$$

式中，$\mathrm{e}^{-\sigma t}$ 是收敛因子，是变量 t 的递减函数，σ 越大，递减得越快。对于大部分函数，总可以选择很大的实数 σ，使得 $g(t)$ 在区间 $(-\infty, \infty)$ 上绝对可积，所以有

$$G(\omega) = \frac{1}{2\pi}\int_{-\infty}^{\infty} g(t)\mathrm{e}^{-\mathrm{i}\omega t}\mathrm{d}t = \frac{1}{2\pi}\int_{-\infty}^{\infty} f(t)\mathrm{e}^{-(\sigma+\mathrm{i}\omega)t}\mathrm{d}t \tag{7.2.6}$$

令 $\sigma + \mathrm{i}\omega = p$，且将 $G(\omega)$ 改记为 $\bar{f}(p)/2\pi$，则有

$$\bar{f}(p) = \int_0^{\infty} f(t)\,\mathrm{e}^{-pt}\mathrm{d}t \quad （拉普拉斯变换） \tag{7.2.7}$$

$G(\omega)$ 的傅里叶逆变换为

$$g(t) = \int_{-\infty}^{\infty} G(\omega)\mathrm{e}^{\mathrm{i}\omega t}\mathrm{d}\omega = \int_{-\infty}^{\infty} \frac{\bar{f}(p)}{2\pi}\mathrm{e}^{\mathrm{i}\omega t}\mathrm{d}\omega = \frac{1}{2\pi}\int_{-\infty}^{\infty} \bar{f}(\sigma+\mathrm{i}\omega)\mathrm{e}^{\mathrm{i}\omega t}\mathrm{d}\omega \tag{7.2.8}$$

即

$$\mathrm{e}^{-\sigma t} f(t) = \frac{1}{2\pi}\int_{-\infty}^{\infty} \bar{f}(\sigma+\mathrm{i}\omega)\mathrm{e}^{\mathrm{i}\omega t}\mathrm{d}\omega \tag{7.2.9}$$

则

$$f(t) = \frac{1}{2\pi}\int_{-\infty}^{\infty} \bar{f}(\sigma+\mathrm{i}\omega)\mathrm{e}^{(\sigma+\mathrm{i}\omega)t}\mathrm{d}\omega \tag{7.2.10}$$

由 $\sigma + \mathrm{i}\omega = p$，得 $\mathrm{d}\omega = \frac{1}{\mathrm{i}}\mathrm{d}p$，则

$$f(t) = \frac{1}{2\pi \mathrm{i}}\int_{\sigma-\mathrm{i}\infty}^{\sigma+\mathrm{i}\infty} \bar{f}(p)\,\mathrm{e}^{pt}\mathrm{d}p \quad （拉普拉斯积分） \tag{7.2.11}$$

表示方法为

$$\begin{cases} \bar{f}(p) = \displaystyle\int_0^{\infty} f(t)\mathrm{e}^{-pt}\mathrm{d}t = \mathscr{L}[f(t)] \\ f(t) = \dfrac{1}{2\pi \mathrm{i}}\displaystyle\int_{\sigma-\mathrm{i}\infty}^{\sigma+\mathrm{i}\infty} \bar{f}(p)\mathrm{e}^{pt}\mathrm{d}p = \mathscr{L}^{-1}[\bar{f}(p)] \end{cases} \tag{7.2.12}$$

或

$$\begin{cases} \bar{f}(p) \doteqdot f(t) \\ f(t) \doteqdot \bar{f}(p) \end{cases} \tag{7.2.13}$$

$\bar{f}(p)$称为**象函数**，$f(t)$则称为原函数。

在对函数作拉普拉斯变换时应注意以下三点：

(1) **原函数** $f(t)$ 在区间 $(-\infty, 0)$上的值为零。

(2) 原函数 $f(t)$ 在区间$(0, \infty)$上任意有限区间内，除了有限个第一类间断点外，函数及导数处处连续。

(3) 存在常数 $M>0$ 和 $\sigma \geqslant 0$，使对任何 $t(0 \leqslant t < \infty)$ 有

$$|f(t)| < M\mathrm{e}^{\sigma t} \tag{7.2.14}$$

σ 的下界称为**收敛横标**，用 σ_0 表示。在实际应用中，大多数函数都满足这个条件。

以下用例题说明拉普拉斯变换及其用途。

为了方便描述函数进行拉普拉斯变换，引入亥维赛单位函数（也称阶跃函数）：

$$\mathrm{H}(t)=\begin{cases}0 & (t<0)\\ 1 & (t\geqslant 0)\end{cases}\tag{7.2.15}$$

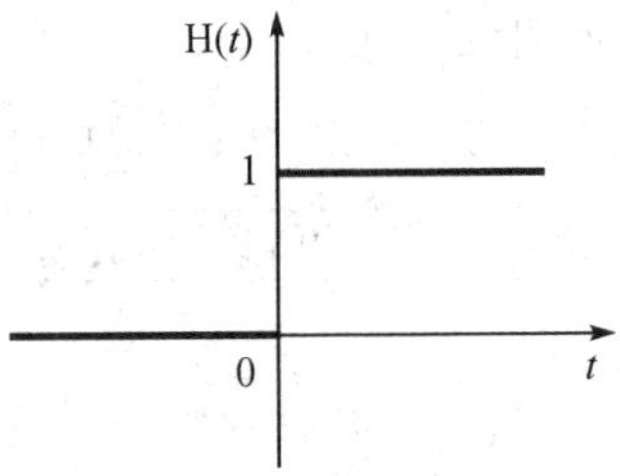

亥维赛单位函数图像如图 7.2-1 所示。

图 7.2-1　亥维赛单位函数

7.2.2　一般函数的拉普拉斯变换

1. 直接积分

根据拉普拉斯变换的定义，对定义在区间 $(0,\infty)$ 上的函数进行拉普拉斯变换的直接方法就是积分。

例 1　已知 $f(t)=\mathrm{H}(t)=\begin{cases}0 & (t<0)\\ 1 & (t\geqslant 0)\end{cases}$，求 $\mathscr{L}[f(t)]$。

解　(1) 检查函数是否满足变换条件：满足。

(2) 在 $\mathrm{Re}p>0(\sigma>0)$ 的半平面上，有

$$\mathscr{L}[f(t)]=\int_0^{\infty}1\cdot \mathrm{e}^{-pt}\mathrm{d}t=-\frac{1}{p}\mathrm{e}^{-pt}\Big|_0^{\infty}=\frac{1}{p}$$

所以

$$\mathscr{L}[\mathrm{H}(t)]=\frac{1}{p}\ (\mathrm{Re}p>0)\tag{7.2.16}$$

即符号法中 $\frac{1}{p}\cdot 1=\int_0^t 1\mathrm{d}\tau$，实际上其中的函数“1”是亥维赛单位函数。

例 2　已知 $f(t)=t\ (t\geqslant 0)$，求 $\mathscr{L}[f(t)]$。

解　(1) 检查函数是否满足变换条件：满足。

(2) 在 $\mathrm{Re}p>0$ 的半平面上，有

$$\mathscr{L}[f(t)]=\int_0^{\infty}t\mathrm{e}^{-pt}\mathrm{d}t=-\frac{1}{p}\int_0^{\infty}t\mathrm{d}(\mathrm{e}^{-pt})=-\frac{1}{p}\left(t\mathrm{e}^{-pt}\right)\Big|_0^{\infty}+\frac{1}{p}\int_0^{\infty}\mathrm{e}^{-pt}\mathrm{d}t$$

$$=\frac{1}{p^2}\ (t\geqslant 0,\ \mathrm{Re}\ p>0)$$

由分部积分可知，对定义在区间 $(0,\infty)$ 上的函数 t^n（n 为整数），有

$$\mathscr{L}(t^n)=\frac{n!}{p^{n+1}}\ (t\geqslant 0,\ \mathrm{Re}\ p>0)\ (n\text{ 次分部积分的结果})\tag{7.2.17}$$

此式即式(7.1.1)。

例 3　已知 $f(t)=\mathrm{e}^{st}\ (t\geqslant 0)$，$s$ 为复常数，求 $\mathscr{L}[f(t)]$。

解　(1) 检查函数是否满足变换条件：满足。

(2) 在 $\mathrm{Re}\ p>\mathrm{Re}\ s$ 的半平面上（保证 $\int_0^{\infty}\mathrm{e}^{-\sigma t}\mathrm{e}^{st}\mathrm{d}t$ 收敛），有

$$\mathscr{L}[f(t)]=\int_0^{\infty}\mathrm{e}^{st}\mathrm{e}^{-pt}\mathrm{d}t=\int_0^{\infty}\mathrm{e}^{-(p-s)t}\mathrm{d}t=-\frac{1}{p-s}\left[\mathrm{e}^{-(p-s)t}\right]\Big|_0^{\infty}=\frac{1}{p-s}$$

所以

$$\mathscr{L}(e^{st})=\frac{1}{p-s}\ (t\geqslant 0,\ \mathrm{Re}\ p>\mathrm{Re}\ s)$$

例 4　已知 $f(t)=te^{st}\ (t\geqslant 0)$，$s$ 为常数，求 $\mathscr{L}[f(t)]$。

解　(1) 检查函数是否满足变换条件：满足。

(2) 在 $\mathrm{Re}\ p>\mathrm{Re}\ s$ 的半平面上，有

$$\mathscr{L}[f(t)]=\int_0^{\infty}te^{-(p-s)t}dt=-\frac{1}{p-s}\int_0^{\infty}td[e^{-(p-s)t}]$$

$$=-\frac{1}{p-s}\left\{[te^{-(p-s)t}]\Big|_0^{\infty}-\int_0^{\infty}e^{-(p-s)t}dt\right\}=\frac{1}{(p-s)^2}$$

所以一般可表示为

$$\mathscr{L}(te^{st})=\frac{1}{(p-s)^2}\ (t\geqslant 0,\ \mathrm{Re}\ p>\mathrm{Re}\ s) \tag{7.2.18}$$

运用分部积分有

$$\mathscr{L}(t^n e^{st})=\frac{n!}{(p-s)^{n+1}}\ (t\geqslant 0,\ \mathrm{Re}\ p>\mathrm{Re}\ s) \tag{7.2.19}$$

2. 查拉普拉斯变换函数表

由于拉普拉斯变换有很多用处，数学家们对其进行了大量的研究，其中就有对函数进行拉普拉斯变换求得*象函数*(*拉普拉斯变换函数表*见本章末)。因此，求象函数时可以查表，而不必再去做冗长的积分。

例 5　通过查表求函数 $\frac{1}{\sqrt{\pi t}}e^{-a^2/(4t)}$ 的象函数。

解　查表得

$$\frac{1}{\sqrt{\pi t}}e^{-a^2/(4t)}\doteq\frac{e^{-a\sqrt{p}}}{\sqrt{p}}$$

3. 运用数学软件 Mathematica

Mathematica 软件收录了很多函数的*拉普拉斯变换函数*，只需在其记事本中输入命令即可查得象函数。下面是通过 Mathematica 软件求象函数的例题。

例 6　已知函数 $f(t)=e^{st}\sin\omega t\ (t\geqslant 0)$，$s$ 为复常数，求 $\mathscr{L}[f(t)]$。

解　在 Mathematica 记事本中输入命令(如图 7.2-2 所示)：

LaplaceTransform[Sin[ω t]Exp[s, t], t, p],

然后按“Shift+Enter”键即可(注意命令的字母的大小写和两个变量相乘需加空格)。

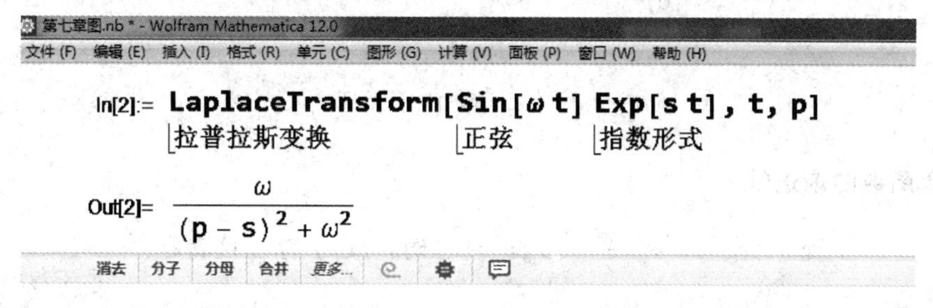

图 7.2-2　例 6 输入内容

练习 7.2.2

1. 下列关于 t 的函数定义在 $0\leqslant t<\infty$ 上，ω，λ，τ 等都是常数，分别用积分、查表、Mathematica 软件求它们的拉普拉斯变换函数。

(1) $\sinh\omega t=\frac{1}{2}(e^{\omega t}-e^{-\omega t})$ (2) $\cosh\omega t=\frac{1}{2}(e^{\omega t}+e^{-\omega t})$

(3) $\frac{1}{\sqrt{\pi t}}$ (4) $e^{-\lambda t}\sin\omega t$

(5) $e^{-\lambda t}\cos\omega t$

7.2.3 拉普拉斯变换的基本性质

1. 象函数的解析性

$\bar{f}(p)$ 是 $\mathrm{Re}\,p=\sigma>\sigma_0$ 半平面上的解析函数。

证明 对于任意实常数 $\sigma>\sigma_0$，考察积分 $\int_0^\infty \frac{d}{dp}[f(t)e^{-pt}]dt$，利用前面构造的 $|f(t)|<Me^{\sigma_0 t}$，则有

$$\int_0^\infty \left|\frac{d}{dp}[f(t)e^{-pt}]\right|dt\leqslant\int_0^\infty |f(t)|te^{-\sigma t}dt<M\int_0^\infty te^{-(\sigma-\sigma_0)t}dt<\frac{M}{(\sigma-\sigma_0)^2} \tag{7.2.20}$$

所以 $\int_0^\infty \frac{d}{dp}[f(t)e^{-pt}]dt$ 是一致收敛的，可以交换求导和积分次序，即

$$\frac{d}{dp}\bar{f}(p)=\frac{d}{dp}\int_0^\infty f(t)e^{-pt}dt=\int_0^\infty \frac{d}{dp}[f(t)e^{-pt}]dt \tag{7.2.21}$$

由此可见，$\bar{f}(p)$ 在 $\mathrm{Re}\,p>\sigma_0$ 的半平面上处处可导，并且可求无穷多次导数，即在 $\mathrm{Re}\,p>\sigma_0$ 的半平面上 $\bar{f}(p)$ 是解析函数。

例 7 已知 $\omega(t)=tf(t)$，其中 $f(t)$ 是存在拉普拉斯变换的任意函数，求 $\mathscr{L}[\omega(t)]$。

解 因为 $\bar{f}(p)$ 是解析函数，将拉普拉斯变换的定义式(7.2.7)两边对 p 求导数得

$$\frac{d}{dp}\bar{f}(p)=\int_0^\infty (-t)f(t)e^{-pt}dt$$

所以

$$(-1)\frac{d}{dp}\bar{f}(p)=\int_0^\infty tf(t)e^{-pt}dt=\mathscr{L}[\omega(t)]$$

依次类推，有

$$\mathscr{L}[t^n f(t)]=(-1)^n\frac{d^n}{dp^n}\bar{f}(p) \tag{7.2.22}$$

2. 象函数的渐进性

当 $|p|\to\infty$，而 $|\mathrm{Arg}(p)|\leqslant\frac{\pi}{2}-\varepsilon$ $(\varepsilon>0)$ 时，$\bar{f}(p)$ 存在且满足：

$$\lim_{p\to\infty}\bar{f}(p)=0 \tag{7.2.23}$$

3. 线性定理

如果 $f_1(t) \doteq \overline{f}_1(p)$，$f_2(t) \doteq \overline{f}_2(p)$，则

$$c_1 f_1(t) + c_2 f_2(t) \doteq c_1 \overline{f}_1(p) + c_2 \overline{f}_2(p) \tag{7.2.24}$$

例 8　求 $\mathscr{L}(\sin\omega t)$ $(t \geqslant 0)$，ω 为常数。

解　利用欧拉公式：

$$\sin\omega t = \frac{1}{2\mathrm{i}}(\mathrm{e}^{\mathrm{i}\omega t} - \mathrm{e}^{-\mathrm{i}\omega t})$$

则

$$\mathscr{L}(\sin\omega t) = \mathscr{L}\left[\frac{1}{2\mathrm{i}}(\mathrm{e}^{\mathrm{i}\omega t} - \mathrm{e}^{-\mathrm{i}\omega t})\right] = \frac{1}{2\mathrm{i}}\mathscr{L}(\mathrm{e}^{\mathrm{i}\omega t}) - \frac{1}{2\mathrm{i}}\mathscr{L}(\mathrm{e}^{-\mathrm{i}\omega t})$$

$$= \frac{1}{2\mathrm{i}}\left(\frac{1}{p - \mathrm{i}\omega} - \frac{1}{p + \mathrm{i}\omega}\right)$$

所以

$$\mathscr{L}(\sin\omega t) = \frac{\omega}{p^2 + \omega^2} \quad (\mathrm{Re}\, p > 0) \tag{7.2.25}$$

同理有

$$\mathscr{L}(\cos\omega t) = \frac{p}{p^2 + \omega^2} \quad (\mathrm{Re}\, p > 0) \tag{7.2.26}$$

4. 导数定理

$$f'(t) \doteq p\overline{f}(p) - f(0) \tag{7.2.27}$$

证明

$$\mathscr{L}[f'(t)] = \int_0^\infty f'(t)\mathrm{e}^{-pt}\mathrm{d}t = \int_0^\infty \mathrm{e}^{-pt}\mathrm{d}f(t)$$

$$= [f(t)\mathrm{e}^{-pt}]\Big|_0^\infty + p\int_0^\infty f(t)\mathrm{e}^{-pt}\mathrm{d}t = p\overline{f}(p) - f(0)$$

推广到高阶情况：

$$\mathscr{L}[f^{(n)}(t)] = p^n\overline{f}(p) - p^{n-1}f(0) - p^{n-2}f'(0) - p^{n-3}f''(0) - \cdots - pf^{(n-2)}(0) - f^{(n-1)}(0) \tag{7.2.28}$$

5. 积分定理

$$\int_0^t \psi(\tau)\mathrm{d}\tau \doteq \frac{1}{p}\mathscr{L}[\psi(t)] \tag{7.2.29}$$

积分变为除法。

证明　考虑函数 $f(t) = \int_0^t \psi(\tau)\mathrm{d}\tau$，则 $f'(t) = \psi(t)$，对 $f(t)$ 应用导数定理：

$$\mathscr{L}[f'(t)] = p\mathscr{L}[f(t)] - f(0) = p\mathscr{L}[f(t)]$$

其中应用了 $f(0) = \int_0^0 \psi(\tau)\mathrm{d}\tau = 0$，所以

$$\int_0^t \psi(\tau)\mathrm{d}\tau \doteq \frac{1}{p}\mathscr{L}[f(t)] = \frac{1}{p}\mathscr{L}\left[\int_0^t \psi(\tau)\mathrm{d}\tau\right]$$

6. 相似性定理

$$f(at) \doteqdot \frac{1}{a}\bar{f}\left(\frac{p}{a}\right) \tag{7.2.30}$$

7. 延迟定理

$$f(t-t_0) \doteqdot e^{-pt_0}\bar{f}(p) \tag{7.2.31}$$

$e^{-\lambda t}$ 称为延迟因子。

8. 位移定理

$$e^{\lambda t}f(t) \doteqdot \bar{f}(p-\lambda) \tag{7.2.32}$$

延迟定理是位移定理的逆定理。

9. 卷积定理

若 $f_1(t) \doteqdot \bar{f}_1(p)$，$f_2(t) \doteqdot \bar{f}_2(p)$，则

$$f_1(t) * f_2(t) \doteqdot \bar{f}_1(p)\bar{f}_2(p) \tag{7.2.33}$$

其中

$$f_1(t) * f_2(t) = \int_0^t f_1(\tau)f_2(t-\tau)\mathrm{d}\tau \tag{7.2.34}$$

称为 $f_1(t)$，$f_2(t)$ 的卷积。

读者可参照傅里叶变换的卷积定理自行证明。

练习 7.2.3

1. 证明相似性定理。
2. 证明位移定理。
3. 证明延迟定理。

以上是一些初等函数的拉普拉斯变换，即已知原函数通过积分就能求出象函数，所以原函数与象函数是一一对应的。但是如果已知象函数，能否反过来求原函数？由象函数求原函数的过程称为*拉普拉斯变换的反演*。

7.3 拉普拉斯变换的反演

*拉普拉斯变换的反演*是拉普拉斯变换的逆运算。

7.3.1 黎曼-梅林反演公式

从拉普拉斯变换的定义过程可以看到，原则上可以按照式(7.2.2)进行*拉普拉斯变换的反演*，这种方法称为*黎曼-梅林反演公式*。

但是根据式(7.2.2)，求原函数需要在复平面对象函数进行曲线积分，象函数在 $\mathrm{Re}\,p>\sigma_0$ 的半平面是解析函数，解析函数在复平面上的积分是复杂的。为了应用留数定理进行复变函数的积分，需要将第 5 章的约当引理加以推广。

推广的约当引理：设 C_R 是以 $p=0$ 为圆心、R 为半径的圆周在直线 $\mathrm{Re}\,p=\sigma>0$ 左侧

的圆弧，如图7.3-1所示，若当 $|p|\to\infty$ 时，$\overline{f}(p)$ 在 $\frac{\pi}{2}-\varepsilon\leqslant \mathrm{Arg}p\leqslant\frac{3\pi}{2}+\varepsilon$ 中一致趋于零（ε 是小于 $\frac{\pi}{2}$ 的任意正数），则

$$\lim_{R\to\infty}\int_{C_R}\overline{f}(p)\mathrm{e}^{pt}\mathrm{d}p=0\ (t>0) \tag{7.3.1}$$

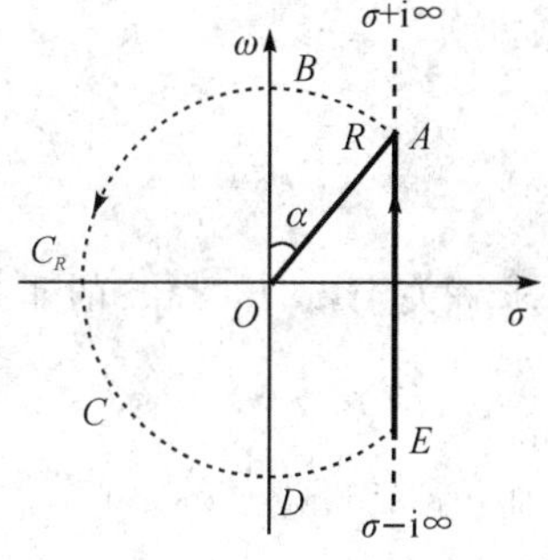

图7.3-1　约当引理证明图

关于扩展的约当引理的证明可参照第5章约当引理的证明或参阅相关书籍。

现在考虑回路积分 $ABCDEA$，有

$$\oint_l\overline{f}(p)\mathrm{e}^{pt}\mathrm{d}p=\int_E^A\overline{f}(p)\mathrm{e}^{pt}\mathrm{d}p+\int_{C_R}\overline{f}(p)\mathrm{e}^{pt}\mathrm{d}p \tag{7.3.2}$$

可以证明，当 $R\to\infty$ 时，式(7.3.2)等号右边的第二项等于零。第一项正是积分 $\int_{\sigma-\mathrm{i}\infty}^{\sigma+\mathrm{i}\infty}\overline{f}(p)\mathrm{e}^{pt}\mathrm{d}p$，等号左边等于函数 $\overline{f}(p)\mathrm{e}^{pt}$ 在直线 $\mathrm{Re}p=\sigma$ 左侧平面奇点的留数之和乘以 $2\pi\mathrm{i}$，所以有

$$\int_{\sigma-\mathrm{i}\infty}^{\sigma+\mathrm{i}\infty}\overline{f}(p)\mathrm{e}^{pt}\mathrm{d}p=2\pi\mathrm{i}\sum\mathrm{Res}[\overline{f}(p_{0i})\mathrm{e}^{p_{0i}t}] \tag{7.3.3}$$

其中 p_{0i} 是函数 $f(p)\mathrm{e}^{pt}$ 在直线 $\mathrm{Re}p=\sigma$ 左侧的奇点，所以得

$$f(t)=\sum_{i=1}^{n}\mathrm{Res}[\overline{f}(p_{0i})\mathrm{e}^{p_{0i}t}] \tag{7.3.4}$$

式(7.3.4)中的求和为 $\overline{f}(p)$ 在直线 $\mathrm{Re}p=\sigma$ 左半平面上的所有奇点进行。因为 $\overline{f}(p)$ 在右半平面是解析函数，没有奇点，则式(7.3.4)的求和也可以看作在整个 ρ 平面上的所有奇点进行。

从式(7.3.4)可以看出，求 $f(t)$ 需要寻找函数 $\overline{f}(p)\mathrm{e}^{pt}$ 在复平面上的奇点，并计算其奇点的留数，求解过程并不简单，特别是当 $\overline{f}(p)$ 是多值函数或奇点留数难求时，求解过程比较复杂。

有没有一些简单的方法？一方面7.2节得到了一些初等函数的象函数，同时介绍了拉普拉斯变换的性质，这样就可以借助于这些结果进行拉普拉斯变换的反演。下面通过例题进行拉普拉斯变换反演的演示，介绍**有理分式**的反演法、查表法、Mathematica命令法。

7.3.2　有理分式的反演法

例1　求 $\overline{f}(p)=\dfrac{p^3+2p^2-9p+36}{p^4-81}$ 的原函数。

解　将有理分式分解成多项分式：

$$f(p)=\frac{p^2+2p^2-9p+36}{(p-3)(p+3)(p^2+9)}=\frac{a}{p-3}+\frac{b}{p+3}+\frac{cp+d}{p^2+9} \tag{7.3.5}$$

其中 a，b，c，d 满足方程：

$$a(p+3)(p^2+9)+b(p-3)(p^2+9)+(cp+d)(p-3)(p+3)$$
$$=p^3+2p^2-9p+36 \tag{7.3.6}$$

展开比较同幂项系数得

$$\begin{cases} a+b+c=1 \\ 3a-3b+d=2 \\ 9a+9b-9c=-9 \\ 27a-27b-9d=36 \end{cases} \tag{7.3.7}$$

求解关于 a，b，c，d 的非齐次线性方程组得

$$a=\frac{1}{2},\ b=-\frac{1}{2},\ c=1,\ d=-1 \text{①} \tag{7.3.8}$$

所以

$$\begin{aligned} f(p) &= \frac{1}{2}\frac{1}{p-3}-\frac{1}{2}\frac{1}{p+3}+\frac{p}{p^2+9}-\frac{1}{p^2+9} \\ &= \frac{1}{2}\frac{1}{p-3}-\frac{1}{2}\frac{1}{p+3}+\frac{p}{p^2+9}-\frac{1}{3}\frac{3}{p^2+9} \end{aligned} \tag{7.3.9}$$

因此

$$f(t)=\frac{1}{2}e^{3t}-\frac{1}{2}e^{-3t}+\cos 3t-\frac{1}{3}\sin 3t \tag{7.3.10}$$

综上所述，将有理分式分解成分项分式 $\frac{a}{p-b}$ 或 $\frac{a}{p^2+b^2}$（a，b 为常数）的形式，然后利用拉普拉斯变换的基本公式分别反演。

反演具有很大的作用，有很多数学家进行了各种象函数的反演研究。许多函数的拉普拉斯变换函数都制成了表格，从表上直接查找很方便。特别是比较完备的拉普拉斯变换函数手册中，对于一般常见的函数，都能查出其原函数。不能直接查表的，可以运用拉普拉斯变换的各种性质进行反演。

7.3.3 查表法

例 2 求解 $\frac{e^{-\tau p}}{\sqrt{p}}$ 的原函数。

解 先看 $\frac{1}{\sqrt{p}}$ 的查表值：$\frac{1}{\sqrt{p}} \doteq \frac{1}{\sqrt{\pi t}}$，$e^{-\tau p}$ 是延迟因子，所以根据延迟定理可得

$$\frac{e^{-\tau p}}{\sqrt{p}} \doteq \frac{1}{\sqrt{\pi(t-\tau)}} \tag{7.3.11}$$

---

① 运用 Mathematica 软件一键求解，过程如下：在 Mathematica 记事本中输入 Solve 命令，按“Shift+Enter”键，

ln[1]=Solve[{a+b+c=1, 3a−3b+d=2, a+b−c=−1, 27a−27b−9d=36}, {a, b, c, d}]
（Solve 下注：解方程）

Out[1]= $\left\{\left\{a\to\frac{1}{2},\ b\to-\frac{1}{2},\ c\to 1,\ d\to -1\right\}\right\}$

例 3　求$\dfrac{\omega}{(p+\lambda)^2+\omega^2}$和$\dfrac{p+\lambda}{(p+\lambda)^2+\omega^2}$的原函数。

解　从本章末的拉普拉斯变换表查得

$$\frac{\omega}{p^2+\omega^2} \doteq \sin\omega t,\quad \frac{p}{p^2+\omega^2} \doteq \cos\omega t \tag{7.3.12}$$

再利用位移定理得

$$\frac{\omega}{(p+\lambda)^2+\omega^2} \doteq \mathrm{e}^{-\lambda t}\sin\omega t,\quad \frac{p+\lambda}{(p+\lambda)^2+\omega^2} \doteq \mathrm{e}^{-\lambda t}\cos\omega t \tag{7.3.13}$$

例 4　求$\dfrac{\mathrm{e}^{-ap}}{p(p+b)}$的原函数。

解　根据 7.2 节的例 1，$\dfrac{1}{p} \doteq \mathrm{H}(t)$，应用延迟定理得

$$\frac{\mathrm{e}^{-ap}}{p} \doteq \mathrm{H}(t-a),\quad \frac{1}{p+b} \doteq \mathrm{e}^{-bt}\ (t \geqslant 0) \tag{7.3.14}$$

象函数可以看作$\dfrac{\mathrm{e}^{-ap}}{p}$与$\dfrac{1}{p+b}$的乘积，应用卷积定理得

$$\frac{\mathrm{e}^{-ap}}{p(p+b)} \doteq \int_a^t \mathrm{H}(\tau-a)\mathrm{e}^{-b(t-\tau)}\,\mathrm{d}\tau \tag{7.3.15}$$

经积分得

$$\frac{\mathrm{e}^{-ap}}{p(p+b)} \doteq \frac{1}{b}\left[1-\mathrm{e}^{-b(t-a)}\right]\mathrm{H}(t-a) \tag{7.3.16}$$

得益于计算机技术的发展，最简单的反演法可借助于数学软件 Mathematica 完成。

7.3.4　Mathematica 软件应用

例 5　求$\bar{y}(p)=\dfrac{a\omega}{(R+1/(pc))(p^2+\omega^2)}$的原函数。

解　在 Mathematica 记事本中输入如下内容(如图 7.3-2 所示)：

$$\mathrm{InverseLaplaceTransform}\left[\frac{a\omega}{(R+1/(pc))(p^2+\omega^2)},\ p,\ t\right],$$

然后按“Shift+Enter”键。(注意两个变量相乘之间需加空格)

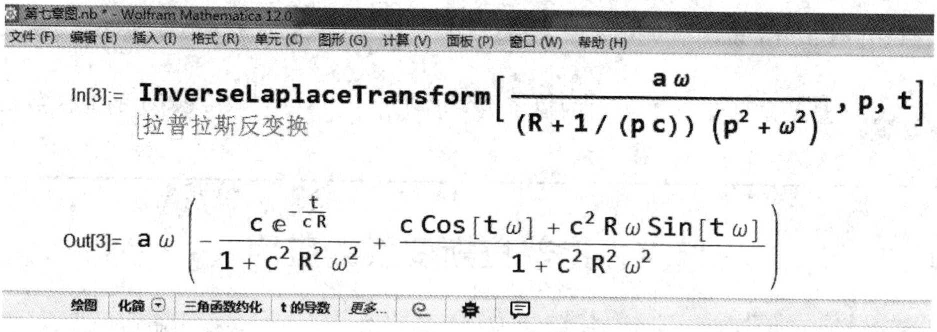

图 7.3-2　例 5 输入内容

例 6　求 $\bar{y}(p)=A\dfrac{\omega}{(p^2+\omega^2)}\dfrac{1}{(p^2+\pi^2a^2/L^2)}$的原函数。

解　在 Mathematica 记事本中输入如下内容(如图 7.3-3 所示):

$$\text{InverseLaplaceTransform}[A\frac{\omega}{(p^2+\omega^2)}\frac{1}{(\rho^2+\pi^2a^2/L^2)},\ p,\ t],$$

然后按“Shift+Enter”键。(注意两个变量相乘之间需加空格。)

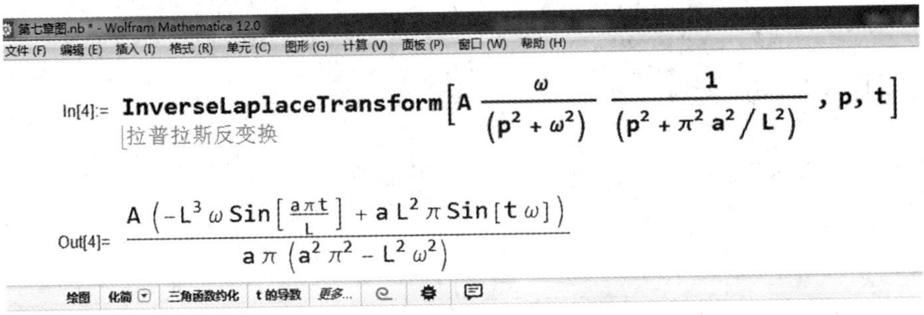

第七章图.nb * - Wolfram Mathematica 12.0

文件(F) 编辑(E) 插入(I) 格式(R) 单元(C) 图形(G) 计算(V) 面板(P) 窗口(W) 帮助(H)

In[4]:= $\text{InverseLaplaceTransform}\left[A\dfrac{\omega}{(p^2+\omega^2)}\dfrac{1}{(p^2+\pi^2a^2/L^2)},p,t\right]$

拉普拉斯反变换

Out[4]= $\dfrac{A\left(-L^3\omega\,\text{Sin}\left[\frac{a\pi t}{L}\right]+a L^2\pi\,\text{Sin}[t\,\omega]\right)}{a\pi\left(a^2\pi^2-L^2\omega^2\right)}$

绘图　化简　三角函数约化　t 的导数　更多...

图 7.3-3　例 6 输入内容

练习 7.3

1. 运用有理分式函数的反演法求下列象函数的原函数。

(1) $\bar{y}(p)=\dfrac{6}{(p+1)^4}$　　(2) $\bar{y}(p)=\dfrac{6}{p^2+1}3p$

(3) $\bar{y}(p)=\dfrac{1}{p-2}$　　(4) $\bar{y}(p)=\dfrac{3}{p-2}$

(5) $\bar{y}(p)=\dfrac{2}{(p-1)^5}$

2. 试利用 Mathematica 命令,求 $\bar{j}(p)=\dfrac{E}{Lp^2+Rp+1/C}$的原函数。

3. 试利用 Mathematica 命令,求 $\bar{N}(p)=\dfrac{N_0C_1C_2C_3}{p(p+C_1)(p+C_2)(p+C_3)}$的原函数。

4. 试利用 Mathematica 命令,求 $\bar{y}(p)=\lambda\mu\dfrac{p}{(p+C)^4}$的原函数。

5. $\bar{g}(p)$ 是某个已知函数 $g(t)$的象函数,求 $\bar{T}(p)=\dfrac{1}{p^2+\omega^2a^2}\bar{g}(p)$ 的原函数。

7.4　拉普拉斯变换的应用

观察拉普拉斯变换的性质,对原函数进行导数、积分运算,通过拉普拉斯变换后,象函数运算变成了乘法、除法,也就是说导数、积分运算变成了代数运算。代数运算比起导数、积分运算相对简单,可以借用拉普拉斯变换求解微分方程,通过拉普拉斯变换将原函数满足的微分方程变为象函数的代数方程，求解象函数的代数方程后反演到原函数即是原函数微分方程的解。

7.4.1　拉普拉斯变换解方程的思路

拉普拉斯变换解方程的思路如图 7.4－1 所示。

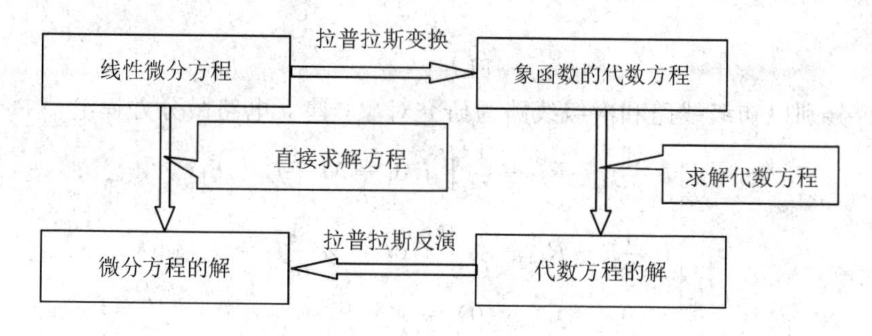

图 7.4－1　拉普拉斯变换解方程思路图

7.4.2　求解微分方程

下面通过两个实例说明拉普拉斯变换求解微分方程的步骤。

例 1　求解交流电 RL 电路的方程：

$$\begin{cases} L\dfrac{\mathrm{d}}{\mathrm{d}t}j(t)+Rj(t)=E_0\sin\omega t \\ j(0)=0 \end{cases} \tag{7.4.1}$$

解　(1) 对方程进行拉普拉斯变换：

$$Lp\bar{j}(p)+R\bar{j}(p)=E_0\frac{\omega}{p^2+\omega^2} \tag{7.4.2}$$

变换过程已经用到了初始条件。

(2) 解上述代数方程得

$$\bar{j}(p)=\frac{E_0}{Lp+R}\frac{\omega}{p^2+\omega^2}=\frac{E_0}{L}\frac{1}{p+R/L}\frac{\omega}{p^2+\omega^2} \tag{7.4.3}$$

(3) 反演：应用 7.3 节的结果得

$$\frac{\omega}{p^2+\omega^2}\doteq\sin\omega t,\quad \frac{1}{p+R/L}\doteq \mathrm{e}^{-(R/L)t} \tag{7.4.4}$$

(4) 运用卷积定理得

$$j(t)=\frac{E_0}{L}\int_0^t \mathrm{e}^{-(R/L)(t-\tau)}\sin\omega\tau\,\mathrm{d}\tau \tag{7.4.5}$$

(5) 积分得

$$j(t)=\frac{E_0}{R^2+L^2\omega^2}(R\sin\omega t-\omega L\cos\omega t)+\frac{E_0\omega L}{R^2+L^2\omega^2}\mathrm{e}^{-(R/L)t} \tag{7.4.6}$$

例 2　如图 7.4－2 所示，两个线圈具有相同的 R，L，C，两个线圈之间的互感系数为 M。初级线路上有直流电源，其电压为 E_0。今接通初级线路中的开关 S，问次级电路中的电流 j_2 的变化情况如何？

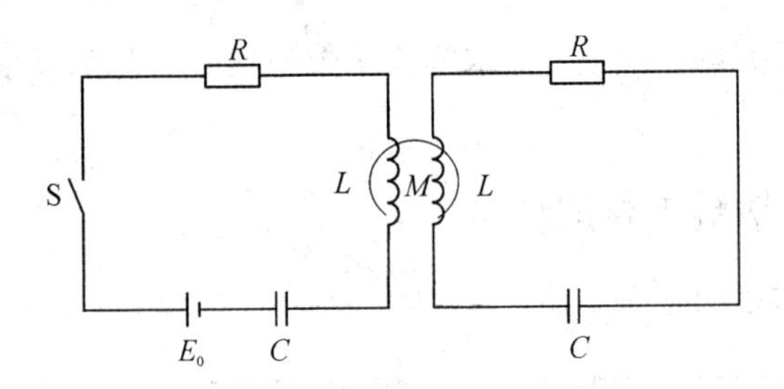

图 7.4-2

解　(1)分别以初级线路和次级线路为研究对象，建立电路微分方程组：

$$\begin{cases} L\dfrac{\mathrm{d}}{\mathrm{d}t}j_1+Rj_1+\dfrac{1}{C}\displaystyle\int_0^t j_1\mathrm{d}t+M\dfrac{\mathrm{d}}{\mathrm{d}t}j_2=E_0 \\ L\dfrac{\mathrm{d}}{\mathrm{d}t}j_2+Rj_2+\dfrac{1}{C}\displaystyle\int_0^t j_2\mathrm{d}t+M\dfrac{\mathrm{d}}{\mathrm{d}t}j_1=0 \\ j_1(0)=0,\ j_2(0)=0 \end{cases} \tag{7.4.7}$$

$j_1(0)=0$，$j_2(0)=0$ 是初始条件。

(2) 对微分方程组进行拉普拉斯变换：

$$\begin{cases} \left(Lp+R+\dfrac{1}{Cp}\right)\bar{j}_1(p)+Mp\bar{j}_2(p)=\dfrac{E_0}{p} \\ \left(Lp+R+\dfrac{1}{Cp}\right)\bar{j}_2(p)+Mp\bar{j}_1(p)=0 \end{cases} \tag{7.4.8}$$

变换过程已经运用了初始条件。

(3) 求解线性方程组得

$$\bar{j}_2(p)=\frac{E_0Mp^2}{M^2p^2-\left(Lp^2+Rp+\dfrac{1}{C}\right)^2} \tag{7.4.9}$$

(4) 分母分解因式后得

$$\bar{j}_2(p)=\frac{E_0}{2}\left[\frac{1}{(L+M)p^2+Rp+\dfrac{1}{C}}-\frac{1}{(L-M)p^2+Rp+\dfrac{1}{C}}\right] \tag{7.4.10}$$

(5) 进行反演得

$$j_2(t)=C_1\mathrm{e}^{-\lambda_1 t}\sin\omega_1 t+C_2\mathrm{e}^{-\lambda_2 t}\sin\omega_2 t \tag{7.4.11}$$

其中

$$\lambda_1=\frac{R}{2(L+M)},\ \lambda_2=\frac{R}{2(L-M)}$$

$$\omega_1=\sqrt{\frac{1}{C(L+M)}-\frac{R^2}{4(L+M)^2}},\ \omega_2=\sqrt{\frac{1}{C(L-M)}-\frac{R^2}{4(L-M)^2}}$$

$$C_1=\frac{E_0}{2(L+M)\omega_1},\ C_2=\frac{-E_0}{2(L-M)\omega_2}$$

(6) 讨论：可以看出，随着时间的推移，次级电路中的电流呈振荡式衰减，衰减速度和振荡频率都与电路的互感和自感系数有关。

练习 7.4

1. 求解下列常微分方程。

(1) $\dfrac{d^3 y}{dt^3}+3\dfrac{d^2 y}{dt^2}+3\dfrac{dy}{dt}+y=6e^{-t}$，$y(0)=y'(0)=y''(0)=0$。

(2) $\dfrac{d^2 y}{dt^2}+9y=30\cosh t$，$y(0)=3$，$y'(0)=0$。

(3) $\dfrac{d^2 T}{dt^2}+\dfrac{\pi^2 a^2}{l^2}T=3A\sin\omega t$，$T(0)=0$，$T'(0)=0$。

(4) $\dfrac{dT}{dt}+\pi^2 a^2 T=g(t)$，$T(0)=0$，$g(t)$ 是某个已知函数。

(5) $\dfrac{d^2 y}{dt^2}-2\dfrac{dy}{dt}+y=t^2 e^t$，$y(0)=y'(0)=0$。

(6) $\begin{cases}\dfrac{dy}{dt}+2y+2z=10e^{2t}\\ \dfrac{dz}{dt}-2y+z=7e^{2t}\\ y(0)=0,\ z(0)=0\end{cases}$。

2. 电压为 E 的直流电源通过电感 L 和电阻 R 对电容 C 充电，求解充电电流 j 的变化情况。

3. 设地面有一震动，其速度 $v=H(t)$，地震仪中的感生电流 $j(t)$ 遵循如下规律：

$$\frac{dj}{dt}+2cj+c^2\int_0^t j\,dt=\lambda\frac{dv}{dt}$$

此电流通过检流计时使检流计发生偏转，偏转 y 遵守如下规律：

$$\frac{d^2 y}{dt^2}+2c\frac{dy}{dt}+c^2 y=\mu j$$

求偏转 $y(t)$ 的变化情况。

4. 埃米尔特方程 $\dfrac{d^2 y}{dt^2}-2t\dfrac{dy}{dt}+\lambda y=0$ 里的 λ 应取怎样的数值才有可能使方程的解为多项式？

5. 拉盖尔方程 $t\dfrac{d^2 y}{dt^2}+(1+t)\dfrac{dy}{dt}+\lambda y=0$ 里的 λ 应取怎样的数值才有可能使方程的解为多项式？

6. 用拉普拉斯变换法求解下列积分，其中 $t\geqslant 0$。

(1) $l(t)=\displaystyle\int_0^\infty \frac{\cos tx}{x^2+a^2}dx$　　(2) $l(t)=\displaystyle\int_0^\infty \frac{\sin tx}{x}dx$

(3) $l(t)=\displaystyle\int_0^\infty \frac{\sin tx}{x(x^2+1)}dx$　　(4) $l(t)=\displaystyle\int_0^\infty \frac{\sin^2 tx}{x^2}dx$

附录　拉普拉斯变换函数表

序号	原函数 $f(t)$	象函数 $F(p)$
1	$\mathrm{H}(t)$	$\dfrac{1}{p}$
2	t^n（n 为整数）	$\dfrac{n!}{p^{n+1}}$
3	$t^a\ (a>-1)$	$\dfrac{\Gamma(a+1)}{p^{a+1}}$
4	$\mathrm{e}^{\lambda t}$	$\dfrac{1}{p-\lambda}$
5	$\sin\omega t$	$\dfrac{\omega}{p^2+\omega^2}$
6	$\cos\omega t$	$\dfrac{p}{p^2+\omega^2}$
7	$\sinh\omega t$	$\dfrac{\omega}{p^2-\omega^2}$
8	$\cosh\omega t$	$\dfrac{p}{p^2-\omega^2}$
9	$\mathrm{e}^{-\lambda t}\sin\omega t$	$\dfrac{\omega}{(p+\lambda)^2+\omega^2}$
10	$\mathrm{e}^{-\lambda t}\cos\omega t$	$\dfrac{p+\lambda}{(p+\lambda)^2+\omega^2}$
11	$\mathrm{e}^{-\lambda t}t^a$	$\dfrac{\Gamma(a+1)}{(p+\lambda)^{a+1}}$
12	$\dfrac{1}{\sqrt{\pi t}}$	$\dfrac{1}{\sqrt{p}}$
13	$\dfrac{1}{\sqrt{\pi t}}\mathrm{e}^{-a^2/(4t)}$	$\dfrac{1}{\sqrt{p}}\mathrm{e}^{-a\sqrt{p}}$
14	$\dfrac{1}{\sqrt{\pi t}}\mathrm{e}^{-2a\sqrt{t}}$	$\dfrac{1}{\sqrt{p}}\mathrm{e}^{a^2/p^2}\mathrm{erfc}\left(\dfrac{a}{\sqrt{p}}\right)$
15	$\dfrac{1}{\sqrt{\pi a}}\sin 2\sqrt{at}$	$\dfrac{1}{p\sqrt{p}}\mathrm{e}^{-a/p}$
16	$\dfrac{1}{\sqrt{\pi a}}\cos 2\sqrt{at}$	$\dfrac{1}{\sqrt{p}}\mathrm{e}^{-a/p}$
17	$\mathrm{erf}\sqrt{at}=\dfrac{2}{\sqrt{\pi}}\int_0^{\sqrt{at}}\mathrm{e}^{-y^2}\mathrm{d}y$	$\dfrac{\sqrt{a}}{p\sqrt{p+a}}$

续表一

序号	原函数 $f(t)$	象函数 $F(p)$
18	$\mathrm{erfc}\left(\dfrac{a}{2\sqrt{t}}\right)=1-\dfrac{2}{\sqrt{\pi}}\int_0^{\frac{a}{2\sqrt{t}}}\mathrm{e}^{-y^2}\,\mathrm{d}y$	$\dfrac{1}{p}\mathrm{e}^{-a\sqrt{p}}$
19	$\mathrm{e}^t\,\mathrm{erfc}(\sqrt{t})$	$\dfrac{1}{p+\sqrt{p}}$
20	$\dfrac{1}{\sqrt{\pi t}}-\mathrm{e}^t\,\mathrm{erfc}(\sqrt{t})$	$\dfrac{1}{1+\sqrt{p}}$
21	$\dfrac{1}{\sqrt{\pi t}}\mathrm{e}^{-at}+\sqrt{a}\,\mathrm{erf}(\sqrt{at})$	$\dfrac{\sqrt{p+1}}{p}$
22	$\mathrm{J}_0(t)$	$\dfrac{1}{\sqrt{p^2+1}}$
23	$\mathrm{J}_n(t)$	$\dfrac{(\sqrt{p^2+1}-p)^n}{\sqrt{p^2+1}}$
24	$\dfrac{\mathrm{J}_n(at)}{t}$	$\dfrac{1}{na^n}(\sqrt{p^2+a^2}-p)^n$
25	$\mathrm{e}^{-at}\,\mathrm{I}_0(bt)$	$\sum\limits_{n=-\infty}^{\infty}\dfrac{2}{\pi}\left(\dfrac{\omega_0^2}{\omega_0^2-\omega^2}\right)\cos\left(\dfrac{\pi\omega}{2\omega_0}\right)\delta(\omega-2n\omega_0)$
26	$\lambda^n\mathrm{e}^{-\lambda t}\,\mathrm{I}_n(\lambda t)$	$\dfrac{1}{\sqrt{(p+a)^2-b^2}}$
27	$t^n\mathrm{J}_n(t)\ \left(n>-\dfrac{1}{2}\right)$	$\dfrac{\left[\sqrt{p^2+2\lambda p}-(p+\lambda)\right]^n}{\sqrt{p^2+2\lambda p}}$
28	$\mathrm{J}_0(2\sqrt{t})$	$\dfrac{2}{p}\mathrm{e}^{-1/p}$
29	$t^{\frac{n}{2}}\mathrm{J}_n(2\sqrt{t})$	$\dfrac{1}{p^{n+1}}\mathrm{e}^{-1/p}$
30	$\mathrm{J}_0(a\sqrt{t^2-\tau^2})\mathrm{H}(t-\tau)$	$\dfrac{1}{\sqrt{p^2+a^2}}\mathrm{e}^{-\tau\sqrt{p^2+a^2}}$
31	$\dfrac{\mathrm{J}_1(a\sqrt{t^2-\tau^2})}{\sqrt{t^2-\tau^2}}\mathrm{H}(t-\tau)$	$\dfrac{\mathrm{e}^{-\tau p}-\mathrm{e}^{-\tau\sqrt{p^2+a^2}}}{a\tau}$
32	$\int_t^{\infty}\dfrac{\mathrm{J}_0(t)}{t}\mathrm{d}t$	$\dfrac{1}{p}\ln(p+\sqrt{p^2+1})$
33	$\dfrac{\mathrm{e}^{bt}-\mathrm{e}^{at}}{t}$	$\ln\dfrac{p-a}{p-b}$

续表二

序号	原函数 $f(t)$	象函数 $F(p)$
34	$\frac{1}{\sqrt{\pi t}}\sin\frac{1}{2t}$	$\frac{1}{\sqrt{p}}\mathrm{e}^{-\sqrt{p}}\sin\sqrt{p}$
35	$\frac{1}{\sqrt{\pi t}}\cos\frac{1}{2t}$	$\frac{1}{\sqrt{p}}\mathrm{e}^{-\sqrt{p}}\cos\sqrt{p}$
36	$\mathrm{si}t=-\int_t^{\infty}\frac{\sin\tau}{\tau}\mathrm{d}\tau$	$\frac{\pi}{2p}-\frac{\arctan p}{p}$
37	$\mathrm{ci}t=-\int_t^{\infty}\frac{\cos\tau}{\tau}\mathrm{d}\tau$	$\frac{1}{p}\ln\frac{1}{\sqrt{p^2+1}}$
38	$S(t)=\sqrt{\frac{2}{\pi}}\int_0^t\sin\tau^2\mathrm{d}\tau$	$\frac{1}{2p^{\mathrm{i}}\sqrt{2}}\frac{\sqrt{p+\mathrm{i}}-\sqrt{p-\mathrm{i}}}{\sqrt{p^2+1}}$
39	$C(t)=\sqrt{\frac{2}{\pi}}\int_0^t\cos\tau^2\mathrm{d}\tau$	$\frac{1}{2p\sqrt{2}}\frac{\sqrt{p+\mathrm{i}}-\sqrt{p-\mathrm{i}}}{\sqrt{p^2+1}}$
40	$-\mathrm{ei}(-t)=\int_t^{\infty}\frac{\mathrm{e}^{-\tau}}{\tau}\mathrm{d}\tau$	$\frac{1}{p}\ln(1+p)$

第 8 章　Delta 函数

物理上的理想模型如*质点*、*点电荷*等，当描述质点的*密度*、点电荷的*电荷密度*时，没有相应的函数可以描述。为此物理学家狄拉克提出了一个特殊的函数：*Delta 函数*，记为 $\delta(x)$。它在物理学中特别重要。

8.1　δ 函数的定义

质点的线密度：质量 m 均匀分布在长为 l 的线段上，则其线密度 $\rho_l(x)$ 可表示为

$$\rho_l(x)=\begin{cases}0 & \left(|x|>\dfrac{l}{2}\right)\\ \dfrac{m}{l} & \left(|x|\leqslant\dfrac{l}{2}\right)\end{cases}$$

即

$$\rho_l(x)=\frac{m}{l}\mathrm{rect}\left(\frac{x}{l}\right) \tag{8.1.1}$$

将 $\rho_l(x)$ 对 x 积分，则可得到总质量：

$$\int_{-\infty}^{\infty}\rho_l(x)\mathrm{d}x=\int_{-l/2}^{l/2}\frac{m}{l}\mathrm{d}x=m \tag{8.1.2}$$

当线段长度 $l\to 0$ 时，可得到位于坐标原点质量为 m 的质点，以上线密度函数就称为*质点的线密度函数*，记为 $\rho(x)$，则

$$\lim_{l\to 0}\int_{-\infty}^{\infty}\rho_l(x)\mathrm{d}x=\int_{-\infty}^{\infty}\rho(x)\mathrm{d}x=m \tag{8.1.3}$$

若不求积分而先取极限，则有

$$\rho(x)=\lim_{l\to 0}\rho_l(x)=\lim_{l\to 0}\frac{m}{l}\mathrm{rect}\left(\frac{x}{l}\right)=\begin{cases}0 & (x\neq 0)\\ \infty & (x=0)\end{cases} \tag{8.1.4}$$

由此可以看出*质点线密度函数*的直观图像，它在 $x=0$ 处为 ∞，在 $x\neq 0$ 处为零。另外，它的积分值为 m。

引入 δ 函数：物理学中为了描述*质点*的*密度*、*点电荷*的*电荷密度*等这类集中于某一点或某一瞬时的抽象模型的强度量，引入了 δ 函数：

$$\delta(x)=\begin{cases}0 & (x\neq 0)\\ \infty & (x=0)\end{cases} \tag{8.1.5}$$

$$\int_a^b\delta(x)\mathrm{d}x=\begin{cases}0 & (a,\ b\ \text{都小于}\ 0，\text{或都大于}\ 0)\\ 1 & (a<0<b)\end{cases} \tag{8.1.6}$$

δ 函数的确切意义应在积分运算下理解。从式(8.1.6)可以看出，$\delta(x)$ 具有量纲

$[\delta(x)]=1/[x]$，将自变量 x 平移 x_0 得 $\delta(x-x_0)$。图 8.1-1 是 $\delta(x-x_0)$ 的示意图，曲线的“峰”无限高，但“宽度”无限窄，曲线下的面积是有限值 1。

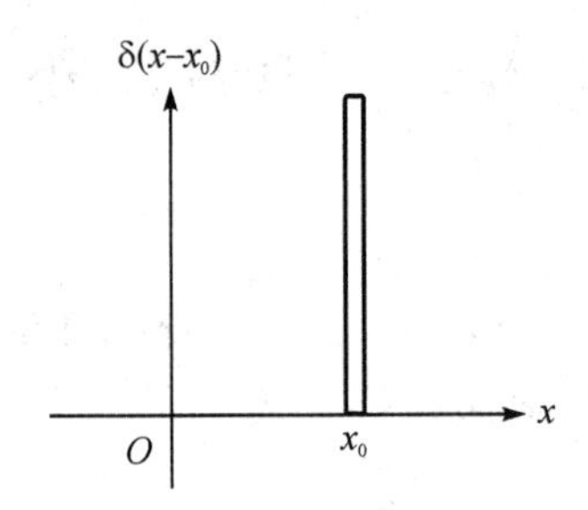

图 8.1-1　δ 函数图像

引入 δ 函数后，质点线密度函数和**点电荷线密度函数**可表示为

$$\rho(x)=m\delta(x) \tag{8.1.7}$$

$$\rho(x)=q\delta(x) \tag{8.1.8}$$

其中 m，q 是质点（点电荷）的质量（电荷量）。

8.2　δ 函数的性质

8.2.1　奇偶性

$\delta(x)$ 是偶函数，它的导数是奇函数，即

$$\delta(-x)=\delta(x) \tag{8.2.1}$$

$$\delta'(-x)=-\delta'(x) \tag{8.2.2}$$

8.2.2　阶跃函数可表示为 δ 函数的积分

亥维赛单位函数可表示为 $\delta(x)$ 的积分：

$$\mathrm{H}(x)=\int_{-\infty}^{x}\delta(t)\,\mathrm{d}t \tag{8.2.3}$$

从而 $\mathrm{H}(x)$ 是 $\delta(x)$ 的原函数，而 $\delta(x)$ 是 $\mathrm{H}(x)$ 的导数，即

$$\delta(x)=\frac{\mathrm{dH}(x)}{\mathrm{d}x} \tag{8.2.4}$$

8.2.3　挑选性

对于任何一个定义在 $(-\infty,\infty)$ 上的连续函数 $f(t)$，满足：

$$\int_{-\infty}^{\infty}f(\tau)\delta(\tau-t_0)\,\mathrm{d}\tau=f(t_0) \tag{8.2.5}$$

称为 **δ 函数的挑选性**，因为它把函数 $f(t)$ 在点 $t=t_0$ 的值 $f(t_0)$ 挑选了出来。

证明　对于任何 $\varepsilon>0$，有

$$\int_{-\infty}^{\infty}f(\tau)\delta(\tau-t_0)\,\mathrm{d}\tau=\int_{-\infty}^{t_0-\varepsilon}f(\tau)\delta(\tau-t_0)\,\mathrm{d}\tau+$$

$$\int_{t_0-\varepsilon}^{t_0+\varepsilon} f(\tau)\delta(\tau-t_0)\mathrm{d}\tau+\int_{t_0+\varepsilon}^{\infty} f(\tau)\delta(\tau-t_0)\mathrm{d}\tau \tag{8.2.6}$$

根据 $\delta(x)$ 的定义，式(8.2.6)等号右边的第一、第三项为零，而

$$\int_{t_0-\varepsilon}^{t_0+\varepsilon} f(\tau)\delta(\tau-t_0)\mathrm{d}\tau=f(\xi)\int_{t_0-\varepsilon}^{t_0+\varepsilon}\delta(\tau-t_0)\mathrm{d}\tau=f(\xi) \tag{8.2.7}$$

其中 ξ 为区间 $(t_0-\varepsilon,\ t_0+\varepsilon)$ 上的某个数值，其中用到了积分中值定理。令 $\varepsilon\to 0$，即证明了式(8.2.5)。

8.2.4　连续分布函数与 δ 函数

连续分布的质量、电荷、作用力的 δ 函数表示如下：

$$f(t)=\sum_{\tau} f(\tau)\delta(t-\tau)\Delta\tau=\int_a^b f(\tau)\delta(t-\tau)\mathrm{d}\tau \tag{8.2.8}$$

这个性质很重要，可以将连续的物理量变为离散的物理量之和。如图 8.2-1 所示，连续力 $f(t)$ 的作用可看作离散力 $f(\tau)\delta(t-\tau)\Delta\tau$ 的作用，表示将 $f(t)$ 在 $[\tau,\ \tau+\Delta\tau]$ 时段的作用等价为只在 τ 时刻作用，在 $(\tau,\ \tau+\Delta\tau)$ 时段 $f(t)=0$，从而实现连续力的离散化。

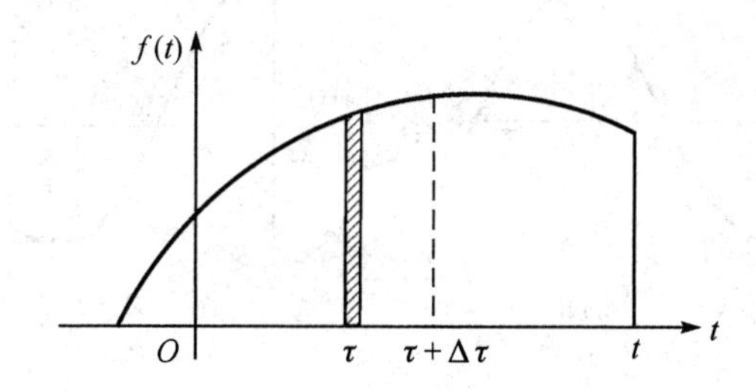

图 8.2-1　连续力的离散化

8.2.5　δ 函数与方程的根

若 $\varphi(x)=0$ 的实根 $x_k(k=1,2,\cdots)$ 全是单根，如图 8.2-2 所示，则

$$\delta[\varphi(x)]=\sum_k \frac{\delta(x-x_k)}{|\varphi'(x_k)|} \tag{8.2.9}$$

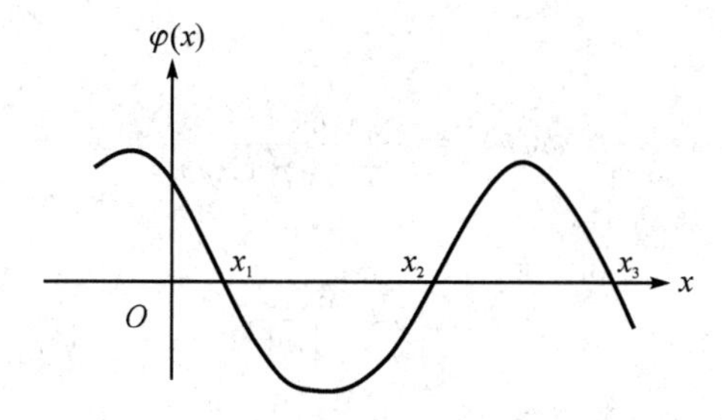

图 8.2-2　$\varphi(x)=0$ 的根

证明　按定义有

$$\delta[\varphi(x)]=\begin{cases}0 & (\varphi(x)\neq 0)\\ \infty & (\varphi(x)=0)\end{cases} \tag{8.2.10}$$

x_k 全是单根，有

$$\delta[\varphi(x)] = \sum_k C_k \delta(x - x_k) \tag{8.2.11}$$

现在确定 C_k，在第 n 个根附近满足闭区间 $[x_n-\varepsilon,\ x_n+\varepsilon]$ 上没有其他根：

$$\int_{x_n-\varepsilon}^{x_n+\varepsilon} \delta[\varphi(x)]\mathrm{d}x = \sum_k C_k \int_{x_n-\varepsilon}^{x_n+\varepsilon} \delta(x - x_k)\mathrm{d}x \tag{8.2.12}$$

式(8.2.12)等号左边积分得

$$\int_{x_n-\varepsilon}^{x_n+\varepsilon} \delta[\varphi(x)]\mathrm{d}x = \int_{\varphi(x_n-\varepsilon)}^{\varphi(x_n+\varepsilon)} \delta[\varphi(x)]\frac{\mathrm{d}x}{\mathrm{d}\varphi}\mathrm{d}\varphi = \int_{\varphi(x_n-\varepsilon)}^{\varphi(x_n+\varepsilon)} \delta[\varphi(x)]\frac{1}{\varphi'(x)}\mathrm{d}\varphi \tag{8.2.13}$$

式(8.2.13)积分中利用了 $\delta(x)$ 函数的挑选性质，若 $\varphi'(x_n) > 0$，如图 8.2－3 所示，则积分值为 $1/\varphi'(x_n)$；若 $\varphi'(x_n) < 0$，如图 8.2－4 所示，则积分值为 $-1/\varphi'(x_n)$（产生负值的原因是 $\varphi(x_n+\varepsilon) < \varphi(x_n-\varepsilon)$），所以

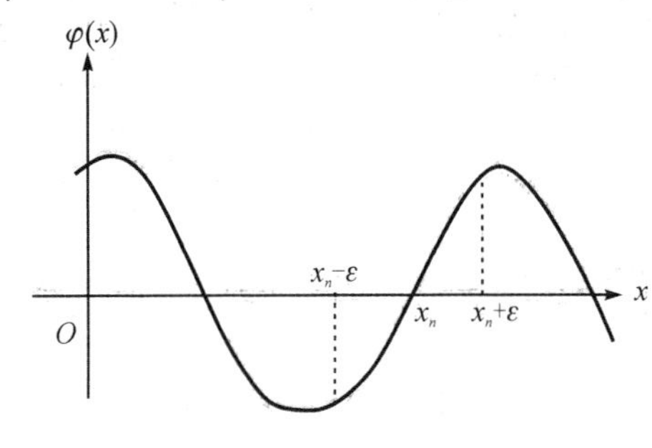

图 8.2－3　$\varphi'(x) > 0$ 的根

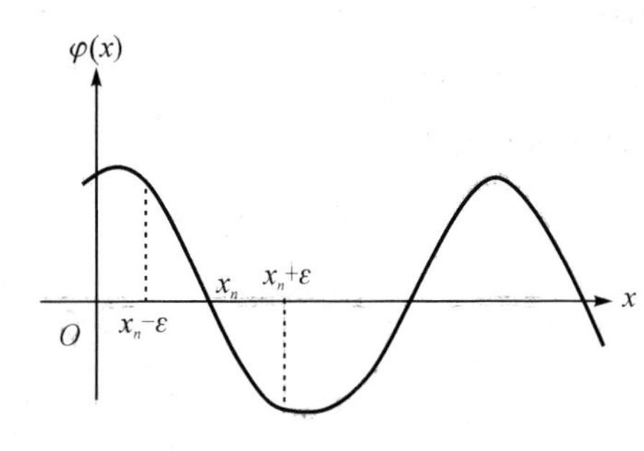

图 8.2－4　$\varphi'(x) < 0$ 的根

$$\int_{x_n-\varepsilon}^{x_n+\varepsilon} \delta[\varphi(x)]\mathrm{d}x = \frac{1}{|\varphi'(x)|} \tag{8.2.14}$$

式(8.2.12)等号右边积分得

$$\sum_k C_k \int_{x_n-\varepsilon}^{x_n+\varepsilon} \delta(x - x_k)\mathrm{d}x = C_n \tag{8.2.15}$$

所以

$$C_n = \frac{1}{|\varphi'(x_n)|} \tag{8.2.16}$$

即

$$\delta[\varphi(x)] = \sum_k \frac{\delta(x - x_k)}{|\varphi'(x_k)|} \tag{8.2.17}$$

所以

$$\delta(ax) = \frac{\delta(x)}{|a|} \tag{8.2.18}$$

$$\begin{aligned}\delta(x^2 - a^2) &= \frac{\delta(x+a) + \delta(x-a)}{2|a|} \\ &= \frac{\delta(x+a) + \delta(x-a)}{2|x|}\end{aligned} \tag{8.2.19}$$

下一节先研究 δ 函数的傅里叶积分，然后在傅里叶积分的基础上，从广义函数的角度理解 δ 函数。

8.3　δ函数的傅里叶积分

8.3.1　δ函数的傅里叶积分

根据δ函数的定义，δ函数在全空间绝对可积，可表示为傅里叶积分：

$$\delta(x)=\int_{-\infty}^{\infty}C(\omega)\mathrm{e}^{\mathrm{i}\omega x}\,\mathrm{d}\omega \tag{8.3.1}$$

其中

$$C(\omega)=\frac{1}{2\pi}\int_{-\infty}^{\infty}\delta(x)\mathrm{e}^{-\mathrm{i}\omega x}\,\mathrm{d}x=\frac{1}{2\pi}\mathrm{e}^{-\mathrm{i}\omega\cdot 0}=\frac{1}{2\pi} \tag{8.3.2}$$

所以

$$\delta(x)=\frac{1}{2\pi}\int_{-\infty}^{\infty}\mathrm{e}^{\mathrm{i}\omega x}\,\mathrm{d}\omega \tag{8.3.3}$$

练习 8.3.1
1. 将 $\delta(x)$ 展开为实数形式的傅里叶积分。

8.3.2　广义函数与δ函数

由式(8.3.3)有

$$\delta(x)=\frac{1}{2\pi}\lim_{K\to\infty}\int_{-K}^{K}\mathrm{e}^{\mathrm{i}\omega x}\,\mathrm{d}\omega=\lim_{K\to\infty}\frac{1}{\pi}\frac{\mathrm{e}^{\mathrm{i}Kx}-\mathrm{e}^{-\mathrm{i}Kx}}{2\mathrm{i}x}=\lim_{K\to\infty}\frac{1}{\pi}\frac{\sin Kx}{x} \tag{8.3.4}$$

且

$$\begin{aligned}\delta(x)&=\frac{1}{2\pi}\int_{-\infty}^{\infty}\mathrm{e}^{\mathrm{i}\omega x}\,\mathrm{d}\omega\\&=\lim_{\varepsilon\to 0}\frac{1}{2\pi}\left[\int_{-\infty}^{0}\mathrm{e}^{(\varepsilon+\mathrm{i}x)\omega}\,\mathrm{d}\omega+\int_{0}^{\infty}\mathrm{e}^{(-\varepsilon+\mathrm{i}x)\omega}\,\mathrm{d}\omega\right]\\&=\lim_{\varepsilon\to 0}\frac{1}{\pi}\left(\frac{\varepsilon}{\varepsilon^{2}+x^{2}}\right)\end{aligned} \tag{8.3.5}$$

另外，δ函数还可以表示为

$$\delta(x)=\lim_{l\to 0}\frac{1}{l}\mathrm{rect}\left(\frac{x}{l}\right) \tag{8.3.6}$$

式(8.3.6)可以用下面的方法检验：

因为

$$\frac{1}{l}\mathrm{rect}\left(\frac{x}{l}\right)=\begin{cases}\dfrac{1}{l} & \left(|x|\leqslant\dfrac{l}{2}\right)\\ 0 & \left(|x|>\dfrac{l}{2}\right)\end{cases} \tag{8.3.7}$$

取 $l\to 0$ 的极限：

$$\lim_{l\to 0}\frac{1}{l}\mathrm{rect}\left(\frac{x}{l}\right)=\begin{cases}0 & (x\neq 0)\\ \infty & (x=0)\end{cases} \tag{8.3.8}$$

但积分意义上有

$$\lim_{l\to 0}\int_{-\infty}^{\infty}\frac{1}{l}\mathrm{rect}\left(\frac{x}{l}\right)\mathrm{d}x=\lim_{l\to 0}\int_{-\infty}^{\infty}\mathrm{rect}(\xi)\mathrm{d}\xi=1 \tag{8.3.9}$$

符合 δ 函数的定义。

综合起来，δ 函数可以看作以下广义函数：

$$\delta(x)=\lim_{K\to\infty}\frac{1}{\pi}\frac{\sin Kx}{x} \tag{8.3.10}$$

$$\delta(x)=\lim_{\varepsilon\to 0}\frac{1}{\pi}\left(\frac{\varepsilon}{\varepsilon^2+x^2}\right) \tag{8.3.11}$$

$$\delta(x)=\lim_{l\to 0}\frac{1}{l}\mathrm{rect}\left(\frac{x}{l}\right) \tag{8.3.12}$$

例 1 求阶跃函数：

$$\mathrm{H}(x)=\begin{cases}0 & (x<0)\\ 1 & (x>0)\end{cases} \tag{8.3.13}$$

的傅里叶变换。

解 因为 $\int_{-\infty}^{\infty}|\mathrm{H}(x)|\mathrm{d}x=\int_{0}^{\infty}\mathrm{H}(x)\mathrm{d}x$ 发散，所以 $\mathrm{H}(x)$ 不存在傅里叶积分，可将 $\mathrm{H}(x)$ 看作广义函数：

$$\mathrm{H}(x)=\lim_{\beta\to 0^+}\mathrm{H}(x;\beta)=\lim_{\beta\to 0^+}\begin{cases}\mathrm{e}^{-\beta x} & (x>0)\\ 0 & (x<0)\end{cases} \tag{8.3.14}$$

$\mathrm{H}(x;\beta)$ 的傅里叶变换存在，且

$$\mathscr{F}[\mathrm{H}(x;\beta)]=\frac{1}{2\pi}\int_0^{\infty}\mathrm{e}^{-\beta x}\mathrm{e}^{-\mathrm{i}\omega x}\mathrm{d}x=\frac{1}{2\pi}\int_0^{\infty}\mathrm{e}^{-(\beta+\mathrm{i}\omega)x}\mathrm{d}x \tag{8.3.15}$$

经计算得

$$\mathscr{F}[\mathrm{H}(x;\beta)]=\frac{1}{2\pi}\frac{1}{\beta+\mathrm{i}\omega}=\frac{1}{2\pi}\left(\frac{\beta}{\beta^2+\omega^2}-\mathrm{i}\frac{\omega}{\beta^2+\omega^2}\right) \tag{8.3.16}$$

下面以 $\mathscr{F}[\mathrm{H}(x;\beta)]$ 在 $\beta\to 0$ 的极限作为 $\mathrm{H}(x)$ 的傅里叶变换，即

$$\mathscr{F}[\mathrm{H}(x)]=\lim_{\beta\to 0}\mathscr{F}[\mathrm{H}(x;\beta)]=\lim_{\beta\to 0}\frac{1}{2\pi}\left(\frac{\beta}{\beta^2+\omega^2}\right)-\lim_{\beta\to 0}\frac{\mathrm{i}}{2\pi}\left(\frac{\omega}{\beta^2+\omega^2}\right) \tag{8.3.17}$$

因为式(8.3.17)第二个等号右边的第一项满足

$$\begin{cases} \lim\limits_{\beta\to 0}\dfrac{\beta}{\beta^2+\omega^2}=\begin{cases}0 & (\omega\neq 0)\\ \infty & (\omega=0)\end{cases} \quad (\delta\text{ 函数的定义})[1] \\ \lim\limits_{\beta\to 0}\displaystyle\int_{-\infty}^{\infty}\frac{\beta}{\beta^2+\omega^2}\mathrm{d}\omega=\pi \end{cases} \tag{8.3.18}$$

所以

$$\lim_{\beta\to 0}\frac{1}{2\pi}\left(\frac{\beta}{\beta^2+\omega^2}\right)=\frac{1}{2}\delta(\omega) \tag{8.3.19}$$

现在讨论式(8.3.17)第二个等号右边的第二项，由于

$$\begin{cases} \lim\limits_{\beta\to 0}\dfrac{\omega}{\beta^2+\omega^2}=\begin{cases}0 & (\omega=0)[2]\\ \dfrac{1}{\omega} & (\omega\neq 0)\end{cases} \\ \lim\limits_{\beta\to 0}\displaystyle\int_{-\infty}^{\infty}\frac{\omega}{\beta^2+\omega^2}\mathrm{d}\omega=\infty \end{cases} \tag{8.3.20}$$

记

$$\lim_{\beta\to 0}\frac{\omega}{\beta^2+\omega^2}=\mathscr{P}\left(\frac{1}{\omega}\right)=\begin{cases}0 & (\omega=0)\\ \dfrac{1}{\omega} & (\omega\neq 0)\end{cases} \tag{8.3.21}$$

所以

$$\mathscr{F}[\mathrm{H}(x)]=\frac{1}{2}\delta(\omega)-\frac{\mathrm{i}}{2\pi}\mathscr{P}\left(\frac{1}{\omega}\right) \tag{8.3.22}$$

以上讨论的都是一元 δ 函数的情况，多元 δ 函数又怎么定义呢？

8.4 多维δ函数

有时也会遇到多维的 δ 函数，例如，三维空间中质量为 m 的质点，当建立坐标系，坐标原点选择在质点处时，质点的**空间密度分布函数**为 $m\delta(\boldsymbol{r})$，其中

$$\delta(\boldsymbol{r})=\begin{cases}0 & (\boldsymbol{r}\neq\boldsymbol{0})\\ \infty & (\boldsymbol{r}=\boldsymbol{0})\end{cases} \tag{8.4.1}$$

$$\iiint\delta(\boldsymbol{r})\mathrm{d}\boldsymbol{r}=1 \tag{8.4.2}$$

---

① 积分：$\displaystyle\int_{-\infty}^{\infty}\frac{\beta}{\beta^2+\omega^2}\mathrm{d}\omega=\int_{-\infty}^{\infty}\frac{1}{(1+\omega^2/\beta^2)}\mathrm{d}(\omega/\beta)=\int_{-\infty}^{\infty}\frac{1}{1+\tan^2\theta}\mathrm{d}(\tan\theta)=\int_{-\pi/2}^{\pi/2}\frac{\sec^2\theta}{\sec^2\theta}\mathrm{d}\theta=\pi$

② 积分：$\displaystyle\int_{-\infty}^{\infty}\frac{\omega}{\beta^2+\omega^2}\mathrm{d}\omega=\frac{1}{2}\int_{-\infty}^{\infty}\frac{\mathrm{d}\omega^2}{\beta^2+\omega^2}=\frac{1}{2}\int_{-\infty}^{\infty}\frac{\mathrm{d}(\omega^2+\beta^2)}{\beta^2+\omega^2}=\frac{1}{2}\ln(\omega^2+\beta^2)\Big|_{-\infty}^{\infty}=\infty$

在直角坐标系中，这样的三维 δ 函数往往用三个一维 δ 函数的乘积表示

$$\delta(\boldsymbol{r})=\delta(x)\delta(y)\delta(z) \tag{8.4.3}$$

以上斜体加粗符号“ $\boldsymbol{r}$ ”表示空间三维矢量。

例 1 计算 $\frac{1}{r}\delta(r-c)$ 的三重傅里叶变换，这里 r 是球坐标系中的极径，而 c 是正实数。

解 $\frac{1}{r}\delta(r-c)$ 的三重傅里叶变换为

$$\mathscr{F}\left[\frac{1}{r}\delta(r-c)\right]=\frac{1}{(2\pi)^3}\iiint\frac{1}{r}\delta(r-c)\mathrm{e}^{-\mathrm{i}\boldsymbol{k}\cdot\boldsymbol{r}}\mathrm{d}x\mathrm{d}y\mathrm{d}z \tag{8.4.4}$$

利用球坐标计算：引入以 $\boldsymbol{k}$ 的方向为球坐标的极轴方向，则

$$\mathscr{F}\left[\frac{1}{r}\delta(r-c)\right]=\frac{1}{(2\pi)^3}\int_{r=0}^{\infty}\int_{\theta=0}^{\pi}\int_{\varphi=0}^{2\pi}\frac{1}{r}\delta(r-c)\mathrm{e}^{-\mathrm{i}kr\cos\theta}r^2\sin\theta\mathrm{d}r\mathrm{d}\theta\mathrm{d}\varphi \tag{8.4.5}$$

经计算得①

$$\mathscr{F}\left[\frac{1}{r}\delta(r-c)\right]=\frac{1}{(2\pi)^2}\frac{1}{\mathrm{i}k}(\mathrm{e}^{\mathrm{i}kc}-\mathrm{e}^{-\mathrm{i}kc}) \tag{8.4.6}$$

这个积分在第 17 章数学物理方程求解方法——积分变换法中有着重要的应用。

---

① 计算积分：$\frac{1}{(2\pi)^3}\int_{r=0}^{\infty}\int_{\theta=0}^{\pi}\int_{\varphi=0}^{2\pi}\frac{1}{r}\delta(r-c)\mathrm{e}^{-\mathrm{i}kr\cos\theta}r^2\sin\theta\mathrm{d}r\mathrm{d}\theta\mathrm{d}\varphi=\frac{1}{(2\pi)^2}\int_{r=0}^{\infty}\int_{\theta=0}^{\pi}\mathrm{e}^{-\mathrm{i}kr\cos\theta}\mathrm{d}(-\cos\theta)\delta(r-c)r\mathrm{d}r$

$=\frac{1}{(2\pi)^2}\int_{r=0}^{\infty}\delta(r-c)\frac{1}{\mathrm{i}k}(\mathrm{e}^{\mathrm{i}kr}-\mathrm{e}^{-\mathrm{i}kr})\mathrm{d}r=\frac{1}{(2\pi)^2}\int_{r=0}^{\infty}\delta(r-c)\frac{1}{\mathrm{i}k}(\mathrm{e}^{\mathrm{i}kr}-\mathrm{e}^{-\mathrm{i}kr})\mathrm{d}r=\frac{1}{(2\pi)^2}\frac{1}{\mathrm{i}k}(\mathrm{e}^{\mathrm{i}kc}-\mathrm{e}^{-\mathrm{i}kc})$

第二篇　数学物理方程

第9章 定解问题的导出

9.1 定解问题

在力学中：当研究对象可视为*质点模型*时，研究质点的*位置*随时间变化即可掌握质点的运动信息；当研究对象可看成*刚体模型*并做定轴转动时，选择研究*角位移*随时间变化即可获得刚体定轴转动的运动信息。在电学中：研究*电路*时，当将电路中的电流视为*均匀电流分布模型*时，选择研究电路中的*电流*或*电压*即可掌握电路中的情况。在热学中：当*热力学系统*时时刻刻可看成*平衡态模型*时，研究*系统温度*随时间变化即可掌握系统的热力学性质。总之，对于这些理想情况，研究某个*物理量*(位置、角位移、电流或电压、温度等)随时间变化的规律，数学上采用以时间为自变量的常微分方程(*质点动力学方程*、*刚体定轴转动定理*、*电路微分方程*、*热量守恒方程*)来描述物理规律，辅助以系统特定的*初始条件*，即可获得描述系统性质的*物理量*随时间的变化规律的。

随着科学技术和生产实际的需要，将物理系统视为以上*理想模型*不足以研究系统的性质。为了更详细地研究物理系统的性质，需要将物理系统视为较为复杂的*物理模型*。在较为复杂的*物理模型*的研究中，常常需要研究*物理量*在空间的分布及其随时间的演化过程。比如拨琴弦时研究弦各部分的振动，打桩时研究杆各部分的振动；研究某局部空间*电场强度*或*电势*的分布，真空(介质)中*电磁波*的电场强度或*磁感应强度*的变化情况；研究空间中*声场*的*声压*变化情况，*半导体*中*杂质浓度*的变化；等等。总之，在研究空间某个物理量(*电场强度*、*电势*、*磁感应强度*、*声压*、*杂质浓度*)分布情况以及随时间变化的规律时，物理量自然就是以时间、空间坐标为自变量的多元函数。

解决这些问题，首先需要选择描述系统物理性质(*力学性质*、*热学性质*、*电学性质*、*光学性质*等)的物理量，然后研究该物理量在空间分布和随时间的变化规律，即*物理规律*，它是解决问题的关键。物理规律反映同一类物理现象的共同规律，具有普适性，亦即共性。比如弹性介质(气体、液体、固体)中振动的传播(*弹性体模型*)、热量在热介质(气体、液体、固体)中的传播(*非平衡态模型*)、电磁波在电磁介质中的传播，它们遵循特定的规律。

但是同一类物理现象中，具体的系统又有各自的特殊性，即*个性*。物理规律并不能表现这种个性。

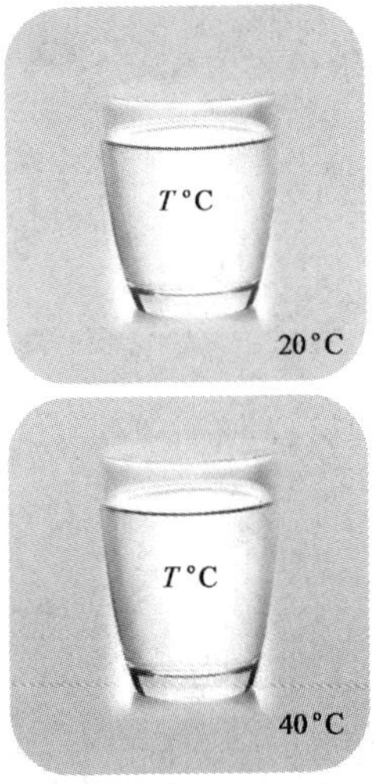

T °C

20 °C

T °C

40 °C

图 9.1-1 不同空气环境中的水

例如散热问题，如图 9.1-1 所示，两杯水的初始温度都是

T ℃，一杯放入20 ℃的空气环境中，一杯放入40 ℃的空气环境中，两种情况满足同样的热传递规律，t时刻两杯水的温度会不一样，根据生活常识，可以判定是空气环境温度不一样造成的。这表明研究具体系统时，必须考虑系统与外界的接触情况，考虑系统处于怎样的特定“环境”。“环境”的影响一般通过边界(系统与外界的分界面)传递给系统，“环境”的影响体现系统边界的物理状况变化，一般采用*边界条件*描述。

因此，研究系统演化必须考虑系统的*边界条件*。

两杯完全相同的水初始时刻温度不同，放在相同温度的空气环境中，t时刻两杯水的温度也会不同。说明t时刻水的温度除了与*边界条件*有关，还与其初始温度有关。

如图9.1-2所示，在吉他上绷有相同材质、相同粗细的弦，一根用薄刀背敲击，另一根用宽锤敲击或用手指弹拨后任其自由振动，虽然两根弦的振动是按同样的规律进行的，但t时刻两根弦振动的情况会不一样，原因是敲击完成后的瞬间形状不同，后来的振动情况也不一样。

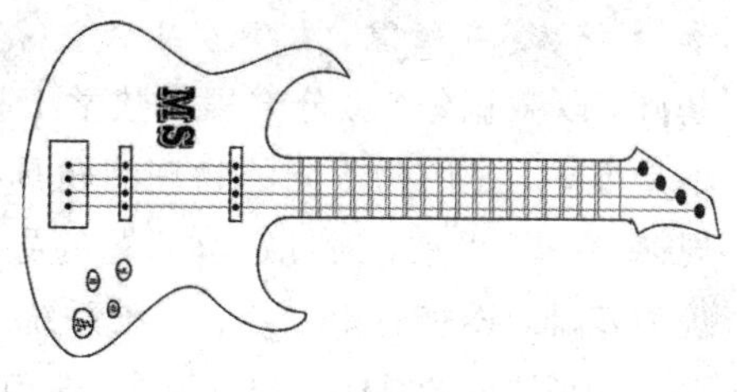

图9.1-2　两端固定的弦

因此，研究系统演化须知其初始状态，表述为*初始条件*。

边界条件和*初始条件*反映了具体系统特定的环境和历史，即问题的特殊性、个性。边界条件和初始条件统称为*定解条件*。

9.1.1　泛定方程

上述*物理规律*、*定解条件*都没有数学表示，系统演化物理规律可理解为从边界条件和初始条件去推算物理量u在任意点(x, y, z)和任意时刻t时的值$u(x, y, z, t)$，直接表现出来的只能是u在临近点和临近时刻所取值之间的关系式。用数学语言进行“翻译”处理，得到物理量u所满足的偏微分方程，这样的偏微分方程称为*泛定方程*。*泛定方程*描述能量(粒子)在系统内部传播(或输运)的规律，也是系统内部各部分之间相互作用的规律，是同一类物理现象共性的数学表达，与定解条件无关。

9.1.2　边界条件

边界条件描述系统所处环境，数学上表述采用物理量或物理量*外法向导数*，或者两者线性组合在边界上的取值的方法。边界条件可分为*第一类边界条件*、*第二类边界条件*及*第三类边界条件*。系统具有边界条件，说明研究系统时考虑了系统的大小、形状及其形变。

9.1.3　初始条件

初始条件描述系统在$t=0$时刻系统的状态。对于振动问题，系统的初始状态由系统的“初始位移”和“初始速度”来描述，对应着系统的“初始势能”和“初始动能”；对于热输运问题，系统的初始条件描述系统初始时刻的温度分布。

研究一个系统，有了*泛定方程*，即表明系统运动有了“动力学方程”；有了边界条件，即给定系统从外界吸收物质或能量的方式；有了初始条件，等于指定了系统的历史，指定了初始能量。这三个方面的内容合在一起就构成了一个特定系统的定解问题。物理学认为，物理系统的研究一般可以在数学上表述为一个定解问题，定解问题确定了，系统任意点的物理量随时间的变化情况就确定了。但是如何导出定解问题呢？

9.2 定解问题的导出

定解问题的导出没有普遍的方法，下面将以质点的动力学方程、热量(粒子)交换的热量(粒子数)守恒律、电磁学库仑定律、高斯定律、电场无旋性、Maxwell 方程等物理原理为基础，以微积分、微分方程为数学工具导出定解问题。定解问题的导出之所以说是导出，而不是推导，是因为不同的物理问题具有不同的物理规律，这里不过是用数学的语言把物理规律“翻译”出来，通过定解问题的导出，希望读者学会“翻译”技巧。下面以简单的一维系统为基础，逐步讨论二维、三维系统定解问题的导出技巧。

为了研究的具体性和直观性，避免数学的抽象性，我们选择具体问题作为标题安排章节，其目的是避免物理原理、物理定律的抽象性，让读者明白物理是研究实实在在的物理系统，是在确定物理系统的基础上建立物理模型，进而描述物理模型，研究物理模型的演化规律的。

为了训练一套物理研究思路，以下定解问题的导出选择分步骤完成。一般来说，按照这样的步骤，在具备相关基本物理知识和高等数学知识的基础上都能顺利地完成定解问题的导出。

9.2.1 一维定解问题的导出

生活中有很多系统可以简化为一维系统模型，比如吉他弦的横振动、均匀杆的纵振动。

1. 均匀弦的微小横振动

一条绷直的吉他弦，弹拨后为什么会发出各种频率的声音？为了研究的简单性，建立两端固定的弦的振动模型，研究将其拨到如图 9.2-1 所示的状态放手后的运动情况。

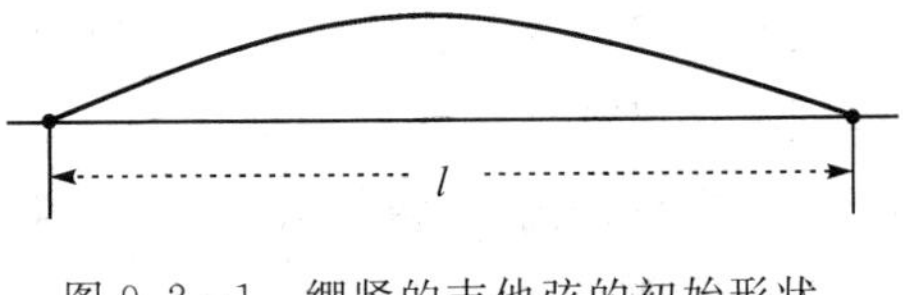

图 9.2-1 绷紧的吉他弦的初始形状

根据 9.1 节的讨论，需要建立定解问题。以下分别导出泛定方程、边界条件、初始条件。泛定方程的导出分 8 个步骤给出。

1) 基本物理概念

首先，确定弦的振动问题属于弹性力学问题，弦具有一定的弹性。描述弦的基本物理量有长度、线密度与弦中张力。发生形变后，根据弹性力学，弦中张力只沿弦的切线方向。

2) 泛定方程导出

导出泛定方程是一个系统工作，按一定的步骤进行。

(1) 简化模型。

引起弦振动的方式有很多，可以由初始时刻的敲击引起振动，也可以拉着弦的一端抖动而引起振动，也可以不停地敲击弦让弦振动。为了研究的简单性，首先对引起弦振动的原因及其受力进行简化：研究初始时刻敲击引起的振动，振动过程中发生的是弹性形变，称为弦的自由振动。另外，还需要对弦的运动进行简化：假设弦完全柔软，且弦发生微小振动。

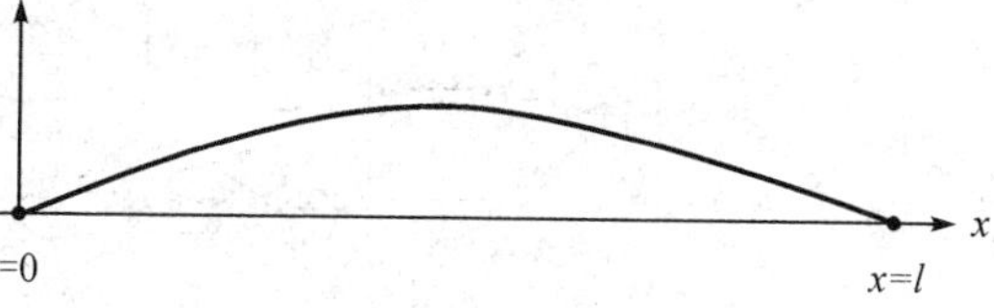

图 9.2－2　弦放入坐标系中

(2) 选定坐标系，将系统某振动状态放在坐标系中。

取弦的平衡位置(不振动时的位置)为 x 轴，令弦的两个端点坐标分别为 $x=0$、$x=l$，取 t 时刻弦振动处于图 9.2－2 所示的状态。

(3) 选择微元。

为了将弦系统的运动问题分解为质点运动问题，在弦上隔离出长度为 Δx 的微元，微元长度足够小，以至于研究其运动时可以看成"质点"，但在进行受力分析时又具有一定的大小。为了直观性，取图 9.2－2 的部分放大显示在图 9.2－3 中，微元处于平衡时两端坐标分别为 x，$x+\Delta x$[①]。

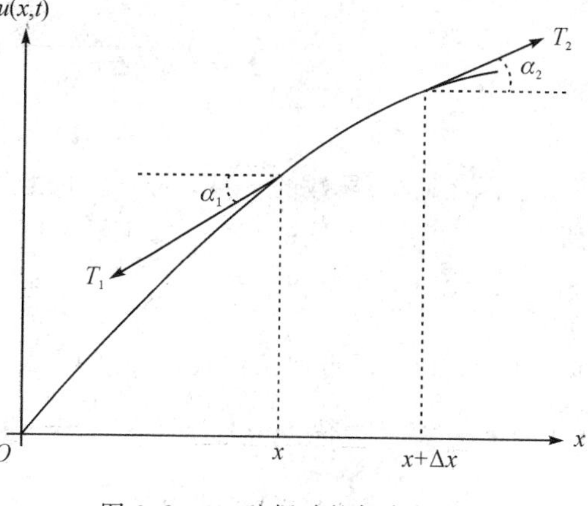

图 9.2－3　弦振动的任意状态

(4) 选择物理量。

研究一个"质点"的运动问题，由于"质点"只在垂直于弦的方向振动，确定坐标为 x 的点在 t 时刻的横向位移 $u(x, t)$ 为研究的物理量，由于坐标系的特殊性，$u(x, t)$ 也是微元的位置函数。

(5) 微元受力分析。

根据质点力学，研究其运动需要确定质点所受的"合外力"：所选微元的合外力来自两个端点(假想的端点)外的弦。在端点 x 及 $x+\Delta x$ 处受到张力的作用：弦完全柔软，根据弦的弹性力学(此时不能作为质点)，微元只受到切向应力——张力 T 的作用，没有法向应力(见图 9.2－3)。

(6) 建立质点动力学方程。

$$\begin{cases} T_2\sin\alpha_2 - T_1\sin\alpha_1 = \Delta m\dfrac{\partial^2 u}{\partial t^2} = (\rho\Delta s)\dfrac{\partial^2 u}{\partial t^2} \text{②} \\ T_2\cos\alpha_2 - T_1\cos\alpha_1 = 0 \end{cases} \tag{9.2.1}$$

(7) 忽略次要因素。

上述方程组的参数太多，需要进行简化。弦微小振动的物理图像对应的数学描述为 α_1，α_2，都是小量，结合式(9.2.1)，这个条件数学上表述为

---

① 这里其实已经体现出将弦(系统)分解为微元(质点)的思路，将新问题转化为旧知识的思维方式。

② 这一部分是弹性力学与质点力学结合的结果，一方面是力与弦形变的关系，即弹性弦形变时内部的张力只沿切线方向；另一方面是质点所受合外力必然产生加速度。

$$\begin{cases} \cos\alpha_1 = 1 - \dfrac{\alpha_1^2}{2!} + \cdots \approx 1 \\ \cos\alpha_2 = 1 - \dfrac{\alpha_2^2}{2!} + \cdots \approx 1 \\ \sin\alpha_1 = \alpha_1 - \dfrac{\alpha_1^2}{3!} + \cdots \approx \alpha_1 \approx \tan\alpha_1 \\ \sin\alpha_2 = \alpha_2 - \dfrac{\alpha_2^2}{3!} + \cdots \approx \alpha_2 \approx \tan\alpha_2 \end{cases} \tag{9.2.2}$$

$$\begin{aligned} \Delta s &= \sqrt{(\Delta x)^2 + (\Delta u)^2} = \sqrt{1 + \left(\frac{\Delta u}{\Delta x}\right)^2}\Delta x \\ &\approx \sqrt{1+\tan^2\alpha}\Delta x \approx \Delta x \text{ [1]} \end{aligned} \tag{9.2.3}$$

联系三角函数与导数的关系，对于所选的微元，在分析受力时将微元作为具有大小的物体，所以微元两端有不同的形变，即不同的斜率：

$$\tan\alpha_1 = \frac{\partial u}{\partial x}\bigg|_x, \quad \tan\alpha_2 = \frac{\partial u}{\partial x}\bigg|_{x+\Delta x} \tag{9.2.4}$$

即式(9.2.1)应用近似条件式(9.2.2)、式(9.2.3)、式(9.2.4)后得

$$\begin{cases} T_2 \dfrac{\partial u}{\partial x}\bigg|_{x+\Delta x} - T_1 \dfrac{\partial u}{\partial x}\bigg|_x = \rho\Delta x \dfrac{\partial^2 u}{\partial t^2} \\ T_2 - T_1 = 0 \end{cases} \tag{9.2.5}$$

将式(9.2.5)合并得

$$\frac{T(\partial u/\partial x)|_{x+\Delta x} - T(\partial u/\partial x)|_x}{\Delta x} = \rho\frac{\partial^2 u}{\partial t^2} \tag{9.2.6}$$

其中 $T_1 = T_2 = T$，对式(9.2.6)取 $\Delta x \to 0$ 的极限，根据函数的偏导数规则有

$$\lim_{\Delta x\to 0}\frac{T[(\partial u/\partial x)|_{x+\Delta x} - (\partial u/\partial x)|_x]}{\Delta x} = \rho\frac{\partial^2 u}{\partial t^2} \tag{9.2.7}$$

即

$$\rho\frac{\partial^2 u}{\partial t^2} - T\frac{\partial^2 u}{\partial x^2} = 0 \tag{9.2.8}$$

为了表达方便，将偏微分符号进行简化，令 $u_{tt} = \dfrac{\partial^2 u}{\partial t^2}$，$u_{xx} = \dfrac{\partial^2 u}{\partial x^2}$，式(9.2.8)可简化为

$$\rho u_{tt} - Tu_{xx} = 0 \tag{9.2.9}$$

式(9.2.9)即是线密度为 ρ(可以不是常数)、弦中张力为 T 时弦上任意一点振动遵循的方程。由于微元选取的任意性，式(9.2.9)也是弦上每一点的*振动方程*。因此我们导出了整条弦的动力学方程——弦的*自由振动方程*，它是一个*偏微分方程*。若要得到弦上某一微元的运动，则必须知道临近微元的振动情况，这时整条弦变为一个系统，而不再是质点力学问题。弦的*自由振动方程*描述系统内部之间相互作用、能量在内部传播满足的规律。

(8) 简化方程。

为了方程求解简单，需尽量减少参数的个数。**对于均匀弦：ρ 是常数，弦中张力 T 恒定的情况下**，两个常数可以合并为一个，此时式(9.2.9)可改写为如下形式：

---

[1] 这一部分是完全的数学近似，是函数的级数展开。利用导数的几何意义：函数 $u(x, t)$ 在 x 点的偏导数值为函数曲线(弦分布曲线)的切线斜率。

$$u_{tt}-a^2u_{xx}=0\quad\left(a^2=\frac{T}{\rho}\right)\tag{9.2.10}$$

后续章节将证明，a 为振动在弦上的传播速度，式(9.2.10)称为均匀弦自由振动方程，即均匀弦自由振动的泛定方程。

(9) 物理讨论。

质点的位移仅是时间 t 的函数，满足 t 为自变量的常微分方程。弦的位移 u 指 t 时刻弦上某一点的位移，不同的点位移不同，所以 u 是时间 t 和坐标 x 两个自变量的函数，弦的运动方程则是以 x 和 t 为自变量的偏微分方程。它是弦上许多彼此牵连的质点的运动方程，质点之间的牵连反映在 u_{xx} 项上。

一般情况下弦振动时都有介质阻尼(如空气阻尼等)，介质阻尼将会导致弦振动的振幅越来越小，直至停止。对于这种情况的泛定方程如何呢？下面继续研究。

3) 阻尼振动的泛定方程

如果弦在振动过程中受到空气阻力，假设单位长度、单位质量的弦受到的空气阻力与弦的振动速率成正比(注意：仅仅是假设，具体的关系需要实验测定)，方向与速度的方向相反，受力分析如图 9.2－4所示，则式(9.2.1)可改写为

$$\begin{cases}T_2\sin\alpha_2-T_1\sin\alpha_1-ku_t\Delta s=(\rho\Delta s)\dfrac{\partial^2 u}{\partial t^2}\\ T_2\cos\alpha_2-T_1\cos\alpha_1=0\end{cases}\tag{9.2.11}$$

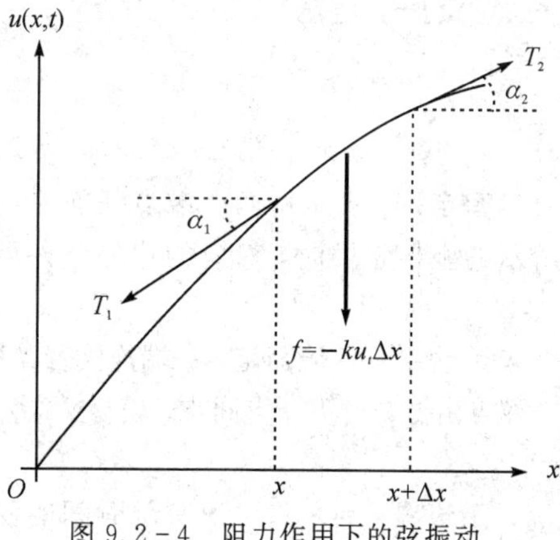

图 9.2－4　阻力作用下的弦振动

通过忽略次要因素可得阻尼情况下弦振动方程为

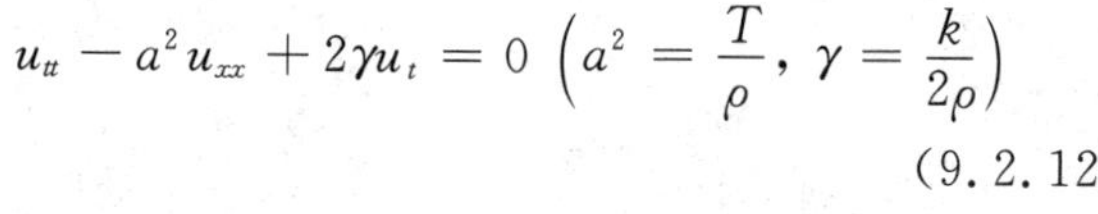

$$u_{tt}-a^2u_{xx}+2\gamma u_t=0\ \left(a^2=\frac{T}{\rho},\ \gamma=\frac{k}{2\rho}\right)\tag{9.2.12}$$

式(9.2.12)即为均匀弦阻尼振动的泛定方程。

如果要求弦一直振动下去，一般的方法是给弦施加横向受迫力，弦在阻尼情况下做受迫振动。

4) 受迫振动的泛定方程

阻尼介质中弦的受迫振动方程为

$$u_{tt}-a^2u_{xx}+2\gamma u_t=f(x,\,t)\ \left(a^2=\frac{T}{\rho},\ \gamma=\frac{k}{2\rho}\right)\tag{9.2.13}$$

其中 $f(x,\,t)=F(x,\,t)/\rho$ 称为力密度，即 t 时刻单位长度、单位质量的弦所受横向外力(见图 9.2－5)。

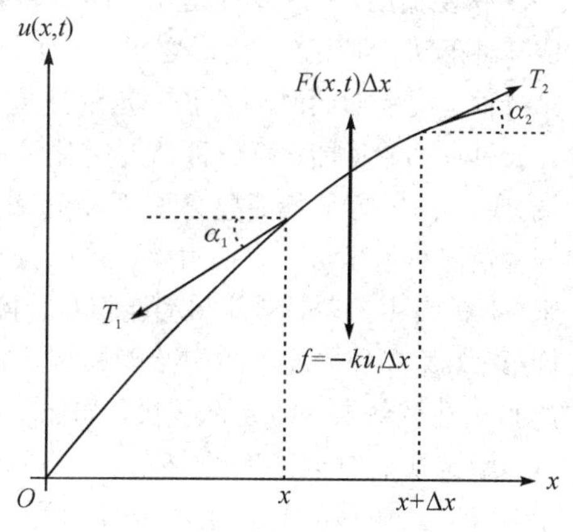

图 9.2－5　阻尼情况下的受迫振动

阻尼情况下的弦振动非常普遍。日常生活中吉他、古筝、钢琴等弦乐器的原理都是弦在阻尼情况下的受迫振动。

以上讨论的任何具有线密度 ρ 和张力 T 的弦的微小横振动的泛定方程，并没有涉及具体的弦、具体

的初始状态，所以并不能确定弦振动的具体解，即弦上某一点的位移随时间的函数和 t 时刻弦上各点的位移分布并不能确定。确定具体的解需要边界条件和初始条件。

5）边界条件

弦作为一维系统，其边界就是弦的端点，根据物理情况的不同可分为以下三类：

（1）固定端，如吉他弦、古筝弦两端被固定。

（2）运动端点，如端点链接音叉随音叉振动，如图 9.2－6 所示。

（3）研究无限长的弦在短时间内的运动，如图 9.2－7 所示。相应地各种分类有不同的边界条件。

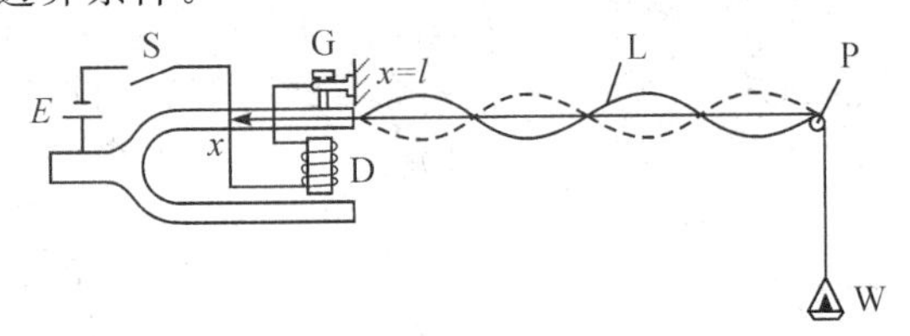

图 9.2－6　一端连接音叉振动的弦

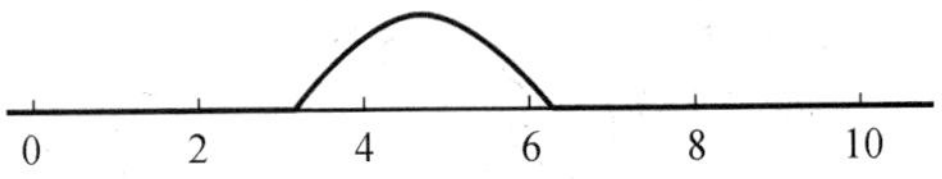

图 9.2－7　无穷长弦的振动

固定端： 表示这两个端点任何时候的位移都为 0，当将长度为 l 的弦放在如图 9.2－2 所示的坐标系中时，对应的边界条件可表示为

$$u(0,\ t)=0,\ u(l,\ t)=0 \tag{9.2.14}$$

运动端： 一端固定，一端连接音叉振动，固定端的边界条件同式(9.2.14)的第一式。$x=l$ 的端点由于与音叉端点同步，设音叉端点的运动方程为 $A\sin\omega t$，则弦的边界条件可表示为

$$u(0,\ t)=0,\ u(l,\ t)=A\sin\omega t \tag{9.2.15}$$

无边界条件： 只讨论有限时间的弦振动，振动还没达到弦的两端，如图 9.2－7 所示(后面详细讨论)。

综上所述，表述边界条件的步骤如下：

（1）将系统放入坐标系中。

（2）根据物理情况表述所研究物理量在边界上的值。

6）初始条件

弦要振动，一种情况是初始时刻将弦拉成某种形状，即让弦发生形变而具有了势能；第二种情况是初始时刻给弦一定的速度，即让弦具有初始动能；第三种情况是让弦的一端(或两端)运动，最后整条弦振动起来；第四种情况是连续给弦施加力，导致弦振动起来。弦的自由振动是势能与动能相互转换的过程，即第一、第二种情况中的初始能量让弦振动。初始时刻让弦绷成 $\varphi(x)$ 的形状，如图 9.2－8 所示，给定初始时刻速度的分布，如图 9.2－9 所示，所以弦振动的初始条件可表示为

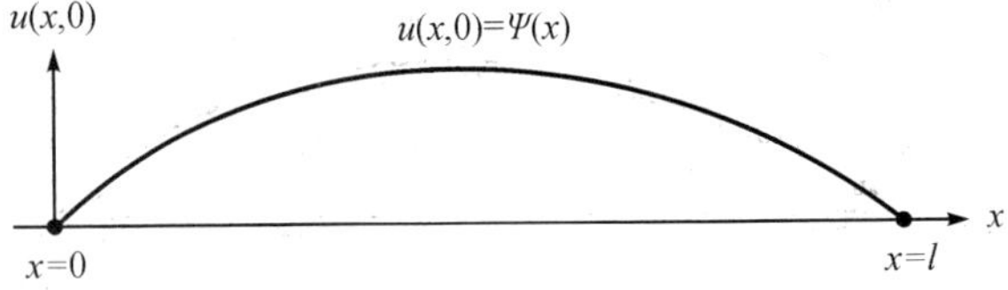

图 9.2－8　初始时刻弦的形状

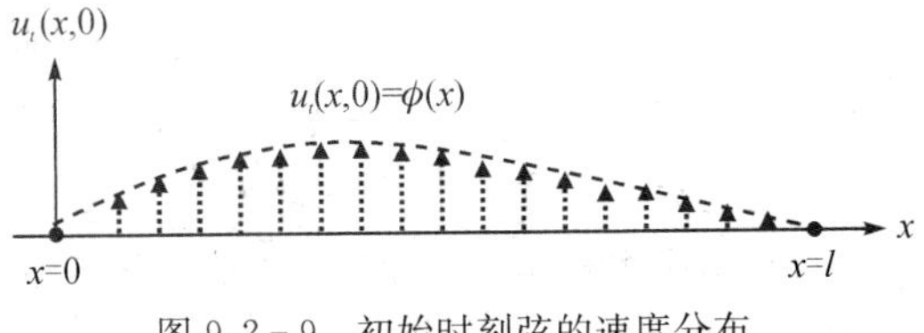

图 9.2－9　初始时刻弦的速度分布

$$u(x,\ 0)=\varphi(x),\ u_t(x,\ 0)=\phi(x)\ (x\in[0,\ l]) \tag{9.2.16}$$

由于初始状态制备的任意性，$\varphi(x)$，$\phi(x)$ 可以是任意函数，但必须满足边界条件，如两端

固定的弦可制备的初始条件：

$$u(x, 0) = A\sin\frac{\pi x}{l}, u_t(x, 0) = 0 \ (x \in [0, l]) \tag{9.2.17}$$

表示初始时刻只有初始位移，弦上每一点的速度为零，满足式(9.2.14)的边界条件。但是式(9.2.15)的边界条件就不能匹配式(9.2.17)的初始条件。

综上所述，表述初始条件的步骤如下：

(1) 将系统放入坐标系中。

(2) 根据实际情况表述所研究物理量和物理量对时间 t 的一阶导数在初始时刻的分布。

7) 弦振动可能的定解问题

结合泛定方程、边界条件、初始条件，均匀弦微小横振动的定解问题可能有如下情况：

(1) 两端固定均匀弦的自由振动：

$$\begin{cases} u_{tt} - a^2 u_{xx} = 0 \quad (a^2 = T/\rho) \\ u(0, t) = 0, u(l, t) = 0 \\ u(x, 0) = \psi(x), u_t(x, 0) = \phi(x) \quad (0 \leqslant x \leqslant l) \end{cases} \tag{9.2.18}$$

表示长为 l、密度为 ρ 的均匀弦绷紧时的内部张力为 T，初始时刻通过外部扰动让弦具有初始位移分布 $\psi(x)$ 和初始速度分布 $\phi(x)$，在没有能量耗散的情况下的振动满足的定解问题，振动过程保持机械能守恒，由生活常识可知弦将永远振动下去。

(2) 两端固定均匀弦在阻尼介质中的振动：

$$\begin{cases} u_{tt} - a^2 u_{xx} + 2\gamma u_t = 0 \quad \left(a^2 = \dfrac{T}{\rho}, \gamma = \dfrac{k}{2\rho}\right) \\ u(0, t) = 0, u(l, t) = 0 \\ u(x, 0) = \psi(x), u_t(x, 0) = \phi(x) \quad (0 \leqslant x \leqslant l) \end{cases} \tag{9.2.19}$$

描述各种阻尼情况下的振动，其中**假设了阻力只与弦上各微元的速度成正比，方向与速度成相反**，γ 描述阻尼的大小，是介质阻碍弦振动的参数，不同的介质中 γ 不同，若空气很稀薄，则 γ 较小，若是黏度较大的流体，则 γ 较大，能量耗散得快，γ 的大小由实验确定。弦在势能与动能转换的情况下，能量在介质中不断耗散，最后弦静止。

(3) 一端固定，一端受外力的弦在阻尼介质中的振动：

$$\begin{cases} u_{tt} - a^2 u_{xx} + 2\gamma u_t = 0 \quad \left(a^2 = \dfrac{T}{\rho}, \gamma = \dfrac{k}{2\rho}\right) \\ u(0, t) = 0, u(l, t) = A(1 - \cos\omega t) \\ u(x, 0) = 0, u_t(x, 0) = 0 \quad (0 \leqslant x \leqslant l) \end{cases} \tag{9.2.20}$$

$x = l$ 的一端受力的作用，其位移随时间变化的规律为 $A(1-\cos\omega t)$。

弦振动的可能情况有很多，这里不可能一一列出。

2. 均匀杆的微小纵振动

如图 9.2-10 所示，顺着杆的方向敲击固体杆的一端，杆会发出声音，原因是杆发生了纵向振动，不同的杆敲击后发出的声音不一样，那么为什么会有这样的规律？

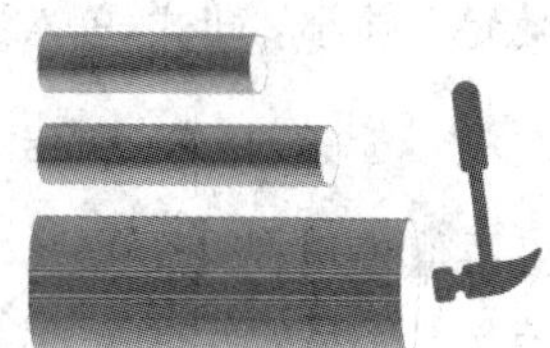

图 9.2-10 敲击不同的金属杆会发出不同的声音

1) 基本物理概念

弹性杆的拉伸与压缩：长为 l ($S \ll l$)的弹性杆在拉力或压力

的作用下被拉伸或压缩。

弹性杆的绝对伸长量： 长度为 l 的杆在拉力作用下的伸长量 Δl 称为绝对伸长量，如图 9.2－11 所示。

杆的相对伸长量： 绝对伸长量 Δl 与原长 l 的比值 $\Delta l/l$ 称为相对伸长量。

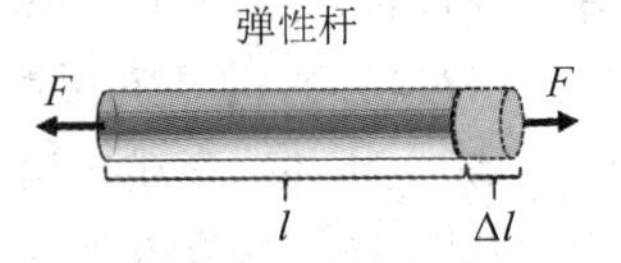

图 9.2－11　杆受平衡力时的形变

胡克定律： 经实验研究发现，长度为 l、横截面积为 S 的杆在纵向拉力 F（或压力）的作用下拉长（或压缩），平衡时（静力学）满足实验规律：

$$\frac{F}{S}=Y\frac{\Delta l}{l} \tag{9.2.21}$$

其中 Y 称为杆的杨氏模量，表征杆受力与形变之间的性质，与材料有关。

2）泛定方程

（1）简化模型。

首先对杆进行弹性力学描述：密度为 ρ，杨氏模量为 Y。杆由于敲击后发生弹性振动，形成振动在杆上无能量耗损的传播。

（2）选定坐标系，将系统振动状态放入坐标系中。

杆振动时，建立如图 9.2－12 所示的坐标系，假定 t 时刻杆的振动状态如图 9.2－12 所示。

（3）选择微元。

把杆分成许多极小的小段，取区间 $(x, x+\Delta x)$ 上的小段作为微元（B 段）进行研究。

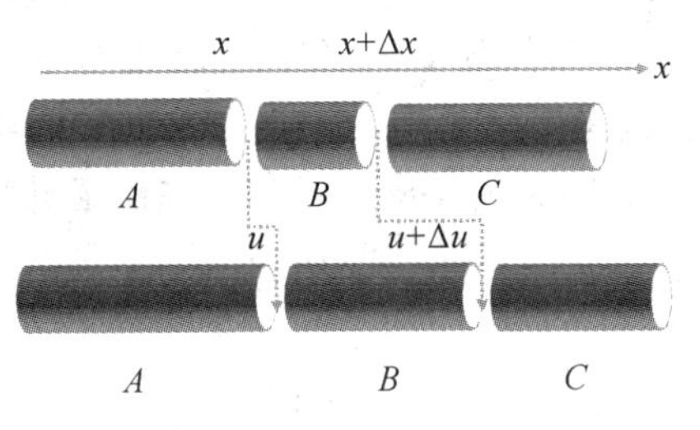

图 9.2－12　纵振动中的杆

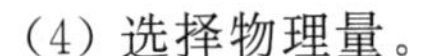

（4）选择物理量。

选择杆上各点（坐标为 x）沿杆长方向偏离平衡位置的位移 $u(x, t)$ 作为研究的物理量，如图 9.2－12 所示。

（5）微元分析受力。

在振动过程中，t 时刻微元（B 段）两端的位移分别记为

$$u(x, t),\ u(x+\Delta x, t)=u+\Delta u \tag{9.2.22}$$

显然，微元的绝对伸长量为

$$u(x+\Delta x, t)-u(x, t)=\Delta u \tag{9.2.23}$$

微元的相对伸长量为

$$\frac{u(x+\Delta x, t)-u(x,t)}{\Delta x}=\frac{\Delta u}{\Delta x} \tag{9.2.24}$$

微元足够小，即式(9.2.24)取极限得

$$\lim_{\Delta x\to 0}\frac{u(x+\Delta x, t)-u(x, t)}{\Delta x}=\frac{\partial u}{\partial x}=u_x \tag{9.2.25}$$

极限值表示杆上 x 点发生的相对形变，对于所选微元，仍然要考虑大小，所以两端的相对伸长量不同，分别是

$$u_x(x, t),\ u_x(x+\Delta x, t) \tag{9.2.26}$$

根据**胡克定律**，微元两端的应力分别为 $YSu_x(x, t)$，$YSu_x(x+\Delta x, t)$，这两个力的大小不一样，微元的受力不再平衡，两个力一方面使微元产生形变，另一方面产生加速度（产生

的加速度满足质点动力学方程）。

（6）建立质点动力学方程。

微元的动力学方程为

$$\rho(S\Delta x)u_{tt}=YSu_x(x+\Delta x, t)-YSu_x(x, t)=YS\frac{\partial u_x}{\partial x}\Delta x \tag{9.2.27}$$

方程第一个等号左端是质量与加速度 u_{tt} 的乘积，第二个等号右端是合外力，若杆是等粗的，则横截面积 S 是常数，所以

$$\rho u_{tt}-Yu_{xx}=0 \tag{9.2.28}$$

此方程即为**等粗杆的自由振动方程**，其中密度 ρ、杨氏模量 Y 可以是坐标 x 的函数。

（7）简化方程。

同弦的振动方程一样，**对于匀质杆，密度 ρ、杨氏模量 Y 为常数**，数学上为了使方程简单，式(9.2.28)可写为

$$u_{tt}-a^2u_{xx}=0\ \left(a^2=\frac{Y}{\rho}\right) \tag{9.2.29}$$

此方程是**均质、等粗杆**的**自由振动**方程，$u_{tt}(x, t)$ 表示坐标为 x 的质点的加速度。a^2u_{xx} 表示单位质量的质点受到临近的点施加的合力，合力的大小与杆的杨氏模量 Y 成正比，Y 越大，a 越大，振动在杆上传播的速度就越大。

杆做受迫振动时，振动方程为

$$u_{tt}-a^2u_{xx}=f(x, t)\quad\left(a^2=\frac{Y}{\rho}\right) \tag{9.2.30}$$

3）边界条件

作为一维振动的杆，边界是两个端点。日常生活中，比较熟悉的端点运动有以下几种：

（1）端点固定，如图 9.2-13 所示，两端被固定在墙上(墙的杨氏模量远大于杆的杨氏模量)；

（2）端点自由，如图 9.2-14 所示；

（3）端点与弹簧或其他弹性体相连接，如图 9.2-15 所示；

（4）杆的一端受外力而运动，如图 9.2-16 所示；

（5）无限长杆。

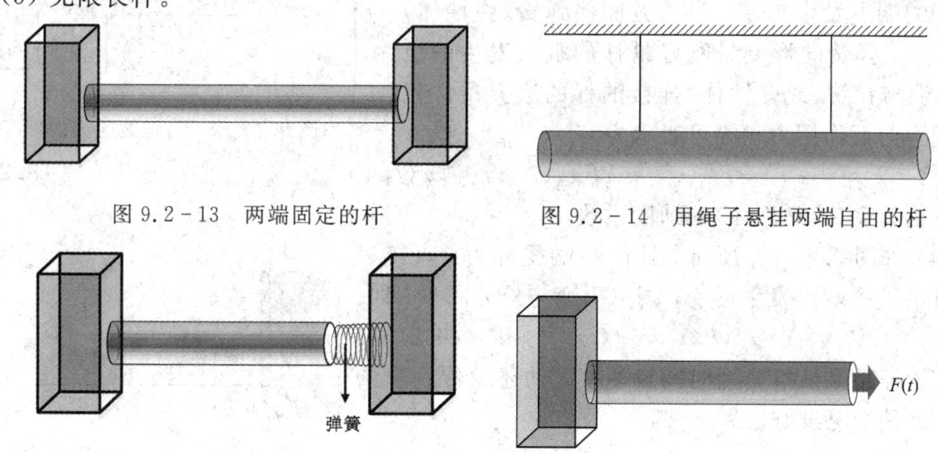

图 9.2-13　两端固定的杆

图 9.2-14　用绳子悬挂两端自由的杆

图 9.2-15　一端与弹性体相连的杆

图 9.2-16　一端受力的杆

这些情形如何表达为杆振动的边界条件呢？边界条件对应一个确定的系统，即系统的

形状、尺寸等参数是确定的。为了方便描述边界条件，假设杆的长度为 l，建立合适的坐标系并将杆放入坐标系中。

(1) 端点固定：表示端点不能运动，任何时候端点的位移都为零，所以 $x=0$ 的一端固定的边界条件可表示为

$$u(0,\ t)=0 \tag{9.2.31}$$

见图 9.2－17。

(2) **端点自由**：表示端点在运动过程中不受系统之外的外力，只受到内力的作用，这个力的作用效果只改变端点的运动状态，不会使端点产生形变，则如图 9.2－18 中 $x=0$ 的端点边界条件可表示为

$$u_x(0,\ t)=0 \tag{9.2.32}$$

即端点在任何时候都没有形变。

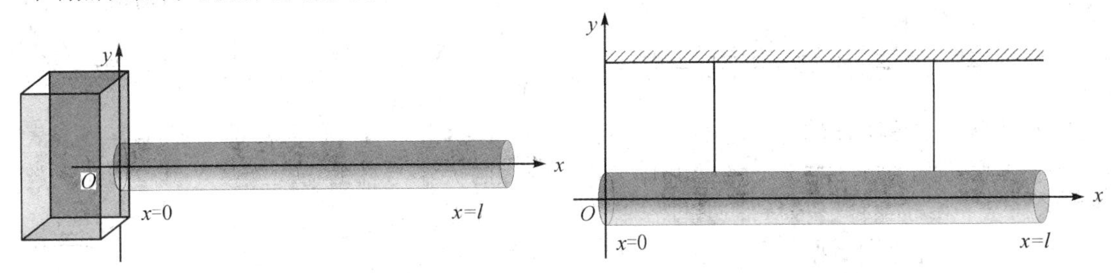

图 9.2－17　固定端　　　　图 9.2－18　自由端

(3) 如图 9.2－19 所示，端点与弹簧(或弹性体)连接，表示端点既是杆的端点，也是弹簧的端点，是共用点，假设平衡时杆和弹簧(或弹性体)都处于自由伸长状态，则作为杆的端点，其位移与弹簧(或弹性体)的形变是相等的；另外，杆的端点受到的弹簧(或弹性体)施加的力与杆的端点施加在弹簧(或弹性体)上的力构成作用力与反作用力，这一对力一方面使杆的端点发生形变，另一方面使弹簧(弹性体)发生形变，弹簧的形变量刚好是杆的端点发生的位移，一端与弹簧(或弹性体)连接的杆的边界条件根据作用力与反作用力相等可表示为

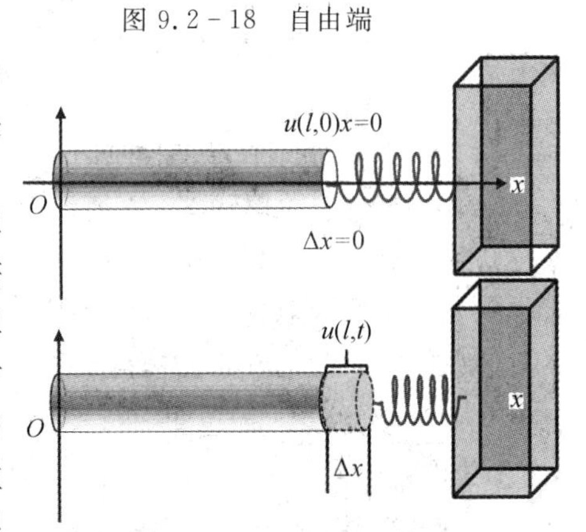

图 9.2－19　与弹簧连接的杆

$$YSu_x(l,\ t)=ku(l,\ t) \tag{9.2.33}$$

其中 k 为弹簧(或弹性体)的劲度系数。

(4) 如图 9.2－20 所示，杆的一端受外力，直接表现是杆的这个端点发生形变，端点形变与外力同步，即

$$YSu_x(l,\ t)=f(t) \tag{9.2.34}$$

(5) 杆无限长指振动时间较短，振动还没传到杆的端点，这种情况没有边界条件。

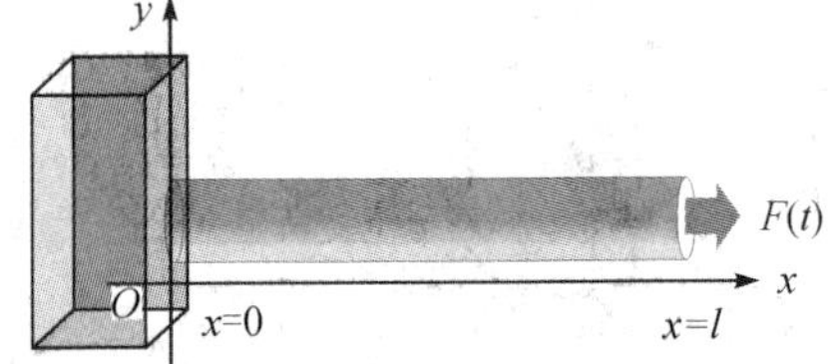

图 9.2－20　杆的一端受力振动

4) 初始条件

纵振动问题的初始条件是给定初始位移和初始速

度，可根据实验条件任意制备，只要满足边界条件即可，将系统放入坐标系中后，初始条件可统一表示为

$$u(x, 0)=\psi(x),\ u_t(x, 0)=\phi(x) \tag{9.2.35}$$

这一点与一维弦的微小横振动相似。

5）可能的定解问题

(1) 两端自由、任意初始条件下的杆自由振动：

$$\begin{cases} u_{tt}-a^2u_{xx}=0 \quad \left(a^2=\dfrac{Y}{\rho}\right) \\ u_x(0, t)=0,\ u_x(l, t)=0 \\ u(x, 0)=\psi(x),\ u_t(x, 0)=\phi(x) \quad (0\leqslant x\leqslant l) \end{cases} \tag{9.2.36}$$

(2) 一端固定、一端自由杆在任意初始条件下的自由振动：

$$\begin{cases} u_{tt}-a^2u_{xx}=0 \quad \left(a^2=\dfrac{Y}{\rho}\right) \\ u(0, t)=0,\ u_x(l, t)=0 \\ u(x, 0)=\psi(x),\ u_t(x, 0)=\phi(x) \quad (0\leqslant x\leqslant l) \end{cases} \tag{9.2.37}$$

(3) 一端自由、一端受迫振动：

$$\begin{cases} u_{tt}-a^2u_{xx}=0 \quad \left(a^2=\dfrac{Y}{\rho}\right) \\ u_x(0, t)=0,\ YSu_x(l, t)=f(t) \\ u(x, 0)=\psi(x),\ u_t(x, 0)=\phi(x) \quad (0\leqslant x\leqslant l) \end{cases} \tag{9.2.38}$$

(4) 受迫振动：

$$\begin{cases} u_{tt}-a^2u_{xx}=f(x, t) \quad \left(a^2=\dfrac{Y}{\rho}\right) \\ u(0, t)=0,\ u_x(l, t)=0 \\ u(x, 0)=0,\ u_t(x, 0)=0 \end{cases} \tag{9.2.39}$$

读者可自行根据各种物理情况写出定解问题，这里不再一一列出。

3. 劈形杆的纵振动

以上讨论的是等粗杆的纵振动，工程中也有非等粗杆的纵振动。尖劈形细杆是工程中常见的器件，一般用具有一定弹性的材料构成，其宽度很小，如图 9.2-21所示，首尾一样，取轴沿杆身，坐标原点在削尖的一端，其泛定方程(读者可以自己导出)如下：

$$u_{tt}-a^2\frac{1}{x}\frac{\partial}{\partial x}\left(x\frac{\partial u}{\partial x}\right)=0 \quad \left(a^2=\frac{Y}{\rho}\right) \tag{9.2.40}$$

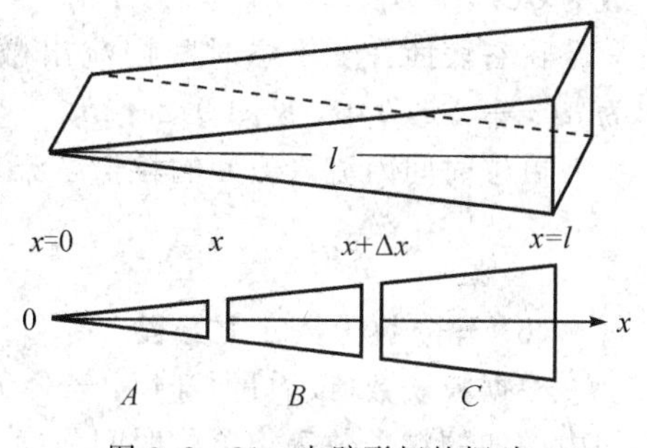

图 9.2-21　尖劈形杆的振动

相应的边界条件和初始条件与均匀杆纵振动的情况一样。

4. 一维扩散问题

1）基本物理概念

扩散：物质粒子 A 在介质 B 中存在时，由于粒子 A 的浓度(单位体积中的分子数或质

量)分布不均匀，粒子 A 从浓度大的地方向浓度小的地方移动的现象称为**扩散**，如图 9.2－22 所示。热学中用**扩散流强度**(单位时间内通过单位横截面积的粒子数)描述粒子扩散的快慢，用矢量 $\boldsymbol{q}(x, y, z, t)$ 表示。

扩散定律——斐可定律：实验研究发现，一般情况下，**扩散流强度**与**粒子浓度** $u(x, y, z, t)$ 的负梯度 $-\nabla u$ 成正比：

$$\boldsymbol{q} = -D\,\boldsymbol{\nabla} u \tag{9.2.41}$$

其中 D 称为**扩散系数**，与粒子 A 及其介质 B 有关，$\boldsymbol{\nabla}$ 是**梯度算符**。

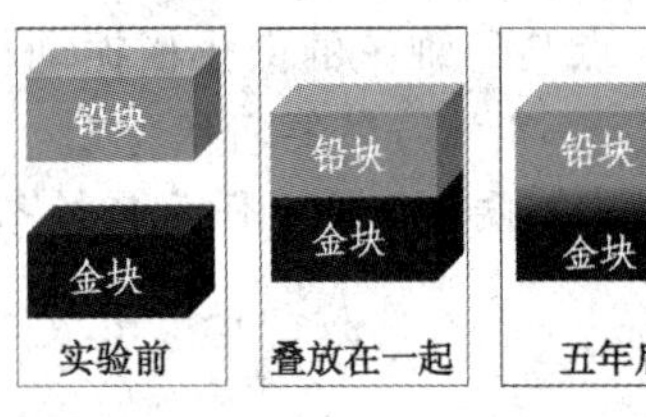

图 9.2－22　一维扩散现象图

一维扩散：只沿某一方向进行的扩散。一维扩散定理表示为

$$q = -Du_x \tag{9.2.42}$$

2) 泛定方程

(1) 简化模型。

描述杆上粒子扩散满足的方程时，假设杆是均匀杆，则粒子只沿杆纵向扩散。

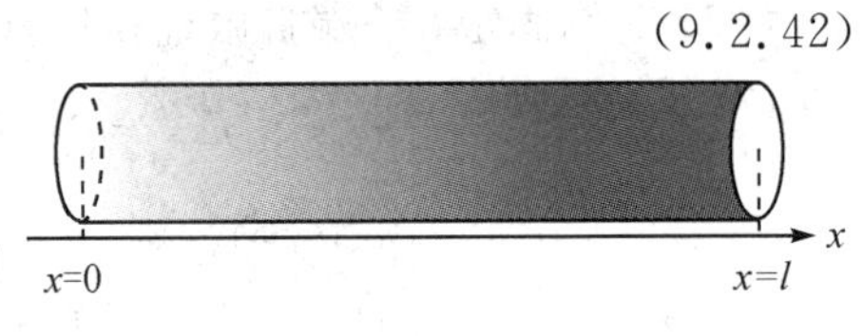

图 9.2－23　细杆上的一维扩散

(2) 选择坐标系。

如图 9.2－23 所示，将系统在某状态下放入坐标系中。

(3) 选择微元。

如图 9.2－24 所示，取 x 与 $x+\Delta x$ 之间的一小段来研究。

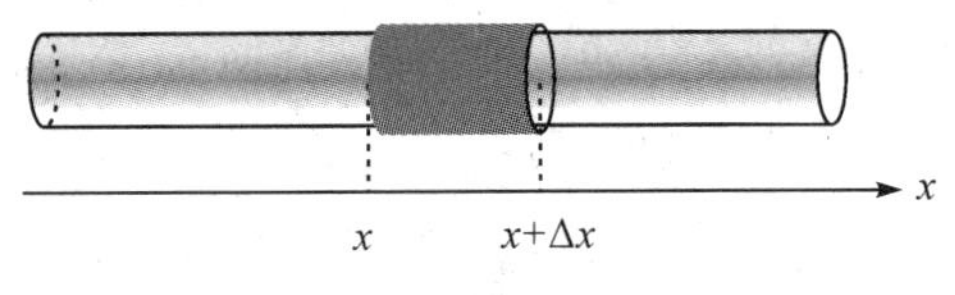

图 9.2－24　一维扩散中的微元

(4) 选择物理量。

选择物理量为粒子 A 的浓度 $u(x, t)$，研究粒子浓度在空间中的分布和随时间的变化。

(5) 微元浓度受到相邻部分的影响分析。

先考察单位时间内的扩散流：

在左表面：设单位时间内流入微元内的粒子数为 $q(x, t)S$。

在右表面：设单位时间内流出微元的粒子数为 $q(x+\Delta x, t)S$，见图 9.2－25。

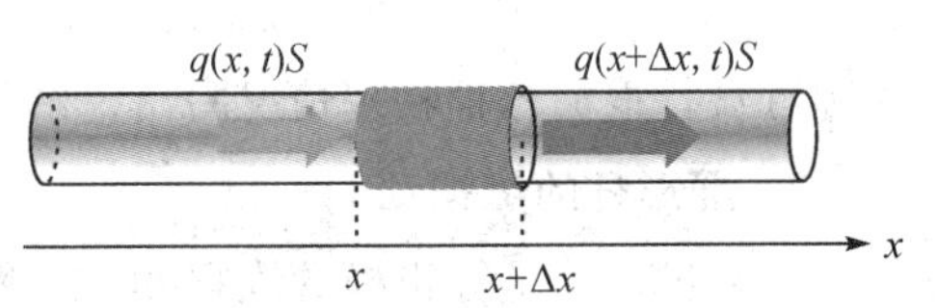

图 9.2－25　单位时间内流入和流出微元的粒子

单位时间内流入微元的粒子**净流入量**为

$$-[q(x+\Delta x, t)-q(x, t)]S = -\frac{\partial q}{\partial x}\Delta x S = \frac{\partial}{\partial x}\left(D\frac{\partial u}{\partial x}\right)\Delta x S \tag{9.2.43}$$

(6) 建立粒子数守恒方程。

根据粒子数(或质量)守恒，若体元没有**源**和**汇**(没有粒子产生和消失)，则体元单位时间内增加的粒子数等于单位时间内净流入的粒子数，即

$$\frac{\partial u}{\partial t}\Delta x S = \frac{\partial}{\partial x}\left(D\frac{\partial u}{\partial x}\right)\Delta x S \tag{9.2.44}$$

其中 $\dfrac{\partial u}{\partial t}$ 为浓度随时间的增长率，将上述方程化简即得一维扩散方程：

$$u_t - \frac{\partial}{\partial x}\left(D\frac{\partial u}{\partial x}\right) = 0 \tag{9.2.45}$$

(7) 简化方程。

如果扩散系数是均匀的，D 为常数，那么式(9.2.45)的简化式为

$$u_t - a^2 u_{xx} = 0 \quad (a^2 = D) \tag{9.2.46}$$

即**均匀介质**中的**一维扩散方程**。

(8) 讨论(关于源和汇)。

① **扩散源强度**：单位时间单位体积中产生的粒子数，用 $F(x, t)$ 表示。

当扩散源强度与浓度无关时，一维扩散方程为

$$u_t - \frac{\partial}{\partial x}\left(D \frac{\partial u}{\partial x}\right) = F(x, t) \tag{9.2.47}$$

D 为常数的特殊情况为

$$u_t - a^2 u_{xx} = F(x, t) \quad (a^2 = D) \tag{9.2.48}$$

当扩散源强度与浓度 u 成正比，如^{235}U 原子核的链式反应时中子数增殖，中子浓度增加的时间变化率为 $b^2 u$，b^2 为大于零的比例系数，此时一维扩散方程为

$$u_t - a^2 u_{xx} - b^2 u = 0 \tag{9.2.49}$$

3) 边界条件

一维扩散系统与外界的粒子交换可表示为以下几种：

A. 如图 9.2-26 所示，杆的一端处在粒子源中，粒子源浓度随时间变化。

B. 杆的一端有粒子流入，如图 9.2-27 所示。

C. 杆的一端粒子自由流入另一种介质(立方体与杆的材料不同)，粒子在两种介质界面的扩散流强度与两种介质中的浓度差成正比，如图 9.2-28 所示。

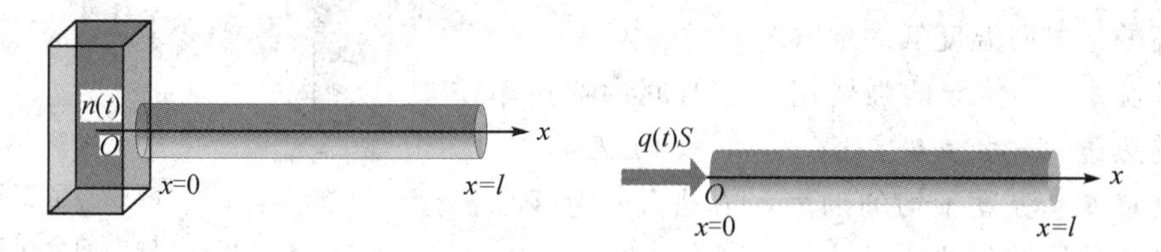

图 9.2-26　杆的一端处在粒子源　　图 9.2-27　杆的一端有粒子流入

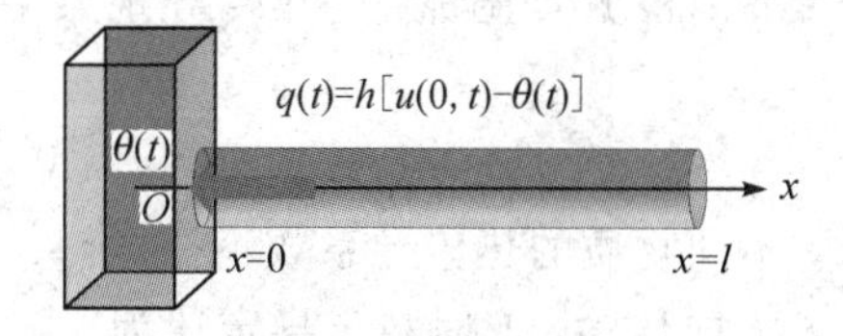

图 9.2-28　杆的一端粒子自由流入另一种介质

因此，杆的某一端(比如杆在 $x=0$ 的那一端)边界条件有三种：

$$u(0, t) = n(t) \tag{9.2.50}$$

$$-Du_x(0, t) = q(t) \tag{9.2.51}$$

$$Du_x(0, t) = h[u(0, t) - \theta] \tag{9.2.52}$$

其中 θ 是介质在与杆接触点的粒子浓度，h 是粒子在两种介质界面交换粒子的系数，与两种介质的材料有关，由实验测定。

4) 初始条件

泛定方程中只包含浓度对 t 的一阶导数，所以初始条件只需给出整条杆的粒子浓度即

可，可以任意制备：

$$u(x, 0)=\psi(x) \tag{9.2.53}$$

5）可能的定解问题

A. 均匀细杆，一端与粒子浓度为 N_1 的粒子源接触，另一端与粒子浓度为 N_2 的粒子源接触，杆初始粒子浓度分布均匀，浓度为 N_0，求杆上粒子浓度的变化：

$$\begin{cases} u_t - a^2 u_{xx} = 0 \quad (a^2 = D) \\ u(0, t) = N_1, \ u(l, t) = N_2 \\ u(x, 0) = N_0 \end{cases} \tag{9.2.54}$$

B. 均匀细杆，一端与粒子源接触，粒子源浓度保持为 N_1，另一端单位时间内流入的粒子为 $q(t)$，初始时刻粒子浓度分布均匀，浓度为 N_0，求杆上粒子浓度的变化：

$$\begin{cases} u_t - a^2 u_{xx} = 0 \quad (a^2 = D) \\ u(0, t) = N_1, \ Du_x(l, t) = q(t) \\ u(x, 0) = N_0 \end{cases} \tag{9.2.55}$$

5. 一维热传导方程

一条均匀杆，假设一端与温度为 T_0 的热源接触，另一端与温度为 T_1 的热源接触，如图 9.2-29 所示，如何研究杆上的温度分布？

1）基本物理概念

热传导：在一个物理系统中，由于温度不均匀，热量从温度高的地方向温度低的地方转移的现象。

热流强度：热传导的强弱用单位时间内通过单位横截面积的热量——*热流强度* $\boldsymbol{q}(x, y, z, t)$ 表示。

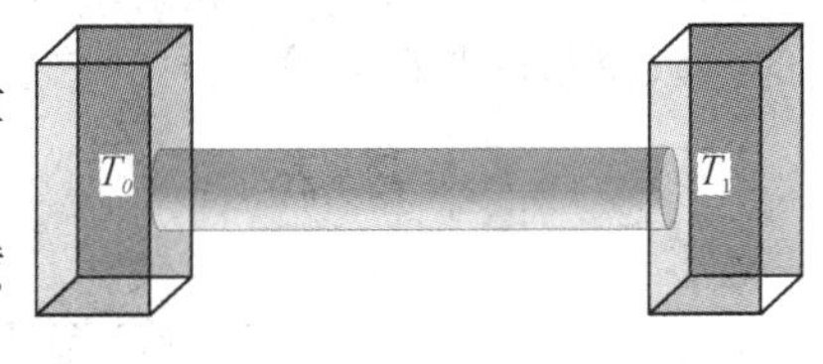

图 9.2-29　两端与恒温热源接触的金属杆

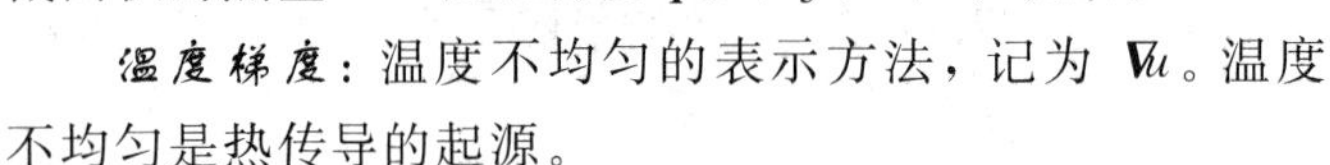

温度梯度：温度不均匀的表示方法，记为 ∇u。温度不均匀是热传导的起源。

热传导定律——傅里叶定律：根据实验研究，热传导现象中*热流强度*与温度梯度之间的关系为

$$\boldsymbol{q} = -k\,\nabla u \tag{9.2.56}$$

比例系数 k 称为*热传导系数*。不同物质的热传导系数不一样。

一维热传导：热量只沿 x 方向传输，此时热传导定律为

$$q = -ku_x \tag{9.2.57}$$

2）泛定方程

假设一维杆的比热为 c，密度为 ρ，热传导系数为 k。

应用*热传导定律*和*能量守恒定律*，可导出无热源和热汇的一维热传导方程：

$$c\rho u_t - \frac{\partial}{\partial x}(ku_x) = 0 \tag{9.2.58}$$

其中 c 是比热，ρ 是介质的密度，**如果** k，c，ρ **是常数**，上式可化简为

$$u_t - a^2 u_{xx} = 0 \quad \left(a^2 = \frac{k}{c\rho}\right) \tag{9.2.59}$$

与均匀介质中的扩散方程在形式上完全一样。

如果物质中存在**热源**，**热源强度**(单位时间内在单位体积产生的热量)为 $F(x,t)$，那么热传导方程为

$$u_t-a^2u_{xx}=f(x,t)\quad \left(a^2=\frac{k}{c\rho}\right) \tag{9.2.60}$$

其中 $f(x,t)=F(x,t)/(c\rho)$ 为按单位热容量计算的热源强度。

3) 边界条件

热传导系统与扩散系统极其相似，所以边界条件同样有以下三种：

(1) 如图 9.2-30 所示，杆的一端处在热源中，热源温度随时间变化，边界条件可表示为

$$u(0,t)=T(t) \tag{9.2.61}$$

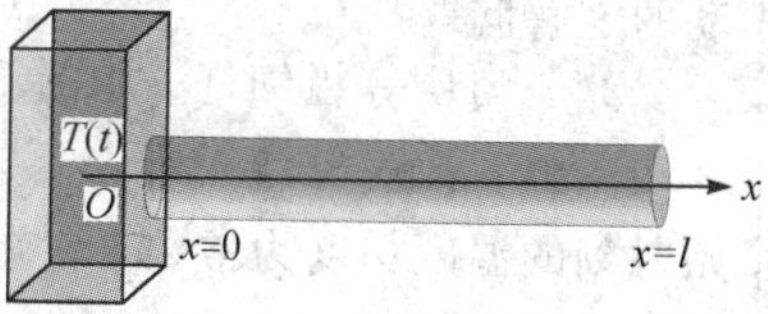

图 9.2-30　一端与热源接触的杆

(2) 杆的一端有热量流入，如图 9.2-31 所示，边界条件可表示为

$$-ku_x(0,t)=q(t) \tag{9.2.62}$$

因为热量流入首先造成端点的温度梯度。

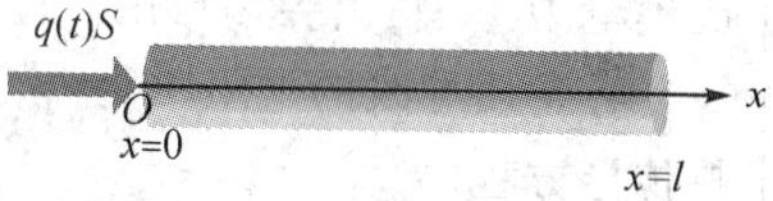

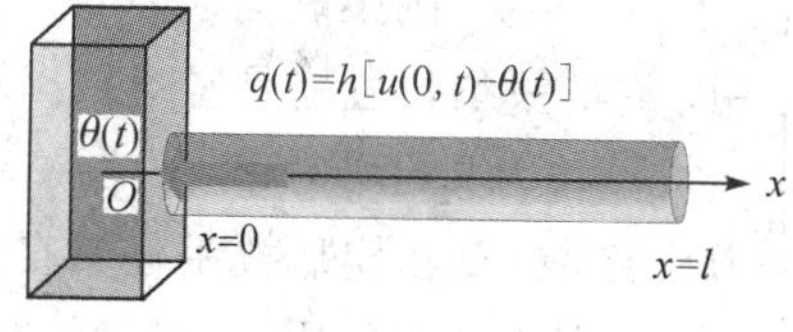

图 9.2-31　一端与热量流入的杆

(3) 杆的一端在其他介质中自由冷却，如图 9.2-32 所示，根据**牛顿自由冷却定律**，边界条件可表示为

$$ku_x(0,t)=h[u(0,t)-\theta(t)] \tag{9.2.63}$$

其中 θ 是介质在与杆接触点的温度，h 表征杆与另一种介质交换热量的性质，由实验测定。

图 9.2-32　一端自由冷却的杆

4) 初始条件

同扩散系统一样，泛定方程中只含浓度对 t 的一阶导数项，所以初始条件只需给出整条杆的温度即可，可以任意制备：

$$u(x,0)=\psi(x) \tag{9.2.64}$$

5) 可能的定解问题

A. 均匀细杆，一端与温度为 T_1 的热源接触，另一端与温度为 T_2 的热源接触，杆初始温度分布均匀，温度为 T_0，求杆上温度的变化：

$$\begin{cases} u_t-a^2u_{xx}=0 & \left(a^2=\dfrac{k}{c\rho}\right) \\ u(0,t)=T_1,\ u(l,t)=T_2 \\ u(x,0)=T_0 \end{cases} \tag{9.2.65}$$

B. 均匀细杆，一端与热源接触，温度保持为 T_1，另一端单位时间内流入的热量为 $q(t)$，杆初始温度分布均匀，温度为 T_0，求杆上温度的变化：

$$\begin{cases} u_t-a^2u_{xx}=0 & \left(a^2=\dfrac{k}{c\rho}\right) \\ u(0,t)=T_1,\ ku_x(l,t)=q(t) \\ u(x,0)=T_0 \end{cases} \tag{9.2.66}$$

练习 9.2.1

1. 如图 1 所示，长度为 l，密度为 ρ，两端固定时张力为 T 的均匀弦在初始位移和初始速度都为零的情况下，设单位长度、单位质量的弦受到的外力为 $B\sin\frac{\pi x}{l}\sin\omega t$，$B$ 为常数。试确定弦振动的定解问题。

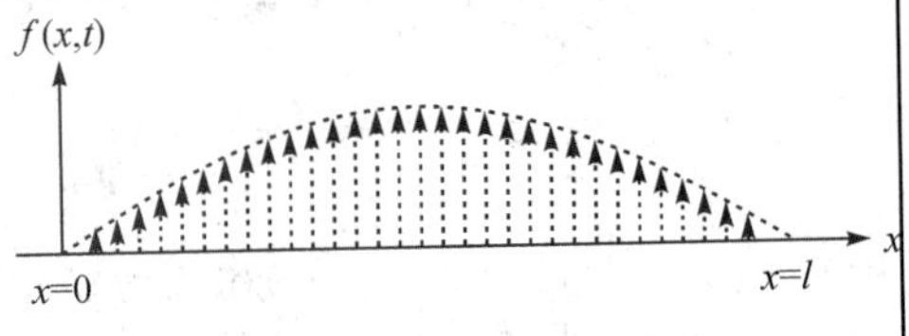

图 1　外力作用下的弦振动定解问题

2. 非匀质等粗细杆，如图 2 所示，杆的质量分布为 $\rho(x)=\alpha x$，长度为 l，热传导系数为 k，比热容为 c。杆初始时刻的温度梯度为常数，左端保持为温度 T_0，右端温度为 T_1。以后保持右端温度从 T_1 随时间均匀升高，即 $T_1(t)=T_1+\beta t$。试写出定解问题。

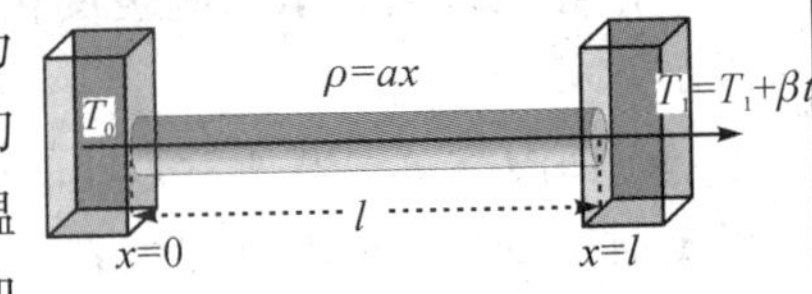

图 2　两端在热源中的非匀质等粗细杆

3. 设圆锥杆的密度为 ρ，长度为 l，底面半径为 r，杨氏模量为 Y，写出尖端自由、底端固定的圆锥杆的纵振动定解问题。

4. 匀质导线的电阻率为 r，通有均匀分布的直流电，电流密度为 j，试推导导线内的热传导方程。

5. 长为 l 的柔软匀质轻绳，一端固定在以匀角速度 ω 转动的竖直轴上，由于惯性离心力的作用，弦的平衡位置应是水平线，试推导此绳相对于水平线的横振动方程。

6. 长为 l 的柔软匀质重绳，上端固定在以匀角速度 ω 转动的竖直轴上，由于重力作用，绳的平衡位置应是竖直线，试写出此线相对于竖直线横振动的定解问题。

7. 长为 l 的均匀弦，两端 $x=0$ 和 $x=l$ 固定，弦中张力为 T_0，在 $x=h$ 点，以横向力拉弦，达到稳定后放手任其自由振动，写出初始条件。

8. 长为 l 的匀质杆两端受拉力 $F_0\cos\omega t$ 的作用而做纵振动，写出边界条件。

9. 长为 l 的匀质杆，两端有恒定的热流进入，其强度为 q_0，写出这个热传导问题的边界条件。

10. 一根杆由横截面积相同的两段连接而成，两段的材料不同，杨氏模量分别为 Y^{I}，Y^{II}，密度分别为 ρ^{I}，ρ^{II}，写出衔接条件。

11. 一根导热杆由两段构成，两段的热传导系数、比热容、密度分别为 k^{I}，c^{I}，ρ^{I}；k^{II}，c^{II}，ρ^{II}，初始温度为 u_0，然后保持两端为零，写出定解问题。

9.2.2　二维定解问题的导出

肥皂泡膜、绷紧的橡皮膜、弹性较好的塑料膜振动时都可看成二维力学系统。在热学中，非常薄的**介质薄片**上只研究热量(粒子)在平面内的输运时，也可以看成二维热学系统。

1. 二维均匀薄膜的微小横振动

均匀薄膜(如肥皂泡薄膜、气球薄膜、弹性较好的塑料膜)用硬金属边框张紧，如图 9.2-33 所示，在风或者其他因素扰动后，膜的振动如何研究？

1）基本物理概念

膜振动属于弹性力学范畴。在某个方向上，两部分膜之间相互施加的张力一方面使膜发生加速运动，另一方面使膜发生形变(同弦的横振动类似)。

张力：膜处于绷紧的状态时，可用膜中的张力 T 描述(与表面张力类似，假想在膜上取一条线，单位长度上的线受到的力称为张力)膜绷的松紧程度，如图 9.2－34 所示。

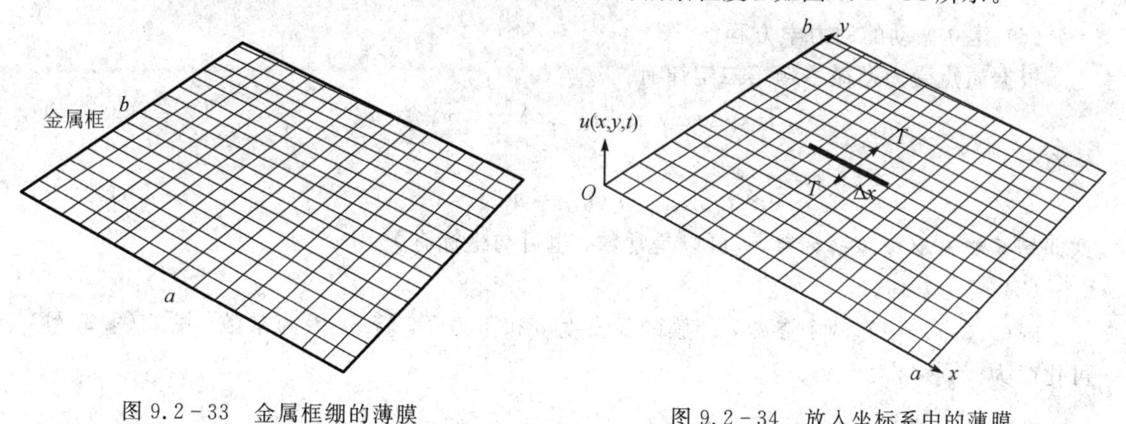

图 9.2－33　金属框绷的薄膜　　图 9.2－34　放入坐标系中的薄膜

2）泛定方程

(1) 简化模型。

先描述膜：假设膜的面密度(单位面积的质量)为 ρ，张力为 T。为了研究的简便性，往往需要抽象出问题的关键，忽略次要因素。一般有以下假设：

① 膜完全弹性，振动过程为动能与势能的转换过程，无能量耗损。

② 膜是完全柔软的，和前面的弦一样，不同部分之间只能施加拉力。

③ 由于膜中的张力很大，忽略重力作用。

④ 振动是微小的。

(2) 选择坐标系，将系统的物理状态放入坐标系中。

如图 9.2－34 所示，将膜放在 $O\text{-}xy$ 平面，某一时刻垂直于 $O\text{-}xy$ 平面的振动如图 9.2－35 所示。

(3) 选择物理量。

假设膜不振动时的位置为平衡位置，研究膜的振动即研究膜上每一点离开平衡位置的位移，用物理量 $u(x,y,t)$表示。

(4) 选择微元。

选择 t 时刻膜上面积为 $\Delta x\Delta y$ 的微元作为研究对象，见图 9.2－35。

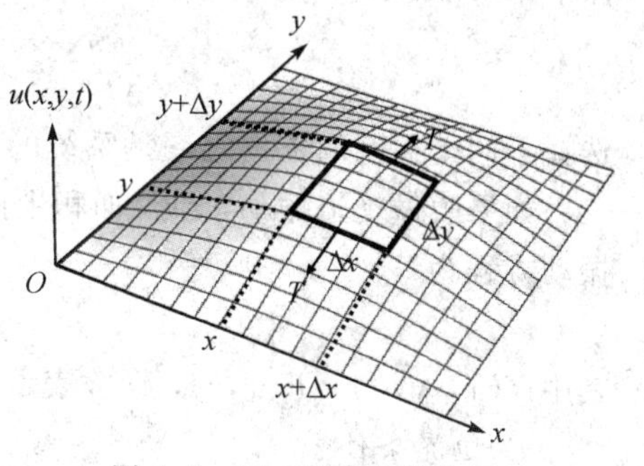

图 9.2－35　振动薄膜受力

(5) 微元分析受力。

以方形微元的四条边为界，先研究 x 和 $x+\Delta x$ 的两边，单位长度上的张力在垂直于 $O\text{-}xy$ 平面方向的分量分别为

$$Tu_y(x,y,t),\ Tu_y(x,y+\Delta y,t) \tag{9.2.67}$$

这里已经使用了两个拉力平行于 $O-xy$ 平面分量相等的方程(见弦振动方程导出)，所以垂直于 $O-xy$ 平面的合力为

$$[Tu_y(x, y+\Delta y, t) - Tu_y(x, y, t)]\Delta x = Tu_{yy}\Delta x\Delta y \tag{9.2.68}$$

同理，在 y 和 $y+\Delta y$ 两边所受垂直于 $O-xy$ 平面的合力为

$$[Tu_x(x+\Delta x, y, t) - Tu_x(x, y, t)]\Delta y = Tu_{xx}\Delta x\Delta y \tag{9.2.69}$$

(6) 建立振动的动力学方程。

根据质点受力遵循牛顿第二定律有

$$Tu_{xx}\Delta x\Delta y + Tu_{yy}\Delta x\Delta y = \rho\Delta x\Delta y u_{tt} \tag{9.2.70}$$

化简得

$$\rho u_{tt} - T(u_{xx} + u_{yy}) = 0 \tag{9.2.71}$$

这即是薄膜自由横振动方程，ρ 可以是常数，也可与坐标有关。

(7) 简化方程。

式(9.2.71)中有两个参数，即膜的面密度 ρ 和张力 T，**若 ρ，T 为常数**，则式(9.2.71)可化简为

$$u_{tt} - a^2(u_{xx} + u_{yy}) = 0 \left(a^2 = \frac{T}{\rho}\right) \tag{9.2.72}$$

这即是二维薄膜微小横振动方程的表达式。一般形式的振动方程为

$$u_{tt} - a^2\Delta_2 u = 0 \quad (a^2 = \frac{T}{\rho}) \tag{9.2.73}$$

其中

$$\Delta_2 = \frac{\partial^2}{\partial x^2} + \frac{\partial^2}{\partial y^2} \tag{9.2.74}$$

是**拉普拉斯算符**在直角坐标系中的形式，式(9.2.72)和式(9.2.73)既有相同之处，又有不同之处。式(9.2.72)是在直角坐标系下的表示方式，式(9.2.73)是二维薄膜微小振动方程的抽象数学表达式，虽然是通过直角坐标系得到的，但可适用于任意坐标系。二维坐标系除了直角坐标系之外，常见的还有极坐标系。根据坐标变换，可得极坐标系下的二维薄膜微小振动方程如下：

$$\frac{\partial^2 u}{\partial t^2} - a^2\left(\frac{\partial^2 u}{\partial \rho^2} + \frac{1}{\rho}\frac{\partial u}{\partial \rho} + \frac{1}{\rho^2}\frac{\partial^2 u}{\partial \varphi^2}\right) = 0 \tag{9.2.75}$$

选择不同坐标系的依据之一是系统的对称性或系统的形状。

如果膜做受迫振动，单位面积上的膜受到垂直于 $O-xy$ 平面的力为 $F(x, y, t)$，受迫振动方程为

$$u_{tt} - a^2\Delta_2 u = f(x, y, t) \tag{9.2.76}$$

其中 $f(x, y, t) = F(x, y, t)/\rho$ 表示单位面积、单位质量的膜的受迫力。

3) 边界条件

有界二维系统的边界以边界线的形式存在，在平面上是一条封闭曲线，常见的有界系统边界有以下两种情况：

(1) **边界框固定：**边界框固定表示为横向位移在边界上一直为零，如果膜是长方形的，选择直角坐标系后，边界条件可以表示为

$$\begin{cases} u(0, y, t)=0, u(a, y, t)=0 \\ u(x, 0, t)=0, u(x, b, t)=0 \end{cases} \quad (9.2.77)$$

(2) **边界框运动**：例如，有一条边是运动的，边界条件可以表示为

$$u(x, 0, t)=f(x, t) \quad (9.2.78)$$

即表示 $y=0$ 的边做受迫振动。如果边界框是圆形的，边界条件如何确定？读者可练习给出。

4）初始条件

泛定方程中包含 $u(x, y, t)$ 对时间 t 的二阶导数，所以初始条件包括膜的初始位移和初始速度。由于实验制备的任意性，同一维的情况相同，只需要满足边界条件即可，因此初始条件可表示为

$$u(x, y, 0)=\psi(x, y), u_t(x, y, 0)=\phi(x, y) \quad (9.2.79)$$

5）可能的定解问题

$\begin{cases} u_{tt}-a^2\Delta_2 u=f(x, y; t) \\ u(0, y, t)=0, u(a, y, t)=0 \\ u(x, 0, t)=0, u(x, b, t)=0 \\ u(x, y, 0)=\psi(x, y) \\ u_t(x, y, 0)=\phi(x, y) \end{cases}$ (9.2.80)	$\begin{cases} u_{tt}-a^2\Delta_2 u=f(x, y, t) \\ u(0, y, t)=0, u(a, y, t)=0 \\ u(x, 0, t)=A\sin\omega t, u(x, b, t)=0 \\ u(x, y, 0)=\psi(x, y) \\ u_t(x, y, 0)=\phi(x, y) \end{cases}$ (9.2.81)

2. 二维热传导(扩散)问题

如图 9.2－36 所示，一块长和宽分别为 a 和 b、厚度为 d（$d \ll a, b$）的介质薄片，初始时刻温度均匀为 T_0，将这块介质薄片长的两边与温度为 T_1 的热源接触，短的两边与热源 T_2 接触。如何研究介质薄片上各点的温度变化和某一时刻介质薄片上的温度分布？如果是一块圆形的介质薄片，初始温度认为 T_0，圆周边与热源 T_1 接触，又如何研究介质薄片上各点的温度变化和某一时刻介质薄片上的温度分布？解决这些问题首先需要解决的是建立定解问题。

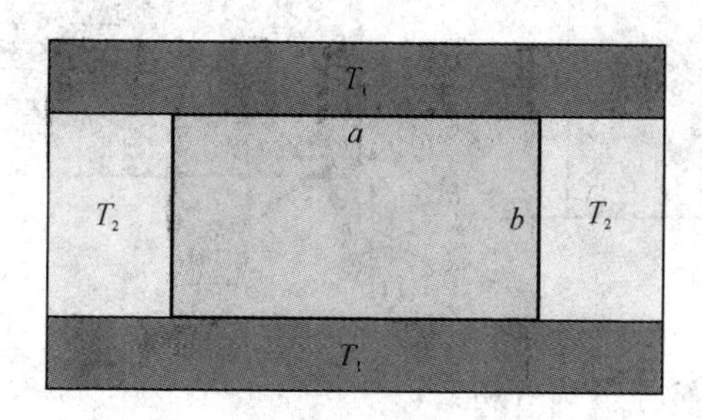

图 9.2－36　二维介质薄片的环境描述

1）基本物理概念

热传导(扩散)：在介质中，由于温度(粒子浓度)不均匀，热量(粒子)从温度高(浓度高)的地方向温度低(浓度低)的地方转移的现象。

温度(浓度)梯度：温度(浓度)不均匀的表示方法。

热传导(扩散)问题研究的是温度(浓度)在空间中的分布和随时间的变化 $u(x, y, t)$。热传导(扩散)的强弱可用单位时间内通过单位横截面积的热量(粒子数)——*热流强度*(扩散流强度) $\boldsymbol{q}$ 来表示，根据实验结果，热传导(扩散)现象遵循热传导定律(扩散定律)，统一表示为

$$\begin{cases} \boldsymbol{q} = -D\,\nabla u \text{（热传导）} \\ \boldsymbol{q} = -k\,\nabla u \text{（扩散）} \end{cases} \tag{9.2.82}$$

其中∇是梯度算符，在二维直角坐标系下的形式为

$$\nabla = \frac{\partial}{\partial x}\boldsymbol{i} + \frac{\partial}{\partial y}\boldsymbol{j} \quad (\boldsymbol{i},\ \boldsymbol{j} \text{ 为 } x,\ y \text{ 方向的单位矢量}) \tag{9.2.83}$$

比例系数 $D(k)$ 称为热传导(扩散)系数。不同物质的热传导(扩散)系数不一样。一般情况下 $D(k)$ 是各向同性的，并且为常数。

2) 泛定方程

(1) 简化模型。

二维杆热传导(扩散)问题与一维杆的热传导(扩散)问题是同一类物理问题，不同的是热量(粒子)可以沿两个方程输运，输运过程中热量(粒子数)守恒。

(2) 选择坐标系，将系统放入坐标系中。

如图 9.2－37 所示，建立坐标系，将系统 t 时刻的状态放入坐标系中。

(3) 选择物理量。

选择系统中 t 时刻各点的温度(浓度)作为研究的物理量，用 $u(x, y, t)$ 表示。

(4) 选择研究的微元。

如图 9.2－38 所示，选择系统中的微元 ΔS 进行研究。

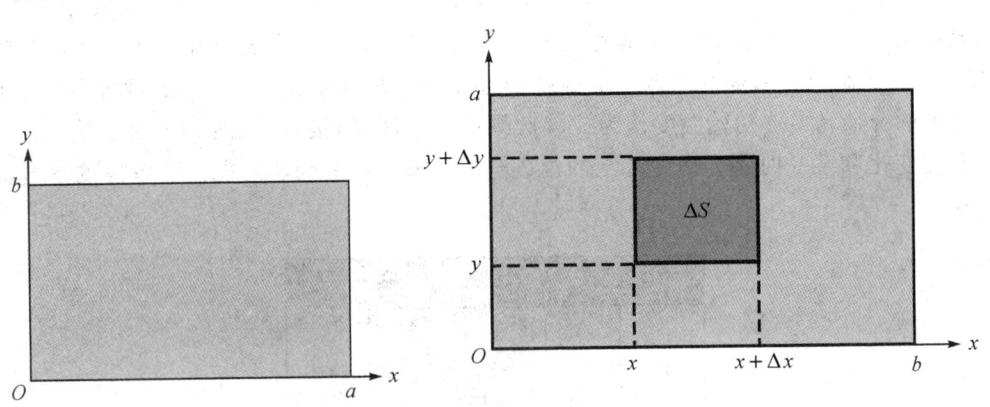

图 9.2－37　放入坐标系的介质薄片　　　　图 9.2－38　选择微元

(5) 微元受到的相邻部分影响分析。

所选微元的温度(浓度)变化的原因有以下三个方面：

① x 方向上流入微元的热量(粒子)，见图 9.2－39。

② y 方向上流入微元的热量(粒子)。

③ 可能本身能产生热量(粒子)。

①②其实已经将二维问题转化为了一维问题。微元温度(浓度)的升高与流入的热量

(粒子)之间满足热量(粒子数)守恒。

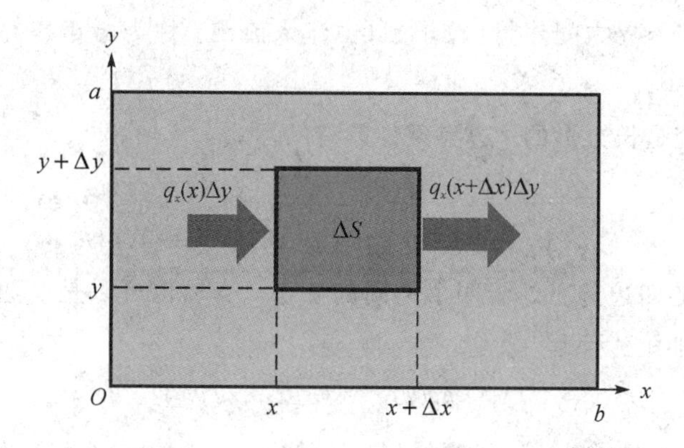

图 9.2-39　流入流出微元的热量(粒子)

(6) 建立守恒方程。

对于**热传导**，微元温度的升高与流入的热量遵循热量守恒，则

$$c\rho u_t - k(u_{xx} + u_{yy}) = F(x, y, t) \tag{9.2.84}$$

其中 c，ρ 是介质薄片的比热容和介质薄片的密度，$F(x, y, t)$ 是单位时间内单位面积介质薄片产生的热量。

对于**扩散**，微元浓度的升高与流入的粒子流遵循粒子数守恒，则

$$u_t - D(u_{xx} + u_{yy}) = F(x, y, t) \tag{9.2.85}$$

$F(x, y, t)$ 是单位时间内单位面积介质薄片产生的粒子数。

(7) 简化方程。

假定介质薄片的 c，$\rho(k, D)$ **都是常数**，则式(9.2.84)、式(9.2.85)可统一写为

$$u_t - a^2(u_{xx} + u_{yy}) = f(x, y, t) \tag{9.2.86}$$

$$\left(a^2 = \frac{k}{(c\rho)} \text{ 或 } a^2 = D\right)$$

其中热传导对应 $f(x, y, t) = \dfrac{F(x, y, t)}{(c\rho)}$，扩散对应 $f(x, y, t) = F(x, y, t)$。这即是介质薄片热传导方程(粒子扩散方程)在直角坐标系中的表述形式。

任意坐标系下的二维热传导方程可表示为

$$u_t - a^2\Delta_2 u = f(\boldsymbol{r}, t) \quad \left(a^2 = \frac{k}{c\rho}\right) \tag{9.2.87}$$

二维扩散方程与二维热传导方程的形式一样，即

$$u_t - a^2\Delta_2 u = f(\boldsymbol{r}, t) \quad (a^2 = D) \tag{9.2.88}$$

其中 $\boldsymbol{r}$ 是平面上任意点 p 的位置矢量。

3) 边界条件

二维热输运系统的边界条件有以下三种物理情况：

(1) 系统边界与热源(粒子源)接触，给出系统边界线上的温度(浓度)，对应**第一类边界条件**。

(2) 系统边界线在单位时间内单位长度上流入的热量(粒子数)为 $\boldsymbol{q}(t)$，流入热量(粒

子)直接导致系统边界线上有温度(浓度)梯度，对应**第二类边界条件**。

(3) 系统边界与外界之间热量(粒子)自由流入流出，称为**自由冷却**(自由流出)，对应**第三类边界条件**。

因此，如果系统是长方形的，边界条件具有的形式：

$$\begin{cases} u(0,\ y,\ t)=f_1(t),\ u(a,\ y,\ t)=f_2(t) \\ u(x,\ 0,\ t)=f_3(t),\ u(x,\ b,\ t)=f_4(t) \end{cases} \tag{9.2.89}$$

对应着长方形系统的四边分布处于四个不同的热源。当然也可以是一边与热源接触，其他三边有热量流入，则可表示为

$$\begin{cases} u(0,\ y,\ t)=f_1(t),\ -ku_x(a,\ y,\ t)=q_2(t) \\ ku_y(x,\ 0,\ t)=q_3(t),\ -ku_y(x,\ b,\ t)=q_4(t) \end{cases} \tag{9.2.90}$$

4) 初始条件

同一维情况一样，热力学系统的初始条件只需给出系统初始时刻的温度(浓度)即可，原则上可以通过实验制备初始时刻的任何温度(浓度)分布，统一表示为

$$u(x,\ y,\ 0)=\psi(x,\ y) \tag{9.2.91}$$

其中 $\psi(x,\ y)$ 是任意函数。

5) 可能的定解问题

$\begin{cases} u_t-a^2\Delta_2 u=f(x,\ y,\ t)\ \left(a^2=\dfrac{k}{c\rho}\right) \\ u(0,\ y,\ t)=f_1(t),\ u(a,\ y,\ t)=f_2(t) \\ u(x,\ 0,\ t)=f_3(t),\ u(x,\ b,\ t)=f_4(t) \\ u(x,\ y,\ 0)=T_0 \end{cases}$ (9.2.92)	$\begin{cases} u_t-a^2\Delta_2 u=0\quad \left(a^2=\dfrac{k}{c\rho}\right) \\ -ku_x(0,\ y,\ t)=q(t),\ u(a,\ y,\ t)=f_2(t) \\ u(x,\ 0,\ t)=f_3(t),\ u(x,\ b,\ t)=f_4(t) \\ u(x,\ y,\ 0)=0 \end{cases}$ (9.2.93)
表示四周分别与四个热源接触的长方形系统，系统内部不同位置单位时间内单位面积的单位质量产生的热量为 $f(x,\ y,\ t)$，系统初始时刻每一处的温度都相同，均为 T_0。	表示 $x=0$ 的边单位时间内单位长度上有热量流 $q(t)$ 流入，其他三边与不同温度热源接触的长方形系统，系统内部没有热量产生，也没有热量消失，系统初始时刻温度为 0。

3. 二维稳定温度(浓度)分布

二维热传导(扩散)问题中还有一类情况是系统各点的温度(浓度)稳定不变。例如，系统边界的温度不随时间变化，或者是边界流入热流强度不随时间变化，系统内部产生的热流也不随时间变化。不管初始条件如何，系统经历足够长时间后，会处于一种宏观状态——系统内流入流出任意微元的热量(浓度)达到宏观平衡，此时系统各点的温度(浓度)都不会随时间发生变化，在宏观上形成不同点温度(浓度)不同的一种分布，称为**稳定温度分布**。这种分布与初始条件无关，表现在定解问题中泛定方程没有 u_t 项，相应地，不需要初始条件，所以其定解问题一般如下：

<table>
<tr>
<td>

$$\begin{cases}\Delta_2 u = f(x, y)\\ u(0, y) = T_1, u(a, y) = T_2\\ u(x, 0) = T_3, u(x, b) = T_4\end{cases}\tag{9.2.94}$$

表示四周分别与四个热源接触的长方形系统，系统内部不同位置单位时间内单位面积的单位质量产生的热量为 $f(x, y)$。

</td>
<td>

$$\begin{cases}\Delta_2 u = 0\\ Du_x(0, y) = q_1, Du_x(a, y) = q_2\\ u(x, 0) = N_3, u(x, b) = N_4\end{cases}\tag{9.2.95}$$

表示 $x=0$，a 的两边单位时间内单位长度上分别有粒子流 q_1，q_2 流入(出)，其他两边与恒定浓度粒子源接触的长方形系统，系统内部没有粒子产生，也没有粒子消失。

</td>
</tr>
</table>

4. 二维静电场问题

在均匀电场中引入半径为 a 的圆柱导体，导体的轴线与电场方向垂直，当研究导体外部电势分布时，若电场区域无限大，导体无限长，则导体外的电势分布满足轴对称性，只需要研究垂直导体轴线一个平面上的电势分布即可，由于导体外没有电荷分布，因此电势满足二维拉普拉斯方程：

$$\Delta_2 u(x, y) = 0\ (x^2 + y^2 \geqslant a^2)\tag{9.2.96}$$

即二维静电场满足的泛定方程。

若真空中具有轴对称分布的电荷分布，则泛定方程为

$$\Delta_2 u(x, y) = -\frac{\rho(x, y)}{\varepsilon_0}\tag{9.2.97}$$

其中 $\rho(x, y)$ 为面电荷密度，ε_0 是真空介电常数。

练习 9.2.2

1. 圆形金属框张开的膜，金属框固定，试写出膜微小振动的边界条件，如图 1 所示(提示：选择极坐标系)

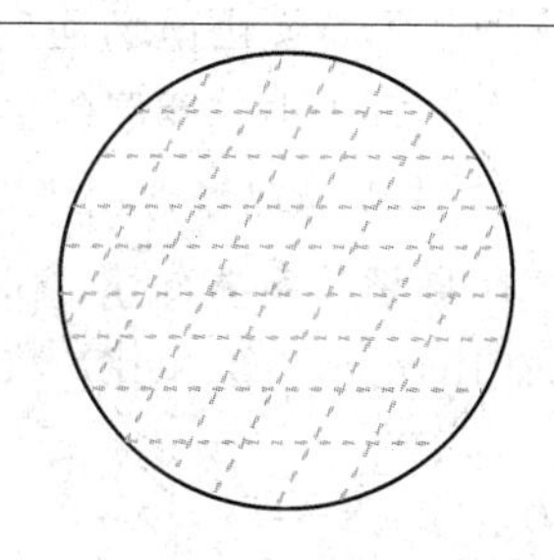

图 1　金属框绷紧的圆形薄膜

9.2.3　三维定解问题的导出

由于经典力学的时空背景为三维欧几里德空间与作为参数的时间，因此三维定解问题是最为普遍的一类问题。这类问题包括声音的三维传播、三维振动、三维扩散和三维热传导、三维静电场分布、电磁波传播、量子力学问题等。

1. 三维热传导(扩散)方程

三维热传导(扩散)与一维、二维热传导(扩散)问题类似，泛定方程推导过程中需要考虑第三个方向的热量(粒子)流入与流出，从一维、二维的情况可以类推三维泛定方程：

$$u_t - a^2\Delta_3 u = f(x, y, z, t)\ \left(a^2 = \frac{k}{c\rho}\right) \tag{9.2.98}$$

$$u_t - a^2\Delta_3 u = f(x, y, z, t)\ (a^2 = D) \tag{9.2.99}$$

其中 Δ_3 是三维*拉普拉斯算符*，在*直角坐标系*、*球坐标系*、*柱坐标系*中的形式分别为

$$\Delta_3 = \frac{\partial^2}{\partial x^2} + \frac{\partial^2}{\partial y^2} + \frac{\partial^2}{\partial z^2} \tag{9.2.100}$$

$$\Delta_3 = \frac{1}{r^2}\frac{\partial}{\partial r}\left(r^2\frac{\partial}{\partial r}\right) + \frac{1}{r^2\sin\theta}\frac{\partial}{\partial\theta}\left(\sin\theta\frac{\partial}{\partial\theta}\right) + \frac{1}{r^2\sin^2\theta}\frac{\partial^2}{\partial\varphi^2} \tag{9.2.101}$$

$$\Delta_3 = \frac{1}{\rho}\frac{\partial}{\partial\rho}\left(\rho\frac{\partial}{\partial\rho}\right) + \frac{1}{\rho^2}\frac{\partial^2}{\partial\varphi^2} + \frac{\partial^2}{\partial z^2} \tag{9.2.102}$$

本书**解析求解**主要针对的是系统是长方体、球形、圆柱形这三种情况。三维系统的形状非常复杂，其他情况的解析求解更难，大多采用近似或数值求解。现已发展了各种模拟软件模拟真实的物理场，比如 Mathematica，Matlab，Comsol 等。

2. 三维稳定温度(浓度)分布

三维稳定温度(浓度)分布定解问题泛定方程的一般形式为

$$\Delta_3 u = f(x, y, z) \tag{9.2.103}$$

式(9.2.103)称为*泊松方程*。当 $f(x, y, z) = 0$ 时，方程变为

$$\Delta_3 u = 0 \tag{9.2.104}$$

称为*拉普拉斯方程*。

3. 三维静电场问题

静电场是有源无旋场，电场线不闭合，始于正电荷，终止于负电荷或无穷远处。静电场的这种基本特性由电场强度满足的高斯定理和电场强度的环路定理描述。

本节方程中的**粗黑斜体符号**表示三维矢量。

1）基本物理概念

静电场的高斯定理：在静电场中，取一个封闭曲面，则穿过封闭曲面的电通量与封闭曲面内的电荷量成正比。数学上表达为

$$\oiint_{\Sigma} \boldsymbol{E}\cdot \mathrm{d}\boldsymbol{S} = \frac{1}{\varepsilon_0}\iiint_{T}\rho(\boldsymbol{r})\,\mathrm{d}V \tag{9.2.105}$$

静电场的无旋性：由于电场是保守场，因此电场力沿封闭曲线所做的功为零。取封闭曲线无穷小，根据数学推演可得

$$\nabla\times\boldsymbol{E} = 0 \tag{9.2.106}$$

2）泛定方程

静电场用电场强度或电势进行描述。当电荷分布已知并且具有一定的对称性时，运用电场的叠加原理或高斯定理计算静电场的电场强度是可行的。但是当电荷分布未知时，静电场场强分布或电势分布遵循什么样方程呢？比如在静电场中引入导体，静电平衡后的电场由原电场与导体表面的极化电荷激发电场叠加形成，但由于导体边界的复杂性，导体表面的电荷分布一般未知，因此静电场的计算用叠加原理和高斯定理不能求解。此处根据高斯定理和静电场的无旋性导出静电势满足的泛定方程。

(1) 高斯定理的微分形式。

根据高斯定理，研究真空中的静电场时，所选微元边界(封闭曲面)上的电通量正比于微元内部的电荷总量，即

$$\oint\!\!\!\oint_{\Sigma} \boldsymbol{E} \cdot \mathrm{d}\boldsymbol{S} = \frac{1}{\varepsilon_0}\iiint_{T} \rho(\boldsymbol{r})\mathrm{d}V \tag{9.2.107}$$

方程(9.2.107)是高斯定理的积分形式。利用数学上的高斯公式，将等式左边的面积分改为体积分：

$$\iiint_{T} \nabla \cdot \boldsymbol{E}\mathrm{d}V = \frac{1}{\varepsilon_0}\iiint_{T} \rho(\boldsymbol{r})\mathrm{d}V \tag{9.2.108}$$

$\nabla \cdot \boldsymbol{E}$ 称为电场的*散度*。两边比较可知，电场的散度等于微元内的电荷量除以 ε_0，即

$$\nabla \cdot \boldsymbol{E} = \frac{\rho(\boldsymbol{r})}{\varepsilon_0} \tag{9.2.109}$$

这即是真空中静电场高斯定理的微分形式。

(2) 环路定理的微分形式。

环路定理的微分形式为

$$\nabla \times \boldsymbol{E} = 0 \tag{9.2.110}$$

这来源于静电场是保守场，静电力做功与路径无关，即电场具有无旋性，$\nabla \times \boldsymbol{E}$ 称为静电场的旋度。

数学结论：若矢量场 $\boldsymbol{A}(x, y, z)$ 满足 $\nabla \times \boldsymbol{A} = 0$，则一定能找到一个标量函数 $V(x, y, z)$ 满足：

$$\boldsymbol{A} = \nabla V \tag{9.2.111}$$

对于静电场，电场强度分布为 $\boldsymbol{E}(x, y, z)$，满足式(9.2.110)，找到的标量函数是电场的电势，即电场强度等于电势的负梯度：

$$\boldsymbol{E} = \nabla[-u(\boldsymbol{r})] \tag{9.2.112}$$

将式(9.2.112)代入式(9.2.109)可得电势满足的方程为

$$\Delta_3 u(\boldsymbol{r}) = -\frac{\rho(\boldsymbol{r})}{\varepsilon_0} \tag{9.2.113}$$

其中三维*拉普拉斯算符* $\Delta_3 = \boldsymbol{\nabla} \cdot \boldsymbol{\nabla}$。式(9.2.113)即为具有电荷分布 $\rho(\boldsymbol{r})$ 的真空中的电势满足的泛定方程，是*泊松方程*。若所研究的空间无电荷分布，即 $\rho(\boldsymbol{r}) = 0$，则式(9.2.113)退化为*拉普拉斯方程*：

$$\Delta_3 u(\boldsymbol{r}) = 0 \tag{9.2.114}$$

3) 边界条件

研究特定空间的静电场时，边界条件主要有以下两点：

(1) 给定介质(导体)表面的电势分布：

$$u(M) = \psi(M) \tag{9.2.115}$$

(2) 给定介质(导体)表面的电场强度的垂直分量：

$$\left.\frac{\partial u}{\partial n}\right|_{\Sigma} = \phi(M) \tag{9.2.116}$$

具体的表达式将在实际问题中给定。

当所研究系统的电场分布具有对称性时，可以通过选择合适的坐标系将电势表达为二元函数，即二维静电场分布(见 9.2.2 节)。

4. 恒定电流场

电荷在导电介质中定向移动可形成电流，电流激发电场也激发磁场，如图 9.2-40 所示。那么如何研究运动电荷在导电介质中激发的电场?

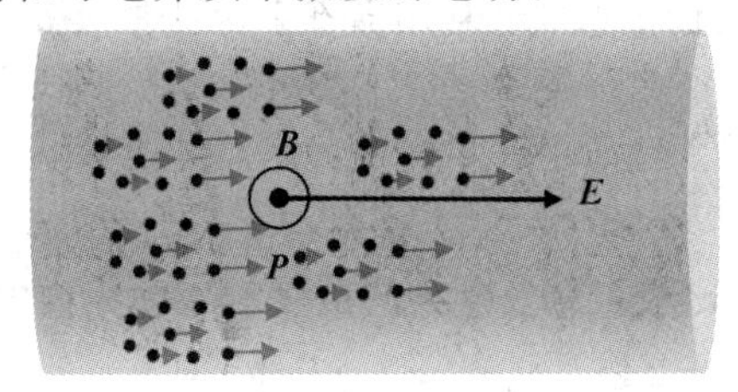

图 9.2-40　导电介质中运动电荷激发电场、磁场

1) 基本物理概念

电流密度：描述导电介质中电荷定向移动的快慢，定义为单位时间内穿过单位面积的电荷量，用矢量 $\boldsymbol{j}(x, y, z, t)$ 表示。

恒定电流的欧姆定律：导电介质中电流密度 $\boldsymbol{j}$ 与电场强度 $\boldsymbol{E}$ 之间满足**欧姆定律**，即

$$\boldsymbol{j} = \sigma\boldsymbol{E} \tag{9.2.117}$$

其中 σ 称为导电介质的**电导率**，描述导电介质的导电特性，与电阻率成反比。

恒定电流场的无旋性：恒定电流激发电场的同时也激发磁场，当电流为恒定电流时，激发的磁场为恒定场，根据**麦克斯韦方程组**有

$$\nabla \times \boldsymbol{E} = -\boldsymbol{B}_t = \boldsymbol{0} \tag{9.2.118}$$

即恒定电流激发的电场满足无旋性。

电荷守恒：导电介质中具有电流时，电荷守恒，导电介质中每个微元 Σ 的电流密度满足：

$$\oiint_{\Sigma} \boldsymbol{j} \cdot \mathrm{d}\boldsymbol{S} = \frac{1}{\varepsilon_0}\iiint_{T} \nabla \cdot \boldsymbol{j}\,\mathrm{d}V \tag{9.2.119}$$

以下将根据式(9.2.117)～式(9.2.119)导出导电介质中恒定电流激发的电势满足的泛定方程。

2) 泛定方程

(1) 电流通量的积分形式。

微元中电荷密度的增加在没有电荷源的情况下只有通过微元边界流入，如图 9.2-41 所示，单位时间流入微元的电荷为 $\oiint_{\Sigma} \boldsymbol{j} \cdot \mathrm{d}\boldsymbol{S}$，利用数学上的高斯公式可化为体积分，即

$$\oiint_{\Sigma} \boldsymbol{j} \cdot \mathrm{d}\boldsymbol{S} = \frac{1}{\varepsilon_0}\iiint_{T} \nabla \cdot \boldsymbol{j}\,\mathrm{d}V \tag{9.2.120}$$

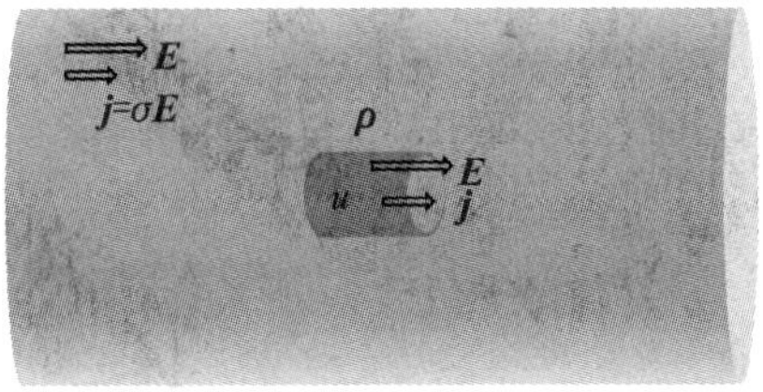

图 9.2-41　导电介质中的电流元

(2) 电荷守恒方程。

电荷守恒方程(微元很小)为

$$\frac{\partial \rho}{\partial t}+\nabla \cdot \boldsymbol{j}=0 \tag{9.2.121}$$

其中 $\rho(\boldsymbol{r}, t)$ 为自由电荷体密度。

（3）电场强度的散度。

导电介质中电流恒定时，宏观上微元中的电荷密度不随时间变化，即 $\frac{\partial \rho}{\partial t}=0$，所以有

$$\nabla \cdot \boldsymbol{j}=0 \tag{9.2.122}$$

代入式(9.2.117)的欧姆定律得

$$\nabla \cdot (\sigma \boldsymbol{E})=0 \tag{9.2.123}$$

各向同性导电介质中导电率 σ 为常数时，有

$$\sigma \nabla \cdot \boldsymbol{E}=0 \tag{9.2.124}$$

（4）电场强度的无旋性。

利用式(9.2.118)，根据恒定电流场具有无旋性，数学上总可以找到一个标量函数满足：

$$\boldsymbol{E}=\nabla[-u(\boldsymbol{r})] \tag{9.2.125}$$

这个标量函数就是恒定电流激发的电势 $u(\boldsymbol{r})$，代入式(9.2.124)得

$$\Delta_3 u(\boldsymbol{r})=0 \tag{9.2.126}$$

即恒定电流激发的电势满足拉普拉斯方程。

5. 量子力学的薛定谔方程

1）基本物理概念

当用经典力学的理论研究微观世界的物理现象（如原子内部电子的运动规律）时，理论研究的结果与实验观测有诸多矛盾，为此科学家们引入新的理论描述微观粒子的运动，低速微观粒子运动遵循的动力学方程之一就是薛定谔方程，即微观粒子运动的泛定方程。

2）泛定方程

量子力学的薛定谔方程是描述微观粒子在各种势场（如电子在中心力场、电磁场）运动的方程。所选物理量是波函数 $u(x, y, z, t)$（概率振幅），可以描述粒子的状态。有了波函数，即可以计算粒子相应的物理量。波函数满足的动力学方程为薛定谔方程：

$$\mathrm{i} h u_t(x, y, z, t)=-\frac{h^2}{2m}\Delta u(x, y, z, t)+V(x, y, z, t)u(x, y, z, t) \tag{9.2.127}$$

系数中出现了虚数单位 i，表明薛定谔方程本身是建立在复数空间的方程（前面的方程都建立在实数空间），h 是普朗克常数。势能不显含时间 t 的情况称为定态（比如稳定氢原子系统可以近似为电子在固定原子核激发的静电场中的运动）。对于定态情况，薛定谔方程可简化为定态薛定谔方程：

$$-\frac{h^2}{2m}\Delta u(x, y, z)+V(x, y, z)u(x, y, z)=Eu(x, y, z) \tag{9.2.128}$$

其中 E 是体系的能量，式(9.2.128)也称为能量本征方程。

3）边界条件

以氢原子系统为例，当其简化为电子在原子核激发的中心力场中的运动时，由于原子

尺寸很小，并且氢原子很稳定，因此电子出现在离原子核很远的地方的概率为零，可表示为

$$u(\infty, t)=0 \tag{9.2.129}$$

若采用球坐标系，坐标原点建立在原子核上，则波函数还满足数学上的自然边界条件：

$$u(0, t)=\text{有限值} \tag{9.2.130}$$

其他情况将在量子力学相关课程中提及。

4）初始条件

微观体系的初始条件涉及态的制备，这是量子力学中的一个难题，此处不做详细讨论。

练习 9.2.3
1. 半径为 ρ 而表面熏黑的金属长圆柱受到阳光照射，阳光照射的方向垂直于柱轴，热流强度为 q_0，周围介质温度为 T，写出这个圆柱体热传导问题的边界条件。

9.3　泛定方程的数学分类

描述物理系统演化的泛定方程都是*偏微分方程*。根据偏微分方程中微分项的线性情况可分为*线性偏微分方程*、*非线性偏微分方程*；根据常函数项是否为零，又可分为*齐次偏微分方程*和*非齐次偏微分方程*。

9.3.1　泛定方程的线性属性分类

1. 线性偏微分方程

根据微分方程的非线性定义，9.2 节定解问题的泛定方程可统一表示，其中：

振动问题：

$$u_{tt}-a^2\Delta u+2\gamma u_t=f(x, y, z, t) \tag{9.3.1}$$

输运问题：

$$u_t-a^2\Delta u=f(x, y, z, t) \tag{9.3.2}$$

稳定场分布问题：

$$\Delta u=f(x, y, z) \tag{9.3.3}$$

$$\Delta u=0 \tag{9.3.4}$$

这些都是*线性偏微分方程*，即方程中每一项都只含未知函数一次项、一阶导数的一次项或二阶导数的一次项。

2. 非线性偏微分方程

若偏微分方程中某一项出现未知函数（或一阶、二阶）二次以上的项，则称为*非线性偏微分方程*，比如形式如下的方程：

$$u_{tt}-a^2\Delta u+2\gamma (u_t)^2=f(x, y, z, t) \tag{9.3.5}$$

式中包含非线性项 $(u_t)^2$（高于一次项），本书不讨论非线性偏微分方程的定解问题。

9.3.2 泛定方程的齐次性分类

1. 非齐次泛定方程

振动问题：

$$u_{tt} - a^2 \Delta u + 2\gamma u_t = f(x, y, z, t) \tag{9.3.6}$$

方程含常函数项 $f(x, y, z, t)$。

输运问题：

$$u_t - a^2 \Delta u = f(x, y, z, t) \tag{9.3.7}$$

稳定场分布问题：

$$\Delta u = f(x, y, z) \tag{9.3.8}$$

若 $f(x, y, z, t) \neq 0$，则上述方程是*非齐次泛定方程*。

2. 齐次泛定方程

以上泛定方程中，若 $f(x, y, z, t) = 0$，即

振动问题：

$$u_{tt} - a^2 \Delta u + 2\gamma u_t = 0 \tag{9.3.9}$$

输运问题：

$$u_t - a^2 \Delta u = 0 \tag{9.3.10}$$

稳定场分布问题：

$$\Delta u = 0 \tag{9.3.11}$$

则称为*齐次泛定方程*。

9.4 边界条件的物理属性分类

9.2 节导出的边界条件可统一表示为

$$\alpha u(M, t) + \beta u_n(M, t) = f(M, t) \tag{9.4.1}$$

根据 α，β 取不同的值表示物理量(或物理量在*外法线*方向的导数，或两者的*线性组合*)在系统所有边界上的取值，其中 M 表示系统所有边界。对于一维系统，边界为两个端点；对于二维系统，边界为封闭曲线(如圆、椭圆、长方形、梯形、三角形等)；对于三维系统，边界为封闭曲面(如长方体的六个面、球面、圆柱面、椭球面)。根据前面的讨论，式(9.4.1)中的 α，β 取不同的值可将边界条件分为以下三类。

1. 第一类边界条件

式(9.4.1)中 $\alpha=1$，$\beta=0$ 对应*第一类边界条件*，且给定了物理量在边界上的取值：

$$u(M, t) = f(M, t) \tag{9.4.2}$$

2. 第二类边界条件

式(9.4.1)中 $\alpha=0$，$\beta=1$ 对应*第二类边界条件*，且给定了物理量外法线方向的导数在边界上的取值：

$$u_n(M, t) = f(M, t) \tag{9.4.3}$$

若是振动问题，则表示在外法线方向受力后有形变；若是热输运问题，表示温度梯度在外法线方向的分量值。

3. 第三类边界条件

式(9.4.1)中 $\alpha\neq0$，$\beta\neq0$ 对应**第三类边界条件**，给出物理量及其外法线方向导数的线性组合：

$$\alpha u(M,t)+\beta u_n(M,t)=f(M,t) \tag{9.4.4}$$

如果是热学系统，表明系统边界自由冷却(粒子自由流出)；如果是力学系统，一般表明系统边界与其他弹性介质连接，但两者的弹性力学性质不同。比如，9.2.1 节讨论的杆与弹簧连接，两者的弹性力学性质不同是杆的弹性规律与弹簧的弹性规律不一样造成的。

9.5 边界条件的数学分类

从数学的角度观察边界条件，边界条件也可以从线性属性与齐次性进行分类。

9.5.1 边界条件的线性属性

1. 线性边界条件

当边界条件中每一项只包含物理量(或一阶导数、二阶导数)的线性项时，边界条件是线性边界条件。9.2 节导出的边界条件都是线性边界条件。

2. 非线性边界条件

当边界条件中有一项包含物理量(或一阶导数、二阶导数)的平方或交叉项等高次项时，边界条件是非线性边界条件。本书不讨论非线性边界条件。

9.5.2 边界条件的齐次性

1. 齐次边界条件

若边界条件只含物理量(或一阶导数、二阶导数)或线性组合项，不含常函数项，形如：

$$\alpha u(M,t)+\beta u_n(M,t)=0 \tag{9.5.1}$$

其中 α，β 的取值同上，则称为**齐次边界条件**。

2. 非齐次边界条件

形如

$$\alpha u(M,t)+\beta u_n(M,t)=f(M,t) \tag{9.5.2}$$

$f(M,t)\neq0$ 时的边界条件称为**非齐次边界条件**。

9.6 定解问题的物理分类

从以上讨论可看出，不同类的物理问题对应着不同的泛定方程，并决定着边界条件和初始条件的形式。为了数学上避免逐个地求解物理系统的定解问题，需要将以上定解问题进行一定的分类处理。总结起来，9.2 节导出的定解问题可从物理上分为以下三类。

1. 振动问题

泛定方程包含物理量对时间的二阶导数，一般表示力学系统的振动，形式可表示如下：

$$\begin{cases} u_{tt} - a^2 \Delta u + 2\gamma u_t = f(x, y, z, t) \\ \alpha u(M, t) + \beta u_n(M, t) = f_1(t) \\ u(x, y, z, 0) = \psi(x, y, z), \ u_t(x, y, z, 0) = \phi(x, y, z) \end{cases} \tag{9.6.1}$$

其中 α，β 是两个参数。对于振动问题，需要给出的初始条件有初始位移，即给出初始时刻所研究物理量的空间分布，同时也要给出初始速度，即给出物理量对时间的导数。

2. 输运问题

另一类是热输运问题，泛定方程中只包含物理量对时间的一阶导数，其一般形式如下：

$$\begin{cases} u_t - a^2 \Delta u = f(x, y, z, t) \\ \alpha u(M, t) + \beta u_n(M, t) = g(M, t) \\ u(x, y, z, 0) = \psi(x, y, z) \end{cases} \tag{9.6.2}$$

由于数学上泛定方程只含时间的一阶导数项，因此只需要初始位移。

3. 稳定场分布问题

第三类问题是物理量在空间具有一定的分布，不随时间变化，称为稳定场分布问题。简单情况有泊松方程或拉普拉斯方程的定解问题，此类问题没有初始条件，物理上表示初始条件对系统最终状态的影响可忽略：

$$\begin{cases} \Delta u = f(x, y, z) \\ \alpha u(M) + \beta u_n(M) = g(M) \end{cases} \tag{9.6.3}$$

物理上一个系统的演化一旦表示为定解问题，则定解问题中的每一项都对应着一定的物理意义。但反过来，数学上随便写出的一个定解问题不一定是真实物理模型的表述。所以我们一方面需要将系统演化表达为定解问题，另一方面需要从定解问题中读出物理模型，并能解释其解的物理意义(特别是从事物理学相关专业研究的读者)。**后文在定解问题的求解过程中将一直贯穿这种思想。后面章节将运用各种方法对定解问题进行求解，分别有达朗贝尔公式法、分离变数法、格林函数法和积分变换法。本书只介绍特殊形状系统的解析求解，而非规则形状系统的定解问题一般采用数值方法求解，本书不做深入研究。**

第 10 章　定解问题的求解——达朗贝尔公式

10.1　达朗贝尔公式

第 9 章导出了各类定解问题：均匀弦的横振动、均匀杆的纵振动、电流在理想传输线中的传输等定解问题，对应着同样的泛定方程，表示振动在一维空间的传播。考虑在无限空间，即没有边界条件，对应的定解问题为

$$\begin{cases}\dfrac{\partial^2 u}{\partial t^2}-a^2\dfrac{\partial^2 u}{\partial x^2}=0\\ u(x,0)=\varphi(x),\ u_t(x,0)=\phi(x)\end{cases}\quad(-\infty<x<\infty)\tag{10.1.1}$$

泛定方程可改写为

$$\left(\frac{\partial}{\partial t}+a\frac{\partial}{\partial x}\right)\left(\frac{\partial u}{\partial t}-a\frac{\partial u}{\partial x}\right)=0\tag{10.1.2}$$

10.1.1　一维振动问题的通解

求解方程(10.1.2)，可对方程进行变量代换：

$$\begin{cases}x=\dfrac{1}{2}(\xi+\eta)\\ t=\dfrac{1}{2a}(\xi-\eta)\end{cases}\tag{10.1.3}$$

即

$$\begin{cases}\xi=x+at^{①}\\ \eta=x-at\end{cases}$$

当然，函数 $u(x,t)$的变量从 x，t 变为 ξ，η，且假定这种变换一一对应，虽然函数的自变量变了，但是一一对应的函数值却没有变化，如图 10.1－1 所示，即

$$u(x,t)\to u[x(\xi,\eta),t(\xi,\eta)]=\overline{u}(\xi,\eta)\tag{10.1.4}$$

如果此时对函数 $\overline{u}[x(\xi,\eta),t(\xi,\eta)]$求 ξ，η 的偏导数，利用复合函数求导的链式法则，考虑式(10.1.3)的变量代换，可得

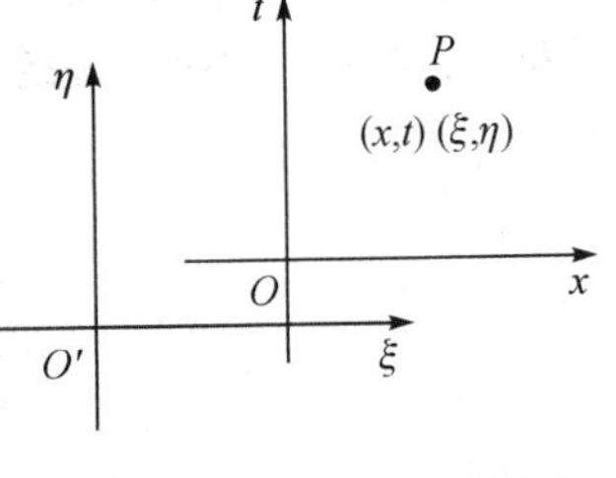

图 10.1－1　不同坐标系描述同一物理场

---

① 变换不是唯一的，也可以取 $\begin{cases}x=a(\xi+\eta)\\ t=\xi-\eta\end{cases}$，即$\begin{cases}\xi=\dfrac{1}{2a}(x+at)\\ \eta=\dfrac{1}{2a}(x-at)\end{cases}$，此变换下，方程(10.1.2)仍变为 $\dfrac{\partial^2}{\partial\xi\,\partial\eta}\overline{u}=0$。

$$\frac{\partial \bar{u}}{\partial \xi}=\frac{\partial u}{\partial x}\frac{\partial x}{\partial \xi}+\frac{\partial u}{\partial t}\frac{\partial t}{\partial \xi}=\frac{1}{2a}\frac{\partial u}{\partial t}+\frac{1}{2}\frac{\partial u}{\partial x} \tag{10.1.5}$$

$$\frac{\partial \bar{u}}{\partial \eta}=\frac{\partial u}{\partial x}\frac{\partial x}{\partial \eta}+\frac{\partial u}{\partial t}\frac{\partial t}{\partial \eta}=-\left(\frac{1}{2a}\frac{\partial u}{\partial t}-\frac{1}{2}\frac{\partial u}{\partial x}\right) \tag{10.1.6}$$

将式(10.1.5)、式(10.1.6)代入方程(10.1.2)得

$$\frac{\partial^2 \bar{u}}{\partial \xi\,\partial \eta}=0 \tag{10.1.7}$$

方程(10.1.7)比较容易求解：先对 η 积分得

$$\frac{\partial \bar{u}}{\partial \xi}=f(\xi) \tag{10.1.8}$$

其中 f 是任意函数，再对 ξ 积分，得到方程的通解：

$$\bar{u}(\xi,\ \eta)=\int f(\xi)\mathrm{d}\xi+f_2(\eta)=f_1(\xi)+f_2(\eta) \tag{10.1.9}$$

代入式(10.1.3)得

$$\bar{u}(\xi,\ \eta)=u(x,\ t)=f_1(x+at)+f_2(x-at) \tag{10.1.10}$$

其中 f_1 和 f_2 都是任意函数。通解的物理意义很明显：$f_2(x-at)$ 是沿 x 轴正方向移动的行波，如图 10.1-2 所示，$f_1(x+at)$ 是沿 x 轴负方向移动的行波，如图 10.1-3 所示，波的传播速度为 a。解释如下：$f(x)$ 是 $t=0$ 时刻的一个波形，假设如图 10.1-2 所示，而 $f(x-at)$ 是向右平移了 at 的波形，所以是以速度 a 向右传播的波。

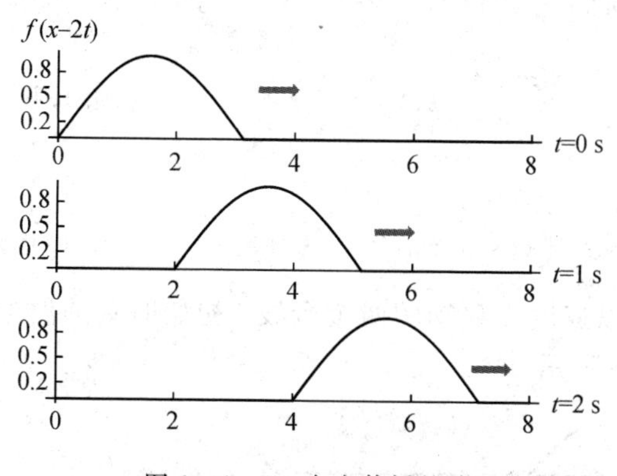

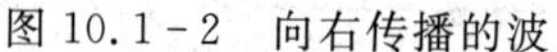
图 10.1-2　向右传播的波

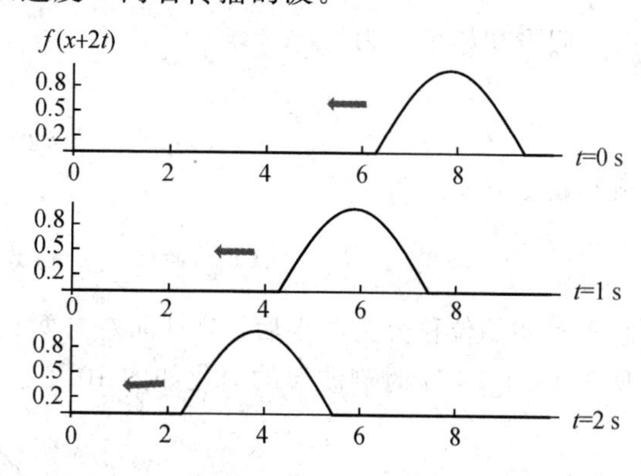

图 10.1-3　向左传播的波

这样，方程(10.1.2)描述的是以速度 a 向两个方向传播的**行波**的叠加。在 Mathematica 记事本中输入 Animate 命令，可动画显示两列不同速度的行波①。

以上求解偏微分方程的结果表明，二阶偏微分方程的解含有两个**线性独立**的未知函数，而不像二阶常微分方程那样含有两个常数。那么是否可以由定解条件确定两个线性独立的函数形式呢？这就是**达朗贝尔公式**。

① 例如：Animate[Plot[{Exp[-(x-t)^2], 0.5Exp[-(x-2t)^2]}, {x, -5, 15π}, PlotRange→{0, 2}], {t, 0, 10, 0.001}] 展示的是速度分别为"1"和"2"的两列波。

10.1.2　函数 $f_1(x)$ 和 $f_2(x)$ 的确定

通解中 f_1 和 f_2 只能由定解条件确定。将式(10.1.10)的解代入式(10.1.1)的初始条件得

$$\begin{cases} f_1(x)+f_2(x)=\varphi(x) \\ af'_1(x)-af'_2(x)=\phi(x) \end{cases} \tag{10.1.11}$$

方程组可表示为

$$\begin{cases} f_1(x)+f_2(x)=\varphi(x) \\ f_1(x)-f_2(x)=\dfrac{1}{a}\displaystyle\int_{x_0}^{x}\phi(\xi)\mathrm{d}\xi+f_1(x_0)-f_2(x_0) \end{cases} \tag{10.1.12}$$

求得 f_1，f_2 的形式为

$$\begin{cases} f_1(x)=\dfrac{1}{2}\varphi(x)+\dfrac{1}{2a}\displaystyle\int_{x_0}^{x}\phi(\xi)\mathrm{d}\xi+\dfrac{1}{2}[f_1(x_0)-f_2(x_0)] \\ f_2(x)=\dfrac{1}{2}\varphi(x)-\dfrac{1}{2a}\displaystyle\int_{x_0}^{x}\phi(\xi)\mathrm{d}\xi-\dfrac{1}{2}[f_1(x_0)-f_2(x_0)] \end{cases} \tag{10.1.13}$$

所以得式(10.1.1)定解问题的解为

$$u(x,t)=\frac{1}{2}[\varphi(x+at)+\varphi(x-at)]+\frac{1}{2a}\int_{x-at}^{x+at}\phi(\xi)\mathrm{d}\xi \tag{10.1.14}$$

这种解的形式称为*达朗贝尔公式*得

10.1.3　特例

假设初始条件为

$$\varphi(x)=\begin{cases} \cos x, & -\pi/2\leqslant x\leqslant\pi/2 \\ 0, & \text{其他} \end{cases},\ \phi(x)=0 \tag{10.1.15}$$

由*达朗贝尔公式*得

$$u(x,t)=\frac{1}{2}[\cos(x+at)+\cos(x-at)] \tag{10.1.16}$$

它表示初始位移分为两半后，分别向左右两边以速度 a 移动的两个行波，初始时刻的波形见图 10.1-4，t 时刻波形的演化如图 10.1-5[①] 所示。

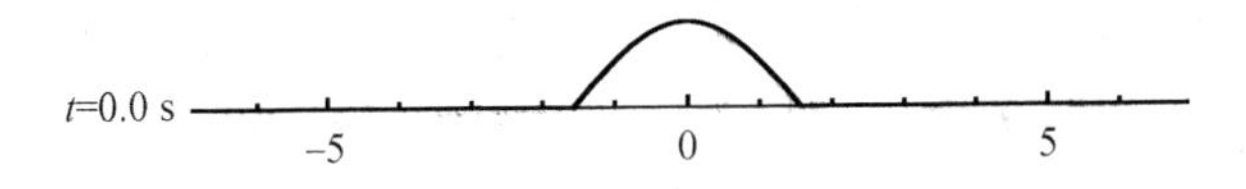

图 10.1-4　初始位移

如果只有初始速度：

① 在 Mathematica 记事本中输入 Animate 命令，可动画显示波的传播过程，命令如下：f3[x_]：= Picccwise[{{Cos[x]，−π/2 <= x <= π/2}，{0，−3π <= x <−π/2&&π/2 <= x <= 3π}}]（定义分段函数）Animate[Plot[$\frac{1}{2}$(f3[x−πt]+f3[x+πt])，{x，−5π，5π}，PlotRange→{−1.1，1.1}，Axes→{True，False}，Frame→True]，{t，0，5，0.01}]（展示命令）。

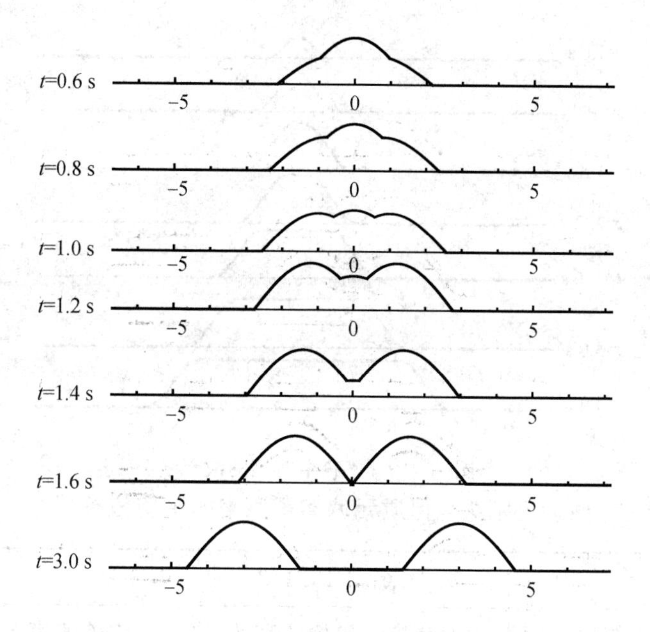

图 10.1-5　各时刻的波形图

$$\varphi(x)=0,\ \phi(x)=\begin{cases}\cos x, & -\pi/2\leqslant x\leqslant\pi/2\\ 0, & \text{其他}\end{cases} \tag{10.1.17}$$

表示在 $x=0$ 附近敲击一下弦，弦还没来得及形变，只有初始速度。根据达朗贝尔公式得

$$u(x,t)=\frac{1}{2a}\int_{x-at}^{x+at}\phi(\xi)\mathrm{d}\xi=\frac{1}{2a}\int_{-\infty}^{x+at}\phi(\xi)\mathrm{d}\xi-\frac{1}{2a}\int_{-\infty}^{x-at}\phi(\xi)\mathrm{d}\xi=\psi(x+at)-\psi(x-at) \tag{10.1.18}$$

这里 ψ 是：

$$\psi(x)=\frac{1}{2a}\int_{-\infty}^{x}\phi(\xi)\mathrm{d}\xi=\begin{cases}0, & x\leqslant-\pi/2\\ \dfrac{\sin x+1}{2a}, & -\pi/2< x\leqslant\pi/2\\ \dfrac{1}{a}, & x>\pi/2\end{cases} \tag{10.1.19}$$

表示向左、向右传播波形初始位移的分布，如图 10.1-6 所示。于是，初始时刻总位移为零。作 $+\psi(x+at)$ 和 $-\psi(x-at)$ 两个图形，让它们分别以速度 a 向左右两个方向移动，两者的和就是各个时刻的波形，见图 10.1-7。

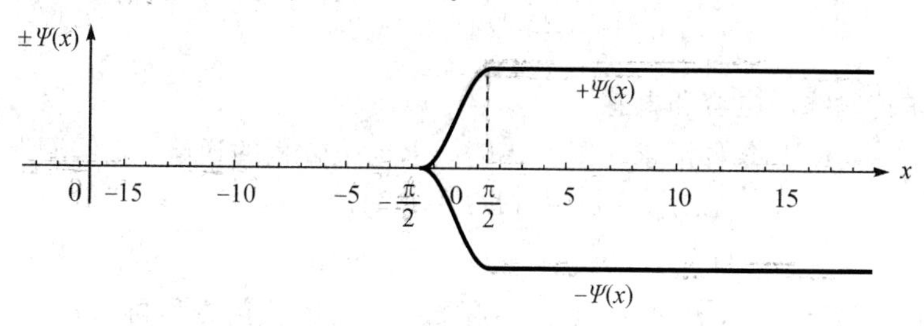

图 10.1-6　初始时刻的波形

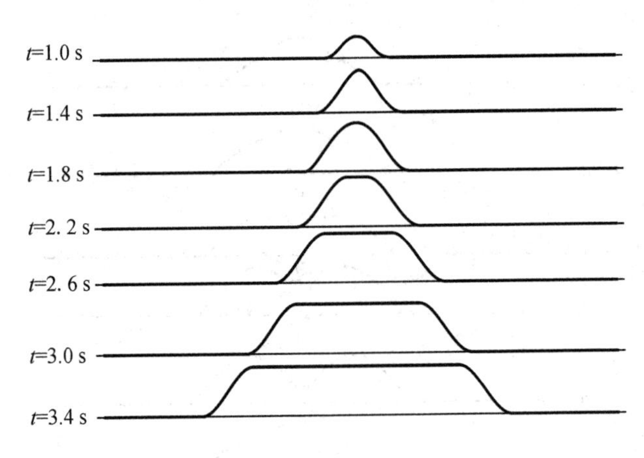

图 10.1-7　各个时刻的波形

在波通过的地方，振动已消失，但质元偏离了原来的平衡位置。

练习 10.1.3

1. 求解无限长弦的自由振动，设弦的初始位移为 $\varphi(x)$，初始速度为 $-a\varphi'(x)$，定解问题为

$$\begin{cases} u_{tt}(x,t)-a^2u_{xx}(x,t)=0 \\ u(x,0)=\varphi(x),\ u_t(x,0)=-a\varphi'(x) \end{cases}(-\infty<x<\infty)$$

2. 求解无限长理想传输线上电压和电流的传播情况，设初始电压分布为 $A\cos kx$，初始电流分布为 $\sqrt{C/L}A\cos kx$，电压传播定解问题为

$$\begin{cases} v_{tt}(x,t)-a^2v_{xx}(x,t)=0 \quad \left(a^2=\dfrac{1}{LC}\right) \\ v(x,0)=A\cos kx \quad (-\infty<x<\infty) \\ v_t(x,0)=-\dfrac{1}{C}j_x(x,0)=\dfrac{Ak}{\sqrt{LC}}\sin kx \end{cases}$$

电流传播定解问题为

$$\begin{cases} j_{tt}(x,t)-a^2j_{xx}(x,t)=0 \quad \left(a^2=\dfrac{1}{LC}\right) \\ j(x,0)=\sqrt{\dfrac{C}{L}}A\cos kx \quad (-\infty<x<\infty) \\ j_t(x,0)=-\dfrac{1}{L}v_x(x,0)=\dfrac{Ak}{L}\sin kx \end{cases}$$

其中 C，L 是传输线的电容和电感。

3. 在 $G/C=R/L$ 条件下求无限长传输线上电报方程的通解，定解问题为

$$\begin{cases} LCj_{tt}-j_{xx}+(LG+RC)j_t+RGj=0 \\ LCv_{tt}-v_{xx}+(LG+RC)v_t+RGv=0 \end{cases}$$

提示：作 $y(x,t)=u(x,t)e^{\lambda x+\mu t}$（$\lambda$，$\mu$ 为常数）的变换化简方程再求解。

4. 无限长弦在点 $x=x_0$ 受到初始冲击，冲量为 l，试求解弦的振动。提示：定解问题为

$$\begin{cases} v_{tt}(x,t)-a^2 v_{xx}(x,t)=0 \quad \left(a^2=\dfrac{T}{\rho}\right) \\ v(x,0)=0 \quad (-\infty<x<\infty) \\ v_t(x,0)=\dfrac{l}{\rho}\delta(x-x_0) \end{cases}$$

5. 求解细圆锥形匀质杆的纵振动，泛定方程为

$$u_{tt}-a^2\frac{1}{x^2}\frac{\partial}{\partial x}(x^2 u_x)=0 \quad \left(a^2=\frac{Y}{\rho}\right)$$

（提示：作变换 $u=\dfrac{v}{x}$）。

10.2　端点的反射

10.2.1　半波损失

半无限长的弦具有一个端点。对端点固定的情况，定解问题为

$$\begin{cases} u_{tt}-a^2 u_{xx}=0 \\ u\big|_{t=0}=\varphi(x),\ u_t\big|_{t=0}=\psi(x) \quad (0<x<\infty) \\ u\big|_{x=0}=0 \end{cases} \tag{10.2.1}$$

初始条件 $\varphi(x)$ 和 $\psi(x)$ 的宗量在 $x>0$ 时才有意义。因为在 $x<0$ 的部分不存在弦，在较迟的时间，即 $t>x/a$ 时，达朗贝尔公式里的 $\varphi(x-at)$ 和 $\int_{x-at}\psi(\xi)\mathrm{d}\xi$ 没有意义，所以达朗贝尔公式不能直接应用。

处理办法：将半无限长的弦当作某条无限长的弦的 $x\geqslant 0$ 的部分，无限长的弦在振动的过程中 $x=0$ 保持不动，因此无限长的弦的位移 $u(x,t)$ 应当是奇函数，相应的初始位移 $\varphi(x)$ 和初始速度 $\psi(x)$ 也应当是奇函数：

$$\Phi(x)=\begin{cases} \varphi(x) & (x\geqslant 0) \\ -\varphi(-x) & (x<0) \end{cases} \tag{10.2.2}$$

$$\Psi(x)=\begin{cases} \psi(x) & (x\geqslant 0) \\ -\psi(-x) & (x<0) \end{cases} \tag{10.2.3}$$

这种方法叫作**延拓**，即将 $\varphi(x)$ 和 $\psi(x)$ 从半无界空间延拓到无界空间。在延拓后的空间应用达朗贝尔公式得

$$u(x,t)=\frac{1}{2}[\Phi(x+at)+\Phi(x-at)]+\frac{1}{2a}\int_{x-at}^{x+at}\Psi(\xi)\mathrm{d}\xi \tag{10.2.4}$$

$x \geqslant 0$ 的部分就是我们要研究的半无限长弦的解：

$$u(x,t)=\begin{cases}\dfrac{1}{2}[\varphi(x+at)+\varphi(x-at)]+\dfrac{1}{2a}\displaystyle\int_{x-at}^{x+at}\psi(\xi)\mathrm{d}\xi & \left(t\leqslant\dfrac{x}{a}\right)\\ \dfrac{1}{2}[\varphi(x+at)-\varphi(at-x)]+\dfrac{1}{2a}\displaystyle\int_{at-x}^{x+at}\psi(\xi)\mathrm{d}\xi & \left(t>\dfrac{x}{a}\right)\end{cases} \tag{10.2.5}$$

这时波在 $x=0$ 处会产生反射，造成半波损失，读者可以用 Mathematica 软件演示反射的半波损失。

10.2.2　正常反射

半无限长杆自由振动时，杆的端点自由，这个定解问题为

$$\begin{cases}u_{tt}-a^2u_{xx}=0\\ u|_{t=0}=\varphi(x),\ u_t|_{t=0}=\psi(x) \quad (0<x<\infty)\\ u_x|_{x=0}=0\end{cases} \tag{10.2.6}$$

延拓时考虑 $u_x|_{x=0}=0$ 的条件，则 $u(x,t)$ 必须是偶函数，即初始条件必须延拓为偶函数的形式：

$$\Phi(x)=\begin{cases}\varphi(x) & (x\geqslant 0)\\ \varphi(-x) & (x<0)\end{cases} \tag{10.2.7}$$

$$\Psi(x)=\begin{cases}\psi(x) & (x\geqslant 0)\\ \psi(-x) & (x<0)\end{cases} \tag{10.2.8}$$

在延拓后的空间应用达朗贝尔公式得

$$u(x,t)=\frac{1}{2}[\Phi(x+at)+\Phi(x-at)]+\frac{1}{2a}\int_{x-at}^{x+at}\Psi(\xi)\mathrm{d}\xi \tag{10.2.9}$$

$x \geqslant 0$ 的部分就是我们要研究的半无限长弦的方程的解：

$$u(x,t)=\begin{cases}\dfrac{1}{2}[\varphi(x+at)+\varphi(x-at)]+\dfrac{1}{2a}\displaystyle\int_{x-at}^{x+at}\psi(\xi)\mathrm{d}\xi & \left(t\leqslant\dfrac{x}{a}\right)\\ \dfrac{1}{2}[\varphi(x+at)+\varphi(at-x)]+\dfrac{1}{2a}\displaystyle\int_{0}^{x+at}\psi(\xi)\mathrm{d}\xi+\dfrac{1}{2a}\displaystyle\int_{0}^{at-x}\psi(\xi)\mathrm{d}\xi & \left(t>\dfrac{x}{a}\right)\end{cases} \tag{10.2.10}$$

它也是一种反射波。这种反射波的相位与入射波的相位相同，不存在半波损失。

练习 10.2.2

1. 半无限长杆的端点受到纵向力 $F(t)=A\sin\omega t$ 作用，求解杆的纵振动，定解问题为

$$\begin{cases}u_{tt}-a^2u_{xx}=0 \quad \left(a^2=\dfrac{Y}{\rho}\right)\\ u_x(0,t)=\dfrac{A}{YS}\sin\omega t \qquad (0<x<\infty)\\ u(x,0)=\varphi(x),\ u_t(x,0)=\phi(x)\end{cases}$$

其中 S 是杆的横截面积。

2. 求解半无限长理想传输线上电报方程的解，端点通过电阻 R 相接。初始电压分布为 $A\cos kx$，初始电流分布为 $\sqrt{C/L}A\cos kx$，在什么条件下端点没有反射(这种情况叫作匹配)，定解问题为

$$\begin{cases} j_{tt} - a^2 j_{xx} = 0 \quad \left(a^2 = \dfrac{1}{LC}\right) \\ j(x, 0) = \sqrt{\dfrac{C}{L}}A\cos kx & (x < 0) \\ j_t(x, 0) = -\dfrac{1}{L}v_x(x, 0) = \dfrac{Ak}{L}\sin kx \end{cases}$$

$$\begin{cases} v_{tt} - a^2 v_{xx} = 0 \quad \left(a^2 = \dfrac{1}{LC}\right) \\ v(x, 0) = A\cos kx & (x < 0) \\ v_t(x, 0) = -\dfrac{1}{C}j_x(x, 0) = \dfrac{Ak}{LC}\sin kx \end{cases}$$

3. 半无限长弦的初始位移和初始速度都是零，端点做微小振动 $u|_{x=0} = A(1 - \cos\omega t)$，求解弦的振动，定解问题为

$$\begin{cases} u_{tt} - a^2 u_{xx} = 0 \quad \left(a^2 = \dfrac{T}{\rho}\right) \\ u(0, t) = A(1 - \cos\omega t) & (0 < x < \infty) \\ u(x, 0) = 0,\ u_t(x, 0) = 0 \end{cases}$$

10.3　定解问题的整体性与适定性

1. 定解问题的整体性

从弦横振动或杆纵振动的偏微分方程解出达朗贝尔公式的过程，与求解常微分方程的求解过程类似，具体如下：

(1) 先求通解；

(2) 用定解条件确定常数(任意函数)。

但是很多偏微分方程很难求解出通解；即使能够求出通解，运用定解条件也很难确定其中的待定函数。特别是考虑到系统边界的复杂性，定解条件的数学表达比较难，所以求解时需同时考虑偏微分方程和定解条件，即定解问题是一个整体。

2. 定解问题的适定性

定解问题来源于实际生活，它的解也要能够回到实际生活中。为此，应当如下要求定解问题：

(1) 存在非零有限解(求解的函数不能恒等于零，也不能出现无穷大值)；

(2) 解具有唯一性；

(3) 解具有稳定性。

解的存在性和唯一性比较容易理解。稳定性是指如果定解条件的数值有细微的改变，解的数值也只作细微的改变。要求稳定性是由于测量不可能绝对精密，来自实验的定解条件难免带有误差，如果解不是稳定的，那么它就很可能与实验相差甚远，这样就无法判断是解法的问题还是误差的问题，从而无法进行实验验证。

以上三个条件称为定解问题的**适定性**。非适定的定解问题可做适当修改，使其成为适定性定解问题。本书研究的定解问题都是适定的。

第 11 章　定解问题的求解——一维问题的分离变数法

对于从第 9 章导出的定解问题，数学上齐次方程、齐次边界条件比非齐次的情况要简单一些。从物理的角度看，齐次的泛定方程一般对应着自由振动或自由输运，齐次边界条件表示外界对系统不做功或没有能量(粒子)输入。总结起来，从数学和物理的角度看，选择齐次泛定方程、齐次边界条件的特殊情况求解定解问题符合解决问题由简到繁的思路。

11.1　齐次方程，齐次边界条件定解问题

11.1.1　例题 1(两端第一类齐次边界条件)

两端固定、长为 l 的均匀弦，绷紧时弦内的张力为 T，在初始时刻用力将弦拉至如图 11.1-1 所示的形状，求解力撤销后弦的自由振动。

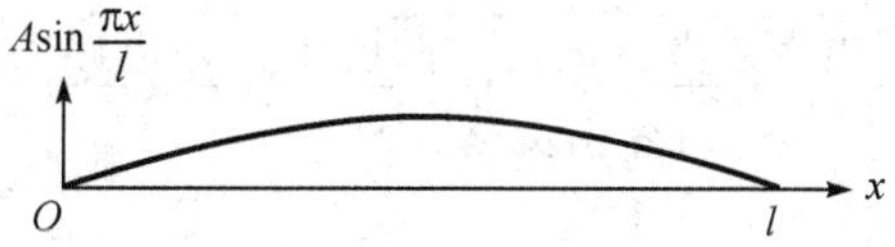

图 11.1-1　弦的初始分布

为了更好地掌握解题思路，以下按照一定的步骤完成求解过程。

1. 确定定解问题

根据第 9 章定解问题的导出，上述描述的情景可进行物理建模，将其表述为定解问题：

$$u_{tt} - a^2 u_{xx} = 0 \ (0 < x < l) \tag{11.1.1}$$

$$u(0, t) = 0, u(l, t) = 0 \tag{11.1.2}$$

$$u(x, 0) = A\sin\frac{\pi x}{l}, u_t(x, 0) = 0 \tag{11.1.3}$$

$$u(x, t) = \text{非零有限值} \ (0 < x < l, t > 0) \tag{11.1.4}$$

其中式(11.1.4)是适定性条件，是定解问题的适定性对解的限定(见第 10 章解的适定性讨论)。

2. 泛定方程分离变数

从数学的角度看，求解偏微分方程的基本思路是将其化为常微分方程，所以需要将二元函数用一元函数来表达；**从物理的角度看**，实验上观察到两端固定的弦振动时会出现驻波，而驻波的特点是两个波节之间的点的振动相位相同，按同一规律随时间 t 振动，可用函数 $T(t)$ 表示，不同的点的振幅 $X(x)$ 不一样，与时间无关，所以试探将定解问题的解表示为

$$u(x, t) = X(x)T(t) \tag{11.1.5}$$

将此形式的解代入泛定方程可得 $X(x)$，$T(t)$ 分别满足二阶、齐次、线性、常系数的微分方程：

$$X''+\lambda X=0 \tag{11.1.6}$$

$$T''+\lambda a^2 T=0 \tag{11.1.7}$$

其中 λ 是分离变数过程中引入的常数(详细分离过程见第 14 章 14.1.1 节齐次泛定方程分离变数[①])。式(11.1.6)、式(11.1.7)都是常微分方程，只是系数未知，求特定解需要相应的边值条件。

3. 适定性条件分离变数

将分离变数的解代入适定性条件式(11.1.4)得

$$X(x)T(t)=\text{非零有限值} \tag{11.1.8}$$

由式(11.1.8)得 $X(x)$，$T(t)$ 的**非零有限值条件**：

$$X(x)=\text{非零有限值} \tag{11.1.9}$$

$$T(t)=\text{非零有限值} \tag{11.1.10}$$

4. 齐次边界条件分离变数

求解式(11.1.6)、式(11.1.7)常微分方程需要相应的边值条件和初值条件[②]，可以从定解问题的边界条件中分离求得。泛定方程进行分离变数的前提是泛定方程齐次，同样，边界条件分离变数的前提也是边界条件齐次。将分离变数形式的解式(11.1.5)代入式(11.1.2)的边界条件得

$$\begin{cases}X(0)T(t)=0\\X(l)T(t)=0\end{cases} \tag{11.1.11}$$

由 $T(t)$ 满足式(11.1.10)可知必有

$$\begin{cases}X(0)=0\\X(l)=0\end{cases} \tag{11.1.12}$$

读者可思考为什么不代入定解问题的初始条件求函数 $T(t)$ 的初值条件。

5. 求解本征值问题

式(11.1.6)、式(11.1.12)、式(11.1.9)一起构成了本征值问题(本征值问题的解见本书第 15.2.1 节)，相应的本征值和本征函数分别为

$$\lambda=\frac{k^2\pi^2}{l^2}\quad(k=1,\ 2,\cdots) \tag{11.1.13}$$

$$X(x)=C\sin\frac{k\pi x}{l}\quad(k=1,\ 2,\cdots) \tag{11.1.14}$$

6. 确定微分方程的通解

从求解 $X(x)$ 的本征值问题得出泛定方程分离变数引入的参数 λ 必须满足式(11.1.13)，这个参数在式(11.1.7)中也出现过，说明 $T(t)$ 满足的微分方程是：

---

① 读者可先阅读第 14 章关于偏微分方程的分离变数和第 15 章关于常微分方程构成的本征值问题求解，也可以在阅读第 11 章、第 12 章、第 13 章的过程中查询第 14 章和第 15 章相关的数学知识。

② 注意区分常微分方程的“边值条件、初值条件”与定解问题的“边界条件、初始条件”的概念。

$$T''+\frac{k^2\pi^2a^2}{l^2}T=0 \quad (k=1,\ 2,\cdots) \tag{11.1.15}$$

此方程当 k 取定值时为二阶、齐次、线性、常系数常微分方程，在此没有初值条件，但可确定其通解：

$$T(t)=C_k\cos\frac{k\pi at}{l}+D_k\sin\frac{k\pi at}{l} \quad (k=1,\ 2,\cdots) \tag{11.1.16}$$

至此，我们看到定解问题有很多个解，对应着不同的 k 值：

$$u_k(x,\ t)=\left(C_k\cos\frac{k\pi a}{l}t+D_k\sin\frac{k\pi a}{l}t\right)\sin\frac{k\pi x}{l} \quad (k=1,\ 2,\cdots) \tag{11.1.17}$$

以上 k 取任意的正整数对应的解同时满足式(11.1.1)、式(11.1.2)，以及式(11.1.4)，并且这些解是线性独立的，读者可以自行验证。

7. 确定泛定方程在齐次边界条件下的通解

式(11.1.1)、式(11.1.2)的泛定方程和边界条件都是线性的，根据线性偏微分方程的理论，其解满足线性叠加原理：若线性定解问题有无穷多个线性独立的解，则通解形式为

$$u(x,\ t)=\sum_{k=1}^{\infty}u_k(x,\ t)=\sum_{k=1}^{\infty}\left(C_k\cos\frac{k\pi at}{l}+D_k\sin\frac{k\pi at}{l}\right)\sin\frac{k\pi x}{l} \tag{11.1.18}$$

其中 C_k，D_k 为线性叠加系数。

8. 确定线性叠加系数

定解问题求解到式(11.1.18)这一步，还没有得到最终确定的解，因为其中的线性叠加系数 C_k，D_k 还没有确定。接下来的问题是确定这些线性叠加系数。

以上求解的过程中并没有运用到初始条件，求解定解问题是寻找既要满足泛定方程、边界条件，又要满足初始条件的唯一解，所以确定线性叠加系数的希望只能寄托于初始条件，为此，将式(11.1.18)代入式(11.1.3)的初始条件得

$$\begin{cases}u(x,\ 0)=\displaystyle\sum_{k=1}^{\infty}C_k\sin\frac{k\pi x}{l}=A\sin\frac{\pi x}{l} \quad (0\leqslant x\leqslant l)\\ u_t(x,\ 0)=\displaystyle\sum_{k=1}^{\infty}D_k\frac{k\pi a}{l}\sin\frac{k\pi x}{l}=0 \quad (0\leqslant x\leqslant l)\end{cases} \tag{11.1.19}$$

仔细观察上述两个等式，第二个等号左边刚好是关于 x 变量的正弦傅里叶级数，右边是定义在区间 $[0,\ l]$ 上的函数，将右边函数做奇延拓后展开为正弦傅里叶级数，比较系数可得

$$\begin{cases}C_1=A\\ C_k=0 \quad (k\neq 1)\\ D_k=0\end{cases} \tag{11.1.20}$$

所以方程的定解为

$$u(x,\ t)=A\cos\frac{\pi at}{l}\sin\frac{\pi x}{l} \tag{11.1.21}$$

图11.1-2是 $l=1$，$a=1$，$A=0.1$ 时弦在各时刻的位移分布。

至此，定解问题的数学求解已经完成，但解的物理意义是什么呢？这需要对解做一定的物理讨论。

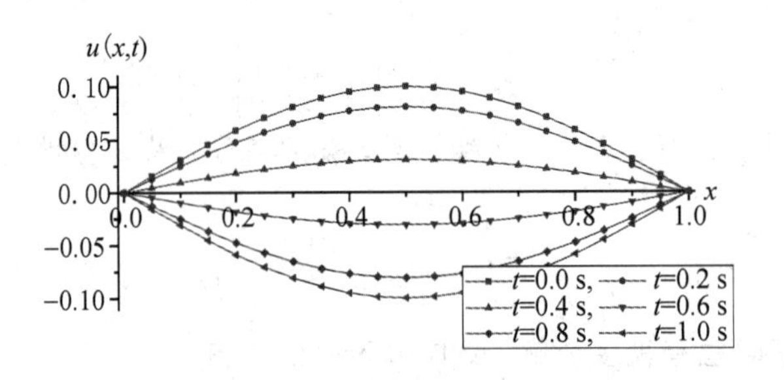

图 11.1-2　各时刻振动位移分布

9. 物理讨论

(1) 特殊地，如果取：

$$\begin{cases}\varphi(x)=0.1\sin\dfrac{3\pi x}{l}\\ \phi(x)=0\end{cases}\tag{11.1.22}$$

则式(11.1.19)中系数的解为

$$\begin{cases}C_3=0.1\displaystyle\int_0^l\sin\frac{3\pi\xi}{l}\sin\frac{3\pi\xi}{l}\mathrm{d}\xi=0.1\\ C_k=0\ (k\neq 3)\\ D_k=0\end{cases}\tag{11.1.23}$$

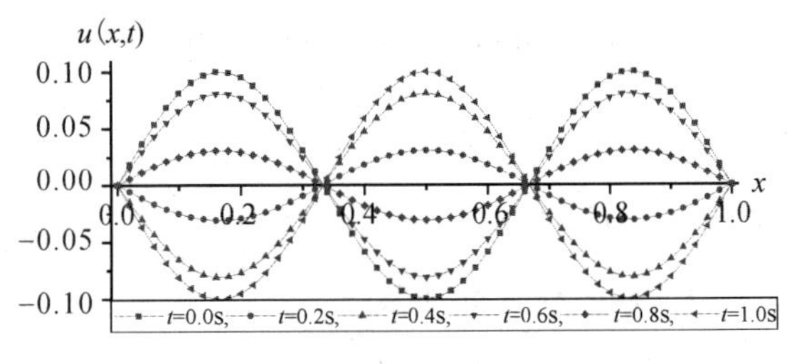

图 11.1-3　各时刻振动图

此时，定解问题的解为

$$u(x,\ t)=0.1\cos\frac{3\pi at}{l}\sin\frac{3\pi x}{l}\tag{11.1.24}$$

弦上各质点的振动图像见图 11.1-3。

(2) 如果取：

$$\begin{cases}\varphi(x)=A\sin\dfrac{n\pi x}{l}\\ \phi(x)=0\end{cases}\tag{11.1.25}$$

则由式(11.1.19)得

$$u(x,t)=A\cos\frac{n\pi at}{l}\sin\frac{n\pi x}{l}\tag{11.1.26}$$

以上结果表明，初始条件的波形筛选了叠加解中的某一个，当然，这里的初始波形都取得非常特殊，都是 $\sin\frac{n\pi x}{l}$ 的形式，所以就筛选出来 $\cos\frac{n\pi at}{l}\sin\frac{n\pi x}{l}$ 形式的振动，并且初始位移的振幅就是 t 时刻振动的振幅。很容易判断，如果初始位移是两种波形的叠加，比如：

$$u(x,\ 0)=\varphi(x)=A\sin\frac{\pi x}{l}+B\sin\frac{3\pi x}{l}\tag{11.1.27}$$

图 11.1-4 是参数 $A=0.1$，$B=0.15$，$a=0.1$，$l=1$ 情况下的初始时刻位移分布，则很容易计算出定解为

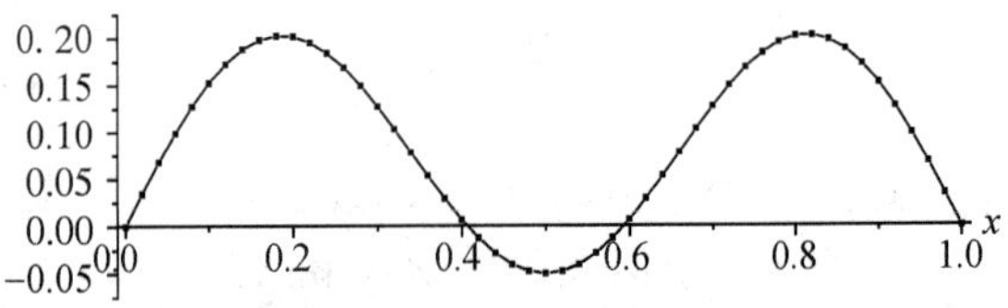

图 11.1-4　初始时刻位移分布

$$u(x,\ t)=A\sin\frac{\pi x}{l}\cos\frac{\pi at}{l}+B\sin\frac{3\pi x}{l}\cos\frac{3\pi at}{l} \tag{11.1.28}$$

图 11.1－5 是各时刻的位移分布①。

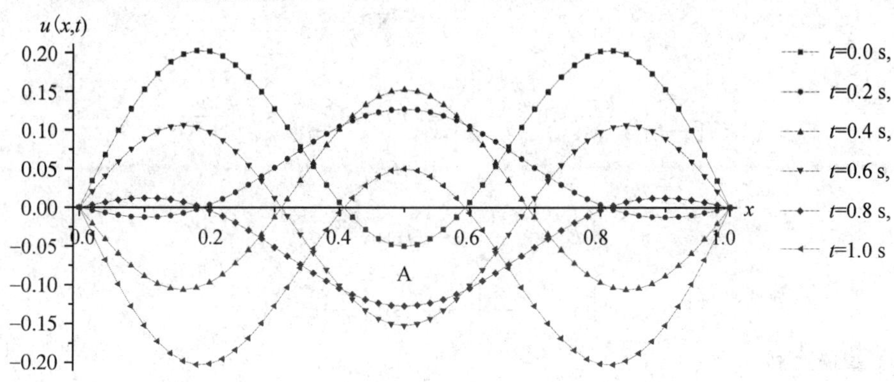

图 11.1－5　各时刻的位移分布

以此类推，若初始时刻的波形是众多波形的叠加，则 t 时刻的波形也是各种波形的叠加，如图 11.1－6 所示的情况，初始条件可表示为

$$u(x,\ 0)=\begin{cases}\dfrac{F_0}{T}\dfrac{l-x_0}{l}x & (0\leqslant x\leqslant x_0)\\[2ex] \dfrac{F_0}{T}\dfrac{x_0}{l}(l-x) & (x_0<x\leqslant l)\end{cases},\quad u_t(x,\ 0)=0 \tag{11.1.29}$$

进一步地，如果初始条件表示为

$$\begin{cases}u(x,\ 0)=\psi(x)\\ u_t(x,\ 0)=\phi(x)\end{cases} \tag{11.1.30}$$

其中 $\psi(x)$，$\phi(x)$ 是满足边界条件式(11.1.2)的任意函数，这时应如何求解？

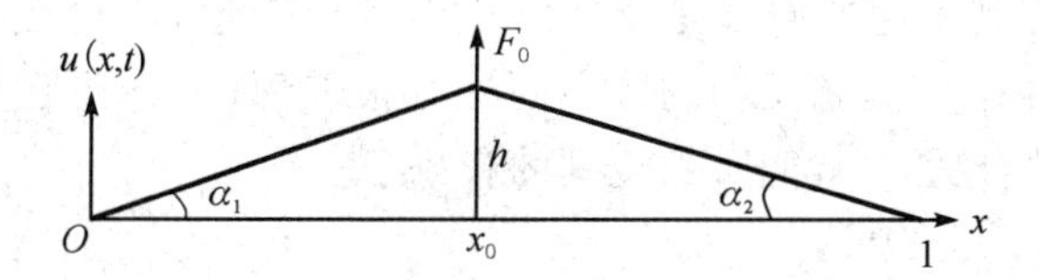

图 11.1－6　在 x_0 点用力 F_0 将弦拉起

仔细思考求解过程，发现只在式(11.1.19)中应用了初始条件，也就是说，如果初始条件的情形为式(11.1.30)，只需将式(11.1.19)第一个等号的右边替代为式(11.1.30)，即

$$\begin{cases}\displaystyle\sum_{k=1}^{\infty}C_k\sin\frac{k\pi x}{l}=\psi(x)\\ \displaystyle\sum_{k=1}^{\infty}D_k\frac{k\pi a}{l}\sin\frac{k\pi x}{l}=\phi(x)\end{cases} \tag{11.1.31}$$

---

① 也可以利用 Mathematica 软件作弦振动的振动动画，比如式(11.1.28)解的动画命令实现如下：Animate[Plot[0.1Sin[πx]Cos[πt]＋0.15Sin[3πx]Cos[3πt]，{x，0，1}，PlotRange→{−0.4，0.4}]，{t，0，10，0.01}]。其中 $A=0.1$，$B=0.15$，$a=0.1$。

应用傅里叶级数的知识，只需将 $\psi(x)$，$\phi(x)$ 延拓为周期是 $2l$ 的奇函数，然后展开为正弦傅里叶级数，即

$$\begin{cases}\sum_{k=1}^{\infty} C_k \sin\frac{k\pi x}{l} = \psi(x) = \sum_{k=1}^{\infty} \psi_k \sin\frac{k\pi x}{l} \\ \sum_{k=1}^{\infty} D_k \frac{k\pi a}{l}\sin\frac{k\pi x}{l} = \phi(x) = \sum_{k=1}^{\infty} \phi_k \sin\frac{k\pi x}{l}\end{cases} \tag{11.1.32}$$

其中：

$$\begin{cases}\psi_k = \frac{2}{l}\int_0^l \psi(\xi)\sin\frac{k\pi\xi}{l}\mathrm{d}\xi \\ \phi_k = \frac{2}{l}\int_0^l \phi(\xi)\sin\frac{k\pi\xi}{l}\mathrm{d}\xi\end{cases} \tag{11.1.33}$$

可得线性叠加系数为

$$\begin{cases}C_k = \psi_k \\ D_k = \frac{l}{k\pi a}\phi_k\end{cases} \tag{11.1.34}$$

相应的解为

$$u(x,t) = \sum_{k=1}^{\infty}\left(\psi_k \cos\frac{k\pi a t}{l} + \frac{\phi_k l}{k\pi a}\sin\frac{k\pi a t}{l}\right)\sin\frac{k\pi x}{l} \tag{11.1.35}$$

到此，**两端固定、无阻尼的弦在任意初始条件下的自由振动**的解已完全给出。当然，这个解是一个无穷级数解，看起来没什么用。但是一般情况下这些级数收敛较快，工程上一般取前面若干项就可以很好地代替实际的解。

每一个 k 对应的振动称为 k 次谐波，$k=1$ 时称为基波。从上面的讨论可以看到，一般的振动包含各种谐波，每一种谐波对应一种振动频率，这正是弦振动能发出丰富频率的原因。当然，实际的弦振动引起的声音是弦在空气中振动引起的，这就需要研究弦在空气中做阻尼振动的定解问题，但是弦振动的频率同样有很多种(这将在后面讨论)。如果弹拨弦的技巧得当(初始条件合适)，就能听到悦耳的音乐了。

10. 分离变数法讨论

现在讨论以上定解问题求解的方法——分离变数法。求解的关键在于分离变数形式解的引入，这是解题的一种思维方式：数学上试图将偏微分方程化为常微分方程，物理上观察总结的结果是不同点的振动相位相同——振动的时间函数相同，不同点的振幅不同。在适定性条件的限定下，由齐次边界条件分离变数恰好得到常微分方程求解的边值条件，这个边值条件与带参数的常微分方程构成了本征值问题，确定了引入的未知参数和解的形式。这一点与一般常微分方程的求解有所不同。从数学上讲，这种方法完全可以推广应用于齐次线性偏微分方程和齐次边界条件的各种定解问题，根据它的特点称为分离变数法。从分离变数法的引入和应用可以观察出分离变数法使用的条件是：**定解问题具有齐次的泛定方程和齐次的边界条件。**

以上两端固定的弦的振动问题是很常见的，其边界条件表达出来是第一类齐次边界条件。但是对于两端自由的杆的纵振动，其物理情形的解又如何呢？

练习 11.1.1

1. 如果式(11.1.3)的初始条件取为

$$\begin{cases} u(x,\ 0)=\psi(x)=0 \\ u_t(x,\ 0)=\phi(x)=0.2\sin\dfrac{2\pi x}{l} \end{cases} \tag{11.1.36}$$

试计算两端固定弦的自由振动，计算后用 Mathematica 软件作出弦的振动图像。

2. 如果弦在初始时刻被 F_0 拉成如图 11.1－6 所示的形式，这时初始条件的数学表达为式(11.1.29)，试计算两端固定弦的自由振动。并用 Mathematica 软件画出级数解中前 5 项 $t=10$ s 的图。

3. 求解细杆的导热问题，杆长 l，b 为常数，两端保持为零度，初始温度分布为

$$u\big|_{t=0}=\frac{bx(l-x)}{l^2}$$

4. 两端固定弦，长为 l，用宽度为 2δ 的平面锤敲击弦 $x=x_0$ 点，求解定解问题。定解问题可表示如下：

$$\begin{cases} u_{tt}-a^2u_{xx}=0 \quad (0<x<l) \\ u(0,\ t)=0,\ u(l,\ t)=0 \\ u(x,\ 0)=0,\ u_t(x,\ 0)=\begin{cases} 0 & (0<x<x_0-\delta,\ x_0+\delta<x<l) \\ v_0 & (x_0-\delta<x<x_0+\delta) \end{cases} \\ u(x,\ t)=\text{非零有限值} \end{cases}$$

5. 两端固定弦，长为 l，用宽为 2δ 的余弦式凸面锤敲击弦 $x=x_0$ 点，求解定解问题。定解问题可表示如下：

$$\begin{cases} u_{tt}-a^2u_{xx}=0 \quad (0<x<l) \\ u(0,\ t)=0,\ u(l,\ t)=0 \\ u(x,\ 0)=0,\ u_t(x,\ 0)=\begin{cases} 0 & (0<x<x_0-\delta,\ x_0+\delta<x<l) \\ v_0\cos\dfrac{x-x_0}{2\delta}\pi & (x_0-\delta<x<x_0+\delta) \end{cases} \\ u(x,\ t)=\text{非零有限值} \end{cases}$$

6. 在铀块中，除了中子的扩散运动以外，还进行着中子的增殖过程。每秒钟在单位体积中产生的中子数正比于该处的中子浓度 u，可表示为 βu（β 是表示增殖快慢的常数）。研究厚度为 l 的层状铀块，求临界厚度(铀块厚度超过临界厚度，则中子浓度将随着时间而急剧增长以致铀块爆炸，原子弹爆炸就是这个原理)。其定解问题如下：

$$\begin{cases} u_t-a^2u_{xx}-\beta u=0 \\ u(0,\ t)=0,\ u(l,\ t)=0 \quad (a^2=D,\ 0<x<l) \\ u(x,\ t)=\text{非零有限值} \end{cases}$$

11.1.2 例题2(两端第二类齐次边界条件)

两端自由的均匀杆，在初始时刻施加力让杆具有初始位移分布和速度分布，求撤销力后杆的振动情况。

1. 确定定解问题

由第9章的讨论可知，上述情景可物理建模为两端自由杆的定解问题：

$$u_{tt} - a^2 u_{xx} = 0 \ (0 < x < l) \tag{11.1.37}$$

$$u_x(0, t) = 0, \ u_x(l, t) = 0 \tag{11.1.38}$$

$$u(x, 0) = \varphi(x), \ u_t(x, 0) = \phi(x) \ (0 \leqslant x \leqslant l) \tag{11.1.39}$$

$$u(x, t) = \text{非零有限值} \ (0 \leqslant x \leqslant l, t > 0) \tag{11.1.40}$$

式(11.1.40)同样是适定性条件。

2. 泛定方程分离变数

由于定解问题具有齐次的泛定方程和边界条件，故采用分离变数法，令解的形式为

$$u(x, t) = X(x)T(t) \tag{11.1.41}$$

代入泛定方程得 $X(x)$，$T(t)$分别满足二阶、齐次、线性、常系数的微分方程(分离过程见第14章14.1.1节)：

$$X'' + \lambda X = 0 \tag{11.1.42}$$

$$T'' + \lambda a^2 T = 0 \tag{11.1.43}$$

求解这两个微分方程需要相应的边值条件和初值条件，但是此处没有这两个条件，需要从定解条件中分离。

3. 适定性条件分离变数

将分离变数的解代入适定性条件式(11.1.40)得

$$X(x)T(t) = \text{非零有限值} \tag{11.1.44}$$

由式(11.1.44)得 $X(x)$，$T(t)$ 的**非零有限值条件**：

$$X(x) = \text{非零有限值} \tag{11.1.45}$$

$$T(t) = \text{非零有限值} \tag{11.1.46}$$

4. 齐次边界条件分离变数

将式(11.1.41)的解分别代入式(11.1.38)得

$$\begin{cases} X'(0)T(t) = 0 \\ X'(l)T(t) = 0 \end{cases} \tag{11.1.47}$$

由式(11.1.46)中 $T(t)$ 的非零有限条件可知，式(11.1.47)成立的条件是：

$$\begin{cases} X'(0) = 0 \\ X'(l) = 0 \end{cases} \tag{11.1.48}$$

5. 求解本征值问题

式(11.1.42)、式(11.1.45)、式(11.1.48)一起构成了本征值问题，本征值和本征函数分别为

$$\lambda = \frac{k^2\pi^2}{l^2}\ (k = 0, 1, 2, \cdots) \tag{11.1.49}$$

$$X(x) = C\cos\frac{k\pi x}{l}\ (k = 0, 1, 2, \cdots) \tag{11.1.50}$$

求解过程见第 15 章 15.2.2 节。

6. 确定微分方程的通解

将式(11.1.49)的本征值代入式(11.1.43)中函数 $T(t)$满足的微分方程得

$$T'' + \frac{k^2\pi^2 a^2}{l^2}T = 0\ (k = 0, 1, 2, \cdots) \tag{11.1.51}$$

此方程当 k 取定值时是二阶、齐次、线性、常系数微分方程，当 $k=0$ 时，其解为

$$T(t) = C_0 + D_0 t \tag{11.1.52}$$

当 $k>0$ 时，其解为

$$T(t) = C_k\cos\frac{k\pi a}{l}t + D_k\sin\frac{k\pi a}{l}t\ (k = 1, 2, \cdots) \tag{11.1.53}$$

至此，同弦振动的情况类似，定解问题有很多个解，对应着不同的 k 值：

$$u(x, t) = C_0 + D_0 t + \left(C_k\cos\frac{k\pi a}{l}t + D_k\sin\frac{k\pi a}{l}t\right)\cos\frac{k\pi x}{l}\ (k = 1, 2, \cdots) \tag{11.1.54}$$

7. 确定泛定方程在齐次边界条件下的通解

根据偏微分方程的理论，式(11.1.37)、式(11.1.38)的泛定方程和边界条件都是线性的，满足*线性叠加原理*，相应的通解为

$$u(x, t) = C_0 + D_0 t + \sum_{k=1}^{\infty}\left(C_k\cos\frac{k\pi a}{l}t + D_k\sin\frac{k\pi a}{l}t\right)\cos\frac{k\pi x}{l} \tag{11.1.55}$$

其中 C_k，D_k 为线性叠加系数。

8. 确定线性叠加系数

式(11.1.55)的系数由初始条件式(11.1.39)确定，将式(11.1.55)代入得

$$\begin{cases} u(x, 0) = \displaystyle\sum_{k=0}^{\infty} C_k\cos\frac{k\pi x}{l} = \varphi(x) \\ u_t(x, 0) = D_0 + \displaystyle\sum_{k=1}^{\infty} D_k\frac{k\pi a}{l}\cos\frac{k\pi x}{l} = \phi(x) \end{cases} \tag{11.1.56}$$

两个等式第二个等号左边都是关于 x 的余弦傅里叶级数，第二个等号右边是定义在区间 $[0, l]$ 上满足边界条件的任意函数。只需将右边函数作偶延拓，将展开为余弦傅里叶级数，即可得

$$\begin{cases} C_k = \dfrac{2}{\delta_k l}\displaystyle\int_0^l \varphi(\xi)\cos\frac{k\pi\xi}{l}d\xi \\ D_k = \dfrac{2}{\delta_k k\pi a}\displaystyle\int_0^l \phi(\xi)\cos\frac{k\pi\xi}{l}d\xi \end{cases} \quad \left(\delta_k = \begin{cases} 2, & k = 0 \\ 1, & k \neq 0 \end{cases}\right) \tag{11.1.57}$$

9. 物理讨论

(1) 特殊地，如果取：

$$\begin{cases}\varphi(x)=0.2\cos\dfrac{3\pi x}{l}\\ \phi(x)=0\end{cases}\tag{11.1.58}$$

则式(11.1.57)系数的解为

$$\begin{cases}C_3=\dfrac{2}{l}\displaystyle\int_0^l 0.2\cos\dfrac{3\pi\xi}{l}\cos\dfrac{3\pi\xi}{l}\mathrm{d}\xi=0.2\\ C_k=0\quad(k\neq 3)\\ D_k=0\end{cases}\tag{11.1.59}$$

此时，定解问题的解为

$$u(x,\ t)=0.2\cos\frac{3\pi at}{l}\sin\frac{3\pi x}{l}\tag{11.1.60}$$

（2）如果取：

$$\begin{cases}\varphi(x)=A\cos\dfrac{n\pi x}{l}\\ \phi(x)=0\end{cases}\tag{11.1.61}$$

由式(11.1.57)得

$$u(x,t)=A\cos\frac{n\pi at}{l}\cos\frac{n\pi x}{l}\tag{11.1.62}$$

（3）如果取：

$$\begin{cases}\varphi(x)=0\\ \phi(x)=B\cos\dfrac{2\pi x}{l}\end{cases}\tag{11.1.63}$$

则

$$\begin{cases}C_k=0\\ D_2=\dfrac{2}{2\pi a}\displaystyle\int_0^l B\cos\dfrac{2\pi\xi}{l}\cos\dfrac{2\pi\xi}{l}\mathrm{d}\xi=\dfrac{Bl}{2\pi a}\\ D_k=0\ (k\neq 2)\end{cases}\tag{11.1.64}$$

则

$$u(x,\ t)=\frac{Bl}{2\pi a}\cos\frac{2\pi at}{l}\cos\frac{2\pi x}{l}\tag{11.1.65}$$

以上情况和弦振动的情况类似。

上述定解问题表明，在经典力学中，确定有界系统的定解(唯一解)一定需要泛定方程、边界条件和初始条件。泛定方程决定了解的形式，物理量所遵循的规律是系统内部各部分之间相互作用的表现。边界条件决定了系统边界与外界之间的相互作用。初始条件决定系统在初始时刻具有的能量——动能和势能。以上两个定解问题表明，系统与外界之间没有能量交换，系统运动是动能与势能之间相互转换引起的，整个过程机械能守恒。

以上的求解说明，给定一个系统，即给定系统的基本属性，在确定内部运行规律的情况下，系统的状态一方面取决于边界条件——外界与系统之间的能量交换；另一方面取决于系统的初始条件——系统的初始状态(初始能量)，这是一种物理的思维方式，这种思维方式一定程度上可以推广到对非物理系统的研究。

练习 11.1.2

1. 长度为 l 的均匀杆，两端受压从而长度缩为 $l(l-2\varepsilon)$，放手后自由振动，求杆的纵振动。定解问题如下：

$$\begin{cases} u_{tt}-a^2u_{xx}=0 \quad (0<x<l) \\ u_x(0,t)=0,\ u_x(l,t)=0 \\ u(x,0)=2\varepsilon\left(\dfrac{l}{2}-x\right),\ u_t(x,0)=0 \\ u(x,t)=\text{非零有限值} \end{cases}$$

11.1.3　例题 3(混合齐次边界条件)

11.1.1 节和 11.1.2 节的两个定解问题都是振动问题，都可以应用分离变数法解决。对于输运问题的定解问题，可否应用分离变数法？下面通过一个例题展示。

一根长为 l 的均匀杆，一端($x=0$ 的一端)与零温热源接触，一端绝热，初始时刻杆的温度梯度均匀，即温度分布为 u_0x/l，求 t 时刻杆上的温度分布。

1. 确定定解问题

根据第 9 章的讨论可知，上述情景可进行物理建模，将其表述为定解问题：

$$u_t-a^2u_{xx}=0\ (0<x<l) \tag{11.1.66}$$

$$u(0,t)=0,\ u_x(l,t)=0 \tag{11.1.67}$$

$$u(x,0)=\frac{u_0x}{l}\ (0\leqslant x\leqslant l) \tag{11.1.68}$$

$$u(x,t)=\text{非零有限值}\ (0\leqslant x\leqslant l,\ t>0) \tag{11.1.69}$$

式(11.1.69)为适定性条件。

2. 泛定方程分离变数

上述定解问题采用分离变数法，假设解的形式如下：

$$u(x,t)=X(x)T(t) \tag{11.1.70}$$

代入泛定方程式(11.1.66)得 $X(x)$，$T(t)$分别满足齐次、线性、常系数的微分方程(分离过程见第 14 章 14.1.2 节)：

$$X''+\lambda X=0 \tag{11.1.71}$$

$$T'+\lambda a^2T=0 \tag{11.1.72}$$

3. 适定性条件分离变数

将分离变数解的形式代入适定性条件式(11.1.69)得

$$X(x)T(t)=\text{非零有限值} \tag{11.1.73}$$

由式(11.1.73)得 $X(x)$ 的**非零有限值条件**如下：

$$X(x)=\text{非零有限值} \tag{11.1.74}$$

$$T(t)=\text{非零有限值} \tag{11.1.75}$$

4. 齐次边界条件分离变数

求解两个微分方程需要相应的边值条件和初值条件，需要从定解问题的边界条件中求得。将式(11.1.70)的解代入式(11.1.67)的边界条件得

$$\begin{cases} X(0)T(t)=0 \\ X'(l)T(t)=0 \end{cases} \tag{11.1.76}$$

考虑 $T(t)$ 满足式(11.1.75)的非零有限条件，则式(11.1.76)成立的条件是：

$$\begin{cases} X(0)=0 \\ X'(l)=0 \end{cases} \tag{11.1.77}$$

5. 求解本征值问题

式(11.1.71)、式(11.1.74)、式(11.1.77)一起构成了本征值问题，*本征值和本征函数*分别为

$$\begin{cases} \lambda=\dfrac{(2k+1)^2\pi^2}{4l^2} \\ X(x)=C\sin\dfrac{(2k+1)\pi x}{2l} \end{cases} \quad (k=0,1,2,\cdots) \tag{11.1.78}$$

（其求解过程见第15章15.2.3节。）

6. 确定微分方程的通解

将式(11.1.78)的本征值代入式(11.1.72)函数 $T(t)$ 满足的微分方程得

$$T'+\frac{(2k+1)^2\pi^2a^2}{4l^2}T=0\ (k=0,1,2,\cdots) \tag{11.1.79}$$

这是一系列的一阶常微分方程，其通解为

$$T(t)=A\exp\left[-\frac{(2k+1)^2\pi^2a^2}{4l^2}t\right]\ (k=0,1,2,\cdots) \tag{11.1.80}$$

与前面类似，定解问题有很多个解，对应着不同的 k 值：

$$u_k(x,t)=A_k\exp\left[-\frac{(2k+1)^2\pi^2a^2}{4l^2}t\right]\sin\frac{(2k+1)\pi x}{2l}\ (k=0,1,2,\cdots) \tag{11.1.81}$$

7. 确定泛定方程在齐次边界条件下的通解

根据偏微分方程的理论，式(11.1.66)、式(11.1.67)的泛定方程和边界条件都是线性的，其解满足*线性叠加原理*，相应的通解为

$$u(x,t)=\sum_{k=0}^{\infty}A_k\exp\left[-\frac{(2k+1)^2\pi^2a^2}{4l^2}t\right]\sin\frac{(2k+1)\pi x}{2l} \tag{11.1.82}$$

其中 A_k 是线性叠加系数。

8. 确定线性叠加系数

线性叠加系数由初始条件确定，代入式(11.1.68)的初始条件得

$$u(x,0)=\sum_{k=0}^{\infty}A_k\sin\frac{(2k+1)\pi x}{2l}=\frac{u_0x}{l}\quad(0\leqslant x\leqslant l) \tag{11.1.83}$$

第二个等号的左边是关于 x 的正弦傅里叶级数，右边是定义在 $[0,l]$ 上自变量为 x 的函

数。只需将右边函数作奇延拓，将其展开为余弦傅里叶级数，即可得

$$A_k=\frac{2}{l}\int_0^l\frac{u_0\xi}{l}\sin\frac{(2k+1)\xi}{l}\mathrm{d}\xi \tag{11.1.84}$$

通过分部积分或 Mathematica 积分得

$$A_k=(-1)^k\frac{8u_0 l}{(2k+1)^2\pi^2} \tag{11.1.85}$$

所以定解问题的定解为

$$u(x,t)=\frac{8u_0 l}{\pi^2}\sum_{k=0}^{\infty}\frac{(-1)^k}{(2k+1)^2}\exp\left[-\frac{(2k+1)^2\pi^2a^2}{4l^2}t\right]\sin\frac{(2k+1)\pi x}{2l} \tag{11.1.86}$$

取杆的长度 $l=1$，$u_0=100$，$a^2=10^{-1}$，图 11.1-7 画出了各时刻杆的温度分布(取级数的前 100 项)。

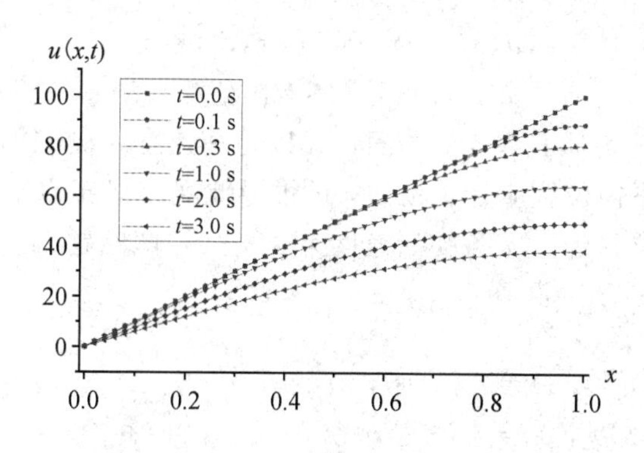

图 11.1-7　各时刻杆的温度分布

9. 物理讨论

上述解只是一个分离变数法的试探解，对解的合理性需要进行进一步的讨论。

(1) 从解的形式看，当 $t\to\infty$ 时，杆的温度趋于零，这与生活常识相符，杆上的热量会不断地从零温一端流出，最后与零温热源达到平衡。

(2) 在 $t\neq 0$ 时刻，很明显温度分布不再和初始温度分布相同，在靠近绝热端，温度梯度变小。物理上如何解释？请读者自行思考。

练习 11.1.3

1. 长度为 l 的杆，一端固定，另一端受 F_0 作用而伸长，求解杆在放手后的振动。定解问题为

$$\begin{cases}u_{tt}-a^2u_{xx}=0\quad(0<x<l)\\ u(0,t)=0,\ u_x(l,t)=0\\ u(x,0)=\int_0^x u_x\mathrm{d}x=\int_0^x\frac{F_0}{YS}\mathrm{d}x=\frac{F_0x}{YS},\ u_t(x,0)=0\\ u(x,t)=\text{非零有限值}\end{cases}$$

2. 长度为 l 的理想传输线，远端开路，先把传输线充电到电压 u_0，然后把近端短路，求解线上的电压 $u(x,t)$。定解问题为

$$\begin{cases} u_{tt}-a^2u_{xx}=0 \quad \left(0<x<l,\ a^2=\dfrac{1}{LC}\right) \\ u(0,t)=0,\ u_x(l,t)=-\left(R+L\dfrac{\partial}{\partial t}\right)j(l,t)=0 \\ u(x,0)=u_0,\ u_t(x,0)=-\dfrac{1}{C}j_x(x,0)=0 \\ u(x,t)=\text{非零有限值} \end{cases}$$

3. 长度为 l 的杆，上端固定在电梯天花板上，杆身竖直，下端自由，电梯下降，当速度为 v_0 时突然停止，求解杆的振动。定解问题为

$$\begin{cases} u_{tt}-a^2u_{xx}=0\ (0<x<l) \\ u(0,t)=0,\ u_x(l,t)=0 \\ u(x,0)=0,\ u_t(x,0)=v_0 \\ u(x,t)=\text{非零有限值} \end{cases}$$

4. 长度为 l 的柔软匀质轻绳，一端固定在以匀角速度 ω 转动的竖直轴上，由于惯性离心力的作用，弦的平衡位置应是水平线，试推导此绳相对于水平线的横振动方程。求解轻绳的振动，初始位移为 $\varphi(x)$，初始速度为 $\phi(x)$。定解问题为

$$\begin{cases} u_{tt}-\dfrac{\omega^2}{2}\dfrac{\partial}{\partial x}[(l^2-x^2)u_x]=0 \quad (0<x<l) \\ u(0,t)=0,\ u_x(l,t)=0 \\ u(x,0)=\varphi(x),\ u_t(x,0)=\phi(x) \\ u(x,t)=\text{非零有限值} \end{cases}$$

11.2　非齐次泛定方程、齐次边界条件定解问题

从物理的角度看，11.1 节中齐次泛定方程、齐次边界条件的定解问题描述的是初始能量引起系统的自由振动(输运)。但是当系统在运动(演化)过程中还受外力的作用时，一般来说系统的泛定方程是非齐次的，比如下面的定解问题：

$$\begin{cases} u_{tt}-a^2u_{xx}=A\cos\dfrac{\pi x}{l}\sin\omega t \\ u_x(0,t)=0,\ u_x(l,t)=0 \\ u(x,0)=\varphi(x),\ u_t(x,0)=\phi(x) \\ u(x,t)=\text{非零有限值} \end{cases} \tag{11.2.1}$$

这个定解问题可以对应地看成两端自由的杆的纵振动，具有初始位移和初始速度，在振动的同时受到受迫力(用单位长度单位质量的杆受到 $A\cos\dfrac{\pi x}{l}\sin\omega t$ 的力描述)而振动，如图 11.2 - 1 所示。

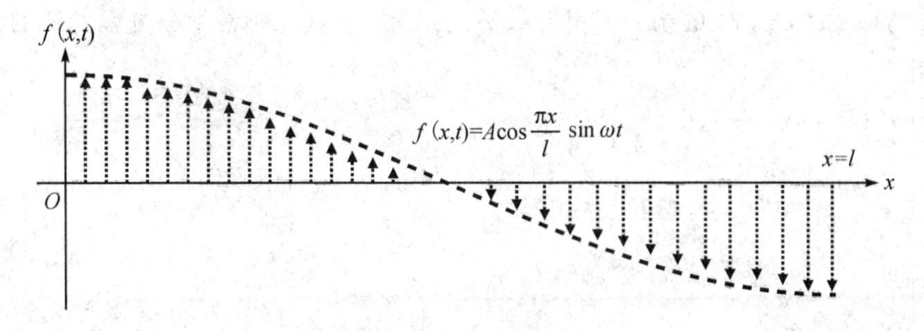

图 11.2-1　弦系统的受力

也就是说，t 时刻杆的振动是两种作用的结果，即受迫力引起的结果与初始能量引起的结果。11.1 节例 2 只分析了初始能量引起的振动(自由振动)，位置坐标部分是傅里叶级数解，即

$$u(x,\ t) = \sum_{n=0}^{\infty} T_n(t)\cos\frac{n\pi x}{l} \tag{11.2.2}$$

进一步可以采用非齐次常微分方程求解的思路，待定 $T_n(t)$ 由非齐次的泛定方程决定，从而可以试探式(11.2.2)形式的解。

11.2.1　傅里叶级数法

将式(11.2.2)形式的解代入式(11.2.1)中的泛定方程，则有

$$\sum_{n=0}^{\infty}\left(T''_n+\frac{n^2\pi^2a^2}{l^2}T_n\right)\cos\frac{n\pi x}{l} = A\cos\frac{\pi x}{l}\sin\omega t \tag{11.2.3}$$

将等号左边看成关于变量 x 的傅里叶级数，系数为 $T''_n+\frac{n^2\pi^2a^2}{l^2}T_n$，将等号右边的函数展开为傅里叶级数后，两边比较系数得

$$\begin{cases} T''_1+\dfrac{\pi^2a^2}{l^2}T_1 = A\sin\omega t \\ T''_n+\dfrac{\pi^2a^2}{l^2}T_n = 0 \quad (n\neq 1)\end{cases} \tag{11.2.4}$$

式(11.2.4)是**二阶、线性、常系数**的常微分方程，当 $n=1$ 时，$T(t)$ 满足的是**二阶、线性、非齐次、常系数**常微分方程，当 $n\neq 1$ 时满足**二阶、线性、齐次、常系数**微分方程。式(11.2.4)只能求解出带有常数的通解，根据二阶常微分方程解的结构，需要 $T_n(t)$ 的初值条件 $T_n(0)$，$T'_n(0)$，从什么地方能获取这个初值条件？可以将式(11.2.2)代入定解问题的初始条件：

$$\sum_{n=0}^{\infty} T_n(0)\cos\frac{n\pi}{l}x = \varphi(x) = \sum_{n=0}^{\infty}\varphi_n\cos\frac{n\pi}{l}x \tag{11.2.5}$$

$$\sum_{n=0}^{\infty} T'_n(0)\cos\frac{n\pi}{l}x = \phi(x) = \sum_{n=0}^{\infty}\phi_n\cos\frac{n\pi}{l}x \tag{11.2.6}$$

运用傅里叶级数的性质有

$$\begin{cases} T_n(0) = \varphi_n = \dfrac{2}{\delta_n l}\displaystyle\int_0^l \varphi(\xi)\cos\frac{n\pi\xi}{l}\mathrm{d}\xi \\ T'_n(0) = \phi_n = \dfrac{2}{\delta_n l}\displaystyle\int_0^l \phi(\xi)\cos\frac{n\pi\xi}{l}\mathrm{d}\xi \end{cases} \tag{11.2.7}$$

其中 φ_n，ϕ_n 是 $\varphi(x)$，$\phi(x)$ 的余弦傅里叶级数的系数。根据二阶常微分方程的解的结构可得 $T_n(t)$ 的解为

$$\begin{cases} T_0(t) = \varphi_0 + \phi_0 t \\ T_1(t) = \dfrac{Al}{\pi a} \dfrac{1}{\omega^2 - \dfrac{\pi^2 a^2}{l^2}} \left(\omega \sin \dfrac{\pi a t}{l} - \dfrac{\pi a}{l} \sin \omega t \right) + \varphi_1 \cos \dfrac{\pi a t}{l} + \dfrac{l}{\pi a} \phi_1 \sin \dfrac{\pi a t}{l} \\ T_n(t) = \varphi_n \cos \dfrac{n \pi a t}{l} + \dfrac{l}{\pi a} \phi_n \sin \dfrac{n \pi a t}{l} \quad (n \neq 0, 1) \end{cases} \tag{11.2.8}$$

定解问题的解为

$$\begin{aligned} u(x, t) = {} & \varphi_0 + \phi_0 t + \\ & \frac{Al}{\pi a} \frac{1}{\omega^2 - \dfrac{\pi^2 a^2}{l^2}} \left(\omega \sin \frac{\pi a t}{l} - \frac{\pi a}{l} \sin \omega t \right) \cos \frac{\pi x}{l} + \\ & \sum_{n=1}^{\infty} \left(\varphi_n \cos \frac{n \pi a t}{l} + \frac{l}{n \pi a} \phi_n \sin \frac{n \pi a t}{l} \right) \cos \frac{n \pi x}{l} \end{aligned} \tag{11.2.9}$$

解的物理讨论如下：

(1) 式(11.2.9)等号右边的第一部分 $\varphi_0 + \phi_0 t$ 表明杆整体在做匀速运动，从 φ_0，ϕ_0 的表达式(11.2.7)可看出，ϕ_0 是系统的初始平均位移，φ_0 是系统的初始平均速度。

(2) 式(11.2.9)等号右边的第二部分中除了包含系统基本参数 a，l 之外，只含受迫力的参数—— ω，A，而不包含初始条件的影响，所以这一部分是受迫力引起的振动。系统的参数是固定的，但是受迫力的频率 ω 可调。我们分析一下这一部分导致的位移与受迫力频率的关系：

$$\lim_{\omega \to \pi a/l} \frac{Al}{\pi a} \frac{1}{\omega^2 - \dfrac{\pi^2 a^2}{l^2}} \left(\omega \sin \frac{\pi a t}{l} - \frac{\pi a}{l} \sin \omega t \right) \cos \frac{\pi x}{l} = \frac{Al \sqrt{l^2 + \pi^2 a^2 t^2}}{2\pi^2 a^2} \sin\left(\frac{\pi a t}{l} - \theta \right) \cos \frac{\pi x}{l} \tag{11.2.10}$$

其中 $\tan\theta = \dfrac{\pi a t}{l}$。从式(11.2.10)中可以看到，当受迫力的频率 $\omega = \dfrac{\pi a}{l}$ 时，随着时间的增加，这一部分将导致杆振动的位移为无穷大，系统不稳定。这符合物理现象吗？如何才能让系统处于稳定状态？请读者自行在练习题中思考。

(3) 式(11.2.9)等号右边第三部分求和与第一部分一起是 11.1.2 节讨论的两端自由杆自由振动的解。

根据解的形式，上述方法称为**傅里叶级数法**。由于当 $\omega = \dfrac{\pi a}{l}$ 时得到的解是不稳定的，用以上定解问题的求解来阐明傅里叶级数的解法很难在实验上进行验证，因此解的合理性有待研究。**读者可研究带有阻力情况的解，见练习** 11.2.1。

综上所述，受迫力引起的振动和初始能量引起的振动总可以独立地分为两部分，并没有耦合在一起。这启示我们，可否在求解之前将解分为两部分，一部分是初始能量引起的振动，另一部分单纯是受迫力引起的振动。如果令 u^{I} 是初始能量引起的振动，u^{II} 是受迫力引起的振动，定解问题式(11.2.1)的解为 $u(x, t) = u^{\text{I}} + u^{\text{II}}$，即满足相应的定解问题：

$\begin{cases} u_{tt}^{\mathrm{I}} - a^2 u_{xx}^{\mathrm{I}} = 0 \\ u_x^{\mathrm{I}}(0, t) = 0, u_x^{\mathrm{I}}(l, t) = 0 \\ u^{\mathrm{I}}(x, 0) = \varphi(x), u_t^{\mathrm{I}}(x, 0) = \phi(x) \\ u^{\mathrm{I}}(x, t) = \text{非零有限值} \end{cases}$ (11.2.11)	$\begin{cases} u_{tt}^{\mathrm{II}} - a^2 u_{xx}^{\mathrm{II}} = A\cos\frac{\pi a x}{l}\sin\omega t \\ u_x^{\mathrm{II}}(0, t) = 0, u_x^{\mathrm{II}}(l, t) = 0 \\ u^{\mathrm{II}}(x, 0) = 0, u_t^{\mathrm{II}}(x, 0) = 0 \\ u^{\mathrm{II}}(x, t) = \text{非零有限值} \end{cases}$ (11.2.12)

上述形式的处理方法仅是猜想，需要从数学上进行证明。从数学的角度看，式(11.2.1)的定解问题是线性定解问题，其解满足线性叠加原理。有了这个数学结论，对于类似的问题就只需要求解类似式(11.2.12)的解即可。求解时除了可以利用傅里叶级数解法之外，还有物理学家发明的专门针对形式为式(11.2.12)齐次初始条件的定解问题的解法，这种方法称为**冲量定理法**。

练习 11.2.1

1. 假设定解问题为

$$\begin{cases} u_{tt} - a^2 u_{xx} + 2\beta u_t = A\cos\frac{\pi x}{l}\sin\omega t \\ u_x(0, t) = 0, u_x(l, t) = 0 \\ u(x, 0) = \varphi(x), u_t(x, 0) = \phi(x) \\ u(x, t) = \text{非零有限值} \end{cases}$$

其中 $2\beta u_t$ 表示阻力，试用傅里叶级数求解其解。

2. 长为 l 的均匀细杆两端固定，杆上单位长度上单位质量受到的纵向外力为 $f_0\sin(2\pi x/l)\cos\omega t$，初始位移为 $[\sin(\pi x/l)]^2$，初始速度为零，求解杆的纵振动。

3. 求解热传导问题：

$$\begin{cases} u_t - a^2 u_{xx} = 0.1\sin\omega t \\ u_x(0, t) = 0, u(l, t) = 0 \\ u(x, 0) = \varphi(x) \\ u(x, t) = \text{非零有限值} \end{cases}$$

4. 两端固定的弦，原先静止不动，单位长度上所受的横向外力为 $\rho f(x, t) = \rho\phi(x)\sin\omega t$，求解弦的振动，研究共振的可能性，并求共振时的解。

5. 两端固定的弦在点 x_0 处受谐变力 $\rho f(x, t) = \rho f_0\sin\omega t$ 的作用而振动，求解振动情况(提示：外加力的线密度可表示为 $\rho f(x, t) = \rho f_0\sin\omega t\,\delta(x - x_0)$)。

11.2.2　冲量定理法(初始条件均为齐次)

现在用**冲量定理法**来研究非齐次振动方程的定解问题：

$$\begin{cases} u_{tt} - a^2 u_{xx} = f(x, t) \\ u_x(0, t) = 0, u(l, t) = 0 \\ u(x, 0) = 0, u_t(x, 0) = 0 \\ u(x, t) = \text{非零有限值} \end{cases} \tag{11.2.13}$$

1. 冲量定理法的物理思想

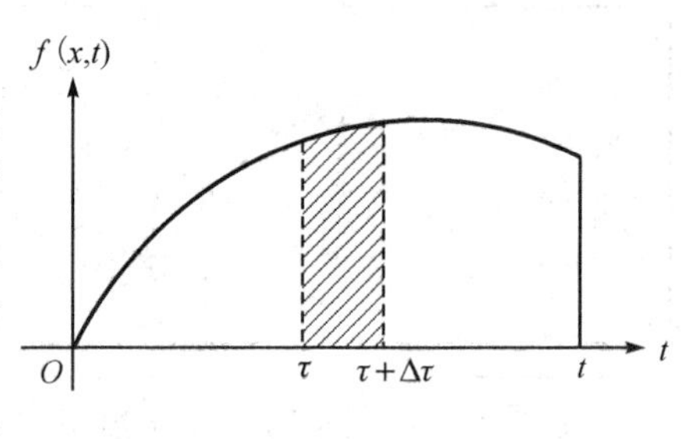

图 11.2-2　作用在弦上的力的冲量

首先看 $f(x,t)$的物理意义：单位长度、单位质量上的作用力，它对时间的累积为冲量。如图 11.2-2 所示，冲量大小在图中表示为曲线与 t 轴围成的面积。假设在 τ 到 $\tau+\Delta\tau$ 时间内，$f(x,t)$的冲量等效为在 τ 时刻给系统一个初始动量，而在其他时间没有力的作用，$\tau<t<\tau+\Delta\tau$ 时间内 $f(x,t)$ 引起的振动用 $V(x,t;\tau,\Delta\tau)$ 表示，满足：

$$\begin{cases}V_{tt}-a^2V_{xx}=0\\V(0,t;\tau,\Delta\tau)=0,\ V(l,t;\tau,\Delta\tau)=0\\V(x,\tau;\tau,\Delta\tau)=0,\ V_t(x,\tau;\tau,\Delta\tau)=f(x,\tau)\Delta\tau\\V(x,\tau;\tau,\Delta\tau)=\text{非零有限值}\end{cases}\quad(0<x<l,\ \tau\leqslant t\leqslant\tau+\Delta\tau)\tag{11.2.14}$$

这里的 V 是 x，t，τ，$\Delta\tau$ 的函数，在 $\Delta\tau$ 很小时，可认为 V 与 $\Delta\tau$ 成正比，即可令 $V(x,t;\tau,\Delta\tau)=\upsilon(x,t;\tau)\Delta\tau$，代入式(11.2.14)，则方程变为

$$\begin{cases}\upsilon_{tt}-a^2\upsilon_{xx}=0\\\upsilon(0,t;\tau)=0,\ \upsilon(l,t;\tau)=0\\\upsilon(x,\tau;\tau)=0,\ \upsilon_t(x,\tau;\tau)=f(x,\tau)\\\upsilon(x,t;\tau)=\text{非零有限值}\end{cases}\quad(0<x<l,\ \tau\leqslant t\leqslant\tau+\Delta\tau)\tag{11.2.15}$$

因为 $V(x,t;\tau,\Delta\tau)$ 是在 $\Delta\tau$ 时段内的解，从 0 到 t 的解应为所有 $V(x,t;\tau,\Delta\tau)$ 的叠加，当 $\Delta\tau\to0$ 时，有

$$u(x,t)=\lim_{\Delta\tau\to0}\sum_{\tau=0}^{t}V(x,t;\tau,\Delta\tau)=\lim_{\Delta\tau\to0}\sum_{\tau=0}^{t}\upsilon(x,t;\tau)\Delta\tau=\int_0^t\upsilon(x,t;\tau)\mathrm{d}\tau\tag{11.2.16}$$

这即是定解问题式(11.2.13)的解，上面的处理过程叫作**冲量定理法**。

2. 冲量定理法的应用

冲量定理法的物理思想是将连续的受迫力对系统的作用转变为瞬时力的作用，在此基础上运用瞬间作用累计得最后的结果。从上面的讨论看，冲量定理法适用于只在受迫力作用下振动的系统，初始条件必须齐次。若系统同时由两种原因引起振动，则需要根据**线性叠加原理**将其分离后运用冲量定理法讨论受迫力引起的振动。下面运用冲量定理法重新求解前面的例题。

例 1　运用冲量定理法重新求解定解问题：

$$\begin{cases}u_{tt}-a^2u_{xx}=A\cos\dfrac{\pi x}{l}\sin\omega t\\u_x(0,t)=0,\ u_x(l,t)=0\\u(x,0)=\varphi(x),\ u_t(x,0)=\phi(x)\\u(x,t)=\text{非零有限值}\end{cases}\tag{11.2.17}$$

解　第一步，将定解问题的解分为两部分：

$$u(x,t)=u^{\mathrm{I}}(x,t)+u^{\mathrm{II}}(x,t) \tag{11.2.18}$$

第二步，写出两个解满足的定解问题：

$$\begin{cases}u_{tt}^{\mathrm{I}}-a^2u_{xx}^{\mathrm{I}}=0\\ u_x^{\mathrm{I}}(0,t)=0,\ u_x^{\mathrm{I}}(l,t)=0\\ u^{\mathrm{I}}(x,0)=\varphi(x),\ u_t^{\mathrm{I}}(x,0)=\phi(x)\\ u^{\mathrm{I}}(x,t)=\text{非零有限值}\end{cases} \tag{11.2.19}$$

$$\begin{cases}u_{tt}^{\mathrm{II}}-a^2u_{xx}^{\mathrm{II}}=A\cos\dfrac{\pi x}{l}\sin\omega t\\ u_x^{\mathrm{II}}(0,t)=0,\ u_x^{\mathrm{II}}(l,t)=0\\ u^{\mathrm{II}}(x,0)=0,\ u_t^{\mathrm{II}}(x,0)=0\\ u^{\mathrm{II}}(x,t)=\text{非零有限值}\end{cases} \tag{11.2.20}$$

第三步，求解第一个定解问题。前面已经求解：

$$u^{\mathrm{I}}(x,t)=\varphi_0+\phi_0t+\sum_{n=1}^{\infty}\left(\varphi_n\cos\frac{n\pi at}{l}+\phi_n\sin\frac{n\pi at}{l}\right)\cos\frac{n\pi x}{l} \tag{11.2.21}$$

第四步，用冲量定理法求解定解问题式(11.2.20)。u^{II} 的解应用冲量定理法，先求解：

$$\begin{cases}\upsilon_{tt}-a^2\upsilon_{xx}=0\\ \upsilon_x(0,t;\tau)=0,\ \upsilon_x(l,t;\tau)=0\\ \upsilon(x,\tau;\tau)=0,\ \upsilon_t(x,\tau;\tau)=A\cos\dfrac{\pi x}{l}\sin\omega\tau\\ \upsilon(x,t;\tau)=\text{非零有限值}\end{cases}\quad(\tau\leqslant t\leqslant\tau+\Delta\tau) \tag{11.2.22}$$

即求解时段 $(\tau,\tau+\Delta\tau)$ 内受迫力引起的振动。用分离变数法可得这个方程的解为

$$\upsilon(x,t;\tau)=\frac{Al}{\pi a}\sin\omega\tau\sin\frac{\pi a(t-\tau)}{l}\cos\frac{\pi x}{l} \tag{11.2.23}$$

所以 $u^{\mathrm{II}}(x,t)$ 为

$$\begin{aligned}u^{\mathrm{II}}(x,t)&=\int_0^t\upsilon(x,t;\tau)\mathrm{d}\tau=\frac{Al}{\pi a}\cos\frac{\pi x}{l}\int_0^t\sin\omega\tau\sin\frac{\pi a(t-\tau)}{l}\mathrm{d}\tau\\&=\frac{Al}{\pi a}\frac{1}{\omega^2-\pi^2a^2/l^2}\left(\omega\sin\frac{\pi a}{l}t-\frac{\pi a}{l}\sin\omega t\right)\cos\frac{\pi x}{l}\end{aligned} \tag{11.2.24}$$

第五步，合并解。可得定解问题式(11.2.17)的解为

$$\begin{aligned}u(x,t)&=u^{\mathrm{I}}(x,t)+u^{\mathrm{II}}(x,t)\\&=\varphi_0+\phi_0t+\sum_{n=1}^{\infty}\left(\varphi_n\cos\frac{n\pi at}{l}+\phi_n\sin\frac{n\pi at}{l}\right)\cos\frac{n\pi x}{l}+\\&\quad\frac{Al}{\pi a}\frac{1}{\omega^2-\pi^2a^2/l^2}\left(\omega\sin\frac{\pi a}{l}t-\frac{\pi a}{l}\sin\omega t\right)\cos\frac{\pi x}{l}\end{aligned} \tag{11.2.25}$$

第六步，物理讨论。这个结果与傅里叶级数求解的结果一致。

上述求解的虽然是振动问题，但是这种方法可以推广到输运问题。下面的例 2 即是将冲量定理法应用于输运问题的求解。

例 2　求解定解问题：

$$\begin{cases}u_t-a^2u_{xx}=A\sin\omega t\\ u(0,t)=0,\ u_x(l,t)=0\\ u(x,0)=0\\ u(x,t)=\text{非零有限值}\end{cases} \tag{11.2.26}$$

非齐次的泛定方程表明，单位长度上的杆单位时间内产生的热量为 $A\sin\omega t$，试用冲量定理求解。

解　第一步，令

$$u(x,t)=\int_0^t \upsilon(x,t;\tau)\mathrm{d}\tau \tag{11.2.27}$$

其中 $\upsilon(x,t;\tau)$ 满足定解问题：

$$\begin{cases}\upsilon_t-a^2\upsilon_{xx}=0\\ \upsilon(0,t;\tau)=0,\ \upsilon_x(l,t;\tau)=0\\ \upsilon(x,\tau;\tau)=A\sin\omega\tau\\ \upsilon(x,t;\tau)=\text{非零有限值}\end{cases} \tag{11.2.28}$$

第二步，应用分离变数法求解 $\upsilon(x,t;\tau)$ 得

$$\upsilon(x,t;\tau)=\sum_{n=1}^{\infty}C_n\exp\left[-\frac{(n+1/2)^2\pi^2a^2}{l^2}(t-\tau)\right]\sin\frac{(n+1/2)\pi}{l}x \tag{11.2.29}$$

其中系数 C_n 为

$$C_n=\frac{2}{l}\int_0^l A\sin\omega\tau\sin\frac{(n+1/2)\pi\xi}{l}\mathrm{d}\xi=\frac{2A\sin\omega\tau}{(n+1/2)\pi} \tag{11.2.30}$$

所以

$$\upsilon(x,t;\tau)=\frac{2A\sin\omega\tau}{\pi}\sum_{n=1}^{\infty}\frac{1}{n+1/2}\exp\left[-\frac{(n+1/2)^2\pi^2a^2}{l^2}(t-\tau)\right]\sin\frac{(n+1/2)\pi}{l}x \tag{11.2.31}$$

第三步，将 $\upsilon(x,t;\tau)$ 代入式(11.2.27)积分得

$$u(x,t)=\sum_{n=1}^{\infty}\frac{1}{n+1/2}\sin\frac{(n+1/2)\pi x}{l}\cdot\frac{2A}{\pi[(n+1/2)^4\pi^4a^4/l^4+\omega^4]}\cdot\left\{\frac{(n+1/2)^2\pi^2a^2}{l^2}\sin\omega t-\omega^2\cos\omega t+\omega^2\exp\left[-\frac{(n+1/2)^2\pi^2a^2t}{l^2}\right]\right\} \tag{11.2.32}$$

第四步，物理讨论：

当时间 $t\to\infty$ 时，系统的解变为

$$u(x,t)=\sum_{n=1}^{\infty}\frac{1}{n+1/2}\sin\frac{(n+1/2)\pi x}{l}\cdot\frac{2A}{\pi[(n+1/2)^4\pi^4a^4/l^4+\omega^4]}\cdot\left[\frac{(n+1/2)^2\pi^2a^2}{l^2}\sin\omega t-\omega^2\cos\omega t\right] \tag{11.2.33}$$

运用三角函数的变换关系化简得

$$u(x,t)=\frac{2A}{\pi}\sum_{n=1}^{\infty}\frac{1}{n+1/2}\cdot\frac{1}{\sqrt{(n+1/2)^4\pi^4a^4/l^4+\omega^4}}\sin(\omega t+\theta)\sin\frac{(n+1/2)\pi x}{l} \tag{11.2.34}$$

练习 11.2.2

1. 求解振动问题：

$$\begin{cases} u_{tt}-a^2u_{xx}=f(x,t) \\ u(0,t)=0,\ u(l,t)=0 \\ u(x,0)=\varphi(x),\ u_t(x,0)=\phi(x) \\ u(x,t)=\text{非零有限值} \end{cases}$$

2. 输运问题：

$$\begin{cases} u_t-a^2u_{xx}=-bu_x \quad (b\text{ 为常数}) \\ u(0,t)=0,\ u(l,0)=0 \\ u(x,0)=\varphi(x) \quad (0<x<l) \\ u(x,t)=\text{非零有限值} \end{cases}$$

能否用傅里叶级数法求解？如果不能，请说明原因；如果能，请将 $u(x,t)$ 解出来。

3. 均匀细导线，每单位长的电阻为 R，通以恒定电流 I，导线表面与周围温度为 0 的介质进行热量交换，试求解线上的温度变化(设初始温度和两端温度都是 0)。

以上定解问题求解的共同特征是具有齐次的边界条件。但是系统边界条件是否为齐次取决于系统本身所处的环境，系统所处的物理环境可能造成系统具有非齐次的边界条件，这种情况怎么处理？下一节将讨论这种情况。

11.3　非齐次边界条件的定解问题

例 1　求解弦的振动问题(第一类边界条件)：

$$\begin{cases} u_{tt}-a^2u_{xx}=0 \\ u(0,t)=\mu(t),\ u(l,t)=\nu(t) \\ u(x,0)=\varphi(x),\ u_t(x,0)=\phi(x) \\ u(x,t)=\text{非零有限值} \end{cases} \tag{11.3.1}$$

解　由题意可知，此定解问题的边界条件是非齐次的，可对应长度为 l 的杆做纵振动，非齐次的边界条件表明两端受力后端点(质点)的运动方程分别为 $\mu(t)$，$\nu(t)$。显然，这种非齐次边界条件的定解问题不能用分离变数法直接求解(原因是边界条件不能分离变数)。傅里叶级数法和冲量定理法也不能用，如何处理这种情况？这时需借助线性叠加原理求解。

第一步，根据线性叠加原理，取两个函数：$\upsilon(x,t)$，$\omega(x,t)$，其中 $\upsilon(x,t)$ 是满足边界条件的特解，而 $\omega(x,t)$满足齐次的边界条件。则这两个函数相加满足非齐次边界条件，即

$$u(x,t)=\upsilon(x,t)+\omega(x,t) \tag{11.3.2}$$

处理方法：找一个特解 $\upsilon(x,t)$，条件是满足非齐次边界条件，从几何上看，固定 t 后，$\upsilon(x,t)$ 是关于 x 的曲线，该曲线满足边界条件，即要求经过平面上的两点：$(0,\mu(t))$，$(l,\nu(t))$。而经过两点最简单的曲线是直线，即可令：

$$\upsilon(x,t)=A(t)x+B(t) \tag{11.3.3}$$

第二步，代入定解问题的边界条件：

$$\begin{cases}\mu(t)=B(t)\\ \nu(t)=A(t)\cdot l+B(t)\end{cases}\tag{11.3.4}$$

解得 $A(t)$，$B(t)$ 为

$$A(t)=\frac{\nu(t)-\mu(t)}{l},\ B(t)=\mu(t)\tag{11.3.5}$$

所以可取 $\upsilon(x, t)$ 为

$$\upsilon(x,t)=\frac{\nu(t)-\mu(t)}{l}x+\mu(t)\tag{11.3.6}$$

即

$$u(x,t)=\frac{\nu(t)-\mu(t)}{l}x+\mu(t)+\omega(x,t)\tag{11.3.7}$$

第三步，将式(11.3.7)代入定解问题式(11.3.1)得 $\omega(x, t)$ 满足齐次边界条件的定解问题：

$$\begin{cases}\omega_{tt}-a^2\omega_{xx}=\dfrac{x}{l}[\mu''(t)-\nu''(t)]-\mu''(t)\\ \omega(0,t)=0,\ \omega(l,0)=0\\ \omega(x,0)=\varphi(x)+\dfrac{x}{l}[\mu(0)-\nu(0)]-\mu(0)\\ \omega_t(x,0)=\phi(x)+\dfrac{x}{l}[\mu'(0)-\nu'(0)]-\mu'(0)\\ \omega(x,t)=\text{非零有限值}\end{cases}\tag{11.3.8}$$

第四步，求解 $\omega(x, t)$。$\omega(x, t)$ 满足的定解问题是非齐次泛定方程、齐次边界条件、非齐次初始条件的定解问题，可用线性叠加原理结合 11.2.2 节的冲量定理法求解。

第五步，合并解。至此完成了定解问题式(11.3.1)的求解。

以上定解问题的边界条件是第一类边界条件。如果是第二类边界条件，上述方法还能用吗？

例 2　求解自由振动问题(第二类非齐次边界条件)：

$$\begin{cases}u_{tt}-a^2u_{xx}=0\\ u_x(0,t)=\mu(t),\ u_x(l,t)=\nu(t)\\ u(x,0)=\varphi(x),\ u_t(x,0)=\phi(x)\\ u(x,t)=\text{非零有限值}\end{cases}\tag{11.3.9}$$

解　按例 1 的方法取 $\upsilon(x, t)=A(t)x+B(t)$，将有下面的结果：

$$\begin{cases}\mu(t)=A(t)\\ \nu(t)=A(t)\end{cases}\tag{11.3.10}$$

这对表达式是矛盾的。怎么办？

第一步，可考虑用复杂一些的二次函数进行试探，令：

$$\upsilon(x,t)=A(t)x^2+B(t)x\tag{11.3.11}$$

第二步，代入定解问题的边界条件得

$$v(x,t)=\frac{\nu(t)-\mu(t)}{2l}x^2+\mu(t)x \tag{11.3.12}$$

第三步，将 $u(x,t)=\dfrac{\nu(t)-\mu(t)}{2l}x^2+\mu(t)x+\omega(x,t)$ 代入定解问题式(11.3.9)得 $\omega(x,t)$ 满足齐次边界条件的定解问题：

$$\begin{cases}\omega_{tt}-a^2\omega_{xx}=\dfrac{x^2}{2l}[\mu''(t)-\nu''(t)]-\mu''(t)x-a^2\dfrac{\mu(t)-\nu(t)}{l}\\ \omega_x(0,t)=0,\ \omega_x(l,0)=0\\ \omega(x,0)=\varphi(x)+\dfrac{x^2}{2l}[\mu(0)-\nu(0)]-\mu(0)x\\ \omega_t(x,0)=\phi(x)+\dfrac{x^2}{2l}[\mu'(0)-\nu'(0)]-\mu'(0)x\\ \omega(x,t)=\text{非零有限值}\end{cases} \tag{11.3.13}$$

第四步，求解 $\omega(x,t)$ 满足的定解问题。该定解问题是一个非齐次泛定方程、齐次边界条件、非齐次初始条件的定解问题，可结合线性叠加原理或冲量定理法求解。

第五步，合并解。

练习 11.3.1

1. 求解细杆导热问题。杆长为 l，初始温度均匀为 u_0，两端分别保持温度 u_1，u_2。
2. 求解细杆导热问题，初始温度为零，一端 $x=l$ 保持零度，另一端 $x=0$ 的温度为 At（A 是常数，t 代表时间）。
3. 求解均匀杆的纵振动，杆长为 l，一端固定，一端受纵向力 $f(t)=F_0\sin\omega t$ 作用，初始位移和速度分别为 $\varphi(x)$ 和 $\phi(x)$。
4. 求解薄膜的恒定表面浓度扩散问题，薄膜厚度为 l，杂质从两面进入薄膜，由于薄膜周围气体中含有充分的杂质，薄膜表面上的杂质浓度得以保持为恒定的 N_0，对于较大的时间 t，把所得答案简化。其中定解问题为

$$\begin{cases}u_t-a^2u_{xx}=0\\ u(0,t)=N_0,\ u(l,t)=N_0\\ u(x,0)=0\\ u(x,t)=\text{非零有限值}\end{cases}$$

例 3　弦的 $x=0$ 端固定，$x=l$ 端受迫做谐振动 $A(1-\cos\omega t)$，弦的初始位移和初始速度都是零，求弦的振动。这个定解问题如下：

$$\begin{cases}u_{tt}-a^2u_{xx}=0\\ u(0,t)=0,\ u(l,t)=A(1-\cos\omega t)\\ u(x,0)=0,\ u_t(x,0)=0\\ u(x,t)=\text{非零有限值}\end{cases} \tag{11.3.14}$$

$x=l$ 端为非齐次边界条件(注意此处边界条件与初始条件的匹配)。

解　第一步，令

$$u(x,t)=\frac{Ax(1-\cos\omega t)}{l}+v(x,t) \tag{11.3.15}$$

第二步，代入式(11.3.14)得到的 $v(x,t)$ 满足如下定解问题：

$$\begin{cases} v_{tt}-a^2v_{xx}=-\dfrac{A\omega^2}{l}x\cos\omega t \\ v(0,t)=0,\ v(l,t)=0 \qquad (0\leqslant x\leqslant l) \\ v(x,0)=0,\ v_t(x,0)=0 \\ v(x,t)=\text{非零有限值} \end{cases} \tag{11.3.16}$$

第三步，采用冲量定理法求解 $v(x,t)$ 得

$$v(x,t)=\frac{2A}{\pi}\sum_{n=1}^{\infty}\frac{(-1)^n\omega^2(\cos\omega_n t-\cos\omega t)}{n(\omega^2-\omega_n^2)}\sin\frac{n\pi x}{l} \tag{11.3.17}$$

其中：

$$\omega_n=\frac{n\pi a}{l} \tag{11.3.18}$$

第四步，合并解：

$$u(x,t)=\frac{Ax}{l}(1-\cos\omega t)+\frac{2A}{\pi}\sum_{n=1}^{\infty}\frac{(-1)^n\omega^2(\cos\omega_n t-\cos\omega t)}{n(\omega^2-\omega_n^2)}\sin\frac{n\pi x}{l} \tag{11.3.19}$$

第五步，物理讨论。

很明显，解的第二部分求和在 $\omega=\omega_n$ 时随时间增加会发散。这是因为弦在振动过程中没有能量耗散，而弦的右端不停地有外力做功。特别地，当 $\omega=\omega_n$ 时，外力在一个周期内对弦做的总功大于零，所以做功不断累积，弦振动的振幅越来越大，振动速度越来越快，发生共振现象，并且这种没有能量耗散的共振是不稳定的，系统必将崩溃。如果要观察到稳定的共振现象，系统须受到阻尼作用，阻尼耗散刚好等于外界所做的功。比如弦在振动过程中单位质量、单位长度的弦受到的阻力大小与弦的速率成正比，式(11.3.14)定解问题可改写为

$$\begin{cases} u_{tt}-a^2u_{xx}+2\beta u_t=0 \\ u(0,t)=0,\ u(l,t)=A(1-\cos\omega t) \\ u(x,0)=0,\ u_t(x,0)=0 \\ u(x,t)=\text{非零有限值} \end{cases} \tag{11.3.20}$$

练习 11.3.2

1. 求解式(11.3.20)的定解问题，并讨论解的稳定性。

2. 长度为 l 的柱形管，一端封闭，另一端开放，管外空气中含有某种气体，其浓度为 u_0，向管内扩散，求该气体在管内的浓度 $u(x,t)$。

3. 把密度为 ρ、劲度系数为 k 的弹簧上端 $x=0$ 加以固定，在静止弹簧的下端 $x=l$ 轻轻地挂上质量为 m 的物体，求弹簧的纵振动(弹簧本身的重量可忽略不计)。

11.4 一般定解问题处理

从以上定解问题的求解可以看出，在掌握了非齐次边界条件的处理方法以后，此类定解问题就可以化为齐次边界条件的定解问题求解了，这为定解问题的分离变数法求解提供了条件，辅助以冲量定理法、傅里叶级数法，原则上可以求解一般的有界问题：泛定方程和定解条件都为非齐次的情形。下面以一般的一维有界振动问题为例，说明一般定解问题的求解方法。

11.4.1 有界系统的振动问题

对有界弦的一般振动问题，其一般性定解问题为

$$\begin{cases} u_{tt}-a^2u_{xx}=f(x,t) \\ u(0,t)=\mu(t),\ u(l,t)=\nu(t) \\ u(x,0)=\varphi(x),\ u_t(x,0)=\phi(x) \\ u(x,t)=\text{非零有限值} \end{cases} \tag{11.4.1}$$

非齐次的泛定方程表明振动过程中受到外力作用，非齐次的初始条件表明初始时刻具有一定的初始位移和初始速度，非齐次的边界条件表明两端位置还被强迫按已知的规律运动。然而，泛定方程、边界条件都是线性的，可以多次采用叠加原理进行边界条件齐次化、非齐次泛定方程齐次化进行求解。

1. 边界条件齐次化

取 $\upsilon(x,t)$ 的 x 部分为满足非齐次边界条件的最简单的一次或二次曲线函数，例如：

$$\upsilon(x,t)=\frac{1}{l}[\nu(t)-\mu(t)]x+\mu(t) \tag{11.4.2}$$

利用叠加原理，将形式为 $u(x,t)=\upsilon(x,t)+\omega(x,t)$的解代入定解问题式(11.4.1)，则得 $\omega(x,t)$ 满足齐次边界条件的定解问题：

$$\begin{cases} \omega_{tt}-a^2\omega_{xx}=f(x,t)-\upsilon_{tt}=g(x,t) \\ \omega(0,t)=0,\ \omega(l,t)=0 \\ \omega(x,0)=\varphi(x)-\upsilon\big|_{t=0}=\Phi(x),\ \omega_t(0,t)=\phi(x)-\upsilon_t\big|_{t=0}=\Psi(x) \\ \omega(x,t)=\text{非零有限值} \end{cases} \tag{11.4.3}$$

2. 非齐次泛定方程齐次化

运用叠加原理，令

$$\omega(x,t)=\omega^{\mathrm{I}}(x,t)+\omega^{\mathrm{II}}(x,t) \tag{11.4.4}$$

要求 $\omega^{\mathrm{I}}(x,t)$，$\omega^{\mathrm{II}}(x,t)$分别满足齐次泛定方程和齐次初始条件的定解问题：

$$\begin{cases} \omega_{tt}^{\mathrm{I}}-a^2\omega_{xx}^{\mathrm{I}}=0 \\ \omega^{\mathrm{I}}(0,t)=0,\ \omega^{\mathrm{I}}(l,t)=0 \\ \omega^{\mathrm{I}}(x,0)=\Phi(x),\ \omega_t^{\mathrm{I}}(x,0)=\Psi(x) \\ \omega^{\mathrm{I}}(x,t)=\text{非零有限值} \end{cases}$$ (11.4.5)	$$\begin{cases} \omega_{tt}^{\mathrm{II}}-a^2\omega_{xx}^{\mathrm{II}}=g(x,t) \\ \omega^{\mathrm{II}}(0,t)=0,\ \omega^{\mathrm{II}}(l,t)=0 \\ \omega^{\mathrm{II}}(x,0)=0,\ \omega_t^{\mathrm{II}}(x,0)=0 \\ \omega^{\mathrm{II}}(x,t)=\text{非零有限值} \end{cases}$$ (11.4.6)

3. 分离变数法、傅里叶级数法、冲量定理法求解定解问题

运用分离变数法、傅里叶级数法、冲量定理法分别求解式(11.4.5)、式(11.4.6)的定解问题。

4. 合并解。

最后，合并解得

$$u(x,t)=v(x,t)+\omega(x,t)=v(x,t)+\omega^{\mathrm{I}}(x,t)+\omega^{\mathrm{II}}(x,t) \tag{11.4.7}$$

其实，式(11.4.4)～式(11.4.6)的这种分解方法数学上是线性定解问题叠加原理的应用，物理上是将系统受迫力和初始条件引起的振动人为地分开，再叠加起来，其解表明受迫力与初始条件引起的振动不会耦合。

11.4.2 有界系统的输运问题

对于一般的一维输运问题，例如：

$$\begin{cases} u_t - a^2 u_{xx} = f(x,t) \\ u(0,t)=\mu(t),\ u(l,t)=\nu(t) \\ u(x,0)=\varphi(x) \\ u(x,t)=\text{非零有限值} \end{cases} \tag{11.4.8}$$

仍然可以采用以上的步骤。

对于二维、三维有界系统的定解问题，同样可以采用以上的步骤进行处理，后面章节将具体讨论。

第 12 章　定解问题的求解——二维问题的分离变数法

12.1　矩形系统的定解问题

12.1.1　例题 1(拉普拉斯方程的狄里希利问题)

如图 12.1-1，一片长为 a、宽为 b 的长方形金属片，左右两边及下边与温度为 u_0 的热源接触，上边与温度为 U 的热源接触，求金属片上的稳定温度分布。其求解过程由以下步骤完成。

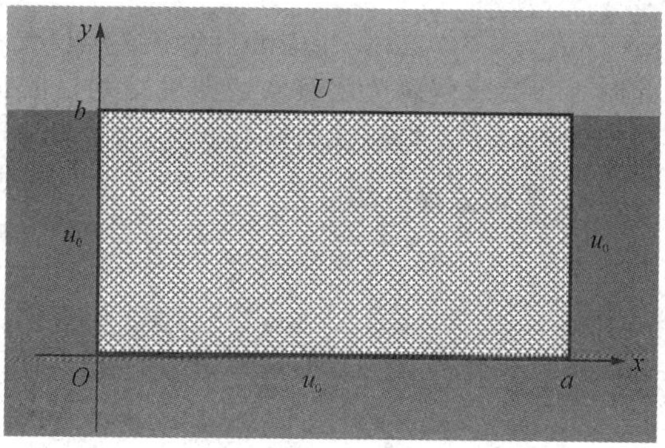

1. 建立坐标系

根据金属片的形状，建立平面直角坐标系，将金属片放入坐标系中，如图 12.1-1 所示，坐标原点在矩形金属框的左下角。

图 12.1-1　放入坐标系的金属片

2. 确定定解问题

根据第 9 章的定解问题导出，上述问题在直角坐标系中可表述如下：

$$u_{xx}(x, y)+u_{yy}(x, y)=0 \tag{12.1.1}$$

$$u\big|_{x=0}=u_0,\ u\big|_{x=a}=u_0\ (0\leqslant y\leqslant b) \tag{12.1.2}$$

$$u\big|_{y=0}=u_0,\ u\big|_{y=b}=U\ (0\leqslant x\leqslant a) \tag{12.1.3}$$

$$u(x, y)=\text{非零有限值} \tag{12.1.4}$$

其中式(12.1.4)是*适定性条件*，$u\big|_{x=0}=u(0, y)$，$u\big|_{x=a}=u(a, y)$，… 是边界条件，以后将一直采用这种记法。式(12.1.1)～式(12.1.4)即矩形系统的*狄里希利问题*。

3. 边界条件齐次化

本例是二维*拉普拉斯方程*的*第一类边界条件*问题，但*边界条件*是非齐次的。从数学的角度看，根据第 11 章分离变数解法和边界条件的齐次化方法，需要运用*线性叠加原理*得到一组(如 x 方向的一组)边界条件是齐次的定解问题，处理方法有以下两种：

(1) 将 $u(x, y)$分解成 $\upsilon(x, y)$和 $\omega(x, y)$的线性叠加，即 $u(x, y)=\upsilon(x, y)+\omega(x, y)$，$\upsilon(x, y)$，$\omega(x, y)$ 分别满足以下定解问题：

$\begin{cases} \upsilon_{xx}(x, y)+\upsilon_{yy}(x, y)=0 \\ \upsilon\big\|_{x=0}=u_0, \upsilon\big\|_{x=a}=u_0 \\ \upsilon\big\|_{y=0}=0, \upsilon\big\|_{y=b}=0 \\ \upsilon(x, y)=\text{非零有限值} \end{cases}$ (12.1.5)	$\begin{cases} \omega_{xx}(x, y)+\omega_{yy}(x, y)=0 \\ \omega\big\|_{x=0}=0, \omega\big\|_{x=a}=0 \\ \omega\big\|_{y=0}=u_0, \omega\big\|_{y=b}=U \\ \omega(x, y)=\text{非零有限值} \end{cases}$ (12.1.6)

本例定解问题变为解 $\upsilon(x, y)$，$\omega(x, y)$满足的定解问题，求解后将其叠加即可得解。

观察定解问题发现，金属片三边的温度都是 u_0，应用线性叠加原理时可以采用另外一种形式，达到简化求解过程的目的。

(2) 令 $u(x, y)=u_0+\upsilon(x, y)$，则得 $\upsilon(x, y)$ 满足以下定解问题：

$$\upsilon_{xx}(x, y)+\upsilon_{yy}(x, y)=0 \tag{12.1.7}$$

$$\upsilon\big|_{x=0}=0, \upsilon\big|_{x=a}=0 \tag{12.1.8}$$

$$\upsilon\big|_{y=0}=0, \upsilon\big|_{y=b}=U-u_0 \tag{12.1.9}$$

$$\upsilon(x, y)=\text{非零有限值} \tag{12.1.10}$$

此时不需要求解两个定解问题即可达到目的。下面运用分离变数法求解 $\upsilon(x, y)$ 满足的定解问题式(12.1.7)～式(12.1.10)。首先将泛定方程分离变数。

4. 泛定方程分离变数

令

$$\upsilon(x, y)=X(x)Y(y) \tag{12.1.11}$$

则泛定方程分离变数后的常微分方程(分离过程见 14.2.1 节)为

$$X''+\lambda X=0 \tag{12.1.12}$$

$$Y''-\lambda Y=0 \tag{12.1.13}$$

然后对齐次边界条件和*适定性条件*分离变数。

5. 齐次边界条件和适定性条件分离变数

将式(12.1.11)代入式(12.1.10)*适定性条件*，得

$$X(x)=\text{非零有限值} \tag{12.1.14}$$

$$Y(y)=\text{非零有限值} \tag{12.1.15}$$

同时将分离变数形式的解式(12.1.11)代入式(12.1.8) x 方向的齐次边界条件，则

$$\begin{cases} \upsilon\big|_{x=0}=X(0)Y(y)=0 \\ \upsilon\big|_{x=a}=X(a)Y(y)=0 \end{cases} \tag{12.1.16}$$

考虑式(12.1.15)中 $Y(y)$ 的非零有限条件，则得到函数 $X(x)$ 满足的边值条件为

$$X(0)=0, X(a)=0 \tag{12.1.17}$$

6. 求解本征值问题

式(12.1.17)、式(12.1.14)配合式(12.1.12)，构成了本征值问题，*本征值*和*本征函数*(求解过程见 15.2.1 节)分别为

$$\begin{cases} \lambda=\dfrac{k^2\pi^2}{a^2} \ (k=1, 2,\cdots) \\ X(x)=C\sin\dfrac{k\pi x}{a} \ (k=1, 2,\cdots) \end{cases} \tag{12.1.18}$$

7. 确定微分方程的通解

将本征值代入式(12.1.13)得 $Y(y)$ 满足的常微分方程为

$$Y'' - \frac{k^2\pi^2}{a^2}Y = 0 \tag{12.1.19}$$

这是二阶、齐次、线性、常系数微分方程，其通解为

$$Y(x) = A_k e^{\frac{k\pi y}{a}} + B_k e^{-\frac{k\pi y}{a}} \quad (k = 1, 2, \cdots) \tag{12.1.20}$$

8. 确定泛定方程在齐次边界条件下的通解

式(12.1.7)的线性泛定方程在式(12.1.8)的线性边界条件下满足式(12.1.10)条件的通解为

$$v(x, y) = \sum_{k=1}^{\infty}(A_k e^{\frac{k\pi y}{a}} + B_k e^{-\frac{k\pi y}{a}})\sin\frac{k\pi x}{a} \tag{12.1.21}$$

9. 确定线性叠加系数

系数 A_k，B_k 由边界条件式(12.1.9)确定，代入得

$$\begin{cases} \sum\limits_{k=1}^{\infty}(A_k + B_k)\sin\dfrac{k\pi x}{a} = 0 \\ \sum\limits_{k=1}^{\infty}(A_k e^{\frac{k\pi b}{a}} + B_k e^{-\frac{k\pi b}{a}})\sin\dfrac{k\pi x}{a} = U - u_0 \end{cases} \tag{12.1.22}$$

将上面两式等号右边延拓为奇函数并展开为傅里叶级数，比较系数得

$$\begin{cases} A_k + B_k = 0 \\ A_k e^{\frac{k\pi b}{a}} + B_k e^{-\frac{k\pi b}{a}} = \begin{cases} 0 & (k\ 为奇数) \\ \dfrac{4}{k\pi}(U - u_0) & (k\ 为偶数) \end{cases} \end{cases} \tag{12.1.23}$$

所以有

$$v(x, y) = \frac{4(U - u_0)}{\pi}\sum_{k=1}^{\infty}\frac{1}{2k+1}\frac{\sinh\dfrac{(2k+1)\pi y}{a}}{\sinh\dfrac{(2k+1)\pi b}{a}}\sin\frac{(2k+1)\pi x}{a} \tag{12.1.24}$$

10. 合并解

最后合并解得式(12.1.1)～式(12.1.4)构成的定解问题的解为

$$u(x, y) = u_0 + \frac{4(U - u_0)}{\pi}\sum_{k=1}^{\infty}\frac{1}{2k+1}\frac{\sinh\dfrac{(2k+1)\pi y}{a}}{\sinh\dfrac{(2k+1)\pi b}{a}}\sin\frac{(2k+1)\pi x}{a} \tag{12.1.25}$$

图 12.1-2 是运用 Mathematica 软件画出的温度分布图，其中 $a = b = 3$，$u_0 = 50$，$U = 100$，取级数的前 100 项。

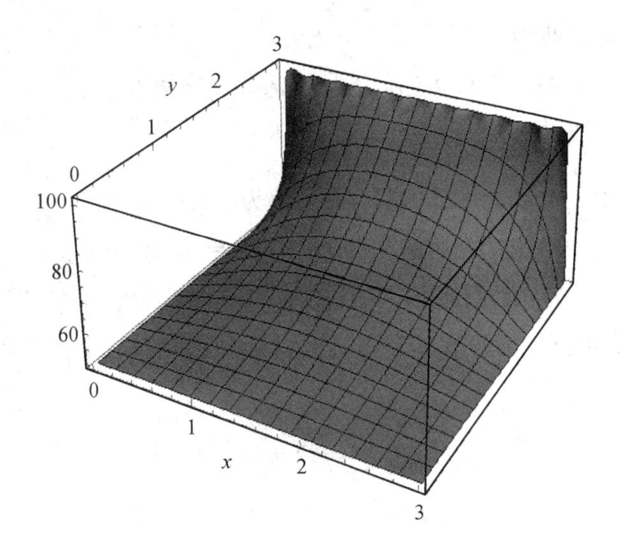

图 12.1-2　温度分布图($a=b=3$，$u_0=50$，$U=100$，取级数的前 100 项)

练习 12.1.1

1. 用分离变数法分别求解定解问题式(12.1.5)、式(12.1.6)，将求解结果与式(12.1.25)的结果进行比较。

2. 在矩形区域 $0\leqslant x\leqslant a$，$0\leqslant y\leqslant b$ 上求解拉普拉斯方程的 $\Delta u(x, y)=0$，使其满足如下边界条件

$$u\big|_{x=0}=Ay(b-y),\ u\big|_{x=a}=0\ ,\ u\big|_{y=0}=B\sin\frac{\pi x}{a},\ u_{y=b}=0$$

其中 A，B 为常数：

3. 均匀薄板占据区域 $0\leqslant x\leqslant a$，$0\leqslant y<\infty$，边界上的温度 $u(x, y)$ 为

$$u\big|_{x=0}=0,\ u\big|_{x=a}=0\ ,\ u\big|_{y=0}=u_0,\ \lim_{y\to\infty}u=0$$

求解板的稳定温度分布。

4. 在带状区域 $0\leqslant x\leqslant a$，$0\leqslant y<\infty$ 上求解 $\Delta u(x, y)=0$，并使其满足如下边界条件：

$$u\big|_{x=0}=0,\ u\big|_{x=a}=0\ ,\ u\big|_{y=0}=A\left(1-\frac{x}{a}\right),\ \lim_{y\to\infty}u=0$$

其中 A 为常数。

5. 有一矩形膜，边长为 l_1，l_2，边缘固定，求解它的本征振动模式。

12.1.2　例题 2(泊松方程的狄里希利问题)

长、宽分别为 a，b 的长方形的金属片四周与零温热源接触，通电后单位质量、单位时间、单位面积产生 2 J 热量。求金属片上的稳定温度分布。

1. 建立坐标系

建立如图 12.1-3 所示的坐标系，坐标原点在金属片左下角。

2. 确定定解问题

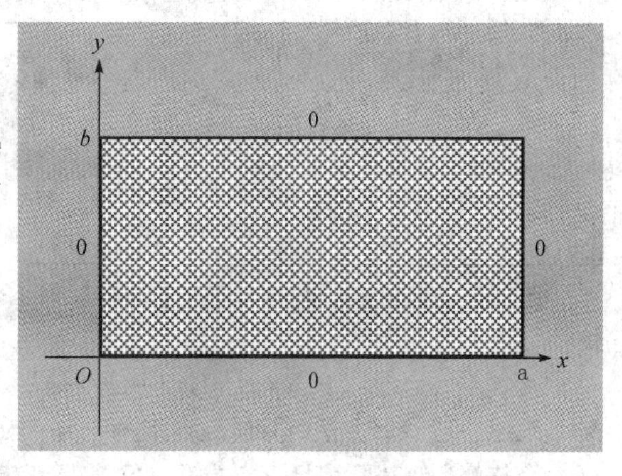

图 12.1-3　直角坐标系下的金属片状态

根据第 9 章定解问题的导出，由于金属片四周温度稳定，金属片中热源产生的热流稳定，最终形成稳定温度分布，可表示为如下定解问题：

$$\begin{cases}\Delta u(x,\ y)=-2\\ u\big|_{x=0}=0,\ u\big|_{x=a}=0\\ u\big|_{y=0}=0,\ u\big|_{y=b}=0\\ u(x,\ y)=\text{非零有限值}\end{cases}\tag{12.1.26}$$

3. 泛定方程齐次化

这是*泊松方程*[①]的边值问题，一般采用特解法化为齐次的拉普拉斯方程求解。下面介绍两种特解法将*泊松方程*齐次化。

1）一般特解方法

第一步，找特解。满足 $\Delta\upsilon(x,\ y)=-2$ 的函数有很多，取简单的形式，比如多项式 $\upsilon(x,\ y)=-x^2$。

第二步，令 $u=-x^2+\omega(x,\ y)$，代入式(12.1.26)的定解问题得 $\omega(x,\ y)$ 满足：

$$\begin{cases}\Delta\omega(x,\ y)=0\\ \omega\big|_{x=0}=0,\ \omega\big|_{x=a}=a^2\\ \omega\big|_{y=0}=x^2,\omega\big|_{y=b}=x^2\\ \omega(x,\ y)=\text{非零有限值}\end{cases}\tag{12.1.27}$$

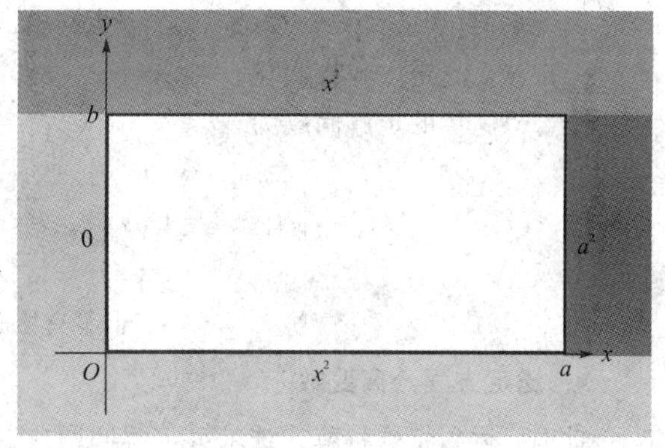

图 12.1-4　$\omega(x,y)$满足的定解问题的状态

ω 满足的定解问题的 x，y 方向的边界条件都非齐次。从物理的角度看，ω 满足的定解问题相当于金属片表面绝热，金属片左边与零温热源接触，右边与温度为 a^2 的恒温热源接触，上边界与下边界的温度分布都为 x^2（见图 12.1-4）。采用叠加原理，可令 $\omega(x,\ y)=\omega^{\mathrm{I}}(x,\ y)+\omega^{\mathrm{II}}(x,\ y)$，分别满足定解问题：

---

① *泊松方程*：

$$\Delta u=f$$

在直角坐标系下的形式为

$$\frac{\partial^2 u}{\partial x^2}+\frac{\partial^2 u}{\partial y^2}+\frac{\partial^2 u}{\partial z^2}=f(x,\ y,\ z)$$

一般采用*特解法*求解：找一个特解 $\upsilon(x,\ y,\ z)$，满足 $\Delta\upsilon(x,\ y,\ z)=f(x,\ y,\ z)$，令 $u=\upsilon+\omega$，得

$$\Delta\omega=\Delta u-\Delta\upsilon=\Delta u-f=0$$

求解新定解问题可得泊松方程的解。

<table>
<tr>
<td>

$$\begin{cases}\Delta\omega^{\mathrm{I}}(x,\ y)=0\\ \omega^{\mathrm{I}}\big|_{x=0}=0,\ \omega^{\mathrm{I}}\big|_{x=a}=a^2\\ \omega^{I}\big|_{y=0}=0,\ \omega^{\mathrm{I}}\big|_{y=b}=0\\ \omega^{\mathrm{I}}(x,\ y)=\text{非零有限值}\end{cases}\qquad(12.1.28)$$

</td>
<td>

$$\begin{cases}\Delta\omega^{\mathrm{II}}(x,\ y)=0\\ \omega^{\mathrm{II}}\big|_{x=0}=0,\ \omega^{\mathrm{II}}\big|_{x=a}=0\\ \omega^{\mathrm{II}}\big|_{y=0}=x^2,\omega^{\mathrm{II}}\big|_{y=b}=x^2\\ \omega^{\mathrm{II}}(x,\ y)=\text{非零有限值}\end{cases}\qquad(12.1.29)$$

</td>
</tr>
</table>

第三步，求解式(12.1.28)、式(12.1.29)的定解问题。可得定解问题式(12.1.26)的解为

$$u(x,\ y)=-x^2+\omega^{\mathrm{I}}(x,\ y)+\omega^{\mathrm{II}}(x,\ y)\qquad(12.1.30)$$

采用一般特解方法时，最后要解两个新的定解问题。找特解具有任意性，那么能否找到一个特解，使其既满足泛定方程，又满足新定解问题具有一组齐次边界条件？如果能找到，则第三步就只需求解一个新的定解问题，从而达到简化计算的目的。这即是下面要介绍的**特殊特解方法**。

2）特殊特解方法

第一步，找满足泛定方程和边界条件的特解。即找 $\upsilon(x,\ y)$，使其同时满足：

$$\begin{cases}\Delta\upsilon(x,\ y)=-2\\ \upsilon\big|_{x=0}=0,\ \upsilon\big|_{x=a}=0\end{cases}\qquad(12.1.31)$$

取 $\upsilon(x,\ y)$ 为关于 x 的二次多项式，$x=0$，$x=a$ 是二次多项式的零点，可令

$$\upsilon(x,\ y)=-x^2+c_1x+c_2\qquad(12.1.32)$$

则满足：

$$-x^2+c_1x+c_2=0\qquad(12.1.33)$$

的系数 $c_1=a$，$c_2=0$，所以取特解为

$$\upsilon(x,\ y)=-x^2+ax=x(a-x)\qquad(12.1.34)$$

第二步，泛定方程齐次化。取 $u=x(a-x)+\omega(x,\ y)$，代入定解问题(12.1.26)可得到 $\omega(x,\ y)$满足的定解问题为

$$\begin{cases}\Delta\omega(x,\ y)=0\\ \omega\big|_{x=0}=0,\ \omega\big|_{x=a}=0\\ \omega\big|_{y=0}=x(x-a),\ \omega\big|_{y=b}=x(x-a)\\ \omega(x,\ y)=\text{非零有限值}\end{cases}\qquad(12.1.35)$$

4. 泛定方程分离变数

此时，运用**特殊特解方法**求解定解问题式(12.1.27)转化为了求解式(12.1.35)的定解问题，式(12.1.35)具有齐次泛定方程和 x 方向的齐次边界条件，可以采用分离变数法求解。首先将泛定方程分离变数，令

$$\omega(x,\ y)=X(x)Y(y)\qquad(12.1.36)$$

代入式(12.1.35)的泛定方程得 $X(x)$，$Y(y)$ 满足的常微分方程(分离过程见 14.2.1 节)为

$$X''+\lambda X=0\qquad(12.1.37)$$

$$Y''-\lambda Y=0\qquad(12.1.38)$$

其中 λ 是分离变数过程中引入的任意常数，由本征值问题确定。

5. 齐次边界条件和适定性条件分离变数

将分离变数形式的解式(12.1.36)代入式(12.1.35) x 方向的齐次边界条件和适定性条件，得 $X(x)$ 满足的边值条件和适定性条件如下：

$$\begin{cases} X(0)=0,\ X(a)=0 \\ X(x)=\text{非零有限值} \end{cases} \tag{12.1.39}$$

6. 求解本征值问题

式(12.1.37)与式(12.1.39)构成了本征值问题，本征值和本征函数(求解过程见 15.2.1 节)为

$$\begin{cases} \lambda=\dfrac{k^2\pi^2}{a^2} & (k=1,\ 2,\cdots) \\ X(x)=C\sin\dfrac{k\pi x}{a} & (k=1,\ 2,\cdots) \end{cases} \tag{12.1.40}$$

7. 确定微分方程的通解

将本征值代入式(12.1.38)中 $Y(y)$ 满足的方程得

$$Y''-\frac{k^2\pi^2}{a^2}Y=0 \tag{12.1.41}$$

这是二阶、齐次、线性、常系数微分方程，其通解为

$$Y(x)=A_k e^{\frac{k\pi y}{a}}+B_k e^{-\frac{k\pi y}{a}}\ (k=1,\ 2,\cdots) \tag{12.1.42}$$

到目前为止，满足式(12.1.35)泛定方程和 x 方向的齐次边界条件和适定性条件的解有无穷多个，对应着不同的 k 值，即

$$\omega_k(x,\ y)=(A_k e^{\frac{k\pi y}{a}}+B_k e^{-\frac{k\pi y}{a}})\sin\frac{k\pi x}{a}\ (k=1,\ 2,\cdots) \tag{12.1.43}$$

8. 确定泛定方程在齐次边界条件下的通解

定解问题式(12.1.35)在线性泛定方程和线性边界条件下的通解可表示为

$$\omega(x,\ y)=\sum_{k=1}^{\infty}\left(A_k e^{\frac{k\pi y}{a}}+B_k e^{-\frac{k\pi y}{a}}\right)\sin\frac{k\pi x}{l} \tag{12.1.44}$$

9. 确定线性叠加系数

系数 A_k，B_k 由 y 方向的边界条件确定：

$$\begin{cases} \displaystyle\sum_{k=1}^{\infty}(A_k+B_k)\sin\frac{k\pi x}{a}=x(x-a) \\ \displaystyle\sum_{k=1}^{\infty}(A_k e^{\frac{k\pi b}{a}}+B_k e^{-\frac{k\pi b}{a}})\sin\frac{k\pi x}{a}=x(x-a) \end{cases} \tag{12.1.45}$$

利用傅里叶级数展开可得系数：

$$A_k=\frac{e^{-\frac{k\pi b}{2a}}}{\cosh[k\pi b/(2a)]}C_k,\ B_k=\frac{e^{\frac{k\pi b}{2a}}}{\cosh[k\pi b/(2a)]}C_k \tag{12.1.46}$$

其中：

$$C_k=\frac{2}{a}\int_0^a\xi(\xi-a)\sin\frac{k\pi\xi}{a}d\xi=\frac{4a^2}{k^3\pi^3}[(-1)^k-1] \tag{12.1.47}$$

所以得：

$$\omega(x, y)=-\frac{8a^2}{\pi^3}\sum_{k=1}^{\infty}\frac{\cosh[(2k-1)\pi(y-b/2)/a]}{(2k-1)^3\cosh[(2k-1)\pi b/(2a)]}\sin\frac{(2k-1)\pi x}{a} \tag{12.1.48}$$

10. 合并解

将式(12.1.48)代入 $u=x(a-x)+\omega(x, y)$ 的解的形式得

$$u(x, y)=x(x-a)-\frac{8a^2}{\pi^3}\sum_{k=1}^{\infty}\frac{\cosh[(2k-1)\pi(y-b/2)/a]}{(2k-1)^3\cosh[(2k-1)\pi b/(2a)]}\sin\frac{(2k-1)\pi x}{a} \tag{12.1.49}$$

练习 12.1.2

1. 求解式(12.1.28)、式(12.1.29)，并与式(12.1.48)的结果比较，用 Mathematica 软件画图。

2. 在矩形区域 $0\leqslant x\leqslant a$，$-b/2\leqslant y\leqslant b/2$ 上求解 $\Delta u(x, y)=-2$，边界条件是 $u|_M=0$。

3. 在矩形区域 $0\leqslant x\leqslant a$，$-b/2\leqslant y\leqslant b/2$ 上求解 $\Delta u(x, y)=-xy$，边界条件是 $u|_M=0$。

12.2　圆形系统的定解问题

12.2.1　例题 1(拉普拉斯方程的狄里希利问题)

如图 12.2-1 所示，在无限宽广的空间，均匀静电场的场强为 $\boldsymbol{E}_0$，将无限长圆柱导线引入其中，圆柱导线的轴线与原电场强度的方向垂直，达到静电平衡后，导线外的电场将变为非均匀电场，试求解导线外的电场分布。

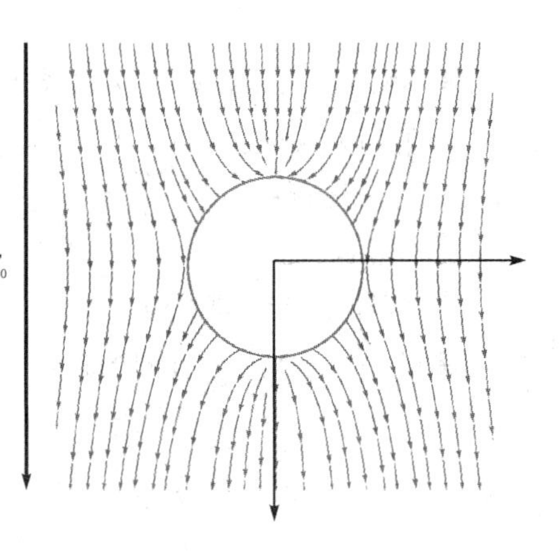

图 12.2-1　均匀电场中引入无限长圆柱导线后的电场分布

1. 建立坐标系

电场的分布是三维的，但是根据导线的对称性和均匀电场的特性，导体外电场的分布具有轴对称性，即在垂直于导线的任何平面上，电场的分布相同，物理上只需要研究垂直于导线某个平面的电场分布即可。建立三维直角坐标系，z 轴与导线的轴线重合，在轴上取任意一点作为坐标原点，建立 $O-xy$ 坐标系，研究 $O-xy$ 平面的电场分布，即可将此问题简化为二维电场分布问题。三维边界变为二维边界后是一个圆周，为了方便研究，进一步建立极坐标系，如图 12.2-2 所示。

2. 确定定解问题

根据第 9 章的定解问题导出，求解无自由电荷空间的电场时，电场电势满足**拉普拉斯方程**，定解问题在极坐标系下可表述为

$$\frac{\partial^2 u}{\partial \rho^2}+\frac{1}{\rho}\frac{\partial u}{\partial \rho}+\frac{1}{\rho^2}\frac{\partial^2 u}{\partial \varphi^2}=0 \tag{12.2.1}$$

$$u|_{\rho=a}=0,\ u|_{\rho\to\infty}=-E_0\rho\cos\varphi \tag{12.2.2}$$

$$u|_{\varphi=0}=u|_{\varphi=2\pi} \tag{12.2.3}$$

$$u(\rho,\ \varphi)=\text{非零有限值} \tag{12.2.4}$$

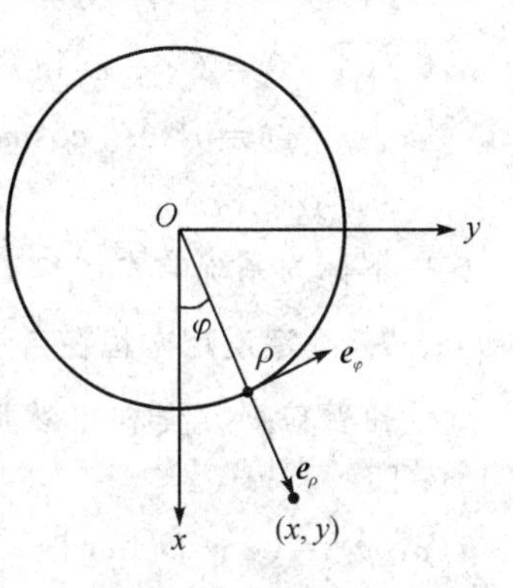

图 12.2-2　建立极坐标系

此时研究的系统为圆及其外侧一直到无穷远处，所以边界为圆(圆柱导线表面)边界和无穷远边界，$u|_{\rho=a}=0$ 是等势线(对应圆柱面的等势面)，$u|_{\rho\to\infty}=-E_0\rho\cos\varphi$ 是根据无穷远处仍为均匀电场电势给出的。边界条件式(12.2.3)称为**自然周期边界条件**，是由极坐标系描述空间时坐标 $(\rho,0)$ 和 $(\rho,2\pi)$ 表示同一个空间点造成的。

3. 泛定方程分离变数

试取分离变数形式的解：

$$u(\rho,\ \varphi)=R(\rho)\Phi(\varphi) \tag{12.2.5}$$

代入式(12.2.1)，分离变数得常微分方程(其分离过程见 14.2.2 节)：

$$\Phi''+\lambda\Phi=0 \tag{12.2.6}$$

$$\rho^2R''+\rho R'-\lambda R=0 \tag{12.2.7}$$

4. 自然周期边界条件和适定性条件分离变数

将式(12.2.5)代入式(12.2.3)、式(12.2.4)得

$$\begin{cases}\Phi(0)=\Phi(2\pi)\\ \Phi(\varphi)=\text{非零有限值}\end{cases} \tag{12.2.8}$$

5. 求解本征值问题

条件式(12.2.8)配合方程式(12.2.6)构成了本征值问题，本征值和本征函数(其求解过程见 15.2.4 节)为

$$\begin{cases}\lambda=m^2 & (m=0,1,2,\cdots)\\ \Phi(\varphi)=C\cos m\varphi+D\sin m\varphi & (m=0,1,2,\cdots)\end{cases} \tag{12.2.9}$$

6. 确定微分方程的通解

将本征值代入常微分方程式(12.2.7)得

$$\rho\frac{\mathrm{d}^2R}{\mathrm{d}\rho^2}+\rho\frac{\mathrm{d}R}{\mathrm{d}\rho}-m^2R=0 \tag{12.2.10}$$

这是**二阶、齐次、线性、变系数**常微分方程，是**欧拉方程**，其通解为

$$R(\rho)=\begin{cases}C_0+D_0\ln\rho & (m=0)\\ C_m\rho^m+D_m\rho^{-m} & (m\neq 0)\end{cases} \tag{12.2.11}$$

所以同时满足泛定方程式(12.2.1)、周期性边界条件式(12.2.3)和适定性条件式(12.2.4)的可能的解为

$$\begin{cases} u_0(\rho, \varphi) = C_0 + D_0 \ln\rho \quad (m=0) \\ u_m(\rho, \varphi) = \rho^m (A_m \cos m\varphi + B_m \sin m\varphi) + \rho^{-m}(C_m \cos m\varphi + D_m \sin m\varphi) \quad (m = 1, 2, \cdots) \end{cases} \tag{12.2.12}$$

这些解称为系统的**本征解**。

7. 确定泛定方程在自然周期边界条件下的通解

拉普拉斯方程和自然周期边界条件都是线性的，一般解应是所有**本征解**的线性叠加，即

$$u(\rho, \varphi) = C_0 + D_0 \ln\rho + \sum_{m=1}^{\infty} \rho^m (A_m \cos m\varphi + B_m \sin m\varphi) + \sum_{m=1}^{\infty} \rho^{-m}(C_m \cos m\varphi + D_m \sin m\varphi) \tag{12.2.13}$$

其中 C_m，D_m，A_m，B_m($m = 0, 1, 2, \cdots$) 是线性叠加系数，其值由边界条件确定。

8. 确定线性叠加系数

要确定式(12.2.13)中的系数，需代入系统的边界条件，得

$$\begin{cases} C_0 + D_0 \ln a + \sum_{m=1}^{\infty} a^m (A_m \cos m\varphi + B_m \sin m\varphi) + \sum_{m=1}^{\infty} a^{-m}(C_m \cos m\varphi + D_m \sin m\varphi) = 0 \\ \sum_{m=1}^{\infty} \rho^m (A_m \cos m\varphi + B_m \sin m\varphi) \sim - E_0 \rho \cos\varphi \end{cases} \tag{12.2.14}$$

式(12.2.14)的两个方程都可看成变量 φ 的傅里叶级数，将方程右边的函数延拓后展开为傅里叶级数，比较系数可得

$$\begin{cases} C_0 + D_0 \ln a = 0 & (m = 0) \\ a^m A_m + a^{-m} C_m = 0 & (m = 1, 2, \cdots) \\ a^m B_m + a^{-m} D_m = 0 & (m = 1, 2, \cdots) \\ A_m = 0, B_m = 0 & (m \neq 1) \\ A_1 = - E_0, B_1 = 0 & (m = 1) \end{cases} \tag{12.2.15}$$

解上述方程组得

$$\begin{cases} C_0 = - D_0 \ln a \\ A_m = 0, B_m = 0 & (m > 1) \\ A_1 = - E_0, B_1 = 0 \\ C_1 = E_0 a^2, C_m = 0 & (m > 1) \\ D_m = 0 & (m \geqslant 1) \end{cases} \tag{12.2.16}$$

最后得圆柱导线外的电势为

$$u(\rho, \varphi) = D_0 \ln \frac{a}{\rho} - E_0 \rho \cos\varphi + E_0 \frac{a^2}{\rho^2} \cos\varphi \ (\rho \geqslant a) \tag{12.2.17}$$

至此，定解问题式(12.2.1)～式(12.2.4)的数学解已经得出。从解的形式看，各项的物理意义非常明显。

9. 物理讨论

(1) 式(12.2.17)等号右边的第一项是圆柱导线原来所带电荷激发的电势，D_0 与圆柱导线电荷密度 q_0(单位长度上的电荷量)满足如下关系：

$$D_0=\frac{q_0}{2\pi\varepsilon_0} \tag{12.2.18}$$

当导线引入电场时不带电，则 $D_0=0$。此时，电势分布变为

$$u(\rho,\varphi)=-E_0\rho\cos\varphi+E_0\frac{a^2}{\rho}\cos\varphi \tag{12.2.19}$$

很明显，$u(a,\varphi)=0$，即柱侧面是等势面。

根据电场电势与电场强度之间的关系：

$$\boldsymbol{E}=-\nabla u \tag{12.2.20}$$

其中∇是梯度算符，在极坐标系下的形式为 $\nabla=\frac{\partial}{\partial\rho}\boldsymbol{e}_\rho+\frac{1}{\rho}\frac{\partial}{\partial\varphi}\boldsymbol{e}_\varphi$，计算得

$$\boldsymbol{E}=E_0\left(\cos\varphi+\frac{a^2}{\rho^2}\cos\varphi\right)\boldsymbol{e}_\rho+E_0\left(-\sin\varphi+\frac{a^2}{\rho^2}\sin\varphi\right)\boldsymbol{e}_\varphi \tag{12.2.21}$$

其中 $\boldsymbol{e}_\rho$，$\boldsymbol{e}_\varphi$ 是径向和横向的单位矢量(见图 12.2-2)。因此，在圆柱体的表面，即当 $\rho=a$ 时，电场强度为

$$\boldsymbol{E}=2E_0\cos\varphi\,\boldsymbol{e}_\rho \tag{12.2.22}$$

即圆柱体表面的电场强度只存在垂直圆柱体表面的分量，与静电场中的导体表面为等势面符合。进一步，当 $\varphi=0$，π 时，电场强度最大，最大值为

$$\boldsymbol{E}_{\varphi=0,\,\pi}=\pm 2E_0\,\boldsymbol{e}_\rho \tag{12.2.23}$$

图 12.2-3 中画出了当 $E_0=1$，$a=1$ 时电场强度的分布，换回直角坐标系中，电势可表示为

$$u(x,y)=-E_0x+E_0\frac{xa^2}{x^2+y^2} \tag{12.2.24}$$

图 12.2-4 是当 $E_0=1$，$a=1$ 时导体外电势的分布。

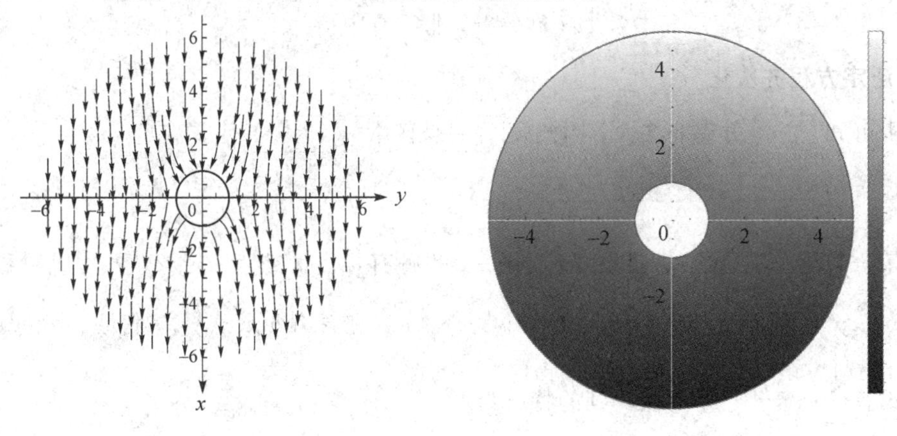

图 12.2-3　电场强度分布　　　　图 12.2-4　电势分布

(2) 式(12.2.17)等号右边的第二项正是原均匀电场的电势分布。

(3) 式(12.2.17)等号右边的第三项是导体激化电荷激发的电场，是对原均匀电场的修

正。在离导体很远，即 $\rho\to\infty$ 时，这一项可以忽略。

练习 12.2.1

1. A 为常数，在圆形域内求解 $\Delta u=0$，满足边界条件：$u\big|_{\rho=\rho_0}=A\cos\varphi$。

2. A，B 为常数，在圆形域内求解 $\Delta u=0$，满足边界条件：$u\big|_{\rho=\rho_0}=A+B\sin\varphi$。

3. 有一半圆形薄板，半径为 ρ_0，板面绝热，边界直径上的温度保持为 0 ℃，半圆周上的温度保持为 u_0，求稳定状态下的板上温度分布。

4. 把此节例题中的导体圆柱换为介质圆柱，介质的介电常数为 ε，求解柱内外的电场。(提示：柱内电势必须有限，在柱面上电势连续，电位移的法向分量连续。)

12.2.2 例题 2(泊松方程的狄里希利问题)

半径为 ρ_0 的圆形金属片放置在坐标系中，坐标原点在金属片中心。如图 12.2-5 所示，在(x, y)点附近单位面积、单位时间内消失的热量为 $a+b(x^2-y^2)$，而圆形金属片圆周与温度为 C 的热源接触，求解圆内部的温度分布 $u(x, y)$。

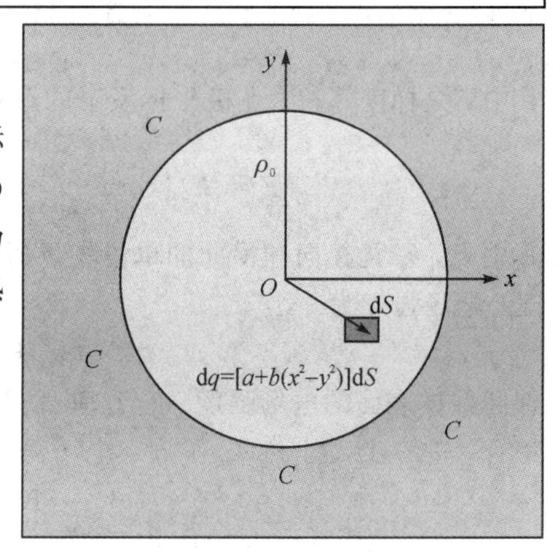

图 12.2-5 定解问题的模型表示

1. 建立坐标系

坐标系已建立(见图 12.2-5)。

2. 确定定解问题

在圆 $\rho<\rho_0$ 内的稳定温度分布满足泊松方程的边值问题：

$$\begin{cases}\Delta u=a+b(x^2-y^2)\\ u\big|_{\rho=\rho_0}=C\\ u(x, y)=\text{非零有限值}\end{cases}\tag{12.2.25}$$

3. 泛定方程齐次化

分析可知，泛定方程非齐次，因此须找一个函数 $\upsilon(x, y)$，使其满足：

$$\frac{\partial^2\upsilon}{\partial x^2}+\frac{\partial^2\upsilon}{\partial y^2}=f(x, y)=a+b(x^2-y^2)\tag{12.2.26}$$

f 中含有一个 a，多项式中满足 $\Delta\upsilon(x, y)=a$ 的解有 $ax^2/2$ 或者 $ay^2/2$，可写成对称形式，即 $\frac{a}{4}(x^2+y^2)$，则 $\upsilon(x, y)=\frac{a}{4}(x^2+y^2)$。另外，$f$ 中还含有 $b(x^2-y^2)$，满足 $\Delta\upsilon=b(x^2-y^2)$ 的多项式有 $\frac{b}{12}(x^4-y^4)$，所以找到的特解为

$$\upsilon(x, y)=\frac{a}{4}(x^2+y^2)+\frac{b}{12}(x^4-y^4)\tag{12.2.27}$$

因为边界是圆形的，将其变换到极坐标系中求解较为方便，极坐标系下的形式为

$$v(\rho,\varphi)=\frac{a}{4}\rho^2+\frac{b}{12}\rho^4\cos 2\varphi \tag{12.2.28}$$

令

$$u=v+\omega=\frac{a}{4}\rho^2+\frac{b}{12}\rho^4\cos 2\varphi+\omega \tag{12.2.29}$$

将式(12.2.29)代入定解问题式(12.2.25)得 ω 满足的定解问题：

$$\begin{cases}\dfrac{\partial^2\omega}{\partial\rho^2}+\dfrac{1}{\rho}\dfrac{\partial\omega}{\partial\rho}+\dfrac{1}{\rho}\dfrac{\partial^2\omega}{\partial\varphi^2}=0\\ \omega\big|_{\rho=\rho_0}=C-\left(\dfrac{a}{4}\rho_0^2+\dfrac{b}{12}\rho_0^4\cos 2\varphi\right)\\ \omega(\rho,0)=\omega(\rho,2\pi)\\ \omega(\rho,\varphi)=\text{非零有限值}\end{cases} \tag{12.2.30}$$

注意这里的自然周期边界条件是引入极坐标系特有的。

4. 泛定方程分离变数

采用分离变数法，令 $\omega(\rho,\varphi)=R(\rho)\Phi(\varphi)$，代入式(12.2.30)的泛定方程得(其分离过程见第 14.2.2 节)

$$\Phi''+\lambda\Phi=0 \tag{12.2.31}$$

$$\rho^2R''+\rho R'-\lambda R=0 \tag{12.2.32}$$

5. 自然周期边界条件和适定性条件分离变数

将 $\omega(\rho,\varphi)=R(\rho)\Phi(\varphi)$ 代入式(12.2.30)的自然周期边界条件和适定性条件得

$$\begin{cases}\Phi(0)=\Phi(2\pi)\\ \Phi(\varphi)=\text{非零有限值}\end{cases} \tag{12.2.33}$$

6. 求解本征值问题

式(12.2.31)与式(12.2.33)构成了本征值问题，本征值和本征函数为

$$\begin{cases}\lambda=m^2 & (m=0,1,2,\cdots)\\ \Phi(\varphi)=A\cos m\varphi+B\sin m\varphi & (m=0,1,2,\cdots)\end{cases} \tag{12.2.34}$$

7. 确定微分方程的通解

将本征值代入常微分方程式(12.2.32)得

$$\rho\frac{\mathrm{d}^2R}{\mathrm{d}\rho^2}+\rho\frac{\mathrm{d}R}{\mathrm{d}\rho}-m^2R=0 \tag{12.2.35}$$

这是二阶、齐次、线性、变系数常微分方程，是欧拉方程，其通解为

$$R(\rho)=\begin{cases}C_0+D_0\ln\rho & (m=0)\\ C_m\rho^m+D_m\rho^{-m} & (m\neq 0)\end{cases} \tag{12.2.36}$$

所以同时满足泛定方程、自然周期边界条件和适定性条件的解为

$$\begin{cases}\omega_0(\rho,\varphi)=C_0+D_0\ln\rho & (m=0)\\ \omega_m(\rho,\varphi)=\rho^m(A_m\cos m\varphi+B_m\sin m\varphi)+\rho^{-m}(C_m\cos m\varphi+D_m\sin m\varphi) & (m=1,2,\cdots)\end{cases} \tag{12.2.37}$$

8. 确定泛定方程在自然周期边界条件下的通解

在自然周期边界条件下，满足适定性条件的通解形式为

$$\omega(\rho,\ \varphi)=C_0+D_0\ln\rho+\sum_{m=1}^{\infty}\rho^m(A_m\cos m\varphi+B_m\sin m\varphi)+\sum_{m=1}^{\infty}\rho^{-m}(C_m\cos m\varphi+D_m\sin m\varphi) \tag{12.2.38}$$

其中 C_0，D_0，A_m，$B_m(m=0,\ 1,\ 2,\cdots)$是线性叠加系数，其值由边界条件确定。

9. 确定线性叠加系数

由 $\omega(\rho,\ \varphi)=$ 非零有限值可得 $\omega(0,\ \varphi)=$非零有限值，代入式(12.2.38)得

$$D_0=0,\ C_m=0,\ D_m=0 \tag{12.2.39}$$

所以 $\omega(\rho,\ \varphi)$的形式应为

$$\omega(\rho,\ \varphi)=C_0+\sum_{m=1}^{\infty}\rho^m(A_m\cos m\varphi+B_m\sin m\varphi)=\sum_{m=0}^{\infty}\rho^m(A_m\cos m\varphi+B_m\sin m\varphi) \tag{12.2.40}$$

代入圆的边界条件求系数：

$$\sum_{m=0}^{\infty}\rho_0^m(A_m\cos m\varphi+B_m\sin m\varphi)=C-\left(\frac{a}{4}\rho_0^2+\frac{b}{12}\rho_0^4\cos 2\varphi\right) \tag{12.2.41}$$

两边比较系数得

$$A_0=C-\frac{a}{4}\rho_0^2,\ A_2=-\frac{b}{12}\rho_0^2,\ A_0=0(m\neq 0,\ 2),\ B_m=0 \tag{12.2.42}$$

所以

$$\omega(\rho,\ \varphi)=C-\frac{a}{4}\rho_0^2-\frac{b}{12}\rho^2\rho_0^2\cos 2\varphi \tag{12.2.43}$$

10. 合并解

综合上面的讨论，最后合并解得

$$u=\upsilon+\omega=C+\frac{a}{4}(\rho^2-\rho_0^2)+\frac{b}{12}\rho^2(\rho^2-\rho_0^2)\cos 2\varphi\quad(\rho\leqslant\rho_0) \tag{12.2.44}$$

这是定解问题式(12.2.25)的解。换为直角坐标系表示为

$$u=C+\frac{a}{4}(x^2+y^2-\rho_0^2)+\frac{b}{12}(x^2+y^2-\rho_0^2)(x^2-y^2) \tag{12.2.45}$$

图 12.2-6 画出了 $C=a=b=1$ 时的温度分布图。

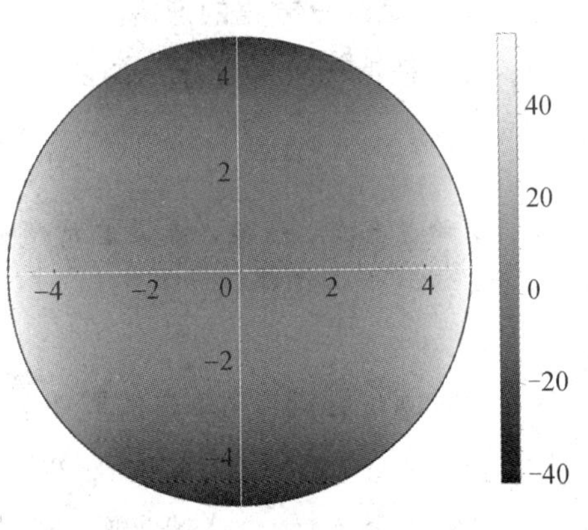

图 12.2-6 温度分布

11. 物理讨论

(1) 式(12.2.44)第二个等号右边的第一项 C 正是边界温度 C 的贡献。

(2) 将式(12.2.44)第二个等号右边的第二项与第三项变化为

$$(\rho^2-\rho_0^2)\left(\frac{a}{4}+\frac{b}{12}\rho^2\cos 2\varphi\right) \tag{12.2.46}$$

与定解问题中泛定方程的非齐次项：

$$a+b(x^2-y^2)=a+b\rho^2\cos2\varphi \tag{12.2.47}$$

比较，说明这一部分是稳定热流造成的圆内部的温度分布。

练习 12.2.2

1. 在圆域 $\rho<\rho_0$ 上求解 $\Delta u=-4$，边界条件是 $u|_{\rho=\rho_0}=0$。

2. 在圆域 $\rho<\rho_0$ 上求解 $\Delta u=-xy$，边界条件是 $u|_{\rho=\rho_0}=0$。

3. 有一细圆环，半径为 ρ_0，初始温度分布为 $f(\varphi)$，φ 是以环心为极点的极角，环表面是绝热的，求环内的温度变化情况。定解问题如下：

$$\begin{cases} u_t-\dfrac{a^2}{R^2}u_{\varphi\varphi}=0 & \left(0\leqslant\varphi\leqslant2\pi,\ a^2=\dfrac{k}{c\rho}\right) \\ u|_{t=0}=f(\varphi) \\ u(\rho,0)=u(\rho,2\pi) \\ u(\rho,\varphi)=\text{非零有限值} \end{cases}$$

4. 半径为 ρ_0，表面熏黑了的均匀长圆柱，在温度为零度的空气中接受阳光照射，阳光垂直于柱轴，热流强度为 q_0，试求柱内的稳定温度分布。提示：泛定方程为 $\Delta u=0$，边界条件为 $(ku_\rho+hu)|_{\rho=\rho_0}=f(\varphi)$，$f(\varphi)$ 是热流强度的法向分量，若取极轴垂直于阳光，则

$$f(\varphi)=\begin{cases} q_0\sin\varphi & (0<\varphi<\pi) \\ 0 & (\pi<\varphi<2\pi) \end{cases}$$

5. 在以原点为中心，以 ρ_1，ρ_2 为半径的两个同心圆围成的环域上求解 $\Delta u=0$，使其满足如下边界条件：

$$u|_{\rho=\rho_1}=f_1(\varphi),\ u|_{\rho=\rho_2}=f_2(\varphi)$$

6. 求解绕圆柱的水流问题，在远离圆柱而未受到圆柱干扰处的水流是均匀的，流速为 v_0，圆柱半径为 a。

7. 一圆环形区域，内外环半径分别为 ρ_1，ρ_2，内环上保持温度为 $u_1\cos^2\varphi$，外环上保持温度为 $u_1\sin\varphi$，求此圆环区域内的稳定温度分布。

以上求解的是拉普拉斯方程和泊松方程的定解问题，对应着物理上特定边界条件下的稳定场分布。如果是拉普拉斯方程，并且系统是长方形的，只需要 x 方向或 y 方向上的一组齐次边界条件即可运用分离变数法求解；如果系统是圆形的，运用极坐标系时自然周期边界条件式(12.2.8)提供了分离变数的条件。如果是泊松方程，运用特解法，即可以将泊松方程对应的定解问题转化为拉普拉斯方程的定解问题求解。

限于篇幅，本章不讨论二维振动问题和二维输运问题。

第 13 章　定解问题的求解——三维问题的分离变数法

三维物理系统的形状更加复杂，从求解的角度看，长方体、球、圆柱体系统的求解相对简单。对于其他形状的系统，一般情况下不能解析求解，各种系统大部分可以采用模拟的方法得到相应的场分布。本章重点讲解球形系统、圆柱形系统的物理场分布问题。根据物理情况，这些问题大都是三维稳定场分布问题、三维输运问题、三维振动问题。对应的几何情况有球内部的场分布、球外的场分布、球层内的场分布，以及圆柱体内的场分布、圆柱体外的场分布、空心圆柱层内的场分布。下面分别以例题的形式展现分离变数法。

13.1　球内部的定解问题

13.1.1　例题 1(球内拉普拉斯方程第一边值问题)

半径为 r_0 的介质球，通过技术手段可以实现球面上温度分布为 $u(r_0, \theta, \varphi)=\cos^2\theta$，如图 13.1－1 所示，试求解球内部的稳定温度分布。

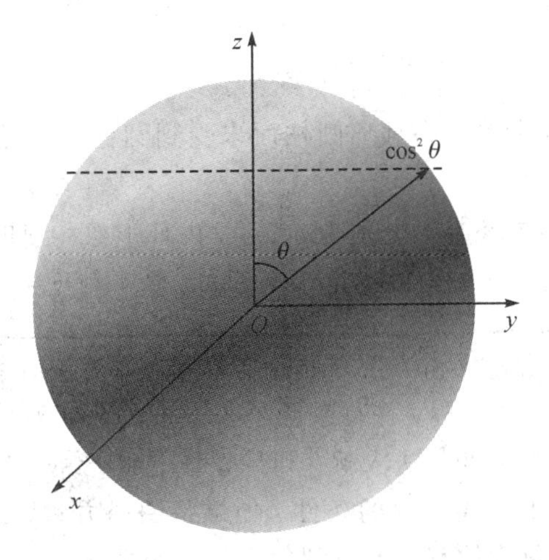

图 13.1－1　球面温度分布

1. 建立坐标系

实际上，当描述球表面温度时已经建立了球坐标系，坐标原点在球心，三条直角坐标轴任意。在已建立的直角坐标系的基础上再建立球坐标系，各坐标参数如图 13.1－2 所示。

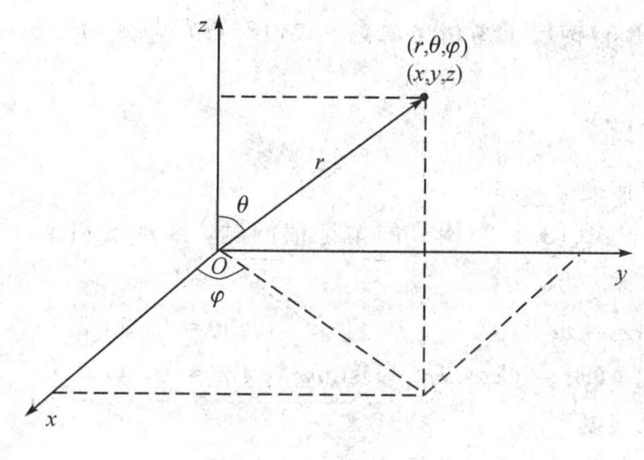

图 13.1-2　球坐标系

2. 确定定解问题

根据第 9 章定解问题的导出，稳定电场分布的物理问题在球坐标系下可表示为如下定解问题：

$$\begin{cases}\Delta u = 0 \\ u(r_0, \theta, \varphi) = \cos^2\theta,\ u(r, \theta, 0) = u(r, \theta, 2\pi) \\ u(r, \theta, \varphi) = \text{非零有限值}\end{cases} \quad \begin{pmatrix} 0 \leqslant r \leqslant r_0 \\ 0 \leqslant \theta \leqslant \pi \\ 0 \leqslant \varphi \leqslant 2\pi \end{pmatrix} \tag{13.1.1}$$

其中 $u(r, \theta, 0) = u(r, \theta, 2\pi)$ 同极坐标系中的情况相同，是自然周期边界条件，$u(r, \theta, \varphi) =$ 非零有限值是适定性条件。

3. 泛定方程分离变数

为求解定解问题(13.1.1)，可以试探使用第 11 章、第 12 章的分离变数法求解。令 $u(r, \theta, \varphi) = R(r)\Theta(\theta)\Phi(\varphi)$，代入拉普拉斯方程(其分离过程见第 14.3.2 节)得

$$\frac{\mathrm{d}}{\mathrm{d}r}\left(r^2 \frac{\mathrm{d}R}{\mathrm{d}r}\right) - l(l+1)R = 0 \tag{13.1.2}$$

$$\frac{\mathrm{d}^2\Phi}{\mathrm{d}\varphi^2} + \lambda\Phi = 0 \tag{13.1.3}$$

$$\sin\theta \frac{\mathrm{d}}{\mathrm{d}\theta}\left(\sin\theta \frac{\mathrm{d}\Theta}{\mathrm{d}\theta}\right) + [l(l+1)\sin^2\theta - \lambda]\Theta = 0 \tag{13.1.4}$$

式(13.1.2)称为径向方程，其中 l，λ 是分离变数过程中引入的任意参数，由包含边值条件的本征值问题确定。

4. 齐次边界条件分离变数

同第 11 章、第 12 章定解问题求解方法相似，需要对齐次边界条件、自然周期边界条件、适定性条件进行分离变数，得到求解式(13.1.2)～式(13.1.4)中部分方程的边值条件，所以将分离变数形式的解 $u(r, \theta, \varphi) = R(r)\Theta(\theta)\Phi(\varphi)$ 代入定解问题的定解条件得

$$R(r) = \text{非零有限值}\ (0 \leqslant r \leqslant r_0) \tag{13.1.5}$$

$$\begin{cases}\Phi(0) = \Phi(2\pi) \\ \Phi(\varphi) = \text{非零有限值}\end{cases} \tag{13.1.6}$$

$$\Theta(\theta) = \text{非零有限值} \tag{13.1.7}$$

式(13.1.6)与式(13.1.3)构成了**本征值问题**。式(13.1.7)与式(13.1.4)也构成了**本征值问题**。下面分别进行讨论。

5. 求解本征值问题

1) 第一个本征值问题

对于式(13.1.6)与式(13.1.3)构成的本征值问题，**本征值**和**本征函数**(求解过程见第15.2.4节)为

$$\begin{cases}\lambda = m^2 & (m = 0, 1, 2, \cdots) \\ \Phi(\varphi) = C\cos m\varphi + D\sin m\varphi & (m = 0, 1, 2, \cdots)\end{cases} \tag{13.1.8}$$

2) 第二个本征值问题

将**本征值** $\lambda = m^2$ 代入式(13.1.4)得

$$\sin\theta \frac{\mathrm{d}}{\mathrm{d}\theta}\left(\sin\theta \frac{\mathrm{d}\Theta}{\mathrm{d}\theta}\right) + [l(l+1)\sin^2\theta - m^2]\Theta = 0 \tag{13.1.9}$$

设式(13.1.9)的解为 $\Theta(\theta;l,m)$，则泛定方程的通解可暂时表达为

$$u = \sum_{m=0}^{\infty} R(r)\Theta(\theta;l,m)\begin{Bmatrix}\cos m\varphi \\ \sin m\varphi\end{Bmatrix} \tag{13.1.10}$$

其中 $\begin{Bmatrix}\cos m\varphi \\ \sin m\varphi\end{Bmatrix}$ 是 $(C\cos m\varphi + D\sin m\varphi)$ 的简单记号，即 $\cos m\varphi$ 与 $\sin m\varphi$ 的线性叠加。代入球面边界条件 $u|_{r=r_0} = \cos^2\theta$ 得

$$u(r_0, \theta, \varphi) = \sum_{m=0}^{\infty} R(r_0)\Theta(\theta;l,m)\begin{Bmatrix}\cos m\varphi \\ \sin m\varphi\end{Bmatrix} = \cos^2\theta \tag{13.1.11}$$

式(13.1.11)最左边是 θ, φ 的函数，最右边是 θ 的函数，两边比较得 m 必须为0，也就是说，定解问题的解与 φ 无关，即

$$\begin{cases}u = R(r)\Theta(\theta;l) \\ m = 0\end{cases} \tag{13.1.12}$$

表明解具有轴对称性，也就是式(13.1.9)中的 m 也必须为0，即 $\Theta(\theta;l)$ 满足的方程为

$$\sin\theta \frac{\mathrm{d}}{\mathrm{d}\theta}\left(\sin\theta \frac{\mathrm{d}\Theta}{\mathrm{d}\theta}\right) + l(l+1)\sin^2\theta\Theta = 0 \tag{13.1.13}$$

边值条件式(13.1.7)配合式(13.1.13)构成了**施图姆-刘维尔本征值问题**(见第15章)，**本征值**和**本征函数**为

$$\begin{cases}l = n \quad (n = 0, 1, 2, \cdots) \\ \Theta(\theta;l) = \mathrm{P}_l(\cos\theta) = \displaystyle\sum_{k=0}^{[l/2]} (-1)^k \frac{(2l-2k)!}{k!2^l(l-k)!(l-2k)!}(\cos\theta)^{l-2k}\end{cases} \tag{13.1.14}$$

其求解是一个复杂的过程(见第15.3、15.4.2、15.5.1节)，并且 $\mathrm{P}_l(x)(l = 0, 1, 2, \cdots)$ 具有正交性，即

$$\int_{-1}^{1} \mathrm{P}_l(x)\mathrm{P}_k(x)\mathrm{d}x = 0 \ (k \neq l) \tag{13.1.15}$$

定义在区间 $[-1, 1]$ 上的任意函数都可由 $\mathrm{P}_l(x)$ 展开为广义傅里叶级数(详细讨论见第15.5.1节，下面将用到这个性质)。

6. 确定微分方程的通解

上面两个本征值问题完全确定了泛定方程在分离变数过程中引入的参数，将这些参数代入式(13.1.2)得

$$\frac{\mathrm{d}}{\mathrm{d}r}\left(r^2\frac{\mathrm{d}R}{\mathrm{d}r}\right)-l(l+1)R=0\ (l=0,1,2,\cdots) \tag{13.1.16}$$

对于每一个确定的 l，径向方程是二阶、齐次、线性、变系数的常微分方程，是欧拉方程，其通解为

$$R(r)=Cr^l+D\frac{1}{r^{l+1}}\ (l=0,1,2,\cdots) \tag{13.1.17}$$

$R(r)$ 在区间 $[0, r_0]$ 上的函数值须满足式(13.1.5)的条件，但是数学上 $R(r)$ 出现了 r 的负幂项，即会出现 $R(0)$ 为无穷大的情况，为了排除这种可能，只有令 $D\equiv 0$，即只能取：

$$R(r)=Cr^l \tag{13.1.18}$$

7. 确定泛定方程在自然边界条件下的通解

根据以上计算，定解问题式(13.1.1)的泛定方程在自然周期边界条件、适定性条件的限定下，其通解只能是

$$u(r,\theta)=\sum_{l=0}^{\infty}C_l r^l \mathrm{P}_l(\cos\theta) \tag{13.1.19}$$

8. 确定叠加系数

为了求解叠加系数，代入球面的边界条件：

$$u(r_0,\theta)=\sum_{l=0}^{\infty}C_l r_0^l \mathrm{P}_l(\cos\theta)=\cos^2\theta \tag{13.1.20}$$

式(13.1.20)第二个等号右边是 θ 的函数，左边是以 $\mathrm{P}_l(\cos\theta)$ 为基的广义傅里叶级数(详细讨论见第 15 章)，对 $\cos^2\theta$ 进行广义傅里叶级数展开得

$$C_l=\frac{1}{r_0^l N_l^2}\int_0^{\pi}\cos^2\theta \mathrm{P}_l(\cos\theta)\sin\theta\mathrm{d}\theta \tag{13.1.21}$$

通过计算得

$$\begin{cases}C_0=\dfrac{1}{3},\ C_2=\dfrac{2}{3}\dfrac{1}{r_0^2}\\ C_l=0\ (l\neq 0,2)\end{cases} \tag{13.1.22}$$

所以

$$u(r,\theta)=\frac{1}{3}+\frac{2r^2}{3r_0^2}\mathrm{P}_2(\cos\theta) \tag{13.1.23}$$

代入 $\mathrm{P}_2(\cos\theta)$ 的具体形式，可得熟悉的初等函数表达式：

$$u(r,\theta)=\frac{1}{3}+\frac{1}{3}\cdot\frac{r^2}{r_0^2}(3\cos^2\theta-1)=\frac{1}{3}-\frac{1}{3}\cdot\frac{r^2}{r_0^2}+\frac{r^2}{r_0^2}\cos^2\theta \tag{13.1.24}$$

9. 物理讨论

(1) 式(13.1.24)第二个等号右边的第一项是常数 1/3，表明球系统有一个背景温度，此背景温度为 1/3。

(2) 第二项是在背景温度情况下不同球层($r=d\leqslant r_0$)温度下降、同一球层温度相同，第一项与第二项总体表示半径越大，温度越低。

(3) 第三项表明，在同一球层，内部的温度分布与球面温度分布的规律相同，温度与 r^2 成正比，半径越小，球层温度越低。具体温度分布如图 13.1－3、图 13.1－4 所示。

从这个定解问题的求解看，分离变数法对三维定解问题求解仍然有效，此处是将泛定方程分解为三个常微分方程，引入两个参数(依次类推，若函数有 n 个自变量，则分离为 n 个常微分方程，必须引入 $n-1$ 个参数)。得到的常微分方程有两个构成了**施图姆－刘维尔本征值问题**，这与一维、二维的定解问题非常相似。

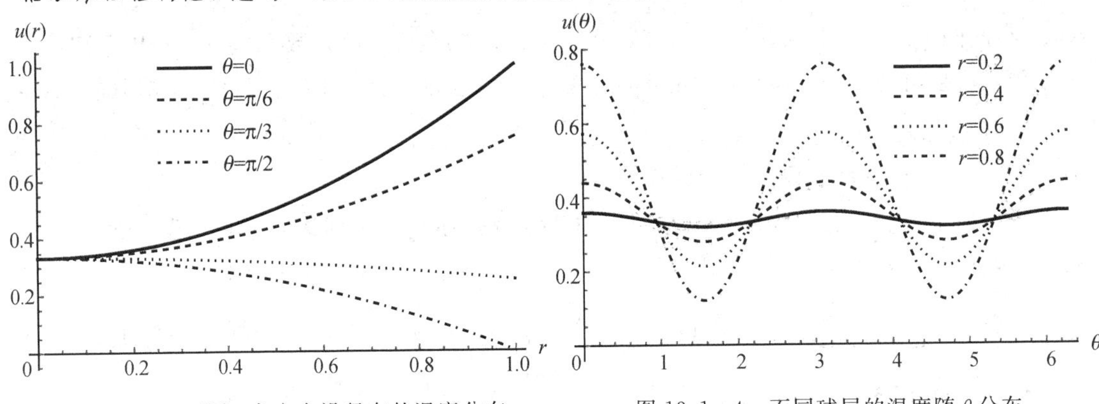

图 13.1－3　不同 θ 角方向沿径向的温度分布　　图 13.1－4　不同球层的温度随 θ 分布

此外，分离变数法求解的数学**难点**是变系数微分方程构成的本征值问题求解，**本征函数** $\mathrm{P}_l(x)$ 是一个特殊函数，称为**勒让德函数**或**勒让德多项式**(其性质见第 15 章)。

13.1.2　例题 2(半球内拉普拉斯方程边值问题)

如图 13.1－5 所示，半径为 r_0 的半球，其球面上的温度保持为 $u_0\cos\theta$，底面绝热，试求半球内的稳定温度分布。

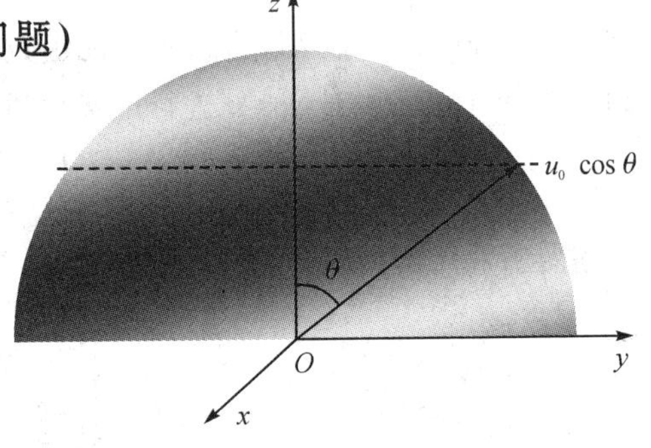

图 13.1－5　半球系统放入坐标系中

1. 建立坐标系

由于系统形状是半球，因此选择球坐标系求解是方便的。建立球坐标系如图 13.1－5 所示。

2. 确定定解问题

以上描述的物理问题可表示为如下定解问题：

$$\begin{cases}\Delta u=0\\ u\big|_{r=r_0}=u_0\cos\theta\\ \dfrac{\partial u}{\partial\theta}\Big|_{\theta=\pi/2}=0\\ u(r,\theta,0)=u(r,\theta,2\pi)\\ u(r,\theta,\varphi)=\text{非零有限值}\end{cases}\qquad\begin{pmatrix}0\leqslant r\leqslant r_0\\ 0\leqslant\theta\leqslant\dfrac{\pi}{2}\\ 0\leqslant\varphi\leqslant 2\pi\end{pmatrix}\tag{13.1.25}$$

3. 定解问题延拓

由于系统是半球形状的，如果直接采用上一例题的解法，就不能使用半球底面(赤道面 $\theta=\pi/2$)的边界条件。经各种试探后，对于半球情况，先将系统延拓成完整球形，考虑赤道面第二类齐次边界条件，延拓后的定解问题可描述为

$$\begin{cases}\Delta u = 0 \\ u(r_0, \theta, \varphi) = u_0 |\cos\theta| \\ u(r, \theta, 0) = u(r, \theta, 2\pi) \\ u(r, \theta, \varphi) = \text{非零有限值}\end{cases} \quad \begin{pmatrix} 0 \leqslant r \leqslant r_0 \\ 0 \leqslant \theta \leqslant \pi \\ 0 \leqslant \varphi \leqslant 2\pi \end{pmatrix} \tag{13.1.26}$$

求解以上定解问题后，取 $0\leqslant\theta\leqslant\pi/2$ 的限定即可。

4. 泛定方程分离变数

延拓后的定解问题可用分离变数法求解，令 $u(r, \theta, \varphi) = R(r)\Theta(\theta)\Phi(\varphi)$，代入拉普拉斯方程(其分离过程见第 14.3.2 节)得

$$\frac{d}{dr}\left(r^2 \frac{dR}{dr}\right) - l(l+1)R = 0 \tag{13.1.27}$$

$$\frac{d^2\Phi}{d\varphi^2} + \lambda\Phi = 0 \tag{13.1.28}$$

$$\sin\theta \frac{d}{d\theta}\left(\sin\theta \frac{d\Theta}{d\theta}\right) + [l(l+1)\sin^2\theta - \lambda]\Theta = 0 \tag{13.1.29}$$

5. 齐次边界条件与适定性条件分离变数

同上一例题，将边界条件分离变数得

$$R(r) = \text{非零有限值} \ (0 \leqslant r \leqslant r_0) \tag{13.1.30}$$

$$\begin{cases}\Phi(0) = \Phi(2\pi) \\ \Phi(\varphi) = \text{非零有限值}\end{cases} \tag{13.1.31}$$

$$\Theta(\theta) = \text{非零有限值} \ (0 \leqslant \theta \leqslant \pi) \tag{13.1.32}$$

6. 求解本征值问题

式(13.1.31)与式(13.1.28)一起构成了本征值问题，非零解的本征值和本征函数(求解过程见第 15.2.4 节)为

$$\begin{cases}\lambda = m^2 & (m = 0, 1, 2, \cdots) \\ \Phi(\varphi) = C\cos m\varphi + D\sin m\varphi & (m = 0, 1, 2, \cdots)\end{cases} \tag{13.1.33}$$

将本征值 $\lambda = m^2$ 代入式(13.1.29)得

$$\sin\theta \frac{d}{d\theta}\left(\sin\theta \frac{d\Theta}{d\theta}\right) + [l(l+1)\sin^2\theta - m^2]\Theta = 0 \tag{13.1.34}$$

设式(13.1.34)的解为 $\Theta(\theta; l, m)$，泛定方程的通解可暂时表达为

$$u = \sum_{m=0}^{\infty} R(r)\Theta(\theta; l, m)\begin{Bmatrix}\cos m\varphi \\ \sin m\varphi\end{Bmatrix} \tag{13.1.35}$$

代入球面的边界条件 $u|_{r=r_0} = u_0|\cos\theta|$ 得

$$u = \sum_{m=0}^{\infty} R(r_0)\Theta(\theta)\begin{Bmatrix}\cos m\varphi \\ \sin m\varphi\end{Bmatrix} = u_0|\cos\theta| \tag{13.1.36}$$

两边比较得 m 必须为 0，也就是说，定解问题的解与 φ 无关，即解具有轴对称性：

$$\begin{cases} u = R(r)\Theta(\theta;l) \\ m = 0 \end{cases} \tag{13.1.37}$$

也就是方程(13.1.34)中的 m 必须为 0，即 $\Theta(\theta;l)$ 满足的方程为

$$\sin\theta \frac{\mathrm{d}}{\mathrm{d}\theta}\left(\sin\theta \frac{\mathrm{d}\Theta}{\mathrm{d}\theta}\right) + l(l+1)\sin^2\theta\Theta = 0 \tag{13.1.38}$$

边界条件式(13.1.32)配合方程(13.1.38)构成了施图姆-刘维尔本征值问题，非零解的本征值和本征函数(其求解过程见第 15.4.2、第 15.5.1 节)为

$$\begin{cases} l = n \quad (n = 0, 1, 2, \cdots) \\ \Theta(\theta;l) = P_l(\cos\theta) = \sum\limits_{k=0}^{[l/2]} (-1)^k \dfrac{(2l-2k)!}{k!2^l(l-k)!(l-2k)!} (\cos\theta)^{l-2k} \end{cases} \tag{13.1.39}$$

其中 $\mathrm{P}_l(x)(x = \cos\theta)$ 构成了广义傅里叶级数的基。

7. 确定微分方程的通解

式(13.1.27)可变为

$$\frac{\mathrm{d}}{\mathrm{d}r}\left(r^2 \frac{\mathrm{d}R}{\mathrm{d}r}\right) - l(l+1)R = 0 \ (l = 0, 1, 2, \cdots) \tag{13.1.40}$$

这是二阶、齐次、线性、变系数的常微分方程，是欧拉方程，其通解为

$$R(r) = Cr^l + D\frac{1}{r^{l+1}} \ (l = 0, 1, 2, \cdots) \tag{13.1.41}$$

$R(r)$ 在区间 $[0, r_0]$ 上的函数值需满足式(13.1.30)的条件，但是数学上 $R(r)$ 出现了 r 的负幂项，即会出现 $R(0)$ 无穷大的情况，为了排除这种可能，只能令 $D \equiv 0$，即只能取：

$$R(r) = Cr^l \tag{13.1.42}$$

8. 确定泛定方程在齐次边界条件下的通解

定解问题(13.1.26)的泛定方程在自然周期边界条件和适定性条件下的通解为

$$u(r, \theta) = \sum_{l=0}^{\infty} C_l r^l \mathrm{P}_l(\cos\theta) \tag{13.1.43}$$

9. 确定叠加系数

代入球面的边界条件：

$$u(r_0, \theta) = \sum_{l=0}^{\infty} C_l r_0^l \mathrm{P}_l(\cos\theta) = u_0 |\cos\theta| \tag{13.1.44}$$

式(13.1.44)第二个等号的右边是 θ 的函数，左边是以 $\mathrm{P}_k(\cos\theta)$ 为基的广义傅里叶级数，对 $u_0|\cos\theta|$ 进行广义傅里叶级数展开得

$$C_l = \frac{1}{r_0^l N_l^2}\int_{-1}^{1} |x| \mathrm{P}_l(x)\mathrm{d}x \tag{13.1.45}$$

通过计算(这个积分见第 15 章勒让德函数的性质)得

$$\begin{cases} C_0 = f_0 = \dfrac{1}{2}u_0 \\ C_{2n+1} = 0 \qquad\qquad\qquad\qquad (n=0,1,2,\cdots) \\ C_{2n} = (-1)^{n+1}\dfrac{(4n+1)(2n-1)!!}{(2n-1)(2n+2)!!}\dfrac{u_0}{r_0^{2n}} \end{cases} \tag{13.1.46}$$

因此有

$$u(r,\theta)=\frac{1}{2}u_0+\sum_{n=0}^{\infty}(-1)^{n+1}\frac{(4n+1)(2n-1)!!}{(2n-1)(2n+2)!!}\frac{u_0}{r_0^{2n}}r^{2n}\mathrm{P}_{2n}(\cos\theta) \tag{13.1.47}$$

将上述解在 $r\leqslant r_0$，$0\leqslant\theta\leqslant\pi/2$ 内取值，即得到半球内部的解。图 13.1-6 所示是取 $u_0=100$，$r_0=1$，θ 取不同角度方向，沿径向的温度分布，级数取前 10 项。图 13.1-7 所示是不同球层内温度随极角的变化。

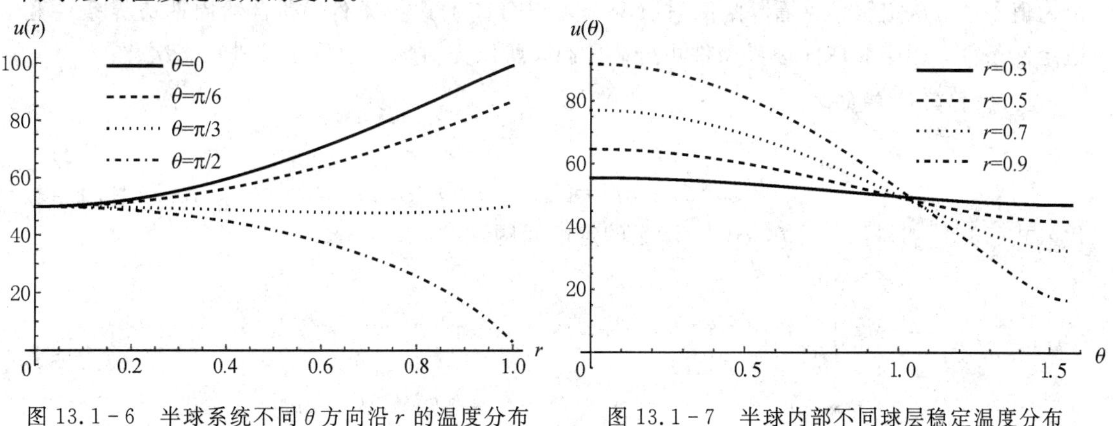

图 13.1-6　半球系统不同 θ 方向沿 r 的温度分布　　图 13.1-7　半球内部不同球层稳定温度分布

10. 物理讨论

(1) 式(13.1.47)是一个无穷级数解，等号右边第一项是背景温度 $u_0/2$。

(2) 第二项的无穷级数迅速递减，一般取前面几项即可。

以上两个例题讨论的都是泛定方程为拉普拉斯方程的定解问题，对应着系统边界条件与时间无关，即系统植入稳定物理环境"无穷长"时间后稳定场的分布，所以无法求解系统从引入环境到达稳定分布的过程，下面讨论一个热输运的问题，研究非稳定场问题(由于需要求解球贝塞尔方程，也可以在学习了第 15 章第 15.5.5 节球贝塞尔方程本征值问题后再返回学习)。

13.1.3　例题 3(球内输运方程第一类边界问题)

半径为 r_0 的匀质球，初始时刻球体温度均匀为 u_0，$t=0$ 时迅速将其放入温度为 U_0 的烘箱，使球面温度保持为 U_0，求解球内部各处的温度 $u(r,\theta,\varphi,t)$。

1. 建立坐标系

考虑球形系统，建立球坐标系，坐标原点在球心，球坐标系参数的几何意义见图 13.1-8。

2. 确定定解问题

根据第 9 章输运问题的导出，将以上描述的输运问题"翻译"为定解问题：

$$\begin{cases} u_t - \Delta u = 0 \\ u(r_0, \theta, \varphi, t) = U_0 \\ u(r, \theta, 0, t) = u(r, \theta, 2\pi, t) \\ u(r, \theta, \varphi, 0) = u_0 \\ u(r, \theta, \varphi, t) = \text{非零有限值} \end{cases} \quad \begin{pmatrix} 0 \leqslant r \leqslant r_0 \\ 0 \leqslant \theta \leqslant \pi \\ 0 \leqslant \varphi \leqslant 2\pi \end{pmatrix} \tag{13.1.48}$$

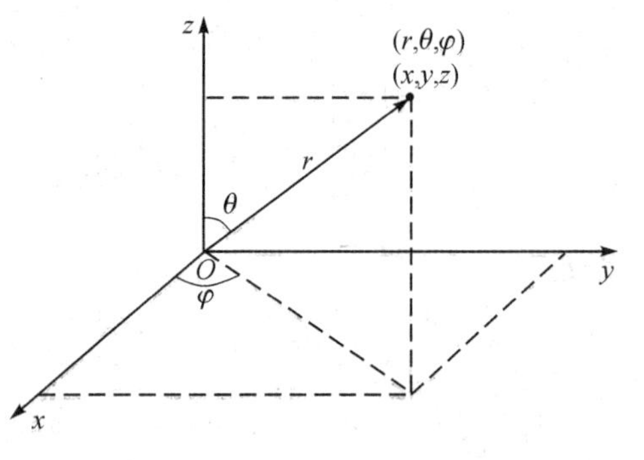

图 13.1-8　建立球坐标系

定解问题的泛定方程是齐次偏微分方程，根据以上解题的经验，如果采用分离变数法，将分离出 4 个常微分方程，同时引入 3 个待定参数。而 3 个待定参数需 3 个本征值问题确定，也就是说需要 3 个边值条件。从定解条件看，此例只有两个可以分离的边界条件，即自然周期边界条件和适定性条件，还需要球面边界条件可分离才行，所以先对球面边界条件进行齐次化。

3. 边界条件齐次化

令

$$u(r, \theta, \varphi, t) = U_0 + \omega(r, \theta, \varphi, t) \tag{13.1.49}$$

代入式(13.1.48)得 $\omega(r, \theta, \varphi, t)$ 满足的定解问题：

$$\begin{cases} \omega_t - \Delta\omega = 0 \\ \omega(r_0, \theta, \varphi, t) = 0 \\ \omega(r, \theta, 0, t) = \omega(r, \theta, 2\pi, t) \\ \omega(r, \theta, \varphi, 0) = u_0 - U_0 \\ \omega(r, \theta, \varphi, t) = \text{非零有限值} \end{cases} \quad \begin{pmatrix} 0 \leqslant r \leqslant r_0 \\ 0 \leqslant \theta \leqslant \pi \\ 0 \leqslant \varphi \leqslant 2\pi \end{pmatrix} \tag{13.1.50}$$

4. 泛定方程分离变数

采用分离变数法，令

$$\omega(r, \theta, \varphi, t) = T(t)R(r)\Theta(\theta)\Phi(\varphi) \tag{13.1.51}$$

则可以得 4 个带参数的常微分方程(分离过程见第 14.3.8 节)：

$$\frac{\mathrm{d}T}{\mathrm{d}t} + a^2k^2T = 0 \tag{13.1.52}$$

$$\frac{\mathrm{d}^2\Phi}{\mathrm{d}\varphi^2} + \lambda\Phi = 0 \tag{13.1.53}$$

$$\sin\theta\frac{\mathrm{d}}{\mathrm{d}\theta}\left(\sin\theta\frac{\mathrm{d}\Theta}{\mathrm{d}\theta}\right) + [l(l+1)\sin^2\theta - \lambda]\Theta = 0 \tag{13.1.54}$$

$$\frac{\mathrm{d}}{\mathrm{d}r}\left(r^2\frac{\mathrm{d}R}{\mathrm{d}r}\right) + [r^2k^2 - l(l+1)]R = 0 \tag{13.1.55}$$

方程(13.1.55)是*球贝塞尔方程*。分离变数过程中引入的 3 个参数 k，l，λ 需要由相应的边值条件确定(与例题 1、例题 2 类似)，为此需要将分离变数形式的解式(13.1.51)代入定解条件中。

5. 齐次边界条件和适定性条件分离变数

将分离变数形式的解式(13.1.51)代入式(13.1.50)的定解条件和适定性条件得

$$\begin{cases}\Phi(0)=\Phi(2\pi)\\ \Phi(\varphi)=\text{非零有限值}\end{cases} \tag{13.1.56}$$

$$\Theta(\theta)=\text{非零有限值} \tag{13.1.57}$$

$$\begin{cases}R(r_0)=0\\ R(r)=\text{非零有限值}\end{cases} \tag{13.1.58}$$

6. 求解本征值问题

1) 第一个本征值问题

式(13.1.53)的方程加上式(13.1.56)构成了本征值问题，本征值和本征函数为

$$\begin{cases}\lambda=m^2 & (m=0,1,2,\cdots)\\ \Phi(\varphi)=C\cos m\varphi+D\sin m\varphi & (m=0,1,2,\cdots)\end{cases} \tag{13.1.59}$$

即 ω 满足的泛定方程在自然周期边界条件可能的解为

$$\omega(r,\theta,\varphi,t)=\sum_{m=0}^{\infty}R(r)\Theta(\theta)T(t)(A_m\cos m\varphi+B_m\sin m\varphi) \tag{13.1.60}$$

为了讨论问题方便，可先将这个解代入式(13.1.50)的初始条件得

$$\sum_{m=0}^{\infty}R(r)\Theta(\theta)T(0)(A_m\cos m\varphi+B_m\sin m\varphi)=u_0-U_0 \tag{13.1.61}$$

式(13.1.61)等号左边是关于 φ 的傅里叶级数，右边是与 φ 无关的函数，两边比较发现，等式要成立，左边的傅里叶级数只能取 $m=0$ 的项，其他项必须舍弃，$\Phi(\varphi)=A_0$，即为轴对称的解：

$$\omega(r,\theta,t)=A_0R(r)\Theta(\theta)T(t) \tag{13.1.62}$$

2) 第二个本征值问题

将 $m=0$ 代入式(13.1.54)，并考虑式(13.1.57)，可构成熟悉的本征值问题：

$$\begin{cases}l=n & (n=0,1,2,\cdots)\\ \Theta(\theta)=\mathrm{P}_n(\cos\theta) & (n=0,1,2,\cdots)\end{cases} \tag{13.1.63}$$

进一步，ω 满足的泛定方程在自然周期边界条件、适定性条件下的通解为

$$\omega(r,\theta,t)=\sum_{l=0}^{\infty}R(r)T(t)f_l\mathrm{P}_l(\cos\theta) \tag{13.1.64}$$

其中 f_l 是叠加系数，也是广义傅里叶系数。再一次将此解代入初始条件，即

$$\sum_{l=0}^{\infty}R(r)T(0)f_l\mathrm{P}_l(\cos\theta)=u_0-U_0 \tag{13.1.65}$$

式(13.1.65)等号左边是关于 $\mathrm{P}_l(\cos\theta)$ 的广义傅里叶级数，右边是与 θ 无关的函数，考虑到 $\mathrm{P}_l(\cos\theta)$ 的形式，只有当 $l=0$ 时，才能满足式(13.1.65)，所以式(13.1.55)中的 l 必须为 0，即式(13.1.55)变为

$$r^2\frac{\mathrm{d}^2R}{\mathrm{d}r^2}+2r\frac{\mathrm{d}R}{\mathrm{d}r}+r^2k^2R=0 \tag{13.1.66}$$

3)第三个本征值问题

式(13.1.66)是变系数的常微分方程，称为*零阶球贝塞尔方程*。此方程与边值条件式(13.1.58)构成了本征值问题，其解(求解过程见第 15.5.5 节)为

$$\begin{cases} k = k_p = \dfrac{p\pi}{r_0} & (p = 1, 2, 3, \cdots) \\ R(r) = \mathrm{j}_0(k_p r) = \dfrac{\sin k_p r}{k_p r} & (p = 1, 2, 3, \cdots) \end{cases} \tag{13.1.67}$$

其中 $\mathrm{j}_0(k_p r)$ 是零阶球贝塞尔函数。

7. 确定微分方程的通解

将 $k = k_p = \dfrac{p\pi}{r_0}$ 代入式(13.1.52)的一阶微分方程，其通解为

$$T(t) = A\exp(-a^2 k_p^2 t) \quad (p = 1, 2, \cdots) \tag{13.1.68}$$

至此，4 个常微分方程的解的形式已完全确定。k_p 可取一系列的离散值，每一个离散值对应的解都满足边界条件，即满足边界条件的解有无穷多个，由此可得到其通解。

8. 确定泛定方程在边界条件下的通解

根据线性叠加原理，满足边界条件的泛定方程的通解可表示为

$$\omega(r, t) = \sum_{p=1}^{\infty} A_p \frac{\sin k_p r}{k_p r} \exp(-a^2 k_p t) \quad \left(k_p = \frac{p\pi}{r_0}\right) \tag{13.1.69}$$

这是一个无穷级数的解，解的结果中带有 A_p 常数，需要由初始条件确定。

9. 确定叠加系数

将式(13.1.69)代入初始条件得

$$\sum_{p=1}^{\infty} A_p \frac{\sin k_p r}{k_p r} = u_0 - U_0 \tag{13.1.70}$$

式(13.1.70)等号左边是以 $\mathrm{j}_0(k_p r)$ 为基的广义傅里叶级数，展开 $u_0 - U$ 比较系数得

$$A_p = \frac{1}{N_p^2} \int_0^{r_0} (u_0 - U_0) \frac{\sin(k_p r)}{k_p r} r^2 \mathrm{d}r \tag{13.1.71}$$

其中 N_p^2 称为球贝塞尔函数的模方，即

$$N_p^2 = \int_0^{r_0} [\mathrm{j}_0(k_p r)]^2 r^2 \mathrm{d}r = \frac{r_0^3}{2p^2\pi^2} \tag{13.1.72}$$

所以

$$A_p = (-1)^p 2(U_0 - u_0) \tag{13.1.73}$$

10. 合并解

合并得定解问题的解为

$$u(r, t) = U_0 + \frac{2(U_0 - u_0)}{\pi r} \sum_{p=1}^{\infty} \frac{(-1)^p}{p} \sin \frac{p\pi r}{r_0} \exp\left(-\frac{p^2\pi^2 a^2}{r_0^2} t\right) \tag{13.1.74}$$

11. 物理讨论

从上述解可以看出以下物理特点：

(1) 因为边界条件是球对称的，所以球内 t 时刻的温度分布也是球对称的。

(2) 随着时间的推移，当 $t \to \infty$ 时，球整体的温度变为 U_0 且均匀，这与实际情况吻合。

(3) t 时刻球内部的温度随径向的分布如图 13.1－9 所示，取 $U_0 = 100$，$u_0 = 50$，$a^2 = 0.1$，级数取前 20 项，可以看到，当 $t = 10$ s 时，球的温度几乎就与环境温度相同了。

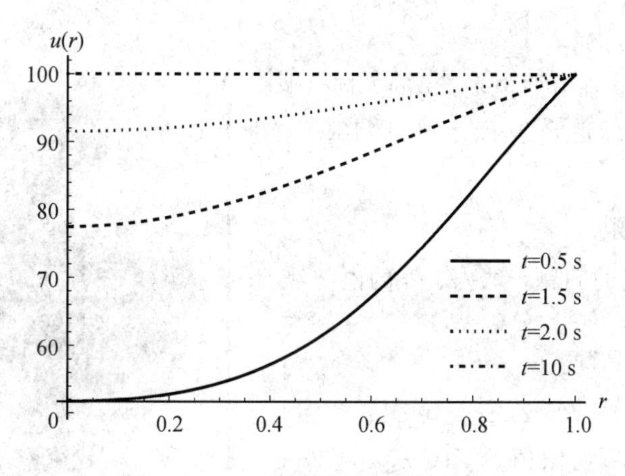

图 13.1－9　各时刻温度随径向分布

练习 13.1

1. 半径为 r_0 的半球球面保持为一定的温度 u_0，半球底面温度保持为 0℃且绝热，试求这个半球内的稳定温度分布。

2. 半径为 r_0 表面熏黑的均匀球，在温度为 0℃的空气中被阳光照射，阳光的热流强度为 q_0，求解球内的稳定温度分布。

3. 确定球形轴块的临界半径(“临界”一词参看第 11.1.1 节的习题 5)。

4. 有一匀质球，半径为 r_0，初始温度分布为 $f(r)$，将球面温度保持为 0℃而使它冷却，求解球内各处温度的变化情况。

5. 有一匀质球，半径为 r_0，初始温度分布为 $f(r)\cos\theta$，将球面温度保持为 0℃而使它冷却，求解球内各处温度的变化情况。

6. 半径为 $2r_0$ 的匀质球，初始温度$=\begin{cases} u_0 & (0<r<r_0) \\ 0 & (r_0<r<2r_0) \end{cases}$，将球面温度保持为 0℃而使它冷却，求解球内温度的变化情况。

7. 有一匀质球，半径为 r_0，初始温度为 U_0，放在温度为 u_0 的空气中自由冷却(按照牛顿冷却定律与空气交换热量)，求解球内各处温度的变化情况。

13.2　球边界衔接条件定解问题

第 12 章讨论过均匀电场中引入无限长直导线后导线外的电场分布，且系统电场分布具有轴对称性，将定解问题转化为了二维问题求解。但是将均匀介质球放入均匀电场中，介质球内、外电场强度的分布怎么求解？假设原来的静电场强度为 $\boldsymbol{E}_0$，球的半径是 r_0，介质球介电常数是 ε。

物理分析：介质球内和外部都没有自由电荷，但是由于球面上出现了束缚电荷，因此电场强度在球面上不连续。球内、外的电势都满足拉普拉斯方程，所以分开两部分来讨论，根据球面的衔接条件确定整个系统的电势问题。

1. 建立坐标系

建立球坐标系，z 轴沿原电场 $\boldsymbol{E}_0$ 的方向，坐标原点建立在介质球球心，坐标系如图 13.2-1 所示。

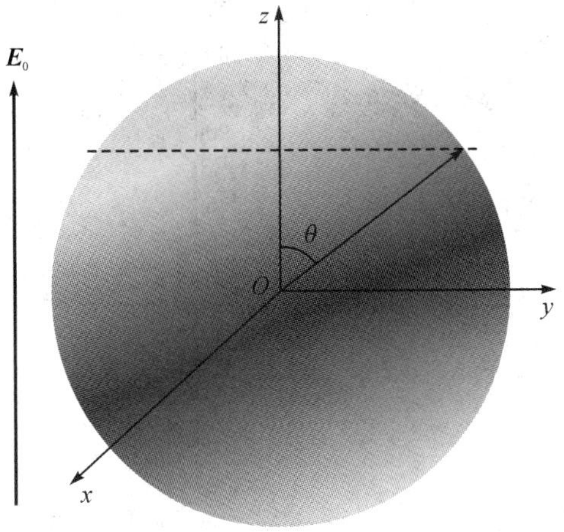

图 13.2-1　均匀电场中的介质球

2. 确定定解问题

这是一个静电场的问题，球内、外的电势满足如下定解问题：

$$\begin{cases}\Delta u_{\text{in}}=0 \\ u_{\text{in}}(r,\theta,0)=u_{\text{in}}(r,\theta,2\pi) \\ u_{\text{in}}(r,\theta,\varphi)=\text{非零有限值}\end{cases}\quad\begin{pmatrix}0\leqslant r\leqslant r_0 \\ 0\leqslant\theta\leqslant\pi \\ 0\leqslant\varphi\leqslant 2\pi\end{pmatrix}\tag{13.2.1}$$

$$\begin{cases}\Delta u_{\text{out}}=0 \\ u_{\text{out}}(r,\theta,0)=u_{\text{out}}(r,\theta,2\pi) \\ u_{\text{out}}(\infty,\theta,\varphi)=-E_0 r\cos\theta \\ u_{\text{out}}(r,\theta,\varphi)=\text{非零有限值}\end{cases}\quad\begin{pmatrix}r_0\leqslant r<\infty \\ 0\leqslant\theta\leqslant\pi \\ 0\leqslant\varphi\leqslant 2\pi\end{pmatrix}\tag{13.2.2}$$

$$\begin{cases}u_{\text{in}}(r_0,\theta,\varphi)=u_{\text{out}}(r_0,\theta,\varphi) \\ \varepsilon\varepsilon_0\left.\dfrac{\partial u_{\text{in}}}{\partial r}\right|_{r=r_0}=\varepsilon_0\left.\dfrac{\partial u_{\text{out}}}{\partial r}\right|_{r=r_0}\end{cases}\tag{13.2.3}$$

其中 u_{in}，u_{out} 分别表示球内、外的电势，式(13.2.3)是衔接条件，在球内部和外部都满足单值、连续、一阶导数连续；边界条件 $u_{\text{out}}(r\to\infty,\theta,\varphi)=-E_0 r\cos\theta$ 是球面上极化电荷有限、产生的电势可忽略、无穷远处仍为均匀电场的结果。

3. 确定球内部的通解

由上一节的内容可知，式(13.2.1)的通解如下：

$$u_{\text{in}}(r,\theta)=\sum_{l=0}^{\infty}A_l r^l \mathrm{P}_l(\cos\theta)\tag{13.2.4}$$

4. 确定球外部的通解

同样，式(13.2.2)的通解如下：

$$u_{\text{out}}(r,\theta)=\sum_{l=0}^{\infty}\left(C_l r^l+D_l\frac{1}{r^{l+1}}\right)\mathrm{P}_l(\cos\theta)\tag{13.2.5}$$

代入无穷远的边界条件得

$$\sum_{l=0}^{\infty}C_l r^l \mathrm{P}_l(\cos\theta)=-E_0 r\cos\theta=-E_0 r\mathrm{P}_1(\cos\theta)\tag{13.2.6}$$

比较两边的系数得

$$\begin{cases}C_1=-E_0 \\ C_l=0\ (l\neq 0,1)\end{cases}\tag{13.2.7}$$

定解问题的解可表示为

$$u_{\text{out}}(r,\theta)=C_0-E_0 r\mathrm{P}_1(\cos\theta)+\sum_{l=0}^{\infty}\left(D_l\frac{1}{r^{l+1}}\right)\mathrm{P}_l(\cos\theta) \tag{13.2.8}$$

系数 C_0，D_l 待定。

5. 球内外电场的衔接

球面上满足式(13.2.3)，所以有

$$\begin{cases}\sum\limits_{l=0}^{\infty}A_l r_0^l \mathrm{P}_l(\cos\theta)=C_0-E_0 r_0\mathrm{P}_1(\cos\theta)+\sum\limits_{l=0}^{\infty}\left(D_l\dfrac{1}{r_0^{l+1}}\right)\mathrm{P}_l(\cos\theta)\\ \varepsilon\sum\limits_{l=0}^{\infty}lA_l r_0^{l-1}\mathrm{P}_l(\cos\theta)=-E_0\mathrm{P}_1(\cos\theta)-\sum\limits_{l=0}^{\infty}\left(D_l\dfrac{l+1}{r_0^{l+2}}\right)\mathrm{P}_l(\cos\theta)\end{cases} \tag{13.2.9}$$

比较两边的系数得

$$\begin{cases}A_0=C_0+D_0\dfrac{1}{r_0}\\ 0=D_0\dfrac{1}{r_0^2}\end{cases},\quad \begin{cases}A_1 r_0=-E_0 r_0+D_1\dfrac{1}{r_0^2}\\ \varepsilon A_1=-E_0-2D_1\dfrac{1}{r_0^3}\end{cases},\quad \begin{cases}A_l r_0^l=D_l\dfrac{1}{r_0^{l+1}}\\ \varepsilon lA_l r_0^{l-1}=-(l+1)D_l\dfrac{1}{r_0^{l+2}}(l\neq 0,1)\end{cases} \tag{13.2.10}$$

由此可解得

$$\begin{cases}D_0=0\\ C_0=A_0\end{cases},\quad \begin{cases}A_1=-\dfrac{3}{\varepsilon+2}E_0\\ D_1=\dfrac{\varepsilon-1}{\varepsilon+2}r_0^3E_0\end{cases},\quad \begin{cases}A_l=0\\ D_0=0\end{cases}(l\neq 0,1) \tag{13.2.11}$$

最终解为

$$\begin{cases}u_{\text{in}}=A_0-\dfrac{3}{\varepsilon+2}E_0 r\cos\theta\\ u_{\text{out}}=A_0-E_0 r\cos\theta+\dfrac{\varepsilon-1}{\varepsilon+2}r_0^3E_0\dfrac{1}{r^2}\cos\theta\end{cases} \tag{13.2.12}$$

其中 A_0 为任意常数，是没有确定零电势点造成的。

6. 物理讨论

(1) 球内电势在直角坐标系中的形式如下：

$$u_{\text{in}}=A_0-\frac{3}{\varepsilon+2}E_0 r\cos\theta=A_0-\frac{3}{\varepsilon+2}E_0 z \tag{13.2.13}$$

所以球内部的电场强度为

$$\boldsymbol{E}_{\text{in}}=-\left(\frac{\partial u}{\partial x}\boldsymbol{i}+\frac{\partial u}{\partial y}\boldsymbol{j}+\frac{\partial u}{\partial z}\boldsymbol{k}\right)=\frac{3}{\varepsilon+2}\boldsymbol{E}_0 \tag{13.2.14}$$

即球内部的电场强度沿 z 方向，$\boldsymbol{E}_{\text{in}}$ 仍为均匀电场，只是比 $\boldsymbol{E}_0$ 弱了$\dfrac{3}{\varepsilon+2}$倍。

(2) 球外部电场如下：

$$\begin{aligned}\boldsymbol{E}_{\text{out}}&=-\left(\frac{\partial u_{\text{out}}}{\partial r}\boldsymbol{e}_r+\frac{1}{r}\frac{\partial u_{\text{out}}}{\partial\theta}\boldsymbol{e}_\theta+\frac{1}{r\sin\theta}\frac{\partial u_{\text{out}}}{\partial\varphi}\boldsymbol{e}_\varphi\right)\\&=\left(E_0+\frac{\varepsilon-1}{\varepsilon+2}\frac{r_0^3E_0}{r^3}\right)\cos\theta\,\boldsymbol{e}_r+\left(-E_0 r+\frac{\varepsilon-1}{\varepsilon+2}\frac{r_0^3E_0}{r^2}\right)\sin\theta\,\boldsymbol{e}_\theta\end{aligned} \tag{13.2.15}$$

可以看出，在球面上，电场仍然有 θ 分量，表明电场并不垂直于球面。

(3) 球外电场一方面包含背景电场 $-E_0 r\cos\theta$，另一方面，球面极化电荷激发的电场为 $\frac{\varepsilon-1}{\varepsilon+2}\frac{r_0^3 E_0}{r^2}\cos\theta$，当 r 很大时为零，也就是说在离球很远的地方仍然为均匀电场 $\boldsymbol{E}_0$。

(4) 球外电势在直角坐标系中的形式如下：

$$u_{\text{out}} = A_0 - E_0 z + \frac{\varepsilon-1}{\varepsilon+2}\frac{r_0^3 E_0 z}{(x^2+y^2+z^2)^{3/2}} \tag{13.2.16}$$

电场强度在直角坐标系中的形式如下：

$$\boldsymbol{E}_{\text{out}} = \frac{E_0}{(2+\varepsilon)(x^2+y^2+z^2)^{5/2}}[3xz(\varepsilon-1)\boldsymbol{i} + 3yz(\varepsilon-1)\boldsymbol{j} + (2-\varepsilon+3z^2\varepsilon-3z^2)\boldsymbol{k}] \tag{13.2.17}$$

图 13.3-2 是 $O-yz$ 平面的电场分布，取 $\varepsilon=2$，$r_0=1$，$E_0=1$。

前面的定解问题有一个共同特点：定解问题的解最后都与 φ 无关。从球坐标系看，参数 φ 表示绕 z 轴旋转的角，所以定解问题的解与 φ 无关表明处在 z 轴的观测者沿垂直于 z 轴的任何方向观测到的场分布是一样的，这种特性称为场分布具有**轴对称性**。再观察定解问题发现，本节例题 1、例题 2、例题 3 的**定解条件**都与 φ 无关，这是一种巧合吗？其实从定解条件的使用情况可以看到，这种关联是必然的：也就是说，若定解条件与 φ 无关，则定解问题的解一定具有轴对称性。这样一来，可以先直接根据定解条件的轴对称性判断解的轴对称性，写出轴对称性形式解，将使问题求解更简单，物理学中常使用对称性方法简化求解过程。对称性的使用在物理学研究中有很重要的作用。

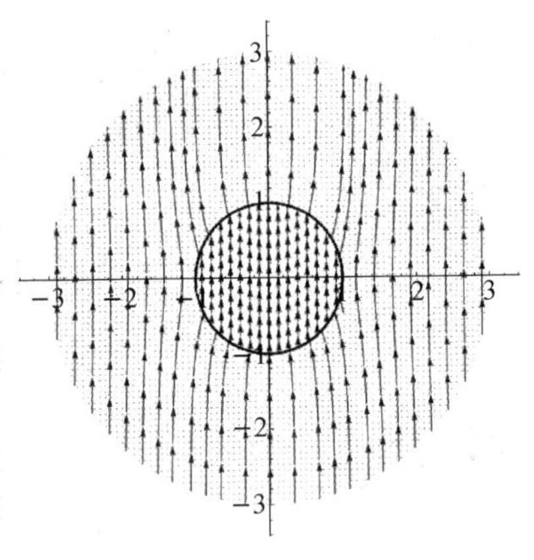

图 13.2-2　$O-yz$ 平面的电场分布

但是如果所研究的定解问题的定解条件不具有以上性质，也就是解不再具有轴对称性，求解过程会怎样呢？下面通过球外部的定解问题说明非轴对称情况的处理方法，求解过程需要用到**连带勒让德方程**的求解，读者可先阅读第 15 章的**连带勒让德方程**求解。

练习 13.2

1. 用一层不导电的物质把半径为 r_0 的导体球壳分隔为两个半球壳，使半球各充电到电势为 v_1 和 v_2，试计算球内外电场中的电势分布。

2. 一空心球区域，内半径为 r_1，外半径为 r_2，内球面上有恒定电势 u_0，外球面上的电势保持为 $u_1\cos^2\theta$，u_0，u_1 均为常数，试求内外球面之间空心圆球区域中的电势分布。

3. 在本来是匀强的静电场 $\boldsymbol{E}_0$ 中放置导体球，球的半径为 r_0，试求解球外的静电场。

13.3　球外部定解问题

半径为 r_0 的导体球放入某静电场中，实验发现球面电场强度的值为

$$\boldsymbol{E}(r_0,\ \theta,\ \varphi)=-E_0\left(\sin^2\theta\sin^2\varphi-\frac{1}{3}\right)\boldsymbol{e}_r \tag{13.3.1}$$

式中：$\boldsymbol{e}_r$ 是垂直球面的单位矢量。如图 13.3-1，求解导体球外的电势分布。

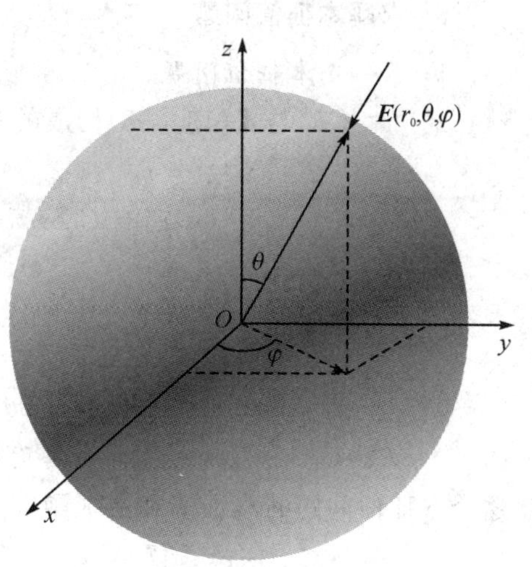

图 13.3-1　电场中的导体球

1. 建立坐标系

考虑球形系统，建立球坐标系，坐标原点在球心。

2. 确定定解问题

根据第 9 章静电场定解问题和球坐标系的特点，上述物理问题可表述为如下定解问题：

$$\begin{cases}\Delta u=0\\ \left.\dfrac{\partial u}{\partial r}\right|_{r=r_0}=E_0\left(\sin^2\theta\sin^2\varphi-\dfrac{1}{3}\right)\\ u(r,\ \theta,\ 0)=u(r,\ \theta,\ 2\pi)\\ u(r,\ \theta,\ \varphi)=\text{非零有限值}\end{cases}\quad\begin{pmatrix}r_0\leqslant r<\infty\\ 0\leqslant\theta\leqslant\pi\\ 0\leqslant\varphi\leqslant 2\pi\end{pmatrix} \tag{13.3.2}$$

其中用到了静电场中导体球是等势体，球面附近电场强度只有径向分量。

3. 泛定方程分离变数

以上的定解问题泛定方程是齐次的，令

$$u(r,\ \theta,\ \varphi)=R(r)\Theta(\theta)\Phi(\varphi) \tag{13.3.3}$$

可分离变数为三个常微分方程：

$$\frac{\mathrm{d}}{\mathrm{d}r}\left(r^2\frac{\mathrm{d}R}{\mathrm{d}r}\right)-l(l+1)R=0 \tag{13.3.4}$$

$$\frac{\mathrm{d}^2\Phi}{\mathrm{d}\varphi^2}+\lambda\Phi=0 \tag{13.3.5}$$

$$\sin\theta\frac{\mathrm{d}}{\mathrm{d}\theta}\left(\sin\theta\frac{\mathrm{d}\Theta}{\mathrm{d}\theta}\right)+[l(l+1)\sin^2\theta-\lambda]\Theta=0 \tag{13.3.6}$$

同以上例题的解，三个常微分方程中分别有两个参数 l，λ，其值由本征值问题确定。

4. 自然周期边界条件和适定性条件分离变数

将分离变数形式的解代入自然周期边界条件和适定性条件，得

$$R(r)=\text{非零有限值}\ (r_0\leqslant r<\infty) \tag{13.3.7}$$

$$\begin{cases}\Phi(0)=\Phi(2\pi)\\ \Phi(\varphi)=\text{非零有限值}\end{cases} \tag{13.3.8}$$

$$\Theta(\theta)= \text{非零有限值} \tag{13.3.9}$$

式(13.3.8)与式(13.3.5)，式(13.3.9)与式(13.3.6)分别构成了本征值问题。

5. 求解本征值问题

1) 第一个本征值问题

式(13.3.8)与式(13.3.5)构成的本征值问题的本征值和本征函数为

$$\begin{cases}\lambda = m^2 & (m=0, 1, 2, \cdots)\\ \Phi(\varphi) = C\cos m\varphi + D\sin m\varphi & (m=0, 1, 2, \cdots)\end{cases} \tag{13.3.10}$$

2) 第二个本征值问题

将本征值 $\lambda=m^2$ 代数式(13.3.6)，第二个本征值问题为

$$\begin{cases}\sin\theta\dfrac{\mathrm{d}}{\mathrm{d}\theta}\left(\sin\theta\dfrac{\mathrm{d}\Theta}{\mathrm{d}\theta}\right)+[l(l+1)\sin^2\theta - m^2]\Theta = 0\\ \Theta(\theta)= \text{非零有限值}\end{cases} \tag{13.3.11}$$

这个本征值问题的本征值和本征函数为

$$\begin{cases}l = n\\ \Theta(\theta) = \mathrm{P}_l^m(\cos\theta)\end{cases}\begin{pmatrix}n=0, 1, 2, \cdots\\ m=0, 1, 2, \cdots, l\end{pmatrix} \tag{13.3.12}$$

其中 $\mathrm{P}_l^m(\cos\theta)$ 称为**连带勒让德多项式**（详细解释见第 15.5.2 节），这里用到了 $\mathrm{P}_l^m(\cos\theta)$（$m$ 固定，$l=0, 1, 2, \cdots$）构成广义傅里叶级数的基。

6. 确定微分方程的通解

将 l 的取值代入式(13.3.4)，此方程为欧拉方程，其解为

$$R(r)=C_l r^l+\frac{D_l}{r^{l+1}} \quad (l=0, 1, 2\cdots) \tag{13.3.13}$$

考虑式(13.3.7)的边值条件，$C_l\equiv 0$，所以其解只能取：

$$R(r) = \frac{D_l}{r^{l+1}} \tag{13.3.14}$$

7. 确定泛定方程在齐次边界条件下的通解

综上所述，泛定方程在自然周期边界条件和适定性条件下的通解为

$$u(r, \theta, \varphi)= \sum_{m=0}^{\infty}\sum_{l=m}^{\infty}\frac{1}{r^{l+1}}(A_l^m\cos m\varphi + B_l^m\sin m\varphi)\mathrm{P}_l^m(\cos\theta) \tag{13.3.15}$$

其中用到了 $A_l^m = D_l E_l^m$，$B_l^m = D_l F_l^m$，且其值由球面边界条件确定。

8. 确定叠加系数

将式(13.3.15)的解代入球面边界条件得

$$\sum_{m=0}^{\infty}\sum_{l=m}^{\infty}\frac{-(l+1)}{r_0^{l+2}}(A_l^m\cos m\varphi + B_l^m\sin m\varphi)\mathrm{P}_l^m(\cos\theta) = E_0\left(\sin^2\theta\sin^2\varphi - \frac{1}{3}\right) \tag{13.3.16}$$

式(13.3.16)等号左边是一个**二重广义傅里叶级数**，将等号右边的 $E_0\left(\sin^2\theta\sin^2\varphi-\dfrac{1}{3}\right)$分两步展开为级数比较系数得

$$\begin{cases} A_2^0=\dfrac{1}{9}E_0 r_0^4 \\ A_2^2=\dfrac{1}{18}E_0 r_0^4 \\ A_l^m=0 \quad (l\neq 2, m\neq 0,\ 2; l,\ m=1,\ 3,\ \cdots,\ l\geqslant m) \\ B_l^m=0 \quad (l,\ m=0,\ 1,\ 2, \cdots,\ l\geqslant m) \end{cases} \tag{13.3.17}$$

定解问题的解为

$$u(r,\ \theta,\ \varphi)=\frac{1}{9}E_0 r_0^4 \cdot \frac{1}{r^3}\mathrm{P}_2(\cos\theta)+\frac{1}{18}E_0 r_0^4 \cdot \frac{1}{r^3}\mathrm{P}_2^2(\cos\theta)\cos 2\varphi \ (r \geqslant r_0) \tag{13.3.18}$$

9. 物理讨论

(1) 离球面越远的地方电场电势越小。

(2) 代入 $\mathrm{P}_2(\cos\theta)$，$\mathrm{P}_2^2(\cos\theta)$ 的表达式，则有

$$u(r,\ \theta,\ \varphi) = \frac{1}{18}E_0 r_0^4 \cdot \frac{1}{r^3}(3\cos^2\theta-1)+\frac{1}{6}E_0 r_0^4 \cdot \frac{1}{r^3}\sin^2\theta\cos 2\varphi \ (r\geqslant r_0) \tag{13.3.19}$$

练习 13.3

1. 均匀介质球，半径为 r_0，介电常数为 ε。把介质球放在点电荷 $4\pi\varepsilon_0 q$ 的电场中，球心与点电荷相距 $d(d > r_0)$，求解这个静电场中的电势。

2. 细导线首尾相接而构成圆环，环的半径为 r_0，环上带电为 $4\pi\varepsilon_0 q$ 单位。求圆环周围电场中的静电势。(在初等电学课程中已经知道，圆环轴上距环心 r 处的电势为 $q/\sqrt{r_0^2+r^2}$。这可用来作为电势在 $\theta=0$，$\theta=\pi$ 方向的值)

3. 半径为 r_0 的球面径向速度分布为 $v=\dfrac{v_0}{4}(3\cos 2\theta+1)\cos\omega t$，试求解这个球在空气中辐射出去的声场中的速度势，设 $r_0 \ll \lambda$ (声波波长)，本题径向速度对空间中方向的依赖性由因子 $\dfrac{1}{4}(3\cos 2\theta+1)$ 即 $\mathrm{P}_2(\cos\theta)$ 描写，因而是轴对称四极声源。提示：速度势满足的定解问题为

$$\begin{cases} u_{tt}-a^2\Delta u=0 \quad \left(a^2=\dfrac{p_0\gamma}{\rho_0}\right) \\ \left.\dfrac{\partial u}{\partial r}\right|_{r=r_0}=-\dfrac{v_0}{4}(3\cos 2\theta+1)\cos\omega t=-v_0\mathrm{P}_2(\cos\theta)\mathrm{e}^{-\mathrm{i}\omega t} \\ u(r,\ \theta,\ 0,\ t)=u(r,\ \theta,\ 2\pi,\ t) \\ u(r,\ \theta,\ \varphi,\ t)=\text{非零有限值} \end{cases}$$

4. 半径为 r_0 的球面径向速度分布为 $v=\dfrac{3v_0}{2}(1-\cos 2\theta)\sin 2\varphi\cos\omega t$，试求解这个球在空气中辐射出去的声场中的速度势，设 $r_0 \ll \lambda$ (声波波长)。本题是非轴对称的四极声源。提示：速度势满足的定解问题为

$$\begin{cases} u_{tt}-a^2\Delta u=0 \quad \left(a^2=\dfrac{p_0\gamma}{\rho_0}\right) \\ \left.\dfrac{\partial u}{\partial r}\right|_{r=r_0}=-\dfrac{3v_0}{2}(1-\cos 2\theta)\sin 2\varphi\cos\omega t=-u_0 \mathrm{P}_2^2(\cos\theta)\sin 2\varphi \mathrm{e}^{-\mathrm{i}\omega t} \\ u(r,\theta,0,t)=u(r,\theta,2\pi,t) \\ u(r,\theta,\varphi,t)=\text{非零有限值} \end{cases}$$

以上定解问题的边界条件不具有轴对称性，所以解也不具有轴对称性。以上讨论的定解问题，所研究的系统都具有球形边界，用分离变数法求解时容易分解出球面的边界条件。当研究的系统具有圆柱形边界时，使用分离变数法求解定解问题时就需要采用柱坐标系，将定解问题的边界条件分离出来，配合泛定方程分离变数后的微分方程。具有圆柱形边界的定解问题主要有以下三种情况：

(1) 求解底面半径为 a，高为 L 的圆柱体内部的场分布；

(2) 求解底面半径为 a，高为 L 的圆柱体外部的场分布；

(3) 求解内半径为 a_1，外半径为 a_2，高为 L 的空心圆柱体中的场分布。

下面以情况(1) 求解圆柱体内的定解问题为例，讲解柱坐标系下拉普拉斯方程定解问题的分离变数法。

13.4　圆柱体内部定解问题

13.4.1　例题 1(圆柱内拉普拉斯方程柱侧第一类边值问题)

设有匀质圆柱，半径为 a，高为 L，柱侧与零温大热源接触，上下底面温度分布分别保持为 $f_1(\rho)$ 和 $f_2(\rho)$，如图 13.4－1 所示，求解柱内的稳定温度分布。

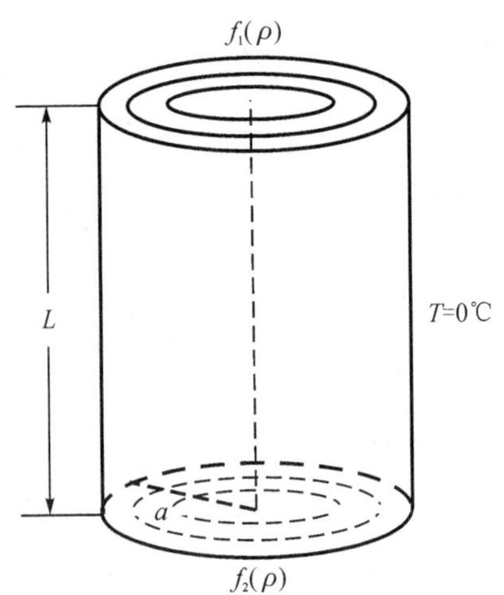

图 13.4－1　柱侧与零温大热源接触的圆柱体

1. 建立坐标系

在圆柱体上建立坐标系，坐标原点在圆柱体底面中心，z 轴与圆柱体中心轴重合。由于系统的形状为圆柱体，在直角坐标系的基础上引入柱坐标系是方便的，如图13.4-2所示。

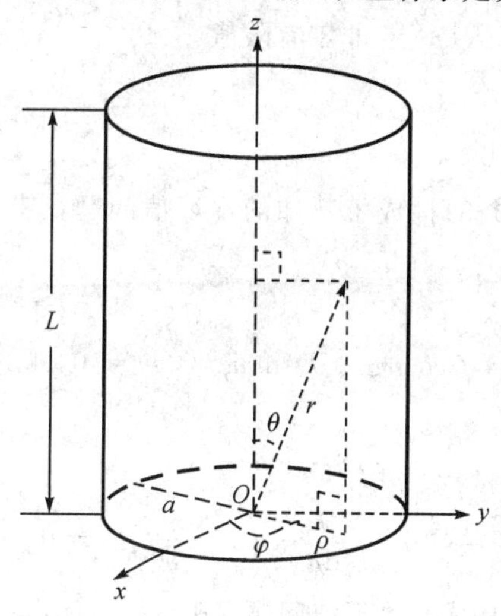

图13.4-2　柱坐标系

2. 确定定解问题

结合第9章的稳定温度分布和上述柱坐标系，定解问题可表示为

$$\begin{cases}\Delta u(\rho,\varphi,z)=0\\ u(a,\varphi,z)=0\\ u(\rho,\varphi,0)=f_1(\rho),\ u(\rho,\varphi,L)=f_2(\rho)\\ u(\rho,0,z)=u(\rho,2\pi,z)\\ u(\rho,\varphi,z)=\text{非零有限值}\end{cases}\quad\begin{pmatrix}0\leqslant\rho\leqslant a\\ 0\leqslant\varphi\leqslant 2\pi\\ 0\leqslant z\leqslant L\end{pmatrix}\tag{13.4.1}$$

其中 $u(\rho,0,z)=u(\rho,2\pi,z)$ 的边界条件同球坐标系的边界条件类似，称为自然周期边界条件。$u(\rho,\varphi,z)$ =非零有限值是适定性条件。

3. 泛定方程分离变数

应用分离变数法，将 $u(\rho,\varphi,z)=R(\rho)\Phi(\varphi)Z(z)$ 代入拉普拉斯方程得

$$\frac{\mathrm{d}^2\Phi}{\mathrm{d}\varphi^2}+\lambda\Phi=0\tag{13.4.2}$$

$$\frac{\mathrm{d}^2 Z}{\mathrm{d}z^2}-\mu Z=0\tag{13.4.3}$$

$$\frac{\mathrm{d}^2R}{\mathrm{d}\rho^2}+\frac{1}{\rho}\frac{\mathrm{d}R}{\mathrm{d}\rho}+\left(\mu-\frac{\lambda}{\rho^2}\right)R=0\tag{13.4.4}$$

同球坐标系的拉普拉斯方程分离变数一样，此处引入了两个参数 μ，λ，其值需要由本征值问题确定。三个方程都是二阶、齐次、线性常微分方程，方程(13.4.4)也称为径向方程(其分离变数过程见第14.3.3节)。

4. 齐次边界条件与适定性条件分离变数

同时，对第一类齐次柱侧边界条件、自然周期边界条件、适定性条件分离变数得

$$\begin{cases}\Phi(0)=\Phi(2\pi)\\ \Phi(\varphi)=\text{非零有限值}\end{cases}\tag{13.4.5}$$

$$\begin{cases} R(a) = 0 \\ R(\rho) = \text{非零有限值} \end{cases} (0 \leqslant \rho \leqslant a) \tag{13.4.6}$$

5. 求解本征值问题

1) 第一个本征值问题

式(13.4.5)配合式(13.4.2)构成了熟知的本征值问题，其本征值和本征函数(其求解过程见第15.2.4节)为

$$\begin{cases} \lambda = m^2 & (m = 0, 1, 2, \cdots) \\ \Phi(\varphi) = C\cos m\varphi + D\sin m\varphi & (m = 0, 1, 2, \cdots) \end{cases} \tag{13.4.7}$$

2) 第二个本征值问题

将本征值 $\lambda = m^2$ 代入式(13.4.4)为

$$\frac{\mathrm{d}^2 R}{\mathrm{d}\rho^2} + \frac{1}{\rho}\frac{\mathrm{d}R}{\mathrm{d}\rho} + \left(\mu - \frac{m^2}{\rho^2}\right)R = 0 \tag{13.4.8}$$

式(13.4.6)和式(13.4.8)也构成了本征值问题，其本征值和本征函数为

$$\begin{cases} \mu = \mu_k^{(m)} = \dfrac{(x_k^{(m)})^2}{a^2} \\ R(\rho) = \mathrm{J}_m\left(\sqrt{\mu_k^{(m)}}\rho\right) \end{cases} \begin{pmatrix} \mu > 0 \\ k = 1, 2, 3, \cdots \end{pmatrix} \tag{13.4.9}$$

$\mathrm{J}_m\left(\sqrt{\mu_k^{(m)}}\rho\right)$ 称为 m 阶贝塞尔函数，是本书涉及的第三个特殊函数，对于任何 m 的取值都可构成广义傅里叶级数的基(详细讨论见第15.4.3节和第15.5.2节)。

6. 确定微分方程的通解

将式(13.4.9)的本征值代入式(13.4.3)关于 z 变量的方程，得二阶、齐次、线性、常系数常微分方程，其通解为

$$Z(z) = C_k^m \exp\left(\sqrt{\mu_k^{(m)}}z\right) + D_k^m \exp\left(-\sqrt{\mu_k^{(m)}}z\right) \tag{13.4.10}$$

其中 C_k^m，D_k^m 是待定常数。

7. 确定泛定方程在齐次边界条件、自然周期边界条件下的通解

求解到这一步，泛定方程在齐次柱侧边界条件和自然周期边界条件下的通解形式为

$$u(\rho, \varphi, z) = \sum_{k=1}^{\infty}\sum_{m=0}^{\infty} \mathrm{J}_m\left(\sqrt{\mu_k^{(m)}}\rho\right) \begin{Bmatrix} \exp\left(\sqrt{\mu_k^{(m)}}z\right) \\ \exp\left(-\sqrt{\mu_k^{(m)}}z\right) \end{Bmatrix} \begin{Bmatrix} \cos m\varphi \\ \sin m\varphi \end{Bmatrix} \tag{13.4.11}$$

8. 确定线性叠加系数

将式(13.4.11)代入上下两底面边界条件得

$$\begin{cases} \displaystyle\sum_{k=1}^{\infty}\sum_{m=0}^{\infty} \mathrm{J}_m\left(\sqrt{\mu_k^{(m)}}\rho\right)(A_k + B_k)\begin{Bmatrix} \cos m\varphi \\ \sin m\varphi \end{Bmatrix} = f_1(\rho) \\ \displaystyle\sum_{k=1}^{\infty}\sum_{m=0}^{\infty} \mathrm{J}_m\left(\sqrt{\mu_k^{(m)}}\rho\right)\left[A_k \exp\left(\sqrt{\mu_k^{(m)}}L\right) + B_k \exp\left(-\sqrt{\mu_k^{(m)}}L\right)\right]\begin{Bmatrix} \cos m\varphi \\ \sin m\varphi \end{Bmatrix} = f_2(\rho) \end{cases} \tag{13.4.12}$$

方程两边变量的平衡要求 $u(\rho, \varphi, z)$ 与 φ 无关，则 $m=0$，解具有轴对称性：

$$\begin{cases}\sum_{k=1}^{\infty} J_0(\sqrt{\mu_k^{(0)}}\rho)(A_k+B_k)=f_1(\rho)\\ \sum_{k=1}^{\infty} J_0(\sqrt{\mu_k^{(0)}}\rho)\left[A_k\exp(\sqrt{\mu_k^{(0)}}L)+B_k\exp(-\sqrt{\mu_k^{(0)}}L)\right]=f_2(\rho)\end{cases} \tag{13.4.13}$$

求解 A_k，B_k，式(13.4.13)两个等式等号左边是以 $J_0(\sqrt{\mu_k^{(0)}}\rho)$ 为基的**广义傅里叶级数**(详见第 15.5.3 节)。将 $f_1(\rho)$，$f_2(\rho)$展开为广义傅里叶级数，即可得系数：

$$\begin{cases}A_k+B_k=f_{1k}\\ A_k\exp(\sqrt{\mu_k^{(0)}}L)+B_k\exp(-\sqrt{\mu_k^{(0)}}L)=f_{2k}\end{cases} \tag{13.4.14}$$

其中：

$$\begin{cases}f_{1k}=\dfrac{1}{a^2\left[J_0(\sqrt{\mu_k^{(0)}}a)\right]^2}\displaystyle\int_0^a f_1(\rho)J_0(\sqrt{\mu_k^{(0)}}\rho)\rho\mathrm{d}\rho\\ f_{2k}=\dfrac{1}{a^2\left[J_0(\sqrt{\mu_k^{(0)}}a)\right]^2}\displaystyle\int_0^a f_2(\rho)J_0(\sqrt{\mu_k^{(0)}}\rho)\rho\mathrm{d}\rho\end{cases} \tag{13.4.15}$$

可解得

$$A_k=\frac{f_{1k}\exp(-x_k^{(0)}L/a)-f_{2k}}{\exp(-x_k^{(0)}L/a)-\exp(x_k^{(0)}L/a)},\quad B_k=\frac{f_{1k}\exp(x_k^{(0)}L/a)-f_{2k}}{\exp(x_k^{(0)}L/a)-\exp(-x_k^{(0)}L/a)} \tag{13.4.16}$$

其中 $x_k^{(0)}$ 是 $J_0(x)=0$ 的第 k 个根。最后可得定解问题的解为

$$u(\rho,z)=\sum_{k=1}^{\infty}J_0(\sqrt{\mu_k^{(0)}}\rho)\left[A_k\exp(\sqrt{\mu_k^{(0)}}z)+B_k\exp(-\sqrt{\mu_k^{(0)}}z)\right] \tag{13.4.17}$$

9. 物理讨论

综上可知，上述物理问题的解为一个无穷级数解。

13.4.2　例题 2(圆柱内拉普拉斯方程上下两底面第一类边值问题)

设有半径为 a，高为 L 的金属圆柱体，上下两底面与温度为 0℃的大热源接触，保持温度为 0℃。柱体侧面温度分布保持为 $f(z)$，求解圆柱体内部稳定温度分布。

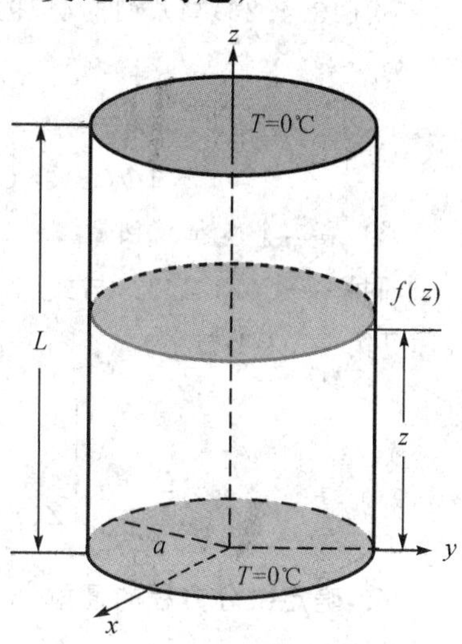

图 13.4-3　柱侧温度分布只与高度有关的圆柱系统

1. 建立坐标系

将圆柱体放入坐标系中，坐标原点为圆柱体下底面的中心，z 轴与圆柱体的中心轴重合。根据圆柱体的特性，建立柱坐标系如图 13.4-3 所示。

2. 确定定解问题

上述物理问题在建立如图 13.4-3 所示的柱坐标系后可表述为如下定解问题：

$$\begin{cases}\Delta u(\rho,\varphi,z)=0 \\ u|_{\rho=a}=f(z) \\ u|_{z=0}=0,\ u|_{z=L}=0 \\ u(\rho,0,z)=u(\rho,2\pi,z) \\ u(\rho,\varphi,z)=\text{非零有限值}\end{cases} \quad \begin{pmatrix}0\leqslant\rho\leqslant a \\ 0\leqslant\varphi\leqslant 2\pi \\ 0\leqslant z\leqslant L\end{pmatrix} \tag{13.4.18}$$

3. 泛定方程分离变数

令 $u(\rho,\varphi,z)=R(\rho)\Phi(\varphi)Z(z)$，代入拉普拉斯方程得

$$\frac{d^2\Phi}{d\varphi^2}+\lambda\Phi=0 \tag{13.4.19}$$

$$\frac{d^2 Z}{dz^2}-\mu Z=0 \tag{13.4.20}$$

$$\frac{d^2 R}{d\rho^2}+\frac{1}{\rho}\frac{dR}{d\rho}+\left(\mu-\frac{\lambda}{\rho^2}\right)R=0 \tag{13.4.21}$$

其中引入了两个待定参数 λ，μ(其分离过程见第 14.3.3 节)。

4. 齐次边界条件和适定性条件分离变数

同时，对齐次边界条件、适定性条件分离变数得

$$\begin{cases}\Phi(0)=\Phi(2\pi) \\ \Phi(\varphi)=\text{非零有限值}\end{cases} \tag{13.4.22}$$

$$\begin{cases}Z(0)=0,\ Z(L)=0 \\ Z(z)=\text{非零有限值}\end{cases} \tag{13.4.23}$$

$$R(\rho)=\text{非零有限值} \tag{13.4.24}$$

5. 求解本征值问题

1) 第一个本征值问题

式(13.4.22)与式(13.4.19)构成了本征值问题，其本征值和本征函数(详见第 15.2.4 节)为

$$\begin{cases}\lambda=m^2 & (m=0,1,2,\cdots) \\ \Phi(\varphi)=C\cos m\varphi+D\sin m\varphi & (m=0,1,2,\cdots)\end{cases} \tag{13.4.25}$$

2) 第二个本征值问题

同样，式(13.4.23)与式(13.4.20)也构成了本征值问题，非零解的本征值和本征函数(详见第 15.2.1 节)为

$$\begin{cases}\mu_k=-\dfrac{k^2\pi^2}{L^2} & (k=1,2,3,\cdots) \\ Z(z)=C\sin\dfrac{k\pi z}{L} & (k=1,2,3,\cdots)\end{cases} \tag{13.4.26}$$

6. 确定微分方程的通解

将本征值 $\lambda=m^2$，$\mu=-\dfrac{k^2\pi^2}{L^2}$ 代入式(13.4.21)变为

$$\frac{\mathrm{d}^2R}{\mathrm{d}\rho^2}+\frac{1}{\rho}\frac{\mathrm{d}R}{\mathrm{d}\rho}-\left(\frac{k^2\pi^2}{L^2}+\frac{m^2}{\rho^2}\right)R=0\quad\begin{pmatrix}k=1,2,3,\cdots\\m=0,1,2,\cdots\end{pmatrix}\tag{13.4.27}$$

这是二阶、齐次、线性、变系数的常微分方程，为了求解方程的方便，可令

$$x=\frac{k\pi}{L}\rho\tag{13.4.28}$$

则方程(13.4.27)变为

$$x^2\frac{\mathrm{d}^2R(x)}{\mathrm{d}x^2}+x\frac{\mathrm{d}R(x)}{\mathrm{d}x}-(x^2+m^2)R(x)=0\quad\begin{pmatrix}k=1,2,3,\cdots\\m=0,1,2,\cdots\end{pmatrix}\tag{13.4.29}$$

方程(13.4.29)是 m 阶虚宗量贝塞尔方程，其解可表示为

$$R(\rho)=C\mathrm{I}_m\left(\frac{k\pi}{L}\rho\right)+D\mathrm{K}_m\left(\frac{k\pi}{L}\rho\right)\tag{13.4.30}$$

$\mathrm{I}_m\left(\frac{k\pi}{L}\rho\right)$，$\mathrm{K}_m\left(\frac{k\pi}{L}\rho\right)$ 分别称为*虚宗量贝塞尔函数*、*虚宗量汉克尔函数*，其单调性和渐进性如图 13.4-4、图 13.4-5 所示(求解过程详见第 15.6 节)。

考虑式(13.4.24)的边值条件，$R(0)$ 必须有限，则只能取 $D\equiv 0$，即

$$R(\rho)=C\mathrm{I}_m\left(\frac{k\pi}{L}\rho\right)\tag{13.4.31}$$

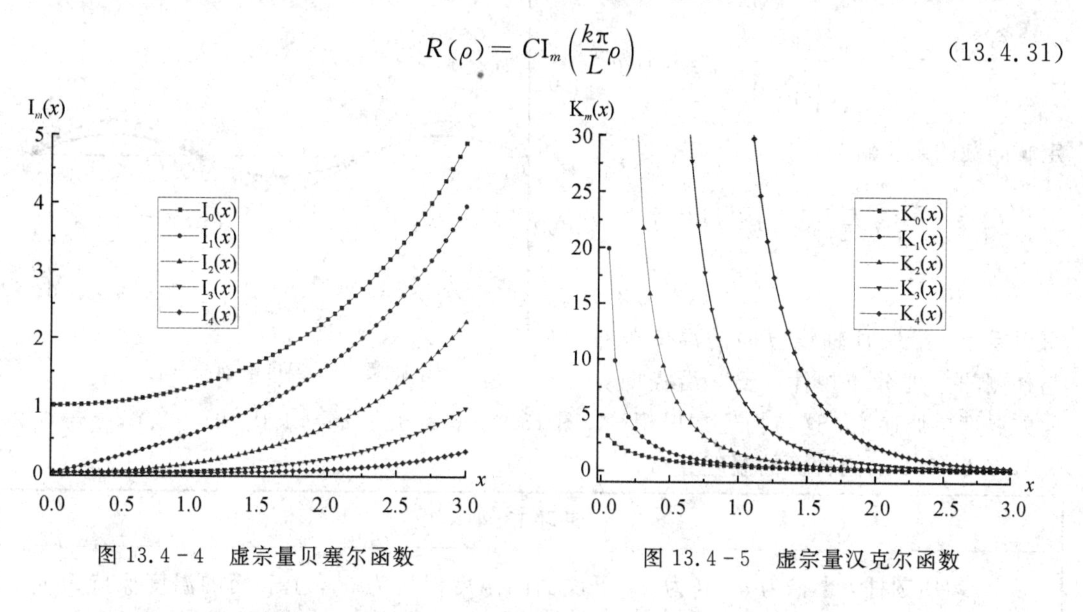

图 13.4-4　虚宗量贝塞尔函数　　图 13.4-5　虚宗量汉克尔函数

7. 确定泛定方程在齐次边界条件、自然周期边界条件下的通解

定解问题式(13.4.18)的泛定方程在自然周期边界条件和 z 方向的第一类齐次边界条件下的通解为

$$u(\rho,\varphi,z)=\sum_{k=1}^{\infty}\sum_{m=0}^{\infty}\mathrm{I}_m\left(\frac{k\pi}{L}\rho\right)\begin{Bmatrix}\cos m\varphi\\\sin m\varphi\end{Bmatrix}\sin\frac{k\pi z}{L}\tag{13.4.32}$$

8. 确定叠加系数

将式(13.4.32)代入圆柱体侧面的边界条件得

$$\sum_{k=1}^{\infty}\sum_{m=0}^{\infty}\mathrm{I}_m\left(\frac{k\pi}{L}a\right)\begin{Bmatrix}\cos m\varphi\\ \sin m\varphi\end{Bmatrix}\sin\frac{k\pi z}{L}=f(z) \tag{13.4.33}$$

式(13.4.33)等号右边只是 z 的函数，左边是 z，φ 的函数，所以左边不能含有 φ 变量，应该只取 $m=0$ 的项，即温度分布具有轴对称性：

$$\sum_{k=1}^{\infty}A_k\mathrm{I}_0\left(\frac{k\pi}{L}a\right)\sin\frac{k\pi z}{L}=f(z) \tag{13.4.34}$$

将 $f(z)$进行奇延拓后展开为傅里叶级数得

$$A_k=\frac{2}{\mathrm{I}_0\left(\frac{k\pi}{L}a\right)L}\int_0^L f(\xi)\sin\frac{k\pi\xi}{L}\mathrm{d}\xi \tag{13.4.35}$$

$\mathrm{I}_0\left(\frac{k\pi}{L}a\right)$ 的值可以查表或由 Mathematica 软件给出。

9. 物理讨论

(1) 此物理问题的解具有轴对称性。

(2) 此物理问题的解是一个无穷级数解。

(3) 如果取 $f(z)=\sin\frac{3\pi z}{L}$，则有

$$A_k=\frac{1}{\mathrm{I}_0\left(\frac{3\pi}{L}a\right)} \tag{13.4.36}$$

定解问题的解析解为

$$u(\rho,z)=\frac{1}{\mathrm{I}_0\left(\frac{3\pi}{L}a\right)}\mathrm{I}_0\left(\frac{3\pi}{L}\rho\right)\sin\frac{3\pi z}{L} \tag{13.4.37}$$

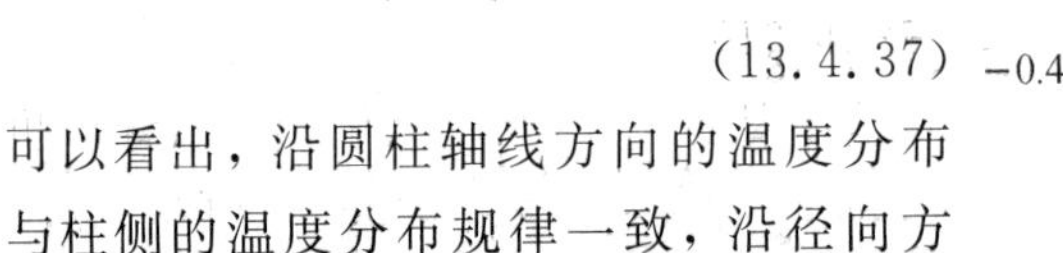

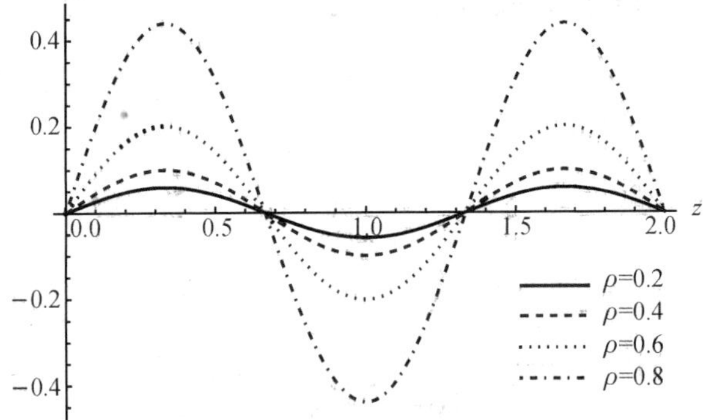

图 13.4-6　温度沿轴向分布

可以看出，沿圆柱轴线方向的温度分布与柱侧的温度分布规律一致，沿径向方向的温度单调递增，这与物理常识相符。图 13.4-6 绘出了 $a=1.0$，$L=2.0$，$\rho=0.2$，0.4，0.6，0.8 的圆柱面的温度分布。

练习 13.4

1. 匀质圆柱，半径为 a，高为 L，下底面的温度保持为 u_1，上底面的温度保持为 u_2。侧面温度分布为 $f(z)=(2u_2/L^2)(z-L/2)+(u_1/L)(L-z)$，求解柱体内各点的稳恒温度。

2. 匀质圆柱，半径为 a，高为 L，上底面有均匀分布的强度为 q_0 的热流进入，下底面的温度保持为 u_0，侧面温度分布为 $f(z)$，求解柱体内各点的稳恒温度。

3. 匀质圆柱，半径为 a，高为 L，下底面的温度保持为 u_1，上底面的温度分布为 $u_2\rho^2$，侧面的温度分布为 $u_0 z$，求解柱体内各点的稳恒温度。

13.5　圆柱体外部定解问题

有一半径为 a、高为 L 的导体圆柱壳，用不导电的物质将柱壳的上下底面与侧面隔离开来。柱壳侧面的电势为 $\frac{u_0 z}{L}$，上底面的电势为 u_1，下底面接地，求柱壳外静电场的分布。

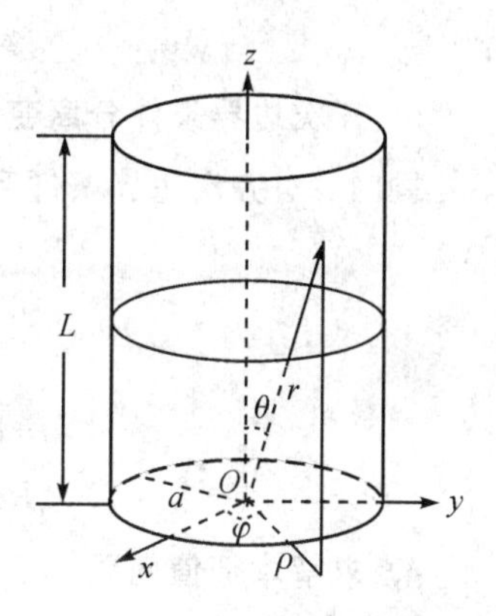

图 13.5-1　放入介质中的导体

1. 建立坐标系

建立柱坐标系，如图 13.5-1 所示，将圆柱导体放入坐标系中，坐标原点与圆柱体下底面的中心重合，z 轴与圆柱体的中心轴重合。

2. 确定定解问题

稳定电场的定解问题在第 9 章已讨论过，结合柱坐标系，上述问题翻译为定解问题为

$$\begin{cases}\Delta u(\rho,\ \varphi,\ z)=0 \\ u\big|_{\rho=a}=\dfrac{u_0 z}{L} \\ u\big|_{z=0}=0,\ u\big|_{z=L}=u_1 \\ u(\rho,\ 0,\ z)=u(\rho,\ 2\pi,\ z) \\ u(\rho,\ \varphi,\ z)=\text{非零有限值}\end{cases} \quad \begin{pmatrix}a\leqslant\rho<\infty \\ 0\leqslant\varphi\leqslant 2\pi \\ 0\leqslant z\leqslant L\end{pmatrix} \tag{13.5.1}$$

观察定解条件发现，只有自然周期边界条件可以分离变数，柱侧和两底面的边界条件都不是齐次边界条件，所以须将柱侧或两底面边界条件齐次化。

3. 边界条件齐次化

将上下两底面的边界条件齐次化，令

$$u=\frac{u_1 z}{L}+\omega \tag{13.5.2}$$

问题转化为 $\omega(\rho,\ \varphi,\ z)$ 满足上下两底面齐次边界条件的定解问题：

$$\begin{cases}\Delta\omega(\rho,\ \varphi,\ z)=0 \\ \omega_{\rho=a}=\dfrac{(u_0-u_1)z}{L} \\ \omega\big|_{z=0}=0,\ \omega\big|_{z=L}=0 \\ \omega(\rho,\ 0,\ z)=\omega(\rho,\ 2\pi,\ z) \\ \omega(\rho,\ \varphi,\ z)=\text{非零有限值}\end{cases} \quad \begin{pmatrix}a\leqslant\rho<\infty \\ 0\leqslant\varphi\leqslant 2\pi \\ 0\leqslant z\leqslant L\end{pmatrix} \tag{13.5.3}$$

4. 泛定方程分离变数

令 $\omega(\rho,\ \varphi,\ z)=R(\rho)\Phi(\varphi)Z(z)$，代入拉普拉斯方程(其分离过程详见第 14.3.3 节)得

$$\frac{\mathrm{d}^2\Phi}{\mathrm{d}\varphi^2}+\lambda\Phi=0 \tag{13.5.4}$$

$$\frac{\mathrm{d}^2 Z}{\mathrm{d}z^2}-\mu Z=0 \tag{13.5.5}$$

$$\frac{\mathrm{d}^2 R}{\mathrm{d}\rho^2}+\frac{1}{\rho}\frac{\mathrm{d}R}{\mathrm{d}\rho}+\left(\mu-\frac{\lambda}{\rho_2}\right)R=0 \tag{13.5.6}$$

5. 齐次边界条件分离变数

同时，对齐次边界条件和自然周期边界条件、适定性条件分离变数得

$$\begin{cases}\Phi(0)=\Phi(2\pi)\\ \Phi(\varphi)=\text{非零有限值}\end{cases} \tag{13.5.7}$$

$$\begin{cases}Z(0)=0,\ Z(L)=0\\ Z(z)=\text{非零有限值}\end{cases} \tag{13.5.8}$$

$$R(\rho)=\text{非零有限值}\quad (a\leqslant\rho<\infty) \tag{13.5.9}$$

6. 求解本征值问题

1) 第一个本征值问题

式(13.5.7)和式(13.5.4)构成了本征值问题，其本征值和本征函数(其求解过程详见第15.2.4节)为

$$\begin{cases}\lambda=m^2 & (m=0,1,2,\cdots)\\ \Phi(\varphi)=C\cos m\varphi+D\sin m\varphi & (m=0,1,2,\cdots)\end{cases} \tag{13.5.10}$$

2) 第二个本征值问题

式(13.5.8)和式(13.5.5)构成了本征值问题，其本征值和本征函数(其求解过程详见第15.2.1节)为

$$\begin{cases}\mu_k=-\dfrac{k^2\pi^2}{L^2} & (k=1,2,3,\cdots)\\ Z(z)=C\sin\dfrac{k\pi z}{L} & (k=1,2,3,\cdots)\end{cases} \tag{13.5.11}$$

7. 确定微分方程的通解

综上可知，式(13.5.6)为

$$\frac{\mathrm{d}^2 R}{\mathrm{d}\rho^2}+\frac{1}{\rho}\frac{\mathrm{d}R}{\mathrm{d}\rho}-\left(\frac{k^2\pi^2}{L^2}+\frac{m^2}{\rho^2}\right)R=0\quad \begin{pmatrix}m=0,1,2,\cdots\\ k=1,2,3,\cdots\end{pmatrix} \tag{13.5.12}$$

方程(13.5.12)为虚宗量贝塞尔方程，其通解为

$$R(\rho)=\begin{Bmatrix}\mathrm{I}_m\left(\dfrac{k\pi}{L}\rho\right)\\ \mathrm{K}_m\left(\dfrac{k\pi}{L}\rho\right)\end{Bmatrix}\begin{pmatrix}m=0,1,2,\cdots\\ k=1,2,3,\cdots\end{pmatrix} \tag{13.5.13}$$

考虑式(13.5.9)的适定性条件得

$$R(\rho)=\mathrm{K}_m\left(\frac{k\pi}{L}\rho\right)\begin{pmatrix}m=0,1,2,\cdots\\ k=1,2,3,\cdots\end{pmatrix} \tag{13.5.14}$$

8. 确定泛定方程在齐次边界条件下的通解

柱坐标系下拉普拉斯方程在齐次上下两底面边界条件和自然周期边界条件下的通解为

$$\omega(\rho,\varphi,z)=\sum_{k=1}^{\infty}\sum_{m=0}^{\infty}\mathrm{K}_m\left(\frac{k\pi}{L}\rho\right)\begin{Bmatrix}\cos m\varphi\\ \sin m\varphi\end{Bmatrix}\sin\frac{k\pi z}{L}\tag{13.5.15}$$

9. 确定叠加系数

代入柱壳侧面的边界条件得

$$\sum_{k=1}^{\infty}\sum_{m=0}^{\infty}A_k^m K_m\left(\frac{k\pi}{L}a\right)\begin{Bmatrix}\cos m\varphi\\ \sin m\varphi\end{Bmatrix}\sin\frac{k\pi z}{L}=\frac{u_0-u_1}{L}z\tag{13.5.16}$$

由于式(13.5.16)等号右边只是 z 的函数，因此 $m=0$，即

$$\omega(a,z)=\sum_{k=1}^{\infty}A_k\mathrm{K}_0\left(\frac{k\pi}{L}a\right)\sin\frac{k\pi z}{L}=\frac{u_0-u_1}{L}z\tag{13.5.17}$$

将式(13.5.17)第二个等号右端展开为正弦傅里叶级数，比较两边的系数，即得

$$A_k=\frac{2}{\mathrm{K}_0\left(\frac{k\pi}{L}a\right)L}\int_0^L\frac{u_0-u_1}{L}\xi\sin\frac{k\pi\xi}{L}\mathrm{d}\xi=\frac{2(-1)^k(u_0-u_1)}{k\pi\mathrm{K}_0\left(\frac{k\pi}{L}a\right)L}\tag{13.5.18}$$

其中 $\mathrm{K}_0\left(\frac{k\pi}{L}a\right)$ 可查表或由 Mathematica 软件取值。

10. 合并解

合并得定解问题的解为

$$u(\rho,z)=\frac{u_1z}{L}-\sum_{k=1}^{\infty}A_k\mathrm{K}_0\left(\frac{k\pi}{L}\rho\right)\sin\frac{k\pi z}{L}\quad(\rho\geqslant a)\tag{13.5.19}$$

11. 物理讨论

(1) 此物理问题的解是一个无穷级数解，电势分布与 φ 无关，表明电场分布具有轴对称性。

(2) 电势分布在直角坐标系中的表达式为

$$u(\rho,z)=\frac{u_1z}{L}-\sum_{k=1}^{\infty}A_k\mathrm{K}_0\left(\frac{k\pi}{L}\sqrt{x^2+y^2}\right)\sin\frac{k\pi z}{L}\quad(x^2+y^2\geqslant a)\tag{13.5.20}$$

电场强度分布为

$$\begin{aligned}\boldsymbol{E}(x,y,z)=&\sum_{k=1}^{\infty}\frac{k\pi xA_k\mathrm{K}_1\left(\frac{k\pi}{L}\sqrt{x^2+y^2}\right)}{L\sqrt{x^2+y^2}}\sin\frac{k\pi z}{L}\boldsymbol{i}+\\&\sum_{k=1}^{\infty}\frac{k\pi yA_k\mathrm{K}_1\left(\frac{k\pi}{L}\sqrt{x^2+y^2}\right)}{L\sqrt{x^2+y^2}}\sin\frac{k\pi z}{L}\boldsymbol{j}+\\&\left(\frac{u_1}{L}+\sum_{k=1}^{\infty}A_k\mathrm{K}_0\left(\frac{k\pi}{L}\sqrt{x^2+y^2}\right)\cos\frac{k\pi z}{L}\right)\boldsymbol{k}\end{aligned}\tag{13.5.21}$$

其中 $\boldsymbol{i}$，$\boldsymbol{j}$，$\boldsymbol{k}$ 是 x，y，z 方向的单位矢量。

练习 13.5

1. 半径为 a，高为 L 的圆柱，上底面绝热，下底面的温度保持为 u_0，侧面有均匀分布的强度为 q_0 的热流从圆柱流出，求柱外匀质介质中各点的稳恒温度。

第 14 章 定解问题的求解——齐次泛定方程分离变数

在分离变数法求解定解问题过程中，最重要的一个环节是将齐次泛定方程分离变数，化为多个常微分方程。以下介绍第 11 章、第 12 章、第 13 章中的齐次泛定方程分离变数过程，读者既可以在求解定解问题前先阅读推演这一部分，也可以在求解定解问题过程中单独了解某个泛定方程的分离变数。根据学习由简到难的认知特点，本章从一维问题的泛定方程开始，展示二维、三维物理问题的泛定方程分离变数方法。

14.1 一维齐次泛定方程分离变数

14.1.1 一维自由振动方程分离变数

一维自由振动问题满足齐次泛定方程：

$$\frac{\partial^2 u}{\partial t^2} - a^2 \frac{\partial^2 u}{\partial x^2} = 0 \tag{14.1.1}$$

令 $u(x, t) = X(x)T(t)$，代入方程：

$$\frac{\partial^2 (XT)}{\partial t^2} - a^2 \frac{\partial^2 (XT)}{\partial x^2} = 0 \tag{14.1.2}$$

考虑 $X(x)$，$T(t)$ 分别为一元函数，则

$$X \frac{\mathrm{d}^2 T}{\mathrm{d}t^2} - a^2 T \frac{\mathrm{d}^2 X}{\mathrm{d}x^2} = 0 \tag{14.1.3}$$

两边同乘 $\frac{1}{a^2 XT}$，方程可化为

$$\frac{\cancel{X}}{a^2 \cancel{X} T} \frac{\mathrm{d}^2 T}{\mathrm{d}t^2} = \frac{\cancel{a^2} \cancel{T}}{\cancel{a^2} X \cancel{T}} \frac{\mathrm{d}^2 X}{\mathrm{d}x^2} \tag{14.1.4}$$

进一步得

$$\frac{1}{a^2 T} \frac{\mathrm{d}^2 T}{\mathrm{d}t^2} = \frac{1}{X} \frac{\mathrm{d}^2 X}{\mathrm{d}x^2} \tag{14.1.5}$$

方程(14.1.5)左边只是时间 t 的函数，右边只是坐标 x 的函数，两个不同变量的函数要相等，只能等于同一个常数，令此常数为 $-\lambda$(读者思考为什么用 $-\lambda$ 而不是 λ)，则有

$$\frac{1}{a^2 T} \frac{\mathrm{d}^2 T}{\mathrm{d}t^2} = \frac{1}{X} \frac{\mathrm{d}^2 X}{\mathrm{d}x^2} = -\lambda \tag{14.1.6}$$

可得两个常微分方程：

$$\frac{\mathrm{d}^2 X}{\mathrm{d}x^2} + \lambda X = 0 \tag{14.1.7}$$

$$\frac{\mathrm{d}^2 T}{\mathrm{d}t^2}+\lambda a^2 T=0 \tag{14.1.8}$$

方程(14.1.7)、方程(14.1.8)在 λ 取固定值时是**二阶、齐次、线性、常系数**常微分方程。λ 的值将由**本征值问题**确定。

14.1.2　一维自由输运方程分离变数

一维自由输运问题的泛定方程为

$$\frac{\partial u}{\partial t}-a^2\frac{\partial^2 u}{\partial x^2}=0 \tag{14.1.9}$$

令 $u(x, t)=X(x)T(t)$，则

$$\frac{\partial (XT)}{\partial t}-a^2\frac{\partial^2 (XT)}{\partial x^2}=0 \tag{14.1.10}$$

考虑 $X(x)$，$T(t)$ 分别为一元函数，则

$$X\frac{\mathrm{d}T}{\mathrm{d}t}-a^2 T\frac{\mathrm{d}^2 X}{\mathrm{d}x^2}=0 \tag{14.1.11}$$

两边同乘 $\dfrac{1}{a^2 XT}$，方程可化为

$$\frac{X}{a^2 XT}\frac{\mathrm{d}T}{\mathrm{d}t}=\frac{a^2 T}{a^2 XT}\frac{\mathrm{d}^2 X}{\mathrm{d}x^2} \tag{14.1.12}$$

进一步有

$$\frac{1}{a^2 T}\frac{\mathrm{d}T}{\mathrm{d}t}=\frac{1}{X}\frac{\mathrm{d}^2 X}{\mathrm{d}x^2} \tag{14.1.13}$$

方程(14.1.13)左边是时间 t 的函数，右边是坐标 x 的函数，两个不同变量的函数要相等，只能等于同一个常数，令此常数为 $-\lambda$，则有

$$\frac{1}{a^2 T}\frac{\mathrm{d}T}{\mathrm{d}t}=\frac{1}{X}\frac{\mathrm{d}^2 X}{\mathrm{d}x^2}=-\lambda \tag{14.1.14}$$

则得两个常微分方程：

$$\frac{\mathrm{d}^2 X}{\mathrm{d}x^2}+\lambda X=0 \tag{14.1.15}$$

$$\frac{\mathrm{d}T}{\mathrm{d}t}+\lambda a^2 T=0 \tag{14.1.16}$$

λ 的值将由**本征值问题**确定。

练习 14.1

1. 将偏微分方程

$$u_{tt}-2\beta u_t+a^2 u_{xx}=0$$

分离变数。

14.2　二维齐次泛定方程分离变数

二维定解问题是以系统中微元“运动”的自由度来定义的，由于二维系统中微元的坐标

需要两个参数来描述，这就涉及坐标系的选取。常见的二维坐标系有两种：一种是直角坐标系，另一种是极坐标系。此节分别将二维拉普拉斯方程、二维自由振动方程、二维自由输运方程在两种坐标系中分离变数。

14.2.1　二维拉普拉斯方程在直角坐标系中分离变数

二维拉普拉斯方程在直角坐标系中的形式为

$$\frac{\partial^2 u}{\partial x^2}+\frac{\partial^2 u}{\partial y^2}=0 \tag{14.2.1}$$

令 $u(x,y)=X(x)Y(y)$，代入方程得

$$Y\frac{\mathrm{d}^2 X}{\mathrm{d}x^2}+X\frac{\mathrm{d}^2 Y}{\mathrm{d}y^2}=0 \tag{14.2.2}$$

等式(14.2.2)两边同除以 XY 得

$$\frac{Y}{XY}\frac{\mathrm{d}^2 X}{\mathrm{d}x^2}+\frac{X}{XY}\frac{\mathrm{d}^2 Y}{\mathrm{d}y^2}=0 \tag{14.2.3}$$

化简为

$$\frac{1}{X}\frac{\mathrm{d}^2 X}{\mathrm{d}x^2}=-\frac{1}{Y}\frac{\mathrm{d}^2 Y}{\mathrm{d}y^2} \tag{14.2.4}$$

方程(14.2.4)左边是坐标 x 的函数，右边是坐标 y 的函数，两个不同变量的函数相等，只能等于同一个常数，令此常数为 $-\lambda$，则有

$$\frac{1}{X}\frac{\mathrm{d}^2 X}{\mathrm{d}x^2}=-\frac{1}{Y}\frac{\mathrm{d}^2 Y}{\mathrm{d}y^2}=-\lambda \tag{14.2.5}$$

则得两个常微分方程：

$$\frac{\mathrm{d}^2 X}{\mathrm{d}x^2}+\lambda X=0 \tag{14.2.6}$$

$$\frac{\mathrm{d}^2 Y}{\mathrm{d}y^2}-\lambda Y=0 \tag{14.2.7}$$

λ 的值将由本征值问题确定。

14.2.2　二维拉普拉斯方程在极坐标系中分离变数

二维拉普拉斯方程在极坐标系中的形式为

$$\frac{\partial^2 u}{\partial \rho^2}+\frac{1}{\rho}\frac{\partial u}{\partial \rho}+\frac{1}{\rho^2}\frac{\partial^2 u}{\partial \varphi^2}=0 \tag{14.2.8}$$

令 $u(\rho,\varphi)=R(\rho)\Phi(\varphi)$，代入方程得

$$\Phi\frac{\mathrm{d}^2 R}{\mathrm{d}\rho^2}+\frac{\Phi}{\rho}\frac{\mathrm{d}R}{\mathrm{d}\rho}+\frac{R}{\rho^2}\frac{\mathrm{d}^2 \Phi}{\mathrm{d}\varphi^2}=0 \tag{14.2.9}$$

等式(14.2.9)两边同除以 $R\Phi/\rho^2$ 得

$$\frac{\rho^2}{R\Phi}\Phi\frac{\mathrm{d}^2 R}{\mathrm{d}\rho^2}+\frac{\rho^2}{R\Phi}\frac{\Phi}{\rho}\frac{\mathrm{d}R}{\mathrm{d}\rho}+\frac{\rho^2}{R\Phi}\frac{R}{\rho^2}\frac{\mathrm{d}^2 \Phi}{\mathrm{d}\varphi^2}=0 \tag{14.2.10}$$

化简为

$$\frac{\rho^2}{R}\frac{\mathrm{d}^2 R}{\mathrm{d}\rho^2}+\frac{\rho}{R}\frac{\mathrm{d}R}{\mathrm{d}\rho}=-\frac{1}{\Phi}\frac{\mathrm{d}^2 \Phi}{\mathrm{d}\varphi^2} \tag{14.2.11}$$

方程(14.2.11)左边只是变量 ρ 的函数，右边只是变量 φ 的函数，两个不同变量的函数要相等，只能等于同一个常数，令此常数为 λ，则有

$$\frac{\rho^2}{R}\frac{\mathrm{d}^2R}{\mathrm{d}\rho^2}+\frac{\rho}{R}\frac{\mathrm{d}R}{\mathrm{d}\rho}=-\frac{1}{\Phi}\frac{\mathrm{d}^2\Phi}{\mathrm{d}\varphi^2}=\lambda \tag{14.2.12}$$

则得两个方程：

$$\rho^2\frac{\mathrm{d}^2R}{\mathrm{d}\rho^2}+\rho\frac{\mathrm{d}R}{\mathrm{d}\rho}-\lambda R=0 \tag{14.2.13}$$

$$\frac{\mathrm{d}^2\Phi}{\mathrm{d}\varphi^2}+\lambda\Phi=0 \tag{14.2.14}$$

方程(14.2.13)称为径向方程，是欧拉方程，λ 的值将由本征值问题确定。

14.2.3　二维自由振动方程在直角坐标系中分离变数

二维自由振动方程在直角坐标系中的形式为

$$\frac{\partial^2u}{\partial t^2}-a^2\left(\frac{\partial^2u}{\partial x^2}+\frac{\partial^2u}{\partial y^2}\right)=0 \tag{14.2.15}$$

令 $u(x,\ y,\ t)=\upsilon(x,\ y)T(t)$，代入方程得

$$\upsilon\frac{\mathrm{d}^2T}{\mathrm{d}t^2}-a^2T\left(\frac{\partial^2\upsilon}{\partial x^2}+\frac{\partial^2\upsilon}{\partial y^2}\right)=0 \tag{14.2.16}$$

等式(14.2.16)两边同除以 $a^2\upsilon T$ 得

$$\frac{\upsilon}{a^2\upsilon T}\frac{\mathrm{d}^2T}{\mathrm{d}t^2}=\frac{a^2T}{a^2\upsilon T}\left(\frac{\partial^2\upsilon}{\partial x^2}+\frac{\partial^2\upsilon}{\partial y^2}\right) \tag{14.2.17}$$

化简为

$$\frac{1}{a^2T}\frac{\mathrm{d}^2T}{\mathrm{d}t^2}=\frac{1}{\upsilon}\left(\frac{\partial^2\upsilon}{\partial x^2}+\frac{\partial^2\upsilon}{\partial y^2}\right) \tag{14.2.18}$$

方程(14.2.18)左边只是时间 t 的函数，右边是坐标 x，y 的函数，两个不同变量的函数要相等，只能等于同一个常数，令此常数为 $-k^2$，则有

$$\frac{1}{a^2T}\frac{\mathrm{d}^2T}{\mathrm{d}t^2}=\frac{1}{\upsilon}\left(\frac{\partial^2\upsilon}{\partial x^2}+\frac{\partial^2\upsilon}{\partial y^2}\right)=-k^2 \tag{14.2.19}$$

则得两个常微分方程：

$$\frac{\mathrm{d}^2T}{\mathrm{d}t^2}+a^2k^2T=0 \tag{14.2.20}$$

$$\frac{\partial^2\upsilon}{\partial x^2}+\frac{\partial^2\upsilon}{\partial y^2}+k^2\upsilon=0 \tag{14.2.21}$$

式(14.2.21)称为二维亥姆霍兹方程，可以进一步分离变数，令 $\upsilon(x,\ y)=X(x)Y(y)$，则

$$\frac{\partial^2(XY)}{\partial x^2}+\frac{\partial^2(XY)}{\partial y^2}+k^2XY=0 \tag{14.2.22}$$

两边化简为

$$Y\frac{\mathrm{d}^2X}{\mathrm{d}x^2}+X\frac{\mathrm{d}Y}{\mathrm{d}y^2}+k^2XY=0 \tag{14.2.23}$$

两边同除以 XY 得

$$\frac{\cancel{Y}}{X\cancel{Y}}\frac{\mathrm{d}^2X}{\mathrm{d}x^2}+\frac{\cancel{X}}{\cancel{X}Y}\frac{\mathrm{d}^2Y}{\mathrm{d}y^2}+\frac{1}{\cancel{XY}}k^2\cancel{XY}=0 \tag{14.2.24}$$

化简为

$$\frac{1}{X}\frac{\mathrm{d}^2X}{\mathrm{d}x^2}=-\frac{1}{Y}\frac{\mathrm{d}^2Y}{\mathrm{d}y^2}-k^2 \tag{14.2.25}$$

方程(14.2.25)左边只是变量 x 的函数，右边是坐标 y 的函数，两个不同变量的函数要相等，只能等于同一个常数，令此常数为 μ，则

$$\frac{1}{X}\frac{\mathrm{d}^2X}{\mathrm{d}x^2}=-\frac{1}{Y}\frac{\mathrm{d}^2Y}{\mathrm{d}y^2}-k^2=\mu \tag{14.2.26}$$

得两个微分方程：

$$\frac{\mathrm{d}^2X}{\mathrm{d}x^2}-\mu X=0 \tag{14.2.27}$$

$$\frac{\mathrm{d}^2Y}{\mathrm{d}y^2}+(\mu+k^2)Y=0 \tag{14.2.28}$$

λ，k^2 的值将由本征值问题确定。所以二维自由振动方程在直角坐标系中分离变量得三个常微分方程，即式(14.2.27)、式(14.2.28)、式(14.2.29)。

$$\frac{\mathrm{d}^2T}{\mathrm{d}t^2}+a^2k^2T=0 \tag{14.2.29}$$

14.2.4　二维自由振动方程在极坐标系中分离变数

二维自由振动方程在极坐标系中的形式为

$$\frac{\partial^2u}{\partial t^2}-a^2\left(\frac{\partial^2u}{\partial\rho^2}+\frac{1}{\rho}\frac{\partial u}{\partial\rho}+\frac{1}{\rho^2}\frac{\partial^2u}{\partial\varphi^2}\right)=0 \tag{14.2.30}$$

令 $u(\rho,\varphi,t)=\upsilon(\rho,\varphi)T(t)$，则

$$\upsilon\frac{\mathrm{d}^2T}{\mathrm{d}t^2}-a^2T\left(\frac{\partial^2\upsilon}{\partial\rho^2}+\frac{1}{\rho}\frac{\partial\upsilon}{\partial\rho}+\frac{1}{\rho^2}\frac{\partial^2\upsilon}{\partial\varphi^2}\right)=0 \tag{14.2.31}$$

等式(14.2.31)两边同除以 $a^2\upsilon T$ 得

$$\frac{\cancel{\upsilon}}{a^2\cancel{\upsilon}T}\frac{\mathrm{d}^2T}{\mathrm{d}t^2}-\frac{\cancel{a^2}\cancel{T}}{\cancel{a^2}\upsilon\cancel{T}}\left(\frac{\partial^2\upsilon}{\partial\rho^2}+\frac{1}{\rho}\frac{\partial\upsilon}{\partial\rho}+\frac{1}{\rho^2}\frac{\partial^2\upsilon}{\partial\varphi^2}\right)=0 \tag{14.2.32}$$

化简为

$$\frac{1}{a^2T}\frac{\mathrm{d}^2T}{\mathrm{d}t^2}=\frac{1}{\upsilon}\left(\frac{\partial^2\upsilon}{\partial\rho^2}+\frac{1}{\rho}\frac{\partial\upsilon}{\partial\rho}+\frac{1}{\rho^2}\frac{\partial^2\upsilon}{\partial\varphi^2}\right) \tag{14.2.33}$$

方程(14.2.33)左边只是时间 t 的函数，右边是坐标 ρ，φ 的函数，两个不同变量的函数要相等，只能等于同一个常数，令此常数为 $-k^2$，则有

$$\frac{1}{a^2T}\frac{\mathrm{d}^2T}{\mathrm{d}t^2}=\frac{1}{\upsilon}\left(\frac{\partial^2\upsilon}{\partial\rho^2}+\frac{1}{\rho}\frac{\partial\upsilon}{\partial\rho}+\frac{1}{\rho^2}\frac{\partial^2\upsilon}{\partial\varphi^2}\right)=-k^2 \tag{14.2.34}$$

化简得两个方程：

$$\frac{\mathrm{d}^2T}{\mathrm{d}t^2}+a^2k^2T=0 \tag{14.2.35}$$

$$\left(\frac{\partial^2\upsilon}{\partial\rho^2}+\frac{1}{\rho}\frac{\partial\upsilon}{\partial\rho}+\frac{1}{\rho^2}\frac{\partial^2\upsilon}{\partial\varphi^2}\right)+k^2\upsilon=0 \tag{14.2.36}$$

式(14.2.36)为极坐标系下的亥姆霍兹方程，可以进一步分离变数，令 $v(\rho,\varphi)=R(\rho)\Phi(\varphi)$，代入方程得

$$\Phi\frac{\mathrm{d}^2R}{\mathrm{d}\rho^2}+\frac{\Phi}{\rho}\frac{\mathrm{d}R}{\mathrm{d}\rho}+\frac{R}{\rho^2}\frac{\mathrm{d}^2\Phi}{\mathrm{d}\varphi^2}+k^2R\Phi=0 \tag{14.2.37}$$

等式(14.2.37)两边同除以 $R\Phi/\rho^2$ 得

$$\frac{\rho^2\Phi}{R\Phi}\frac{\mathrm{d}^2R}{\mathrm{d}\rho^2}+\frac{\rho^2}{R\Phi}\frac{\Phi}{\rho}\frac{\mathrm{d}R}{\mathrm{d}\rho}+\frac{\rho^2}{R\Phi}\frac{R}{\rho^2}\frac{\mathrm{d}^2\Phi}{\mathrm{d}\varphi^2}+\frac{\rho^2}{R\Phi}k^2R\Phi=0 \tag{14.2.38}$$

约去相同的项得

$$\frac{\rho^2}{R}\frac{\mathrm{d}^2R}{\mathrm{d}\rho^2}+\frac{\rho}{R}\frac{\mathrm{d}R}{\mathrm{d}\rho}+\rho^2k^2=-\frac{1}{\Phi}\frac{\mathrm{d}^2\Phi}{\mathrm{d}\varphi^2} \tag{14.2.39}$$

方程(14.2.39)左边是变量 ρ 的函数，右边是变量 φ 的函数，两个不同变量的函数要相等，只能等于同一个常数，令此常数为 λ，则有

$$\frac{\rho^2}{R}\frac{\mathrm{d}^2R}{\mathrm{d}\rho^2}+\frac{\rho}{R}\frac{\mathrm{d}R}{\mathrm{d}\rho}+\rho^2k^2=-\frac{1}{\Phi}\frac{\mathrm{d}^2\Phi}{\mathrm{d}\varphi^2}=\lambda \tag{14.2.40}$$

则得两个方程：

$$\frac{\mathrm{d}^2R}{\mathrm{d}\rho^2}+\frac{1}{\rho}\frac{\mathrm{d}R}{\mathrm{d}\rho}-\left(k^2-\frac{\lambda}{\rho^2}\right)R=0 \tag{14.2.41}$$

$$\frac{\mathrm{d}^2\Phi}{\mathrm{d}\varphi^2}+\lambda\Phi=0 \tag{14.2.42}$$

λ，k^2 的值将由本征值问题确定。所以二维自由振动方程在极坐标系下分离变量得三个常微分方程，即式(14.2.41)、式(14.2.42)、式(14.2.43)。

$$\frac{\mathrm{d}^2T}{\mathrm{d}t^2}+a^2k^2T=0 \tag{14.2.43}$$

14.2.5　二维自由输运方程在直角坐标系中分离变数

二维自由输运方程在直角坐标系中的形式为

$$\frac{\partial u}{\partial t}-a^2\left(\frac{\partial^2u}{\partial x^2}+\frac{\partial^2u}{\partial y^2}\right)=0 \tag{14.2.44}$$

令 $u(x,y,t)=v(x,y)T(t)$，代入方程得

$$v\frac{\mathrm{d}T}{\mathrm{d}t}-a^2T\left(\frac{\partial^2v}{\partial x^2}+\frac{\partial^2v}{\partial y^2}\right)=0 \tag{14.2.45}$$

等式(14.2.45)两边同除以 a^2vT 得

$$\frac{v}{a^2vT}\frac{\mathrm{d}T}{\mathrm{d}t}=\frac{a^2T}{a^2vT}\left(\frac{\partial^2v}{\partial x^2}+\frac{\partial^2v}{\partial y^2}\right) \tag{14.2.46}$$

化简为

$$\frac{1}{a^2T}\frac{\mathrm{d}T}{\mathrm{d}t}=\frac{1}{v}\left(\frac{\partial^2v}{\partial x^2}+\frac{\partial^2v}{\partial y^2}\right) \tag{14.2.47}$$

方程(14.2.47)左边是时间 t 的函数，右边是坐标 x，y 的函数，两个不同变量的函数要相等，只能等于同一个常数，令此常数为 $-k^2$，则有

$$\frac{1}{a^2T}\frac{\mathrm{d}T}{\mathrm{d}t}=\frac{1}{v}\left(\frac{\partial^2v}{\partial x^2}+\frac{\partial^2v}{\partial y^2}\right)=-k^2 \tag{14.2.48}$$

则得两个方程：

$$\frac{\mathrm{d}T}{\mathrm{d}t}+a^2k^2T=0 \tag{14.2.49}$$

$$\frac{\partial^2 v}{\partial x^2}+\frac{\partial^2 v}{\partial y^2}+k^2 v=0 \tag{14.2.50}$$

式(14.2.21)为二维亥姆霍兹方程在直角坐标系中的形式，由第 14.2.3 节的结果，得两个微分方程：

$$\frac{\mathrm{d}^2X}{\mathrm{d}x^2}-\mu X=0 \tag{14.2.51}$$

$$\frac{\mathrm{d}^2Y}{\mathrm{d}y^2}+(\mu+k^2)Y=0 \tag{14.2.52}$$

λ，k^2 的值待定，将由本征值问题确定。所以二维自由振动方程在直角坐标系中分离变量得三个常微分方程，即式(14.2.51)、式(14.2.52)、式(14.2.53)。

$$\frac{\mathrm{d}T}{\mathrm{d}t}+a^2k^2T=0 \tag{14.2.53}$$

14.2.6　二维自由输运方程在极坐标系中分离变数

二维自由输运方程在极坐标系中的形式为

$$\frac{\partial u}{\partial t}-a^2\left(\frac{\partial^2 u}{\partial \rho^2}+\frac{1}{\rho}\frac{\partial u}{\partial \rho}+\frac{1}{\rho^2}\frac{\partial^2 u}{\partial \varphi^2}\right)=0 \tag{14.2.54}$$

令 $u(\rho,\varphi,t)=v(\rho,\varphi)T(t)$，则

$$v\frac{\mathrm{d}T}{\mathrm{d}t}-a^2T\left(\frac{\partial^2 v}{\partial \rho^2}+\frac{1}{\rho}\frac{\partial v}{\partial \rho}+\frac{1}{\rho^2}\frac{\partial^2 v}{\partial \varphi^2}\right)=0 \tag{14.2.55}$$

两边除以 a^2vT 得

$$\frac{v}{a^2vT}\frac{\mathrm{d}T}{\mathrm{d}t}-\frac{a^2T}{a^2vT}\left(\frac{\partial^2 v}{\partial \rho^2}+\frac{1}{\rho}\frac{\partial v}{\partial \rho}+\frac{1}{\rho^2}\frac{\partial^2 v}{\partial \varphi^2}\right)=0 \tag{14.2.56}$$

化简为

$$\frac{1}{a^2T}\frac{\mathrm{d}T}{\mathrm{d}t}=\frac{1}{v}\left(\frac{\partial^2 v}{\partial \rho^2}+\frac{1}{\rho}\frac{\partial v}{\partial \rho}+\frac{1}{\rho^2}\frac{\partial^2 v}{\partial \varphi^2}\right) \tag{14.2.57}$$

方程(14.2.57)左边是时间 t 的函数，右边是坐标 ρ，φ 的函数，两个不同变量的函数要相等，只能等于同一个常数，令此常数为 $-k^2$，则有

$$\frac{1}{a^2T}\frac{\mathrm{d}T}{\mathrm{d}t}=\frac{1}{v}\left(\frac{\partial^2 v}{\partial \rho^2}+\frac{1}{\rho}\frac{\partial v}{\partial \rho}+\frac{1}{\rho^2}\frac{\partial^2 v}{\partial \varphi^2}\right)=-k^2 \tag{14.2.58}$$

化简得两个方程：

$$\frac{\mathrm{d}T}{\mathrm{d}t}+a^2k^2T=0 \tag{14.2.59}$$

$$\frac{\partial^2 v}{\partial \rho^2}+\frac{1}{\rho}\frac{\partial v}{\partial \rho}+\frac{1}{\rho^2}\frac{\partial^2 v}{\partial \varphi^2}+k^2v=0 \tag{14.2.60}$$

式(14.2.60)为极坐标系中的亥姆霍兹方程，可以进一步分离变数，由第 14.2.4 节的结果得两个方程：

$$\frac{\mathrm{d}^2 R}{\mathrm{d}\rho^2}+\frac{1}{\rho}\frac{\mathrm{d}R}{\mathrm{d}\rho}-\left(k^2-\frac{\lambda}{\rho^2}\right)R=0 \tag{14.2.61}$$

$$\frac{\mathrm{d}^2 \Phi}{\mathrm{d}\varphi^2}+\lambda\Phi=0 \tag{14.2.62}$$

λ，k^2 的值将由本征值问题确定。所以二维自由输运方程在极坐标系中分离变量得三个常微分方程，即式(14.2.61)、式(14.2.62)、式(14.2.63)。

$$\frac{\mathrm{d}T}{\mathrm{d}t}+a^2k^2T=0 \tag{14.2.63}$$

14.3　三维齐次泛定方程分离变数

三维齐次泛定方程包括稳定场分布的拉普拉斯方程、三维自由振动方程、三维自由输运方程，或者更复杂的方程。由于所研究的系统可能具有各种边界形状，因此为了写出边界条件，可采用各种坐标系。本书主要研究具有长方体形、球形、圆柱形的系统，所以选择直角坐标系、球坐标系、柱坐标系。其他形状的系统比较复杂，这里不做深入讨论。以下讨论在三种坐标系下对应的齐次泛定方程分离变数。

14.3.1　三维拉普拉斯方程在直角坐标系中分离变数

三维拉普拉斯方程在直角坐标系中的形式为

$$\frac{\partial^2 u}{\partial x^2}+\frac{\partial^2 u}{\partial y^2}+\frac{\partial^2 u}{\partial z^2}=0 \tag{14.3.1}$$

令 $u(x, y, z)=X(x)Y(y)Z(z)$，代入方程得

$$YZ\frac{\mathrm{d}^2 X}{\mathrm{d}x^2}+XZ\frac{\mathrm{d}^2 Y}{\mathrm{d}y^2}+XY\frac{\mathrm{d}^2 Z}{\mathrm{d}z^2}=0 \tag{14.3.2}$$

等式两边同除以 XYZ 得

$$\frac{\cancel{Y}\cancel{Z}}{X\cancel{Y}\cancel{Z}}\frac{\mathrm{d}^2 X}{\mathrm{d}x^2}+\frac{\cancel{X}\cancel{Z}}{\cancel{X}Y\cancel{Z}}\frac{\mathrm{d}^2 Y}{\mathrm{d}y^2}+\frac{\cancel{X}\cancel{Y}}{\cancel{X}\cancel{Y}Z}\frac{\mathrm{d}^2 Z}{\mathrm{d}z^2}=0 \tag{14.3.3}$$

化简为

$$\frac{1}{X}\frac{\mathrm{d}^2 X}{\mathrm{d}x^2}+\frac{1}{Y}\frac{\mathrm{d}^2 Y}{\mathrm{d}y^2}=-\frac{1}{Z}\frac{\mathrm{d}^2 Z}{\mathrm{d}z^2} \tag{14.3.4}$$

方程左边是坐标 x，y 的函数，右边是坐标 z 的函数，不同变量的函数要相等，只能等于同一个常数，令此常数为 λ，则有

$$\frac{1}{X}\frac{\mathrm{d}^2 X}{\mathrm{d}x^2}+\frac{1}{Y}\frac{\mathrm{d}^2 Y}{\mathrm{d}y^2}=-\frac{1}{Z}\frac{\mathrm{d}^2 Z}{\mathrm{d}z^2}=\lambda \tag{14.3.5}$$

则得两个方程：

$$\frac{\mathrm{d}^2 Z}{\mathrm{d}z^2}+\lambda Z=0 \tag{14.3.6}$$

$$\frac{1}{X}\frac{\mathrm{d}^2 X}{\mathrm{d}x^2}=-\frac{1}{Y}\frac{\mathrm{d}^2 Y}{\mathrm{d}y^2}+\lambda \tag{14.3.7}$$

方程(14.3.7)的左边是坐标 x 的函数，右边是坐标 y 的函数，两个不同变量的函数要相等，

只能等于同一个常数，令此常数为 $-k^2$ ，得两个方程：

$$\frac{\mathrm{d}^2X}{\mathrm{d}x^2}+k^2X=0 \tag{14.3.8}$$

$$\frac{\mathrm{d}^2Y}{\mathrm{d}y^2}-(\lambda+k^2)Y=0 \tag{14.3.9}$$

两个常数 λ，k^2 的值将由**本征值问题**确定。所以三维拉普拉斯方程在直角坐标系下分离变数得三个方程，即式(14.3.8)、式(14.3.9)、式(14.3.10)。

$$\frac{\mathrm{d}^2Z}{\mathrm{d}z^2}+\lambda Z=0 \tag{14.3.10}$$

14.3.2　三维拉普拉斯方程在球坐标系中分离变数

三维拉普拉斯方程在球坐标系中的形式为

$$\frac{1}{r^2}\frac{\partial}{\partial r}\left(r^2\frac{\partial u}{\partial r}\right)+\frac{1}{r^2\sin\theta}\frac{\partial}{\partial\theta}\left(\sin\theta\frac{\partial u}{\partial\theta}\right)+\frac{1}{r^2\sin^2\theta}\frac{\partial^2u}{\partial\varphi^2}=0 \tag{14.3.11}$$

令 $u(r,\theta,\varphi)=R(r)Y(\theta,\varphi)$，代入方程得

$$\frac{Y}{r^2}\frac{\mathrm{d}}{\mathrm{d}r}\left(r^2\frac{\mathrm{d}R}{\mathrm{d}r}\right)+\frac{R}{r^2\sin\theta}\frac{\partial}{\partial\theta}\left(\sin\theta\frac{\partial Y}{\partial\theta}\right)+\frac{R}{r^2\sin^2\theta}\frac{\partial^2Y}{\partial\varphi^2}=0 \tag{14.3.12}$$

等式两边同除以 RY/r^2 并适当移项得

$$\frac{\cancel{r^2}}{R\cancel{Y}}\frac{\cancel{Y}}{\cancel{r^2}}\frac{\mathrm{d}}{\mathrm{d}r}\left(r^2\frac{\mathrm{d}R}{\mathrm{d}r}\right)+\frac{\cancel{r^2}}{\cancel{R}Y}\frac{\cancel{R}}{\cancel{r^2}\sin\theta}\frac{\partial}{\partial\theta}\left(\sin\theta\frac{\partial Y}{\partial\theta}\right)+\frac{\cancel{r^2}}{\cancel{R}Y}\frac{\cancel{R}}{\cancel{r^2}\sin^2\theta}\frac{\partial^2Y}{\partial\varphi^2}=0 \tag{14.3.13}$$

化简得

$$\frac{1}{R}\frac{\mathrm{d}}{\mathrm{d}r}\left(r^2\frac{\mathrm{d}R}{\mathrm{d}r}\right)=-\left[\frac{1}{Y\sin\theta}\frac{\partial}{\partial\theta}\left(\sin\theta\frac{\partial Y}{\partial\theta}\right)+\frac{1}{Y\sin^2\theta}\frac{\partial^2Y}{\partial\varphi^2}\right] \tag{14.3.14}$$

方程(14.3.14)的左边只是**径向坐标** r 的函数，右边是**球面坐标** θ，φ 的函数，两个不同变量的函数要相等，只能等于同一个常数，为了求解微分方程方便，令此常数为 $l(l+1)$ ，即

$$\frac{1}{R}\frac{\mathrm{d}}{\mathrm{d}r}\left(r^2\frac{\mathrm{d}R}{\mathrm{d}r}\right)=-\left[\frac{1}{Y\sin\theta}\frac{\partial}{\partial\theta}\left(\sin\theta\frac{\partial Y}{\partial\theta}\right)+\frac{1}{Y\sin^2\theta}\frac{\partial^2Y}{\partial\varphi^2}\right]=l(l+1) \tag{14.3.15}$$

得两个方程：

$$\frac{\mathrm{d}}{\mathrm{d}r}\left(r^2\frac{\mathrm{d}R}{\mathrm{d}r}\right)-l(l+1)R=0 \tag{14.3.16}$$

$$\frac{1}{\sin\theta}\frac{\partial}{\partial\theta}\left(\sin\theta\frac{\partial Y}{\partial\theta}\right)+\frac{1}{\sin^2\theta}\frac{\partial^2Y}{\partial\varphi^2}+l(l+1)Y=0 \tag{14.3.17}$$

方程(14.3.16)称为**径向方程**，**是欧拉方程**；方程(14.3.17)称为**球函数方程**，可以令 $Y(\theta,\varphi)=\Theta(\theta)\Phi(\varphi)$，进一步分离变数，代入方程得

$$\frac{\Phi}{\sin\theta}\frac{\mathrm{d}}{\mathrm{d}\theta}\left(\sin\theta\frac{\mathrm{d}\Theta}{\mathrm{d}\theta}\right)+\frac{\Theta}{\sin^2\theta}\frac{\mathrm{d}^2\Phi}{\mathrm{d}\varphi^2}+l(l+1)\Theta\Phi=0 \tag{14.3.18}$$

等式两边同乘 $\dfrac{\sin^2\theta}{\Theta\Phi}$ 得

$$\frac{\sin^2\theta}{\Theta\cancel{\Phi}}\frac{\cancel{\Phi}}{\sin\theta}\frac{\mathrm{d}}{\mathrm{d}\theta}\left(\sin\theta\frac{\mathrm{d}\Theta}{\mathrm{d}\theta}\right)+\frac{\sin^2\theta}{\cancel{\Theta}\Phi}\frac{\cancel{\Theta}}{\sin^2\theta}\frac{\mathrm{d}^2\Phi}{\mathrm{d}\varphi^2}+\frac{\sin^2\theta}{\cancel{\Theta\Phi}}l(l+1)\cancel{\Theta\Phi}=0 \tag{14.3.19}$$

约去相同的项并移项得

$$\frac{\sin\theta}{\Theta}\frac{\mathrm{d}}{\mathrm{d}\theta}\left(\sin\theta\frac{\mathrm{d}\Theta}{\mathrm{d}\theta}\right)+l(l+1)\sin^2\theta=-\frac{1}{\Phi}\frac{\mathrm{d}^2\Phi}{\mathrm{d}\varphi^2} \tag{14.3.20}$$

方程(14.3.20)的左边是 θ 的函数，右边是 φ 的函数，两边相等显然不可能，除非两边是同一个常数，记为 λ，则有

$$\frac{\sin\theta}{\Theta}\frac{\mathrm{d}}{\mathrm{d}\theta}\left(\sin\theta\frac{\mathrm{d}\Theta}{\mathrm{d}\theta}\right)+l(l+1)\sin^2\theta=-\frac{1}{\Phi}\frac{\mathrm{d}^2\Phi}{\mathrm{d}\varphi^2}=\lambda \tag{14.3.21}$$

上述方程可分解为两个常微分方程：

$$\frac{\mathrm{d}^2\Phi}{\mathrm{d}\varphi^2}+\lambda\Phi=0 \tag{14.3.22}$$

$$\sin\theta\frac{\mathrm{d}}{\mathrm{d}\theta}\left(\sin\theta\frac{\mathrm{d}\Theta}{\mathrm{d}\theta}\right)+[l(l+1)\sin^2\theta-\lambda]\Theta=0 \tag{14.3.23}$$

λ，l 将由**本征值问题**确定。所以三维拉普拉斯方程在球坐标系下分离变数得三个方程，即式(14.3.22)、式(14.3.23)、式(14.3.24)。

$$\frac{\mathrm{d}}{\mathrm{d}r}\left(r^2\frac{\mathrm{d}R}{\mathrm{d}r}\right)-l(l+1)R=0 \tag{14.3.24}$$

14.3.3　三维拉普拉斯方程在柱坐标系中分离变数

三维拉普拉斯方程在柱坐标系中的形式为

$$\frac{1}{\rho}\frac{\partial}{\partial\rho}\left(\rho\frac{\partial u}{\partial\rho}\right)+\frac{1}{\rho^2}\frac{\partial^2 u}{\partial\varphi^2}+\frac{\partial^2 u}{\partial z^2}=0 \tag{14.3.25}$$

令 $u(\rho,\varphi,z)=R(\rho)\Phi(\varphi)Z(z)$，代入方程得

$$\Phi Z\frac{\mathrm{d}^2R}{\mathrm{d}\rho^2}+\frac{\Phi Z}{\rho}\frac{\mathrm{d}R}{\mathrm{d}\rho}+\frac{RZ}{\rho^2}\frac{\mathrm{d}^2\Phi''}{\mathrm{d}\varphi^2}+R\Phi\frac{\mathrm{d}^2Z}{\mathrm{d}z^2}=0 \tag{14.3.26}$$

用 $\rho^2/(R\Phi Z)$ 遍乘各项得

$$\frac{\rho^2\cancel{\Phi}\cancel{Z}}{R\cancel{\Phi}\cancel{Z}}\frac{\mathrm{d}^2R}{\mathrm{d}\rho^2}+\frac{\rho^{\cancel{2}}}{R\cancel{\Phi}\cancel{Z}}\frac{\cancel{\Phi}\cancel{Z}}{\cancel{\rho}}\frac{\mathrm{d}R}{\mathrm{d}\rho}+\frac{\cancel{\rho^2}}{\cancel{R}\Phi\cancel{Z}}\frac{\cancel{R}\cancel{Z}}{\cancel{\rho^2}}\frac{\mathrm{d}^2\Phi''}{\mathrm{d}\varphi^2}+\frac{\rho^2\cancel{R}\cancel{\Phi}}{\cancel{R}\cancel{\Phi}Z}\frac{\mathrm{d}^2Z}{\mathrm{d}z^2}=0 \tag{14.3.27}$$

化简为

$$\frac{\rho^2}{R}\frac{\mathrm{d}^2R}{\mathrm{d}\rho^2}+\frac{\rho}{R}\frac{\mathrm{d}R}{\mathrm{d}\rho}+\frac{\rho^2}{Z}\frac{\mathrm{d}^2Z}{\mathrm{d}z^2}=-\frac{1}{\Phi}\frac{\mathrm{d}^2\Phi}{\mathrm{d}\varphi^2} \tag{14.3.28}$$

方程(14.3.28)的左边是 ρ，z 的函数，右边是 φ 的函数，两边相等显然不可能，除非两边是同一个常数，记为 λ，则有

$$\frac{\rho^2}{R}\frac{\mathrm{d}^2R}{\mathrm{d}\rho^2}+\frac{\rho}{R}\frac{\mathrm{d}R}{\mathrm{d}\rho}+\frac{\rho^2}{Z}\frac{\mathrm{d}^2Z}{\mathrm{d}z^2}=-\frac{1}{\Phi}\frac{\mathrm{d}^2\Phi}{\mathrm{d}\varphi^2}=\lambda \tag{14.3.29}$$

分解为两个方程：

$$\frac{\mathrm{d}^2\Phi}{\mathrm{d}\varphi^2}+\lambda\Phi=0 \tag{14.3.30}$$

$$\frac{\rho^2}{R}\frac{\mathrm{d}^2R}{\mathrm{d}\rho^2}+\frac{\rho}{R}\frac{\mathrm{d}R}{\mathrm{d}\rho}+\frac{\rho^2}{Z}\frac{\mathrm{d}^2Z}{\mathrm{d}z^2}=\lambda \tag{14.3.31}$$

方程(14.3.31)可进一步分离变数，用 ρ^2 除方程左右两边得

$$\frac{1}{\cancel{\rho^2}}\frac{\cancel{\rho^2}}{R}\frac{\mathrm{d}^2R}{\mathrm{d}\rho^2}+\frac{1}{\rho^{\cancel{2}}}\frac{\cancel{\rho}}{R}\frac{\mathrm{d}R}{\mathrm{d}\rho}+\frac{1}{\cancel{\rho^2}}\frac{\cancel{\rho^2}}{Z}\frac{\mathrm{d}^2Z}{\mathrm{d}z^2}=\frac{1}{\rho^2}\lambda \tag{14.3.32}$$

化简得

$$\frac{1}{R}\frac{\mathrm{d}^2R}{\mathrm{d}\rho^2}+\frac{1}{\rho R}\frac{\mathrm{d}R}{\mathrm{d}\rho}-\frac{\lambda}{\rho^2}=-\frac{1}{Z}\frac{\mathrm{d}^2Z}{\mathrm{d}z^2} \tag{14.3.33}$$

方程(14.3.33)的左边是 ρ 的函数，右边是 z 的函数，两边相等显然不可能，除非两边是同一个常数。记为 $-\mu$，则有

$$\frac{1}{R}\frac{\mathrm{d}^2R}{\mathrm{d}\rho^2}+\frac{1}{\rho R}\frac{\mathrm{d}R}{\mathrm{d}\rho}-\frac{\lambda}{\rho^2}=-\frac{1}{Z}\frac{\mathrm{d}^2Z}{\mathrm{d}z^2}=-\mu \tag{14.3.34}$$

又可以得两个方程：

$$\frac{\mathrm{d}^2Z}{\mathrm{d}z^2}-\mu Z=0 \tag{14.3.35}$$

$$\frac{\mathrm{d}^2R}{\mathrm{d}\rho^2}+\frac{1}{\rho}\frac{\mathrm{d}R}{\mathrm{d}\rho}+\left(\mu-\frac{\lambda}{\rho^2}\right)R=0 \tag{14.3.36}$$

式(14.3.30)、式(14.3.35)、式(14.3.36)中共有两个待定常数，其值将由本征值问题确定。所以三维拉普拉斯方程在柱坐标系中分离变数得三个方程，即式(14.3.35)、式(14.3.36)、式(14.3.37)。

$$\frac{\mathrm{d}^2\Phi}{\mathrm{d}\varphi^2}+\lambda\Phi=0 \tag{14.3.37}$$

14.3.4　三维自由振动方程在直角坐标系中分离变数

三维自由振动方程在直角坐标系中的形式为

$$\frac{\partial^2u}{\partial t^2}-a^2\left(\frac{\partial^2u}{\partial x^2}+\frac{\partial^2u}{\partial y^2}+\frac{\partial^2u}{\partial z^2}\right)=0 \tag{14.3.38}$$

令 $u(x,y,z,t)=v(x,y,z)T(t)$，代入方程得

$$v\frac{\mathrm{d}^2T}{\mathrm{d}t^2}-a^2T\left(\frac{\partial^2v}{\partial x^2}+\frac{\partial^2v}{\partial y^2}+\frac{\partial^2v}{\partial z^2}\right)=0 \tag{14.3.39}$$

两边同除以 a^2vT 得

$$\frac{1}{a^2vT}v\frac{\mathrm{d}^2T}{\mathrm{d}t^2}-\frac{1}{a^2vT}Ta^2\left(\frac{\partial^2v}{\partial x^2}+\frac{\partial^2v}{\partial y^2}+\frac{\partial^2v}{\partial z^2}\right)=0 \tag{14.3.40}$$

化简得

$$\frac{1}{a^2T}\frac{\mathrm{d}^2T}{\mathrm{d}t^2}=\frac{1}{v}\left(\frac{\partial^2v}{\partial x^2}+\frac{\partial^2v}{\partial y^2}+\frac{\partial^2v}{\partial z^2}\right) \tag{14.3.41}$$

方程(14.3.41)的左边是 t 的函数，右边是 x，y，z 的函数，两边相等显然不可能，除非两边是同一个常数，记为 $-k^2$，则有

$$\frac{1}{a^2T}\frac{\mathrm{d}^2T}{\mathrm{d}t^2}=\frac{1}{v}\left(\frac{\partial^2v}{\partial x^2}+\frac{\partial^2v}{\partial y^2}+\frac{\partial^2v}{\partial z^2}\right)=-k^2 \tag{14.3.42}$$

所以得两个方程

$$\frac{\mathrm{d}^2T}{\mathrm{d}t^2}+a^2k^2T=0 \tag{14.3.43}$$

$$\frac{\partial^2v}{\partial x^2}+\frac{\partial^2v}{\partial y^2}+\frac{\partial^2v}{\partial z^2}+k^2v=0 \tag{14.3.44}$$

其中方程(14.3.43)是二阶、齐次、线性、常系数微分方程。方程(14.3.44)是亥姆霍兹方程

在直角坐标系中的形式，可以进一步分离变数，令 $v(x, y, z) = X(x)Y(y)Z(z)$，代入方程得

$$YZ\frac{\mathrm{d}^2X}{\mathrm{d}x^2}+XZ\frac{\mathrm{d}^2Y}{\mathrm{d}y^2}+XY\frac{\mathrm{d}^2Z}{\mathrm{d}z^2}+k^2XYZ=0 \tag{14.3.45}$$

两边同除以 XYZ 得

$$\frac{\cancel{YZ}}{X\cancel{YZ}}\frac{\mathrm{d}^2X}{\mathrm{d}x^2}+\frac{\cancel{XZ}}{\cancel{X}Y\cancel{Z}}\frac{\mathrm{d}^2Y}{\mathrm{d}y^2}+\frac{\cancel{XY}}{\cancel{XY}Z}\frac{\mathrm{d}^2Z}{\mathrm{d}z^2}+\frac{1}{\cancel{XYZ}}k^2\cancel{XYZ}=0 \tag{14.3.46}$$

化简得

$$\frac{1}{X}\frac{\mathrm{d}^2X}{\mathrm{d}x^2}+\frac{1}{Y}\frac{\mathrm{d}^2Y}{\mathrm{d}y^2}+k^2=-\frac{1}{Z}\frac{\mathrm{d}^2Z}{\mathrm{d}z^2} \tag{14.3.47}$$

方程(14.3.47)的左边是 x，y 的函数，右边是 z 的函数，两边相等显然不可能，除非两边是同一个常数，记为 λ，则有

$$\frac{1}{X}\frac{\mathrm{d}^2X}{\mathrm{d}x^2}+\frac{1}{Y}\frac{\mathrm{d}^2Y}{\mathrm{d}y^2}+k^2=-\frac{1}{Z}\frac{\mathrm{d}^2Z}{\mathrm{d}z^2}=\lambda \tag{14.3.48}$$

这样可以得到两个方程：

$$\frac{\mathrm{d}^2Z}{\mathrm{d}z^2}+\lambda Z=0 \tag{14.3.49}$$

$$\frac{1}{X}\frac{\mathrm{d}^2X}{\mathrm{d}x^2}=\lambda-k^2-\frac{1}{Y}\frac{\mathrm{d}^2Y}{\mathrm{d}y^2} \tag{14.3.50}$$

方程(14.3.49)是**二阶、齐次、线性、常系数**微分方程。方程(14.3.50)的左边是 x 的函数，右边是 y 的函数，两边相等显然不可能，除非两边是同一个常数，记为 $-\mu$，则有

$$\frac{1}{X}\frac{\mathrm{d}^2X}{\mathrm{d}x^2}=\lambda-k^2-\frac{1}{Y}\frac{\mathrm{d}Y}{\mathrm{d}^2y^2}=-\mu \tag{14.3.51}$$

得两个方程：

$$\frac{\mathrm{d}^2X}{\mathrm{d}x^2}+\mu X=0 \tag{14.3.52}$$

$$\frac{\mathrm{d}^2Y}{\mathrm{d}y^2}-(\lambda+\mu-k^2)Y=0 \tag{14.3.53}$$

可以观察出三维自由振动方程在直角坐标系中分离变数将得到四个**二阶、齐次、线性、常系数**的微分方程，其中三个待定系数分别由**本征值问题**确定。所以三维自由振动方程在直角坐标系中分离变数得四个方程，即式(14.3.52)、式(14.3.53)、式(14.3.54)、式(14.3.55)。

$$\frac{\mathrm{d}^2Z}{\mathrm{d}z^2}+\lambda Z=0 \tag{14.3.54}$$

$$\frac{\mathrm{d}^2T}{\mathrm{d}t^2}+a^2k^2T=0 \tag{14.3.55}$$

14.3.5　三维自由振动方程在球坐标系中分离变数

三维自由振动方程在球坐标系中的形式为

$$\frac{\partial^2u}{\partial t^2}-a^2\left[\frac{1}{r^2}\frac{\partial}{\partial r}\left(r^2\frac{\partial u}{\partial r}\right)+\frac{1}{r^2}\sin\theta\frac{\partial}{\partial\theta}\left(\sin\theta\frac{\partial u}{\partial\theta}\right)+\frac{1}{r^2\sin^2\theta}\frac{\partial^2u}{\partial\varphi^2}\right]=0 \tag{14.3.56}$$

令 $u(r, \theta, \varphi, t)=v(r, \theta, \varphi)T(t)$，代入方程为

$$v\frac{\mathrm{d}^2 T}{\mathrm{d}t^2}-a^2 T\left[\frac{1}{r^2}\frac{\partial}{\partial r}\left(r^2\frac{\partial v}{\partial r}\right)+\frac{1}{r^2\sin\theta}\frac{\partial}{\partial\theta}\left(\sin\theta\frac{\partial v}{\partial\theta}\right)+\frac{1}{r^2\sin^2\theta}\frac{\partial^2 v}{\partial\varphi^2}\right]=0 \tag{14.3.57}$$

两边同除 $a^2 vT$ 得

$$\frac{\cancel{v}}{a^2\cancel{v}T}\frac{\mathrm{d}^2 T}{\mathrm{d}t^2}-\frac{1}{\cancel{a^2}v\cancel{T}}\cancel{a^2}\cancel{T}\left[\frac{1}{r^2}\frac{\partial}{\partial r}\left(r^2\frac{\partial v}{\partial r}\right)+\frac{1}{r^2\sin\theta}\frac{\partial}{\partial\theta}\left(\sin\theta\frac{\partial v}{\partial\theta}\right)+\frac{1}{r^2\sin^2\theta}\frac{\partial^2 v}{\partial\varphi^2}\right]=0 \tag{14.3.58}$$

化简得

$$\frac{1}{a^2 T}\frac{\mathrm{d}^2 T}{\mathrm{d}t^2}=\frac{1}{v}\left[\frac{1}{r^2}\frac{\partial}{\partial r}\left(r^2\frac{\partial v}{\partial r}\right)+\frac{1}{r^2\sin\theta}\frac{\partial}{\partial\theta}\left(\sin\theta\frac{\partial v}{\partial\theta}\right)+\frac{1}{r^2\sin^2\theta}\frac{\partial^2 v}{\partial\varphi^2}\right] \tag{14.3.59}$$

方程(14.3.59)的左边是 t 的函数，右边是 r，θ，φ 的函数，两边相等显然不可能，除非两边是同一个常数，记为 $-k^2$，则有

$$\frac{1}{a^2 T}\frac{\mathrm{d}^2 T}{\mathrm{d}t^2}=\frac{1}{v}\left[\frac{1}{r^2}\frac{\partial}{\partial r}\left(r^2\frac{\partial v}{\partial r}\right)+\frac{1}{r^2\sin\theta}\frac{\partial}{\partial\theta}\left(\sin\theta\frac{\partial v}{\partial\theta}\right)+\frac{1}{r^2\sin^2\theta}\frac{\partial^2 v}{\partial\varphi^2}\right]=-k^2 \tag{14.3.60}$$

可得两个方程：

$$\frac{\mathrm{d}^2 T}{\mathrm{d}t^2}+k^2 a^2 T=0 \tag{14.3.61}$$

$$\frac{1}{r^2}\frac{\partial}{\partial r}\left(r^2\frac{\partial v}{\partial r}\right)+\frac{1}{r^2\sin\theta}\frac{\partial}{\partial\theta}\left(\sin\theta\frac{\partial v}{\partial\theta}\right)+\frac{1}{r^2\sin^2\theta}\frac{\partial^2 v}{\partial\varphi^2}+k^2 v=0 \tag{14.3.62}$$

方程(14.3.61)是**二阶、齐次、线性、常系数**微分方程，方程(14.3.62)为球坐标系中的亥姆霍兹方程，可令 $v(r, \theta, \varphi)=R(r)Y(\theta, \varphi)$，进一步分离变数：

$$\frac{1}{r^2}\frac{\partial}{\partial r}\left(r^2\frac{\partial RY}{\partial r}\right)+\frac{1}{r^2\sin\theta}\frac{\partial}{\partial\theta}\left(\sin\theta\frac{\partial RY}{\partial\theta}\right)+\frac{1}{r^2\sin^2\theta}\frac{\partial^2 RY}{\partial\varphi^2}+k^2 RY=0 \tag{14.3.63}$$

化简得

$$\frac{Y}{r^2}\frac{\mathrm{d}}{\mathrm{d}r}\left(r^2\frac{\mathrm{d}R}{\mathrm{d}r}\right)+\frac{R}{r^2\sin\theta}\frac{\partial}{\partial\theta}\left(\sin\theta\frac{\partial Y}{\partial\theta}\right)+\frac{R}{r^2\sin^2\theta}\frac{\partial^2 Y}{\partial\varphi^2}+k^2 RY=0 \tag{14.3.64}$$

两边同除以 RY/r^2，并适当移项得

$$\frac{\cancel{r^2}}{R\cancel{Y}}\frac{\cancel{Y}}{\cancel{r^2}}\frac{\mathrm{d}}{\mathrm{d}r}\left(r^2\frac{\mathrm{d}R}{\mathrm{d}r}\right)+\frac{\cancel{r^2}}{\cancel{R}Y}\frac{\cancel{R}}{\cancel{r^2}\sin\theta}\frac{\partial}{\partial\theta}\left(\sin\theta\frac{\partial Y}{\partial\theta}\right)+\frac{\cancel{r^2}}{\cancel{R}Y}\frac{\cancel{R}}{\cancel{r^2}\sin^2\theta}\frac{\partial^2 Y}{\partial\varphi^2}+\frac{r^2}{\cancel{R}\cancel{Y}}k^2\cancel{R}\cancel{Y}=0 \tag{14.3.65}$$

则

$$\frac{1}{R}\frac{\mathrm{d}}{\mathrm{d}r}\left(r^2\frac{\mathrm{d}R}{\mathrm{d}r}\right)+r^2 k^2=-\left[\frac{1}{Y\sin\theta}\frac{\partial}{\partial\theta}\left(\sin\theta\frac{\partial Y}{\partial\theta}\right)+\frac{1}{Y\sin^2\theta}\frac{\partial^2 Y}{\partial\varphi^2}\right] \tag{14.3.66}$$

方程(14.3.66)的左边是 r 的函数，右边是 θ，φ 的函数，两边相等显然不可能，除非两边是同一个常数，记为 $l(l+1)$，则有

$$\frac{1}{R}\frac{\mathrm{d}}{\mathrm{d}r}\left(r^2\frac{\mathrm{d}R}{\mathrm{d}r}\right)+r^2 k^2=-\left(\frac{1}{Y\sin\theta}\frac{\partial}{\partial\theta}\left(\sin\theta\frac{\partial Y}{\partial\theta}\right)+\frac{1}{Y\sin^2\theta}\frac{\partial^2 Y}{\partial\varphi^2}\right)=l(l+1) \tag{14.3.67}$$

于是可得两个方程：

$$\frac{\mathrm{d}}{\mathrm{d}r}\left(r^2\frac{\mathrm{d}R}{\mathrm{d}r}\right)+\left[r^2k^2-l(l+1)\right]R=0 \tag{14.3.68}$$

$$\frac{1}{\sin\theta}\frac{\partial}{\partial\theta}\left(\sin\theta\frac{\partial Y}{\partial\theta}\right)+\frac{1}{\sin^2\theta}\frac{\partial^2 Y}{\partial\varphi^2}+l(l+1)Y=0 \tag{14.3.69}$$

方程(14.3.68)称为 l 阶的球 Bessel 方程，是二阶、线性、齐次、变系数微分方程，方程(14.3.69)是球函数方程，球函数方程可进一步分离变数，分离得两个微分方程(见式(14.3.22)、式(14.3.23))，为了叙述方便，列举如下：

$$\frac{\mathrm{d}^2\Phi}{\mathrm{d}\varphi^2}+\lambda\Phi=0 \tag{14.3.70}$$

$$\sin\theta\frac{\mathrm{d}}{\mathrm{d}\theta}\left(\sin\theta\frac{\mathrm{d}\Theta}{\mathrm{d}\theta}\right)+\left[l(l+1)\sin^2\theta-\lambda\right]\Theta=0 \tag{14.3.71}$$

综上所述，三维自由振动方程在球标系中分离变数后可得四个方程：

$$\frac{\mathrm{d}^2T}{\mathrm{d}t^2}+k^2a^2T=0 \tag{14.3.72}$$

$$\frac{\mathrm{d}}{\mathrm{d}r}\left(r^2\frac{\mathrm{d}R}{\mathrm{d}r}\right)+\left[r^2k^2-l(l+1)\right]R=0 \tag{14.3.73}$$

$$\frac{\mathrm{d}^2\Phi}{\mathrm{d}\varphi^2}+\lambda\Phi=0 \tag{14.3.74}$$

$$\sin\theta\frac{\mathrm{d}}{\mathrm{d}\theta}\left(\sin\theta\frac{\mathrm{d}\Theta}{\mathrm{d}\theta}\right)+\left[l(l+1)\sin^2\theta-\lambda\right]\Theta=0 \tag{14.3.75}$$

其中三个参数是分离变数过程中引入的，将根据本征值问题确定。

14.3.6　三维自由振动方程在柱坐标系中分离变数

三维自由振动方程在柱坐标系中的形式为

$$\frac{\partial^2 u}{\partial t^2}-a^2\left[\frac{1}{\rho}\frac{\partial}{\partial\rho}\left(\rho\frac{\partial u}{\partial\rho}\right)+\frac{1}{\rho^2}\frac{\partial^2 u}{\partial\varphi^2}+\frac{\partial^2 u}{\partial z^2}\right]=0 \tag{14.3.76}$$

令 $u(\rho,\varphi,z,t)=\upsilon(\rho,\varphi,z)T(t)$，代入方程得

$$\frac{\partial^2(\upsilon T)}{\partial t^2}-a^2\left\{\frac{1}{\rho}\frac{\partial}{\partial\rho}\left[\rho\frac{\partial(\upsilon T)}{\partial\rho}\right]+\frac{1}{\rho^2}\frac{\partial^2(\upsilon T)}{\partial\varphi^2}+\frac{\partial^2(\upsilon T)}{\partial z^2}\right\}=0 \tag{14.3.77}$$

化简为

$$\upsilon\frac{\mathrm{d}^2T}{\mathrm{d}t^2}-a^2T\left[\frac{1}{\rho}\frac{\partial}{\partial\rho}\left(\rho\frac{\partial\upsilon}{\partial\rho}\right)+\frac{1}{\rho^2}\frac{\partial^2\upsilon}{\partial\varphi^2}+\frac{\partial^2\upsilon}{\partial z^2}\right]=0 \tag{14.3.78}$$

两边同除以 $a^2\upsilon T$ 得

$$\frac{\cancel{\upsilon}}{a^2\cancel{\upsilon}T}\frac{\mathrm{d}^2T}{\mathrm{d}t^2}-\frac{\cancel{a}^2\cancel{T}}{\cancel{a}^2\upsilon\cancel{T}}\left[\frac{1}{\rho}\frac{\partial}{\partial\rho}\left(\rho\frac{\partial\upsilon}{\partial\rho}\right)+\frac{1}{\rho^2}\frac{\partial^2\upsilon}{\partial\varphi^2}+\frac{\partial^2\upsilon}{\partial z^2}\right]=0 \tag{14.3.79}$$

则得

$$\frac{1}{a^2T}\frac{\mathrm{d}^2T}{\mathrm{d}t^2}-\frac{1}{\upsilon}\left[\frac{1}{\rho}\frac{\partial}{\partial\rho}\left(\rho\frac{\partial\upsilon}{\partial\rho}\right)+\frac{1}{\rho^2}\frac{\partial^2\upsilon}{\partial\varphi^2}+\frac{\partial^2\upsilon}{\partial z^2}\right]=0 \tag{14.3.80}$$

方程(14.3.80)的左边是 t 的函数，右边是 ρ，φ，z 的函数，两边相等显然不可能，除非两边是同一个常数，记为 $-k^2$，则有

$$\frac{1}{a^2 T}\frac{\mathrm{d}^2 T}{\mathrm{d}t^2}=\frac{1}{\upsilon}\left[\frac{1}{\rho}\frac{\partial}{\partial\rho}\left(\rho\frac{\partial\upsilon}{\partial\rho}\right)+\frac{1}{\rho^2}\frac{\partial^2\upsilon}{\partial\varphi^2}+\frac{\partial^2\upsilon}{\partial z^2}\right]=-k^2 \tag{14.3.81}$$

这样可得两个方程：

$$\frac{\mathrm{d}^2 T}{\mathrm{d}t^2}+k^2 a^2 T=0 \tag{14.3.82}$$

$$\left[\frac{1}{\rho}\frac{\partial}{\partial\rho}\left(\rho\frac{\partial\upsilon}{\partial\rho}\right)+\frac{1}{\rho^2}\frac{\partial^2\upsilon}{\partial\varphi^2}+\frac{\partial^2\upsilon}{\partial z^2}\right]+k^2\upsilon=0 \tag{14.3.83}$$

方程(14.3.82)是**二阶、线性、齐次、常系数**微分方程，方程(14.3.83)是亥姆霍兹方程在柱坐标系中的形式，可进一步分离变数。令 $\upsilon(\rho,\varphi,z)=R(\rho)\Phi(\varphi)Z(z)$，代入方程得

$$\frac{1}{\rho}\frac{\partial}{\partial\rho}\left[\rho\frac{\partial(R\Phi Z)}{\partial\rho}\right]+\frac{1}{\rho^2}\frac{\partial^2(R\Phi Z)}{\partial\varphi^2}+\frac{\partial^2(R\Phi Z)}{\partial z^2}+k^2 R\Phi Z=0 \tag{14.3.84}$$

化简为

$$\frac{\Phi Z}{\rho}\frac{\mathrm{d}}{\mathrm{d}\rho}\left(\rho\frac{\mathrm{d}R}{\mathrm{d}\rho}\right)+\frac{RZ}{\rho^2}\frac{\mathrm{d}^2\Phi}{\mathrm{d}\varphi^2}+R\Phi\frac{\mathrm{d}^2 Z}{\mathrm{d}z^2}+k^2 R\Phi Z=0 \tag{14.3.85}$$

两边同除以 $R\Phi Z/\rho^2$ 得

$$\frac{\rho^2}{R\Phi Z}\frac{\Phi Z}{\rho}\frac{\mathrm{d}}{\mathrm{d}\rho}\left(\rho\frac{\mathrm{d}R}{\mathrm{d}\rho}\right)+\frac{\rho^2}{R\Phi Z}\frac{RZ}{\rho^2}\frac{\mathrm{d}^2\Phi}{\mathrm{d}\varphi^2}+\frac{\rho^2}{R\Phi Z}R\Phi\frac{\mathrm{d}^2 Z}{\mathrm{d}z^2}+\frac{\rho^2}{R\Phi Z}k^2 R\Phi Z=0 \tag{14.3.86}$$

则得

$$\frac{\rho}{R}\frac{\mathrm{d}}{\mathrm{d}\rho}\left(\rho\frac{\mathrm{d}R}{\mathrm{d}\rho}\right)+\frac{\rho^2}{Z}\frac{\mathrm{d}^2 Z}{\mathrm{d}z^2}+\rho^2 k^2=-\frac{1}{\Phi}\frac{\mathrm{d}^2\Phi}{\mathrm{d}\varphi^2} \tag{14.3.87}$$

方程(14.3.87)的左边是 ρ，z 的函数，右边是 φ 的函数，两边相等显然不可能，除非两边是同一个常数，记为 λ，则有

$$\frac{\rho}{R}\frac{\mathrm{d}}{\mathrm{d}\rho}\left(\rho\frac{\mathrm{d}R}{\mathrm{d}\rho}\right)+\frac{\rho^2}{Z}\frac{\mathrm{d}^2 Z}{\mathrm{d}z^2}+\rho^2 k^2=-\frac{1}{\Phi}\frac{\mathrm{d}^2\Phi}{\mathrm{d}\varphi^2}=\lambda \tag{14.3.88}$$

这样可得两个方程：

$$\frac{\mathrm{d}^2\Phi}{\mathrm{d}\varphi^2}+\lambda\Phi=0 \tag{14.3.89}$$

$$\frac{\rho}{R}\frac{\mathrm{d}}{\mathrm{d}\rho}\left(\rho\frac{\mathrm{d}R}{\mathrm{d}\rho}\right)+\frac{\rho^2}{Z}\frac{\mathrm{d}^2 Z}{\mathrm{d}z^2}+\rho^2 k^2-\lambda=0 \tag{14.3.90}$$

方程(14.3.89)是**二阶、线性、齐次、常系数**微分方程。方程(14.3.90)可进一步分离变数。两边同除以 ρ^2 得

$$\frac{1}{\rho R}\frac{\mathrm{d}}{\mathrm{d}\rho}\left(\rho\frac{\mathrm{d}R}{\mathrm{d}\rho}\right)+k^2-\frac{\lambda}{\rho^2}=-\frac{1}{Z}\frac{\mathrm{d}^2 Z}{\mathrm{d}z^2} \tag{14.3.91}$$

方程(14.3.91)的左边是 ρ 的函数，右边是 z 的函数，两边相等显然不可能，除非两边是同一个常数，记为 μ，则有

$$\frac{1}{\rho R}\frac{\mathrm{d}}{\mathrm{d}\rho}\left(\rho\frac{\mathrm{d}R}{\mathrm{d}\rho}\right)+k^2-\frac{\lambda}{\rho^2}=-\frac{1}{Z}\frac{\mathrm{d}^2 Z}{\mathrm{d}z^2}=\mu \tag{14.3.92}$$

这样可得两个方程：

$$\frac{\mathrm{d}^2 Z}{\mathrm{d}z^2}+\mu Z=0 \tag{14.3.93}$$

$$\frac{1}{\rho}\frac{\mathrm{d}}{\mathrm{d}\rho}\left(\rho\frac{\mathrm{d}R}{\mathrm{d}\rho}\right)+\left(k^2-\mu-\frac{\lambda}{\rho^2}\right)R=0 \tag{14.3.94}$$

综上所述，三维自由振动方程在柱坐标系中分离变数后可得四个方程：

$$\frac{\mathrm{d}^2 T}{\mathrm{d}t^2}+k^2a^2T=0 \tag{14.3.95}$$

$$\frac{\mathrm{d}^2\Phi}{\mathrm{d}\varphi^2}+\lambda\Phi=0 \tag{14.3.96}$$

$$\frac{\mathrm{d}^2 Z}{\mathrm{d}z^2}+\mu Z=0 \tag{14.3.97}$$

$$\frac{1}{\rho}\frac{\mathrm{d}}{\mathrm{d}\rho}\left(\rho\frac{\mathrm{d}R}{\mathrm{d}\rho}\right)+\left(k^2-\mu-\frac{\lambda}{\rho^2}\right)R=0 \tag{14.3.98}$$

其中三个参数是分离变数过程中引入的，将根据本征值问题确定。

14.3.7　三维自由输运方程在直角坐标系中分离变数

三维自由输运方程在直角坐标系中的形式为

$$\frac{\partial u}{\partial t}-a^2\left(\frac{\partial^2 u}{\partial x^2}+\frac{\partial^2 u}{\partial y^2}+\frac{\partial^2 u}{\partial z^2}\right)=0 \tag{14.3.99}$$

令 $u(x, y, z, t)=\upsilon(x, y, z)T(t)$，代入方程得

$$\upsilon\frac{\mathrm{d}T}{\mathrm{d}t}-a^2T\left(\frac{\partial^2\upsilon}{\partial x^2}+\frac{\partial^2\upsilon}{\partial y^2}+\frac{\partial^2\upsilon}{\partial z^2}\right)=0 \tag{14.3.100}$$

两边同除以 $a^2\upsilon T$ 得

$$\frac{1}{a^2\upsilon T}\upsilon\frac{\mathrm{d}T}{\mathrm{d}t}-\frac{1}{a^2\upsilon T}Ta^2\left(\frac{\partial^2\upsilon}{\partial x^2}+\frac{\partial^2\upsilon}{\partial y^2}+\frac{\partial^2\upsilon}{\partial z^2}\right)=0 \tag{14.3.101}$$

化简得

$$\frac{1}{a^2T}\frac{\mathrm{d}T}{\mathrm{d}t}=\frac{1}{\upsilon}\left(\frac{\partial^2\upsilon}{\partial x^2}+\frac{\partial^2\upsilon}{\partial y^2}+\frac{\partial^2\upsilon}{\partial z^2}\right) \tag{14.3.102}$$

方程(14.3.102)的左边是 t 的函数，右边是 x，y，z 的函数，两边相等显然不可能，除非两边是同一个常数，记为 $-k^2$，则有

$$\frac{1}{a^2T}\frac{\mathrm{d}T}{\mathrm{d}t}=\frac{1}{\upsilon}\left(\frac{\partial^2\upsilon}{\partial x^2}+\frac{\partial^2\upsilon}{\partial y^2}+\frac{\partial^2\upsilon}{\partial z^2}\right)=-k^2 \tag{14.3.103}$$

所以得两个方程：

$$\frac{\mathrm{d}T}{\mathrm{d}t}+a^2k^2T=0 \tag{14.3.104}$$

$$\frac{\partial^2\upsilon}{\partial x^2}+\frac{\partial^2\upsilon}{\partial y^2}+\frac{\partial^2\upsilon}{\partial z^2}+k^2\upsilon=0 \tag{14.3.105}$$

方程(14.3.104)是一阶、线性、齐次、常系数微分方程。方程(14.3.105)正是亥姆霍兹方程在直角坐标系中的形式，由第 14.3.4 节的结果进一步分离变数得三个二阶、线性、齐次、常系数微分方程：

$$\frac{\mathrm{d}^2 X}{\mathrm{d}x^2}+\mu X=0 \tag{14.3.106}$$

$$\frac{\mathrm{d}^2 Z}{\mathrm{d}z^2}-\mu Z=0 \tag{14.3.107}$$

$$\frac{\mathrm{d}^2 Y}{\mathrm{d}y^2}-(\lambda+\mu-k^2)Y=0 \tag{14.3.108}$$

14.3.8 三维自由输运方程在球坐标系中分离变数

三维自由输运方程在球坐标系中的形式为

$$\frac{\partial u}{\partial t}-a^2\left[\frac{1}{r^2}\frac{\partial}{\partial r}\left(r^2\frac{\partial u}{\partial r}\right)+\frac{1}{r^2\sin\theta}\frac{\partial}{\partial\theta}\left(\sin\theta\frac{\partial u}{\partial\theta}\right)+\frac{1}{r^2\sin^2\theta}\frac{\partial^2 u}{\partial\varphi^2}\right]=0 \tag{14.3.109}$$

令 $u(r,\theta,\varphi,t)=\upsilon(r,\theta,\varphi)T(t)$，代入方程得

$$\upsilon\frac{\mathrm{d}T}{\mathrm{d}t}-a^2T\left[\frac{1}{r^2}\frac{\partial}{\partial r}\left(r^2\frac{\partial \upsilon}{\partial r}\right)+\frac{1}{r^2\sin\theta}\frac{\partial}{\partial\theta}\left(\sin\theta\frac{\partial \upsilon}{\partial\theta}\right)+\frac{1}{r^2\sin^2\theta}\frac{\partial^2 \upsilon}{\partial\varphi^2}\right]=0 \tag{14.3.110}$$

两边同除以 $a^2\upsilon T$ 得

$$\frac{\upsilon}{a^2\upsilon T}\frac{\mathrm{d}T}{\mathrm{d}t}-\frac{a^2T}{a^2\upsilon T}\left[\frac{1}{r^2}\frac{\partial}{\partial r}\left(r^2\frac{\partial \upsilon}{\partial r}\right)+\frac{1}{r^2\sin\theta}\frac{\partial}{\partial\theta}\left(\sin\theta\frac{\partial \upsilon}{\partial\theta}\right)+\frac{1}{r^2\sin^2\theta}\frac{\partial^2 \upsilon}{\partial\varphi^2}\right]=0 \tag{14.3.111}$$

化简得

$$\frac{1}{a^2T}\frac{\mathrm{d}T}{\mathrm{d}t}-\frac{1}{\upsilon}\left[\frac{1}{r^2}\frac{\partial}{\partial r}\left(r^2\frac{\partial \upsilon}{\partial r}\right)+\frac{1}{r^2\sin\theta}\frac{\partial}{\partial\theta}\left(\sin\theta\frac{\partial \upsilon}{\partial\theta}\right)+\frac{1}{r^2\sin^2\theta}\frac{\partial^2 \upsilon}{\partial\varphi^2}\right]=0 \tag{14.3.112}$$

方程(14.3.112)的左边是 t 的函数，右边是 r，θ，φ 的函数，两边相等显然不可能，除非两边是同一个常数，记为 $-k^2$，则有

$$\frac{1}{a^2T}\frac{\mathrm{d}T}{\mathrm{d}t}=\frac{1}{\upsilon}\left[\frac{1}{r^2}\frac{\partial}{\partial r}\left(r^2\frac{\partial \upsilon}{\partial r}\right)+\frac{1}{r^2\sin\theta}\frac{\partial}{\partial\theta}\left(\sin\theta\frac{\partial \upsilon}{\partial\theta}\right)+\frac{1}{r^2\sin^2\theta}\frac{\partial^2 \upsilon}{\partial\varphi^2}\right]=-k^2 \tag{14.3.113}$$

可得两个方程：

$$\frac{\mathrm{d}T}{\mathrm{d}t}+a^2k^2T=0 \tag{14.3.114}$$

$$\frac{1}{r^2}\frac{\partial}{\partial r}\left(r^2\frac{\partial \upsilon}{\partial r}\right)+\frac{1}{r^2\sin\theta}\frac{\partial}{\partial\theta}\left(\sin\theta\frac{\partial \upsilon}{\partial\theta}\right)+\frac{1}{r^2\sin^2\theta}\frac{\partial^2 \upsilon}{\partial\varphi^2}+k^2\upsilon=0 \tag{14.3.115}$$

方程(14.3.114)是一阶、齐次、线性、常系数微分方程，方程(14.3.115)是球坐标系中的亥姆霍兹方程，由上一节球坐标系的亥姆霍兹方程进一步分离变数可得三个常微分方程：

$$\frac{\mathrm{d}}{\mathrm{d}r}\left(r^2\frac{\mathrm{d}R}{\mathrm{d}r}\right)+[r^2k^2-l(l+1)]R=0 \tag{14.3.116}$$

$$\frac{\mathrm{d}^2\Phi}{\mathrm{d}\varphi^2}+\lambda\Phi=0 \tag{14.3.117}$$

$$\sin\theta\frac{\mathrm{d}}{\mathrm{d}\theta}\left(\sin\theta\frac{\mathrm{d}\Theta}{\mathrm{d}\theta}\right)+[l(l+1)\sin^2\theta-\lambda]\Theta=0 \tag{14.3.118}$$

14.3.9 三维自由输运方程在柱坐标系中分离变数

三维自由输运方程在柱坐标系中的形式为

$$\frac{\partial u}{\partial t}-a^2\left[\frac{1}{\rho}\frac{\partial}{\partial\rho}\left(\rho\frac{\partial u}{\partial\rho}\right)+\frac{1}{\rho^2}\frac{\partial^2 u}{\partial\varphi^2}+\frac{\partial^2 u}{\partial z^2}\right]=0 \tag{14.3.119}$$

令 $u(\rho, \varphi, z, t) = \upsilon(\rho, \varphi, z)T(t)$，代入方程得

$$\frac{\partial(\upsilon T)}{\partial t} - a^2\left\{\frac{1}{\rho}\frac{\partial}{\partial\rho}\left[\rho\frac{\partial(\upsilon T)}{\partial\rho}\right] + \frac{1}{\rho^2}\frac{\partial^2(\upsilon T)}{\partial\varphi^2} + \frac{\partial^2(\upsilon T)}{\partial z^2}\right\} = 0 \tag{14.3.120}$$

化简为

$$\upsilon\frac{\mathrm{d}T}{\mathrm{d}t} - a^2 T\left[\frac{1}{\rho}\frac{\partial}{\partial\rho}\left(\rho\frac{\partial\upsilon}{\partial\rho}\right) + \frac{1}{\rho^2}\frac{\partial^2\upsilon}{\partial\varphi^2} + \frac{\partial^2\upsilon}{\partial z^2}\right] = 0 \tag{14.3.121}$$

两边同除以 $a^2\upsilon T$ 得

$$\frac{\upsilon}{a^2\upsilon T}\frac{\mathrm{d}T}{\mathrm{d}t} - \frac{a^2 T}{a^2\upsilon T}\left[\frac{1}{\rho}\frac{\partial}{\partial\rho}\left(\rho\frac{\partial\upsilon}{\partial\rho}\right) + \frac{1}{\rho^2}\frac{\partial^2\upsilon}{\partial\varphi^2} + \frac{\partial^2\upsilon}{\partial z^2}\right] = 0 \tag{14.3.122}$$

则得

$$\frac{1}{a^2 T}\frac{\mathrm{d}T}{\mathrm{d}t} = \frac{1}{\upsilon}\left[\frac{1}{\rho}\frac{\partial}{\partial\rho}\left(\rho\frac{\partial\upsilon}{\partial\rho}\right) + \frac{1}{\rho^2}\frac{\partial^2\upsilon}{\partial\varphi^2} + \frac{\partial^2\upsilon}{\partial z^2}\right] \tag{14.3.123}$$

方程(14.3.123)的左边是 t 的函数，右边是 ρ，φ，z 的函数，两边相等显然不可能，除非两边是同一个常数，记为 $-k^2$，则有

$$\frac{1}{a^2 T}\frac{\mathrm{d}T}{\mathrm{d}t} = \frac{1}{\upsilon}\left[\frac{1}{\rho}\frac{\partial}{\partial\rho}\left(\rho\frac{\partial\upsilon}{\partial\rho}\right) + \frac{1}{\rho^2}\frac{\partial^2\upsilon}{\partial\varphi^2} + \frac{\partial^2\upsilon}{\partial z^2}\right] = -k^2 \tag{14.3.124}$$

这样可得两个方程：

$$\frac{\mathrm{d}T}{\mathrm{d}t} + a^2 k^2 T = 0 \tag{14.3.125}$$

$$\frac{1}{\rho}\frac{\partial}{\partial\rho}\left(\rho\frac{\partial\upsilon}{\partial\rho}\right) + \frac{1}{\rho^2}\frac{\partial^2\upsilon}{\partial\varphi^2} + \frac{\partial^2\upsilon}{\partial z^2} + k^2\upsilon = 0 \tag{14.3.126}$$

方程(14.3.126)即为第 14.3.6 节中的式(14.3.83)，是亥姆霍兹方程在柱坐标系中的形式。由第 14.3.6 节分离变数的内容可得三个常微分方程：

$$\frac{\mathrm{d}^2\Phi}{\mathrm{d}\varphi^2} + \lambda\Phi = 0 \tag{14.3.127}$$

$$\frac{\mathrm{d}^2 Z}{\mathrm{d}z^2} + \mu Z = 0 \tag{14.3.128}$$

$$\frac{1}{\rho}\frac{\mathrm{d}}{\mathrm{d}\rho}\left(\rho\frac{\mathrm{d}R}{\mathrm{d}\rho}\right) + \left(k^2 - \mu - \frac{\lambda}{\rho^2}\right)R = 0 \tag{14.3.129}$$

其中三个参数是分离变数过程中引入的，将根据本征值问题确定。

练习 14.3

1. 氢原子定态问题的量子力学薛定谔方程如下：

$$-\frac{h^2}{8\pi^2\mu}\Delta u - \frac{ze^2}{r} = Eu$$

其中 h，μ，Z，e，E 都是常数，试在球坐标系中把这个方程分离变数。

第 15 章　定解问题的求解——施图姆-刘维尔本征值问题

第 11 章、第 12 章、第 13 章用分离变数法求解定解问题过程中，总可以分离变数得到一系列带参数的常微分方程的边值问题，这些参数的取值待定。当参数固定时，从常微分方程的阶分类，有一阶、二阶或更高阶常微分方程；从常微分方程的系数是否变化进行分类，可分为常系数和变系数常微分方程；并且这些都是线性常微分方程。这些边值问题中的二阶常微分方程与边值条件一起构成了施图姆-刘维尔本征值问题。下面先讨论二阶、齐次、线性常微分方程解的结构。

15.1　二阶、齐次、线性常微分方程解的结构

二阶、齐次、线性常微分方程的一般形式为

$$y'' + p(x)y' + q(x)y = 0 \tag{15.1.1}$$

根据常微分方程理论，二阶、齐次、线性常微分方程的通解由两个线性独立的解线性组合而成。求解二阶、齐次、线性常微分方程的通解时，只需找到两个线性独立的解。假设其两个线性独立的解为 $y_1(x)$，$y_2(x)$，则方程(15.1.1)的通解为

$$y(x)=C_1 y_1(x)+C_2 y_2(x) \tag{15.1.2}$$

其中 C_1，C_2 由两个边值条件确定。如何找两个线性独立的解？对于常系数微分方程的情况，高等数学有详细的介绍；对于变系数常微分方程的情况，本章将针对特殊常微分方程介绍级数解法。在二阶、齐次、线性常微分方程求解的基础上讨论施图姆-刘维尔本征值问题。

15.2　二阶、齐次、线性、常系数微分方程的本征值问题

15.2.1　第一类齐次边值条件问题

第 11 章利用分离变数法求定解问题时，得到需要同时满足下列三式：

$$\frac{d^2 y}{dx^2} + \lambda y = 0 \tag{15.2.1}$$

$$y(0) = 0,\ y(l) = 0 \tag{15.2.2}$$

$$y(x) = \text{非零有限值} \tag{15.2.3}$$

的二阶、齐次、线性、常系数常微分方程的边值问题(其中式(15.2.2)来源于第一类边界条件分离变数，为了便于理解和区分，这里称为第一类边值条件，主要为了区别于偏微分方

程的边界条件，后面的第二类边值条件、混合边值条件类似)。λ是待定参数，暂时认为λ是复数，根据常微分方程解的结构，方程(15.2.1)在$\lambda=0$和$\lambda\neq 0$对应的解结构不相同，所以分为两种情况讨论。

1. $\lambda=0$ 的情况

当$\lambda=0$时，很容易找到方程的两个线性独立的解，即1，x，所以方程的通解为

$$y(x)=C_0+D_0x \tag{15.2.4}$$

且$y(x)$要求满足式(15.2.2)，所以将式(15.2.4)的解代入式(15.2.2)得

$$y(0)=C_0+D_0\cdot 0=0 \tag{15.2.5}$$

$$y(l)=C_0+D_0\cdot l=0 \tag{15.2.6}$$

解得

$$C_0=0,\ D_0=0 \tag{15.2.7}$$

即

$$y(x)\equiv 0 \tag{15.2.8}$$

这与式(15.2.3)的条件矛盾，即当$\lambda=0$时不可能找到同时满足式(15.2.1)～式(15.2.3)的解，所以$\lambda=0$的情况应该舍弃。

2. $\lambda\neq 0$ 的情况

当$\lambda\neq 0$时，找特解的方法是将微分方程转化为特征方程，即令$y(x)=e^{rx}$代入式(15.2.1)得

$$(r^2+\lambda)e^{rx}=0 \tag{15.2.9}$$

由e^{rx}的非零性质可得特征方程：

$$r^2+\lambda=0 \tag{15.2.10}$$

代数方程(15.2.10)是一元二次方程，可因式分解为

$$(r+\sqrt{-\lambda})(r-\sqrt{-\lambda})=0 \tag{15.2.11}$$

由此可得两个一元一次方程：

$$\begin{cases} r+\sqrt{-\lambda}=0 \\ r-\sqrt{-\lambda}=0 \end{cases} \tag{15.2.12}$$

由此得到特征方程的两个解：

$$r_1=\sqrt{-\lambda},\ r_2=-\sqrt{-\lambda} \tag{15.2.13}$$

所以方程(15.2.1)在$\lambda\neq 0$时的两个解可取为

$$y_1(x)=e^{\sqrt{-\lambda}x},\ y_2(x)=e^{-\sqrt{-\lambda}x} \tag{15.2.14}$$

通解为

$$y(x)=Ce^{\sqrt{-\lambda}x}+De^{-\sqrt{-\lambda}x} \tag{15.2.15}$$ ①

C，D由边值条件确定。代入边值条件式(15.2.2)、式(15.2.3)得

① (微分方程求解常识)从第11章到现在，解方程的思路为：二阶偏微分方程转化为二阶常微分方程，二阶常微分方程转化为一元二次代数方程，一元二次代数方程转化为一元一次代数方程。

$$\begin{cases} C+D=0 \\ C\mathrm{e}^{\sqrt{-\lambda}l}+D\mathrm{e}^{-\sqrt{-\lambda}l}=0 \end{cases} \tag{15.2.16}$$

$$C\mathrm{e}^{\sqrt{-\lambda}x}+D\mathrm{e}^{-\sqrt{-\lambda}x}=\text{非零有限值} \tag{15.2.17}$$

式(15.2.16)是关于 C, D 的**齐次线性方程组**，而式(15.2.17)的条件要求 C, D 不全为零，即等价于要求式(15.2.16)有**非零解**，根据**齐次线性方程组**有非零解的**充分必要条件**是**系数矩阵行列式为零**：

$$\begin{vmatrix} 1 & 1 \\ \mathrm{e}^{\sqrt{-\lambda}l} & \mathrm{e}^{-\sqrt{-\lambda}l} \end{vmatrix}=0 \tag{15.2.18}$$

即

$$\mathrm{e}^{-\sqrt{-\lambda}l}-\mathrm{e}^{\sqrt{-\lambda}l}=0 \tag{15.2.19}$$

可知

$$\mathrm{e}^{2\sqrt{-\lambda}l}=1 \tag{15.2.20}$$

把 λ 作为复数处理，两边取对数得

$$2\sqrt{-\lambda}l=\ln|1|+\mathrm{i}2k\pi \tag{15.2.21}$$

解得

$$\sqrt{-\lambda}=\frac{\mathrm{i}k\pi}{l} \tag{15.2.22}$$

即

$$\lambda=\frac{k^2\pi^2}{l^2}\ (k=1,\ 2,\cdots) \tag{15.2.23}$$

即 λ 只能取一系列大于零的离散值，称为**本征值**。考虑式(15.2.16)的第一个方程得 $C=-D$，式(15.2.1)～式(15.2.3)构成的边值问题的解取为

$$y(x)=C\left[\frac{1}{2\mathrm{i}}\left(\mathrm{e}^{\mathrm{i}\frac{k\pi x}{l}}-\mathrm{e}^{-\mathrm{i}\frac{k\pi x}{l}}\right)\right]=C\sin\frac{k\pi x}{l}\quad(k=1,\ 2,\cdots) \tag{15.2.24}$$

综合 λ 的取值情况，带参数的常微分方程满足边值条件 $y(0)=0$，$y(l)=0$ 的非零解有无穷多个(对应的 k 取不同的整数)。这种情况称为本征值问题。

则式(15.2.1)～式(15.2.3)称为本征值问题，λ 对应的所有可能的离散取值称为**本征值**，不同**本征值**对应的函数称为**本征函数**。式(15.2.1)～式(15.2.3)的本征值和本征函数是：

$$\begin{cases} \lambda=\dfrac{k^2\pi^2}{l^2} & (k=1,\ 2,\cdots) \\ y(x)=C\sin\dfrac{k\pi x}{l} & (k=1,\ 2,\cdots) \end{cases} \tag{15.2.25}$$

此处**本征值**与**本征函数**的意义是：对于含参数的常微分方程(15.2.1)，解满足边值条件 $y(0)=0$，$y(l)=0$ 和 $y(x)=$ 非零有限值 的解，只有在 λ 的取值满足 $\lambda=\dfrac{k^2\pi^2}{l^2}$ 时才存在。λ 的所有可能值对应的本征函数都是微分方程(15.2.1)的解。也就是说找到了无穷多个既满足式(15.2.1)，又满足 $y(0)=0$，$y(l)=0$ 的非零有限解。

以上第一类边值条件的情况，对于第二类边值条件，是否有类似的结果呢？

15.2.2　第二类齐次边值条件问题

满足下列三式：

$$\frac{d^2 y}{dx^2} + \lambda y = 0 \tag{15.2.26}$$

$$y'(0) = 0,\ y'(l) = 0 \tag{15.2.27}$$

$$y(x) = \text{非零有限值} \tag{15.2.28}$$

的**二阶、齐次、线性、常系数**微分方程的边值问题，由于λ是待定参数，方程中$\lambda=0$和$\lambda\neq0$的解的结构不相同，因此要分为以下两种情况讨论。

1. $\lambda=0$ 的情况

当$\lambda=0$时，很容易找到方程(15.2.26)的两个线性独立的解，即 1，x，所以方程的通解为

$$y(x)=C_0+D_0 x \tag{15.2.29}$$

C_0，D_0 由边值条件式(15.2.27)、式(15.2.28)限定，代入式(15.2.27)得

$$y'(0)=D_0=0 \tag{15.2.30}$$

$$y'(l)=D_0=0 \tag{15.2.31}$$

解得

$$C_0 = \text{常数},\ D_0 = 0 \tag{15.2.32}$$

即

$$y(x) = C_0 \tag{15.2.33}$$

这个解与式(15.2.28)并不矛盾，所以暂时不能确定取舍。

2. $\lambda\neq0$ 的情况

当$\lambda\neq0$时，找特解的方法是将微分方程化为特征方程，即令 $y(x) = e^{rx}$，代入式(15.2.26)得

$$(r^2 + \lambda)e^{rx} = 0 \tag{15.2.34}$$

由 e^{rx} 的非零性质可得特征方程：

$$r^2 + \lambda = 0 \tag{15.2.35}$$

特征方程(15.2.35)是**一元二次方程**，λ是复数，可因式分解为

$$(r+\sqrt{-\lambda})(r-\sqrt{-\lambda})=0 \tag{15.2.36}$$

由此可得两个**一元一次方程**：

$$\begin{cases} r+\sqrt{-\lambda} = 0 \\ r-\sqrt{-\lambda} = 0 \end{cases} \tag{15.2.37}$$

得到两个解：

$$r_1=\sqrt{-\lambda},\ r_2=-\sqrt{-\lambda} \tag{15.2.38}$$

所以方程 $\frac{d^2 y}{dx^2} + \lambda y = 0$ 的两个线性独立的解可取为

$$e^{\sqrt{-\lambda}x},\ e^{-\sqrt{-\lambda}x} \tag{15.2.39}$$

方程 $\frac{d^2 y}{dx^2} + \lambda y = 0$ 在$\lambda\neq0$时的通解为

$$y(x) = Ce^{\sqrt{-\lambda}x} + De^{-\sqrt{-\lambda}x} \tag{15.2.40}$$

C,D 由边值条件确定。代入边值条件式(15.2.27)得

$$\begin{cases} C - D = 0 \\ C\sqrt{-\lambda}e^{\sqrt{-\lambda}l} - D\sqrt{-\lambda}e^{-\sqrt{-\lambda}l} = 0 \end{cases} \tag{15.2.41}$$

方程(15.2.41)是关于 C, D 的齐次线性方程组。另一方面，式(15.2.28)要求 C, D 不全为零，根据齐次线性方程组有非零解的充分必要条件是系数矩阵行列式为零：

$$\begin{vmatrix} 1 & -1 \\ e^{\sqrt{-\lambda}l} & -e^{-\sqrt{-\lambda}l} \end{vmatrix} = 0 \tag{15.2.42}$$

即

$$e^{-\sqrt{-\lambda}l} - e^{\sqrt{-\lambda}l} = 0 \tag{15.2.43}$$

可得

$$e^{2\sqrt{-\lambda}l} = 1 \tag{15.2.44}$$

解复数方程得

$$2\sqrt{\lambda}l = \ln|1| + i2k\pi \tag{15.2.45}$$

解得

$$\sqrt{-\lambda} = \frac{ik\pi}{l} \tag{15.2.46}$$

从而得

$$\lambda = \frac{k^2\pi^2}{l^2}\ (k = 1, 2, \cdots) \tag{15.2.47}$$

即 λ 只能取一系列大于零的离散值，同时可确定本征函数：

$$y(x) = C\left[\frac{1}{2}(e^{i\frac{k\pi x}{l}} + e^{-i\frac{k\pi x}{l}})\right] = C\cos\frac{k\pi x}{l}\ (k = 1, 2, \cdots) \tag{14.2.48}$$

结合 $\lambda = 0$ 的情况，式(15.2.26)～式(15.2.28)边值问题构成的本征值问题的本征值和本征函数为

$$\begin{cases} \lambda = \dfrac{k^2\pi^2}{l^2} & (k = 0, 1, 2, \cdots) \\ y(x) = C\cos\dfrac{k\pi x}{l} & (k = 0, 1, 2, \cdots) \end{cases} \tag{15.2.49}$$

注意这里 k 的取值范围。

练习 15.2.2

1. 求下列本征值问题，证明各题中不同的本征函数互相正交，并求出模方。

(1) $\begin{cases} X''(x) + \lambda X(x) = 0 \\ X(a) = 0,\ X(b) = 0, \\ X(x) = \text{非零有限值} \end{cases}$　(2) $\begin{cases} X''(x) + \lambda X(x) = 0 \\ X'(0) = 0,\ X(l) + hX'(l) = 0 \\ X(x) = \text{非零有限值} \end{cases}$

如果问题中的边值条件是混合齐次边值条件，那么这样的问题还能成为本征值问题吗？

15.2.3　混合齐次边值条件问题

满足下列三式：

$$\frac{d^2 y}{dx^2} + \lambda y = 0 \tag{15.2.50}$$

$$y(0) = 0, \ y'(l) = 0 \tag{15.2.51}$$

$$y(x) = \text{非零有限值} \tag{15.2.52}$$

的二阶、齐次、线性、常系数常微分方程的边值问题，由于 λ 是待定参数，方程中 $\lambda=0$ 和 $\lambda\neq0$ 的解的结构不相同，因此要分为以下两种情况讨论。

1. $\lambda=0$ 的情况

当 $\lambda=0$ 时，很容易找到方程(15.2.50)的两个线性独立的解，即 $1, x$，所以方程的通解为

$$y(x) = C_0 + D_0 x \tag{15.2.53}$$

C_0，D_0 由边值条件限定。代入边值条件得

$$y(0) = C_0 = 0 \tag{15.2.54}$$

$$y'(l) = D_0 = 0 \tag{15.2.55}$$

解得

$$C_0 = 0, \ D_0 = 0 \tag{15.2.56}$$

即

$$y(x) \equiv 0 \tag{15.2.57}$$

此解与 $y(x)$ = 非零有限值矛盾，应舍弃。所以只考虑 $\lambda\neq0$ 的情况的解。

2. $\lambda\neq0$ 的情况

当 $\lambda\neq0$ 时，找特解的方法是将微分方程化为特征方程，即令 $y(x) = e^{rx}$ 代入式(15.2.50)得

$$(r^2 + \lambda) e^{rx} = 0 \tag{15.2.58}$$

由 e^{rx} 的非零性质可得特征方程：

$$r^2 + \lambda = 0 \tag{15.2.59}$$

特征方程(15.2.59)是一元二次方程，λ 是复数，可因式分解为

$$(r + \sqrt{-\lambda})(r - \sqrt{-\lambda}) = 0 \tag{15.2.60}$$

由此可得两个一元一次方程：

$$\begin{cases} r + \sqrt{-\lambda} = 0 \\ r - \sqrt{-\lambda} = 0 \end{cases} \tag{15.2.61}$$

由此得到两个解：

$$r_1 = \sqrt{-\lambda}, \ r_2 = -\sqrt{-\lambda} \tag{15.2.62}$$

所以方程(15.2.50)的两个线性独立的解可取为

$$e^{\sqrt{-\lambda}x}, \ e^{-\sqrt{-\lambda}x} \tag{15.2.63}$$

所以方程(15.2.50)在 $\lambda\neq0$ 时的通解为

$$y(x) = C\mathrm{e}^{\sqrt{-\lambda}x} + D\mathrm{e}^{-\sqrt{-\lambda}x} \tag{15.2.64}$$

C，D 由边值条件限定。代入边值条件得

$$\begin{cases} C + D = 0 \\ C\sqrt{-\lambda}\mathrm{e}^{\sqrt{-\lambda}l} - D\sqrt{-\lambda}\mathrm{e}^{-\sqrt{-\lambda}l} = 0 \end{cases} \tag{15.2.65}$$

方程(15.2.65)是关于 C，D 的齐次线性方程组，求解式(15.2.52)等价于要求式(15.2.65)有非零解，根据齐次线性方程组有非零解的充分必要条件是系数矩阵行列式为零：

$$\begin{vmatrix} 1 & 1 \\ \mathrm{e}^{\sqrt{-\lambda}l} & -\mathrm{e}^{-\sqrt{-\lambda}l} \end{vmatrix} \tag{15.2.66}$$

即

$$\mathrm{e}^{-\sqrt{-\lambda}x} + \mathrm{e}^{\sqrt{-\lambda}x} = 0 \tag{15.2.67}$$

可得

$$\mathrm{e}^{2\sqrt{-\lambda}l} = -1 \tag{15.2.68}$$

解复数方程得

$$2\sqrt{-\lambda}l = \ln|-1| + \mathrm{i}(2k+1)\pi \ (k = 0, 1, 2, \cdots) \tag{15.2.69}$$

解得

$$\sqrt{-\lambda} = \frac{\mathrm{i}(2k+1)\pi}{2l} \ (k = 0, 1, 2, \cdots) \tag{15.2.70}$$

从而得

$$\lambda = \frac{(2k+1)^2\pi^2}{4l^2} \quad (k=0, 1, 2, \cdots) \tag{15.2.71}$$

即 λ 只能取一系列大于零的离散值，即特征值。同时可确定本征函数：

$$y(x) = C\left\{\frac{1}{2\mathrm{i}}\left[\mathrm{e}^{\mathrm{i}\frac{(2k+1)\pi x}{2l}} - \mathrm{e}^{-\mathrm{i}\frac{(2k+1)\pi x}{2l}}\right]\right\} = C\sin\frac{(2k+1)\pi}{2l}x \ (k = 0, 1, 2, \cdots) \tag{15.2.72}$$

综上所述，定解问题式(15.2.50)～式(15.2.52)构成的本征值问题的本征值和本征函数只能是：

$$\begin{cases} \lambda = \dfrac{(2k+1)^2\pi^2}{4l^2} & (k = 0, 1, 2, \cdots) \\ y(x) = C\sin\dfrac{(2k+1)\pi x}{2l} & (k = 0, 1, 2, \cdots) \end{cases} \tag{15.2.73}$$

15.2.4　自然周期边值条件问题

满足下列三式：

$$\frac{\mathrm{d}^2\Phi}{\mathrm{d}\varphi^2} + \lambda\Phi = 0 \tag{15.2.74}$$

$$\Phi(0) = \Phi(2\pi) \tag{15.2.75}$$

$$\Phi(\varphi) = \text{非零有限值} \tag{15.2.76}$$

的二阶、齐次、线性、常系数常微分方程的边值问题称为自然周期边值条件的本征值问题，由于 λ 是待定参数，方程中 $\lambda=0$ 和 $\lambda\neq0$ 的解的结构不相同，因此要分为以下两种情况讨论。

1. $\lambda=0$ 的情况

当 $\lambda=0$ 时，很容易找到方程的两个线性独立的解，即 1，φ，方程的通解为

$$\Phi(\varphi)=C_0+D_0\varphi \tag{15.2.77}$$

C_0，D_0 由边值条件限定，代入边值条件得

$$C_0=C_0+D_0 2\pi \tag{15.2.78}$$

所以有

$$D_0=0 \tag{15.2.79}$$

即

$$\Phi(\varphi)\equiv C_0 \tag{15.2.80}$$

这个解与式(15.2.76)不矛盾，暂时无法确定取舍。

2. $\lambda\neq 0$ 的情况

当 $\lambda\neq 0$ 时，找特解的方法是将微分方程化为特征方程，即令 $\Phi(\varphi)=\mathrm{e}^{r\varphi}$，代入式(15.2.74)得

$$(r^2+\lambda)\mathrm{e}^{r\varphi}=0 \tag{15.2.81}$$

由 $\mathrm{e}^{r\varphi}$ 的非零性质可得特征方程：

$$r^2+\lambda=0 \tag{15.2.82}$$

代数方程(15.2.82)属于一元二次方程，λ 是复数，可因式分解为

$$(r+\sqrt{-\lambda})(r-\sqrt{-\lambda})=0 \tag{15.2.83}$$

由此可得两个一元一次方程：

$$\begin{cases} r+\sqrt{-\lambda}=0 \\ r-\sqrt{-\lambda}=0 \end{cases} \tag{15.2.84}$$

由此可得特征方程的两个根：

$$r_1=\sqrt{-\lambda},\ r_2=-\sqrt{-\lambda} \tag{15.2.85}$$

方程 $\Phi''(\varphi)+\lambda\Phi(x)=0$ 在 $\lambda\neq 0$ 时的通解为

$$\Phi(\varphi)=C\mathrm{e}^{\sqrt{-\lambda}\varphi}+D\mathrm{e}^{-\sqrt{-\lambda}\varphi} \tag{15.2.86}$$

C，D 由自然周期边值条件确定。代入自然周期边值条件得

$$C+D=C\mathrm{e}^{\sqrt{-\lambda}2\pi}+D\mathrm{e}^{-\sqrt{-\lambda}2\pi} \tag{15.2.87}$$

方程(15.2.87)是关于 C，D 的线性方程，可化简为

$$C(1-\mathrm{e}^{\sqrt{-\lambda}2\pi})+D(1-\mathrm{e}^{-\sqrt{-\lambda}2\pi})=0 \tag{15.2.88}$$

当 $\lambda\neq 0$ 时，上式成立有以下两种情况：

(1) 第一种情况：

$$C=D=0 \tag{15.2.89}$$

这与式(15.2.76)矛盾，应舍弃。

(2) 第二种情况：

$$\begin{cases} 1-\mathrm{e}^{\sqrt{-\lambda}2\pi}=0 \\ 1-\mathrm{e}^{-\sqrt{-\lambda}2\pi}=0 \end{cases} \tag{15.2.90}$$

即

$$\begin{cases} e^{\sqrt{-\lambda}2\pi} = 1 \\ e^{-\sqrt{-\lambda}2\pi} = 1 \end{cases} \tag{15.2.91}$$

解复数方程得

$$\begin{cases} \sqrt{-\lambda}2\pi = \ln|1| + i2m\pi = i2m\pi & (m = 1, 2, \cdots) \\ -\sqrt{-\lambda}2\pi = \ln|1| + i2m\pi = i2m\pi & (m = 1, 2, \cdots) \end{cases} \tag{15.2.92}$$

解得

$$\pm\sqrt{-\lambda} = im \ (m = 1, 2, \cdots) \tag{15.2.93}$$

进一步得

$$\lambda = m^2 \quad (m = 1, 2, \cdots) \tag{15.2.94}$$

即 λ 只能取一系列大于零的整数的平方，即本征值。同时可确定本征函数：

$$\Phi(\varphi) = (C\cos m\varphi + D\sin m\varphi) \quad (m = 1, 2, \cdots) \tag{15.2.95}$$

由式(15.2.95)可发现，当 $m=0$ 时刚好能回到 $\lambda=0$ 的情况。综上所述，定解问题式(15.2.74)～式(15.2.76)构成的本征值问题的本征值和本征函数如下：

$$\begin{cases} \lambda = m^2 & (m = 0, 1, 2, \cdots) \\ \Phi(\varphi) = C\cos m\varphi + D\sin m\varphi & (m = 0, 1, 2, \cdots) \end{cases} \tag{15.2.96}$$

以上 4 个带边值条件的二阶、齐次、线性、常系数常微分方程的边值问题都构成了本征值问题。巧合的是，本征函数刚好是傅里叶级数的基，由傅里叶级数的知识知道，本征值问题的本征函数都是正交、完备的，定义在区间 $[0, l]$ 或 $[0, 2\pi]$ 上的函数可以由本征函数展开为傅里叶级数。

由第 13 章的定解问题分离变数得到的带参数的变系数常微分方程的边值问题能构成本征值问题吗？比如说勒让德方程、连带勒让德方程、贝塞尔方程的边值问题？这个问题数学上称为施图姆-刘维尔本征值问题。求解第 13 章分离变数遇到的边值问题，需要先掌握施图姆-刘维尔本征值问题的相关知识。

15.3 施图姆-刘维尔本征值问题

15.3.1 施图姆-刘维尔方程

形式如下的二阶常微分方程称为施图姆-刘维尔方程：

$$\frac{d}{dx}\left[k(x)\frac{dy}{dx}\right] - [q(x) - \lambda\rho(x)]y = 0 \ (a \leqslant x \leqslant b) \tag{15.3.1}$$

其中 $k(x)$，$q(x)$，$\rho(x)$ 是常函数，λ 是待定常数。一般带参数的常微分方程：

$$y'' + a(x)y' + b(x)y + \lambda c(x)y = 0 \ (a \leqslant x \leqslant b) \tag{15.3.2}$$

乘上适当的函数 $e^{\left[\int a(x)dx\right]}$ 可化为施图姆-刘维尔方程：

$$\frac{d}{dx}\left[e^{\int a(x)dx}\frac{dy}{dx}\right] - [b(x)e^{\int a(x)dx}]y + \lambda[c(x)e^{\int a(x)dx}]y = 0 \ (a \leqslant x \leqslant b) \tag{15.3.3}$$

可以证明，第 15.2 节研究的微分方程都是施图姆-刘维尔方程，附加以齐次的第一类(比如式(15.2.2))、第二类(比如式(15.2.27))、混合边值条件式(式(15.2.51))或自然周期边值条件(如式(15.2.75))都构成了施图姆-刘维尔本征值问题。勒让德方程(自然边值条件)，连带勒让德方程(自然边值条件)，贝塞尔方程(第一类、第二类、第三类边值条件)也构成了施图姆-刘维尔本征值问题。

练习 15.3.1

1. 把下列二阶线性常微分方程化成施图姆-刘维尔方程的形式。

(1) 高斯方程(超几何级数微分方程)：

$$x(x-1)y''(x)+[(1+\alpha+\beta)x-\gamma]y'(x)+\alpha\beta y(x)=0$$

(2) 汇合超几何级数微分方程：

$$xy''(x)+(\gamma-x)y'(x)-\alpha y(x)=0$$

15.3.2　施图姆-刘维尔本征值问题特例

1. 常系数微分方程与齐次边值条件构成本征值问题

式(15.3.1)中如果取 $a=0$，$b=l$，$k(x)=$ 常数，$q(x)=0$，$\rho(x)=$ 常数，则刚好是第 15.2.1 节引入的本征值问题：

$$\begin{cases}y''+\lambda y=0\\ y(0)=0,\ y(l)=0\end{cases}\tag{15.3.4}$$

本征值和本征函数是熟知的：

$$\begin{cases}\lambda=\dfrac{n^2\pi^2}{l^2} & (n=1,2,3,\cdots)\\ y(x)=C\sin\dfrac{n\pi x}{l} & (n=1,2,3,\cdots)\end{cases}\tag{15.3.5}$$

其他边界情况见第 15.2 节。

2. 变系数微分方程与齐次边值条件构成本征值问题

1) 勒让德方程本征值问题

式(15.3.1)中令：$a=0$，$b=\pi$；$k(\theta)=\sin\theta$，$q(\theta)=0$，$\rho(\theta)=\sin\theta$ 或 $a=-1$，$b=1$，$k(x)=1-x^2$，$q(x)=0$，$\rho(x)=1$，且

$$\begin{cases}\dfrac{d}{d\theta}\left(\sin\theta\dfrac{d\Theta}{d\theta}\right)+\lambda\sin\theta\Theta=0\\ \Theta(0)\text{ 有限},\ \Theta(\pi)\text{有限}\end{cases}\text{或}\begin{cases}\dfrac{d}{dx}\left[(1-x^2)\dfrac{dy}{dx}\right]+\lambda y=0\\ y(-1)\text{ 有限},\ y(1)\text{有限}\end{cases}\tag{15.3.6}$$

2) 连带勒让德方程本征值问题

式(15.3.1)中令：$a=0$，$b=\pi$；$k(\theta)=\sin\theta$，$q(\theta)=\dfrac{m^2}{\sin\theta}$，$\rho(\theta)=\sin\theta$，或者 $a=-1$，$b=1$；$k(x)=1-x^2$，$q(x)=\dfrac{m^2}{1-x^2}$，$\rho(x)=1$，且

$$\begin{cases}\dfrac{d}{d\theta}\left(\sin\theta\dfrac{d\Theta}{d\theta}\right)-\dfrac{m^2}{\sin\theta}+\lambda\sin\theta\Theta=0\\ \Theta(0)\text{ 有限},\ \Theta(\pi)\text{有限}\end{cases}\text{或}\begin{cases}\dfrac{d}{dx}\left[(1-x^2)\dfrac{dy}{dx}\right]-\dfrac{m^2}{1-x^2}+\lambda y=0\\ y(-1)\text{ 有限},\ y(1)\text{有限}\end{cases}\tag{15.3.7}$$

3）贝塞尔方程本征值问题

式(15.3.1)中令：$a=0$，$b=\xi_0$；$k(\xi)=\xi$，$q(\xi)=m^2/\xi$，$\rho(\xi)=\xi$，且

$$\begin{cases}\dfrac{\mathrm{d}}{\mathrm{d}\xi}\left(\xi\dfrac{\mathrm{d}y}{\mathrm{d}\xi}\right)-\dfrac{m^2}{\xi}y+\lambda\xi y=0\\ y(0)\text{ 有限，}y(\xi_0)=0\end{cases}\tag{15.3.8}$$

这里的 ξ 其实是柱坐标系或平面极坐标系的 ρ，为了避免与施图姆-刘维尔方程的 $\rho(x)$ 相混淆暂且改用记号 ξ，上面写出的这个方程就是式(14.3.36)，而 $\lambda=\mu$。

4）埃尔米特方程

埃尔米特方程 $y''-2xy'+\lambda y=0$ 的本征值问题：式(15.3.1)中令 $a=-\infty$，$b=+\infty$；$k(x)=\mathrm{e}^{-x^2}$，$q(x)=0$ $\rho(x)=\mathrm{e}^{-x^2}$，且

$$\begin{cases}\dfrac{\mathrm{d}}{\mathrm{d}x}\left(\mathrm{e}^{-x^2}\dfrac{\mathrm{d}y}{\mathrm{d}x}\right)+\lambda\mathrm{e}^{-x^2}y=0\\ \text{当 }x\to\pm\infty\text{ 时，}y\text{ 的增长速度不快于 }\mathrm{e}^{\frac{1}{2}x^2}\end{cases}\tag{15.3.9}$$

这个本征值问题来自量子力学中的谐振子问题。

5）拉盖尔方程本征值问题

拉盖尔方程 $xy''+(1-x)y'+\lambda y=0$ 的本征值问题：式(15.3.1)中令 $a=0$，$b=+\infty$；$k(x)=x\mathrm{e}^{-x}$，$q(x)=0$，$\rho(x)=\mathrm{e}^{-x}$，且

$$\begin{cases}\dfrac{\mathrm{d}}{\mathrm{d}x}\left(x\mathrm{e}^{-x}\dfrac{\mathrm{d}y}{\mathrm{d}x}\right)+\lambda\mathrm{e}^{-x}y=0\\ y(0)=\text{非零有限值，当 }x\to\infty\text{ 时，}y\text{ 的增长速度不快于 }\mathrm{e}^{x/2}\end{cases}\tag{15.3.10}$$

这个本征值问题来自量子力学中的氢原子问题。

在以上各例中，$k(x)$，$q(x)$，$\rho(x)$ 在开区间 (a,b) 上都取正值。

总结特点：**若 a 或者 b 是 $k(x)$ 的一级零点，则那个端点存在自然边值条件。**

其证明需要了解常微分方程的级数求解知识，可在学习第 15.4 节后返回阅读。

证明：施图姆-刘维尔方程可化为

$$k(x)y''+k'(x)y'+q(x)y+\lambda\rho(x)y=0\tag{15.3.11}$$

即

$$y''+\frac{k'(x)}{k(x)}y'+\frac{-q(x)+\lambda\rho(x)}{k(x)}y=0\tag{15.3.12}$$

若 $x=a$ 是 $k(x)$ 的一级零点，则同时也是 y' 的系数 $\dfrac{k'(x)}{k(x)}$ 的一阶极点，只要 $x=a$ 是 $[-q(x)+\lambda\rho(x)]$ 不高于一阶的极点，则它就是 y 的系数 $\left[\dfrac{-q(x)+\lambda\rho(x)}{k(x)}\right]$ 不高于两阶的极点，从而是方程的*正则奇点*：

$$p_{-1}=\lim_{x\to a}[p(x)(x-a)]=\lim_{x\to a}\left[k'(x)\frac{x-a}{k(x)}\right]=1\tag{15.3.13}$$

于是得*判定方程*：

$$s(s-1)+s+q_{-2}=0\tag{15.3.14}$$

即

$$s^2+q_{-2}=0\tag{15.3.15}$$

两根为

$$s_1 = \sqrt{-q_{-2}},\ s_2 = -\sqrt{-q_{-2}} \tag{15.3.16}$$

物理意义要求，s_1，s_2 为实数，s_1，s_2 为一正一负或同为零，如果 s_2 为负，当 $x=a$ 时，特解因有负幂项而发散。如果 $s_1=s_2=0$，则有一个特解含 $\ln(x-a)$，在 $x=a$ 处为无穷大，所以 $x=a$ 成为自然边值条件。本节将进一步探索。在研究勒让德方程、连带勒让德方程、贝塞尔方程之前，先研究一般施图姆-刘维尔本征值问题的性质。

15.3.3　施图姆-刘维尔本征值问题的共同性质

第 15.2 节研究的每个本征值问题的解都是一系列的本征函数——傅里叶级数的基，而傅里叶级数的基有如下两个特点：

(1) 正交性(不同本征值的本征函数正交)

(2) 完备性(可展开为任意函数)。

是不是所有的施图姆-刘维尔本征值问题的本征函数都具有这种性质？

以下讨论式(15.3.1)中 $k(x)$，$q(x)$，$\rho(x)$ 在区间 (a, b) 上都取非负值的情况下施图姆-刘维尔本征值问题的共同性质。

1. 解的无限性

若 $k(x)$，$k'(x)$，$q(x)$ 连续或者最多以 $x=a$ 和 $x=b$ 为一阶极点，则存在无限多个本征值：

$$\lambda_1 \leqslant \lambda_2 \leqslant \lambda_3 \leqslant \lambda_4 \leqslant \cdots \tag{15.3.17}$$

相应地有无限多个本征函数：

$$y_1(x),\ y_2(x),\ y_3(x),\ y_4(x),\ \cdots \tag{15.3.18}$$

这些本征函数的排列次序正好使**节点**个数依次增多(量子力学中节点个数的性质可判断哪个波函数代表基态)，可从第 15.2 节中本征函数的图像直观了解。

2. 本征值的非负性质

施图姆-刘维尔本征值问题中所有的本征值 $\lambda_n \geqslant 0$。

证明　本征函数 $y_n(x)$ 和本征值 λ_n 满足：

$$-\frac{\mathrm{d}}{\mathrm{d}x}\left[k(x)\frac{\mathrm{d}y_n}{\mathrm{d}x}\right] + q(x)y_n = \lambda_n \rho(x) y_n \tag{15.3.19}$$

用 y_n 遍乘各项，并逐项从 a 到 b 积分，得

$$\lambda_n \int_a^b \rho(x) y_n^2 \mathrm{d}x = -\left[k(x) y_n \frac{\mathrm{d}y_n}{\mathrm{d}x}\right]\bigg|_a^b + \int_a^b k(x)\left(\frac{\mathrm{d}y_n}{\mathrm{d}x}\right)^2 \mathrm{d}x + \int_a^b q(x) y_n^2 \mathrm{d}x \tag{15.3.20}$$

即

$$\lambda_n \int_a^b \rho(x) y_n^2 \mathrm{d}x = [k(x) y_n y'_n]\,|_{x=a} - [k(x) y_n y'_n]\,|_{x=b} + \int_a^b k(x) y_n'^2 \mathrm{d}x + \int_a^b q(x) y_n^2 \mathrm{d}x \tag{15.3.21}$$

因为

$[k(x)y_n y'_n]|_{x=a}$、$[k(x)y_n y'_n]|_{x=b}$ 在第一、第二类齐次边值条件下等于 0

$[k(x)y_n y'_n]|_{x=a}$、$-[k(x)y_n y'_n]|_{x=b}$ 在第三类齐次边值条件下均大于0
所以有

$$\lambda_n \int_a^b \rho(x) y_n^2 \mathrm{d}x \geqslant 0 \tag{15.2.22}$$

即 $\lambda_n \leqslant 0$，问题得证。

3. 本征函数的正交性质

本征函数的正交性是指不同本征值 λ_m 和 λ_n 对应的本征函数 $y_m(x)$ 和 $y_n(x)$ 在区间 $[a, b]$ 上带权重正交，即

$$\int_a^b y_m(x) y_n(x) \rho(x) \mathrm{d}x = 0 \tag{15.3.23}$$

证明 $y_m(x)$，$y_n(x)$ 分别满足施图姆-刘维尔方程：

$$\frac{\mathrm{d}}{\mathrm{d}x}(k y'_m) - q y_m + \lambda_m \rho y_m = 0 \tag{15.3.24}$$

$$\frac{\mathrm{d}}{\mathrm{d}x}(k y'_n) - q y_n + \lambda_n \rho y_n = 0 \tag{15.3.25}$$

式(15.3.24) $\times y_n$ －式(15.3.25) $\times y_m$ 得

$$y_n \frac{\mathrm{d}}{\mathrm{d}x}(k y'_m) - y_m \frac{\mathrm{d}}{\mathrm{d}x}(k y'_n) + (\lambda_m - \lambda_n) \rho y_m y_n = 0 \tag{15.3.26}$$

逐项从 a 到 b 积分得

$$\int_a^b \left[y_n \frac{\mathrm{d}}{\mathrm{d}x}(k y'_m) - y_m \frac{\mathrm{d}}{\mathrm{d}x}(k y'_n) \right] \mathrm{d}x + \int_a^b (\lambda_m - \lambda_n) \rho y_m y_n \mathrm{d}x = 0 \tag{15.3.27}$$

经计算得

$$\int_a^b \frac{\mathrm{d}}{\mathrm{d}x}(k y_n y'_m - k y_m y'_n) \mathrm{d}x + \int_a^b (\lambda_m - \lambda_n) \rho y_m y_n \mathrm{d}x = 0 \tag{15.3.28}$$

$$(k y_n y'_m - k y_m y'_n) \bigg|_{x=b} - (k y_n y'_m - k y_m y'_n) \bigg|_{x=a} + \int_a^b (\lambda_m - \lambda_n) \rho y_m y_n \mathrm{d}x = 0 \tag{15.3.29}$$

$(k y_n y'_m - k y_m y'_n) \bigg|_{x=a,\, b}$ 在各种边值条件下均为零。所以 $\int_a^b (\lambda_m - \lambda_n) \rho y_m y_n \mathrm{d}x = 0$，而 $\lambda_m - \lambda_n \neq 0$，所以只有

$$\int_a^b y_m(x) y_n(x) \rho(x) \mathrm{d}x = 0 \tag{15.3.30}$$

称为带权重正交；若 $\rho(x) \equiv 1$，则称为正交。

4. 本征函数的完备性

定义在区间 $[a, b]$ 上的函数 $f(x)$ 如果具有连续一阶导数和分段连续二阶导数，且满足本征函数所满足的边值条件，则可以展开为绝对且一致收敛的级数：

$$f(x) = \sum_{n=1}^{\infty} f_n y_n(x) \tag{15.3.31}$$

其中 f_n 为展开系数。

有了以上施图姆-刘维尔本征值问题的4个性质，将产生一个很重要的数学结

果—— $f(x)$ 的*广义傅里叶级数*展开，后面内容将以此为基础研究定解问题的分离变数法。

5. 广义傅里叶级数

形如式(15.3.31)以本征函数为*基*的级数称为*广义傅里叶级数*。f_n 称为*广义傅里叶系数*。与傅里叶级数的情况相似，很容易推广*广义傅里叶系数*的计算。计算过程如下：

由式(15.3.31)，在等式两边分别乘以函数 $y_m(x)\rho(x)$ 后逐项积分：

$$\int_a^b f(\xi)y_m(\xi)\rho(\xi)\mathrm{d}\xi = \sum_{n=1} f_n \int_a^b y_n(\xi)y_m(\xi)\rho(\xi)\mathrm{d}\xi \tag{15.3.32}$$

根据本征函数的正交性，右端无穷级数只有 $n = m$ 这一项非零：

$$\int_a^b f(\xi)y_m(\xi)\rho(\xi)\mathrm{d}\xi = f_m \int_a^b [y_m(\xi)]^2\rho(\xi)\mathrm{d}\xi \tag{15.3.33}$$

记

$$N_m^2 = \int_a^b [y_m(\xi)]^2\rho(\xi)\mathrm{d}\xi \tag{15.3.34}$$

称为 $y_m(x)$的*模方*，于是有

$$f_m = \frac{1}{N_m^2}\int_a^b f(\xi)y_m(\xi)\rho(\xi)\mathrm{d}\xi \tag{15.3.35}$$

如果 $N_m=1$，则称 $y_m(x)$为归一化的本征函数，则

$$f_m = \int_a^b f(\xi)y_m(\xi)\rho(\xi)\mathrm{d}\xi \tag{15.3.36}$$

可将本征函数的正交性和模方计算合为一个式子：

$$\int_a^b \rho(x)y_m(x)y_n(x)\mathrm{d}x = N_m^2\delta_{mn} \tag{15.3.37}$$

其中：

$$\delta_{mn} = \begin{cases} 1 & (n = m) \\ 0 & (n \neq m) \end{cases} \tag{15.3.38}$$

称为*克罗内克符号*。正交性和模的计算是本征值问题的两个计算难点。

6. 复数形式的本征函数族

构造复数形式的本征值问题是方便的，比如本征值问题：

$$\begin{cases} \Phi'' + \lambda\Phi = 0 \\ \Phi(0) = \Phi(2\pi) \end{cases} \tag{15.3.39}$$

的本征函数族为

$$1,\ \cos\varphi,\ \cos2\varphi,\ \cos3\varphi,\ \cdots,\ \sin\varphi,\ \sin2\varphi,\ \sin3\varphi,\ \cdots \tag{15.3.40}$$

可用以下复数函数族：

$$\cdots,\ \mathrm{e}^{-\mathrm{i}3\varphi},\ \mathrm{e}^{-\mathrm{i}2\varphi},\ \mathrm{e}^{-\mathrm{i}\varphi},\ 1,\ \mathrm{e}^{\mathrm{i}\varphi},\ \mathrm{e}^{\mathrm{i}2\varphi},\ \mathrm{e}^{\mathrm{i}3\varphi},\ \cdots \tag{15.3.41}$$

代替正、余弦的本征函数族。为了保证模为实数，重新定义模方为

$$N_m^2 = \int_a^b y_m(x)\,[y_m(x)]^*\,\mathrm{d}x \tag{15.3.42}$$

其中 $[\cdots]^*$ 代表对括号中的函数求复共轭。正交性为

$$\int_a^b y_m(x)\,[y_n(x)]^*\,\mathrm{d}x = 0 \tag{15.3.43}$$

即

$$\int_a^b y_m(x)\,[y_n(x)]^*\,\mathrm{d}x = N_m^2\delta_{mn} \tag{15.3.44}$$

广义傅里叶系数为

$$f_m = \frac{1}{N_m^2}\int_a^b f(\xi)[y_m(\xi)]^*\,\mathrm{d}\xi \tag{15.3.45}$$

练习 15.3.3

1.定解问题

$$\begin{cases} u_{tt} - a^2 u_{xx} = 0 & \left(a^2 = \dfrac{E}{\rho}\right) \\ u|_{x=0} = 0 & (ESu_x + mu_{tt})|_{x=l} = 0 \\ u|_{t=0} = -\dfrac{mg}{ES}x,\ u_t|_{t=0} = 0 \end{cases}$$

在分离变数法求解过程中，出现了本征值问题：

$$\begin{cases} X''(x) + \lambda X(x) = 0 \\ X(0) = 0,\ X'(l) - \dfrac{\lambda m}{\rho S}X(l) = 0 \end{cases}$$

本征函数 $X(x) = C\sin\sqrt{\lambda}x$，本征值 λ 是超越方程 $\sqrt{\lambda}\cos\sqrt{\lambda}l - \dfrac{\lambda m}{\rho S}\sin\sqrt{\lambda}l = 0$ 的根。请验证：对于 $\lambda_m \neq \lambda_n$，$\int_0^l \sin(\sqrt{\lambda_m}x)\sin(\sqrt{\lambda_n}x)\mathrm{d}x \neq 0$，为什么对应不同本征值的本征函数不正交。

15.3.4 希尔伯特空间

以上的广义傅里叶级数有一些抽象，为了便于理解，下面将其与一般矢量在正交坐标系的分解进行比较。矢量在任意正交坐标系的坐标轴上投影如下：

$$\boldsymbol{f} = f_1\boldsymbol{i}_1 + f_2\boldsymbol{i}_2 + f_3\boldsymbol{i}_3 = \sum_{k=1}^{3} f_k\boldsymbol{i}_k \tag{15.3.46}$$

其中 $\boldsymbol{i}_k$ ($k = 1, 2, 3$)是单位基矢量。$f(x)$ 的广义傅里叶级数为

$$f(x) = f_1 y_1(x) + f_2 y_2(x) + \cdots + f_k y_k(x) + \cdots = \sum_{k=1}^{\infty} f_k y_k(x) \tag{15.3.47}$$

形式上与矢量分解比较有

$f(x)$相当于矢量 $\boldsymbol{f}$

$y_k(x)$ 相当于单位基矢量 $\boldsymbol{i}_k$，称为基底矢量

f_k 相当于矢量 $\boldsymbol{f}$ 在 $\boldsymbol{i}_k$ 方向上的分量，是 $f(x)$在基底矢量 $y_k(x)$ 上 的比重。

正交性：$\int_a^b y_m y_n \rho(x)\mathrm{d}x$ 相当于矢量 $\boldsymbol{i}_i$，$\boldsymbol{i}_j$ 的标积 $\boldsymbol{i}_i \cdot \boldsymbol{i}_j$

不同点：基底矢量不一定是归一的，而 $\boldsymbol{i}_k$ 是单位矢量

称 $y_k(x)$ 支开希尔伯特空间。

有了以上施图姆-刘维尔本征值问题的基本讨论，可以进一步讨论勒让德方程、贝塞尔

方程等二阶、齐次、线性、变系数常微分方程的本征值问题。但是对于变系数常微分方程的求解，在前期的课程中只有一种特殊情况——欧拉方程的求解，求解的基本方法是利用变量代换将**变系数**常微分方程转化为**常系数**常微分方程。对于一般性的**变系数**常微分方程的求解，我们没有相关知识。所以在讨论本征值问题之前，须先学习常微分方程的一种新解法——**级数法**。

15.4　常微分方程级数法求解

此部分将介绍常微分方程的*级数解法*，其本质思想仍然是找两个*线性独立*的解。下面介绍*常点*邻域上和*奇点*邻域上的级数解法。首先介绍微分方程的*常点*和*奇点*的概念。不失一般性，我们讨论复数形式的二阶常微分方程：

$$\frac{\mathrm{d}^2\omega}{\mathrm{d}z^2}+p(z)\frac{\mathrm{d}\omega}{\mathrm{d}z}+q(z)\omega=0 \tag{15.4.1}$$

15.4.1　常微分方程的常点与奇点

常微分方程的*常点*：对于任意的 z_0 点，如果方程(15.4.1)的系数 $p(z)$，$q(z)$ 在 z_0 点解析，则称 z_0 点为方程的*常点*。

常微分方程的*奇点*：对于任意的 z_0 点，如果方程(15.4.1)的系数 $p(z)$ 或 $q(z)$ 在 z_0 点无定义或发散，即 z_0 点为 $p(z)$ 或 $q(z)$ 的*奇点*，则称 z_0 点为方程的*奇点*。

15.4.2　常点邻域的级数解法

定理：(不证明)若方程：

$$\omega''+p(z)\omega'+q(z)\omega=0 \tag{15.4.2}$$

的系数 $p(z)$，$q(z)$ 在 z_0 点的邻域 $|z-z_0|<R$ 中解析，则方程(15.4.2)在圆 $|z-z_0|<R$ 中存在唯一*解析解*满足初值条件：

$$\omega(z_0)=C_0,\ \omega'(z_0)=C_1 \tag{15.4.3}$$

既然方程有唯一的解析解，可将解展开成泰勒级数：

$$\omega(z)=\sum_{k=0}^{\infty}a_k(z-z_0)^k \tag{15.4.4}$$

其中 $a_0, a_1, a_2, \cdots$ 待定。

下面以勒让德方程的级数求解展示*常点*邻域上的级数解法。

1. 勒让德方程的级数解法

l 阶勒让德方程的形式为

$$(1-x^2)y''(x)-2xy'(x)+l(l+1)y(x)=0 \tag{15.4.5}$$

化为一般形式为

$$y''(x)-\frac{2x}{1-x^2}y'(x)+\frac{l(l+1)}{1-x^2}y(x)=0 \tag{15.4.6}$$

l 取任意实数。根据方程*常点*的定义，可以判定 $x_0=0$ 是方程的*常点*，所以可以在 $x_0=0$ 的邻域上运用级数解法求解勒让德方程。令解为泰勒级数形式：

$$y(x)=a_0+a_1x+a_2x^2+a_3x^3+\cdots+a_kx^k+\cdots=\sum_{k=0}^{\infty}a_kx^k \tag{15.4.7}$$

可求得

$$y'(x)=a_1+2a_2x+3a_3x^2+\cdots+ka_kx^{k-1}+(k+1)a_{k+1}x^k+\cdots=\sum_{k=1}^{\infty}ka_kx^{k-1} \tag{15.4.8}$$

$$y''(x)=2\cdot 1a_2+3\cdot 2a_3x+4\cdot 3a_4x^2+\cdots+k(k-1)a_kx^{k-2}+\cdots=\sum_{k=2}^{\infty}k(k-1)a_kx^{k-2} \tag{15.4.9}$$

同时将方程的系数函数也展开成泰勒级数有

二阶项系数为 $1-x^2$，只有 x^0 项和 x^2 项；

一阶系数为 $-2x$，只有 x^1 项。

将级数解、系数函数的泰勒级数形式一起代入式(15.4.5)得

$$(1-x^2)\sum_{k=2}^{\infty}k(k-1)a_kx^{k-2}-2x\sum_{k=1}^{\infty}ka_kx^{k-1}+l(l+1)\sum_{k=0}^{\infty}a_kx^k=0 \tag{15.4.10}$$

化简得

$$\underline{\underline{\sum_{k=2}^{\infty}k(k-1)a_kx^{k-2}}}-\sum_{k=2}^{\infty}k(k-1)a_kx^k-\sum_{k=1}^{\infty}2ka_kx^k+l(l+1)\sum_{k=0}^{\infty}a_kx^k=0 \tag{15.4.11}$$

对于第一项，将指标进行变换，即 $k\to k+2$，转化为

$$\underline{\underline{\sum_{k=0}^{\infty}(k+2)(k+1)a_{k+2}x^k}}-\sum_{k=2}^{\infty}k(k-1)a_kx^k-\sum_{k=1}^{\infty}2ka_kx^k+l(l+1)\sum_{k=0}^{\infty}a_kx^k=0 \tag{15.4.12}$$

式(15.4.12)要求各幂次的系数为零。考虑到不同项中求和指标 k 的范围不一样，可将式(15.4.12)进一步表达为

$$\begin{aligned}&[2\cdot 1a_2+l(l+1)a_0]+\{3\cdot 2a_3-[2-l(l+1)]a_1\}x+\\&\sum_{k=2}^{\infty}\{(k+2)(k+1)a_{k+2}-[k(k+1)-l(l+1)]a_k\}x^k=0\end{aligned} \tag{15.4.13}$$

式(15.4.13)等号左边每一项的系数都为零，即

$$2\cdot 1a_2+l(l+1)a_0=0,\ 3\cdot 2a_3+[l(l+1)-2\cdot 1]a_1=0 \tag{15.4.14}$$

$$(k+2)(k+1)a_{k+2}+[l(l+1)-k(k+1)]a_k=0 \tag{15.4.15}$$

即

$$a_2=\frac{-l(l+1)}{2!}a_0 \tag{15.4.16}$$

$$a_3=\frac{(1-l)(l+2)}{3\cdot 2}a_1 \tag{15.4.17}$$

$$a_{k+2}=\frac{k(k+1)-l(l+1)}{(k+2)(k+1)}a_k=\frac{(k-l)(k+l+1)}{(k+2)(k+1)}a_k\ (k\geqslant 2) \tag{15.4.18}$$

式(15.4.18)是一个通式，称为**系数递推公式**。由式(15.4.16)、式(15.4.17)和**系数递推公式**可得

$$a_4=\frac{(2-l)(2+l+1)}{4\cdot 3}a_2=\frac{(2-l)(-l)(l+1)(l+3)}{4!}a_0 \tag{15.4.19}$$

$$a_6=\frac{(4-l)(4+l+1)}{6\cdot 5}a_4=\frac{(4-l)(2-l)(-l)(l+1)(l+3)(l+5)}{6!}a_0 \tag{15.4.20}$$

归纳起来：

$$a_{2k}=\frac{(2k-2-l)(2k-4-l)\cdots(2-l)(-l)(l+1)(l+3)\cdots(l+2k-1)}{(2k)!}a_0 \tag{15.4.21}$$

$$a_{2k+1}=\frac{(2k-1-l)(2k-3-l)\cdots(1-l)(l+2)(l+4)\cdots(l+2k)}{(2k+1)!}a_1 \tag{15.4.22}$$

这样我们可得到 l 阶勒让德方程的两个特解为

$$y_0(x)=1+\frac{(-l)(l+1)}{2!}x^2+\frac{(2-l)(-l)(l+1)(l+3)}{4!}x^4+\cdots+\frac{(2k-2-l)(2k-4-l)\cdots(-l)(l+1)(l+3)\cdots(l+2k-1)}{(2k)!}x^{2k}+\cdots \tag{15.4.23}$$

$$y_1(x)=x+\frac{(1-l)(l+2)}{3!}x^3+\frac{(3-l)(1-l)(l+2)(l+4)}{5!}x^5+\cdots+\frac{(2k-1-l)(2k-3-l)\cdots(1-l)(l+2)(l+4)\cdots(l+2k)}{(2k+1)!}x^{2k+1}+\cdots \tag{15.4.24}$$

其中 a_0，a_1 由边值条件确定。

2. 勒让德方程的通解

勒让德方程的通解为

$$y(x)=a_0y_0(x)+a_1y_1(x) \tag{15.4.25}$$

练习 15.4.2

1. 在 $x_0=0$ 的邻域上求解常微分方程 $y''(x)+\omega_0^2y(x)=0$，ω_0 是常数。

2. 在 $x_0=0$ 的邻域上求解常微分方程 $y''(x)-xy(x)=0$。

3. 在 $x_0=0$ 的邻域上求解埃尔米特方程 $y''(x)-2xy'(x)+(\lambda-1)y(x)=0$，$\lambda$ 取什么值可使级数退化为多项式？这些多项式乘以适当常数使最高幂项为 $(2x)^n$ 的形式，就称作埃尔米特多项式，记作 $\mathrm{H}_n(x)$，写出前几个解 $\mathrm{H}_n(x)$。

4. 在 $x_0=0$ 的邻域上求解 $(1-x^2)y''(x)-6xy'(x)+6y(x)=0$，即

$$(1-x^2)y''(x)-2(2+1)xy'(x)+[3(3+1)-2(2+1)]y(x)=0$$

在 l 阶勒让德方程的级数之中取 $l=3$ 代入，求它的二阶导数，然后跟本题的答案比较一下。

5. 在 $x_0=0$ 的邻域上求解雅可俾方程

$$(1-x^2)y''(x)+[\beta-\alpha-(\alpha+\beta+2)x]y'(x)+\lambda(\alpha+\beta+\lambda+1)y(x)=0$$

15.4.3　奇点邻域的级数解法

1. 奇点邻域上级数解的结构

对于二阶、齐次、线性常微分方程：

$$\omega''(z) + p(z)\omega'(z) + q(z)\omega(z) = 0 \tag{15.4.26}$$

如果选定的点 z_0 是*方程的奇点*，则一般说来，z_0 也是*解的奇点*，此时，解在点 z_0 邻域上的展开不再是泰勒级数而应是含有负幂项的洛朗级数。对于这种情况，关于方程的解有以下数学定理(此处不加证明)：

定理：如果 z_0 点为方程的*奇点*，则在 z_0 点的邻域 $0<|z-z_0|<R$ 上，方程(15.4.26)有如下形式的两个线性独立的解：

$$\omega_1(z) = \sum_{k=-\infty}^{\infty} a_k (z-z_0)^{s_1+k} \tag{15.4.27}$$

$$\omega_2(z) = \sum_{k=-\infty}^{\infty} b_k (z-z_0)^{s_2+k} \tag{15.4.28}$$

或者：

$$\omega_2(z) = A\omega_1(z)\ln(z-z_0) + \sum_{k=-\infty}^{\infty} b_k (z-z_0)^{s_2+k} \tag{15.4.29}$$

其中 s_1，s_2，A，a_k，b_k 为待定常数。关于这些系数的求解以及 $\omega_2(z)$是取式(15.4.28)还是式(15.4.29)，对于一般情况这里不讨论，以下讨论*奇点*为*正则奇点*的情况。

2. 微分方程的正则奇点

如果方程(15.4.26)在*奇点* z_0 的邻域 $0<|z-z_0|<R$ 上，两个线性独立的解全都只含有限项负幂项，则称 z_0 为微分方程(15.4.26)的*正则奇点*。对于一般*正则奇点*邻域的解，我们也不详细讨论，下面讨论*特殊正则奇点*的情况。

3. 特殊正则奇点邻域上的级数解法

结论：如果方程

$$\omega'' + p(z)\omega' + q(z)\omega = 0 \tag{15.4.30}$$

的系数函数满足条件：

$$\begin{cases} z_0 \text{ 为系数函数 } p(z) \text{ 不高于一阶的极点} \\ z_0 \text{ 为系数函数 } q(z) \text{ 不高于二阶的极点} \end{cases} \tag{15.4.31}$$

根据函数*奇点*的分类，系数函数在 z_0 点的邻域可展开为洛朗级数，即

$$\begin{cases} p(z) = \sum\limits_{k=-1}^{\infty} p_k \ (z-z_0)^k \\ q(z) = \sum\limits_{k=-2}^{\infty} q_k \ (z-z_0)^k \end{cases} \tag{15.4.32}$$

即 $p(z)$展开的洛朗级数最多含有-1次幂这一项负幂项，$q(z)$展开的洛朗级数最多含有两项负幂项。根据微分方程*正则奇点*的定义，可以证明此处 z_0 是微分方程的*正则奇点*，即 $\omega_1(z)$，$\omega_2(z)$只有有限项负幂项，可写为如下形式：

$$\omega_1(z)=\sum_{k=0}^{\infty}a_k(z-z_0)^{s_1+k} \tag{15.4.33}$$

$$\omega_2(z)=\sum_{k=0}^{\infty}b_k(z-z_0)^{s_2+k} \tag{15.4.34}$$

或者：

$$\omega_2(z)=A\omega_1(z)\ln(z-z_0)+\sum_{k=0}^{\infty}b_k(z-z_0)^{s_2+k} \tag{15.4.35}$$

并且 s_1 和 s_2 是所谓的*判定方程*：

$$s(s-1)+sp_{-1}+q_{-2}=0 \tag{15.4.36}$$

的两根，假设 s_2 为较小的根，$\omega_2(z)$的形式由这两个根的情况确定，结论如下：

当 $s_1-s_2\neq$ 整数时，$\omega_2(z)$ 取式(15.4.34)

当 $s_1-s_2=$ 整数时，$\omega_2(z)$ 取式(15.4.35)

如果取 $A=0$，则式(15.4.34)和式(15.4.35)一样。这也是数学的结论，这里不详细证明，读者可查阅相关书籍。

下面以 ν 阶贝塞尔方程为特例来熟悉常微分方程在*特殊正则奇点*邻域上的级数解法。

4. ν 阶贝塞尔方程的级数解

ν（ν 不取整数或半奇数）阶贝塞尔方程的形式为

$$x^2y''+xy'+(x^2-\nu^2)y=0 \tag{15.4.37}$$

表达为微分方程的一般形式：

$$y''+\frac{1}{x}y'+\left(1-\frac{\nu^2}{x^2}\right)y=0 \tag{15.4.38}$$

观察方程的系数发现：

$$\begin{cases}x_0=0\text{ 是 }p(x)=\dfrac{1}{x}\text{ 的一阶极点}\\[2ex] x_0=0\text{ 是 }q(x)=1-\dfrac{\nu^2}{x^2}\text{ 的二阶极点}\end{cases} \tag{15.4.39}$$

所以 $x_0=0$ 是贝塞尔方程的*特殊正则奇点*，根据特殊正则奇点邻域上的级数解法，为求得*判定方程*，须先将 $p(x)$，$q(x)$ 展开为洛朗级数，找出 p_{-1}，q_{-2}，即

$$p_{-1}=1,\ q_{-2}=-\nu^2 \tag{15.4.40}$$

则得*判定方程*为

$$s(s-1)+s-\nu^2=0 \tag{15.4.41}$$

即

$$s^2-\nu^2=0 \tag{15.4.42}$$

判定方程有两个根，即 $s_1=\nu$，$s_2=-\nu$，两根差为 $s_1-s_2=2\nu$，不是整数，两个线性独立的解的形式为

$$y_1(x)=\sum_{k=0}^{\infty}a_kx^{\nu+k} \tag{15.4.43}$$

$$y_2(x)=\sum_{k=0}^{\infty}b_kx^{-\nu+k} \tag{15.4.44}$$

其中系数 a_k，b_k 需要将两式的解代入 ν 阶贝塞尔方程求解。

由于式(15.4.43)、式(15.4.44)的形式一样，先不区分 $\pm\nu$，统一取 s，令

$$y_1(x)=a_0x^s+a_1x^{s+1}+\cdots+a_kx^{s+k}+\cdots=\sum_{k=0}^{\infty}a_kx^{s+k}\quad(a_0\neq 0)\tag{15.4.45}$$

将其代入贝塞尔方程 $x^2y''+xy'+(x^2-\nu^2)y=0$ 得

$$\sum_{k=0}^{\infty}(s+k)(s+k-1)a_kx^{s+k}+\sum_{k=0}^{\infty}(s+k)a_kx^{s+k}-\sum_{k=0}^{\infty}\nu^2a_kx^{s+k}+\sum_{k=2}^{\infty}a_{k-2}x^{s+k}\tag{15.4.46}$$

其中最后一项已经采用了求和指标变换，即 $k\to k-2$，化简后得

$$\sum_{k=0}^{\infty}[(s+k)^2-\nu^2]a_kx^{s+k}+\sum_{k=2}^{\infty}a_{k-2}x^{s+k}=0\tag{15.4.47}$$

各幂次系数都为零，则

$$\begin{cases}(s^2-\nu^2)a_0=0\\ [(s+1)^2-\nu^2]a_1=0\\ [(s+k)^2-\nu^2]a_k+a_{k-2}=0\ (k>1)\end{cases}\tag{15.4.48}$$

以上方程组第一个方程是一个恒等式，无法确定 a_0，第二式表明 a_1 必须为零。由第三式得**系数递推公式**：

$$a_k=\frac{-1}{(s+k)^2-\nu^2}a_{k-2}=\frac{-1}{(s+k+\nu)(s+k-\nu)}a_{k-2}\tag{15.4.49}$$

取 $s=\nu$ 得

$$a_k=\frac{-1}{k(2\nu+k)}a_{k-2}\quad(k>1)\tag{15.4.50}$$

由 a_0，a_1 和递推公式可算出具体的系数为

$$a_2=\frac{-1}{1!\ (\nu+1)}\frac{1}{2^2}a_0\tag{15.4.51}$$

$$a_3=\frac{-1}{3(2\nu+3)}a_1=0\tag{15.4.52}$$

$$a_4=\frac{-1}{4(2\nu+4)}a_2=\frac{1}{2^4}\frac{1}{2!(\nu+1)(\nu+2)}a_0\tag{15.4.53}$$

……

$$a_{2k}=(-1)^k\frac{1}{k!\ (\nu+1)(\nu+2)\cdots(\nu+k)}\frac{1}{2^{2k}}a_0\tag{15.4.54}$$

$$a_{2k+1}=0\tag{15.4.55}$$

1) ν 阶贝塞尔方程的第一个特解

这样得到 ν 阶贝塞尔方程的第一个特解：

$$y_1(x)=a_0x^\nu\left[\begin{aligned}&1-\frac{1}{1!\ (\nu+1)}\left(\frac{x}{2}\right)^2+\frac{1}{1!\ (\nu+1)(\nu+2)}\left(\frac{x}{2}\right)^4+\cdots\\&+\frac{(-1)^k}{k!\ (\nu+1)(\nu+2)\cdots(\nu+k)}\left(\frac{x}{2}\right)^{2k}+\cdots\end{aligned}\right]\tag{15.4.56}$$

这是一个级数解，收敛半径为

$$R=\lim_{k\to\infty}\left|\frac{a_{k-2}}{a_k}\right|=\lim_{k\to\infty}k(2\nu+k)=\infty\tag{15.4.57}$$

级数式(15.4.56)的形式不简练，常根据二阶常微分方程通解中待定常数的任意性，取

$$a_0 = \frac{1}{2^\nu \Gamma(\nu+1)} \tag{15.4.58}$$

$\Gamma(x)$ 称为**伽玛函数**①。代入式(15.4.56)，并把得到的解称为**ν 阶贝塞尔函数**，记为 $J_\nu(x)$：

$$J_\nu(x) = \sum_{k=0}^{\infty} (-1)^k \frac{1}{k!\Gamma(\nu+k+1)} \left(\frac{x}{2}\right)^{\nu+2k} \tag{15.4.59}$$

这个形式的解比式(15.4.56)简化多了。

2) ν 阶贝塞尔方程的第二个特解

式(15.4.49)中再取 $s=-\nu$，则形式为式(15.4.44)解的系数递推公式为

$$b_k = \frac{-1}{k(-2\nu+k)} b_{k-2} \quad (k>1) \tag{15.4.60}$$

由 b_0，b_1 和递推公式可算出具体的系数为

$$b_2 = \frac{-1}{1!\ (-\nu+1)} \frac{1}{2^2} b_0 \tag{15.4.61}$$

$$b_3 = \frac{-1}{3(-2\nu+3)} b_1 = 0 \tag{15.4.62}$$

$$b_4 = \frac{-1}{4(-2\nu+4)} b_2 = \frac{1}{2^4} \frac{1}{2!(-\nu+1)(-\nu+2)} b_0 \tag{15.4.63}$$

……

$$b_{2k} = (-1)^k \frac{1}{k!\ (-\nu+1)(-\nu+2)\cdots(-\nu+k)} \frac{1}{2^{2k}} b_0 \tag{15.4.64}$$

$$b_{2k+1} = 0 \tag{15.4.65}$$

这样得到 ν 阶贝塞尔方程的第二个特解：

$$y_2(x) = b_0 x^{-\nu} \left[\begin{array}{l} 1 - \dfrac{1}{1!\ (-\nu+1)} \left(\dfrac{x}{2}\right)^2 + \dfrac{1}{1!\ (-\nu+1)(-\nu+2)} \left(\dfrac{x}{2}\right)^4 + \cdots \\ + \dfrac{(-1)^k}{k!\ (-\nu+1)(-\nu+2)\cdots(-\nu+k)} \left(\dfrac{x}{2}\right)^{2k} + \cdots \end{array} \right] \tag{15.4.66}$$

---

① 实变数 x 的 Γ 函数定义如下：

$$\Gamma(x) = \int_0^\infty e^{-t} t^{x-1} dt \quad (x>0) \tag{1}$$

上式等号右边的积分收敛条件是 $x>0$，所以(1) 式只定义了 $x>0$ 的 Γ 函数。根据定义(1)，

$$\Gamma(1) = \int_0^\infty e^{-t} dt = -e^{-t} \Big|_0^\infty = 1 \tag{2}$$

$$\Gamma\left(\frac{1}{2}\right) = \int_0^\infty e^{-t} t^{-1/2} dt = 2\int_0^\infty e^{-t} d\sqrt{t} = 2\int_0^\infty e^{-(\sqrt{t})^2} d\sqrt{t} = \sqrt{\pi} \tag{3}$$

对 $\Gamma(x+1) = \int_0^\infty e^{-t} t^x dt$ 进行**分部积分**，可得**递推公式**：

$$\Gamma(x+1) = \int_0^\infty e^{-t} t^x dt = -t^x e^{-t} \Big|_0^\infty + \int_0^\infty e^{-t} d(t^x) = x\int_0^\infty e^{-t} t^{x-1} dt = x\Gamma(x) \tag{4}$$

或者表达为

$$\Gamma(x) = \frac{\Gamma(x+1)}{x} \tag{5}$$

如果取 x 为正整数 n，则从(4) 式得

$$\Gamma(n+1) = n\Gamma(n) = n(n-1)\Gamma(n-2) = n!\ \Gamma(1) = n! \tag{6}$$

这是一个级数解，收敛半径为

$$R=\lim_{k\to\infty}\left|\frac{a_{k-2}}{a_k}\right|=\lim_{k\to\infty}k(2\nu+k)=\infty \tag{15.4.67}$$

同样，级数式(15.4.66)的形式不简洁，根据二阶常微分方程的通解中待定常数的任意性，取

$$b_0=\frac{1}{2^{\nu}\Gamma(-\nu+1)} \tag{15.4.68}$$

并把这个解称为 **$-\nu$ 阶贝塞尔函数**，记为 $\mathrm{J}_{-\nu}(x)$：

$$\mathrm{J}_{-\nu}(x)=\sum_{k=0}^{\infty}(-1)^k\frac{1}{k!\Gamma(-\nu+k+1)}\left(\frac{x}{2}\right)^{-\nu+2k} \tag{15.4.69}$$

3）ν 阶贝塞尔方程的通解

综上所述，ν 阶贝塞尔方程的通解可表示为

$$y(x)=C_1\mathrm{J}_{\nu}(x)+C_2\mathrm{J}_{-\nu}(x) \tag{15.4.70}$$

C_1，C_2 为任意常数。利用 Mathematica 软件画出了如图 15.4－1、图 15.4－2 所示的 ν 取几个特殊值的函数图像。

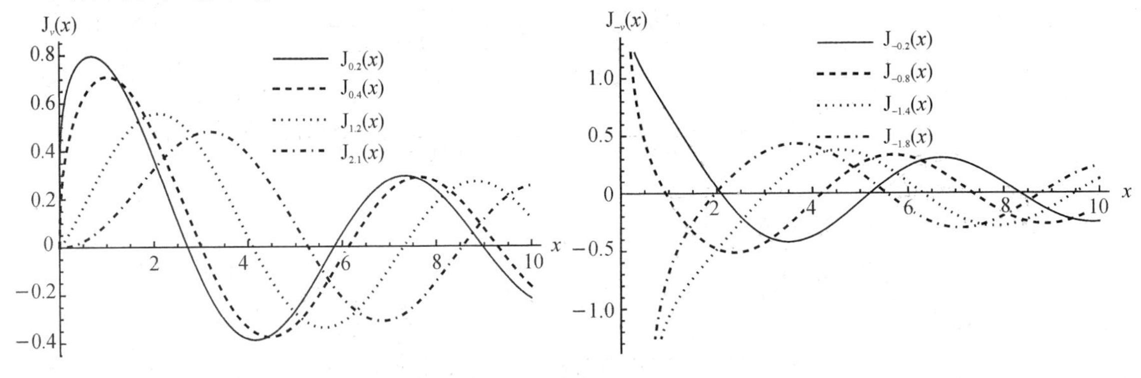

图 15.4－1　正 ν 阶的贝塞尔函数　　　图 15.4－2　负 ν 阶的贝塞尔函数

以上是求解 ν 阶贝塞尔方程的一组线性独立的特解，由这一组特解可以构造另一个特解。取 $C_1=\cot\nu\pi$，$C_2=-\csc\nu\pi$，代入式(15.4.70)得到另一个特解，称为 **ν 阶诺伊曼函数** $\mathrm{N}_{\nu}(x)$，即

$$\mathrm{N}_{\nu}(x)=\frac{\mathrm{J}_{\nu}(x)\cos\nu\pi-\mathrm{J}_{-\nu}(x)}{\sin\nu\pi} \tag{15.4.71}$$

因此 ν 阶贝塞尔方程的通解也可以表示为

$$y(x)=C_1\mathrm{J}_{\nu}(x)+C_2\mathrm{N}_{\nu}(x) \tag{15.4.72}$$

图 15.4－3 是 ν 阶诺伊曼函数 $\mathrm{N}_{\nu}(x)$ 的图像。

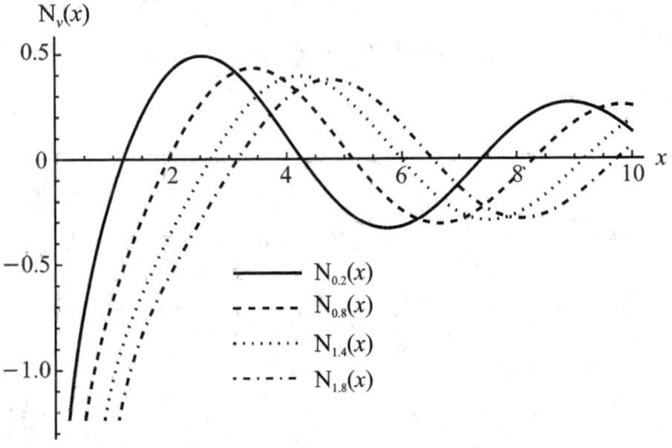

图 15.4－3　ν 阶诺伊曼函数图像

为了研究的方便，通常又取线性独立的解：

$$\begin{cases} H_\nu^{(1)}(x) = J_\nu(x) + iN_\nu(x) \\ H_\nu^{(2)}(x) = J_\nu(x) - iN_\nu(x) \end{cases} \tag{15.4.73}$$

称为**第一种汉克尔函数**和**第二种汉克尔函数**(其中 i 为虚数单位)，这样，ν 阶贝塞尔方程的通解又可以表示为

$$y(x) = C_1 H_\nu^{(1)}(x) + C_2 H_\nu^{(2)}(x) \tag{15.4.74}$$

汉克尔函数是复函数。一般情况下分别称**贝塞尔函数**、**诺伊曼函数**、**汉克尔函数**为第一类、第二类、第三类**柱函数**，即

$$\begin{cases} J_\nu(x) \to \text{第一类柱函数} \\ N_\nu(x) \to \text{第二类柱函数} \\ H_\nu^{(1)}(x),\ H_\nu^{(2)}(x) \to \text{第三类柱函数} \end{cases} \tag{15.4.75}$$

4）柱函数的渐进行为

一般情况下，需要知道三类柱函数的渐进行为，从各函数的形式得到其渐进行为如下：

$$\text{当 } x \to 0 \text{ 时，有} \begin{cases} J_0(x) \to 1,\ J_\nu(x) \to 0,\ J_{-\nu}(x) \to \infty \\ N_\nu(x) \to -\infty,\ N_{-\nu}(x) \to \pm\infty \end{cases} \tag{15.4.76}$$

$$\text{当 } x \to \infty \text{ 时，有} \begin{cases} J_\nu(x) \to \sqrt{\dfrac{2}{\pi x}}\cos\left(x - \nu\pi - \dfrac{\pi}{4}\right) \\ N_\nu(x) \to \sqrt{\dfrac{2}{\pi x}}\sin\left(x - \nu\pi - \dfrac{\pi}{4}\right) \\ H_\nu^{(1)}(x) \to \sqrt{\dfrac{2}{\pi x}}e^{i(x-\nu\pi-\pi/4)} \\ H_\nu^{(2)}(x) \to \sqrt{\dfrac{2}{\pi x}}e^{-i(x-\nu\pi-\pi/4)} \end{cases} \tag{15.4.77}$$

所以第一类、第二类、第三类**柱函数**在 $x \to \infty$ 时都趋于零，$H_\nu^{(1)}(x)$ 对应从原点向无穷远传播的振幅递减波，$H_\nu^{(2)}(x)$ 对应从无穷远向原点传播的波。

5）柱函数的递推公式

由贝塞尔函数的级数表达式及柱函数与贝塞尔函数的关系，用 $Z_\nu(x)$ 表示三类柱函数，可得柱函数的递推公式：

$$\frac{d}{dx}\left[\frac{Z_\nu(x)}{x^\nu}\right] = -\frac{Z_{\nu+1}(x)}{x^\nu} \tag{15.4.78}$$

$$\frac{d}{dx}[x^\nu Z_\nu(x)] = x^\nu Z_{\nu-1}(x) \tag{15.4.79}$$

两式等号左边均展开，可改写为

$$Z'_\nu(x) - \frac{\nu Z_\nu(x)}{x} = -Z_{\nu+1}(x) \tag{15.4.80}$$

$$Z'_\nu(x) + \frac{\nu Z_\nu(x)}{x} = Z_{\nu-1}(x) \tag{15.4.81}$$

消去 $Z_\nu(x)$ 或 $Z'_\nu(x)$ 得

$$Z_{\nu-1}(x) - Z_{\nu+1}(x) = 2Z'_\nu(x) \tag{15.4.82}$$

$$Z_{\nu+1}(x) - \frac{2\nu Z_\nu(x)}{x} + Z_{\nu-1}(x) = 0 \tag{15.4.83}$$

练习 15.4.3

1. 在 $x=0$ 的邻域上求解常微分方程 $x^2y''(x)+xy'(x)-m^2y(x)=0$，$m^2$ 是常数。

2. 在 $x=0$ 的邻域上求解常微分方程 $x^2y''(x)+2xy'(x)-l(l+1)y(x)=0$。

3. 在 $x=0$ 的邻域上求解拉盖尔方程 $x^2y''(x)+(1-x)y'(x)-\lambda y(x)=0$ 的有限解，λ 取什么数值可使级数退化为多项式？这些多项式乘以适当的常数使最高幂项为 $(-x)^n$ 的形式称为拉盖尔多项式，记作 $\mathrm{L}_n(x)$，写出前几个 $\mathrm{L}_n(x)$。

4. 在 $x=0$ 的邻域上求解常微分方程 $y''(x)-2\lambda y'(x)-\left[\frac{2Z}{x}-\frac{l(l+1)}{x^2}\right]y(x)=0$，$\lambda$ 取什么数值可使级数退化为多项式？

5. 在 $x=1$ 的邻域上求解常微分方程 $(1-x^2)y''(x)-2xy'(x)+l(l+1)y(x)=0$ 的有限解。

6. 在 $x=0$ 的邻域上求解常微分方程 $xy''(x)-xy'(x)+y(x)=0$。

7. 在 $x=0$ 的邻域上求解常微分方程 $xy''(x)+y(x)=0$。

8. 在 $x=0$ 的邻域上求解高斯方程(超几何级数微分方程)：

$$x(x-1)y''(x)-[(1+\alpha+\beta)x-\gamma]y'(x)+\alpha\beta y(x)=0\ ,\ \alpha,\ \beta,\ \gamma \text{ 为常数}$$

9. 在 $x=0$ 的邻域上求解汇合超几何级数微分方程：

$$xy''(x)+(\gamma-x)y'(x)-\alpha y(x)=0\ ,\ \alpha,\ \gamma \text{ 为常数}$$

15.5 二阶、齐次、线性、变系数常微分方程的本征值问题

以变系数常微分方程的级数解法为基础，结合施图姆-刘维尔本征值问题的理论，下面可讨论分离变数法求解定解问题遇到的本征值问题。本节将讨论 l 阶勒让德方程的本征值问题、连带勒让德方程的本征值问题、m 阶贝塞尔方程的本征值问题。

15.5.1 勒让德方程的解

三维轴对称定解问题在球坐标系下分离变数得 $\Theta(\theta)$ 函数满足本征值问题：

$$\begin{cases} \sin\theta\dfrac{\mathrm{d}}{\mathrm{d}\theta}\left(\sin\theta\dfrac{\mathrm{d}\Theta}{\mathrm{d}\theta}\right)+l(l+1)\sin^2\theta\Theta=0 \\ \Theta(\theta)=\text{非零有限值} \end{cases} \quad (0\leqslant\theta\leqslant\pi) \tag{15.5.1}$$

为了求解这个本征值问题，先做变换：

$$x = \cos\theta,\ \Theta(\theta) \to y[x(\theta)]^{①} \tag{15.5.2}$$

微分方程和边值条件变为

$$\begin{cases}(1-x^2)y'' - 2xy' + l(l+1)y = 0 \\ y(x) = \text{非零有限值.}\end{cases} \quad (-1 \leqslant x \leqslant 1) \tag{15.5.3}$$

其中 l 是分离变数引入的常数，式(15.5.3)称为 l 阶勒让德方程的本征值问题，其中微分方程称为 l 阶勒让德方程。

1. l 阶勒让德方程的级数解

本征值问题式(15.5.3)中的微分方程化为一般形式为

$$y'' - \frac{2x}{1-x^2}y' + \frac{l(l+1)}{1-x^2}y = 0 \tag{15.5.4}$$

方程的系数函数为

$$p(x) = -\frac{2x}{1-x^2},\ q(x) = \frac{l(l+1)}{1-x^2} \tag{15.5.5}$$

在点 $x_0 = 0$ 处：

$$p(x_0) = 0,\ q(x_0) = l(l+1) \tag{15.5.6}$$

均为有限值，即 $x_0 = 0$ 为勒让德方程的*常点*。运用*常点*邻域的级数解法，对于任意实数 l 可得方程在 $x_0 = 0$ 的邻域上的通解形式为

$$y(x) = a_0 y_0(x) + a_1 y_1(x) \tag{15.5.7}$$

其中：

$$y_0(x) = 1 + \frac{-l(l+1)}{2!}x^2 + \frac{(2-l)(-l)(l+1)(l+3)}{4!}x^4 + \cdots + \frac{(2k-2-l)(2k-4-l)\cdots(-l)(l+1)(l+3)\cdots(l+2k-1)}{(2k)!}x^{2k} + \cdots \tag{15.5.8}$$

$$y_1(x) = x + \frac{(1-l)(l+2)}{3!}x^3 + \frac{(3-l)(1-l)(l+2)(l+4)}{5!}x^5 + \cdots + \frac{(2k-1-l)(2k-3-l)\cdots(1-l)(l+2)(l+4)\cdots(l+2k)}{(2k+1)!}x^{2k+1} + \cdots \tag{15.5.9}$$

其中 a_0，a_1 由边值条件确定(求解过程见第 15.4.2 节)。

---

① 则有

$$\frac{dx}{d\theta} = -\sin\theta,\ \frac{d\Theta(\theta)}{d\theta} = \frac{dy}{dx}\frac{dx}{d\theta} = -\sin\theta\frac{dy}{dx},\ \sin^2\theta = 1 - \cos^2\theta = 1 - x^2$$

上式 $\Theta(\theta)$ 是任意函数，可以抽象为一个算符变换：

$$\frac{d}{d\theta} = -\sin\theta\frac{d}{dx}$$

代入方程得

$$(1-x^2)\frac{d}{dx}\left[(1-x^2)\frac{dy}{dx}\right] + l(l+1)(1-x^2)y = 0$$

进一步化简得

$$\frac{d}{dx}\left[(1-x^2)\frac{dy}{dx}\right] + l(l+1)y = 0$$

2. l 阶勒让德方程级数解的收敛性

现在讨论在 $x_0=0$ 邻域上解的适用范围，即这个级数解的收敛区域，根据幂级数收敛半径的定义和系数递推公式可得收敛半径为

$$R=\lim_{n\to\infty}\left|\frac{a_n}{a_{n+2}}\right|=\lim_{n\to\infty}\left|\frac{(n+2)(n+1)}{(n-l)(n+l+1)}\right|=\lim_{n\to\infty}\left|\frac{\left(1+\frac{2}{n}\right)\left(1+\frac{1}{n}\right)}{\left(1-\frac{l}{n}\right)\left(1+\frac{l+1}{n}\right)}\right|=1 \tag{15.5.10}$$

由这个收敛半径可知：级数 $y_0(x)$ 和 $y_1(x)$ 在 $|x|<1$ 时收敛，$|x|>1$ 时发散。而 $y(x)=$ 非零有限值要求 $y(x)$ 在 $x=\pm1$ 处也收敛，所以需要另外讨论级数解在 $x=\pm1$ 处的收敛性。

1）级数解在 $x=\pm1$ 处是否收敛

高斯判别法证明级数 $y_0(x)$ 在 $x=\pm1$ 处发散；$y_1(x)$ 在 $x=\pm1$ 处也发散(高斯判别法见相关微分方程级数解法的数学书籍)。虽然如此，也可能出现 l 阶勒让德方程在 $x=+1$ 处收敛，在 $x=-1$ 处发散，或者在 $x=+1$ 处发散，在 $x=-1$ 处收敛的级数解 $y(x)$。

但是 l 阶勒让德方程不存在 $x=+1$，$x=-1$ 均为有限值的无穷级数解。

下面证明(反证法)：

假定级数解 $y(x)$ 在 $x=+1$ 和 $x=-1$ 处均有限，则 $y(x)$ 可表示为 $y_0(x)$ 和 $y_1(x)$ 的线性组合：

$$y(x)=D_0y_0(x)+D_1y_1(x) \tag{15.5.11}$$

如果把 x 换作 $-x$，l 阶勒让德方程不变，即

$$y(-x)=D_0y_0(-x)+D_1y_1(-x) \tag{15.5.12}$$

也是 l 阶勒让德方程的解，并且也在 $x=+1$ 和 $x=-1$ 处有限，由 $y_0(x)$ 和 $y_1(x)$ 的奇偶性有

$$y(-x)=D_0y_0(x)-D_1y_1(x) \tag{15.5.13}$$

式(15.5.12)和式(15.5.13)都是 l 阶勒让德方程的解，由于勒让德方程是二阶、齐次、线性微分方程，则它们的线性叠加也应该是方程的解，即

$2D_0y_0(x)$ 在 $x=\pm1$ 处有限

$2D_1y_1(x)$ 在 $x=\pm1$ 处有限

但是高斯判别法证明：

$y_0(x)$ 在 $x=\pm1$ 处发散

$y_0(x)$ 在 $x=\pm1$ 处发散

出现矛盾，假定不成立，即

l 阶勒让德方程没有形如式(15.5.11)的级数解满足在 $x=\pm1$ 处均有限。

但是 l 阶勒让德方程要求在 $x\in[-1,1]$ 都保持有限，而级数解不满足这个条件。寻求出路，观察发现级数解退化为多项式才能满足条件。

2）退化为多项式的可能性

当 $l=2n$ 时，观察 $y_0(x)$ 的系数发现 $y_0(x)$ 可以退化为有限项多项式，$y_1(x)$ 为无穷级数，在 $x=\pm1$ 处发散。$y(x)=a_0y_0(x)+a_1y_1(x)$ 仍然发散，但只要取 $a_1=0$，即可得只含偶数项的多项式解：

$$y(x)=a_0y_0(x) \tag{15.5.14}$$

是一个最高次幂为 $2n$ 次幂的多项式。

当 $l=2n+1$ 时，$y_1(x)$ 为有限项多项式，$y_0(x)$ 为无穷级数，在 $x=\pm1$ 处发散。$y(x)=a_0y_0(x)+a_1y_1(x)$ 仍然发散，只要取 $a_0=0$，即可得只含奇数项的多项式解：

$$y(x)=a_1y_1(x) \tag{15.5.15}$$

是一个最高次幂为 $2n+1$ 次幂的多项式。

不管 l 取奇数还是偶数，勒让德方程的解都可退化为多项式的形式，此时 $y_0(x)$ 或 $y_1(x)$ 称为*勒让德多项式*。

以上 $x=\pm1$ 处要求级数收敛称为*勒让德方程*的*自然边值条件*。

3. l 阶勒让德方程的第一个特解——勒让德多项式

综合起来，可取勒让德方程的一个特解为*勒让德多项式*：

$$y(x)=\begin{cases}a_0y_0(x), & l\text{ 为偶数}\\ a_1y_1(x), & l\text{ 为奇数}\end{cases} \tag{15.5.16}$$

即解决了级数在区间 $[-1, 1]$ 上收敛的问题。但是这样导致了两个问题：**第一个问题**是只得到 l 阶勒让德方程的一个特解；**第二个问题**是这个解形式上还是太冗长，有没有一些简单的形式？下面先回答第二个问题：*勒让德多项式*的简化，然后讨论 l 阶勒让德方程的第二个特解。

4. 勒让德多项式的简化

为了得到简单形式的解，观察系数递推公式，式(15.4.21)、式(15.4.22)用 $a_0(a_1)$ 表达系数 $a_{2k}(a_{2k+1})$，由于 $a_0(a_1)$ 是任意常数，而勒让德方程的解在*自然边值条件*下必须是多项式的形式，不管 l 取奇数还是偶数，最高次幂都可表示为 l 次幂。利用通解中系数 $a_0(a_1)$ 的任意性，令勒让德多项式最高次幂项的系数为

$$a_l=\frac{(2l)!}{2^l(l!)^2} \tag{15.5.17}$$

利用反递推公式：

$$a_k=\frac{(k+2)(k+1)}{(k-l)(k+l+1)}a_{k+2} \tag{15.5.18}$$

可得其他系数：

$$a_{l-2}=\frac{l(l-1)}{-2(2l-1)}a_l=(-1)^1\frac{(2l-2)!}{2^l(l-1)!\,(l-2)!} \tag{15.5.19}$$

$$a_{l-4}=\frac{(l-2)(l-3)}{-4(2l-3)}a_{l-2}=(-1)^2\frac{(2l-4)!}{2!\,2^l(l-2)!\,(l-4)!} \tag{15.5.20}$$

$$a_{l-6}=(-1)^3\frac{(2l-6)!}{3!\,2^l(l-3)!\,(l-6)!} \tag{15.5.21}$$

……

$$a_{l-2k}=(-1)^k\frac{(2l-2k)!}{k!2^l(l-k)!(l-2k)!} \tag{15.5.22}$$

这样做的好处是能将勒让德多项式系数表示为简单函数的形式。于是，勒让德多项式可表示为

$$y(x)=\mathrm{P}_l(x)=\sum_{k=0}^{b}a_{l-2k}x^{l-2k}=\sum_{k=0}^{[l/2]}(-1)^k\frac{(2l-2k)!}{k!2^l(l-k)!(l-2k)!}x^{l-2k}\tag{15.5.23}$$

其中取整符号$[l/2]$的取值如下：

$$[l/2]=\begin{cases}l/2, & l\text{ 是偶数}\\ \dfrac{l-1}{2}, & l\text{ 是奇数}\end{cases}\tag{15.5.24}$$

计算前几项勒让德多项式：

$$\mathrm{P}_0(x)=\sum_{k=0}^{0}(-1)^k\frac{(0-2k)!}{k!2^0(0-k)!(0-2k)!}x^{0-2k}=1\tag{15.5.25}$$

$$\mathrm{P}_1(x)=\sum_{k=0}^{0}(-1)^k\frac{(2-2k)!}{k!2^1(1-k)!(1-2k)!}x^{1-2k}=x=\cos\theta\tag{15.5.26}$$

$$\mathrm{P}_2(x)=\sum_{k=0}^{1}(-1)^k\frac{(2\cdot 2-2k)!}{k!2^2(2-k)!(2-2k)!}x^{2-2k}=\frac{1}{2}(3x^2-1)=\frac{1}{4}(3\cos 2\theta+1)\tag{15.5.27}$$

$$\mathrm{P}_3(x)=\sum_{k=0}^{1}(-1)^k\frac{(2\cdot 3-2k)!}{k!2^3(3-k)!(3-2k)!}x^{3-2k}=\frac{1}{2}(5x^3-3x)=\frac{1}{8}(5\cos 3\theta+3\cos\theta)\tag{15.5.28}$$

读者可计算更多的项，或在 Mathematica 记事本中输入命令：LegendreP[n, x]，按 Shift+Enter 键，即可得到 $P_l(x)$ 的多项式表达式。

5. 勒让德方程的第二个特解——第二类勒让德函数

从常微分方程解的完整性来说，整数阶勒让德方程还有第二个线性独立的解。习惯上，常利用*朗斯基行列式*（关于朗斯基行列式的知识可参阅相关书籍）导出第二个线性独立的解：

$$\mathrm{Q}_l(x)=\mathrm{P}_l(x)\int\frac{\mathrm{e}^{\int\frac{2x}{1-x^2}\mathrm{d}x}}{[\mathrm{P}_l(x)]^2}\mathrm{d}x=\mathrm{P}_l(x)\int\frac{1}{(1-x^2)[\mathrm{P}_l(x)]^2}\mathrm{d}x\tag{15.5.29}$$

称为*第二类勒让德函数*。从式(15.5.29)可计算*第二类勒让德函数*的前几项：

$$\mathrm{Q}_0(x)=\frac{1}{2}\ln\frac{1+x}{1-x}\tag{15.5.30}$$

$$\mathrm{Q}_1(x)=\frac{1}{2}\mathrm{P}_1(x)\ln\frac{1+x}{1-x}-1\tag{15.5.31}$$

$$\mathrm{Q}_2(x)=\frac{1}{2}\mathrm{P}_2(x)\ln\frac{1+x}{1-x}-\frac{3}{2}x\tag{15.5.32}$$

$$\mathrm{Q}_3(x)=\frac{1}{2}\mathrm{P}_3(x)\ln\frac{1+x}{1-x}-\frac{5}{2}x^2+\frac{2}{3}\tag{15.5.33}$$

$$\mathrm{Q}_4(x)=\frac{1}{2}\mathrm{P}_4(x)\ln\frac{1+x}{1-x}-\frac{35}{8}x^3+\frac{55}{24}x\tag{15.5.34}$$

借助于 Mathematica 软件，可以画出勒让德多项式和*第二类勒让德函数*在区间[−1, 1]上的函数图像，如图 15.5-1、图 15.5-2 所示。

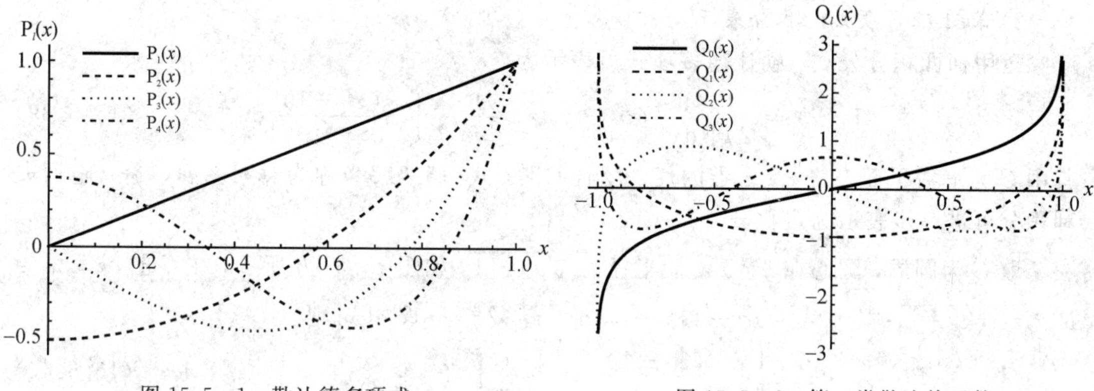

图 15.5-1　勒让德多项式　　　　图 15.5-2　第二类勒让德函数

从 $\mathrm{P}_l(x)$、$\mathrm{Q}_l(x)$ 的表达式和图像可看出，当 $x \to \pm 1$ 时，有

$$\mathrm{P}_l(\pm 1) \to \text{有限值}, \mathrm{Q}_l(\pm 1) \to \pm \infty \tag{15.5.35}$$

这个重要性质将在选择特解时很有用。

6. l 阶勒让德方程本征值问题

综上可知，l 阶勒让德方程的通解为

$$y(x) = C\mathrm{P}_l(x) + D\mathrm{Q}_l(x) \tag{15.5.36}$$

则 l 阶勒让德方程与 $y(x)=$ 非零有限值构成本征值问题，本征值和本征函数为

$$\begin{cases} l = 0, 1, 2, \cdots \\ y(x) = \mathrm{P}_l(x) \end{cases} \quad \text{或} \quad \begin{cases} l = 0, 1, 2, \cdots \\ \Theta(\theta) = \mathrm{P}_l(\cos\theta) \end{cases} \tag{15.5.37}$$

到此完成了式(15.5.1)的本征值问题求解。当回到定解问题求解时，还要重点用到勒让德多项式的以下性质，特别是以勒让德多项式为基的广义傅里叶级数知识。

7. 勒让德多项式的性质

1) 勒让德多项式的微分表示

由式(15.5.23)容易证明勒让德多项式可表达为微分形式：

$$\mathrm{P}_l(x) = \frac{1}{2^l l!}\frac{\mathrm{d}^l}{\mathrm{d}x^l}(x^2-1)^l \quad (-1 \leqslant x \leqslant 1) \tag{15.5.38}$$

将 $(x^2-1)^l$ 按二项式定理展开，容易证明以上的微分形式正是式(15.5.23)的勒让德多项式[①]。

---

① 证明：选择从勒让德多项式的微分形式导出代数表示：

用二项式定理将 $(x^2-1)^l$ 展开，即

$$\frac{1}{2^l l!}(x^2-1)^l = \frac{1}{2^l l!}\sum_{k=0}^{l}\frac{l!}{(l-k)!k!}(x^2)^{l-k}(-1)^k = \sum_{k=0}^{l}(-1)^k\frac{1}{2^l k!(l-k)!}x^{2l-2k}$$

上式中最高次幂为 x^{2l}，并且只含有偶次幂。将导数算符进行 $\frac{\mathrm{d}^l}{\mathrm{d}x^l}$ 作用后，只有幂次为 $2l-2k \geqslant l$ 的项才非零，即求和中 $k \leqslant l/2$ 的项，即

$$\frac{1}{2^l l!}\frac{\mathrm{d}^l}{\mathrm{d}x^l}(x^2-1)^l = \sum_{k=0}^{[l/2]}(-1)^k\frac{(2l-2k)(2l-2k-1)\cdots(l-2k+1)}{2^l k!(l-k)!}x^{l-2k} = \sum_{k=0}^{[l/2]}(-1)^k\frac{(2l-2k)!}{2^l k!(l-k)!(l-2k)!}x^{l-2k}$$

2）勒让德多项式的积分表示

运用柯西积分公式，勒让德多项式可表示为

$$\mathrm{P}_l(x)=\frac{1}{2^l l!}\frac{\mathrm{d}^l}{\mathrm{d}x^l}(x^2-1)^l=\frac{1}{2\pi \mathrm{i}}\frac{1}{2^l}\oint_C\frac{(z^2-1)^l}{(z-x)^{l+1}}\mathrm{d}z \tag{15.5.39}$$

其中 C 为复数平面上绕 $z=x$ 点的任一闭合回路，式(15.5.39)称为施列夫利积分。施列夫利积分可进一步表示为定积分：

取 C 为圆周，圆心在 $z=x$ 处，半径为 $\sqrt{x^2-1}$，如图 15.5－3 所示，在 C 上，$z-x=R\mathrm{e}^{\mathrm{i}\varphi}=\sqrt{x^2-1}\mathrm{e}^{\mathrm{i}\varphi}$，$z=\sqrt{x^2-1}\mathrm{e}^{\mathrm{i}\varphi}+x$，$\mathrm{d}z=\mathrm{i}\sqrt{x^2-1}\mathrm{e}^{\mathrm{i}\varphi}\mathrm{d}\varphi$，则

$$\mathrm{P}_l(x)=\frac{1}{2\pi \mathrm{i}}\frac{1}{2^l}\oint_C\frac{(z^2-1)^l}{(z-x)^{l+1}}\mathrm{d}z=\frac{1}{\pi}\int_0^{\pi}(x+\mathrm{i}\sqrt{x^2-1}\cos\varphi)^l\mathrm{d}\varphi \tag{15.5.40}$$

这称为拉普拉斯积分。将 $x=\cos\theta$ 代入式(15.5.40)得

$$\mathrm{P}_l(\cos\theta)=\frac{1}{\pi}\int_0^{\pi}(\cos\theta+\mathrm{i}\sin\theta\cos\varphi)^l\mathrm{d}\varphi \tag{15.5.41}$$

令 $x=\pm 1$，则 $\cos\theta=\pm 1$，$\sin\theta=0$，且

$$\mathrm{P}_l(1)=1,\ \mathrm{P}_l(-1)=(-1)^l \tag{15.5.42}$$

$$|\mathrm{P}_l(x)|\leqslant\frac{1}{\pi}\int_0^{\pi}|\cos\theta+\mathrm{i}\sin\theta\cos\varphi|^l\mathrm{d}\varphi\leqslant\frac{1}{\pi}\int_0^{\pi}\mathrm{d}\varphi=1 \tag{15.5.43}$$

因此

$$|\mathrm{P}_l(x)|\leqslant 1\ (-1\leqslant x\leqslant 1) \tag{15.5.44}$$

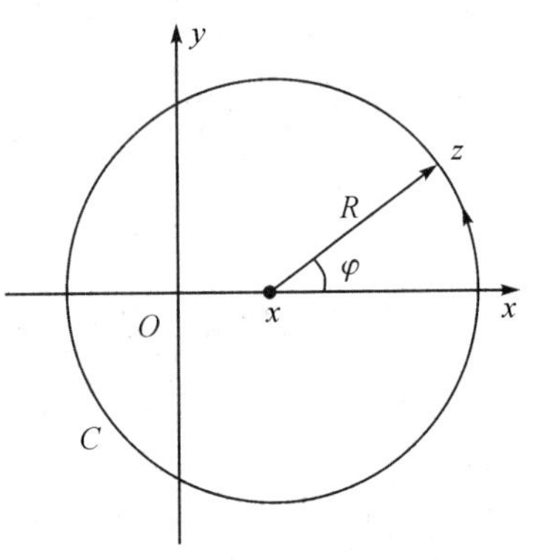

图 15.5－3　复平面上的积分路径

3）勒让德多项式的正交性和完备性

因为勒让德方程与自然边界构成施图姆-刘维尔本征值问题，本征函数自然满足正交关系，即勒让德多项式在区间 [－1，1] 上正交：

$$\int_{-1}^{1}\mathrm{P}_k(x)\mathrm{P}_l(x)\mathrm{d}x=0\ (k\neq l) \tag{15.5.45}$$

如果自变量从 x 回到 θ，则上式为

$$\int_0^{\pi}\mathrm{P}_k(\cos\theta)\mathrm{P}_l(\cos\theta)\sin\theta\mathrm{d}\theta\ (k\neq l) \tag{15.5.46}$$

上式为带权重 $\sin\theta$ 的正交。

施图姆-刘维尔本征值问题的本征函数具有完备性，所以勒让德多项式也具有完备性，可以作为级数的基将定义在区间 [－1，1] 上的函数 $f(x)$ 展开，为了区别傅里叶级数，将其称为广义傅里叶级数。

4）广义傅里叶级数

勒让德多项式具有正交性和完备性，就可以仿照傅里叶级数展开形式，以勒让德多项式 $\mathrm{P}_l(x)(l=0,1,2,\cdots)$ 为基，展开定义在区间 [－1，1] 上的函数 $f(x)$：

$$f(x)=\sum_{l=0}^{\infty}f_l\mathrm{P}_l(x) \tag{15.5.47}$$

或者以勒让德多项式 $\mathrm{P}_l(\cos\theta)(l=0,1,2,\cdots)$ 为基，展开定义在区间 [0，π] 上的函数 $f(\theta)$：

$$f(\theta)=\sum_{l=0}^{\infty}f_l\mathrm{P}_l(\cos\theta) \tag{15.5.48}$$

利用正交性可以做如下的计算得到广义傅里叶系数：

$$\begin{cases}\int_{-1}^{1}f(x)\mathrm{P}_k(x)\mathrm{d}x=\sum_{l=0}^{\infty}\int_{-1}^{1}f_l\mathrm{P}_l(x)\mathrm{P}_k(x)\mathrm{d}x=f_k\int_{-1}^{1}[\mathrm{P}_k(x)]^2\mathrm{d}x\\ \int_{0}^{\pi}f(\theta)\mathrm{P}_k(\cos\theta)\sin\theta\mathrm{d}\theta=\sum_{l=0}^{\infty}\int_{0}^{\pi}f_l\mathrm{P}_l(\cos\theta)\mathrm{P}_k(\cos\theta)\sin\theta\mathrm{d}\theta=f_k\int_{0}^{\pi}[\mathrm{P}_k(\cos\theta)]^2\sin\theta\mathrm{d}\theta\end{cases} \tag{15.5.49}$$

令

$$N_k^2=\int_{-1}^{1}[\mathrm{P}_k(x)]^2\mathrm{d}x=\int_{0}^{\pi}[\mathrm{P}_k(\cos\theta)]^2\sin\theta\mathrm{d}\theta \tag{15.5.50}$$

则

$$f_k=\frac{1}{N_k^2}\int_{-1}^{1}f(x)\mathrm{P}_k(x)\mathrm{d}x=\frac{1}{N_k^2}\int_{0}^{\pi}f(\theta)\mathrm{P}_k(\cos\theta)\sin\theta\mathrm{d}\theta \tag{15.5.51}$$

综上所述有

$$\begin{cases}f(x)=\sum_{l=0}^{\infty}f_l\mathrm{P}_l(x)\quad(-1\leqslant x\leqslant 1)\\ f_k=\dfrac{1}{N_k^2}\int_{-1}^{1}f(x)\mathrm{P}_k(x)\mathrm{d}x\end{cases} \tag{15.5.52}$$

或

$$\begin{cases}f(\theta)=\sum_{l=0}^{\infty}f_l\mathrm{P}_l(\cos\theta)\quad(0\leqslant\theta\leqslant\pi)\\ f_k=\dfrac{1}{N_k^2}\int_{0}^{\pi}f(\theta)\mathrm{P}_k(\cos\theta)\sin\theta\mathrm{d}\theta\end{cases} \tag{15.5.53}$$

另外，式(15.5.50)称为勒让德多项式的*模方*，其值由下面的方法计算。

5）勒让德多项式的模

现在计算勒让德多项式 $\mathrm{P}_l(x)\,(l=0,1,2,\cdots)$ 的*模方* N_l^2：

$$N_l^2=\int_{-1}^{1}[\mathrm{P}_l(x)]^2\mathrm{d}x=\int_{0}^{\pi}[\mathrm{P}_l(\cos\theta)]^2\sin\theta\mathrm{d}\theta \tag{15.5.54}$$

代入勒让德多项式的微分形式，应用勒让德多项式的微分形式来计算上面的积分：

$$N_l^2=\frac{1}{2^{2l}(l!)^2}\int_{-1}^{1}\frac{\mathrm{d}^l(x^2-1)^l}{\mathrm{d}x^l}\cdot\frac{\mathrm{d}}{\mathrm{d}x}\left[\frac{\mathrm{d}^{l-1}(x^2-1)^l}{\mathrm{d}x^{l-1}}\right]\mathrm{d}x \tag{15.5.55}$$

经过繁杂的*分部积分*，利用 $x=\pm1$ 是积出部分的零点得

$$N_l^2=\frac{2}{2l+1}\,(l=0,1,2,\cdots) \tag{15.5.56}$$

6）勒让德多项式的递推公式

可以证明：函数 $\dfrac{1}{\sqrt{1-2rx+r^2}}$ 以 $\mathrm{P}_l(x)$ 为基展开的级数为

$$\frac{1}{\sqrt{1-2rx+r^2}} = \sum_{l=0}^{\infty} r^l \mathrm{P}_l(x) \tag{15.5.57}$$

式(15.5.57)等号两边对 r 求导得

$$\frac{x-r}{(1-2rx+r^2)^{3/2}} = \sum_{l=1}^{\infty} l r^{l-1} \mathrm{P}_l(x) \tag{15.5.58}$$

两边同乘 $(1-2rx+r^2)$ 得

$$\frac{x-r}{(1-2rx+r^2)^{1/2}} = (1-2rx+r^2)\sum_{l=1}^{\infty} l r^{l-1} \mathrm{P}_l(x) \tag{15.5.59}$$

即

$$(x-r)\sum_{l=0}^{\infty} r^l \mathrm{P}_l(x) = (1-2rx+r^2)\sum_{l=1}^{\infty} l r^{l-1} \mathrm{P}_l(x) \tag{15.5.60}$$

两边比较 r^k 的系数得

$$(k+1)\mathrm{P}_{k+1}(x) - (2k+1)x\mathrm{P}_k(x) + k\mathrm{P}_{k-1}(x) = 0 \tag{15.5.61}$$

式(15.5.61)称为勒让德多项式的递推公式，利用这个式子可从 $\mathrm{P}_0(x)$，$\mathrm{P}_1(x)$ 导出 $\mathrm{P}_2(x)$，依次类推，可得 $\mathrm{P}_l(x)$ 的具体表达式。

利用式(15.5.57)还可导出勒让德多项式的其他递推公式：

$$\mathrm{P}_k(x) = \mathrm{P}'_{k+1}(x) - 2x\mathrm{P}'_k(x) + \mathrm{P}'_{k-1}(x) = 0 \ (k \geqslant 1) \tag{15.5.62}$$

$$(k+1)\mathrm{P}'_{k+1}(x) - (2k+1)\mathrm{P}_k(x) - (2k+1)x\mathrm{P}'_k(x) + k\mathrm{P}'_{k-1}(x) = 0 \ (k \geqslant 1) \tag{15.5.63}$$

$$(2k+1)\mathrm{P}_k(x) = \mathrm{P}'_{k+1}(x) - \mathrm{P}'_{k-1}(x) \tag{15.5.64}$$

$$\mathrm{P}'_{k+1}(x) = (k+1)\mathrm{P}_k(x) + x\mathrm{P}'_k(x) \ (k \geqslant 1) \tag{15.5.65}$$

$$k\mathrm{P}_k(x) = x\mathrm{P}'_k(x) - \mathrm{P}'_{k-1}(x) \ (k \geqslant 1) \tag{15.5.66}$$

$$(x^2-1)\mathrm{P}'_k(x) = kx\mathrm{P}_k(x) + k\mathrm{P}_{k-1}(x) \ (k \geqslant 1) \tag{15.5.67}$$

以上是常见的勒让德多项式的递推公式，这些公式将有助于计算某些与勒让德多项式相关的定积分。

练习 15.5.1

1. 以勒让德多项式为基，在区间 $[-1, 1]$ 上把下列函数展开为广义傅里叶级数。

(1) $f(x) = |x|$

(2) $f(x) = \begin{cases} x^2 & (0 \leqslant x \leqslant 1) \\ 0 & (-1 \leqslant x < 0) \end{cases}$

(3) $f(x) = x^n$（n 为正整数）

(4) $f(x) = x^4 + 2x^3$

15.5.2 连带勒让德方程的解

三维非轴对称定解问题在球坐标系中分离变数后得 $\Theta(\theta)$ 满足的方程和自然边值条件如下：

$$\begin{cases} \sin\theta \dfrac{\mathrm{d}}{\mathrm{d}\theta}\left(\sin\theta \dfrac{\mathrm{d}\Theta}{\mathrm{d}\theta}\right) + [l(l+1)\sin^2\theta - m^2]\Theta = 0 \\ \Theta(\theta) = \text{非零有限值} \end{cases} \quad \begin{pmatrix} 0 \leqslant \theta \leqslant \pi \\ m = 0, 1, 2, 3, \cdots \end{pmatrix} \tag{15.5.68}$$

式(15.5.68)通过变换 $x = \cos\theta$ 可变为

$$\begin{cases}(1-x^2)\dfrac{\mathrm{d}^2\overline{\Theta}(x)}{\mathrm{d}x^2}-2x\dfrac{\mathrm{d}\overline{\Theta}(x)}{\mathrm{d}x}+\left[l(l+1)-\dfrac{m^2}{1-x^2}\right]\overline{\Theta}(x)=0 & \begin{pmatrix}-1\leqslant x\leqslant 1\\ m=0,1,2,3,\cdots\end{pmatrix}\\ \overline{\Theta}(x)=\text{非零有限值}\end{cases} \tag{15.5.69}$$

式(15.5.69)中的微分方程称为连带勒让德方程，其中 $\overline{\Theta}(x)=\Theta(\theta)$。

1. 连带勒让德方程的通解

连带勒让德方程是二阶、齐次、线性、变系数常微分方程，有以下两种求解方法。

第一种解法： 在 $x_0=0$ 的*常点*邻域上采用级数解法，但是系数递推公式比较复杂，每个递推公式涉及三个参数，从而难以写出系数的递推公式。

第二种解法： 借助前一节*勒让德方程*的解求解。求解方法如下：

引入变换：

$$\overline{\Theta}(x)=(1-x^2)^{\frac{m}{2}}\omega(x) \tag{15.5.70}$$

代入连带勒让德方程得

$$(1-x^2)\omega''(x)-2(m+1)x\omega'(x)+[l(l+1)-m(m+1)]\omega(x)=0 \tag{15.5.71}$$

现在讨论 l 阶勒让德方程

$$(1-x^2)y''(x)-2xy'(x)+[l(l+1)]y(x)=0 \tag{15.5.72}$$

第 15.5.1 节已经求出了 l 阶勒让德方程的解为勒让德多项式 $\mathrm{P}_l(x)$ 和第二类勒让德函数 $\mathrm{Q}_l(x)$，统一标记为 $\mathrm{L}_l(x)$，则

$$(1-x^2)\mathrm{L}_l''(x)-2x\mathrm{L}_l'(x)+[l(l+1)]\mathrm{L}_l(x)\equiv 0 \tag{15.5.73}$$

将式(15.5.73)等号两边对 x 求 m 次导数得

$$(1-x^2)\mathrm{L}_l^{[m+2]}(x)-2(m+1)x\mathrm{L}_l^{[m+1]}+[l(l+1)-m(m+1)]\mathrm{L}_l^{[m]}(x)\equiv 0 \tag{15.5.74}$$

其中 $\mathrm{L}_l^{[m]}(x)$ 表示 $\mathrm{L}_l(x)$ 的 m 次导数。观察发现式(15.5.74)与式(15.5.71)形式上一样，即方程(15.5.71)的解可表示为

$$\omega(x)=\mathrm{L}_l^{[m]}(x) \tag{15.5.75}$$

所以可得到连带勒让德方程的两个特解。

第一个特解：

$$\overline{\Theta}_1(x)=(1-x^2)^{\frac{m}{2}}\mathrm{P}_l^{[m]}(x) \tag{15.5.76}$$

称为*连带勒让德函数*。

第二个特解：

$$\overline{\Theta}_2(x)=(1-x^2)^{\frac{m}{2}}\mathrm{Q}_l^{[m]}(x) \tag{15.5.77}$$

所以连带勒让德方程的通解为

$$\overline{\Theta}(x)=C_1\overline{\Theta}_1(x)+C_2\overline{\Theta}_2(x) \tag{15.5.78}$$

考虑自然边值条件 $\overline{\Theta}(\theta)=$ 非零有限值，由于第二类勒让德函数在 $x=\pm 1$ 处发散，因此 $\overline{\Theta}(\pm 1)$ 发散，则在 $\overline{\Theta}(\pm 1)=$ 非零有限值的限定下连带勒让德方程的解只能为

$$\overline{\Theta}(x) = C_1 \overline{\Theta}_1(x) \tag{15.5.79}$$

记连带勒让德函数为

$$P_l^m(x) = \overline{\Theta}_1(x) = (1-x^2)^{\frac{m}{2}} P_l^{[m]}(x) \tag{15.5.80}$$

注意区分 $P_l^m(x)$ 和 $P_l^{[m]}(x)$，前者只是一个记号，后者是 $P_l(x)$ 的 m 次导数。

2. 连带勒让德方程本征值问题的本征值和本征函数

连带勒让德方程在自然边值条件下构成本征值问题，本征值和本征函数为

$$\begin{cases} l(l+1) \\ \overline{\Theta}(x) = P_l^m(x) \end{cases} \begin{pmatrix} l = 0,\ 1,\ 2,\cdots \\ m = 0,\ 1,\ 2,\cdots \end{pmatrix} \tag{15.5.81}$$

返回变换 $x = \cos\theta$，则边值问题式(15.5.68)构成本征值问题，本征值和本征函数为

$$\begin{cases} l(l+1) \\ \Theta(\theta) = P_l^m(\cos\theta) \end{cases} \begin{pmatrix} l = 0,\ 1,\ 2,\cdots \\ m = 0,\ 1,\ 2,\cdots \end{pmatrix} \tag{15.5.82}$$

3. 连带勒让德函数的表达式

既然 $P_l(x)$ 是 l 次的多项式，它最多求 l 次导数，超过 l 次导数就为零。因为本征值 $l(l+1)$ 中的整数 $l \geqslant 0$，所以对确定的 m，需要满足：

$$l = m,\ m+1,\ m+2,\cdots \tag{15.5.83}$$

或者说，对确定的 l，必须满足：

$$m = 0,\ 1,\ 2,\cdots,\ l \tag{15.5.84}$$

当 $m = 0$ 时，$P_l^0(x) = P_l(x)$，连带勒让德函数退化为勒让德多项式 $P_l(x)$；当 $m \neq 0$ 时，连带勒让德函数具有确定的形式。由于勒让德多项式有三种表示形式，所以连带勒让德函数也有三种形式。

1）代数式

代入勒让德函数的多项式形式，即得连带勒让德函数 $P_l^m(x)$ 的多项式形式，下面列出了前面几项，其他项见表或 Mathematica 软件。

$$P_1^1(x) = (1-x^2)^{1/2} = \sin\theta \tag{15.5.85}$$

$$P_2^1(x) = (1-x^2)^{1/2}(3x) = \frac{3}{2}\sin 2\theta \tag{15.5.86}$$

$$P_2^2(x) = 3\,(1-x^2)^{1/2} = 3\sin^2\theta = \frac{3}{2}(1-\cos 2\theta) \tag{15.5.87}$$

在 Mathematica 软件中查询连带勒让德函数的代数式命令为：LegendreP[n, m, x]。

2）微分形式

由勒让德函数的微分形式可得连带勒让德函数的微分形式：

$$P_l^m(x) = \frac{(1-x^2)^{\frac{m}{2}}}{2^l l!} \frac{d^{l+m}}{dx^{l+m}} (x^2-1)^l \tag{15.5.88}$$

式(15.5.88)称为**罗德里格斯公式**，可以看出，$(1-x^2)^{m/2}$，$(x^2-1)^l$ 都是偶函数，$\frac{d^{l+m}}{dx^{l+m}}(x^2-1)^l$ 的最高次幂为 $(l-m)$ 次幂，于是，当 $l-m$ 是奇数时，$P_l^m(x)$ 是奇函数，当 $l-m$ 是偶数时，$P_l^m(x)$ 是偶函数。

3）积分形式

按照柯西积分公式，微分形式的连带勒让德函数还可以表示为路径积分：

$$\mathrm{P}_l^m(x)=\frac{(1-x^2)^{m/2}}{2^l}\frac{1}{2\pi\mathrm{i}}\frac{(l+m)!}{l!}\oint_C\frac{(z^2-1)^l}{(z-x)^{l+m+1}}\mathrm{d}z \tag{15.5.89}$$

其中 C 为复平面上绕 $z=x$ 的任意闭合路径，这也称为施列夫利积分。通过积分变换，施列夫利积分还可以表达为定积分，具体过程如下：在积分路径 C 上，令

$$z-x=\sqrt{x^2-1}\mathrm{e}^{\mathrm{i}\varphi} \tag{15.5.90}$$

则

$$\sqrt{1-x^2}=\mathrm{i}\sqrt{x^2-1}=\mathrm{i}(z-x)/\mathrm{e}^{\mathrm{i}\varphi} \tag{15.5.91}$$

从而有

$$\mathrm{d}z=\mathrm{i}\sqrt{x^2-1}\mathrm{e}^{\mathrm{i}\varphi}\mathrm{d}\varphi \tag{15.5.92}$$

所以式(15.5.89)可表示为

$$\mathrm{P}_l^m(x)=\frac{\mathrm{i}^m}{2\pi}\frac{(l+m)!}{l!}\int_{-\pi}^{\pi}\mathrm{e}^{-\mathrm{i}m\varphi}\left[x+\sqrt{x^2-1}\,\frac{1}{2}(\mathrm{e}^{-\mathrm{i}\varphi}+\mathrm{e}^{\mathrm{i}\varphi})\right]^l\mathrm{d}\varphi \tag{15.5.93}$$

如果自变量从 x 回到 $\cos\theta$，则有

$$\mathrm{P}_l^m(x)=\frac{\mathrm{i}^m}{2\pi}\frac{(l+m)!}{l!}\int_{-\pi}^{\pi}\mathrm{e}^{-\mathrm{i}m\varphi}(\cos\theta+\mathrm{i}\sin\theta\cos\varphi)^l\mathrm{d}\varphi \tag{15.5.94}$$

式(15.5.94)也称为拉普拉斯积分。

4. 连带勒让德函数的性质

1）连带勒让德函数的正交性

连带勒让德方程与自然边值条件构成了施图姆-刘维尔本征值问题的一个特例，m 相同的不同阶连带勒让德函数在区间 $[-1,1]$ 上正交，即

$$\begin{cases}\displaystyle\int_{-1}^{1}\mathrm{P}_l^m(x)\mathrm{P}_k^m(x)\mathrm{d}x=0 & (k\neq l)\\ \displaystyle\int_0^{\pi}\mathrm{P}_l^m(\cos\theta)\mathrm{P}_k^m(\cos\theta)\sin\theta\mathrm{d}\theta=0 & (k\neq l)\end{cases} \tag{15.5.95}$$

2）连带勒让德函数的模

现计算连带勒让德函数 $\mathrm{P}_l^m(x)$ 的模方 $(N_l^m)^2$：

$$(N_l^m)^2=\int_{-1}^{1}[\mathrm{P}_l^m(x)]^2\mathrm{d}x \tag{15.5.96}$$

为了积分的简单性，这里介绍连带勒让德方程的另一个解：

$$\mathrm{P}_l^{-m}(x)=\frac{(1-x^2)^{-m/2}}{2^l l!}\frac{\mathrm{d}^{l-m}}{\mathrm{d}x^{l-m}}(x^2-1)^l \tag{15.5.97}$$

但 $\mathrm{P}_l^{-m}(x)$ 与 $\mathrm{P}_l^m(x)$ 之间不是线性独立的，满足①：

$$\mathrm{P}_l^{-m}(x)=(-1)^m\frac{(l-m)!}{(l+m)!}\mathrm{P}_l^m(x) \tag{15.5.98}$$

---

① 因为 m 在连带勒让德方程中是以 m^2 的形式出现的，所以 $\mathrm{P}_l^{-m}(x)$ 也是连带勒让德方程的解，但与 $\mathrm{P}_l^m(x)$ 不独立，相差一个常数因子。这个常数因子可以通过计算 $\dfrac{\mathrm{P}_l^m(x)}{\mathrm{P}_l^{-m}(x)}$ 计算，计算得式(15.5.98)。

所以式(15.5.96)可表示为

$$(N_l^m)^2=(-1)^m\frac{(l+m)!}{(l-m)!}\int_{-1}^{1}P_l^{-m}(x)P_l^m(x)\mathrm{d}x \tag{15.5.99}$$

利用微分形式的勒让德函数，则

$$(N_l^m)^2=(-1)^m\frac{(l+m)!}{(l-m)!}\frac{1}{2^{2l}(l!)^2}\int_{-1}^{1}\frac{\mathrm{d}^{l-m}}{\mathrm{d}x^{l-m}}(x^2-1)^l\frac{\mathrm{d}^{l+m}}{\mathrm{d}x^{l+m}}(x^2-1)^l\mathrm{d}x \tag{15.5.100}$$

仿照勒让德函数的模的计算方法，进行分部积分，利用 $x=\pm1$ 是积出部分的零点，积分后得

$$(N_l^m)^2=\frac{(l+m)!}{(l-m)!}\frac{2}{2l+1} \tag{15.5.101}$$

所以

$$N_l^m=\sqrt{\frac{(l+m)!}{(l-m)!}\frac{2}{2l+1}} \tag{15.5.102}$$

3）广义傅里叶级数

利用施图姆-刘维尔本征值问题的性质，$P_l^m(x)$（m 固定，$l=m,m+1,m+2,\cdots$）是完备的，可作为广义傅里叶级数的基，将定义在区间$[-1,1]$上的函数 $f(x)$或定义在$[0,\pi]$上的函数 $f(\theta)$展开为广义傅里叶级数：

$$\begin{cases}f(x)=\sum\limits_{l=m}^{\infty}f_lP_l^m(x)\\ f_l=\dfrac{1}{(N_l^m)^2}\displaystyle\int_{-1}^{1}f(\xi)P_l^m(\xi)\mathrm{d}\xi\end{cases} \tag{15.5.103}$$

$$\begin{cases}f(\theta)=\sum\limits_{l=m}^{\infty}f_lP_l^m(\cos\theta)\\ f_l=\dfrac{1}{(N_l^m)^2}\displaystyle\int_{0}^{\pi}f(\theta)P_l^m(\cos\theta)\sin\theta\mathrm{d}\theta\end{cases} \tag{15.5.104}$$

4）连带勒让德函数的递推公式

利用勒让德多项式的递推公式和连带勒让德函数的定义，可以导出连带勒让德函数的递推公式，这里只列出部分递推公式(其中 $k\geqslant1$)：

$$(2k+1)xP_k^m(x)=(k+m)P_{k-1}^m(x)+(k-m+1)P_{k+1}^m(x) \tag{15.5.105}$$

$$(2k+1)(1-x^2)^{1/2}P_k^m(x)=P_{k+1}^{m+1}(x)-P_{k-1}^{m+1}(x) \tag{15.5.106}$$

$$(2k+1)(1-x^2)^{1/2}P_k^m(x)=(k+m)(k+m-1)P_{k-1}^{m-1}(x)-(k-m+2)(k-m+1)P_{k+1}^{m-1}(x) \tag{15.5.107}$$

$$(2k+1)(1-x^2)^{1/2}\frac{\mathrm{d}P_k^m(x)}{\mathrm{d}x}=(k+1)(k+m)P_{k-1}^m(x)-k(k-m+1)P_{k+1}^m(x) \tag{15.5.108}$$

递推公式有比较多的用处，在计算广义傅里叶系数时使用递推公式能简化积分。

练习 15.5.2

1. 以 $P_l^2(x)(l=2, 3, 4, \cdots)$ 为基，将定义在区间$[-1, 1]$上的函数 $f(x)=1-x^2$ 展开为广义傅里叶级数。

2. 以 $P_l^2(x)(l=2, 3, 4, \cdots)$ 为基，将定义在区间$[-1, 1]$上的函数：

$$f(x)=\begin{cases}u_0 & (0\leqslant x\leqslant 1)\\ 0 & (-1\leqslant x<0)\end{cases}$$

展开为广义傅里叶级数。

15.5.3　柱侧第一类齐次边值条件本征值问题

求解圆柱内稳定场分布定解问题时，在柱坐标系中分离变数得**径向函数**满足的边值问题为

$$\begin{cases}\dfrac{\mathrm{d}^2R(\rho)}{\mathrm{d}\rho^2}+\dfrac{1}{\rho}\dfrac{\mathrm{d}R(\rho)}{\mathrm{d}\rho}+\left(\mu-\dfrac{m^2}{\rho^2}\right)R(\rho)=0\\ R(a)=0,\ R(\rho)=\text{非零有限值}\end{cases}\quad(0\leqslant\rho\leqslant a)\tag{15.5.109}$$

根据二阶常微分方程理论，待定参数 m，μ 取值为零与非零将导致不同形式的解，所以需要分别讨论。

1. 系数情况 1

当 $\mu=0$，$m=0$ 时，方程变为

$$\frac{\mathrm{d}^2R(\rho)}{\mathrm{d}\rho^2}+\frac{1}{\rho}\frac{\mathrm{d}R(\rho)}{\mathrm{d}\rho}=0\tag{15.5.110}$$

此方程是欧拉方程，其解为

$$R(\rho)=C+D\ln\rho\tag{15.5.111}$$

代入边值条件得

$$\begin{cases}R(a)=C+D\ln a=0\\ R(\rho)=C+D\ln\rho=\text{非零有限值}\end{cases}\tag{15.5.112}$$

ρ 的取值范围是$[0, a]$，而式(15.5.112)第二个方程中当 $\rho=0$ 时由于 $\ln 0\to\infty$ 不成立，除非要求 $D\equiv 0$，这样将导致

$$C=0,\ D=0\tag{15.5.113}$$

即 $\mu=0$，$m=0$ 只能舍弃，即 $R(0)=$ 非零有限值称为自然边值条件，这是在柱坐标系下讨论圆柱内部定解问题的结果，后文中将直接沿用。

2. 系数情况 2

当 $\mu=0$，$m\neq 0$ 时，方程变为

$$\frac{\mathrm{d}^2R(\rho)}{\mathrm{d}\rho^2}+\frac{1}{\rho}\frac{\mathrm{d}R(\rho)}{\mathrm{d}\rho}-\frac{m^2}{\rho^2}R(\rho)=0\tag{15.5.114}$$

此时方程仍是欧拉方程，方程的解为

$$R(\rho)=E\rho^m+F\rho^{-m}\tag{15.5.115}$$

ρ 的取值范围是$[0, a]$，包含 $\rho=0$ 的点，代入边值条件得

$$\begin{cases} R(0) = E \cdot 0 + F\,\dfrac{1}{0} = \text{非零有限值} \\ R(a) = Ea^m + F\,\dfrac{1}{a^m} = 0 \end{cases} \tag{15.5.116}$$

所以

$$E=0,\ F=0 \tag{15.5.117}$$

这与 $R(\rho)=$ 非零有限值矛盾，也不符合物理情况，应舍弃。

3. 系数情况 3

综上所述，剩下 $\mu \neq 0$ 的情况，此时的微分方程：

$$\frac{\mathrm{d}^2 R(\rho)}{\mathrm{d}\rho^2} + \frac{1}{\rho}\frac{\mathrm{d}R(\rho)}{\mathrm{d}\rho} + \left(\mu - \frac{m^2}{\rho^2}\right)R(\rho) = 0 \tag{15.5.118}$$

是二阶变系数常微分方程。

做变量变换，令

$$x=\sqrt{\mu}\rho \tag{15.5.119}$$

并且做函数变换：

$$R(\rho)\to y(\sqrt{\mu}\rho)=y(x) \tag{15.5.120}$$

则得 m 阶贝塞尔方程①：

$$x^2 y'' + xy' + (x^2 - m^2)y = 0\ (m = 0,1,2,\cdots) \tag{15.5.121}$$

1) m 阶贝塞尔方程的特解

m 阶贝塞尔方程表述为一般形式为

$$y''+\frac{1}{x}y'+\left(1-\frac{m^2}{x^2}\right)y=0 \quad (m=0,1,2,\cdots) \tag{15.5.122}$$

观察方程的系数发现

$$\begin{cases} x_0 = 0\ \text{是}\ p(x) = \dfrac{1}{x}\ \text{的一阶极点} \\ x_0 = 0\ \text{是}\ q(x) = 1 - \dfrac{m^2}{x^2}\ \text{的二阶极点} \end{cases} \tag{15.5.123}$$

所以 $x_0 = 0$（取哪一个点取决于物理问题关注哪个区域）是贝塞尔方程的特殊正则奇点，根

---

① 由 $x=\sqrt{x}\rho$ 得 $\dfrac{\mathrm{d}x}{\mathrm{d}\rho}=\sqrt{\mu}$，进一步得

$$\frac{\mathrm{d}\overline{R}[x(\rho)]}{\mathrm{d}\rho}=\frac{\mathrm{d}y(x)}{\mathrm{d}x}\frac{\mathrm{d}x}{\mathrm{d}\rho}=\sqrt{\mu}\frac{\mathrm{d}y(x)}{\mathrm{d}x}$$

上式可抽象为算符变换：

$$\frac{\mathrm{d}}{\mathrm{d}\rho}=\sqrt{\mu}\frac{\mathrm{d}}{\mathrm{d}x} \tag{1}$$

将上式和 $x=\sqrt{\mu}\rho$ 代入式(15.5.118)得

$$\sqrt{\mu}\frac{\mathrm{d}}{\mathrm{d}x}\left(\sqrt{\mu}\frac{\mathrm{d}y}{\mathrm{d}x}\right)+\sqrt{\mu}\sqrt{\mu}\,\frac{1}{x}\,\frac{\mathrm{d}}{\mathrm{d}x}y+\left(\mu-\mu\frac{m^2}{x^2}\right)y=0 \tag{2}$$

化简得

$$y''+\frac{1}{x}y'+\left(1-\frac{m^2}{x^2}\right)y=0 \tag{3}$$

据这种特殊正则奇点邻域上的级数解法，由于

$$p_{-1}=1,\ q_{-2}=-m^2 \tag{15.5.124}$$

可知相应的判定方程为

$$s(s-1)+s-m^2=0\quad (m=0,1,2,\cdots) \tag{15.5.125}$$

即

$$s^2-m^2=0\quad (m=0,1,2,\cdots) \tag{15.5.126}$$

有两个根，即 $s_1=m$，$s_2=-m$，两根差为 $s_1-s_2=2m$，且为正整数，线性独立的两个解取如下两种形式：

$$y_1(x)=\sum_{k=0}^{\infty}a_k x^{s_1+k} \tag{15.5.127}$$

$$y_2(x)=Ay_1(x)\ln x+\sum_{k=0}^{\infty}b_k x^{s_2+k} \tag{15.5.128}$$

其中系数 A，a_k，b_k，s_1，s_2 需要将两式的形式解代入 m 阶贝塞尔方程求解。

(1) m 阶贝塞尔方程的第一个特解。

求解 m 阶贝塞尔方程可以直接将第 15.4.3 节中 $J_\nu(x)$ 的 ν 取 m 即可。为了熟练掌握微分方程的级数解法，现仍采用级数解法求解第一个特解，令

$$y_1(x)=a_0x^m+a_1x^{m+1}+\cdots+a_kx^{m+k}+\cdots=\sum_{k=0}^{\infty}a_kx^{m+k}\quad (a_0\neq 0) \tag{15.5.129}$$

代入 m 阶贝塞尔方程得

$$\sum_{k=0}^{\infty}(s+k)(s+k-1)a_kx^{s+k}+\sum_{k=0}^{\infty}(s+k)a_kx^{s+k}-\sum_{k=0}^{\infty}m^2a_kx^{s+k}-\sum_{k=2}^{\infty}a_{k-2}x^{s+k}=0 \tag{15.5.130}$$

其中已经进行了化简，合并同幂项得

$$\sum_{k=0}^{\infty}[(s+k)^2-m^2]a_kx^{s+k}+\sum_{k=2}^{\infty}a_{k-2}x^{s+k}=0 \tag{15.5.131}$$

等式表明各项系数应为零，则

$$\begin{cases}(s^2-m^2)a_0=0\\ [(s+1)^2-m^2]a_1=0\\ [(s+k)^2-m^2]a_k+a_{k-2}=0\ (k\geqslant 2)\end{cases} \tag{15.5.132}$$

以上方程组中第一个方程是一个恒等式，即无法确定 a_0，第二个方程表明 a_1 必须为零。由第三个方程得系数递推公式：

$$a_k=\frac{-1}{(s+k+m)(s+k-m)}a_{k-2}\ (k\geqslant 2) \tag{15.5.133}$$

取 $s=m$，则递推公式为

$$a_k=\frac{-1}{k(2m+k)}a_{k-2}\ (k\geqslant 2) \tag{15.5.134}$$

由 a_0，a_1 和递推公式可算出具体的系数为

$$a_2=\frac{-1}{2^2}\frac{1}{m+1}a_0 \tag{15.5.135}$$

$$a_3=\frac{-1}{3(2m+3)}a_1=0 \tag{15.5.136}$$

$$a_4=\frac{-1}{4(2m+4)}a_2=\frac{1}{2^4 2!(m+1)(m+2)}a_0 \tag{15.5.137}$$

……

$$a_{2k}=(-1)^k\frac{1}{k!(m+1)(m+2)\cdots(m+k)}\frac{1}{2^{2k}}a_0 \tag{15.5.138}$$

$$a_{2k+1}=0 \tag{15.5.139}$$

这样得到 m 阶贝塞尔方程的一个特解：

$$y_1(x)=a_0x^m\left[1-\frac{1}{1!(m+1)}\left(\frac{x}{2}\right)^2+\cdots+\frac{(-1)^k}{k!(m+1)(m+2)\cdots(m+k)}\left(\frac{x}{2}\right)^{2k}+\cdots\right] \tag{15.5.140}$$

为了简化解的形式，取

$$a_0=\frac{1}{2^m m!} \tag{15.5.141}$$

则

$$y_1(x)=\sum_{k=0}^{\infty}\frac{(-1)^k}{k!(m+k)!}\left(\frac{x}{2}\right)^{2k+m} \tag{15.5.142}$$

这个解称为 m **阶贝塞尔函数**，另记为 $\mathrm{J}_m(x)$，则

$$\mathrm{J}_m(x)=\sum_{k=0}^{\infty}\frac{(-1)^k}{k!(m+k)!}\left(\frac{x}{2}\right)^{2k+m} \tag{15.5.143}$$

这是一个级数解，收敛半径为

$$R=\lim_{k\to\infty}\frac{a_{k-2}}{a_k}=\lim_{k\to\infty}2^2k(2m+k)=\infty \tag{15.5.144}$$

即 m 阶贝塞尔函数的收敛区域为$[0,\infty)$。

(2) m 阶贝塞尔方程的第二个特解。

有两种方法可得到第二个特解：第一种方法是将式(15.5.128)代入贝塞尔方程确定各项系数，**第二种方法**是根据式(15.4.71)由 $\nu\to m$ 的极限求得。下面由第一种方法求解，第二种方法在本章末给出。

判定方程的两根之差 $s_1-s_2=2m$ 为整数，第二个特解的形式为

$$y_2(x)=A\mathrm{J}_m(x)\ln x+\sum_{k=0}^{\infty}b_kx^{-m+k} \tag{15.5.145}$$

则

$$y_2'(x)=A\mathrm{J}_m'(x)\ln x+A\mathrm{J}_m(x)\frac{1}{x}+\sum_{k=0}^{\infty}(-m+k)b_kx^{-m+k-1} \tag{15.5.146}$$

$$y_2''(x)=A\mathrm{J}_m''(x)\ln x+2A\mathrm{J}_m'(x)\frac{1}{x}-A\mathrm{J}_m(x)\frac{1}{x^2}+\sum_{k=0}^{\infty}(-m+k)(-m+k-1)b_kx^{-m+k-2} \tag{15.5.147}$$

代入 m 阶贝塞尔方程：

$$x^2 y''(x) + xy'(x) + (x^2 - m^2)y(x) = 0$$

得

$$x^2\left[AJ''_m(x)\ln x + 2AJ'_m(x)\frac{1}{x} - AJ_m(x)\frac{1}{x^2} + \sum_{k=0}^{\infty}(-m+k)(-m+k-1)b_k x^{-m+k-2}\right] +$$

$$x\left[AJ'_m(x)\ln x + AJ_m(x)\frac{1}{x} + \sum_{k=0}^{\infty}(-m+k)b_k x^{-m+k-1}\right] +$$

$$(x^2 - m^2)\left[AJ_m(x)\ln x + \sum_{k=0}^{\infty}b_k x^{-m+k}\right] = 0 \tag{15.5.148}$$

合并整理后得

$$A[x^2 J''_m(x) + xJ'_m(x) + (x^2 - m^2)J_m(x)]\ln x + 2AxJ'_m(x) +$$

$$(x^2 - m^2)\sum_{k=0}^{\infty}b_k x^{-m+k} + \sum_{k=0}^{\infty}(-m+k)b_k x^{-m+k} + \sum_{k=0}^{\infty}(-m+k)(-m+k-1)b_k x^{-m+k} = 0 \tag{15.5.149}$$

由于 $J_m(x)$ 是贝塞尔方程的解，所以上式第一项的 $[\cdots] = 0$，第二项代入贝塞尔函数的具体表达式得

$$2AxJ'_m(x) = 2A\sum_{k=0}^{\infty}(-1)^k\frac{(m+2k)}{k!(m+k)!}\left(\frac{x}{2}\right)^{m+2k} \tag{15.5.150}$$

则方程(15.5.149)化简为

$$0\cdot b_0 x^{-m} + (-2m+1)b_1 x^{-m+1} + 2A\sum_{k=0}^{\infty}\frac{(-1)^k(m+2k)}{k!(m+k)!}\left(\frac{x}{2}\right)^{m+2k} +$$

$$\sum_{k=2}^{\infty}[k(-2m+k)b_k + b_{k-2}]x^{-m+k} = 0 \tag{15.5.151}$$

由于第三项只包含 x^{m+2k} 次幂，所以将第四项分为 x^{-m+2k} 次幂项和 $x^{-m+2k-1}$ 次幂项，即

$$0\cdot b_0 x^{-m} + (-2m+1)b_1 x^{-m+1} +$$

$$2A\sum_{k=0}^{\infty}\frac{(-1)^k(m+2k)}{k!(m+k)!}\left(\frac{x}{2}\right)^{m+2k} + \sum_{k=1}^{\infty}[2k(-2m+2k)b_{2k} + b_{2k-2}]x^{-m+2k} +$$

$$\sum_{k=2}^{\infty}[(2k-1)(-2m+2k-1)b_{2k-1} + b_{2k-3}]x^{-m+2k-1} = 0 \tag{15.5.152}$$

进一步，将第三项的求和指标做变换，即 $m + 2k = -m + 2l$，所以有

$$0\cdot b_0 x^{-m} + (-2m+1)b_1 x^{-m+1} +$$

$$2A(-1)^m\sum_{k=m}^{\infty}\frac{(-1)^k(-m+2k)}{k!(-m+k)!}\left(\frac{x}{2}\right)^{-m+2k} + \sum_{k=1}^{\infty}[2k(-2m+2k)b_{2k} + b_{2k-2}]x^{-m+2k} +$$

$$\sum_{k=2}^{\infty}[(2k-1)(-2m+2k-1)b_{2k-1} + b_{2k-3}]x^{-m+2k-1} = 0 \tag{15.5.153}$$

进一步得

$$0\cdot b_0x^{-m}+\sum_{k=1}^{m-1}[2k(-2m+2k)b_{2k}+b_{2k-2}]x^{-m+2k}+$$
$$\sum_{k=m}^{\infty}\left[2k(-2m+2k)b_{2k}+b_{2k-2}+\left(\frac{1}{2}\right)^{-m+2k}\frac{2A(-1)^m(-1)^k(-m+2k)}{k!(-m+k)!}\right]x^{-m+2k}+$$
$$(-2m+1)b_1x^{-m+1}+\sum_{k=2}^{\infty}[(2k-1)(-2m+2k-1)b_{2k-1}+b_{2k-3}]x^{-m+2k-1}=0$$

(15.5.154)

由第一项、第四项为零得

$$b_0\text{ 任意，}b_1=0 \tag{15.5.155}$$

由第二项($k\leqslant m-1$)得递推公式：

$$b_{2k}=\frac{(-1)b_{2k-2}}{4k(k-m)}\quad(k=1,2,\cdots,m-1) \tag{15.5.156}$$

由第三项为零得

$$2k(-2m+2k)b_{2k}+b_{2k-2}+\left(\frac{1}{2}\right)^{-m+2k}\frac{2A(-1)^m(-1)^k(-m+2k)}{k!(-m+k)!}\ (k\geqslant m)$$

(15.5.157)

由第五项得递推公式：

$$b_{2k+1}=\frac{(-1)b_{2k-1}}{(2k+1)(2k-2m+1)}\quad(k=1,2,\cdots) \tag{15.5.158}$$

由式(15.5.156)得

$$\begin{cases}b_2=\dfrac{b_0}{1!(m-1)}=\dfrac{b_0}{2^2 1!(m-1)}\left(\dfrac{1}{2}\right)^2\\ b_4=\dfrac{b_0}{2!(m-2)(m-1)}\left(\dfrac{1}{2}\right)^4\\ b_{2k}=\dfrac{b_0}{k!(m-k)\cdots(m-2)(m-1)}\left(\dfrac{1}{2}\right)^{2k}\\ b_{2(m-1)}=\dfrac{b_0}{(m-1)!(m-m+1)\cdots(m-k)\cdots(m-2)(m-1)}\left(\dfrac{1}{2}\right)^{2(m-1)}=\dfrac{m^2b_0}{(m!)^2}\left(\dfrac{1}{2}\right)^{2(m-1)}\end{cases}$$

(15.5.159)

由 $x^{-m+2k+1}$ 次幂项的系数递推公式得

$$b_3=0,\ b_5=0,\ \cdots,\ b_{2k+1}=0 \tag{15.5.160}$$

同时，式(15.5.157)取 $k=m$ 有

$$2A\frac{m}{m!2^m}+0\cdot b_{2m}+b_{2(m-1)}=0 \tag{15.5.161}$$

所以得

$$b_{2m}\text{ 任意，}A=-\frac{m!2^{m-1}}{m}b_{2m-2}=\frac{-2m}{2^m m!}b_0 \tag{15.5.162}$$

代入式(15.5.157)得

$$b_{2k}=-\frac{b_{2k-2}}{2^2k(-m+k)}+\frac{m}{2^m m!}\left(\frac{1}{2}\right)^{-m+2k}\frac{(-1)^{m+k}(2k-m)}{k!k(k-m)!(k-m)}b_0\ (k=m+1,m+2,\cdots)$$

(15.5.163)

所以有

$$b_{2(m+1)}=\frac{(-1)^1 b_{2m}}{\underline{\underline{2^2(m+1)1!}}}+\frac{m}{2^m m!}\frac{(-1)^1}{(m+1)!\cdot 1!}\left(\frac{1}{2}\right)^{m+2}\left(\frac{1}{m+1}+1\right)b_0 \tag{15.5.164}$$

$$\begin{aligned}b_{2(m+2)}=&\frac{(-1)^2 b_{2m}}{\underline{\underline{2^4(m+2)(m+1)2!}}}+\\&\frac{m}{m!2^m}\frac{(-1)^2}{2!(m+2)!}\left(\frac{1}{2}\right)^{m+4}\left[\left(\frac{1}{2}+1\right)+\left(\frac{1}{m+2}+\frac{1}{m+1}\right)\right]b_0\end{aligned} \tag{15.5.165}$$

$$\begin{aligned}b_{2(m+3)}=&\frac{(-1)^3 b_{2m}}{\underline{\underline{2^6(m+3)(m+2)(m+1)3!}}}+\\&\frac{m}{m!2^m}\frac{(-1)^2}{3!(m+3)!}\left(\frac{1}{2}\right)^{m+6}\left[\left(\frac{1}{3}+\frac{1}{2}+1\right)+\left(\frac{1}{m+3}+\frac{1}{m+2}+\frac{1}{m+1}\right)\right]b_0\end{aligned} \tag{15.5.166}$$

……

$$b_{2(m+k)}=\frac{(-1)^k b_{2m}}{\underline{\underline{2^6(m+k)\cdots(m+3)(m+2)(m+1)k!}}}+\frac{m}{m!2^m}\frac{(-1)^n}{k!(m+k)!}\left(\frac{1}{2}\right)^{m+2n}(C_k+C_{mk})b_0 \tag{15.5.167}$$

其中：

$$C_k=\frac{1}{k}+\frac{1}{k-1}+\cdots+\frac{1}{2}+1 \tag{15.5.168}$$

$$C_{mk}=\frac{1}{m+k}+\frac{1}{m+k-1}+\cdots+\frac{1}{m+2}+\frac{1}{m+1} \tag{15.5.169}$$

不难验证，按照这个递推公式，系数中双下划线项所得的项乘以适当的常数正好构成 $b_{2m}\mathrm{J}_m(x)$，这与第一个特解不线性独立，故舍去，即取第二个线性独立的解的系数为

$$b_{2(m+k)}=\frac{m}{2^m m!(m+k)!k!}\left(\frac{1}{2}\right)^{m+2k}\cdot(C_k+C_{mk})b_0 \tag{15.5.170}$$

到这里，终于得到第二个特解：

$$\begin{aligned}y_2(x)=&\frac{mb_0}{2^m m!}\left[-2\mathrm{J}_m(x)\ln x+\sum_{k=1}^{m-1}\frac{(m-k-1)!}{k!}\left(\frac{x}{2}\right)^{-m+2k}+\right.\\&\left.\sum_{k=0}^{\infty}\frac{(-1)^k}{k!(m+k)!}(C_k+C_{mk})\left(\frac{x}{2}\right)^{m+2k}\right]\end{aligned} \tag{15.5.171}$$

前面的系数 $\frac{mb_0}{2^m m!}$ 由线性微分方程线性叠加的性质可知可以任意取值，数学理论中，通常取 $b_0=-\frac{m!2^m}{m\pi}$，则第二个特解也可以写为

$$\begin{aligned}y_2(x)=&\left[\frac{2}{\pi}\mathrm{J}_m(x)\ln x-\frac{1}{\pi}\sum_{k=1}^{m-1}\frac{(m-k-1)!}{k!}\left(\frac{x}{2}\right)^{-m+2k}-\right.\\&\left.\frac{1}{\pi}\sum_{k=1}^{\infty}\frac{(-1)^k}{k!(m+k)!}(C_k+C_{mk})\left(\frac{x}{2}\right)^{m+2k}\right]\end{aligned} \tag{15.5.172}$$

通常将 $y_2(x)$ 与 $\left[\frac{2}{\pi}(C-\ln 2)-\frac{C_m}{\pi}\right]J_m(x)$ 求和得 m 阶诺依曼函数 $N_m(x)$，计算后得

$$N_m(x)=\frac{2}{\pi}J_m(x)\ln\frac{x}{2}-\frac{1}{\pi}\sum_{k=1}^{m-1}\frac{(m-k-1)!}{k!}\left(\frac{x}{2}\right)^{-m+2k}-\frac{1}{\pi}\sum_{k=0}^{\infty}\frac{(-1)^k}{k!(m+k)!}(C_k+C_{mk}-2C)\left(\frac{x}{2}\right)^{m+2k} \tag{15.5.173}$$

其中：

$$C=\lim_{k\to\infty}\left(1+\frac{1}{2}+\frac{1}{3}+\cdots+\frac{1}{k}-\ln k\right)=0.577\ 216\cdots \tag{15.5.174}$$

当 $m=0$ 时，式(15.5.173)中的第二项不存在，则得

$$N_0(x)=\frac{2}{\pi}J_0(x)\ln\frac{x}{2}-\frac{2}{\pi}\sum_{k=0}^{\infty}\frac{(-1)^k}{(k!)^2}(C_k-C)\left(\frac{x}{2}\right)^{m+2k} \tag{15.5.175}$$

2) m 阶贝塞尔方程特解的渐进行为

m 阶贝塞尔函数与 m 阶诺伊曼函数与相应的 ν 阶函数类似，见图 15.5-4，图 15.5-5。从函数图像可看出，m 阶贝塞尔函数与 m 阶诺伊曼函数的渐进行为与 ν 阶贝塞尔函数和 ν 阶诺伊曼函数的渐进行为相同：

$$\text{当 } x\to 0 \text{ 时：} J_0(x)\to 1,\ J_m(x)\to 0,\ N_m(x)\to -\infty \tag{15.5.176}$$

$$\text{当 } x\to \infty \text{ 时：} J_m(x)\to 0,\ N_m(x)\to 0 \tag{15.5.177}$$

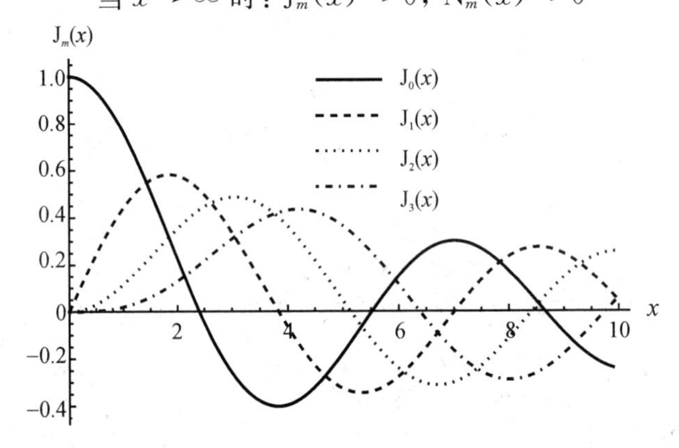

图 15.5-4　m 阶贝塞尔函数

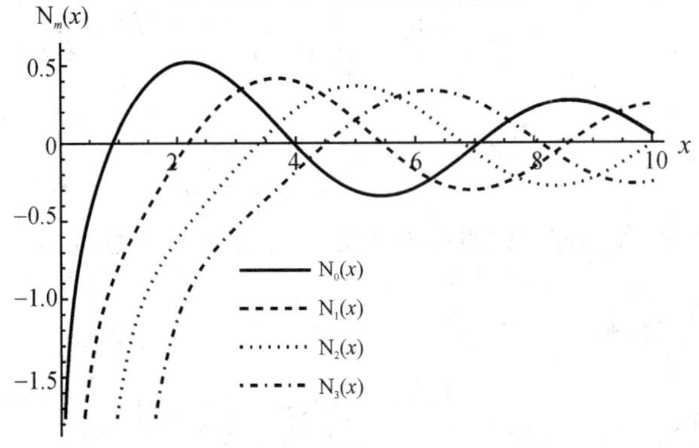

图 15.5-5　m 阶诺伊曼函数

3) m 阶贝塞尔方程的通解

综上所述，m 阶贝塞尔方程的通解为

$$y(x) = E_m \mathrm{J}_m(x) + F_m \mathrm{N}_m(x) \tag{15.5.178}$$

4. 本征值和本征函数

综上所述，边值问题式(15.5.109)中微分方程在 $\mu \neq 0$ 的情况下的通解为

$$R(\rho) = E_m \mathrm{J}_m(\sqrt{\mu}\rho) + F_m \mathrm{N}_m(\sqrt{\mu}\rho) \tag{15.5.179}$$

进一步，将通解代入边值条件得

$$\begin{cases} E_m \mathrm{J}_m(\sqrt{\mu}\rho) + F_m \mathrm{N}_m(\sqrt{\mu}\rho) = \text{非零有限值} \\ E_m \mathrm{J}_m(\sqrt{\mu}a) + F_m \mathrm{N}_m(\sqrt{\mu}a) = 0 \end{cases} \tag{15.5.180}$$

上式中第一个方程考虑 m 阶诺伊曼函数的渐进行为，必须要求 $F_m = 0$，于是第二个方程变为

$$E_m \mathrm{J}_m(\sqrt{\mu}a) = 0 \tag{15.5.181}$$

式(15.5.181)有两种解：第一种，如果取 $E_m = 0$，则得零解，与解为非零有限值矛盾，应舍弃;第二种只能取：

$$\mathrm{J}_m(\sqrt{\mu}a) = 0 \tag{15.5.182}$$

这种可能是允许的。将其代入贝塞尔函数得

$$\mathrm{J}_m(\sqrt{\mu}a) = \sum_{k=0}^{\infty} (-1)^k \frac{1}{k!(m+k)!} \left(\frac{\sqrt{\mu}a}{2}\right)^{m+2k} = 0 \tag{15.5.183}$$

这时 $\mathrm{J}_m(\sqrt{\mu}a)$ 是一个关于 $\sqrt{\mu}$ 的函数，如果 $\sqrt{\mu}$ 不是实数，式(15.5.183)不可能成立(可参看贝塞尔函数的图像)。所以 $\sqrt{\mu}$ 必须取实数，即当 $\mu > 0$ 时式(15.5.183)才可能成立。

当 $\mu>0$ 时，根据贝塞尔函数的图像可知，函数有无穷多个零点，设这些零点为 $x_n^{(m)}$，如图 15.5-6 所示，这些零点值可以通过查表或由 Mathematica 软件获取，即 $\mathrm{J}_m(\sqrt{\mu}a) = 0$ 的解为

$$\sqrt{\mu_n^{(m)}} = \frac{x_n^{(m)}}{a} \quad (n=1, 2, 3, \cdots) \tag{15.5.184}$$

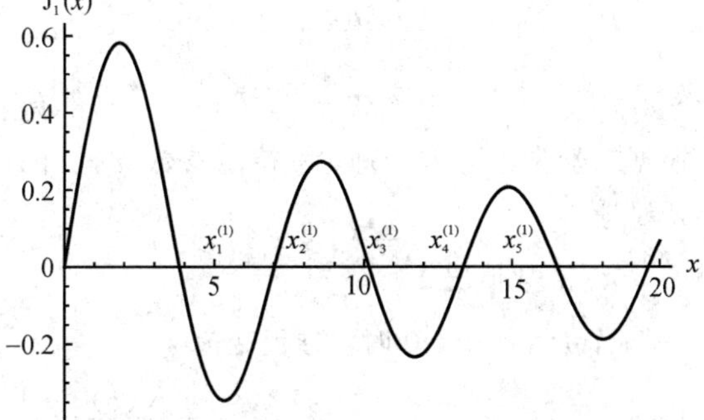

图 15.5-6　$\mathrm{J}_1(x)$的零点

其中 $x_n^{(m)}$ 称为 $\mathrm{J}_m(x)$ 的第 n 个零点，或称为方程 $\mathrm{J}_m(x) = 0$ 的第 n 个根，即对应着有无穷多个函数：

$$\mathrm{J}_m\left(\sqrt{\mu_n^{(m)}}\rho\right) \quad (n=1, 2, 3, \cdots) \tag{15.5.185}$$

综上所述，由系数情况 1、系数情况 2、系数情况 3 可知式(15.5.109)构成了一个本征值问题，本征值、本征函数为

$$\begin{cases} \mu_n^{(m)} = \left[\dfrac{x_n^{(m)}}{a}\right]^2 > 0 \quad (n = 1, 2, 3, \cdots) \\ R(\rho) = \mathrm{J}_m\left(\sqrt{\mu_n^{(m)}}\rho\right) \quad (0 \leqslant \rho \leqslant a) \end{cases} \tag{15.5.186}$$

1）傅里叶-贝塞尔级数

按照施图姆-刘维尔本征值问题，式(15.5.109)的本征函数构成了广义傅里叶级数的基，任何定义在区间 $[0, a]$ 上的函数 $f(\rho)$ 都可以用本征函数展开，称为傅里叶-贝塞尔级数：

$$\begin{cases} f(\rho) = \sum_{n=1}^{\infty} f_n \mathrm{J}_m\left(\sqrt{\mu_n^{(m)}}\rho\right) \\ f_n = \dfrac{1}{[N_n^{(m)}]^2}\int_0^a f(\rho)\mathrm{J}_m\left(\sqrt{\mu_n^{(m)}}\rho\right)\rho\mathrm{d}\rho \end{cases} \tag{15.5.187}$$

其中 $N_n^{(m)}$ 称为贝塞尔函数 $\mathrm{J}_m\left(\sqrt{\mu_n^{(m)}}\rho\right)$ 的模。

2）贝塞尔函数的模

按照施图姆-刘维尔本征值问题，贝塞尔函数 $\mathrm{J}_m\left(\sqrt{\mu_n^{(m)}}\rho\right)$ 的模方计算如下：

$$[N_n^{(m)}]^2 = \int_0^a \left[\mathrm{J}_m\left(\sqrt{\mu_n^{(m)}}\rho\right)\right]^2\rho\mathrm{d}\rho \tag{15.5.188}$$

运用分部积分和贝塞尔函数的递推关系，考虑定解问题的**第一类齐次边值条件** $\mathrm{J}_m\left(\sqrt{\mu_n^{(m)}}a\right) = 0$，以上积分值为

$$[N_n^{(m)}]^2 = \frac{1}{2}a^2\left[\mathrm{J}_{m+1}\left(\sqrt{\mu_n^{(m)}}a\right)\right]^2 \tag{15.5.189}$$

15.5.4 柱侧第二类齐次边值条件本征值问题

柱坐标系下拉普拉斯方程分离变数可得径向函数满足的边值问题为

$$\begin{cases} \dfrac{\mathrm{d}^2R(\rho)}{\mathrm{d}\rho^2} + \dfrac{1}{\rho}\dfrac{\mathrm{d}R(\rho)}{\mathrm{d}\rho} + \left(\mu - \dfrac{m^2}{\rho^2}\right)R(\rho) = 0 \\ R'(a) = 0, R(\rho) = \text{非零有限值} \end{cases} \quad (0 \leqslant \rho \leqslant a) \tag{15.5.190}$$

根据二阶常微分方程理论，待定参数 m，μ 的取值为零和非零将导致结构不同的解，所以分开讨论。

1. 系数情况 1

当 $\mu=0$，$m=0$ 时，方程变为

$$\frac{\mathrm{d}^2R(\rho)}{\mathrm{d}\rho^2} + \frac{1}{\rho}\frac{\mathrm{d}R(\rho)}{\mathrm{d}\rho} = 0 \tag{15.5.191}$$

此时方程是欧拉方程，其解为

$$R(\rho) = C_0 + D_0\ln\rho \tag{15.5.192}$$

代入边值条件得

$$\begin{cases} C_0 + D_0\ln\rho = \text{非零有限值} \\ D_0\dfrac{1}{a} = 0 \end{cases} \tag{15.5.193}$$

ρ 的取值区间为 $[0, a]$，当 $\rho = 0$ 时不满足方程，除非要求：

$$C_0 = \text{非零有限值}, D_0 = 0 \tag{15.5.194}$$

即 $\mu = 0$，$m = 0$ 可能的解为

$$R(\rho)=C_0 \tag{15.5.195}$$

2. 系数情况 2

当 $\mu=0$，$m\neq 0$ 时，方程变为

$$\frac{d^2R(\rho)}{d\rho^2}+\frac{1}{\rho}\frac{dR(\rho)}{d\rho}-\frac{m^2}{\rho^2}R(\rho)=0 \tag{15.5.196}$$

此时方程仍是欧拉方程，方程的解为

$$R(\rho)=E\rho^m+F\rho^{-m} \tag{15.5.197}$$

代入边值条件得

$$\begin{cases} E\rho^m+F\dfrac{1}{\rho^m}=\text{非零有限值} \\ R'(a)=mEa^{m-1}-mF\dfrac{1}{a^{m+1}}=0 \end{cases} \tag{15.5.198}$$

所以

$$E=0,\ F=0 \tag{15.5.199}$$

即 $\mu=0$，$m\neq 0$ 只能是零解，不符合物理情况，应舍弃。

3. 系数情况 3

对于 $\mu\neq 0$ 的情况，根据第 15.5.2 节的讨论，方程转化为 m 阶贝塞尔方程：

$$x^2y''+xy'+(x^2-m^2)y=0\ (m=0,1,2,\cdots) \tag{15.5.200}$$

1）m 阶贝塞尔方程的通解

利用第 15.5.2 节的结果，采用正则奇点邻域的级数解法，得式(15.5.200) m 阶贝塞尔方程的通解为

$$y(x)=E_m\mathrm{J}_m(x)+F_m\mathrm{N}_m(x) \tag{15.5.201}$$

其中：

$$\mathrm{J}_m(x)=\sum_{k=0}^{\infty}\frac{(-1)^k}{k!(m+k)!}\left(\frac{x}{2}\right)^{2k+m} \tag{15.5.202}$$

$$\mathrm{N}_m(x)=\frac{2}{\pi}\left(\ln\frac{x}{2}+C\right)\mathrm{J}_m(x)-\frac{1}{\pi}\sum_{k=1}^{m-1}\frac{(m-k-1)!}{k!}\left(\frac{x}{2}\right)^{-m+2k}-\frac{1}{\pi}\sum_{k=0}^{\infty}\frac{(-1)^k}{k!(m+k)!}(C_k+C_{mk}-2C)\left(\frac{x}{2}\right)^{m+2k} \tag{15.5.203}$$

2）本征解

将式(15.5.201)代入式(15.5.190)的边值条件得

$$\begin{cases} E_m\mathrm{J}_m(\sqrt{\mu}\rho)+F_m\mathrm{N}_m(\sqrt{\mu}\rho)=\text{非零有限值} \\ E_m\sqrt{\mu}\mathrm{J}'_m(\sqrt{\mu}a)+F_m\sqrt{\mu}\mathrm{N}'_m(\sqrt{\mu}a)=0 \end{cases} \tag{15.5.204}$$

非零有限值的条件要求 $F_m=0$，则得

$$E_m\sqrt{\mu}\mathrm{J}'_m(\sqrt{\mu}a)=0 \tag{15.5.205}$$

方程组的解如果取 $E_m=0$，则会出现 $R(\rho)\equiv 0$，应舍弃。除此之外，要求：

$$\mathrm{J}'_m(\sqrt{\mu}a)=0 \tag{15.5.206}$$

代入贝塞尔函数得

$$\mathrm{J}'_m(\sqrt{\mu}a)=\sqrt{\mu}\left.\frac{\mathrm{dJ}_m(x)}{\mathrm{d}x}\right|_{x=\sqrt{\mu}a}=0 \tag{15.5.207}$$

这时 $\mathrm{J}'_m(\sqrt{\mu}a)$ 是一个关于 $\sqrt{\mu}$ 的函数，而 $\sqrt{\mu}$ 取虚部不为零的复数都不可能满足方程，所以此种情况应舍弃，所以 μ 只能取大于零的实数。

当 $\mu>0$ 时，根据 $\mathrm{J}_m(x)$ 的图像，函数的极值点有无穷多个，如图 15.5-7 所示，设这些极值点为 $x_n^{(m)}$，则 $\mathrm{J}'_m(\sqrt{\mu}a)=0$ 的解为

$$\sqrt{\mu_n^{(m)}}=\frac{x_n^{(m)}}{a}\ (n=1,2,3,\cdots) \tag{15.5.208}$$

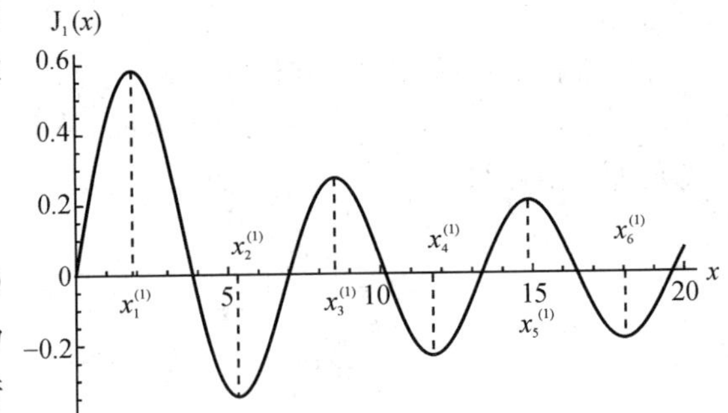

图 15.5-7　$\mathrm{J}_1(x)$的极值点

其中 $x_n^{(m)}$ 称为 $\mathrm{J}'_m(x)$ 的第 n 个零点，或称为方程 $\mathrm{J}'_m(x)=0$ 的第 n 个根，这样即对应着有无穷多个函数：

$$\mathrm{J}_m\left(\sqrt{\mu_n^{(m)}}\rho\right)\ (n=1,2,3,\cdots) \tag{15.5.209}$$

4. 本征值与本征函数

综合以上三种 μ 的取值情况，微分方程的边值问题式(15.5.190)构成了本征值问题，本征值、本征函数为

$$\begin{cases}\mu_n^{(m)}=\left[\dfrac{x_n^{(m)}}{a}\right]^2>0 \\ R(\rho)=\mathrm{J}_m\left(\sqrt{\mu_n^{(m)}}\rho\right)\end{cases}\quad\begin{pmatrix}n=1,2,3,\cdots \\ m=0,1,2,\cdots\end{pmatrix} \tag{15.5.210}$$

$$R(\rho)=\mathrm{J}_0(0)=1\quad(\mu=0,\ m=0)$$

式(15.5.190)的边值问题求解完毕，下面讨论其本征函数作为基的广义傅里叶级数——傅里叶-贝塞尔级数。

1）傅里叶-贝塞尔级数

按照施图姆-刘维尔本征值问题，式(15.5.190)的本征函数构成了广义傅里叶级数的基，任何定义在区间[0，a]上的函数 $f(\rho)$ 都可以用本征函数展开，称为傅里叶-贝塞尔级数：

$$\begin{cases}f(\rho)=\displaystyle\sum_{n=1}^{\infty}f_n\mathrm{J}_m\left(\sqrt{\mu_n^{(m)}}\rho\right) \\ f_n=\dfrac{1}{[N_n^{(m)}]^2}\displaystyle\int_0^a f(\rho)\mathrm{J}_m\left(\sqrt{\mu_n^{(m)}}\rho\right)\mathrm{d}\rho\end{cases} \tag{15.5.211}$$

其中 $N_n^{(m)}$ 称为贝塞尔函数 $\mathrm{J}_m\left(\sqrt{\mu_n^{(m)}}\rho\right)$ 的模，其中 $\mu_0^{(0)}=0$，$\mu_n^{(m)}=\left[\dfrac{x_n^{(m)}}{a}\right]^2>0$ $(n=1,2,3,\cdots)$。

2）贝塞尔函数的模

按照施图姆-刘维尔本征值问题，贝塞尔函数 $\mathrm{J}_m\left(\sqrt{\mu_n^{(m)}}\rho\right)$ 的模计算如下：

$$[N_n^{(m)}]^2 = \int_0^a \left[J_m\left(\sqrt{\mu_n^{(m)}}\rho\right)\right]^2 \rho \mathrm{d}\rho \tag{15.5.212}$$

运用分部积分和贝塞尔函数的递推关系，考虑定解问题的**第二类齐次边值条件** $J'_m\left(\sqrt{\mu_n^{(m)}}a\right)=0$，以上积分值为

$$[N_n^{(m)}]^2 = \frac{1}{2}\left(a^2 - \frac{m^2}{\mu_n^{(m)}}\right)\left[J_m\left(\sqrt{\mu_n^{(m)}}a\right)\right]^2 \tag{15.5.213}$$

15.5.5 柱侧第三类齐次边界条件本征值问题

对于柱侧第三类齐次边界条件的本征值问题，此处不做介绍，请参阅相关书籍。

15.5.6 球贝塞尔方程的本征值问题

由球坐标系下的亥姆霍兹方程分离变数可得径向方程的边值问题：

$$\begin{cases}\dfrac{\mathrm{d}}{\mathrm{d}r}\left(r^2\dfrac{\mathrm{d}R}{\mathrm{d}r}\right)+[k^2r^2-l(l+1)]R=0 \quad (l=0,1,2,\cdots)\\ R(r_0)=0,\ R(r)=\text{非零有限值}\end{cases} \tag{15.5.214}$$

其中微分方程称为球贝塞尔方程，引入变换：

$$x=kr,\ R(r)=\bar{R}[x(r)]=\sqrt{\frac{\pi}{2x}}y(x) \tag{15.5.215}$$

$y(x)$满足的方程可化为$(l+1/2)$阶贝塞尔方程①：

$$x^2y''+xy'+\left[x^2-\left(l+\frac{1}{2}\right)^2\right]y=0 \ (l=0,1,2,\cdots) \tag{15.5.216}$$

将方程化为一般形式：

$$y''+\frac{1}{x}y'+\left[1-\left(l+\frac{1}{2}\right)^2/x^2\right]y=0 \quad (l=0,1,2,\cdots) \tag{15.5.217}$$

$x_0=0$ 是方程系数 $p(x)=\dfrac{1}{x}$ 的一阶极点，是 $q(x)=1-\dfrac{(l+1/2)^2}{x^2}$ 的二阶极点，所以 $x_0=0$ 是方程的特殊正则奇点。

1. 球贝塞尔方程的特解

由前述 ν 阶贝塞尔方程的解可知，$l+1/2$ 阶贝塞尔方程的特解可取如下几种：

---

① 由 $x=kr$ 得

$$\frac{\mathrm{d}x}{\mathrm{d}r}=k,\ \frac{\mathrm{d}}{\mathrm{d}r}=k\frac{\mathrm{d}}{\mathrm{d}x}$$

代入方程得

$$\frac{\mathrm{d}}{\mathrm{d}x}\left[x^2\frac{\mathrm{d}\bar{R}(x)}{\mathrm{d}x}\right]+[x^2-l(l+1)]\bar{R}(x)=0$$

再代入 $\bar{R}[x(r)]=\sqrt{\dfrac{\pi}{2x}}y(x)$ 得

$$\frac{\mathrm{d}}{\mathrm{d}x}\left[x^2\frac{\mathrm{d}}{\mathrm{d}x}\left(\sqrt{\frac{\pi}{2x}}y\right)\right]+[x^2-l(l+1)]\sqrt{\frac{\pi}{2x}}y=0$$

经过冗长的化简可得

$$x^2\frac{\mathrm{d}^2y}{\mathrm{d}x^2}+x\frac{\mathrm{d}y}{\mathrm{d}x}+\left[x^2-\left(l+\frac{1}{2}\right)^2\right]y=0$$

$$J_{l+1/2}(x),\ J_{-(l+1/2)}(x),\ N_{l+1/2}(x),\ H^{(1)}_{l+1/2}(x),\ H^{(2)}_{l+1/2}(x) \tag{15.5.218}$$

其中任取两个就组成了 $l+1/2$ 阶贝塞尔方程的解，这样球贝塞尔方程的特解就可由 $l+1/2$ 阶贝塞尔方程的特解构造：

球贝塞尔函数：$j_l(x)=\sqrt{\dfrac{\pi}{2x}}J_{l+1/2}(x)$，$j_{-l}(x)=\sqrt{\dfrac{\pi}{2x}}J_{-(l+1/2)}(x)$

球诺伊曼函数：$n_l(x)=\sqrt{\dfrac{\pi}{2x}}N_{l+1/2}(x)$

球汉克尔函数：$h^{(1)}_l(x)=\sqrt{\dfrac{\pi}{2x}}H^{(1)}_{l+1/2}(x)$，$h^{(2)}_l(x)=\sqrt{\dfrac{\pi}{2x}}H^{(2)}_{l+1/2}(x)$

球贝塞尔函数、球诺伊曼函数、球汉克尔函数统一用 $z_l(x)$ 表示，而 $Z_l(x)$ 表示前面的三类柱函数，则

$$z_l(x)=\sqrt{\frac{\pi}{2x}}Z_{l+1/2}(x) \tag{15.5.219}$$

根据柱函数的递推公式：

$$Z_{l+3/2}(x)-(2l+1)\frac{Z_{l+1/2}(x)}{x}+Z_{l-1/2}(x)=0 \tag{15.5.220}$$

则有

$$z_{l+1}(x)=\frac{2l+1}{x}z_l(x)-z_{l-1}(x) \tag{15.5.221}$$

这即是球贝塞尔函数、球诺伊曼函数、球汉克尔函数的递推公式。可以看到，只要求得 $z_{l-1}(x)$，$z_l(x)$，即可得 $z_{l+1}(x)$。

有了递推公式，可以得 $z_l(x)$ 的初等函数表达式。考虑：

$$J_{1/2}(x)=\sum_{k=0}^{\infty}(-1)^k\frac{1}{k!\Gamma(1/2+k+1)}\left(\frac{x}{2}\right)^{\frac{1}{2}+2k} \tag{15.5.222}$$

再考虑 $\Gamma(1/2)=\sqrt{\pi}$ 及其性质，可得

$$J_{1/2}(x)=\sqrt{\frac{2}{\pi x}}\sin x,\ J_{-1/2}(x)=\sqrt{\frac{2}{\pi x}}\cos x \tag{15.5.223}$$

$$N_{l+1/2}(x)=\frac{J_{l+1/2}(x)\cos[(l+1/2)\pi]-J_{-(l+1/2)}(x)}{\sin[(l+1/2)\pi]}=(-1)^{l+1}J_{-(l+1/2)}(x) \tag{15.5.224}$$

所以有

$$j_0(x)=\frac{\sin x}{x},\ j_{-1}(x)=\frac{\cos x}{x} \tag{15.5.225}$$

$$n_0(x)=-\frac{\cos x}{x},\ n_{-1}(x)=\frac{\sin x}{x} \tag{15.5.226}$$

反复运用递推公式(15.5.221)得

$$j_0(x)=\frac{\sin x}{x},\qquad n_0(x)=-\frac{\cos x}{x}$$

$$j_1(x)=\frac{1}{x^2}(\sin x-x\cos x),\qquad n_1(x)=-\frac{1}{x^2}[3(\sin x+x\cos x)]$$

$$\mathrm{j}_2(x)=\frac{1}{x^3}[3(\sin x-x\cos x)-x^2\sin x],\ \mathrm{n}_2(x)=-\frac{1}{x^3}[3(\cos x+x\sin x)-x^2\cos x]$$

运用 Mathematica 可以画出相应的函数图，如图 15.5－8 和图 15.5－9 所示。

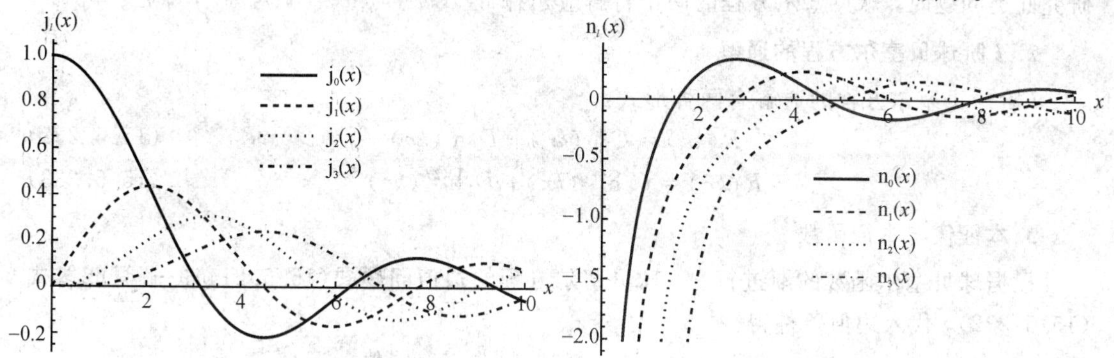

图 15.5－8　球贝塞尔函数　　　　图 15.5－9　球诺伊曼函数

从上面两个图中可以看出球贝塞尔函数、球诺伊曼函数的渐进行为：

当 $x\to 0$ 时，有

$$\mathrm{j}_0(0)\to 1,\ \mathrm{j}_l(0)\to 0,\ \mathrm{n}_l(0)\to -\infty \qquad (15.5.227)$$

当 $x\to\infty$ 时，有

$$\mathrm{j}_l(\infty)\to 0,\ \mathrm{n}_l(\infty)\to 0 \qquad (15.5.228)$$

已知渐进关系，在使用边值条件时可自动筛选解。

由球汉克尔函数的定义：

$$\mathrm{h}_l^{(1)}(x)=\mathrm{j}_l(x)+\mathrm{i}\mathrm{n}_l(x),\ \mathrm{h}_l^{(2)}(x)=\mathrm{j}_l(x)-\mathrm{i}\mathrm{n}_l(x) \qquad (15.5.229)$$

可知相应的初等函数形式为

$$\mathrm{h}_0^{(1)}(x)=-\frac{\mathrm{e}^{\mathrm{i}x}}{x},\qquad \mathrm{h}_0^{(2)}(x)=-\frac{\mathrm{i}}{x}\mathrm{e}^{-\mathrm{i}x}$$

$$\mathrm{h}_1^{(1)}(x)=-\left(\frac{\mathrm{i}}{x^2}+\frac{1}{x}\right)\mathrm{e}^{\mathrm{i}x},\qquad \mathrm{h}_1^{(2)}(x)=-\left(\frac{\mathrm{i}}{x^2}+\frac{1}{x}\right)\mathrm{e}^{-\mathrm{i}x}$$

$$\mathrm{h}_2^{(1)}(x)=-\left(\frac{3\mathrm{i}}{x^3}+\frac{3}{x^2}-\frac{\mathrm{i}}{x}\right)\mathrm{e}^{\mathrm{i}x},\qquad \mathrm{h}_2^{(2)}(x)=-\left(\frac{3\mathrm{i}}{x^3}+\frac{3}{x^2}-\frac{\mathrm{i}}{x}\right)\mathrm{e}^{-\mathrm{i}x}$$

……

从球汉克尔函数的形式可看到，$\mathrm{h}_l^{(1)}$ 对应着向外传播的发散波，$\mathrm{h}_l^{(2)}$ 对应着向坐标原点汇聚的波，在求解波传播问题中可选择使用。

有了以上的准备，我们可以讨论球贝塞尔方程的两个特解。

(1) l 阶球贝塞尔方程的第一个特解。

l 阶球贝塞尔方程的第一个特解可以取球贝塞尔函数：

$$R_1(kr)=\mathrm{j}_l(kr) \qquad (15.5.230)$$

(2) l 阶球贝塞尔方程的第二个特解。

l 阶球贝塞尔方程的第二个特解可以取球诺伊曼函数：

$$R_2(kr)=\mathrm{n}_l(kr) \qquad (15.5.231)$$

球贝塞尔方程来自亥姆霍兹方程，亥姆霍兹方程来自三维振动问题或输运问题在球坐标系中分离变数。研究球内部的振动或输运问题时，往往形成驻波，这时选择 $R_1(kr)$、$R_2(kr)$，根据齐次边值条件可构成本征值问题。球外部振动对应着波源振动在球外的传播，研究此类问题时，球贝塞尔方程的两个特解应选择 $\mathrm{h}_l^{(1)}(kr)$ 与 $\mathrm{h}_l^{(2)}(kr)$。

2. l 阶球贝塞尔方程的通解

l 阶球贝塞尔方程的通解有两种形式：

$$R(kr)=C_1\mathrm{j}_l(kr)+D_1\mathrm{n}_l(kr) \tag{15.5.232}$$

$$R(kr)=C_1\mathrm{h}_l^{(1)}(kr)+D_1\mathrm{h}_l^{(2)}(kr) \tag{15.5.233}$$

3. 本征值与本征函数

根据球贝塞尔函数的渐进行为，球贝塞尔方程的边值问题式(15.5.214)的解只能取式(15.5.232)，代入边值条件得

$$\begin{cases}C_1\mathrm{j}_l(0)+D_1\mathrm{n}_l(0)=\text{非零有限值}\\C_1\mathrm{j}_l(kr_0)+D_1\mathrm{n}_l(kr_0)=0\end{cases} \tag{15.5.234}$$

由于当 $x\to 0$ 时，$\mathrm{n}_l(0)\to-\infty$，所以得

$$\begin{cases}D_1=0\\C_1\mathrm{j}_l(kr_0)=0\end{cases} \tag{15.5.235}$$

如果取 $C_1=0$，$D_1=0$，将会导致零解，所以只能取

$$\mathrm{j}_l(kr_0)=0 \tag{15.5.236}$$

从 $\mathrm{j}_l(x)$ 的函数图像可以看到，方程(15.5.236)的解为

$$k=k_n=\frac{x_n^{(l)}}{r_0} \tag{15.5.237}$$

其中 $x_n^{(l)}$ 是方程 $\mathrm{j}_l(x)=0$ 的第 n 个解或 $\mathrm{j}_l(x)$ 的第 n 个零点。所以边值问题式(15.5.214)构成了本征值问题，本征值和本征函数为

$$\begin{cases}k=k_n=\dfrac{x_n^{(l)}}{r_0}\\R(r)=\mathrm{j}_l(k_nr)\end{cases}\quad\begin{pmatrix}n=1,2,3,\cdots\\l=0,1,2,\cdots\end{pmatrix} \tag{15.5.238}$$

其中本征函数同样构成了广义傅里叶级数的基，即满足正交性、完备性，这就又可构成了广义傅里叶级数。

1）傅里叶-球贝塞尔级数

定义在区间 $[0,r_0]$ 上的函数 $f(r)$ 都可以展开为广义傅里叶级数：

$$\begin{cases}f(r)=\displaystyle\sum_{n=1}^{\infty}f_n\mathrm{j}_l(k_nr)\\f_n=\dfrac{1}{[N_n^l]^2}\displaystyle\int_0^{r_0}f(r)\mathrm{j}_l(k_nr)r^2\mathrm{d}r\end{cases} \tag{15.5.239}$$

2）球贝塞尔函数的模

$[N_n^l]^2$ 称为球贝塞尔函数的模方：

$$[N_n^l]^2=\int_0^{r_0}[\mathrm{j}_l(k_nr)]^2r^2\mathrm{d}r=\frac{\pi}{2k_n}\int_0^{r_0}[\mathrm{J}_{l+1/2}(k_nr)]^2r\mathrm{d}r \tag{15.5.240}$$

其值可根据齐次边值条件计算得出。

15.6　m 阶虚宗量贝塞尔方程的解

定解问题在柱坐标系中分离变数后的径向方程可能为虚宗量的贝塞尔方程：

$$x^2\frac{\mathrm{d}^2y(x)}{\mathrm{d}x^2}+x\frac{\mathrm{d}y(x)}{\mathrm{d}x}-(x^2+m^2)y(x)=0\ (m=0,1,2,\cdots) \tag{15.6.1}$$

此方程只需做变换：

$$x\rightarrow \mathrm{i}x \tag{15.6.2}$$

即可得 m 阶贝塞尔方程：

$$x^2\frac{\mathrm{d}^2y(x)}{\mathrm{d}x^2}+x\frac{\mathrm{d}y(x)}{\mathrm{d}x}+(x^2-m^2)y(x)=0\ (m=0,1,2,\cdots) \tag{15.6.3}$$

此时变量 x 为纯虚数。

15.6.1　m 阶虚宗量贝塞尔方程的第一个特解

根据上述讨论，虚宗量贝塞尔方程的第一个特解为虚宗量贝塞尔函数 $\mathrm{I}_m(x)$：

$$\mathrm{I}_m(x)=\mathrm{J}_m(\mathrm{i}x)=\mathrm{i}^m\sum_{k=0}^{\infty}\frac{1}{k!(m+k)!}\left(\frac{x}{2}\right)^{m+2k} \tag{15.6.4}$$

其收敛半径为

$$R=\lim_{k\to\infty}\frac{a_{k-2}}{a_k}=\lim_{k\to\infty}2^2k(2m+k)=\infty \tag{15.6.5}$$

15.6.2　m 阶虚宗量贝塞尔方程的第二个特解

虚宗量贝塞尔方程第二个特解取：

$$\mathrm{K}_m(x)=\frac{\pi}{2}\mathrm{i}^{m+1}[\mathrm{J}_m(\mathrm{i}x)+\mathrm{i}\mathrm{N}_m(\mathrm{i}x)] \tag{15.6.6}$$

称为虚宗量汉克尔函数。代入虚宗量的贝塞尔函数和诺伊曼函数的形式，得虚宗量汉克尔函数的形式为

$$\mathrm{K}_m(x)=\frac{1}{2}\sum_{n=0}^{m-1}(-1)^n\frac{(m-n-1)!}{n!}\left(\frac{x}{2}\right)^{-m+2n}+ (-1)^{m+1}\sum_{n=0}^{\infty}\frac{1}{n!(m+n)!}\left[\ln\frac{x}{2}-\frac{1}{2}(C_{m+n}+C_n-2C)\right]\left(\frac{x}{2}\right)^{m+2k} \tag{15.6.7}$$

其中 $m=0,1,2,\cdots$，图 15.6-1、图 15.6-2 所示为虚宗量贝塞尔函数和虚宗量汉克尔函数的图像。从图中可以很容易地看到相应的渐进性如下：

当 $x\rightarrow 0$ 时，有

$$\mathrm{I}_0(x)\rightarrow 1,\ \mathrm{I}_m(x)\rightarrow 0,\ \mathrm{K}_m(x)\rightarrow\infty \tag{15.6.8}$$

当 $x\rightarrow\infty$ 时，有

$$\mathrm{I}_m(x)\rightarrow\infty,\ \mathrm{K}_m(x)\rightarrow 0 \tag{15.6.9}$$

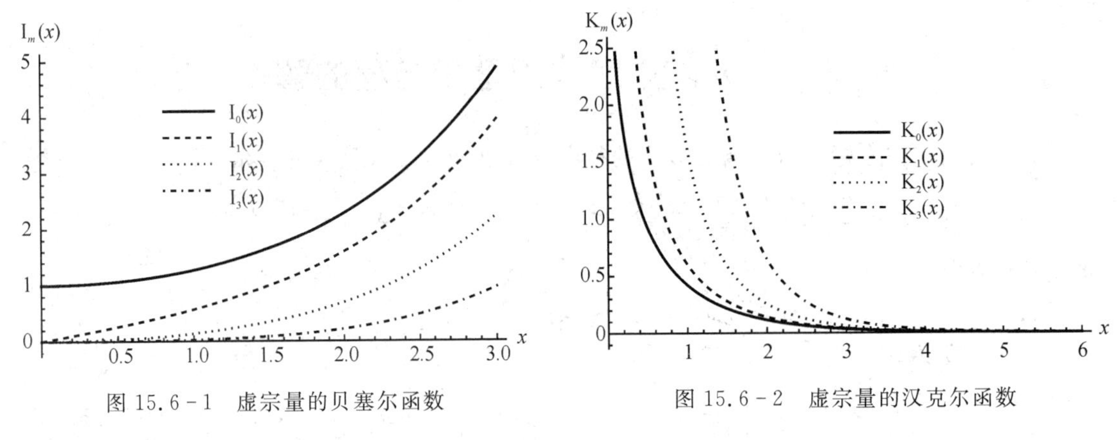

图 15.6-1　虚宗量的贝塞尔函数

图 15.6-2　虚宗量的汉克尔函数

15.6.3　m 阶虚宗量贝塞尔方程的通解

m 阶虚宗量贝塞尔方程的通解为

$$y(x) = C_m \mathrm{I}_m(x) + D_m \mathrm{K}_m(x) \tag{15.6.10}$$

附录　极限法推演 m 阶诺伊曼函数

非整数 ν 阶的诺伊曼函数为

$$\mathrm{N}_\nu(x) = \frac{\mathrm{J}_\nu(x)\cos\nu\pi - \mathrm{J}_{-\nu}(x)}{\sin\nu\pi}$$

当阶数 $\nu \to m$ 时，上式右边变成 $\frac{0}{0}$ 式，需应用洛必达法则，分子、分母分别对 ν 求导，有

$$\mathrm{N}_m(x) = \lim_{\nu\to m}\mathrm{N}_\nu(x) = \frac{1}{\pi}\lim_{\nu\to m}\left[\frac{\frac{\partial \mathrm{J}_\nu(x)}{\partial\nu}\cos\nu\pi - \frac{\partial \mathrm{J}_{-\nu}(x)}{\partial\nu}}{\cos\nu\pi}\right]$$

$$= \frac{1}{\pi}\lim_{\nu\to m}\left[\frac{\partial \mathrm{J}_\nu(x)}{\partial\nu} - (-1)^m\frac{\partial \mathrm{J}_{-\nu}(x)}{\partial\nu}\right]$$

取 $\mathrm{J}_\nu(x) = \sum_{k=0}^{\infty}\frac{(-1)^k}{k!\Gamma(\nu+k+1)}\left(\frac{x}{2}\right)^{\nu+2k}$，则

$$\frac{\partial \mathrm{J}_\nu(x)}{\partial\nu} = \sum_{k=0}^{\infty}\left\{\frac{\partial}{\partial\nu}\left[\frac{1}{\Gamma(\nu+k+1)}\right]\frac{(-1)^k}{k!}\left(\frac{x}{2}\right)^{\nu+2k} + \frac{1}{\Gamma(\nu+k+1)}\frac{(-1)^k}{k!}\frac{\partial}{\partial\nu}\left(\frac{x}{2}\right)^{\nu+2k}\right\}$$

$$\frac{\partial \mathrm{J}_\nu(x)}{\partial\nu} = \sum_{k=0}^{\infty}\frac{(-1)^k}{k!\Gamma(\nu+k+1)}\left(\frac{x}{2}\right)^{\nu+2k}\left[\ln\frac{x}{2} - \frac{\Gamma'(\nu+k+1)}{\Gamma(\nu+k+1)}\right]$$

$$\lim_{\nu\to m}\frac{\partial \mathrm{J}_\nu(x)}{\partial\nu} = \lim_{\nu\to m}\sum_{k=0}^{\infty}\frac{(-1)^k}{k!\Gamma(\nu+k+1)}\left(\frac{x}{2}\right)^{\nu+2k}\left[\ln\frac{x}{2} - \frac{\Gamma'(\nu+k+1)}{\Gamma(\nu+k+1)}\right]$$

$$= \sum_{k=0}^{\infty}\frac{(-1)^k}{k!(m+k)!}\left(\frac{x}{2}\right)^{m+2k}\left(\ln\frac{x}{2} - C_{mk} + C\right)$$

其中用到了 $\frac{\Gamma'(m+k+1)}{\Gamma(m+k+1)} = C_{mk} - C$，而

$$C_{mk} = 1 + \frac{1}{2} + \frac{1}{3} + \cdots + \frac{1}{m+k},\ C = \lim_{k\to\infty}(C_k - \ln k),\ C_k = 1 + \frac{1}{2} + \frac{1}{3} + \cdots + \frac{1}{k}$$

所以

$$\lim_{\nu\to m}\frac{\partial \mathrm{J}_\nu(x)}{\partial \nu}=\mathrm{J}_m(x)\left(\ln\frac{x}{2}+C\right)-\sum_{k=0}^{\infty}\frac{(-1)^k C_{mk}}{k!(m+k)!}\left(\frac{x}{2}\right)^{m+2k}$$

再做求和指标变换，令 $k=n-m$，则

$$\lim_{\nu\to m}\frac{\partial \mathrm{J}_\nu(x)}{\partial \nu}=\mathrm{J}_m(x)\left(\ln\frac{x}{2}+C\right)-\sum_{n=m}^{\infty}\frac{(-1)^{n-m} C_{n}}{n!(n-m)!}\left(\frac{x}{2}\right)^{-m+2n}$$

再看 $\lim\limits_{\nu\to m}\dfrac{\partial \mathrm{J}_{-\nu}(x)}{\partial \nu}$，利用 $\Gamma(\nu+1)=\nu\Gamma(\nu)$，有

$$\mathrm{J}_{-\nu}(x)=\sum_{n=0}^{\infty}\frac{(-1)^n}{n!\Gamma(n-\nu+1)}\left(\frac{x}{2}\right)^{-\nu+2n}=\left(\frac{x}{2}\right)^{-\nu}\sum_{n=0}^{m-1}\frac{(-1)^n}{n!\Gamma(n+1-\nu)}\left(\frac{x}{2}\right)^{2n}+\left(\frac{x}{2}\right)^{-\nu}\cdot\sum_{n=m}^{\infty}\frac{(-1)^n}{n!\Gamma(n+1-\nu)}\left(\frac{x}{2}\right)^{2n}$$

$$\mathrm{J}_{-\nu}(x)=\frac{(x/2)^{-\nu}}{\Gamma(1-\nu)}\left[1+\frac{1}{1!(\nu-1)}\left(\frac{x}{2}\right)^2+\cdots+\frac{1}{(m-1)!(\nu-1)(\nu-2)\cdots(\nu-m+1)}\left(\frac{x}{2}\right)^{2(m-1)}\right]+\sum_{n=m}^{\infty}\frac{(-1)^n}{n!\Gamma(n-\nu+1)}\left(\frac{x}{2}\right)^{-\nu+2n}$$

$$\mathrm{J}_{-\nu}(x)=\frac{\Gamma(\nu)\sin\nu\pi}{\pi}\left[1+\frac{1}{1!(\nu-1)}\left(\frac{x}{2}\right)^2+\cdots+\frac{1}{(m-1)!(\nu-1)(\nu-2)\cdots(\nu-m+1)}\left(\frac{x}{2}\right)^{-\nu+2(m-1)}\right]+\sum_{n=m}^{\infty}\frac{(-1)^n}{n!\Gamma(n-\nu+1)}\left(\frac{x}{2}\right)^{-\nu+2n}$$

利用公式 $\Gamma(\nu)\Gamma(1-\nu)=\dfrac{\pi}{\sin\nu\pi}$，以及 $\Gamma(\nu+1)=\nu\Gamma(\nu)$ 得

$$\lim_{\nu\to m}\frac{\partial \mathrm{J}_{-\nu}(x)}{\partial \nu}=\lim_{\nu\to m}\frac{\partial}{\partial \nu}\left\{\frac{\Gamma(\nu)\sin\nu\pi}{\pi}\left[1+\frac{1}{1!(\nu-1)}\left(\frac{x}{2}\right)^2+\cdots+\frac{1}{(m-1)!(\nu-1)(\nu-2)\cdots(\nu-m+1)}\left(\frac{x}{2}\right)^{-\nu+2(m-1)}\right]\right\}+\lim_{\nu\to m}\sum_{n=m}^{\infty}\frac{\partial}{\partial\nu}\left[\frac{(-1)^n}{n!\Gamma(n-\nu+1)}\left(\frac{x}{2}\right)^{-\nu+2n}\right]$$

$$\lim_{\nu\to m}\frac{\partial \mathrm{J}_{-\nu}(x)}{\partial \nu}=\lim_{\nu\to m}\frac{\partial}{\partial \nu}\frac{\Gamma'(\nu)}{\pi}\sin\nu\pi\left[1+\frac{1}{1!(\nu-1)}\left(\frac{x}{2}\right)^2+\cdots+\frac{1}{(m-1)!(\nu-1)(\nu-2)\cdots(\nu-m+1)}\left(\frac{x}{2}\right)^{-\nu+2(m-1)}\right]+$$

$$\lim_{\nu\to m}\frac{\Gamma(\nu)}{\pi}\frac{\partial\sin\nu\pi}{\partial\nu}\left[1+\frac{1}{1!(\nu-1)}\left(\frac{x}{2}\right)^2+\cdots+\frac{1}{(m-1)!(\nu-1)(\nu-2)\cdots(\nu-m+1)}\left(\frac{x}{2}\right)^{-\nu+2(m-1)}\right]+$$

$$\lim_{\nu\to m}\frac{\Gamma(\nu)\sin\nu\pi}{\pi}\frac{\partial}{\partial\nu}\left[1+\frac{1}{1!(\nu-1)}\left(\frac{x}{2}\right)^2+\cdots+\frac{1}{(m-1)!(\nu-1)(\nu-2)\cdots(\nu-m+1)}\left(\frac{x}{2}\right)^{-\nu+2(m-1)}\right]+$$

$$\lim_{\nu\to m}\sum_{n=m}^{\infty}\frac{\partial}{\partial\nu}\left[\frac{(-1)^n}{n!\Gamma(n-\nu+1)}\left(\frac{x}{2}\right)^{-\nu+2n}\right]$$

$$\lim_{\nu\to m}\frac{\partial \mathrm{J}_{-\nu}(x)}{\partial \nu}=\lim_{\nu\to m}\Gamma(\nu)\cos\nu\pi\left[\begin{matrix}1+\dfrac{1}{1!(\nu-1)}\left(\dfrac{x}{2}\right)^2+\cdots+\\ \dfrac{1}{(m-1)!(\nu-1)(\nu-2)\cdots(\nu-m+1)}\left(\dfrac{x}{2}\right)^{-\nu+2(m-1)}\end{matrix}\right]+$$

$$\sum_{n=m}^{\infty}\frac{(-1)^n}{n!\Gamma(n-m+1)}\left(\frac{x}{2}\right)^{-m+2n}\left[-\ln\frac{x}{2}+\frac{\Gamma'(n-m+1)}{\Gamma(n-m+1)}\right]$$

$$\lim_{\nu\to m}\frac{\partial J_{-\nu}(x)}{\partial\nu}=\Gamma(m)\cos m\pi\left[\begin{array}{l}1+\frac{1}{1!(m-1)}\left(\frac{x}{2}\right)^2+\cdots+\\ \frac{1}{(m-1)!(m-1)(m-2)\cdots(m-m+1)}\left(\frac{x}{2}\right)^{-m+2(m-1)}\end{array}\right]+$$

$$\sum_{n=m}^{\infty}\frac{(-1)^n}{n!\Gamma(n-m+1)}\left(\frac{x}{2}\right)^{-m+2n}\left[-\ln\frac{x}{2}+\frac{\Gamma'(n-m+1)}{\Gamma(n-m+1)}\right]$$

$$\lim_{\nu\to m}\frac{\partial J_{-\nu}(x)}{\partial\nu}=\cos m\pi\sum_{n=0}^{m-1}\frac{\Gamma(m-n)}{n!}\left(\frac{x}{2}\right)^{-m+2n}+\sum_{n=m}^{\infty}\frac{(-1)^n}{n!\Gamma(n-m+1)}\left(\frac{x}{2}\right)^{-m+2n}\left[-\ln\frac{x}{2}+\frac{\Gamma'(n-m+1)}{\Gamma(n-m+1)}\right]$$

$$\lim_{\nu\to m}\frac{\partial J_{-\nu}(x)}{\partial\nu}=(-1)^m\sum_{n=0}^{m-1}\frac{(m-n-1)!}{n!}\left(\frac{x}{2}\right)^{-m+2n}-\ln\frac{x}{2}\sum_{n=m}^{\infty}\frac{(-1)^n}{n!(n-m)!}\left(\frac{x}{2}\right)^{-m+2n}+\frac{(-1)^m}{m!}\frac{\Gamma'(1)}{\Gamma(1)}\left(\frac{x}{2}\right)^m+\sum_{n=m+1}^{\infty}\frac{(-1)^n}{n!(n-m)!}(C_{n-m}-C)\left(\frac{x}{2}\right)^{-m+2n}$$

$$\lim_{\nu\to m}\frac{\partial J_{-\nu}(x)}{\partial\nu}=(-1)^m\sum_{n=0}^{m-1}\frac{(m-n-1)!}{n!}\left(\frac{x}{2}\right)^{-m+2n}-\left(\ln\frac{x}{2}+C\right)\sum_{n=m}^{\infty}\frac{(-1)^n}{n!(n-m)!}\left(\frac{x}{2}\right)^{-m+2n}+\sum_{n=m+1}^{\infty}\frac{(-1)^nC_{n-m}}{n!(n-m)!}\left(\frac{x}{2}\right)^{-m+2n}$$

$$\lim_{\nu\to m}\frac{\partial J_{-\nu}(x)}{\partial\nu}=(-1)^m\sum_{n=0}^{m-1}\frac{(m-n-1)!}{n!}\left(\frac{x}{2}\right)^{-m+2n}-\left(\ln\frac{x}{2}+C\right)\sum_{k=0}^{\infty}\frac{(-1)^{m+k}}{k!(k+m)}\left(\frac{x}{2}\right)^{m+2k}+\sum_{k=1}^{\infty}\frac{(-1)^{m+k}C_k}{k!(m+k)!}\left(\frac{x}{2}\right)^{m+2k}$$

$$\lim_{\nu\to m}\frac{\partial J_{-\nu}(x)}{\partial\nu}=(-1)^{m+1}\left(\ln\frac{x}{2}+C\right)+(-1)^m\sum_{n=0}^{m-1}\frac{(m-n-1)!}{n!}\left(\frac{x}{2}\right)^{-m+2n}+\sum_{k=1}^{\infty}\frac{(-1)^{m+k}C_k}{k!(m+k)!}\left(\frac{x}{2}\right)^{m+2k}$$

所以

$$N_m(x)=\frac{1}{\pi}\left\{\begin{array}{l}J_m(x)\left(\ln\frac{x}{2}+C\right)-\sum_{n=m}^{\infty}\frac{(-1)^{n-m}C_n}{n!(n-m)!}\left(\frac{x}{2}\right)^{-m+2n}\\ -(-1)^m\left[(-1)^{m+1}\left(\ln\frac{x}{2}+C\right)+(-1)^m\sum_{n=0}^{m-1}\frac{(m-n-1)!}{n!}\left(\frac{x}{2}\right)^{-m+2n}+\sum_{k=1}^{\infty}\frac{(-1)^{m+k}C_k}{k!(m+k)!}\left(\frac{x}{2}\right)^{m+2k}\right]\end{array}\right\}$$

$$N_m(x)=\frac{2}{\pi}J_m(x)\ln\frac{x}{2}-\frac{1}{\pi}\sum_{n=1}^{m-1}\frac{(m-n-1)!}{n!}\left(\frac{x}{2}\right)^{-m+2n}-\frac{1}{\pi}\sum_{k=1}^{\infty}\frac{(-1)^k(C_{m+k}-C)}{k!(m+k)!}\cdot\left(\frac{x}{2}\right)^{m+2k}-\frac{1}{\pi}\left[\frac{1}{m!}(-C)+\sum_{k=1}^{\infty}\frac{(-1)^k(C_k-C)}{k!(m+k)!}\left(\frac{x}{2}\right)^{m+2k}\right]$$

合并后得 m 阶诺伊曼函数的最简形式：

$$N_m(x)=\frac{2}{\pi}J_m(x)\ln\frac{x}{2}-\frac{1}{\pi}\sum_{k=1}^{m-1}\frac{(m-k-1)!}{k!}\left(\frac{x}{2}\right)^{-m+2k}-\frac{1}{\pi}\sum_{k=0}^{\infty}\frac{(-1)^k}{k!(m+k)!}(C_k+C_{mk}-2C)\left(\frac{x}{2}\right)^{m+2k}$$

第 16 章　定解问题的求解——格林函数法

格林函数又称为点源影响函数，是数学物理中的一个重要概念。格林函数代表一个点源在一定的边界条件和(或)初始条件下所产生的场。知道了点源激发的场，就可以用叠加原理计算出任意源激发的场。图 16.1-1、图 16.1-2 用静电场说明了格林函数的意义，Σ 是系统边界。

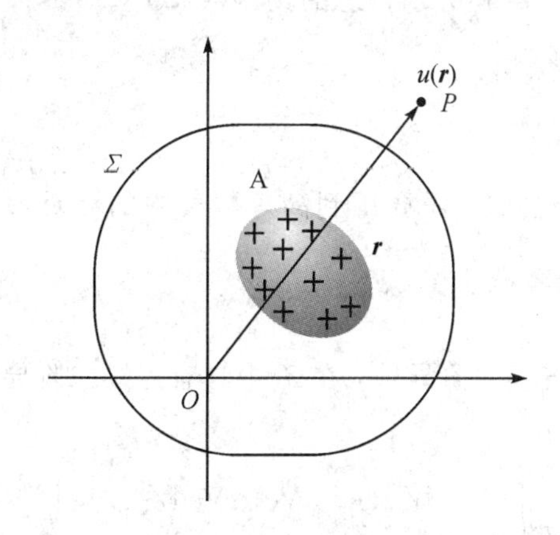

图 16.1-1　带电体 A 激发的电场在满足边界条件时 P 点的电势 $u(\boldsymbol{r})$

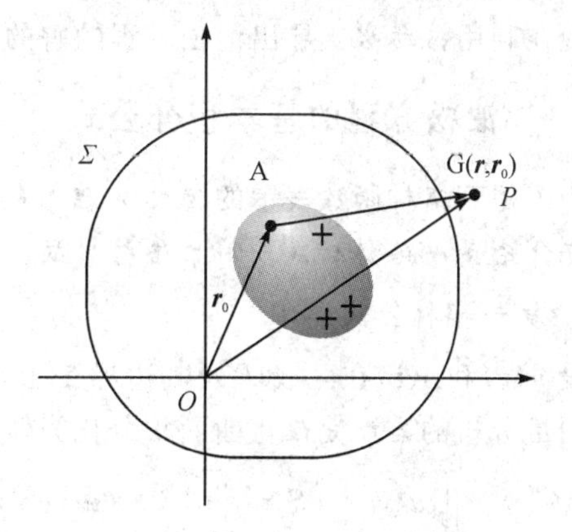

图 16.1-2　带电体 A 上位于 $\boldsymbol{r}$ 的点电荷激发的电势在 P 点的值为 $G(\boldsymbol{r}, \boldsymbol{r}_0)$

16.1　泊松方程的格林函数法

对于带有边界条件的泊松方程的定解问题：

$$\begin{cases}\Delta u(\boldsymbol{r}) = f(\boldsymbol{r}) \\ \left[\alpha \dfrac{\partial u}{\partial n} + \beta u\right]_{\Sigma} = \varphi(\boldsymbol{r})\end{cases} \tag{16.1.1}$$

其中 $\varphi(M)$ 是区域边界 Σ 上的给定函数。$\alpha=0$，$\beta\neq 0$ 为第一类边界条件，$\alpha\neq 0$，$\beta=0$ 为第二类边界条件，$\alpha\neq 0$，$\beta\neq 0$ 为第三类边界条件，数学上的称谓分别如下：

$\alpha=0$，$\beta\neq 0$	第一类边值问题或狄里希利问题
$\alpha\neq 0$，$\beta=0$	第二类边值问题或诺伊曼问题
$\alpha\neq 0$，$\beta\neq 0$	第三类边值问题

泊松方程若对应稳定温度(稳定浓度)场的分布，则 $f(\boldsymbol{r})$ 代表单位质量单位热容量计算的消失的热量(单位体积中消失的粒子数)；若对应静电场，则 $-f(\boldsymbol{r})\varepsilon_0$ 代表空间中的电荷密度。

求解定解问题即计算满足边界条件下场源 $f(\boldsymbol{r})$引起的场。物理上可以理解为系统中 $f(\boldsymbol{r}_0)$引起的场 $\upsilon(\boldsymbol{r},\boldsymbol{r}_0)$的叠加，数学上表述为

$$u(\boldsymbol{r})=\iiint_T \upsilon(\boldsymbol{r},\boldsymbol{r}_0)\,\mathrm{d}\,\boldsymbol{r}_0 \tag{16.1.2}$$

若是静电场问题，则电势 $u(\boldsymbol{r})$是总电势，$\upsilon(\boldsymbol{r},\boldsymbol{r}_0)$代表 $\boldsymbol{r}_0$ 处的点电荷激发的电势在 $\boldsymbol{r}$ 处的值。但是 $\upsilon(\boldsymbol{r},\boldsymbol{r}_0)$(点源所产生的场)怎么求？求解点源在满足边界条件 $\left[\alpha\dfrac{\partial u}{\partial n}+\beta u\right]_\Sigma=\varphi(M)$ 下的场需要表示点源强度(点源粒子浓度，点源电荷密度)函数，第 8 章中介绍的 δ 函数正是描述单位点源强度的函数，即 $\upsilon(\boldsymbol{r},\boldsymbol{r}_0)$满足偏微分方程：

$$\Delta\upsilon(\boldsymbol{r},\boldsymbol{r}_0)=\delta(\boldsymbol{r}-\boldsymbol{r}_0) \tag{16.1.3}$$

如果求解出这个点源激发的场，即可通过式(16.1.2)积分求得总的场函数 $u(\boldsymbol{r})$。

现在利用**格林公式**导出泊松方程的解的积分公式。

16.1.1 泊松方程的基本积分公式

为了得到格林函数表示的**泊松方程**解的积分公式，需要用到高等数学中的**格林公式**，为此先介绍**第一格林公式**和**第二格林公式**。

1. 第一格林公式

设 $u(\boldsymbol{r})$和 $\upsilon(\boldsymbol{r})$在区域 T 及其边界 Σ 上具有连续一阶导数，在 T 中具有连续二阶导数，应用向量分析的**高斯定理**将曲面积分化为体积分：

$$\iint_\Sigma u\,\nabla\upsilon\cdot\mathrm{d}S=\iiint_T\nabla\cdot(u\,\nabla\upsilon)\mathrm{d}V=\iiint_T u\Delta\upsilon\mathrm{d}V+\iiint_T\nabla u\cdot\nabla\upsilon\mathrm{d}V \tag{16.1.4}$$

利用同样的方法可得到：

$$\iint_\Sigma \upsilon\,\nabla u\cdot\mathrm{d}S=\iiint_T\nabla\cdot(\upsilon\,\nabla u)\mathrm{d}V=\iiint_T \upsilon\Delta u\mathrm{d}V+\iiint_T\nabla u\cdot\nabla\upsilon\mathrm{d}V \tag{16.1.5}$$

以上两式都称为第一格林公式。

2. 第二格林公式

将式(16.1.4)与式(16.1.5)相减得

$$\iint_\Sigma(u\,\nabla\upsilon-\upsilon\,\nabla u)\cdot\mathrm{d}S=\iiint_T(u\Delta\upsilon-\upsilon\Delta u)\mathrm{d}V \tag{16.1.6}$$

即

$$\iint_\Sigma\left(u\frac{\partial\upsilon}{\partial n}-\upsilon\frac{\partial u}{\partial n}\right)\mathrm{d}S=\iiint_T(u\Delta\upsilon-\upsilon\Delta u)\mathrm{d}V \tag{16.1.7}$$

其中 $\dfrac{\partial}{\partial n}$ 表示沿边界的外法线方向求导，如图 16.1－3 所示。

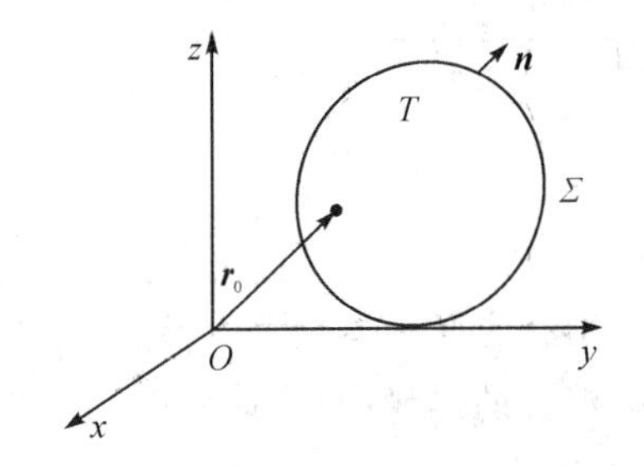

图 16.1－3　定义在体积 T 上的函数

为了应用格林公式，分别在式(16.1.1)中的泛定方程两边乘 $\upsilon(\boldsymbol{r},\boldsymbol{r}_0)$，在方程(16.1.3)两边乘 $u(\boldsymbol{r})$，即

$$\begin{cases} \upsilon(\boldsymbol{r},\boldsymbol{r}_0)\Delta u(\boldsymbol{r}) = \upsilon(\boldsymbol{r},\boldsymbol{r}_0)f(\boldsymbol{r}) \\ u(\boldsymbol{r})\Delta\upsilon(\boldsymbol{r},\boldsymbol{r}_0) = u(\boldsymbol{r})\delta(\boldsymbol{r}-\boldsymbol{r}_0) \end{cases} \tag{16.1.8}$$

两式相减得

$$\upsilon(\boldsymbol{r},\boldsymbol{r}_0)\Delta u(\boldsymbol{r}) - u(\boldsymbol{r})\Delta\upsilon(\boldsymbol{r},\boldsymbol{r}_0) = \upsilon(\boldsymbol{r},\boldsymbol{r}_0)f(\boldsymbol{r}) - u(\boldsymbol{r})\delta(\boldsymbol{r}-\boldsymbol{r}_0) \tag{16.1.9}$$

式(16.1.9)两边对系统区域 T 积分，即

$$\iiint_T [\upsilon(\boldsymbol{r},\boldsymbol{r}_0)\Delta u(\boldsymbol{r}) - u(\boldsymbol{r})\Delta\upsilon(\boldsymbol{r},\boldsymbol{r}_0)]\mathrm{d}V = \iiint_T \upsilon(\boldsymbol{r},\boldsymbol{r}_0)f(\boldsymbol{r})\mathrm{d}V - \iiint_T u(\boldsymbol{r})\delta(\boldsymbol{r}-\boldsymbol{r}_0)\mathrm{d}V \tag{16.1.10}$$

式(16.1.10)左边应用格林公式将体积分化为面积分，但是应注意 $\Delta\upsilon(\boldsymbol{r},\boldsymbol{r}_0)$ 在 $\boldsymbol{r}_0$ 点的奇异性使格林公式的使用失效了。解决办法是先从区域 T 中挖去包含 $\boldsymbol{r}_0$ 的小体积，如图 16.1-4 所示，最简单的方法是挖一个半径为 ε 的小球 K_ε，对剩下的体积积分(注意此时系统边界包括两部分)，格林公式成立，即

$$\iiint_{T-T_\varepsilon} [\upsilon(\boldsymbol{r},\boldsymbol{r}_0)\Delta u(\boldsymbol{r}) - u(\boldsymbol{r})\Delta\upsilon(\boldsymbol{r},\boldsymbol{r}_0)]\mathrm{d}V = \iint_\Sigma \left(\upsilon\frac{\partial u}{\partial n} - u\frac{\partial \upsilon}{\partial n}\right)\mathrm{d}S + \iint_{\Sigma_\varepsilon}\left(\upsilon\frac{\partial u}{\partial n} - u\frac{\partial \upsilon}{\partial n}\right)\mathrm{d}S \tag{16.1.11}$$

于是式(16.1.10)变为

$$\iint_\Sigma \left(\upsilon\frac{\partial u}{\partial n} - u\frac{\partial \upsilon}{\partial n}\right)\mathrm{d}S + \iint_{\Sigma_\varepsilon}\left(\upsilon\frac{\partial u}{\partial n} - u\frac{\partial \upsilon}{\partial n}\right)\mathrm{d}S = \iiint_{T-T_\varepsilon} \upsilon(\boldsymbol{r},\boldsymbol{r}_0)f(\boldsymbol{r})\mathrm{d}V \tag{16.1.12}$$

其中考虑了式(16.1.10)中不包含 $\boldsymbol{r}_0$ 的体积，即 $\delta(\boldsymbol{r}-\boldsymbol{r}_0)=0$。当 $|\boldsymbol{r}-\boldsymbol{r}_0|\ll 1$ 时，方程 $\Delta\upsilon(\boldsymbol{r},\boldsymbol{r}_0)=\delta(\boldsymbol{r}-\boldsymbol{r}_0)$ 的解 $\upsilon(\boldsymbol{r},\boldsymbol{r}_0)$ 近似为无穷空间中点源激发的场函数(比如位于 $\boldsymbol{r}_0$ 的点电荷激发的电势) $\dfrac{-1}{4\pi|\boldsymbol{r}-\boldsymbol{r}_0|}=\dfrac{-1}{4\pi\varepsilon}$，所以当 $\varepsilon\to 0$ 时，有

$$\iint_{\Sigma_\varepsilon}\upsilon\frac{\partial u}{\partial n}\mathrm{d}S = \iint_{\Sigma_\varepsilon}\left(\frac{-1}{4\pi\varepsilon}\right)\frac{\partial u}{\partial n}\varepsilon^2\mathrm{d}\Omega = -\frac{\varepsilon}{4\pi}\iint_{\Sigma_\varepsilon}\frac{\partial u}{\partial n}\mathrm{d}\Omega = -\varepsilon\left.\frac{\partial u}{\partial n}\right|_{r=r_0}\to 0 \tag{16.1.13}$$

$$\iint_{\Sigma_\varepsilon} u\frac{\partial u}{\partial n}\mathrm{d}S = -\iint_{\Sigma_\varepsilon} u\frac{\partial}{\partial r}\left(\frac{-1}{4\pi r}\right)\mathrm{d}S = -\frac{1}{4\pi}\iint_{\Sigma_\varepsilon} u\frac{1}{r^2}r^2\mathrm{d}\Omega = -u(\boldsymbol{r}_0) \tag{16.1.14}$$

代入式(16.1.12)得

$$u(\boldsymbol{r}_0) = \iiint_T \upsilon(\boldsymbol{r},\boldsymbol{r}_0)f(\boldsymbol{r})\mathrm{d}V - \iint_\Sigma\left(\upsilon\frac{\partial u}{\partial n} - u\frac{\partial \upsilon}{\partial n}\right)\mathrm{d}S \tag{16.1.15}$$

式(16.1.15)称为***泊松方程的基本积分公式***。

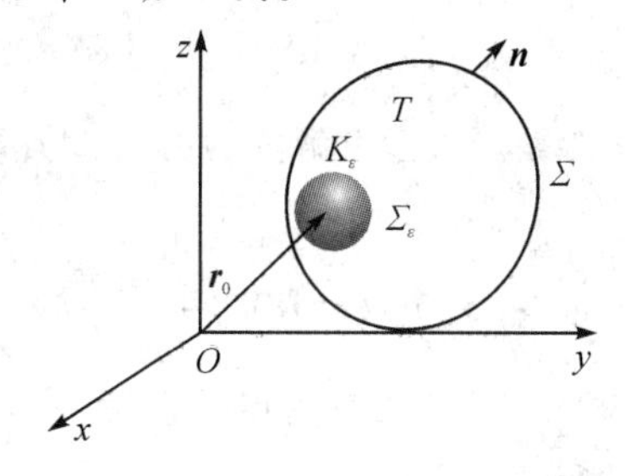

图 16.1-4　体积 T 上挖去包含 $\boldsymbol{r}_0$ 的小球

物理上对式(16.1.15)的理解比较困难，公式左边 u 的宗量是 $\boldsymbol{r}_0$，表明观测点在 $\boldsymbol{r}_0$，右边积分中的 $f(\boldsymbol{r})$ 表示源在 $\boldsymbol{r}$，可是函数 $\upsilon(\boldsymbol{r}, \boldsymbol{r}_0)$ 所代表的是 $\boldsymbol{r}_0$ 的点源在 $\boldsymbol{r}$ 点产生的场。解决这个困难如何解决？解决这个问题需要用到函数 $\upsilon(\boldsymbol{r}, \boldsymbol{r}_0)$ 的对称性：

$$\upsilon(\boldsymbol{r}, \boldsymbol{r}_0)=\upsilon(\boldsymbol{r}_0, \boldsymbol{r}) \tag{16.1.16}$$

这样可将式(16.1.15)变为

$$u(\boldsymbol{r})=\iiint_T \upsilon(\boldsymbol{r}, \boldsymbol{r}_0) f(\boldsymbol{r}_0) \mathrm{d}V_0-\iint_\Sigma\left(\upsilon \frac{\partial u}{\partial n_0}-u \frac{\partial \upsilon}{\partial n_0}\right) \mathrm{d}S_0 \tag{16.1.17}$$

式(16.1.17)只是运用了格林公式，将方程 $\Delta u(\boldsymbol{r})=f(\boldsymbol{r})$ 的解 $u(\boldsymbol{r})$ 用区域 T 上的体积分及其边界上的面积分表示出来，能否用来求解边值问题呢？下面详细讨论。

3. 三类边值问题的积分公式

代入三种情况下的边界条件，得以下三种边值问题：

第一类边值问题：$u|_\Sigma=\varphi(M)$，则

$$u(\boldsymbol{r})=\iiint_T \upsilon(\boldsymbol{r}, \boldsymbol{r}_0) f(\boldsymbol{r}_0) \mathrm{d}V_0-\iint_\Sigma\left[\upsilon \frac{\partial \varphi(\boldsymbol{r}_0)}{\partial n_0}-\varphi(\boldsymbol{r}_0) \frac{\partial \upsilon}{\partial n_0}\right] \mathrm{d}S_0 \tag{16.1.18}$$

第二类边值问题：$\left.\frac{\partial u}{\partial n}\right|_\Sigma=\varphi(M)$，则

$$u(\boldsymbol{r})=\iiint_T \upsilon(\boldsymbol{r}, \boldsymbol{r}_0) f(\boldsymbol{r}_0) \mathrm{d}V_0-\iint_\Sigma\left[\upsilon\varphi(\boldsymbol{r}_0)-u \frac{\partial \upsilon}{\partial n_0}\right] \mathrm{d}S_0 \tag{16.1.19}$$

第三类边值问题：$\left[\alpha \frac{\partial u}{\partial n}+\beta u\right]_\Sigma=\varphi(M)$，则

$$u(\boldsymbol{r})=\iiint_T \upsilon(\boldsymbol{r}, \boldsymbol{r}_0) f(\boldsymbol{r}_0) \mathrm{d}V_0+? \tag{16.1.20}$$

其中“？”表示需进一步研究的项。从以上三种情况看，还不能用式(16.1.17)直接求解边值问题。数学家和物理学家经过详细的研究，将三类边值问题分别做了如下假设和变化，从而得到边值问题的具体解：

(1) *第一类边值问题*：由于 $u|_\Sigma=\varphi(M)$，因此

$$u(\boldsymbol{r})=\iiint_T \upsilon(\boldsymbol{r}, \boldsymbol{r}_0) f(\boldsymbol{r}_0) \mathrm{d}V_0-\iint_\Sigma\left[\upsilon \frac{\partial \varphi(\boldsymbol{r}_0)}{\partial n_0}-\varphi(\boldsymbol{r}_0) \frac{\partial \upsilon}{\partial n_0}\right] \mathrm{d}S_0 \tag{16.1.21}$$

假设

$$\begin{cases}\Delta \upsilon(\boldsymbol{r}, \boldsymbol{r}_0)=\delta(\boldsymbol{r}-\boldsymbol{r}_0) \\ \upsilon(\boldsymbol{r}, \boldsymbol{r}_0)|_\Sigma=0\end{cases} \tag{16.1.22}$$

则式(16.1.21)可变为

$$u(\boldsymbol{r})=\iiint_T \upsilon(\boldsymbol{r}, \boldsymbol{r}_0) f(\boldsymbol{r}_0) \mathrm{d}V_0+\iint_\Sigma\left[\varphi(\boldsymbol{r}_0) \frac{\partial \upsilon}{\partial n_0}\right] \mathrm{d}S_0 \tag{16.1.23}$$

只要求解出式(16.1.22)的*点源函数*，即可求解式(16.1.23)的解。称式(16.1.22)的解为格林函数，记为 $\mathrm{G}(\boldsymbol{r}, \boldsymbol{r}_0)$，因此

$$u(\boldsymbol{r})=\iiint_T \mathrm{G}(\boldsymbol{r}, \boldsymbol{r}_0) f(\boldsymbol{r}_0) \mathrm{d}V_0+\iint_\Sigma \varphi(\boldsymbol{r}_0) \frac{\partial \mathrm{G}}{\partial n_0} \mathrm{d}S_0 \tag{16.1.24}$$

这样第一类边值问题就变为求解式(16.1.22)的点源在第一类齐次边界条件下的定解问题。

(2) *第二类边值问题*：由于 $\left.\frac{\partial u}{\partial n}\right|_\Sigma=\varphi(M)$，因此

$$u(\boldsymbol{r})=\iiint_T \upsilon(\boldsymbol{r},\boldsymbol{r}_0)f(\boldsymbol{r}_0)\mathrm{d}V_0-\iint_\Sigma\left[\upsilon\varphi(\boldsymbol{r}_0)-u\frac{\partial \upsilon}{\partial n_0}\right]\mathrm{d}S_0 \tag{16.1.25}$$

还须假设

$$\begin{cases}\Delta\upsilon(\boldsymbol{r},\boldsymbol{r}_0)=\delta(\boldsymbol{r}-\boldsymbol{r}_0)-\dfrac{1}{V_T}\\ \left.\dfrac{\partial \upsilon(\boldsymbol{r},\boldsymbol{r}_0)}{\partial n_0}\right|_\Sigma=0\end{cases} \tag{16.1.26}$$

则

$$u(\boldsymbol{r})=\iiint_T \upsilon(\boldsymbol{r},\boldsymbol{r}_0)f(\boldsymbol{r}_0)\mathrm{d}V_0-\iint_\Sigma \upsilon\varphi(\boldsymbol{r}_0)\mathrm{d}S_0 \tag{16.1.27}$$

$\upsilon(\boldsymbol{r},\boldsymbol{r}_0)$是点源在第二类齐次边界条件下的解，称$\upsilon(\boldsymbol{r},\boldsymbol{r}_0)$为**推广的**格林函数。至于为什么在式(16.1.26)的微分方程中出现了$1/V_T$，这是考虑系统稳定问题引入的。原因是定解问题

$$\begin{cases}\Delta\upsilon(\boldsymbol{r},\boldsymbol{r}_0)=\delta(\boldsymbol{r}-\boldsymbol{r}_0)\\ \left.\dfrac{\partial \upsilon(\boldsymbol{r},\boldsymbol{r}_0)}{\partial n}\right|_\Sigma=0\end{cases} \tag{16.1.28}$$

的解物理上是发散的：不妨将这个方程的解理解为稳定温度分布，泛定方程的 δ 函数表明在 T 区域中有一个点热源，第二类齐次边界条件表示绝热，点源稳定地放出热量，热量不能从边界发散出去，区域内的温度必然不断升高，最后高到无穷大，引入$1/V_T$可以消除这个发散问题。对于不同维度的定解问题，V_T 代表下列不同的意义：

三维定解问题：V_T 表示所研究系统的总体积。

二维定解问题：V_T 表示所研究系统的总面积 A_T。

同样，称满足式(16.1.26)的点源在第二类齐次边界条件下的定解问题的解为格林函数，同样用 $\mathrm{G}(\boldsymbol{r},\boldsymbol{r}_0)$ 表示，则式(16.1.27)为

$$u(\boldsymbol{r})=\iiint_T \mathrm{G}(\boldsymbol{r},\boldsymbol{r}_0)f(\boldsymbol{r}_0)\mathrm{d}V_0-\iint_\Sigma \mathrm{G}(\boldsymbol{r},\boldsymbol{r}_0)\varphi(\boldsymbol{r}_0)\mathrm{d}S_0 \tag{16.1.29}$$

(3) **第三类边值问题**：由于$\left[\alpha\dfrac{\partial u}{\partial n}+\beta u\right]_\Sigma=\varphi(M)$，因此

$$u(\boldsymbol{r})=\iiint_T \upsilon(\boldsymbol{r},\boldsymbol{r}_0)f(\boldsymbol{r}_0)\mathrm{d}V_0-\iint_\Sigma\left(\upsilon\frac{\partial u}{\partial n_0}-u\frac{\partial \upsilon}{\partial n_0}\right)\mathrm{d}S_0 \tag{16.1.30}$$

假设

$$\begin{cases}\Delta\upsilon(\boldsymbol{r},\boldsymbol{r}_0)=\delta(\boldsymbol{r}-\boldsymbol{r}_0)\\ \left[\alpha\dfrac{\partial \upsilon(\boldsymbol{r},\boldsymbol{r}_0)}{\partial n}+\beta\upsilon(\boldsymbol{r},\boldsymbol{r}_0)\right]_\Sigma=0\end{cases} \tag{16.1.31}$$

令满足式(16.1.31)的点源函数为第三类边值问题的格林函数，记为$\mathrm{G}(\boldsymbol{r},\boldsymbol{r}_0)$。为了将边界条件引入式(16.1.31)，将$\mathrm{G}(\boldsymbol{r},\boldsymbol{r}_0)$乘以$u(\boldsymbol{r})$满足的边界条件，同时用$u(\boldsymbol{r})$乘以式(16.1.31)的边界条件得

$$\left[\alpha\mathrm{G}\frac{\partial u}{\partial n}+\beta\mathrm{G}u\right]_\Sigma=\mathrm{G}\varphi(M) \tag{16.1.32}$$

$$\left[\alpha u\frac{\partial \mathrm{G}}{\partial n}+\beta\mathrm{G}u\right]_\Sigma=0 \tag{16.1.33}$$

两式相减得

$$\left[G\frac{\partial u}{\partial n}-u\frac{\partial G}{\partial n}\right]_{\Sigma}=\frac{1}{\alpha}G\varphi(M) \tag{16.1.34}$$

代入式(16.1.30)得

$$u(\boldsymbol{r})=\iiint_T G(\boldsymbol{r},\boldsymbol{r}_0)f(\boldsymbol{r}_0)\mathrm{d}V_0-\frac{1}{\alpha}\iint_{\Sigma}G(\boldsymbol{r},\boldsymbol{r}_0)\varphi(\boldsymbol{r}_0)\mathrm{d}S_0 \tag{16.1.35}$$

通过格林公式和假设以及格林函数的对称性，我们只需求得点源激发的格林函数，即可通过积分表示泊松方程边值问题的解。

16.1.2　格林函数求解方法

1. 一般求解方法

对于一般的点源引起的边值问题：

$$\begin{cases}\Delta G(\boldsymbol{r},\boldsymbol{r}_0)=\delta(\boldsymbol{r}-\boldsymbol{r}_0)\\ \left[\alpha\dfrac{\partial G(\boldsymbol{r},\boldsymbol{r}_0)}{\partial n}+\beta G(\boldsymbol{r},\boldsymbol{r}_0)\right]_{\Sigma}=0\end{cases} \tag{16.1.36}$$

这是一个非齐次泛定方程的边值问题，运用叠加原理，令

$$G(\boldsymbol{r},\boldsymbol{r}_0)=G_0(\boldsymbol{r},\boldsymbol{r}_0)+G_1(\boldsymbol{r},\boldsymbol{r}_0) \tag{16.1.37}$$

其中 $G_0(\boldsymbol{r},\boldsymbol{r}_0)$ 是点源位于 $\boldsymbol{r}_0$ 处，在无界空间激发的稳定场，自然满足：

$$\Delta G_0(\boldsymbol{r},\boldsymbol{r}_0)=\delta(\boldsymbol{r}-\boldsymbol{r}_0) \tag{16.1.38}$$

以静电场为例，$G_0(\boldsymbol{r},\boldsymbol{r}_0)$ 描述的是位于 $\boldsymbol{r}_0$ 处的点电荷 $-\varepsilon_0$ 在无界空间激发的电势，即

$$G_0(\boldsymbol{r},\boldsymbol{r}_0)=-\frac{1}{4\pi|\boldsymbol{r}-\boldsymbol{r}_0|} \tag{16.1.39}$$

由式(16.1.37)和式(16.1.36)自然得 $G_1(\boldsymbol{r},\boldsymbol{r}_0)$ 满足齐次泛定方程的定解问题：

$$\begin{cases}\Delta G_1(\boldsymbol{r},\boldsymbol{r}_0)=0\\ \left[\alpha\dfrac{\partial G_1(\boldsymbol{r},\boldsymbol{r}_0)}{\partial n}+\beta G_1(\boldsymbol{r},\boldsymbol{r}_0)\right]_{\Sigma}=-G_0|_{\Sigma}\end{cases} \tag{16.1.40}$$

这是拉普拉斯方程的边值问题，可以利用分离变数法、**电像法**等方法求解。分离变量法在第12、13章分别有介绍，求解并不简单，这里不再重复介绍。对于一些特殊边界，比如球、半无界等，可以采用**电像法**求解。

2. 电像法求解格林函数

考虑这样一个物理问题，在接地导体球壳内的 M_0 点(坐标为 $\boldsymbol{r}_0$)，放置一个电量为 $-\varepsilon_0$ 的点电荷，根据电磁学可知球内部的电势满足定解问题：

$$\begin{cases}\Delta G(\boldsymbol{r},\boldsymbol{r}_0)=\delta(\boldsymbol{r}-\boldsymbol{r}_0)\\ G|_{\text{球面}}=0\end{cases} \tag{16.1.41}$$

这里 $G(\boldsymbol{r},\boldsymbol{r}_0)$ 便是*泊松方程第一类边值问题*的格林函数。接地导体球壳内放置电荷时，导体球面上将产生感应电荷，因此球内电势可看成球内电荷激发的电势与感应电荷激发的电势之和。所以，可将 $G(\boldsymbol{r},\boldsymbol{r}_0)$ 写成两部分之和：

$$G(\boldsymbol{r},\boldsymbol{r}_0)=G_0(\boldsymbol{r},\boldsymbol{r}_0)+G_1(\boldsymbol{r},\boldsymbol{r}_0) \tag{16.1.42}$$

则 $G_0(\boldsymbol{r}, \boldsymbol{r}_0)$ 满足

$$\Delta G_0(\boldsymbol{r}, \boldsymbol{r}_0) = \delta(\boldsymbol{r} - \boldsymbol{r}_0) \tag{16.1.43}$$

由电磁学知识知其解为

$$G_0(\boldsymbol{r}, \boldsymbol{r}_0) = -\frac{1}{4\pi|\boldsymbol{r} - \boldsymbol{r}_0|} \tag{16.1.44}$$

所以有

$$\begin{cases} \Delta G_1(\boldsymbol{r}, \boldsymbol{r}_0) = 0 \\ G_1\big|_{\text{球面}} = -G_0\big|_{\text{球面}} \end{cases} \tag{16.1.45}$$

利用分离变数法可求解，但得到的是一个无穷级数解。这里采用电像法求解。

电像法的基本思想是用一个假想的等效点电荷来代替所有感应电荷，于是可求得 G_1 的类似于 G_0 的有限形式的解。因为感应电荷在球内的场满足式(16.1.45)，即球内是无源的，根据对称性，等效电荷必然位于 OM_0 延长线上一点 M_1，假设其坐标为 $\boldsymbol{r}_1$，如图 16.1-5 所示，记等效电荷的电量为 q，在空间任意点 M 产生的电势为 $G_1(\boldsymbol{r}, \boldsymbol{r}_1) = -\dfrac{q}{4\pi\varepsilon_0|\boldsymbol{r} - \boldsymbol{r}_1|}$，若取场点在球面上，比如 P 点，则 ΔOPM_0 与 ΔOM_1P 具有公共角 $\angle POM_1$，如果按比例关系 $r_0 : a = a : r_1$（a 为球的半径），则 ΔOPM_0 与 ΔOM_1P 相似，从而

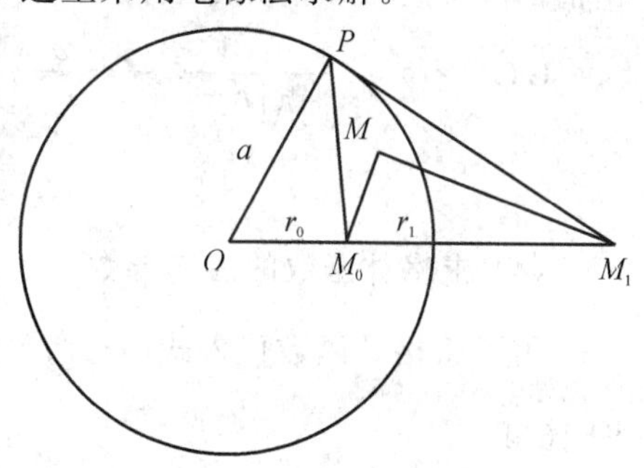

图 16.1-5　电像电荷位置图

$$\frac{1}{|\boldsymbol{r} - \boldsymbol{r}_0|}\bigg|_{\text{球面上}} : \frac{1}{|\boldsymbol{r} - \boldsymbol{r}_1|}\bigg|_{\text{球面上}} = \frac{1}{r_0} : \frac{1}{a} \tag{16.1.46}$$

因此，若取 $q_0 = \varepsilon_0 a / r_0$，则球面上的总电势为 0，即

$$-\frac{1}{4\pi|\boldsymbol{r} - \boldsymbol{r}_0|} + \frac{a}{r_1}\frac{1}{4\pi|\boldsymbol{r} - \boldsymbol{r}_1|} = -\frac{1}{4\pi|\boldsymbol{r} - \boldsymbol{r}_1|}\left(\frac{|\boldsymbol{r} - \boldsymbol{r}_1|}{|\boldsymbol{r} - \boldsymbol{r}_0|} - \frac{a}{r_0}\right) = 0 \tag{16.1.47}$$

正好满足式(16.1.45)的边界条件。这个假设中位于 M_1 点的等效电荷称为位于 M_0 点的电荷的**电像**，这样球内任意一点的电势是

$$G(\boldsymbol{r}, \boldsymbol{r}_0) = -\frac{1}{4\pi|\boldsymbol{r} - \boldsymbol{r}_0|} + \frac{a}{r_0}\frac{1}{4\pi}\frac{1}{\left|\boldsymbol{r} - \dfrac{a^2}{r_0^2}\boldsymbol{r}_0\right|} \tag{16.1.48}$$

有了以上的讨论，现在可以通过例题来强化前面的结论了。

16.1.3　格林函数法例题

1. 例题 1(球内部拉普拉斯方程第一类边值问题)

在 $r = a$ 的球内部求解拉普拉斯方程的第一类边值问题：

$$\begin{cases} \Delta u(r, \theta, \varphi) = 0 \quad (r < a) \\ u(a, \theta, \varphi) = f(\theta, \varphi) \end{cases} \tag{16.1.49}$$

解 （1）确定坐标系如图 16.1－6 所示。

（2）确定该问题是第一类边值问题，解为

$$u(r,\theta,\varphi)=\int_{\theta_0=0}^{\pi}\int_{\varphi_0=0}^{2\pi}f(\theta_0,\varphi_0)\left[\frac{\partial G}{\partial r_0}\right]\Big|_{r_0=a}a^2\sin\theta_0\,d\theta_0\,d\varphi_0 \tag{16.1.50}$$

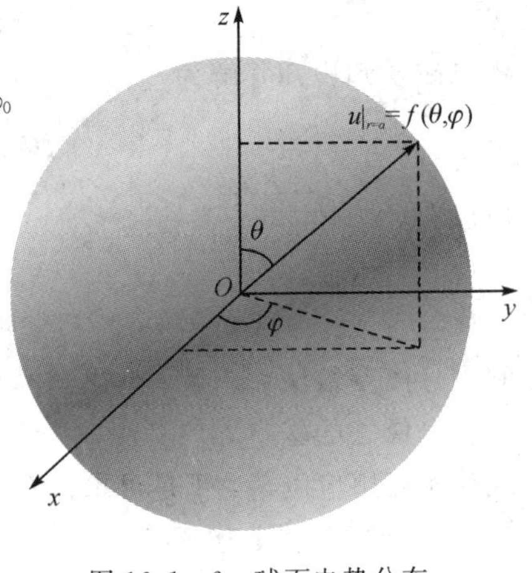

图 16.1－6　球面电势分布

（3）求解格林函数 $G(\boldsymbol{r},\boldsymbol{r}_0)$：

$$\begin{cases}\Delta G(\boldsymbol{r},\boldsymbol{r}_0)=\delta(\boldsymbol{r}-\boldsymbol{r}_0)\\ G|_{\text{球面}}=0\end{cases} \tag{16.1.51}$$

由前面的描述可知格林函数为

$$G(\boldsymbol{r},\boldsymbol{r}_0)=-\frac{1}{4\pi|\boldsymbol{r}-\boldsymbol{r}_0|}+\frac{a}{r_0}\frac{1}{4\pi}\frac{1}{\left|\boldsymbol{r}-\dfrac{a^2}{r_0^2}\boldsymbol{r}_0\right|} \tag{16.1.52}$$

（4）求格林函数的法向导数。

为了将格林函数代入式(16.1.50)，先算出 $\dfrac{\partial G}{\partial r_0}$，为此，在球坐标系中表示相应的量(见图 16.1－7)：

$$\frac{1}{|\boldsymbol{r}-\boldsymbol{r}_0|}=\frac{1}{\sqrt{r^2-2rr_0\cos\Theta+r_0^2}} \tag{16.1.53}$$

其中 Θ 是矢量 $\boldsymbol{r}$，$\boldsymbol{r}_0$ 之间的夹角，满足：

$$\cos\Theta=\cos\theta\cos\theta_0+\sin\theta\sin\theta_0\cos(\varphi-\varphi_0) \tag{16.1.54}$$

则法向导数为

$$\frac{\partial}{\partial r_0}\frac{1}{|\boldsymbol{r}-\boldsymbol{r}_0|}=-\frac{r_0-r\cos\Theta}{(r^2-2rr_0\cos\Theta+r_0^2)^{3/2}} \tag{16.1.55}$$

利用式(16.1.53)可得

$$|\boldsymbol{r}-\boldsymbol{r}_0|^2=r^2-2rr_0\cos\Theta+r_0{}^2 \tag{16.1.56}$$

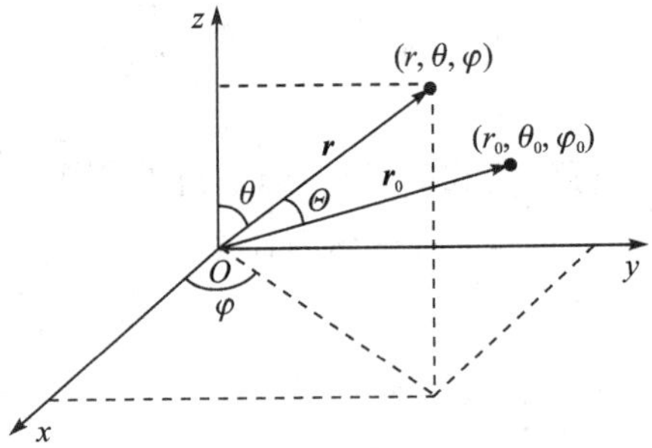

所以

$$r\cos\Theta=\frac{r^2-|\boldsymbol{r}-\boldsymbol{r}_0|^2+r_0{}^2}{2r_0{}^2} \tag{16.1.57}$$

代入式(16.1.55)得

$$\frac{\partial}{\partial r_0}\frac{1}{|\boldsymbol{r}-\boldsymbol{r}_0|}=\frac{r^2-|\boldsymbol{r}-\boldsymbol{r}_0|^2-r_0^2}{2r_0(r^2-2rr_0\cos\Theta+r_0^2)^{3/2}} \tag{16.1.58}$$

图 16.1－7　球坐标系中两点之间的距离

同理可得

$$\frac{\partial}{\partial r_0}\left(\frac{a}{r_0}\frac{1}{|\boldsymbol{r}-\boldsymbol{r}_0|}\right)=\frac{r_0^2-|\boldsymbol{r}-\boldsymbol{r}_0|^2-r^2}{2r_0(r^2-2rr_0\cos\Theta+r_0^2)^{3/2}} \tag{16.1.59}$$

于是

$$\frac{\partial G}{\partial r_0}\Big|_{r_0=a}=\frac{1}{4\pi}\frac{a^2-r^2}{a\,(r^2-2ra\cos\Theta+a^2)^{3/2}} \tag{16.1.60}$$

（5）代入边值问题的积分公式。

代入第一类边值问题解的积分公式得

$$u(r,\theta,\varphi)=\frac{a}{4\pi}\int_{\theta_0=0}^{\pi}\int_{\varphi_0=0}^{2\pi}f(\theta_0,\varphi_0)\frac{a^2-r^2}{(r^2-2ra\cos\Theta+a^2)^{3/2}}\sin\theta_0\,\mathrm{d}\theta_0\,\mathrm{d}\varphi_0 \tag{16.1.61}$$

这称为球的泊松积分。

（6）求解积分。

当然，一般情况下这个积分非常复杂，难以求解，实际中常采用数值积分。

2. 例题 2(三维半无界空间拉普拉斯方程第一类边值问题)

在 $z>0$ 的半空间求解拉普拉斯方程的第一类边值问题：

$$\begin{cases}\Delta u(x,y,z)=0 & (z>0)\\ u(x,y,0)=f(x,y)\end{cases} \tag{16.1.62}$$

这相当于接地导体平面 $z=0$ 上方的电势。

解　（1）建立坐标系，如图 16.1-8 所示。

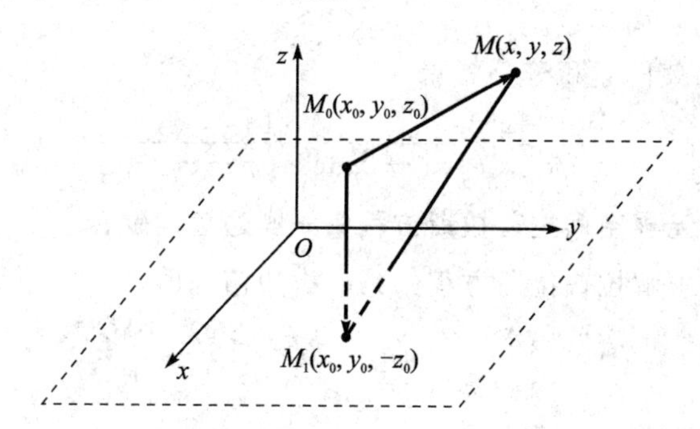

图 16.1-8　半无界空间的电像电荷

（2）确定是第一类边值问题，解为

$$u(x,y,z)=\int_{-\infty}^{\infty}\int_{-\infty}^{\infty}f(x_0,y_0)\left[\frac{\partial G}{\partial z_0}\right]\Bigg|_{z_0=0}\mathrm{d}x_0\,\mathrm{d}y_0 \tag{16.1.63}$$

（3）求解格林函数：

$$\begin{cases}\Delta G(x,y,z;x_0,y_0,z_0)=\delta(x-x_0)\delta(y-y_0)\delta(z-z_0)\\ G(x,y,z;x_0,y_0,z_0)\big|_{z_0=0}=0\end{cases} \tag{16.1.64}$$

运用电像法，设想在 $M_0(x_0,y_0,z_0)$ 处放置电量为 $-\varepsilon_0$ 的点电荷，$M_0(x_0,y_0,z_0)$ 点的对称点为 $M_1(x_0,y_0,-z_0)$，则格林函数为

$$G(\boldsymbol{r},\boldsymbol{r}_0)=-\frac{1}{4\pi}\frac{1}{\sqrt{(x-x_0)^2+(y-y_0)^2+(z-z_0)^2}}+\frac{1}{4\pi}\frac{1}{\sqrt{(x-x_0)^2+(y-y_0)^2+(z+z_0)^2}} \tag{16.1.65}$$

（4）求格林函数的法向导数。

为了将格林函数代入式(16.1.63)，先算出 $\dfrac{\partial G}{\partial n_0}$，即 $-\dfrac{\partial G}{\partial z_0}$，为此，在直角坐标系中表示相应的量：

$$\left.\frac{\partial G}{\partial z_0}\right|_{z_0=0}=-\frac{1}{2\pi}\frac{z}{[(x-x_0)^2+(y-y_0)^2+z^2]^{3/2}} \tag{16.1.66}$$

(5) 代入第一类边值问题的积分公式得

$$u(x,y,z)=\frac{z}{2\pi}\int_{-\infty}^{\infty}\int_{-\infty}^{\infty}f(x_0,y_0)\frac{1}{[(x-x_0)^2+(y-y_0)^2+z^2]^{3/2}}\mathrm{d}x_0\mathrm{d}y_0 \tag{16.1.67}$$

这称为半空间的泊松积分。

3. 例题3(圆内部拉普拉斯方程第一类边值问题)

在圆 $\rho<a$ 内求解拉普拉斯方程的第一类边值问题：

$$\begin{cases}\Delta u(\rho,\varphi)=0 \quad (\rho<a)\\ u(a,\varphi)=f(\varphi)\end{cases} \tag{16.1.68}$$

解 (1) 建立极坐标系，坐标原点在圆心。

(2) 确定该问题为第一类边值问题。

(3) 求解格林函数。

(4) 求格林函数的法向导数。

(5) 代入第一类边值问题积分公式得

$$u(\rho,\varphi)=\frac{a^2-\rho^2}{2\pi}\int_0^{2\pi}\frac{1}{a^2-2a\rho\cos(\varphi-\varphi_0)+\rho^2}f(\varphi_0)\mathrm{d}\varphi_0 \tag{16.1.69}$$

4. 例题4(二维半无界空间拉普拉斯方程第一类边值问题)

在半平面 $y>0$ 内求解拉普拉斯方程的第一类边值问题：

$$\begin{cases}\Delta u(x,y)=0\ (y>a)\\ u(x,0)=f(x)\end{cases} \tag{16.1.70}$$

解 (1) 建立平面直角坐标系。

(2) 确定该问题为第一类边值问题。

(3) 求解格林函数。

(4) 求格林函数的法向导数。

(5) 代入第一类边值问题积分公式得

$$u(x,y)=\frac{y}{\pi}\int_{-\infty}^{\infty}\frac{1}{(x-x_0)^2+y^2}f(x_0)\mathrm{d}x_0 \tag{16.1.71}$$

练习 16.1

1. 按解题提示求解例题3。

2. 按解题提示求解例题4。

3. 在圆形域 $\rho\leqslant a$ 上求解 $\Delta u=0$，使其满足边界条件：(1) $u|_{\rho=a}=A\cos\varphi$，(2) $u|_{\rho=a}=A+B\sin\varphi$。

4. 对于一般的 $f(\varphi)$，积分公式(16.1.69)里的积分可能不那么容易计算，试将 $1/[a^2-2a\rho\cos(\varphi-\varphi_0)+\rho^2]$ 展开为傅里叶级数，然后逐项积分。作为对照，再用分离变数法求解圆内的第一类边值问题。

5. 试求层状空间 $0<z<H$ 第一类边值问题的格林函数。

第 16.1 节讨论的都是稳定场问题的格林函数法，对于波动问题与输运问题等这类含时间的问题，能否用格林函数法求解？

16.2　波动方程定解问题的格林函数法

一般受迫振动的定解问题是：

$$\begin{cases} u_{tt}-\Delta u(\boldsymbol{r})=f(\boldsymbol{r},t) \\ \left[\alpha\dfrac{\partial u}{\partial n}+\beta u\right]_{\Sigma}=\theta(M,t) \\ u(\boldsymbol{r},\boldsymbol{0})=\varphi(\boldsymbol{r}),\ u_t(\boldsymbol{r},\boldsymbol{0})=\psi(\boldsymbol{r}) \end{cases} \tag{16.2.1}$$

第 11 章 11.2.2 节冲量定理法曾指出，持续作用的力 $f(\boldsymbol{r},t)$ 可看作前后相继的脉冲力 $f(\boldsymbol{r},\tau)\delta(t-\tau)\mathrm{d}\tau$ 的叠加，可表示为

$$f(\boldsymbol{r},t)=\iiint_T\int_0^t f(\boldsymbol{r}_0,\tau)\delta(\boldsymbol{r}-\boldsymbol{r}_0)\delta(t-\tau)\mathrm{d}\,\boldsymbol{r}_0\mathrm{d}\tau \tag{16.2.2}$$

将单位脉冲点力所引起的振动记作 $\mathrm{G}(\boldsymbol{r},t;\boldsymbol{r}_0,t_0)$，称为波动问题的格林函数。求得了 $\mathrm{G}(\boldsymbol{r},t;\boldsymbol{r}_0,t_0)$，就可用叠加原理的方法求出任意 $f(\boldsymbol{r},t)$ 所引起的振动，$\mathrm{G}(\boldsymbol{r},t;\boldsymbol{r}_0,t_0)$ 所满足的定解是

$$\begin{cases} \mathrm{G}_{tt}-a^2\Delta\mathrm{G}=\delta(\boldsymbol{r}-\boldsymbol{r}_0)\delta(t-t_0) \\ \left[\alpha\dfrac{\partial \mathrm{G}}{\partial n}+\beta\mathrm{G}\right]_{\Sigma}=0 \\ \mathrm{G}\big|_{t=0}=0,\ \mathrm{G}_t\big|_{t=0}=0 \end{cases} \tag{16.2.3}$$

16.2.1　波动问题的格林函数对称性

类似于求解泊松方程定解问题的方法，可求得式(16.2.1)的定解问题解的积分公式，需注意的是波动问题格林函数的对称性与泊松方程格林函数的对称性不同：

$$\mathrm{G}(\boldsymbol{r},t;\boldsymbol{r}_0,t_0)=\mathrm{G}(\boldsymbol{r},-t;\boldsymbol{r}_0,-t_0) \tag{16.2.4}$$

可以利用格林函数 $\mathrm{G}(\boldsymbol{r},-t;\boldsymbol{r}_0,-t_0)$（也是定解问题式(16.2.3)的解）证明其对称性，这里只是给出结果，不做证明，详细证明参考相关书籍。下面推导波动问题解的积分公式。

16.2.2　波动问题解的积分公式

先将式(16.2.1)中定解问题的变量替换为 $\boldsymbol{r}_0$，t_0，则

$$\begin{cases} u_{t_0t_0}(\boldsymbol{r}_0,t_0)-a^2\Delta_0 u(\boldsymbol{r}_0,t_0)=f(\boldsymbol{r}_0,t_0) \\ \left[\alpha\dfrac{\partial u(\boldsymbol{r}_0,t_0)}{\partial n}+\beta u(\boldsymbol{r}_0,t_0)\right]_{\Sigma}=\theta(M_0,t_0) \\ u(\boldsymbol{r}_0,t_0)\big|_{t_0=0}=\varphi(\boldsymbol{r}_0),\ u_{t_0}(\boldsymbol{r}_0,t_0)\big|_{t_0=0}=\psi(\boldsymbol{r}_0) \end{cases} \tag{16.2.5}$$

其中 $\Delta_0=\dfrac{\partial^2}{\partial x_0^2}+\dfrac{\partial^2}{\partial y_0^2}+\dfrac{\partial^2}{\partial z_0^2}$，同时将式(16.2.3)定解问题中的变量互换，即 $\boldsymbol{r}\leftrightarrow\boldsymbol{r}_0$，$t\leftrightarrow -t_0$，并利用式(16.2.4)格林函数的对称性，得

$$\begin{cases}G_{t_0t_0}(\boldsymbol{r},t;\boldsymbol{r}_0,t_0)-a^2\Delta_0 G(\boldsymbol{r},t;\boldsymbol{r}_0,t_0)=\delta(\boldsymbol{r}-\boldsymbol{r}_0)\delta(t-t_0)\\ \left[\alpha\dfrac{\partial G(\boldsymbol{r},t;\boldsymbol{r}_0,t_0)}{\partial n_0}+\beta G(\boldsymbol{r},t;\boldsymbol{r}_0,t_0)\right]_\Sigma=0\\ G(\boldsymbol{r},t;\boldsymbol{r}_0,t_0)|_{t_0=0}=0,\ G_{t_0}(\boldsymbol{r},t;\boldsymbol{r}_0,t_0)|_{t_0=0}=0\end{cases}\tag{16.2.6}$$

分别对泛定方程进行如下操作：

$$G(\boldsymbol{r},t;\boldsymbol{r}_0,t_0)u_{t_0t_0}(\boldsymbol{r}_0,t_0)-a^2G(\boldsymbol{r},t;\boldsymbol{r}_0,t_0)\Delta_0 u(\boldsymbol{r}_0,t_0)=G(\boldsymbol{r},t;\boldsymbol{r}_0,t_0)f(\boldsymbol{r}_0,t_0)\tag{16.2.7}$$

$$u(\boldsymbol{r}_0,t_0)G_{t_0t_0}(\boldsymbol{r},t;\boldsymbol{r}_0,t_0)-a^2u(\boldsymbol{r}_0,t_0)\Delta_0 G(\boldsymbol{r},t;\boldsymbol{r}_0,t_0)=u(\boldsymbol{r}_0,t_0)\delta(\boldsymbol{r}-\boldsymbol{r}_0)\delta(t-t_0)\tag{16.2.8}$$

以上两式相减，并在 $\boldsymbol{r}_0$ 的区域 T 上积分，同时 t_0 在区间 $[0,t+\varepsilon]$ 上积分，运用第二格林公式及 $u(\boldsymbol{r}_0,t_0)$，$G(\boldsymbol{r},t;\boldsymbol{r}_0,t_0)$ 的初始条件，则

$$\begin{aligned}&\iiint_T\int_0^{t+\varepsilon}(Gu_{t_0t_0}-uG_{t_0t_0})\mathrm{d}V_0\mathrm{d}t_0-a^2\iiint_T\int_0^{t+\varepsilon}(G\Delta_0 u-u\Delta_0 G)\mathrm{d}V_0\mathrm{d}t_0\\ =&\iiint_T\int_0^{t+\varepsilon}G(\boldsymbol{r},t;\boldsymbol{r}_0,t_0)f(\boldsymbol{r}_0,t_0)\mathrm{d}V_0\mathrm{d}t_0-\iiint_T\int_0^{t+\varepsilon}u\delta(\boldsymbol{r}-\boldsymbol{r}_0)\delta(t-t_0)\mathrm{d}V_0\mathrm{d}t_0\end{aligned}\tag{16.2.9}$$

其中 $\varepsilon>0$，积分后取 $\varepsilon\to0$，引入 ε 的目的是使含 $\delta(t-t_0)$ 的积分值确定，于是可得

$$\begin{aligned}u(\boldsymbol{r},t)=&\iiint_T\int_0^{t+\varepsilon}G(\boldsymbol{r},t;\boldsymbol{r}_0,t_0)f(\boldsymbol{r}_0,t_0)\mathrm{d}V_0\mathrm{d}t_0-\\ &\iiint_T\int_0^{t+\varepsilon}(Gu_{t_0t_0}-uG_{t_0t_0})\mathrm{d}V_0\mathrm{d}t_0+\\ &a^2\iiint_T\int_0^{t+\varepsilon}(G\Delta_0 u-u\Delta_0 G)\mathrm{d}V_0\mathrm{d}t_0\end{aligned}\tag{16.2.10}$$

式(16.2.10)等号右边第二项积分中 $Gu_{t_0t_0}-uG_{t_0t_0}=\dfrac{\mathrm{d}}{\mathrm{d}t_0}(Gu_{t_0}-uG_{t_0})$，因此对 t_0 积分后运用 $t<t_0$ 时 $G=0$，$G|_{t_0=0}=0$，同时将第三项的体积分化为面积分得

$$\begin{aligned}u(\boldsymbol{r},t)=&\iiint_T\int_0^{t+\varepsilon}G(\boldsymbol{r},t;\boldsymbol{r}_0,t_0)f(\boldsymbol{r}_0,t_0)\mathrm{d}V_0\mathrm{d}t_0-\\ &\iiint_T[Gu_{t_0}-uG_{t_0}]_{t_0=0}\mathrm{d}V_0+\\ &a^2\iint_\Sigma\int_0^{t+\varepsilon}\left(G\frac{\partial u}{\partial n}-u\frac{\partial G}{\partial n}\right)\mathrm{d}S_0\mathrm{d}t_0\end{aligned}\tag{16.2.11}$$

对于不同类型的边界条件，可令 G 满足相应的齐次边界条件，从而得到不同边界条件的 G 表示的解的积分公式。

16.2.3　输运问题解的积分公式

同波动问题类似，输运问题：

$$\begin{cases}u_t-\Delta u(\boldsymbol{r})=f(\boldsymbol{r},t)\\ \left[\alpha\dfrac{\partial u}{\partial n}+\beta u\right]_\Sigma=\theta(M,t)\\ u(\boldsymbol{r},\boldsymbol{0})=\varphi(\boldsymbol{r})\end{cases}\tag{16.2.12}$$

解的积分公式为

$$u(\boldsymbol{r},t)=\iiint_T\int_0^{t+\varepsilon}G(\boldsymbol{r},t;\boldsymbol{r}_0,t)f(\boldsymbol{r}_0,t_0)\mathrm{d}V_0\mathrm{d}t_0-\iiint_T\int_0^{t+\varepsilon}[uG_{t_0}]|_{t_0=0}\mathrm{d}V_0+a^2\iint_\Sigma\int_0^{t+\varepsilon}\left(G\frac{\partial u}{\partial n}-u\frac{\partial G}{\partial n}\right)\mathrm{d}S_0\mathrm{d}t_0 \tag{16.2.13}$$

输运问题的格林函数 $G(\boldsymbol{r},t;\boldsymbol{r}_0,t_0)$ 满足：

$$\begin{cases}G_{t_0}(\boldsymbol{r},t;\boldsymbol{r}_0,t_0)-a^2\Delta_0G(\boldsymbol{r},t;\boldsymbol{r}_0,t_0)=\delta(\boldsymbol{r}-\boldsymbol{r}_0)\delta(t-t_0)\\ \left[\alpha\dfrac{\partial G(\boldsymbol{r},t;\boldsymbol{r}_0,t_0)}{\partial n_0}+\beta G(\boldsymbol{r},t;\boldsymbol{r}_0,t_0)\right]_\Sigma=0\\ G(\boldsymbol{r},t;\boldsymbol{r}_0,t_0)|_{t_0=0}=0\end{cases} \tag{16.2.14}$$

波动问题、输运问题的格林函数统称为含时格林函数。求解出含时格林函数，通过积分可得任意波动问题和输运问题的解。

16.2.4 用冲量定理法求含时格林函数

下面通过几个例题介绍求含时格林函数的冲量定理法。

1. 例题 1(一维无界空间的受迫振动问题)

求解一维无界空间中的受迫振动：

$$\begin{cases}u_{tt}-a^2u_{xx}=f(x,t)\\ u|_t=0,\ u_t|_t=0\end{cases}\quad(-\infty<x<\infty) \tag{16.2.15}$$

解　(1) 建立坐标系。

(2) 确定该问题是没有边界的定解问题。

(3) 确定含时格林函数的定解问题：

$$\begin{cases}G_{tt}(x,t;\xi,\tau)-a^2G_{xx}(x,t;\xi,\tau)=\delta(x-\xi)\delta(t-\tau)\\ G(x,t;\xi,\tau)|_{t=0}=0,\ G_t(x,t;\xi,\tau)|_{t=0}=0\end{cases} \tag{16.2.16}$$

(4) 求解含时格林函数。

利用冲量定理法将 G 的定解问题转化为

$$\begin{cases}G_{tt}(x,t;\xi,\tau)-a^2G_{xx}(x,t;\xi,\tau)=0\\ G(x,t;\xi,\tau)|_{t=\tau+0}=0,\ G_t(x,t;\xi,\tau)|_{t=\tau+0}=\delta(x-\xi)\end{cases} \tag{16.2.17}$$

运用达朗贝尔公式，可得其解，只是将其中的 t 换为 $t-\tau$：

$$G(x,t;\xi,\tau)=\frac{1}{2a}\int_{x-a(t-\tau)}^{x+a(t+\tau)}\delta(\xi_0-\xi)\mathrm{d}\xi_0=\begin{cases}0, & \xi<x-a(t-\tau)\text{ 或 }x+a(t-\xi)<\xi\\ \dfrac{1}{2a}, & x-a(t-\tau)<\xi<x+a(t-\xi)\end{cases} \tag{16.2.18}$$

(5) 解的积分公式。

将式(16.2.18)代入 $u(x,t)$ 的积分公式(16.2.11)得

$$u(x, t) = \int_{\tau=0}^{t} \int_{x-a(t-\tau)}^{x+a(t-\tau)} \frac{1}{2a} f(\xi, \tau) \mathrm{d}\xi \mathrm{d}\tau \tag{16.2.19}$$

2. 例题 2(一维有界系统的受迫振动问题)

求解定解问题：

$$\begin{cases} u_{tt}(x, t) - a^2 u_{xx}(x, t) = A\cos\left(\dfrac{\pi x}{l}\right)\sin\omega t \\ u_x(0, t) = 0, \ u_x(l, t) = 0 \\ u(x, 0) = 0, \ u_t(x, 0) = 0 \end{cases} \tag{16.2.20}$$

这是两端自由的杆的受迫振动问题，前面已经用分离变数法求解过。

解 (1) 建立坐标系。

(2) 确定该问题是第二类边值问题。

(3) 确定含时格林函数的定解问题。

$$\begin{cases} G_{tt}(x, t;\xi, \tau) - a^2 G_{xx}(x, t;\xi, \tau) = \delta(x-\xi)\delta(t-\tau) \\ G_x(x, t;\xi, \tau)\big|_{x=0} = 0, \ G_x(x, t;\xi, \tau)\big|_{x=l} = 0 \\ G(x, t;\xi, \tau)\big|_{t=0} = 0, \ G_t(x, t;\xi, \tau)\big|_{t=0} = 0 \end{cases} \tag{16.2.21}$$

(4) 求解含时格林函数。

利用冲量定理法，将 G 的定解问题转化为

$$\begin{cases} G_{tt}(x, t;\xi, \tau) - a^2 G_{xx}(x, t;\xi, \tau) = 0 \\ G_x(x, t;\xi, \tau)\big|_{x=0} = 0, \ G_x(x, t;\xi, \tau)\big|_{x=l} = 0 \\ G(x, t;\xi, \tau)\big|_{t=\tau+0} = 0, \ G_t(x, t;\xi, \tau)\big|_{t=\tau+0} = \delta(x-\xi) \end{cases} \tag{16.2.22}$$

利用分离变数法，求得解为

$$G(x, t;\xi, \tau) = \frac{1}{l}(t-\tau) + \frac{2}{\pi a}\sum_{n=1}^{\infty} \frac{1}{n} \sin\frac{n\pi a(t-\tau)}{l} \cos\frac{n\pi\xi}{l} \cos\frac{n\pi x}{l} \tag{16.2.23}$$

(5) 解的积分公式。

将 $u(x, t)$, $G(x, t;\xi, \tau)$ 的边界条件代入 $u(x, t)$ 的积分公式得

$$u(x, t) = \int_{\tau=0}^{t} \int_{\xi=0}^{l} f(\xi, \tau) G(x, t;\xi, \tau) \mathrm{d}\tau \mathrm{d}\xi \tag{16.2.24}$$

再代入 $G(x, t;\xi, \tau)$ 的解式(16.2.11)得

$$u(x, t) = \frac{2A}{\pi a}\sum_{n=1}^{\infty} \frac{1}{n}\cos\frac{n\pi x}{l} \int_{\xi=0}^{l} \cos\frac{\pi\xi}{l}\cos\frac{n\pi\xi}{l}\mathrm{d}\xi \int_{\tau=0}^{t} \sin\omega\tau \sin\frac{n\pi a(t-\tau)}{l}\mathrm{d}\tau \tag{16.2.25}$$

对 ξ 积分时，运用傅里叶级数基的正交性，只有 $n=1$ 的项积分为 $l/2$，于是得

$$u(x, t) = \frac{Al}{\pi a} \frac{1}{\omega^2 - \pi^2 a^2/l^2} \left(\omega \sin\frac{n\pi a t}{l} - \frac{\pi a}{l}\sin\omega t\right)\cos\frac{\pi x}{l} \tag{16.2.26}$$

这正是第 11 章分离变数法的解。

练习 16.2

1. 两端固定的弦在线密度为 $\rho f(x, t)=\rho\Phi(x)\sin\omega t$ 的横向力作用下振动。求解其振动情况，研究共振的可能性，并求共振时的解。

2. 两端固定的弦在点 x_0 处受谐变力 $\rho f(t)=\rho f_0\sin\omega t$ 的作用而振动，求解振动情况。

3. 长为 l 的均匀细导线，每单位长的电阻为 R，通过恒定的电流 I，导线表面与周围温度为 0℃的介质进行热量交换。试求解导线上的温度变化(设初始温度和导线两端的温度都是 0℃)。

4. 求解一维半无界空间的输运问题：

$$\begin{cases} u_t(x, t)-a^2u_{xx}(x, t)=0 \\ u(0, t)=At \\ u(x, 0)=0 \end{cases}$$

5. 在一维半无界空间中求解：

$$\begin{cases} u_t(x, t)-a^2u_{xx}(x, t)=0 \\ u(0, t)=f(t) \\ u(x, 0)=\varphi(x) \end{cases}$$

6. 在一维半无界空间中求解：

$$\begin{cases} u_t(x, t)-a^2u_{xx}(x, t)=0 \\ u(0, t)=A\sin\omega t \\ u(x, 0)=0 \end{cases}$$

第 17 章　定解问题的求解——积分变换法

求解常微分方程的基本思想是将常微分方程化为代数方程或积分，求解偏微分方程的基本思想是将偏微分化为常微分方程或积分。第 10 章利用达朗贝尔公式、第 16 章利用格林函数将偏微分方程化为了积分。第 11 章至第 15 章利用分离变数法将偏微分方程化为了常微分方程。这一章将利用积分变换将偏微分方程化为常微分方程，求解常微分方程后进行反演即得偏微分方程的解。本章主要介绍傅里叶变换、拉普拉斯变换在求解偏微分方程中的应用。

17.1　傅里叶变换法

用分离变数法求解**有界空间**的定解问题时，所得的本征值谱是离散的，所求的解可表示为本征函数的广义傅里叶级数。对于**无界空间**，用分离变数法求解定解问题时，所得的本征谱一般是连续的，所求的解可表示为本征函数的傅里叶积分。因此，对于无界空间的定解问题，傅里叶变换是一种适合的求解方法。本节将通过几个例子说明运用傅里叶变换求解无界空间(半无界空间可延拓为无界空间)定解问题的基本方法，并给出几个重要的解的公式。

17.1.1　例题 1(一维无限长弦的自由振动问题)

求解无限长弦的自由横振动：

$$\begin{cases} u_{tt}(x,t)-a^2u_{xx}(x,t)=0 \\ u(x,0)=\varphi(x),\ u_t(x,0)=\psi(x) \end{cases} \quad (-\infty<x<\infty) \tag{17.1.1}$$

解　(1) 对定解问题做傅里叶变换。

应用傅里叶变换，即用 $e^{-ikx}/(2\pi)$ 乘遍泛定方程和定解条件，并对 x 积分(时间变量 t 作为参数)，原来的定解问题变换成：

$$\begin{cases} U''(t;k)+k^2a^2U(t;k)=0 \\ U(0;k)=\Phi(k),\ U'(0;k)=\Psi(k) \end{cases} \quad (-\infty<k<\infty) \tag{17.1.2}$$

其中：

$$U(t;k)=\frac{1}{2\pi}\int_{-\infty}^{\infty}u(x,t)e^{-ikx}\,dx\ ,\ U'(t;k)=\frac{1}{2\pi}\int_{-\infty}^{\infty}\frac{\partial u(x,t)}{\partial t}e^{-ikx}\,dx$$

$\Phi(k)$，$\Psi(k)$ 是 $\varphi(x)$，$\psi(x)$的象函数，这里用到了傅里叶变换的导数定理。原来的定解问题变成了常微分方程的初始值问题。

(2) 求解微分方程的初始值问题。

式(17.1.2)中关于变量 t 的微分方程的通解为

$$U(t;k)=A(k)e^{ikat}+Be^{-ikat} \tag{17.1.3}$$

代入初始条件得

$$\begin{cases} A(k)=\dfrac{1}{2}\Phi(k)+\dfrac{1}{2a}\dfrac{1}{\mathrm{i}k}\Psi(k) \\ B(k)=\dfrac{1}{2a}\Phi(k)-\dfrac{1}{2a}\dfrac{1}{\mathrm{i}k}\Psi(k) \end{cases} \tag{17.1.4}$$

即

$$U(t;k)=\frac{1}{2}\Phi(k)(\mathrm{e}^{\mathrm{i}kat}+\mathrm{e}^{-\mathrm{i}kat})+\frac{1}{2a}\frac{1}{\mathrm{i}k}\Psi(k)(\mathrm{e}^{\mathrm{i}kat}-\mathrm{e}^{-\mathrm{i}kat}) \tag{17.1.5}$$

(3) 对 $U(t;k)$ 做傅里叶积分。

应用延迟定理与积分定理，结果是：

$$u(x,\ t)=\frac{1}{2}[\varphi(x+at)+\varphi(x-at)]+\frac{1}{2a}\int_{x-at}^{x+at}\psi(\xi)\mathrm{d}\xi \tag{17.1.6}$$

这正是达朗贝尔公式。

17.1.2 例题 2(一维无限长杆的自由输运问题)

求解无限长杆的热传导问题：

$$\begin{cases} u_t(x,\ t)-a^2u_{xx}(x,\ t)=0 \\ u(x,\ 0)=\varphi(x) \end{cases} \quad (-\infty<x<\infty) \tag{17.1.7}$$

解　(1) 做傅里叶变换。

用 $\mathrm{e}^{-\mathrm{i}kx}/(2\pi)$ 乘遍定解问题的泛定方程和定解条件，并对 x 积分(时间变量 t 作为参数)。原来的定解问题变换成：

$$\begin{cases} U'(t;k)+k^2a^2U(t;k)=0 \\ U(0;k)=\Phi(k) \end{cases} \quad (-\infty<k<\infty) \tag{17.1.8}$$

其中：

$$U(t;k)=\frac{1}{2\pi}\int_{-\infty}^{\infty}u(x,\ t)\mathrm{e}^{-\mathrm{i}kx}\mathrm{d}x,\ U'(t;k)=\frac{1}{2\pi}\int_{-\infty}^{\infty}\frac{\partial u(x,\ t)}{\partial t}\mathrm{e}^{-\mathrm{i}kx}\mathrm{d}x$$

这里用到了傅里叶变换的导数定理，$\Phi(k)$ 是 $\varphi(x)$ 的象函数，原来的定解问题变成了常微分方程的初始值问题。

(2) 求解微分方程的初始值问题。

式(17.1.8)是 $U(t;k)$ 关于 t (k 为参量)的一阶、齐次、常系数常微分方程，其通解为

$$U(t;k)=A(k)\mathrm{e}^{-k^2a^2t} \tag{17.1.9}$$

代入初始条件得

$$A(k)=\Phi(k) \tag{17.1.10}$$

即

$$U(t;k)=\Phi(k)\mathrm{e}^{-k^2a^2t} \tag{17.1.11}$$

(3) 对 $U(t;k)$ 做傅里叶积分。

最后可得

$$u(x,\ t)=\mathscr{F}^{-1}[U(t;k)]=\frac{1}{2\pi}\int_{-\infty}^{\infty}\Phi(k)\mathrm{e}^{-k^2a^2t}\mathrm{e}^{\mathrm{i}kx}\mathrm{d}k \tag{17.1.12}$$

利用 $\Phi(k)=\int_{-\infty}^{\infty}\varphi(x)\mathrm{e}^{-\mathrm{i}k\xi}\mathrm{d}\xi$ 得

$$u(x,\ t)=\frac{1}{2\pi}\int_{-\infty}^{\infty}\varphi(\xi)\left[\int_{-\infty}^{\infty}\mathrm{e}^{-k^2a^2t}\mathrm{e}^{\mathrm{i}k(x-\xi)}\mathrm{d}k\right]\mathrm{d}\xi \tag{17.1.13}$$

引用积分公式 $\int_{-\infty}^{\infty} \mathrm{e}^{-\alpha t^2}\,\mathrm{d}t = \sqrt{\pi/\alpha}$ 或使用 Mathematica 软件进行积分，方括号中的积分为

$$\int_{-\infty}^{\infty} \mathrm{e}^{\mathrm{i}k(x-\xi)}\,\mathrm{e}^{-k^2a^2t}\mathrm{d}k = \frac{1}{2a\sqrt{\pi t}}\exp\left[-\frac{(x-\xi)^2}{4a^2t}\right] \tag{17.1.14}$$

给定 $\varphi(x)$，即可计算积分：

$$u(x,\ t) = \int_{-\infty}^{\infty}\varphi(\xi)\left\{\frac{1}{2a\sqrt{\pi t}}\exp\left[-\frac{(x-\xi)^2}{4a^2t}\right]\right\}\mathrm{d}\xi \tag{17.1.15}$$

(4) 物理讨论。

如果初始时刻杆上的温度分布为

$$\varphi(x) = \mathrm{e}^{-x^2} \tag{17.1.16}$$

则代入式(17.1.15)积分得

$$u(x,\ t) = \frac{1}{2a\pi\sqrt{4t+1/a^2}}\exp\left(-\frac{x^2}{1+4a^2t}\right) \tag{17.1.17}$$

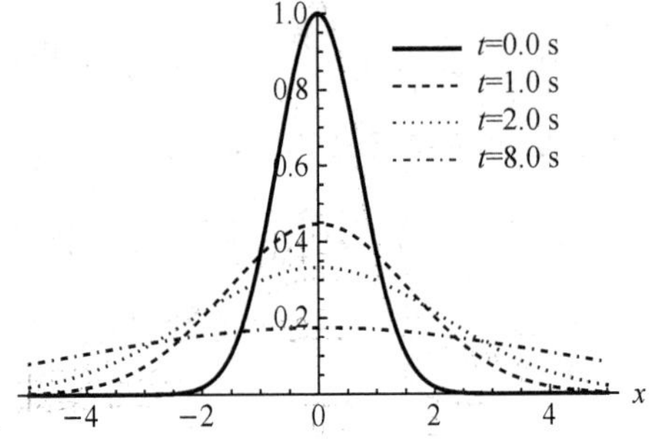

图 17.1-1　各时刻杆上的温度分布

图 17.1-1 所示为各时刻杆上的温度分布，其中取 $a=1$，可以看到，当 $t=8.0$ s 时，杆上的温度已经趋于均匀分布。

17.1.3　例题 3(一维无限长杆的有源输运问题)

求解无限长杆的有源热传导问题：

$$\begin{cases} u_t(x,\ t) - a^2u_{xx}(x,\ t) = f(x,\ t) \\ u(x,\ 0) = 0 \end{cases} \quad (-\infty < x < \infty) \tag{17.1.18}$$

解　(1) 对定解问题做傅里叶变换：

$$\begin{cases} U'(t;k) + k^2a^2U(t;k) = F(t;k) \\ U(0;k) = 0 \end{cases} \quad (-\infty < k < \infty) \tag{17.1.19}$$

(2) 求解常微分方程的初始值问题。

这是一阶、非齐次、常微分方程，用 $\mathrm{e}^{k^2a^2t}$ 乘方程两边得

$$\mathrm{e}^{k^2a^2t}U'(t;k) + \mathrm{e}^{k^2a^2t}k^2a^2U(t;k) = F(t;k)\mathrm{e}^{k^2a^2t} \tag{17.1.20}$$

这个方程可表示为

$$\frac{\mathrm{d}}{\mathrm{d}t}\left[\mathrm{e}^{k^2a^2t}U(t;k)\right] = F(t;k)\mathrm{e}^{k^2a^2t} \tag{17.1.21}$$

两边对 t 积分一次得

$$U(t;k) = \mathrm{e}^{-k^2a^2t}\int_0^t F(\tau;k)\mathrm{e}^{k^2a^2\tau}\mathrm{d}\tau \tag{17.1.22}$$

代入 $F(\tau;k) = \dfrac{1}{2\pi}\displaystyle\int_{-\infty}^{\infty} f(\xi,\ \tau)\mathrm{e}^{-\mathrm{i}k\xi}\mathrm{d}\xi$ 得

$$U(t;k) = \frac{1}{2\pi}\int_0^t\int_{-\infty}^{\infty} f(\xi,\ \tau)\mathrm{e}^{-\mathrm{i}k\xi}\,\mathrm{e}^{-k^2a^2(t-\tau)}\mathrm{d}\xi\mathrm{d}\tau \tag{17.1.23}$$

(3) 进行傅里叶积分得

$$u(x,\ t)=\frac{1}{2\pi}\int_{-\infty}^{\infty}\left[\int_0^t\int_{-\infty}^{\infty}f(\xi,\ \tau)\mathrm{e}^{-ik\xi}\mathrm{e}^{-k^2a^2(t-\tau)}\mathrm{d}\xi\mathrm{d}\tau\right]\mathrm{e}^{ikx}\mathrm{d}k \tag{17.1.24}$$

交换积分次序得

$$u(x,\ t)=\int_0^t\int_{-\infty}^{\infty}f(\xi,\ \tau)\left[\frac{1}{2\pi}\int_{-\infty}^{\infty}\mathrm{e}^{ik(x-\xi)}\mathrm{e}^{-k^2a^2(t-\tau)}\mathrm{d}k\right]\mathrm{d}\xi\mathrm{d}\tau \tag{17.1.25}$$

利用例题 2 的积分结果可得

$$u(x,\ t)=\int_0^t\int_{-\infty}^{\infty}f(\xi,\ \tau)\left[\frac{1}{4\pi a\sqrt{\pi(t-\tau)}}\mathrm{e}^{-\frac{(x-\xi)^2}{4a^2(t-\tau)}}\right]\mathrm{d}\xi\mathrm{d}\tau \tag{17.1.26}$$

(4) 物理讨论。

假设

$$f(x,\ t)=q_0\mathrm{e}^{-x^2} \tag{17.1.27}$$

将其代入积分得

$$u(x,\ t)=\frac{q_0}{4\pi a}\left[-\frac{\exp(-x^2)}{a}+\frac{\sqrt{1+4a^2t}\exp\left(-\frac{x^2}{1+4a^2t}\right)+\sqrt{\pi}x\mathrm{erf}\left(\frac{x}{\sqrt{1+4a^2t}}\right)-\sqrt{\pi}x\mathrm{erf}(x)}{a}\right] \tag{17.1.28}$$

取 $a=1$，$q_0=10$，图 17.1-2 所示为各时刻杆上的温度分布；取 $a=3$，$q_0=10$，图 17.1-3 所示为各时刻杆上的温度分布。从图中可以看到，随着时间的推移，热量从坐标原点向两端扩散，原点的温度不断地增加。a 越大，热量向两端扩散得越快。

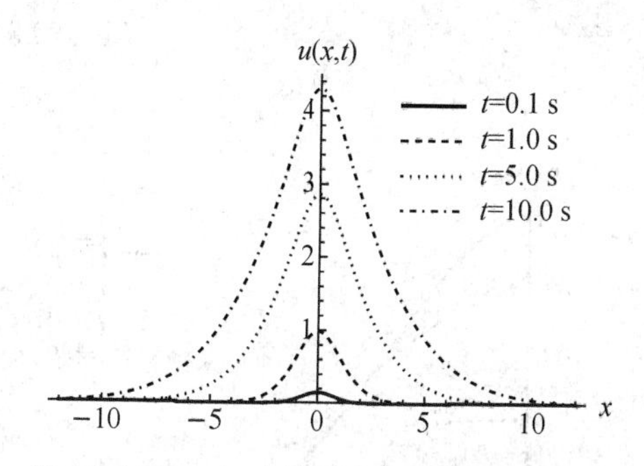

图 17.1-2　各时刻杆上的温度分布($a=1$)

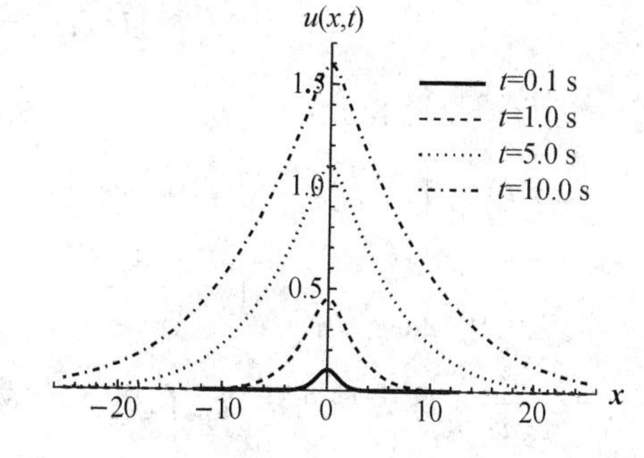

图 17.1-3　各时刻杆上的温度分布($a=3$)

17.1.4　例题 4(一维半无限区域的限定源扩散问题)

半导体扩散工艺的硼、磷扩散是慢扩散，杂质扩散深度远远小于硅片厚度，研究杂质穿过硅片的一面向里扩散问题时，可以完全不管另一面的存在，将硅片看作无限厚，然而实际上硅片厚度还不到 1 mm，如图 17.1-4 所示。这就是说，将硅片的内部当作半无界空间。在限定源扩散中，只让硅片表面已有的杂质向硅片内部扩散，但不让新的杂质穿过表面进入硅片。建立如图 17.1-4 所示的坐标系，这样问题可表示为半无界空间 $x>0$ 中的定解问题：

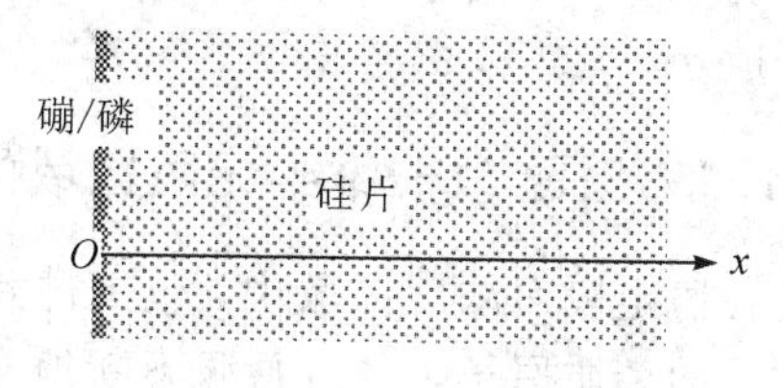

图 17.1-4　硼/磷从硅片表面向硅片内部扩散

$$\begin{cases} u_t(x,t) - a^2 u_{xx}(x,t) = 0 \\ u_x(0,t) = 0 \qquad (x > 0,\ t > 0) \\ u(x,0) = \Phi_0 \delta(x-0) \end{cases} \tag{17.1.29}$$

其中 Φ_0 是每单位面积硅片表层原有的杂质总量。

解 (1) 无界空间延拓。

因为傅里叶变换是在无界空间进行的，所以必须对半无界问题进行延拓，将其延拓到无界空间。考虑到 $x_0 = 0$ 端杂质的浓度满足第二类齐次边界条件，所以采用偶延拓，即将定解问题延拓为

$$\begin{cases} u_t(x,t) - a^2 u_{xx}(x,t) = 0 & (x > 0,\ t > 0) \\ u(x,0) = \begin{cases} \Phi_0 \delta(x-0) & (x > 0) \\ \Phi_0 \delta(x+0) & (x < 0) \end{cases} \end{cases} \tag{17.1.30}$$

这个初始条件其实是 $u(x,0) = 2\Phi_0 \delta(x)$ $(-\infty < x < \infty)$。因此上述问题成为：

$$\begin{cases} u_t(x,t) - a^2 u_{xx}(x,t) = 0 \\ u(x,0) = 2\Phi_0 \delta(x) \end{cases} (-\infty < x < \infty,\ t > 0) \tag{17.1.31}$$

(2) 对定解问题做傅里叶变换得

$$\begin{cases} U'(t;k) + k^2 a^2 U(t;k) = 0 \\ U(0;k) = \dfrac{\Phi_0}{\pi} \end{cases} \quad (-\infty < k < \infty) \tag{17.1.32}$$

(3) 求解微分方程的初始值问题。

式(17.1.32)的解为

$$U(t;k) = \frac{\Phi_0}{\pi} e^{-k^2 a^2 t} \tag{17.1.33}$$

(4) 进行傅里叶积分：

$$u(x,t) = \int_{-\infty}^{\infty} \frac{\Phi_0}{\pi} e^{-k^2 a^2 t} e^{ikx} dk = \frac{\Phi_0}{2a\sqrt{t}} \frac{2}{\sqrt{\pi}} \exp\left(-\frac{x^2}{4\pi a^2 t}\right) \tag{17.1.34}$$

$\dfrac{2}{\sqrt{\pi}}\exp\left(-\dfrac{x^2}{4\pi a^2 t}\right)$ 称为高斯函数，在概率论或数理统计中已介绍过，它的数值可由表查得。

(5) 物理讨论

图 17.1-5 所示为不同时刻杂质的浓度分布，其中取 $\Phi_0 = 0.1$，$a = 1$。

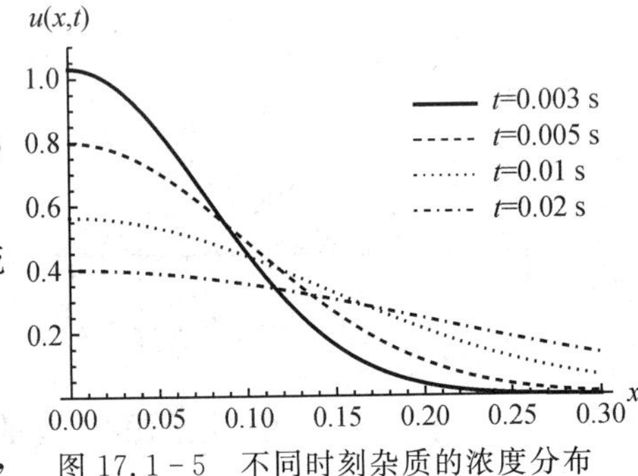

图 17.1-5 不同时刻杂质的浓度分布

17.1.5 例题 5(一维半无限区域的恒定表面浓度问题)

在恒定表面浓度扩散中，包围硅片的气体中含有大量的杂质原子，它们源源不断地穿过硅片表面向硅片内部扩散，由于气体中的杂质原子供应充分，硅片表面杂质的浓度得以保持某个常数 N_0。如图 17.1-6 所示，建立坐标原点在硅片与杂质源分界

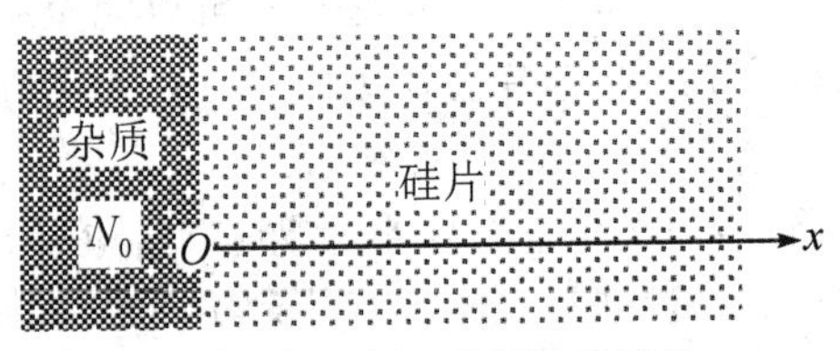

图 17.1-6 恒定表面浓度扩散

面，所求解的定解问题则是半无界空间 $x>0$ 中的定解问题：

$$\begin{cases} u_t(x,t)-a^2u_{xx}(x,t)=0 \\ u(0,t)=N_0 & (x>0) \\ u(x,0)=0 \end{cases} \tag{17.1.35}$$

解　(1) 边界条件齐次化。

令 $u(x,t)=N_0+\omega(x,t)$，代入定解问题得

$$\begin{cases} \omega_t(x,t)-a^2\omega_{xx}(x,t)=0 \\ \omega(0,t)=0 & (x>0) \\ \omega(x,0)=-N_0 \end{cases} \tag{17.1.36}$$

(2) 进行奇延拓。

这是第一类齐次边界条件，进行奇延拓得无界空间的定解问题：

$$\begin{cases} \omega_t(x,t)-a^2\omega_{xx}(x,t)=0 \\ \omega(x,0)=\begin{cases} -N_0 & (x>0) \\ N_0 & (x<0) \end{cases} \end{cases} \tag{17.1.37}$$

(3) 进行傅里叶变换得

$$\begin{cases} U'(t;k)+k^2a^2U(t;k)=0 \quad (-\infty<k<\infty) \\ U(0;k)=\begin{cases} -N_0\,(k>0) \\ N_0\,(k<0) \end{cases} \end{cases} \tag{17.1.38}$$

(4) 求解微分方程得初始值问题：

$$U(t;k)=\begin{cases} N_0\mathrm{e}^{-k^2a^2t} & (k>0) \\ -N_0\mathrm{e}^{-k^2a^2t} & (k<0) \end{cases} \tag{17.1.39}$$

(5) 进行傅里叶积分得

$$\omega(x,t)=\int_{-\infty}^{0}N_0\frac{1}{2a\sqrt{\pi t}}\exp\left[-\frac{(x-\xi)^2}{4a^2t}\right]\mathrm{d}\xi-\int_0^{\infty}N_0\frac{1}{2a\sqrt{\pi t}}\exp\left[-\frac{(x-\xi)^2}{4a^2t}\right]\mathrm{d}\xi \tag{17.1.40}$$

进行积分得

$$\omega(x,t)=-\frac{N_0}{\sqrt{\pi}}\int_{-x/(2a\sqrt{t})}^{x/(2a\sqrt{t})}\mathrm{e}^{-z^2}\,\mathrm{d}z \tag{17.1.41}$$

利用被积函数是偶函数的性质可得

$$\omega(x,t)=-\frac{2N_0}{\sqrt{\pi}}\int_0^{x/(2a\sqrt{t})}\mathrm{e}^{-z^2}\,\mathrm{d}z \tag{17.1.42}$$

$\frac{2}{\sqrt{\pi}}\int_0^x \mathrm{e}^{-z^2}\,\mathrm{d}z$ 称为误差函数，记为 $\mathrm{erf}(x)$，它的数值可查表或者直接调用 Mathematica 软件的命令得到。因此

$$\omega(x,t)=-N\mathrm{erf}\left(\frac{x}{2a\sqrt{t}}\right) \tag{17.1.43}$$

所求的解为

$$u(x,t)=N_0\left[1-\mathrm{erf}\left(\frac{x}{2a\sqrt{t}}\right)\right] \quad (17.1.44)$$

$1-\mathrm{erf}\left(\frac{x}{2a\sqrt{t}}\right)$ 称为**余误差函数**，记为 $\mathrm{erfc}\left(\frac{x}{2a\sqrt{t}}\right)$，故有

$$u(x,t)=N_0\,\mathrm{erfc}\left(\frac{x}{2a\sqrt{t}}\right) \quad (17.1.45)$$

(6)物理讨论

图 17.1-7 所示为不同时刻杂质浓度在硅片中的分布情况，取 $N_0=1$，$a=0.1$。

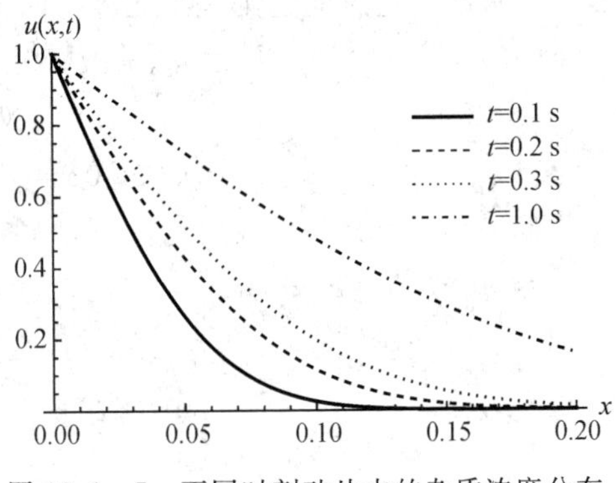

图 17.1-7　不同时刻硅片中的杂质浓度分布

17.1.6　例题 6(三维无界空间的自由振动问题)

(*泊松公式*)求解三维无界空间中的波动问题：

$$\begin{cases} u_{tt}(\boldsymbol{r},t)-a^2\Delta_3 u(\boldsymbol{r},t)=0 \\ u\big|_{t=0}=\Phi(\boldsymbol{r}),\ u_t\big|_{t=0}=\psi(\boldsymbol{r}) \end{cases} \quad (17.1.46)$$

解　(1) 做傅里叶变换，得常微分方程的初始值问题：

$$\begin{cases} U''(t;\boldsymbol{k})+k^2a^2U(t;\boldsymbol{k})=0 \\ U(0;\boldsymbol{k})=\Phi(\boldsymbol{k}),\ U'(0;\boldsymbol{k})=\Psi(\boldsymbol{k}) \end{cases} \quad (17.1.47)$$

其中 $\Phi(\boldsymbol{k})$，$\Psi(\boldsymbol{k})$ 的表达式为

$$\begin{cases} \Phi(\boldsymbol{k})=\dfrac{1}{(2\pi)^3}\displaystyle\iiint_{\pm\infty}\varphi(\boldsymbol{r}')\mathrm{e}^{-\mathrm{i}\boldsymbol{k}\cdot\boldsymbol{r}}\mathrm{d}\boldsymbol{r}' \\ \Psi(\boldsymbol{k})=\dfrac{1}{(2\pi)^3}\displaystyle\iiint_{\pm\infty}\psi(\boldsymbol{r}')\mathrm{e}^{-\mathrm{i}\boldsymbol{k}\cdot\boldsymbol{r}}\mathrm{d}\boldsymbol{r}' \end{cases} \quad (17.1.48)$$

(2) 求解常微分方程初始值问题得

$$U(t;\boldsymbol{k})=\frac{1}{2}\Phi(\boldsymbol{k})(\mathrm{e}^{\mathrm{i}kat}+\mathrm{e}^{-\mathrm{i}kat})+\frac{1}{2a}\frac{1}{\mathrm{i}k}\Psi(\boldsymbol{k})(\mathrm{e}^{\mathrm{i}kat}-\mathrm{e}^{-\mathrm{i}kat}) \quad (17.1.49)$$

(3) 进行傅里叶积分得

$$u(\boldsymbol{r},t)=\iiint_{\pm\infty}\left[\Phi(\boldsymbol{k})\frac{1}{2}(\mathrm{e}^{\mathrm{i}kat}+\mathrm{e}^{-\mathrm{i}kat})+\Psi(\boldsymbol{k})\frac{1}{2a}\frac{1}{\mathrm{i}k}(\mathrm{e}^{\mathrm{i}kat}-\mathrm{e}^{-\mathrm{i}kat})\right]\mathrm{e}^{\mathrm{i}\boldsymbol{k}\cdot\boldsymbol{r}}\mathrm{d}k_1\mathrm{d}k_2\mathrm{d}k_3 \quad (17.1.50)$$

代入式(17.1.48)得

$$u(\boldsymbol{r},t)=\iiint_{\pm\infty}\begin{bmatrix} \dfrac{1}{(2\pi)^3}\displaystyle\iiint_{\pm\infty}\varphi(\boldsymbol{r}')\mathrm{e}^{-\mathrm{i}\boldsymbol{k}\cdot\boldsymbol{r}}\mathrm{d}\boldsymbol{r}'\ \frac{1}{2}(\mathrm{e}^{\mathrm{i}kat}+\mathrm{e}^{-\mathrm{i}kat})+ \\ \dfrac{1}{(2\pi)^3}\displaystyle\iiint_{\pm\infty}\psi(\boldsymbol{r}')\mathrm{e}^{-\mathrm{i}\boldsymbol{k}\cdot\boldsymbol{r}}\mathrm{d}\boldsymbol{r}'\ \frac{1}{2a}\frac{1}{\mathrm{i}k}(\mathrm{e}^{\mathrm{i}kat}-\mathrm{e}^{-\mathrm{i}kat}) \end{bmatrix}\mathrm{e}^{\mathrm{i}\boldsymbol{k}\cdot\boldsymbol{r}}\mathrm{d}k_1\mathrm{d}k_2\mathrm{d}k_3 \quad (17.1.51)$$

交换积分次序，则有

$$u(\boldsymbol{r},t)=\frac{1}{4\pi a}\iiint\limits_{\pm\infty}\left[\begin{array}{l}\varphi(\boldsymbol{r}')\iiint\limits_{\pm\infty}\dfrac{a}{4\pi^2}(\mathrm{e}^{\mathrm{i}kat}+\mathrm{e}^{-\mathrm{i}kat})\mathrm{e}^{\mathrm{i}\boldsymbol{k}\cdot(\boldsymbol{r}-\boldsymbol{r}')}\mathrm{d}k_1\mathrm{d}k_2\mathrm{d}k_3+\\ \psi(\boldsymbol{r}')\iiint\limits_{\pm\infty}\dfrac{1}{4\pi^2}\dfrac{1}{\mathrm{i}k}(\mathrm{e}^{\mathrm{i}kat}-\mathrm{e}^{-\mathrm{i}kat})\mathrm{e}^{\mathrm{i}\boldsymbol{k}\cdot(\boldsymbol{r}-\boldsymbol{r}')}\mathrm{d}k_1\mathrm{d}k_2\mathrm{d}k_3\end{array}\right]\mathrm{d}\boldsymbol{r}' \quad (17.1.52)$$

继续化简积分：

$$u(\boldsymbol{r},t)=\frac{1}{4\pi a}\frac{\partial}{\partial t}\iiint\limits_{\pm\infty}\left[\varphi(\boldsymbol{r}')\iiint\limits_{\pm\infty}\frac{1}{4\pi^2}\frac{1}{\mathrm{i}k}(\mathrm{e}^{\mathrm{i}kat}-\mathrm{e}^{-\mathrm{i}kat})\mathrm{e}^{\mathrm{i}\boldsymbol{k}\cdot(\boldsymbol{r}-\boldsymbol{r}')}\mathrm{d}k_1\mathrm{d}k_2\mathrm{d}k_3\right]\mathrm{d}\boldsymbol{r}'+$$
$$\frac{1}{4\pi a}\iiint\limits_{\pm\infty}\left[\psi(\boldsymbol{r}')\iiint\limits_{\pm\infty}\frac{1}{4\pi^2}\frac{1}{\mathrm{i}k}(\mathrm{e}^{\mathrm{i}kat}-\mathrm{e}^{-\mathrm{i}kat})\mathrm{e}^{\mathrm{i}\boldsymbol{k}\cdot(\boldsymbol{r}-\boldsymbol{r}')}\mathrm{d}k_1\mathrm{d}k_2\mathrm{d}k_3\right]\mathrm{d}\boldsymbol{r}' \quad (17.1.53)$$

积分中的 $\dfrac{1}{4\pi^2}\dfrac{1}{\mathrm{i}k}(\mathrm{e}^{\mathrm{i}kat}-\mathrm{e}^{-\mathrm{i}kat})=\mathscr{F}\left[\dfrac{1}{r}\delta(r-at)\right]$，则

$$u(\boldsymbol{r},t)=\frac{1}{4\pi a}\frac{\partial}{\partial t}\iiint\limits_{\pm\infty}\left\{\varphi(\boldsymbol{r}')\iiint\limits_{\pm\infty}\left[\mathscr{F}\left(\frac{1}{r}\delta(r-at)\right)\right]\mathrm{e}^{\mathrm{i}\boldsymbol{k}\cdot(\boldsymbol{r}-\boldsymbol{r}')}\mathrm{d}k_1\mathrm{d}k_2\mathrm{d}k_3\right\}\mathrm{d}\boldsymbol{r}'+$$
$$\frac{1}{4\pi a}\iiint\limits_{\pm\infty}\left\{\psi(\boldsymbol{r}')\iiint\limits_{\pm\infty}\left[\mathscr{F}\left(\frac{1}{r}\delta(r-at)\right)\right]\mathrm{e}^{\mathrm{i}\boldsymbol{k}\cdot(\boldsymbol{r}-\boldsymbol{r}')}\mathrm{d}k_1\mathrm{d}k_2\mathrm{d}k_3\right\}\mathrm{d}\boldsymbol{r}' \quad (17.1.54)$$

利用积分延迟定理得

$$u(\boldsymbol{r},t)=\frac{1}{4\pi a}\frac{\partial}{\partial t}\iiint\limits_{\pm\infty}\frac{\varphi(\boldsymbol{r}')}{|\boldsymbol{r}-\boldsymbol{r}'|}\delta(|\boldsymbol{r}-\boldsymbol{r}'|-at)\mathrm{d}\boldsymbol{r}'+\frac{1}{4\pi a}\iiint\limits_{\pm\infty}\frac{\psi(\boldsymbol{r}')}{|\boldsymbol{r}-\boldsymbol{r}'|}\delta(|\boldsymbol{r}-\boldsymbol{r}'|-at)\mathrm{d}\boldsymbol{r}' \quad (17.1.55)$$

由于被积式中出现了 $\delta(|\boldsymbol{r}-\boldsymbol{r}'|-at)$，对 $\boldsymbol{r}'$ 的积分只需在球面 S'_{at} 上进行，S'_{at} 以点 $\boldsymbol{r}$ 为球心，at 为半径，所以有

$$u(\boldsymbol{r},t)=\frac{1}{4\pi a}\frac{\partial}{\partial t}\iint\limits_{S'_{at}}\frac{\varphi(\boldsymbol{r}')}{at}\mathrm{d}S'+\frac{1}{4\pi a}\iint\limits_{S'_{at}}\frac{\psi(\boldsymbol{r}')}{at}\mathrm{d}S' \quad (17.1.56)$$

式中 $\mathrm{d}S'$ 是球面 S'_{at} 的面积元。式(17.1.56)称为*泊松公式*。

三维无界空间中的波动，只要知道它的初始状态，就可以利用泊松公式推算出它在以后任意时刻的状态。具体地，为求时刻 t 在点 $\boldsymbol{r}$ 处的 $u(\boldsymbol{r},t)$，应以点 $\boldsymbol{r}$ 为球心，以 at 为半径作球面 S'_{at}，然后将初始扰动 $\varphi(\boldsymbol{r}')$，$\psi(\boldsymbol{r}')$ 按式(17.1.56)在球面上积分。这是因为波动速度为 a，所以与点 $\boldsymbol{r}$ 相距 at 的点的初始扰动刚好在 t 时刻传到 $\boldsymbol{r}$ 点。为了明显起见，设初始扰动只限于区域如图的 T_0 区域，取一点 $\boldsymbol{r}$，它与 T_0 的最小距离和最大距离分别为 d，D。如果 17.1-8 所示，当 $t<d/a$ 时，S'_{at} 与 T_0 不相交，由泊松公式可知，$u(\boldsymbol{r},t)=0$，表示扰动的**前锋**尚未到达点 $\boldsymbol{r}$；当 $d/a<t<D/a$ 时，S'_{at} 与 T_0 相交，$u(\boldsymbol{r},t)\neq0$，表示扰动到达了点 $\boldsymbol{r}$；当 $t>D/a$ 时，S'_{at} 包围了 T_0 但不相交，$u(\boldsymbol{r},t)=0$，表示波的**阵尾**已经过去。

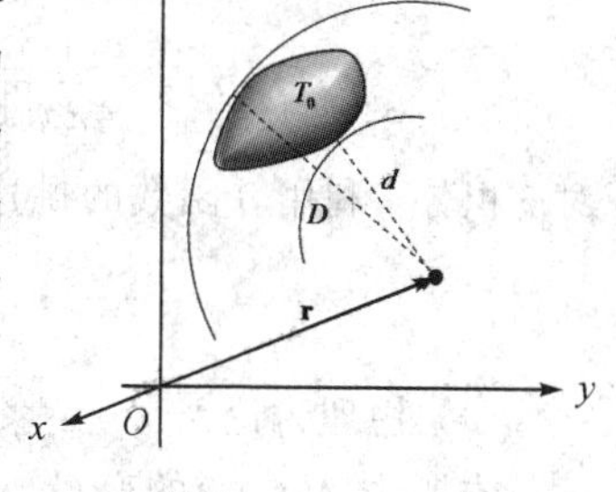

图 17.1-8

17.1.7　例题 7(三维无界空间的受迫振动问题)

(推迟势)　求解三维无界空间中的受迫振动：

$$\begin{cases} u_{tt}(\boldsymbol{r}, t) - a^2\Delta_3 u(\boldsymbol{r}, t) = f(\boldsymbol{r}, t) \\ u(\boldsymbol{r}, 0) = 0, u_t(\boldsymbol{r}, 0) = 0 \end{cases} \tag{17.1.57}$$

解　(1) 做傅里叶变换。

该问题可变换为非齐次常微分方程的初始值问题：

$$\begin{cases} U''(t;\boldsymbol{k}) + k^2 a^2 U(t;\boldsymbol{k}) = F(t;\boldsymbol{k}) \\ U(0;\boldsymbol{k}) = 0, U'(0;\boldsymbol{k}) = 0 \end{cases} \tag{17.1.58}$$

(2) 求解常微分方程的解。

根据二阶、线性、非齐次、常系数常微分方程的初始值问题，可知解为

$$U(t;\boldsymbol{k}) = \frac{1}{2a\mathrm{i}k}\int_0^t F(\tau;k)\left[\mathrm{e}^{\mathrm{i}ka(t-\tau)} - \mathrm{e}^{-\mathrm{i}ka(t-\tau)}\right]\mathrm{d}\tau \tag{17.1.59}$$

(3) 进行傅里叶积分：

$$u(\boldsymbol{r}, t) = \iiint\limits_{\pm\infty} \frac{1}{2a\mathrm{i}k}\left\{\int_0^t F(\tau;\boldsymbol{k})\left[\mathrm{e}^{\mathrm{i}ka(t-\tau)} - \mathrm{e}^{-\mathrm{i}ka(t-\tau)}\right]\mathrm{e}^{\mathrm{i}\boldsymbol{k}\cdot\boldsymbol{r}}\mathrm{d}\tau\right\}\mathrm{d}k_1\mathrm{d}k_2\mathrm{d}k_3 \tag{17.1.60}$$

调整积分次序，代入

$$F(\tau;\boldsymbol{k}) = \frac{1}{(2\pi)^3}\iiint\limits_{\pm\infty} f(\boldsymbol{r}', \tau)\mathrm{e}^{-\mathrm{i}\boldsymbol{k}\cdot\boldsymbol{r}}\mathrm{d}\boldsymbol{r}'$$

可得

$$u(\boldsymbol{r}, t) = \frac{1}{4\pi a}\iiint\limits_{\pm\infty}\int_0^t \frac{f(\boldsymbol{r}', \tau)}{(2\pi)^3}\left\{\iiint\limits_{\pm\infty}\frac{2\pi}{\mathrm{i}k}\left[\mathrm{e}^{\mathrm{i}ka(t-\tau)} - \mathrm{e}^{-\mathrm{i}ka(t-\tau)}\right]\mathrm{e}^{\mathrm{i}\boldsymbol{k}\cdot(\boldsymbol{r}-\boldsymbol{r}')}\mathrm{d}k_1\mathrm{d}k_2\mathrm{d}k_3\right\}\mathrm{d}\tau\mathrm{d}\boldsymbol{r}' \tag{17.1.61}$$

大括号内的积分利用延迟定理得

$$u(\boldsymbol{r}, t) = \frac{1}{4\pi a}\iiint\limits_{\pm\infty}\int_0^t f(\boldsymbol{r}', \tau)\frac{1}{|\boldsymbol{r}-\boldsymbol{r}'|}\delta\left[|\boldsymbol{r}-\boldsymbol{r}'| - a(t-\tau)\right]\mathrm{d}\tau\mathrm{d}\boldsymbol{r}' \tag{17.1.62}$$

再引用 δ 函数的性质

$$\delta(bx) = \frac{\delta(x)}{|b|}$$

得

$$u(\boldsymbol{r}, t) = \frac{1}{4\pi a^2}\iiint\limits_{\pm\infty}\frac{1}{|\boldsymbol{r}-\boldsymbol{r}'|}\int_0^t f(\boldsymbol{r}', \tau)\delta(t-\tau-|\boldsymbol{r}-\boldsymbol{r}'|/a)\mathrm{d}\tau\mathrm{d}\boldsymbol{r}' \tag{17.1.63}$$

对 τ 积分，利用 δ 函数的挑选性可得

$$u(\boldsymbol{r}, t) = \frac{1}{4\pi a^2}\iiint\limits_{\pm\infty}\frac{f(\boldsymbol{r}', t-|\boldsymbol{r}-\boldsymbol{r}'|/a)}{|\boldsymbol{r}-\boldsymbol{r}'|}\mathrm{d}\boldsymbol{r}' \tag{17.1.64}$$

(4) 物理讨论。

本题中 $f(\boldsymbol{r}, t)$的变量 $t\geqslant 0$，所以式(17.1.64)这个积分其实是不必在无界空间进行的，而只需在条件 $t-|\boldsymbol{r}-\boldsymbol{r}'|/a\geqslant 0$ 下积分。换句话说，对 $\boldsymbol{r}'$ 的积分只需在球体 T'_{at} 内进行，此球的球心在 $\boldsymbol{r}$ 点，半径为 at，且

$$u(\boldsymbol{r}, t) = \frac{1}{4\pi a^2}\iiint\limits_{T_{at}}\frac{f(\boldsymbol{r}', t-|\boldsymbol{r}-\boldsymbol{r}'|/a)}{|\boldsymbol{r}-\boldsymbol{r}'|}\mathrm{d}\boldsymbol{r}' \tag{17.1.65}$$

并且被积函数 f 的宗量 t 变成了 $t-|\boldsymbol{r}-\boldsymbol{r}'/a|$，这说明 $u(\boldsymbol{r}, t)$的贡献不是源于 f 在 t 时刻

的振动，而是源于 f 在 t 时刻以前 $t-|\boldsymbol{r}-\boldsymbol{r}'|/a$ 时刻的振动。这是可以理解的，空间点 $\boldsymbol{r}'$ 在 t 时刻的振动到达 $\boldsymbol{r}$ 点需要的时间为 $|\boldsymbol{r}-\boldsymbol{r}'|/a$。这种时间差异的本质是波传播需要时间，与力学中讨论的平面波的性质一样(这里是球面波的情况)。通常将 $f(\boldsymbol{r}', t-|\boldsymbol{r}-\boldsymbol{r}'|/a)$ 记为 $[f]$，式(17.1.65)可表示为

$$u(\boldsymbol{r}, t)=\frac{1}{4\pi a^2}\iiint\limits_{\pm\infty}\frac{[f]}{|\boldsymbol{r}-\boldsymbol{r}'|}\mathrm{d}\boldsymbol{r}' \tag{17.1.66}$$

称为**推迟势**。

练习 17.1

用傅里叶变换法求解下列定解问题：

1. 研究半无限长细杆的导热问题。杆端 $x=0$ 处的温度保持为 0℃，初始温度分布为 $K(\mathrm{e}^{-\lambda x}-1)$。

2. 半无界杆，杆的端点 $x=0$ 处有谐变热流 $B\sin\omega t$ 进入，求长时间后杆上的温度分布 $u(x, t)$。

3. 应用泊松公式计算下述定解问题的解：$u_{tt}(\boldsymbol{r}, t)-a^2\Delta u=0$，初始速度为零，初始位移在某个单位球内为 1，球外为零。

4. 应用泊松公式计算下述定解问题的解：$u_{tt}(\boldsymbol{r}, t)-a^2\Delta u=0$，初始速度为零，初始位移在 $r=r_0$ 以内为 $A\cos[\pi r/(2r_0)]$，球外为零。

5. 二维波动，初始速度为零，初始位移在圆 $\rho=1$ 内为 1，在圆外为零，求 $u|_{\rho=0}$。

6. 求解三维无界空间的输运问题 $u_t-a^2\Delta u=0$，$u|_{t=0}=\varphi(x, y, z)$。

17.2　拉普拉斯变换法

傅里叶变换法通过对函数中的**坐标变量**进行变换可将偏微分方程化为关于**时间**的常微分方程。拉普拉斯变换法可以将函数中的**时间变量**进行变换，从而将偏微分方程化为关于**坐标**的常微分方程，所以拉普拉斯变换适合求解初始值问题或半无界的稳定场问题，且不管方程及其边界条件是否为齐次。下面通过几个例题介绍拉普拉斯变换法。

17.2.1　例题 1(一维无限长弦的自由振动问题)

求解无界弦的振动：

$$\begin{cases}u_{tt}(x, t)-a^2u_{xx}(x, t)=0\\ u(x, 0)=\varphi(x),\ u_t(x, 0)=\psi(x)\end{cases}\quad(-\infty<x<\infty) \tag{17.2.1}$$

解　(1) 对定解问题进行拉普拉斯变换得

$$p^2\overline{u}(x;p)-p\,\overline{\varphi}(p)-\overline{\psi}(p)-a^2\overline{u}_{xx}(x;p)=0 \tag{17.2.2}$$

其中用到了拉普拉斯变换的导数定理和初始条件。

(2) 求解常微分方程边值问题。

式(17.2.2)的通解为

$$\overline{u}(x;p)=A\mathrm{e}^{px/a}+B\mathrm{e}^{-px/a}-\frac{1}{2a}\mathrm{e}^{px/a}\int^{(x)}\frac{\mathrm{e}^{-p\xi/a}}{p}[\psi(\xi)+p\varphi(\xi)]\mathrm{d}\xi+\frac{1}{2a}\mathrm{e}^{-px/a}\int^{(x)}\frac{\mathrm{e}^{p\xi/a}}{p}[\psi(\xi)+p\varphi(\xi)]\mathrm{d}\xi \tag{17.2.3}$$

同样考虑 $x\to\pm\infty$的自然边界条件：

$$\lim_{x\to\pm\infty}\overline{u}(x;p)=\text{有限值} \tag{17.2.4}$$

则

$$A=0,\ B=0 \tag{17.2.5}$$

并且要求第一个积分的下限取∞，第二个积分的下限取$-\infty$，所以

$$\overline{u}(x;p)=-\frac{1}{2a}\mathrm{e}^{px/a}\int_{\infty}^{x}\frac{\mathrm{e}^{-p\xi/a}}{p}[\psi(\xi)+p\varphi(\xi)]\mathrm{d}\xi+\frac{1}{2a}\mathrm{e}^{-px/a}\int_{-\infty}^{x}\frac{\mathrm{e}^{p\xi/a}}{p}[\psi(\xi)+p\varphi(\xi)]\mathrm{d}\xi \tag{17.2.6}$$

化简得

$$\overline{u}(x;p)=\frac{1}{2a}\int_{x}^{\infty}\frac{\mathrm{e}^{-p(\xi-x)/a}}{p}\psi(\xi)\mathrm{d}\xi+\frac{1}{2a}\int_{-\infty}^{x}\frac{\mathrm{e}^{-p(x-\xi)/a}}{p}\psi(\xi)\mathrm{d}\xi+\frac{1}{2a}\int_{x}^{\infty}\frac{\mathrm{e}^{-p(\xi-x)/a}}{p}p\varphi(\xi)\mathrm{d}\xi+\frac{1}{2a}\int_{-\infty}^{x}\frac{\mathrm{e}^{-p(x-\xi)/a}}{p}p\varphi(\xi)\mathrm{d}\xi \tag{17.2.7}$$

(3) 进行拉普拉斯反演。

利用延迟定理及$\frac{1}{p}\doteq \mathrm{H}(t)$，则

$$\frac{\mathrm{e}^{-p(\xi-x)/a}}{p}\doteq \mathrm{H}\left(t-\frac{\xi-x}{a}\right)=\begin{cases}1 & (\xi<x+at)\\ 0 & (\xi>x+at)\end{cases} \tag{17.2.8}$$

所以

$$\frac{1}{2a}\int_{x}^{\infty}\frac{\mathrm{e}^{-p(\xi-x)/a}}{p}\psi(\xi)\mathrm{d}\xi\doteq\frac{1}{2a}\int_{x}^{x+at}\psi(\xi)\mathrm{d}\xi \tag{17.2.9}$$

同样有

$$\frac{1}{2a}\int_{-\infty}^{x}\frac{\mathrm{e}^{-p(x-\xi)/a}}{p}\psi(\xi)\mathrm{d}\xi\doteq\frac{1}{2a}\int_{x-at}^{x}\psi(\xi)\mathrm{d}\xi \tag{17.2.10}$$

所以反演得

$$\begin{aligned}u(x,t)&=\frac{1}{2a}\int_{x-at}^{x+at}\psi(\xi)\mathrm{d}\xi+\frac{\partial}{\partial t}\left[\frac{1}{2a}\int_{x-at}^{x+at}\varphi(\xi)\mathrm{d}\xi\right]\\&=\frac{1}{2}[\varphi(x+at)+\varphi(x-at)]+\frac{1}{2a}\int_{x-at}^{x+at}\psi(\xi)\mathrm{d}\xi\end{aligned} \tag{17.2.11}$$

(4) 物理讨论。

式(17.2.11)正是达朗贝尔公式。

17.2.2 例题2(一维半无限区域的恒定表面浓度问题)

求解硅片的恒定表面浓度扩散问题，将硅片看成厚度无限大，可简化为半无界空间的定解问题：

$$\begin{cases}u_t(x,t)-a^2u_{xx}(x,t)=0\\u(0,t)=N_0\\u(x,0)=0\end{cases}\tag{17.2.12}$$

解　(1) 对泛定方程和边界条件中的时间变量进行拉普拉斯变换：

$$\begin{cases}p\overline{u}_t(x;p)-a^2\overline{u}_{xx}(x;p)=0\\\overline{u}(0;p)=\dfrac{N_0}{p}\end{cases}\tag{17.2.13}$$

其中用到了拉普拉斯变换的导数定理及其初始条件，式中 $u(x;p)$是 x 的函数，p 是参量。

(2) 求解常微分方程的边值问题。

式(17.2.2)的通解为

$$\overline{u}(x;p)=Ae^{-\sqrt{p}x/a}+Be^{\sqrt{p}x/a}\tag{17.2.14}$$

代入边值条件得

$$A+B=\frac{N_0}{p}\tag{17.2.15}$$

只有一个边值条件并不能确定 A，B，需要另一个边值条件。实际上我们所研究的系统是半无界的，我们只利用了 $x=0$ 的边界，另一个边界即是 $x=\infty$，但是数学上没有浓度在 $x=\infty$的取值限定，物理上却要求粒子浓度在任何地方(包括 $x=\infty$)都是有限值，所以这里应包含一个自然边界条件(这与前面所讨论的自然边界一样)：

$$\lim_{x\to\infty}\overline{u}=\text{有限值}\tag{17.2.16}$$

于是只能要求

$$B=0\tag{17.2.17}$$

联合式(17.2.4)得

$$\begin{cases}A=\dfrac{N_0}{p}\\B=0\end{cases}\tag{17.2.18}$$

解得

$$\overline{u}(x;p)=Ae^{-\sqrt{p}x/a}\tag{17.2.19}$$

(3) 进行拉普拉斯反演。

查表或利用 Mathematica 软件的反演命令得

$$u(x,t)=N_0\operatorname{erfc}\left(\frac{x}{2a\sqrt{t}}\right)\tag{17.2.20}$$

(4) 物理讨论。

与上一节例题 5 的结果一致。

17.2.3　例题 3(一维无限长传输线问题)

求解无限长传输线上的电报方程：

$$\begin{cases}RG\omega(x,t)+(LG+RC)\omega_t(x,t)+LC\omega_{tt}(x,t)-\omega_{xx}(x,t)=0\\\omega(x,0)=\Phi(x),\ \omega_t(x,0)=\Psi(x)\end{cases}\tag{17.2.21}$$

其中 $\omega(x, t)$ 为电压或电流，R, G, C, L 分别为单位长度传输线的电阻、线间电漏、电容、电感。

解　(1) 化简定解问题。

为了求解偏微分方程，尽量减少偏微分方程的项数，做函数变换：

$$\omega(x, t) = \mathrm{e}^{-\frac{LG+RC}{2LC}t} u(x, t) \tag{17.2.22}$$

$\omega(x, t)$ 满足的定解问题转化为 $u(x, t)$ 的定解问题：

$$\begin{cases} u_{tt}(x, t) - a^2 u_{xx}(x, t) - b^2 u(x, t) = 0 \\ u(x, 0) = \varphi(x),\ u_t(x, 0) = \psi(x) \end{cases} \tag{12.2.23}$$

其中 $a^2 = 1/LC$, $b = (LG - RC)a^2/2$, $\varphi(x) = \Phi(x)$, $\psi(x) = \Psi(x) + (LG + RC)\Phi(x)/(2LC)$。

(2) 对 $u(x, t)$ 满足的泛定方程进行拉普拉斯变换。

运用导数定理和初始条件，附加自然边界条件得

$$\begin{cases} p^2 \overline{u}(x; p) - p\varphi(p) - \psi(p) - a^2 \overline{u}_{xx}(x; p) - b^2 \overline{u}(x; p) = 0 \\ \lim\limits_{x \to \pm\infty} \overline{u}(x; p) = \text{有限值} \end{cases} \tag{17.2.24}$$

(3) 求解常微分方程的边值问题。

式(17.2.24)关于 x 的微分方程的通解为

$$\begin{aligned} \overline{u}(x; p) = {} & A\exp\left(\frac{x\sqrt{p^2 - b^2}}{a}\right) + B\exp\left(-\frac{x\sqrt{p^2 - b^2}}{a}\right) - \\ & \frac{1}{2a}\int^{(x)} \frac{\exp\left[-(\xi - x)\sqrt{p^2 - b^2}/a\right]}{\sqrt{p^2 - b^2}}[\psi(\xi) + p\varphi(\xi)]\mathrm{d}\xi + \\ & \frac{1}{2a}\int^{(x)} \frac{\exp\left[(\xi - x)\sqrt{p^2 - b^2}/a\right]}{\sqrt{p^2 - b^2}}[\psi(\xi) + p\varphi(\xi)]\mathrm{d}\xi \end{aligned} \tag{17.2.25}$$

代入自然边界条件并调整顺序，考虑积分的收敛性，限定积分上下限得

$$\begin{aligned} \overline{u}(x; p) = {} & \frac{1}{2a}\int_x^{\infty} \frac{\exp\left[-(\xi - x)\sqrt{p^2 - b^2}/a\right]}{\sqrt{p^2 - b^2}}\psi(\xi]\mathrm{d}\xi + \\ & \frac{1}{2a}\int_{-\infty}^{x} \frac{\exp\left[(\xi - x)\sqrt{p^2 - b^2}/a\right]}{\sqrt{p^2 - b^2}}\psi(\xi)\mathrm{d}\xi + \\ & \frac{1}{2a}\int_x^{\infty} \frac{\exp\left[-(\xi - x)\sqrt{p^2 - b^2}/a\right]}{\sqrt{p^2 - b^2}}p\varphi(\xi)\mathrm{d}\xi + \\ & \frac{1}{2a}\int_{-\infty}^{x} \frac{\exp\left[(\xi - x)\sqrt{p^2 - b^2}/a\right]}{\sqrt{p^2 - b^2}}p\varphi(\xi)\mathrm{d}\xi \end{aligned} \tag{17.2.26}$$

(4) 进行拉普拉斯反演。

查表或利用 Mathematica 软件的反演命令得

$$\frac{\exp\left[-(\xi - x)\sqrt{p^2 - b^2}/a\right]}{\sqrt{p^2 - b^2}} \doteq \mathrm{I}_0\left(b\sqrt{t^2 - \frac{(\xi - x)^2}{a^2}}\right)\mathrm{H}\left(t - \frac{\xi - x}{a}\right)$$

于是有

$$\frac{1}{2a}\int_x^{\infty} \frac{\exp\left[-(\xi - x)\sqrt{p^2 - b^2}/a\right]}{\sqrt{p^2 - b^2}}\psi(\xi)\mathrm{d}\xi \doteq \frac{1}{2a}\int_x^{x+at} \mathrm{I}_0\left(\frac{b}{a}\sqrt{a^2t^2 - (x - \xi)^2}\right)\psi(\xi)\mathrm{d}\xi$$

$$\frac{1}{2a}\int_{-\infty}^{x}\frac{\exp\left[-(\xi-x)\sqrt{p^2-b^2}/a\right]}{\sqrt{p^2-b^2}}\psi(\xi)\mathrm{d}\xi \doteq \frac{1}{2a}\int_{x-at}^{x}\mathrm{I}_0\left(\frac{b}{a}\sqrt{a^2t^2-(x-\xi)^2}\right)\psi(\xi)\mathrm{d}\xi$$

反演完成得

$$u(x,t)=\frac{1}{2a}\int_{x-at}^{x+at}\mathrm{I}_0\left(\frac{b}{a}\sqrt{a^2t^2-(x-\xi)^2}\right)\psi(\xi)\mathrm{d}\xi+\frac{\partial}{\partial t}\left[\frac{1}{2a}\int_{x-at}^{x+at}\mathrm{I}_0\left(\frac{b}{a}\sqrt{a^2t^2-(x-\xi)^2}\right)\varphi(\xi)\mathrm{d}\xi\right]$$

进一步计算得

$$u(x,t)=\frac{1}{2a}\int_{x-at}^{x+at}I_0\left(\frac{b}{a}\sqrt{a^2t^2-(x-\xi)^2}\right)\psi(\xi)\mathrm{d}\xi+\frac{1}{2}[\varphi(x+at)+\varphi(x-at)]+\frac{bt}{2}\left[\int_{x-at}^{x+at}\frac{1}{\sqrt{a^2t^2-(x-\xi)^2}}\mathrm{I}_0'\left(\frac{b}{a}\sqrt{a^2t^2-(x-\xi)^2}\right)\varphi(\xi)\mathrm{d}\xi\right] \tag{17.2.27}$$

其中 $\mathrm{I}_0(x)$ 为零阶虚宗量贝塞尔函数。

(5) 合并解：

$$\omega(x,t)=\mathrm{e}^{-\frac{LG+RC}{2LC}t}u(x,t) \tag{17.2.28}$$

练习 17.2

1. 求解一维无界空间中的扩散问题：

$$\begin{cases}u_t(x,t)-a^2u_{xx}(x,t)=0\\u(x,0)=\varphi(x)\end{cases}$$

2. 求解硅片的限定源扩散问题，将硅片的厚度当作无限大。这是半无界空间的定解问题：

$$\begin{cases}u_t(x,t)-a^2u_{xx}(x,t)=0\\u_x(0,t)=0\\u(x,0)=\Phi_0\delta(x-0)\end{cases}$$

3. 求解一维无界空间的有源输运问题：

$$\begin{cases}u_t(x,t)-a^2u_{xx}(x,t)=f(x,t)\\u(x,0)=0\end{cases}$$

4. 求解一维半无界空间的输运问题：

$$\begin{cases}u_t(x,t)-a^2u_{xx}(x,t)=0\\u(0,t)=f(t)\\u(x,0)=0\end{cases}$$

5. 求解无界弦振动的受迫振动：

$$\begin{cases}u_{tt}(x,t)-a^2u_{xx}(x,t)=f(x,t)\\u(x,0)=\varphi(x),\ u_t(x,0)=\psi(x)\end{cases}$$

参考文献

[1] 梁昆淼. 数学物理方法[M]. 4 版. 北京：高等教育出版社，2010.
[2] 谢鸿政，杨枫林. 数学物理方法[M]. 北京：科学出版社，2003.
[3] 陆全康，赵蕙芳. 数学物理方法[M]. 2 版. 北京：高等教育出版社，2008.
[4] 陈才生，数学物理方程[M]. 南京：东南大学出版社，2002.
[5] LEVINE H. 偏微分方程[M]. 丘成桐主编，葛显良译. 北京：高等教育出版社，2005.
[6] 顾樵. 数学物理方法[M]. 北京：科学出版社，2012.
[7] LBRAGIMOV N H. 微分方程与数学物理问题[M]. 卢琦，杨凯，罗朝俊，等译. 北京：高等教育出版社，2013.
[8] 汪德新. 数学物理方法[M]. 3 版. 北京：科学出版社，2008.